农业生态环境保护系列丛书

美国自然资源保护措施汇编

（下册）

农业农村部农业生态与资源保护总站
中国农业生态环境保护协会　编译

高尚宾 等　主编译

中国农业出版社

北京

目 录

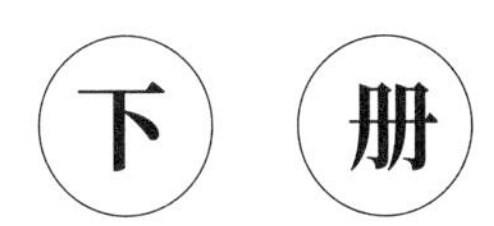

第三章 生物多样性保护

第四章 节能减排

第二篇 国家保护行动

第三篇　自然资源保护实践更新

第三章

生物多样性保护

一、林地保护

此类措施的目标在于恢复并保护森林资源，改善鱼类和野生动物栖息地，该措施涉及以下方面：树木种植、林分改造、疏伐、计划烧除以及控制入侵植物。请注意，仅包括针对放牧林或林地的相关措施。

二、草地保护

美国自然资源保护局（NRCS）致力于保护并改善私人放牧地资源。包括以下保护措施：保护并改善私人放牧地的野生动物栖息地；通过放牧地养护措施保护并改善鱼类栖息地及水生系统；保护并改善水质；提高供水可靠性和一致性；针对杂草、毒草和灌木侵害问题进行识别和管理。请注意，仅包括针对牧场、放牧林、本土天然牧草地实施的措施。

三、湿地保护

健康的湿地生态系统具有调节旱涝、提供野生动物栖息地、过滤污染物、保留沉积物、储存碳和循环养分的功能。实行湿地保护措施的目标在于恢复、改善并保护湿地数量与质量。

四、鱼类与野生动物保护

美国自然资源保护局帮助其客户保护、维护并改善鱼类、野生动物和其他生物资源的栖息地。虽然针对土地而采取的各种措施及管理活动都会对生物资源产生一定的影响，但以下措施与鱼类及野生动物栖息地息息相关。

防火带

（394，Ft., 2010年9月）

定义

用于防止火灾发生的永久性或临时性的裸露地带或覆盖有植被的地带。

目标

- 减少野火的蔓延。
- 包括焚烧规定。

适用条件

这种标准适用于需要防止野火发生或实施规定燃烧的所有土地。

准则

适用于上述所有目的的总体总则

防火带可以是临时性，也可以是永久性的，并应包括耐火植被、阻燃材料、裸露地面。

防火带的宽度和长度应足以抵御预期的火灾。

为保护性资源设置防火带，尽量减少其风险。

应安装防止水土流失设施，防止泥土离开地表。

选择的防火植被的种类应具有非侵入性和阻燃性。

注意事项

由于电线可能会导电，因此电线可能会在浓烟中发生危险。应使用河流、湖泊、池塘、岩石峭壁、道路、场地边界、滑道、降落场、排渠道、铁路、公共事业道路、耕地等作为防火屏障。

在使用屏障时，应考虑对野生动物和渔业的影响。

尝试在山顶和谷底附近建立防火带。

如果风是可预测的，防火带应设在垂直于风向或者设在保护区域的迎风面。

考虑使用最适合本地野生动物和授粉者需要的多种物种组合。

将防火带设在土壤侵蚀风险最小的地方。

防火带的设计和布局应包含多种用途。

应考虑安装防火带对文化资源和濒危物种以及自然地区、河岸地区和湿地的有益影响和其他影响。

计划和技术规范

应为每个场地准备这种标准的应用规范，并使用批准的规格表、工作表、技术说明、保存计划和烧伤计划中的叙述性声明或其他可接受的文件进行记录。

运行和维护

通过割草、用圆盘机耕地或放牧防火，避免积累过量垃圾，并控制杂草。尽可能定时治理以减少对筑巢的影响。

检查所有木质材料防火带，如已枯朽的树木或残树倒木的防火带，并将其从防火带中移除。

至少每年检查一次防火墙，并根据需要重新修复裸露地面的防火带，以防止易燃植物掉落其上。

根据需要修复腐蚀控制措施，以确保其正常运行。

控制车辆或人员进入，以防止防火带受损。

应当使不再需要裸露地面的防火带稳定下来。

保护实践概述

（2012年12月）

《防火带》（394）

防火带是一条永久性或临时性的裸露的或植被覆盖的地带，其设计目的是为了清除和管理可燃物，防止发生森林火灾，并提供进入森林内部扑灭火灾的通道。

实践信息

最好由一名合格或经认证的林务员设计，适用于需要防止火灾或实施规定焚烧的林地。

防火带内的植被应具有阻燃性和非侵入性。另一种替代方案是始终保持防火墙为裸露地面状态。

防火带的宽度和长度应足以抵御预期的火灾。了解森林火灾历史和行为有助于确定防火带的位置。

如果防火带设置在斜坡上，则设计中必须包含防止水土流失的措施。尽可能限制车辆进出，防止在紧急情况下破坏防火带，从而妨碍进出。

常见相关实践

《防火带》（394）通常与《计划烧除》（338）、《森林小径与过道》（655）、《林分改造》（666）以及《乔木 / 灌木建植》（612）等保护实践一起使用。

保护实践的效果——全国

土壤侵蚀	效果	基本原理
片蚀和细沟侵蚀	-1	裸地或植被和地表枯枝落叶层减少的条带有可能增加侵蚀性水能。
风蚀	-1	裸地或植被和地表枯枝落叶层减少的条带有可能会增加土表遭受侵蚀性风能的概率。
浅沟侵蚀	-1	裸地或植被和地表枯枝落叶层减少的条带有可能增加侵蚀性水能。
典型沟蚀	-1	裸地或植被和地表枯枝落叶层减少的条带有可能增加侵蚀性水能。
河岸、海岸线、输水渠	0	河岸可以用作防火带的锚点或终点，也可以用作已清除植被的防火带。
土质退化		
有机质耗竭	-2	养分循环终止于没有植被的防火带上。
压实	-2	用于维持最低植被覆盖量的设备可以压实森林土壤。
下沉	0	不适用
盐或其他化学物质的浓度	0	不适用
水分过量		
渗水	0	不适用

（续）

水分过量	效果	基本原理
径流、洪水或积水	0	不适用
季节性高地下水位	0	不适用
积雪	0	不适用
水源不足		
灌溉水使用效率低	0	不适用
水分管理效率低	0	不适用
水质退化		
地表水中的农药	0	不适用
地下水中的农药	0	不适用
地表水中的养分	0	不适用
地下水中的养分	0	不适用
地表水中的盐分	0	不适用
地下水中的盐分	0	不适用
粪肥、生物土壤中的病原体和化学物质过量	0	不适用
粪肥、生物土壤中的病原体和化学物质过量	0	不适用
地表水沉积物过多	-1	裸地防火带容易受到侵蚀。
水温升高	0	不适用
石油、重金属等污染物迁移	0	不适用
石油、重金属等污染物迁移	0	不适用
空气质量影响		
颗粒物（PM）和 PM 前体的排放	1	通过降低野火的发生率，可最大限度地减少颗粒物的排放。
臭氧前体排放	1	通过降低野火的发生率，可最大限度地减少颗粒物的排放。
温室气体（GHG）排放	1	由于野火发生率降低，二氧化碳排放量也随之减少。
不良气味	0	不适用
植物健康状况退化		
植物生产力和健康状况欠佳	0	不适用
结构和成分不当	0	不适用
植物病虫害压力过大	-1	不需要的物种可以在荒芜的地区定居。
野火隐患，生物量积累过多	5	隔开了可燃物载量。
鱼类和野生动物——生境不足		
食物	0	不适用
覆盖 / 遮蔽	0	不适用
水	-1	不适用
生境连续性（空间）	-1	植被地区的防火带可能会中断某些野生物种栖息地的连续性。
家畜生产限制		
饲料和草料不足	0	不适用
遮蔽不足	0	不适用
水源不足	0	不适用
能源利用效率低下		
设备和设施	0	不适用
农场 / 牧场实践和田间作业	0	不适用

CPPE 实践效果：5 明显改善；4 中度至明显改善；3 中度改善；2 轻度至中度改善；1 轻度改善；0 无效果；−1 轻度恶化；−2 轻度至中度恶化；−3 中度恶化；−4 中度至严重恶化；−5 严重恶化。

工作说明书—— 国家模板

（2010年9月）

此类可交付成果适用于个别实践。其他规划实践的可交付成果参考具体的工作说明书。

设计

可交付成果

1. 能够证明符合自然资源保护局实践中相关准则并与其他计划和应用实践相匹配的设计文件。
   a. 保护计划中确定的目的。
   b. 客户需要获得的许可证清单。
   c. 符合自然资源保护局国家和州公用设施安全政策（《美国国家工程手册》第503部分《安全》，第503.00节至第503.22节）。
   d. 列出所有规定的实践或辅助性实践。
   e. 制订计划和规范所需的与实践相关的计算和分析，包括但不限于：
      i. 防火带的宽度和长度
      ii. 植被种类的选择
      iii. 侵蚀计算
      iv. 侵蚀防治措施
2. 向客户提供书面计划和规范书包括草图和图纸，充分说明实施本实践并获得必要许可的相应要求。
3. 运行维护计划。
4. 证明设计符合实践和适用法律法规的文件。
5. 安装期间，根据需要所进行的设计修改。

注：可根据情况添加各州的可交付成果。

安装

可交付成果

1. 与客户进行的安装前会议。
2. 验证客户是否已获得规定许可证。
3. 根据计划和规范（包括适用的布局注释）进行定桩和布局。
4. 根据需要制订的安装指南。
5. 协助客户和原设计方并实施所需的设计修改。
6. 在实施期间，就所有联邦、州、部落和地方法律、法规和自然资源保护局政策的合规性问题向客户/自然资源保护局提供建议。
7. 证明安装过程和材料符合设计和许可要求的文件。

注：可根据情况添加各州的可交付成果。

验收

可交付成果

1. 安装记录。
   a. 实践单位
   b. 实际使用的材料

2. 证明安装过程符合自然资源保护局实践和规范并符合许可要求的文件。
3. 进度报告。

注：可根据情况添加各州的可交付成果。

参考文献

NRCS Field Office Technical Guide（eFOTG）, Section IV, Conservation Practice Standard Firebreak - 394.

NRCS National Forestry Manual.

NRCS National Forestry Handbook.

NRCS National Engineering Manual.

NRCS National Environmental Compliance Handbook.

NRCS Cultural Resources Handbook.

注：可根据情况添加各州的参考文献。

保护实践效果（网络图）

（2014年3月）

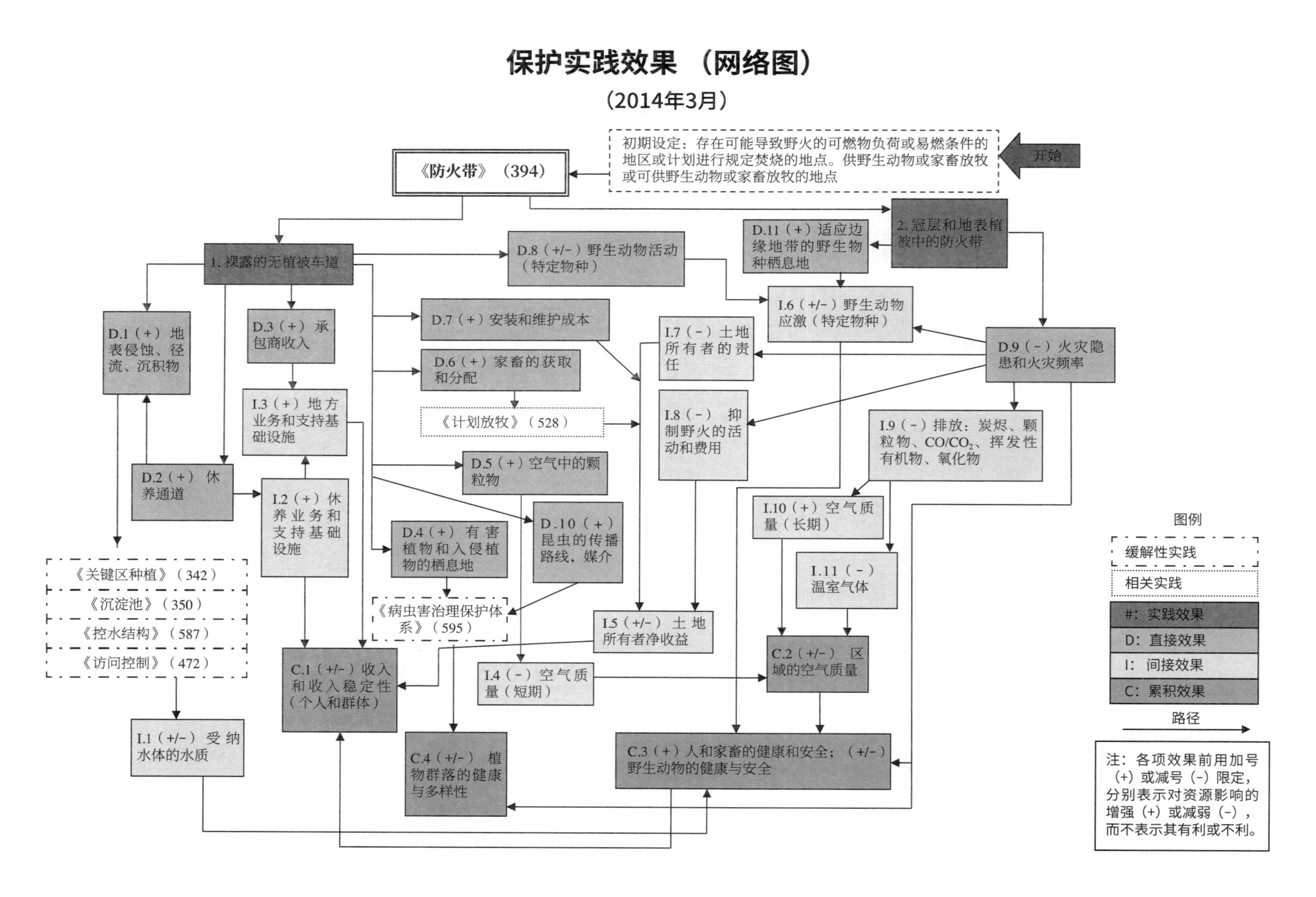

森林小径与过道

（655，Ac.,2017年10月）

定义

临时或不常使用的路线、小道或空地。

目的

- 为管理人员和设备提供临时、不常用的路线。
- 定期开放森林产品清理和采收过道。

适用条件

在林地上可设置包括滑轨在内的小径和过道。它们通常与大路连接，请参照保护实践《行车通道》（560）。

准则

适用于上述所有目的的总体准则

小径和过道的大小、坡度、数量和位置须一致，以实现预期目的。避免在承载力低的土地和其他环境敏感地区，诸如湿地、河岸地区、重要野生动物栖息地，设置小径和过道。最大限度地确定路线轮廓，并在斜坡上设置一定坡度（滚动倾角或滚动坡度）。在可行的情况下，上坡滑道（前端离地）尽量减少土壤的移动。从水体和水道开始设置小径和过道。如有必要，可缩小和减少河流交叉口的尺寸和数量。

确保小径和过道与公路接驳处的进出安全，参照保护实践《行车通道》（560）中的标准，包括设计施工并可能硬化路面以适应频繁、密集或重复的车辆交通的伐木支路。

必须确定小径和过道位置，尽量减少和缩小小径和过道的数量和尺寸，以减少对现场和场外的不利影响，如加速侵蚀、坡面破坏、水质和河岸区域退化、河道和河岸的破坏、水文改造、影响美观，以免对再生或其余种群造成不可挽回的损害或破坏野生动物栖息地。

为日后的管理活动而拟备或计划兴建的小径及过道，必须指定作重复使用，尽量减少修建新的小径和过道以及相关场地。设备的时间安排和使用必须适合场地和土壤条件，以保持场地的生产力并最大限度地减少车辙、侵蚀、位移和压实对土壤的影响。

排水和侵蚀控制措施必须与小径和过道结合起来，尽量减少之后的集中流道、侵蚀和沉积率带来的不利影响。使用后，河流交叉口将恢复并稳定下来。参照适用的排水和侵蚀–淤积预测技术，并使用保护实践，如《关键区种植》（342）、《控水结构》（587）、《跨河桥》（578）和《覆盖》（484），以及国家林业最佳管理条例。

注意事项

考虑林分破坏的加重对野生动物的影响，开放森林可以使一些野生生物物种（如早期的演替物种和边缘物种）受益，但对其他物种（如森林内部物种）却是有害的。

小径和过道，特别是在使用后，可以用于管理野生动物食物和种植植被。请参照野生动物生境标准中的适当标准，例如，《高地野生动物栖息地管理》（645）和《早期演替栖息地发展 / 管理》（647）。

适当位置和足够宽度的小径和过道位置适当，尺寸适宜，可以用作防火带。

以种植本地物种，恢复小径和过道的植被，可以采取有效措施防止物种侵入。

计划和技术规范

必须为各个地方制订适用本实践的规格说明，并使用批准的规范表、工作表、技术说明和保护计划中的叙述性陈述或其他可接受的文件进行记录。

运行和维护

对不良影响进行定期和及时的检查，必要时维护或恢复小径和过道及其相关措施。

小径和过道用于防火带时，要妥善维护和管理，发挥其防火屏障的作用，同时持续采用其他可接受的管理措施。

某些时间一些地区需要减少侵蚀，保证安全，履行责任以及降低维护成本，此时必须控制通往小径和过道的通道。根据需要使用保护实践《访问控制》（472）。

若不再需要小径和过道，可以将其关闭。使用保护实践《关闭和处理道路 / 小径 / 场地》（654）。

参考文献

Garland, John J. 1997. Designated Skid Trails Minimize Soil Compaction. Woodland Workbook, Oregon State University Extension Service, EC 1110. Corvallis, OR. http：//ir.library.oregonstate.edu/xmlui/bitstream/handle/1957/13887/ec1110.pdf?sequence=3.

University of Minnesota. 2013. Broad-based dips. Forest management practices fact sheet： Managing Water Series. http：//www.extension.umn.edu/environment/trees-woodlands/forest-management-practices-fact-sheet-managing-water-series/broad-based-dips/.

保护实践概述

（2017年10月）

《森林小径与过道》（655）

森林小径与过道涉及建设和管理临时或不常用的路线、小径或空地。

实践信息

设置和维护森林小径和过道，作为开展管理活动的不常用通道，如林分改造、剪枝、扑火或采收林产品。保护的目标是允许适当进入区域，同时尽量减少对其他自然资源的场内和场外破坏。

技术规范应考虑以下元素：

- 设备的时间安排和使用，以便保持场地生产力，同时尽量减少土壤扰动。
- 对砍伐物、木屑和植物材料进行管理，避免造成不可接受的火灾或虫害危害。
- 适当设计阻水栏栅和其他排水措施。
- 播种以控制水土流失。
- 种植为野生动物提供食物和庇护的植被。
- 森林小径与过道位置应能够保持该地区的美学特征。
- 定期清理废弃物和垃圾。
- 在管理活动结束后关闭小径，帮助治理水土流失和减少维护费用。

常见相关实践

保护实践《森林小径与过道》（655）通常与《行车通道》（560）、《关键区种植》（342）、《防火带》（394）、《林分改造》（666）、《防火线》（383）、《覆盖》（484）、《跨河桥》（578）、《控水结构》（587）、《乔木 / 灌木修剪》（660）、《高地野生动物栖息地管理》（645）、《木质残渣处理》（384）等保护实践一起应用。

保护实践的效果——全国

土壤侵蚀	效果	基本原理
片蚀和细沟侵蚀	-1	对通道和空地进行处理，尽量减少水对土壤的剥离。
风蚀	0	受干扰区的面积不足以遭受风蚀。
浅沟侵蚀	-1	对通道和空地进行处理，尽量减少水对土壤的剥离。
典型沟蚀	-1	森林小径与过道的设计、位置和维护应尽量减少对各类资源造成的现场和场外影响。
河岸、海岸线、输水渠	0	森林小径与过道的设计、位置和维护应尽量减少对各类资源（包括河岸）造成的现场和场外影响。
土质退化		
有机质耗竭	-1	清除某一地点的木本植被同时也会清除原本可能成为土壤有机质的有机物质。
压实	1	使用指定的小径将土壤压实限制在有限区域内。
下沉	0	不适用
盐或其他化学物质的浓度	0	土壤的化学成分不会因植被的干扰或短期操作而改变。
水分过量		
渗水	0	不适用
径流、洪水或积水	0	应避开潮湿和易发洪水的地区。
季节性高地下水位	0	应避开潮湿和易发洪水的地区。
积雪	0	不适用
水源不足		
灌溉水使用效率低	0	不适用
水分管理效率低	0	不适用
水质退化		
地表水中的农药	0	不适用
地下水中的农药	0	不适用
地表水中的养分	1	适当的设计、位置和维护能够最大限度地减少伐木期间向场外输送受干扰地区的沉积物和养分。
地下水中的养分	0	不适用
地表水中的盐分	0	不适用
地下水中的盐分	0	不适用
粪肥、生物土壤中的病原体和化学物质过量	0	不适用
粪肥、生物土壤中的病原体和化学物质过量	0	不适用
地表水沉积物过多	0	小径的设计应尽量减少侵蚀。
水温升高	0	不适用
石油、重金属等污染物迁移	0	不适用
石油、重金属等污染物迁移	0	不适用
空气质量影响		
颗粒物（PM）和 PM 前体的排放	0	不适用
臭氧前体排放	0	不适用
温室气体（GHG）排放	0	不适用
不良气味	0	不适用

（续）

植物健康状况退化	效果	基本原理
植物生产力和健康状况欠佳	1	小径与过道的位置应能够避免对理想植物造成负面影响，并允许进入区域开展管理活动，以便提高植物生产力、健康水平和生长活力。
结构和成分不当	0	选择物种时，以适应的和适合的为主。
植物病虫害压力过大	1	小径与过道有利于管理不需要的植被。
野火隐患，生物量积累过多	3	过道可作为减少活动中的防火带以及燃料通往现场的通道。
鱼类和野生动物——生境不足		
食物	1	受干扰区重建植被，并为野生动物提供部分食物。
覆盖 / 遮蔽	1	受干扰区重建植被，并为野生动物提供部分遮蔽。
水	-1	不适用
生境连续性（空间）	-1	冠层覆盖地区的防火带可能会中断某些野生物种栖息地的连续性。
家畜生产限制		
饲料和草料不足	1	通过动物分布可使家畜更容易获得草料。
遮蔽不足	0	不适用
水源不足	0	不适用
能源利用效率低下		
设备和设施	0	不适用
农场 / 牧场实践和田间作业	1	提高收获作业的效率。

CPPE 实践效果：5 明显改善；4 中度至明显改善；3 中度改善；2 轻度至中度改善；1 轻度改善；0 无效果；-1 轻度恶化；-2 轻度至中度恶化；-3 中度恶化；-4 中度至严重恶化；-5 严重恶化。

工作说明书—— 国家模板

（2010年1月）

此类可交付成果适用于个别实践。其他规划实践的可交付成果参考具体的工作说明书。

设计

可交付成果

1. 能够证明符合自然资源保护局实践中相关准则并与其他计划和应用实践相匹配的设计文件。
   a. 保护计划中确定的目的。
   b. 客户需要获得的许可证清单。
   c. 符合自然资源保护局国家和州公用设施安全政策（《美国国家工程手册》第 503 部分《安全》，第 503.00 节至第 503.22 节）。
   d. 制订计划和规范所需的与实践相关的计算和分析，包括但不限于：
      i. 确定适当的场地覆盖范围，小径和过道大小、坡度，使用时间和排水情况，以便安全进出，实现预期目的
      ii. 指定湿地、水体和溪流及其他环境敏感区域的适当后退
      iii. 采取缓解措施，减少野火和病虫害危害、控制侵蚀、径流、土壤压实和土壤位移至可接受水平
      iv. 指定在今后活动中重新使用的小径与过道，尽量减少对环境的影响
2. 向客户提供书面计划和规范书包括草图和图纸，充分说明实施本实践并获得必要许可的相应要求。
3. 所需运行维护工作的相关文件。

4. 证明设计符合实践和适用法律法规的文件。
5. 安装期间，根据需要所进行的设计修改。

注：可根据情况添加各州的可交付成果。

安装

可交付成果

1. 与客户进行的实施前会议。
2. 验证客户是否已获得规定许可证。
3. 根据计划和规范（包括适用的布局注释）进行定桩和布局。
4. 根据需要提供的应用指南。
5. 协助客户和原设计方并实施所需的设计修改。
6. 在安装期间，就所有联邦、州、部落和地方法律、法规和自然资源保护局政策的合规性问题向客户 / 自然资源保护局提供建议。
7. 证明施用过程和材料符合设计和许可要求的文件。

注：可根据情况添加各州的可交付成果。

验收

可交付成果

1. 实施记录。
    a. 实践单位
    b. 实际使用和应用的缓解措施
2. 证明施用过程符合自然资源保护局实践和规范并符合许可要求的文件。
3. 进度报告。

注：可根据情况添加各州的可交付成果。

参考文献

NRCS Field Office Technical Guide（eFOTG）, Section IV, Conservation Practice Standard – Forest Trails and Landings, 655.

National Engineering Manual, Utility Safety Policy.

NRCS National Forestry Handbook（NFH）, Part 636.4.

NRCS National Environmental Compliance Handbook.

NRCS Cultural Resources Handbook.

注：可根据情况添加各州的参考文献。

保护实践效果（网络图）

（2017年10月）

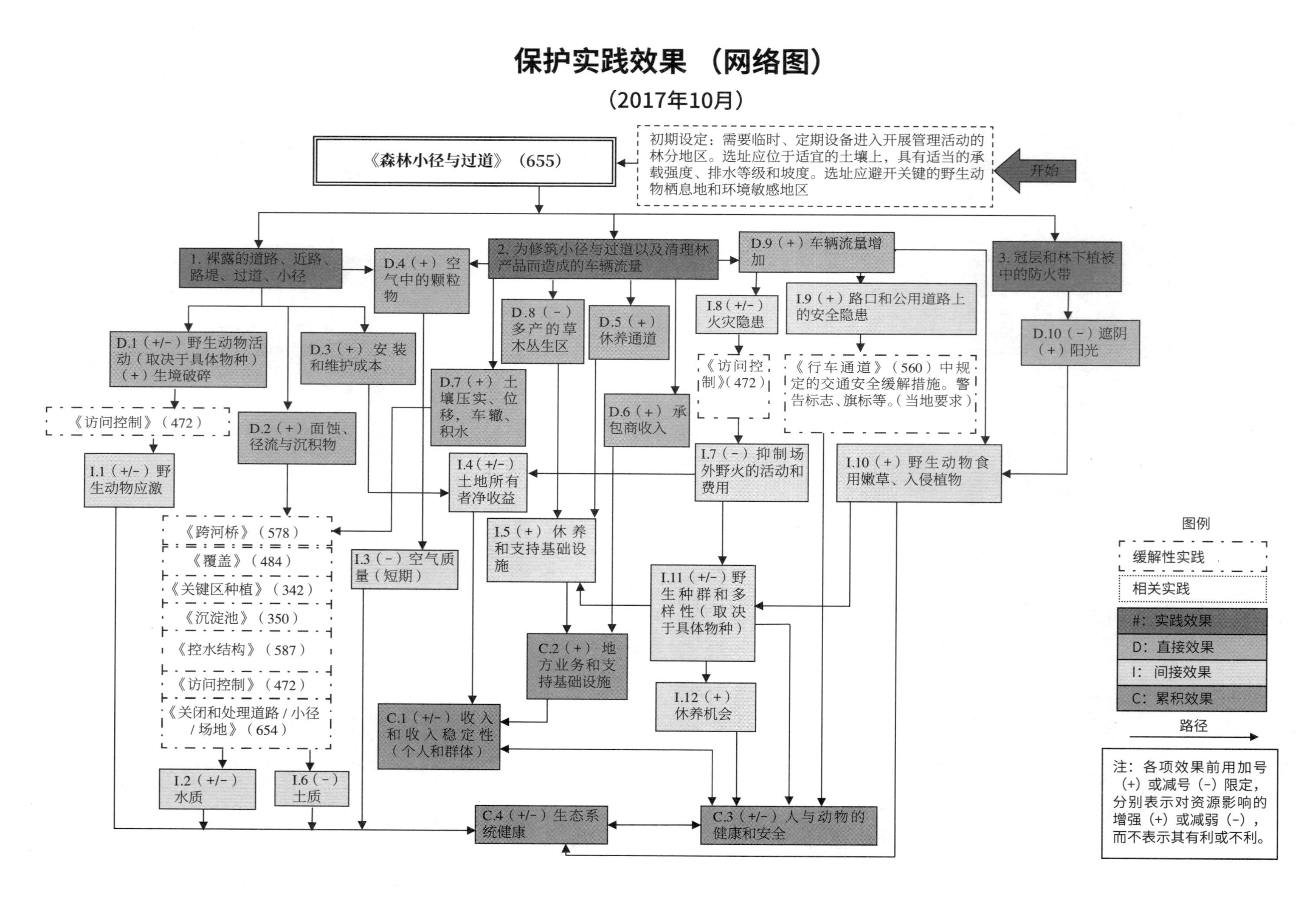

防火线

（383，Ac., 2005年5月）

定义

已减少或改造其上附有植被、碎屑和碎石的片状或块状土地，来控制或减缓穿过片状或块状土地的火灾蔓延风险。

目的

通过处理、移除和改造植被、碎屑和碎石来控制或减缓火灾蔓延。

适用条件

本实践适用于防止火灾。

准则

适用于上述所有目标的总体准则

防火线林带或阻隔带必须保证有一定的长度和宽度，以达到预期的目的。

设置防火线，以尽量降低对受保护资源和结构的破坏。

上层树冠尽可能薄而疏，从而减少发生树冠火灾的风险。

易燃层要垂直分离，防止引发呈梯形燃烧，即低层易燃植物与上层不相连，防止引燃上层，甚至更高的树冠。

充分处理或移除砍伐物，并在同一时间最大限度地减轻燃料负荷到可接受的火灾风险水平，降低害虫和病害的发病率，按照《木质残渣处理》（384）。

管理禾本科植物和非禾本草本植物来尽量减少细小颗粒可燃物。

建立防火植被来进一步降低火灾蔓延风险。

注意事项

在脊顶和山谷底部设置防火线。如果可以预测风向，防火线应与风向垂直，或设立在受保护区域的迎风侧。

可使用规定放牧的管理方法来减少林下细小颗粒可燃物。

防火线建立时在生态场所未被移除的砍伐物，可用来改善野生动物栖息地。

选择能够满足本区域野生动物需求的植物物种。

防火线的设计和分布应满足多重需要。

考虑设置防火线对文化资源、濒危物种、自然保护区和湿地的有益和不利影响。

计划和技术规范

应用本实践的技术规范应为每个场地做准备，并采用保护计划和燃烧计划，或其他可接受的文档中批准的规范表、作业表、技术说明和叙述性声明做记录。

运行和维护

处理植被性防火线或在植被性防火线区放牧，以避免垃圾过量堆积，并控制有害植物侵入。

检查防火线上是否有枯树枝或被刮倒的树木等木质材料，并在必要时移除或处理，以控制火灾蔓延风险。

定期检查防火线，以控制火灾蔓延的风险。

在本实践的整个实施过程中保持最初的设计功能。

保护实践概述

（2012年7月）

《防火线》（383）

防火线是指已减少或改造其上附有植被、碎屑和碎石的带状或块状土地，来控制或减缓穿过片状或块状土地的火灾蔓延风险。

实践信息

为存在野火风险的土地单元规划防火线并设置在战略位置上。防火线通常是一个很容易进入的狭长的地带，宽度变化不一（取决于燃料和地形）。防火线分解了大片连续的稠密天然燃料，从而降低了发生野火的风险。

防火线需要进行治理或放牧管理，避免堆积过多的垃圾，并控制有害植物和入侵植物。

必须定期检查防火线，并清除或处理木质材料，如枯树枝或被吹倒的树枝，持续减少火势蔓延的风险。

常见相关实践

《防火线》（383）通常与《防火带》（394）、《行车通道》（560）、《森林小径与过道》（655）、《木质残渣处理》（384）等保护实践一起应用。

对于设置防火线后具有腐蚀可能性的区域，可采用以下保护实践：《关键区种植》（342）、《沉淀池》（350）、《控水结构》（587）及《访问控制》（472）。

如果存在放牧或野生动物目标或问题，《高地野生动物栖息地管理》（645）和《规定放牧》（528）适用。

保护实践的效果——全国

土壤侵蚀	效果	基本原理
片蚀和细沟侵蚀	-1	植被及地表枯枝落叶层减少的地带有可能增加侵蚀性水能。
风蚀	-1	植被及地表枯枝落叶层减少的地带有可能增加侵蚀性水能。
浅沟侵蚀	-1	植被及地表枯枝落叶层减少的地带有可能增加侵蚀性水能。
典型沟蚀	-1	植被及地表枯枝落叶层减少的地带有可能增加侵蚀性水能。
河岸、海岸线、输水渠	0	不适用
土质退化		
有机质耗竭	-4	在植被减少的地区，养分循环减弱。
压实	-2	植被处理设备可以压实土壤。
下沉	0	不适用
盐或其他化学物质的浓度	0	不适用
水分过量		
渗水	0	不适用
径流、洪水或积水	0	不适用
季节性高地下水位	-1	如果清除植被，可能会减少对地下水的吸收。
积雪	0	不适用
水源不足		
灌溉水使用效率低	0	不适用
水分管理效率低	0	不适用
水质退化		
地表水中的农药	-1	如果使用除草剂，可能到达地表水中。
地下水中的农药	0	不适用
地表水中的养分	0	不适用
地下水中的养分	0	不适用
地表水中的盐分	0	不适用
地下水中的盐分	0	不适用
粪肥、生物土壤中的病原体和化学物质过量	0	不适用
粪肥、生物土壤中的病原体和化学物质过量	0	不适用
地表水沉积物过多	-1	植被减少的地区，泥沙输送会有所增加。
水温升高	0	不适用
石油、重金属等污染物迁移	0	不适用
石油、重金属等污染物迁移	0	不适用
空气质量影响		
颗粒物（PM）和 PM 前体的排放	1	通过降低野火的发生率，可最大限度地减少颗粒物的排放。
臭氧前体排放	1	通过降低野火的发生率，可最大限度地减少颗粒物的排放。
温室气体（GHG）排放	1	由于野火发生率降低，二氧化碳排放量也随之减少。
不良气味	0	不适用
植物健康状况退化		
植物生产力和健康状况欠佳	3	利用场地资源的残余植物减少。
结构和成分不当	0	残余植物适应、适宜当地条件。
植物病虫害压力过大	-1	不需要的物种可以在植被被处理过的地区定居。
野火隐患，生物量积累过多	5	隔开了可燃物载量。
鱼类和野生动物——生境不足		
食物	1	经过处理的区域可以提供额外的食物来源。
覆盖 / 遮蔽	-1	植被得到处理，数量减少。
水	-1	不适用

（续）

鱼类和野生动物——生境不足	效果	基本原理
生境连续性（空间）	0	植被地区设置的防火线可能会中断某些野生物种栖息地的连续性，并为其他物种创造多样性。
家畜生产限制		
饲料和草料不足	1	可长期偏爱草料品种，保持本实践持续有效。
遮蔽不足	0	植被数量减少。
水源不足	0	不适用
能源利用效率低下		
设备和设施	0	不适用
农场 / 牧场实践和田间作业	0	不适用

CPPE 实践效果：5 明显改善；4 中度至明显改善；3 中度改善；2 轻度至中度改善；1 轻度改善；0 无效果；−1 轻度恶化；−2 轻度至中度恶化；−3 中度恶化；−4 中度至严重恶化；−5 严重恶化。

工作说明书—— 国家模板

（2010年1月）

此类可交付成果适用于个别实践。其他规划实践的可交付成果参考具体的工作说明书。

设计

可交付成果

1. 能够证明符合自然资源保护局实践中相关准则并与其他计划和应用实践相匹配的设计文件。
   a. 保护计划中确定的目的。
   b. 客户需要获得的许可证清单。
   c. 制订计划和规范所需的与实践相关的计算和分析，包括但不限于：
      i. 防火线的宽度、长度和位置，包括剩余植被的状况和范围
      ii. 剩余林区上层林冠的林分蓄积量 / 间距（如适用），包括梯级阶梯可燃物的处理
      iii. 采伐迹地治理的范围和时间［配合《木质残渣处理》（384）号实践实施］
      iv. 精细小可燃物（草和杂草）的处理（如适用）
      v. 中智防火植被（如适用）
2. 向客户提供书面计划和规范书包括草图和图纸，充分说明实施本实践并获得必要许可的相应要求。
3. 所需运行维护工作的相关文件。
4. 证明设计符合实践和适用法律法规的文件。
5. 安装期间，根据需要所进行的设计修改。

注：可根据情况添加各州的可交付成果。

安装

可交付成果

1. 与客户进行的实施前会议。
2. 验证客户是否已获得规定许可证。
3. 根据平面图和技术规范（包括适用的布局说明），布局和（如适用）上层“留”树或“取”树的样本标记。
4. 根据需要提供的应用指南。

5. 协助客户和原设计方并实施所需的设计修改。
6. 在安装期间，就所有联邦、州、部落和地方法律、法规和自然资源保护局政策的合规性问题向客户 / 自然资源保护局提供建议。
7. 证明施用过程和材料符合设计和许可要求的文件。

注：可根据情况添加各州的可交付成果。

验收

可交付成果

1. 实施记录。
   a. 实践单位
   b. 实际使用和应用的缓解措施
2. 证明施用过程符合自然资源保护局实践和规范并符合许可要求的文件。
3. 进度报告。

注：可根据情况添加各州的可交付成果。

参考文献

NRCS Field Office Technical Guide（eFOTG）, Section IV, Conservation Practice Standard – Fuel Break, 383.

NRCS National Forestry Handbook（NFH）, Part 636.

NRCS National Environmental Compliance Handbook.

NRCS Cultural Resources Handbook.

注：可根据情况添加各州的参考文献。

保护实践效果（网络图）

（2017年10月）

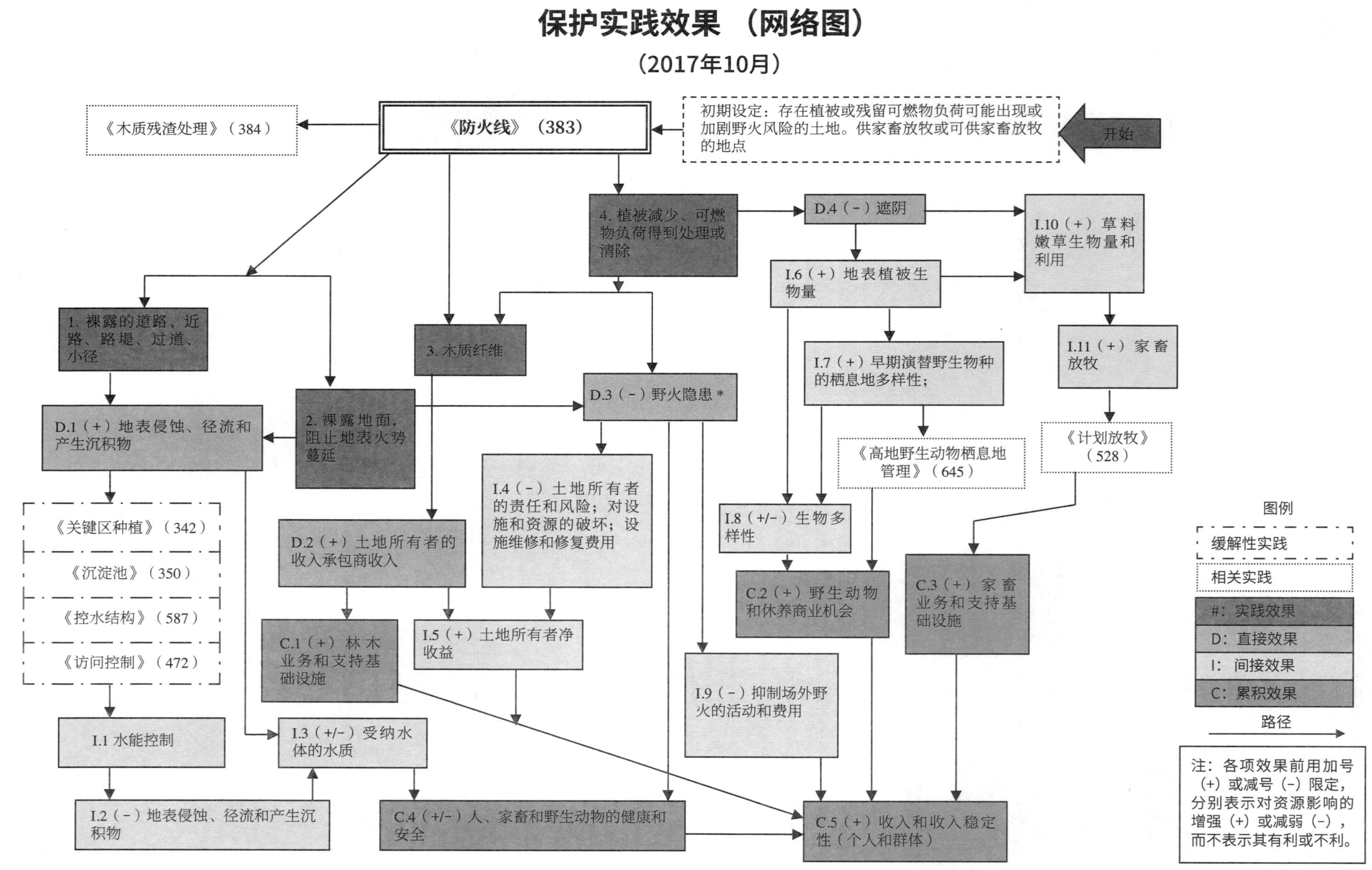

草本杂草处理

（315，Ac.，2017年3月）

定义

清除或控制草本杂草，包括入侵植物、有害植物和被禁植物。

目的

- 提高草料和嫩草的可获得性、数量和质量。
- 恢复或释放与场地潜力相一致的原生植物或创造理想植物群落和野生动物栖息地。
- 保护土壤、控制侵蚀。
- 减少细小可燃物的负荷和野火隐患。
- 将分布广泛的植物物种控制到便于处理的理想水平，这最终有助于构建或维持生态单元描述中的“稳定状态”，以满足草料、野生动物栖息地和水质要求。
- 改善牧场的健康水平。

适用条件

除了需要移除、减少或处理草本植被的活跃农田外，所有土地都要进行这种处理。

本实践不适用于通过人工引火清除草本植被［参照保护实践《计划烧除》（338）］或清除草本植物以改变土地用途［参照保护实践《土地清理》（460）］。

准则

适用于所有目的的一般准则

为了实现对目标物种的预期控制和对所需物种的保护，进行草本杂草处理。这将通过机械、化学或生物方法单独或组合完成。

除了利用食草动物进行生物控制外，自然资源保护局将不会制订生物或化学处理建议。保护实践《计划放牧》（528）用于确保预期的结果得到实现和维护。

自然资源保护局可为客户提供可接受的生物或化学控制参考。为客户提供现行有效的可接受参考，实现期望的管理目标。

使用除草剂时，必须遵循农药标签上列出的环境危害和特定地点的使用标准，以及在推广服务和其他经批准的害虫管理参考资料中所包含的标准。

草本杂草处理包括实现资源管理目标所需的后处理措施。

家畜和人员的接触将根据所采用的治理方法和化学品标签上列出的限制加以管控。

治理管理或处置处理过的杂草，防止草本杂草向新地点蔓延。

为提高饲料草料和嫩草的可获得性、数量和质量而制订的附加准则

草本杂草的处理要以尽量减少对饲料草料或其他非目标植物的负面影响的方式进行。草本杂草控制处理的时间和顺序应与保护实践《计划放牧》（528）或《牧草收割管理》（511）的规范相一致。

恢复或释放与场地潜力相一致的原生植物或创造理想植物群落和野生动物栖息地的附加准则

处理草本杂草时，要保护本地原生植物或理想植物物种的健康水平和生长活力。

健康和活力。使用适用的生态单元描述（ESD）状态和过渡模型或其他合适信息，以树立制订符合。处理措施须与生态场所的动态变化相一致，并与现状和植物群落结构的形成阶段相对应。其中，植物群落的形成阶段取决于理想植物群落所具有的支撑潜力和能力。如果生态场所描述不可用，基本技术规范则应给出理想植物群落组成、结构以及功能。

在一年中杂草最脆弱的时期清理杂草，这将促进当地原生植物或理想植物群落的恢复。

进行草本杂草处理时，符合保持或增强重要野生动物栖息地的要求。

在一年中进行草本杂草处理，以适应目标野生动物和传粉昆虫的繁殖和其他生命周期的要求。

处理草本杂草时，采用维持或增强植物群落组成和结构的处理方法，以满足目标野生物种的需求。

土壤保护和控制侵蚀的附加准则

清理草本杂草，尽量减少土体扰动和土壤侵蚀。为保护土壤、防止侵蚀，可以采用额外的处理措施。

减少细小可燃物负荷和野火隐患的附加准则

以创造本地原生植物或理想植物群落的方式来处理杂草种类，从而降低积累过多燃料负荷和野火隐患增加的可能性。

处理杂草时，尽量降低对空气资源造成意外影响的可能性（例如烟雾、化学物漂移等）。

控制分布广泛的植物物种达到预期处理水平的附加准则

已计划并将实施附加处理措施，通过应用该处理来实现对分布广泛的植物物种的有效控制。

改善牧场健康水平的附加准则

进行草本杂草处理，提高本地原生植物或理想植物种类的健康水平和生长活力。

根据适当的生态单元描述里适用的“牧场健康参照工作表”，完成牧场健康评估。确定侵入的原因，提供过程（例如干扰、扩散、繁殖、资源获取、环境、生命策略、压力、妨碍等）。必须基于过程原则采用适当的工具和策略。

在一年中杂草最脆弱的时期清理杂草，这将促进当地原生植物或理想植物群落的恢复。

使用适应性管理来设计和执行计划，这是一种用于调整的反馈机制，因为可以从早期的管理应用程序中获得知识。

注意事项

考虑使用保护实践《病虫害治理保护体系》（595）帮助来支持草本杂草管控和杂草管理。在选择造成土体扰动的治理方法时，要考虑土壤侵蚀潜力和植被建植的难度。

考虑适当的处理时间。一些草本杂草管理活动在一年内进行就有成效；其他草本杂草可能需要多年清理才能达到预期目标。

考虑到对野生物种的影响，一般来说，创造一种马赛克图案的清理方法可能是最可取的。

在规划草本杂草管理方法和数量时，应考虑对野生动物的食物供应、空间和覆盖范围的影响。

使用化学农药农药时，可能需要国家颁发的许可证。

为了达到保护空气质量的目的，考虑使用化学方法进行草本杂草处理，尽量减少化学物漂移和过量化学物的使用，并应考虑采用机械方法处理杂草，以尽量减少颗粒物的夹带。

在使用化学品之前，必须考虑邻近土地的用途。

计划和技术规范

根据本实践中所包含的标准，为每片农田或处理单元制订计划和规范。草本杂草处理措施计划至少应包括：

- 目标和目的声明。
- 场地规划平面图和土壤图。
- 目标植物的预处理覆盖物或密度，以及计划的处理后覆盖物或密度。
- 说明或确定待处理区域的地图、图纸和描述、处理模式（如适用），以及不受干扰的区域。
- 监测计划，确定应测量什么（包括时间和频率）和将对植物群落造成的变化（与目标相比）。

机械处理方法

计划和规范将包括以上所列 1 ~ 5 项，并加上以下内容：

- 用于处理的设备类型。
- 为实现有效处理设置的日期。

- 操作说明（如适用）。
- 需要遵守的技术和程序。

化学处理方法

计划和规范将包括以上所列 1 ～ 5 项，并加上以下内容：

- 进行目标物种的控制和管理时，可接受的化学处理参考。
- 记录使用的技术、计划的日期和使用率。
- 使用 WIN-PST 或选择其他获批准工具处理时，评估和解释所选择的除草剂的风险。
- 为了确保最安全、有效地使用除草剂，必须考虑采取一切特殊缓解措施、时间或其他因素（如土壤质地和有机质含量）。
- 产品标签说明参照。

生物处理方法

- 计划和规范将包括以上所列 1 ～ 5 项，并加上以下内容：
- 对选定的用于控制和管理目标物种的生物制剂可接受的生物处理参考。
- 文档发布日期、类型和药剂号。
- 放牧的时间、频率、持续时间和强度。
- 放牧的程度，以便对目标物种进行有效管理。
- 所需的非目标物种的最大允许使用程度。
- 与所选择的处理方式有关的特殊缓解措施、预防措施或要求。

运行和维护

运行

草本杂草管理措施应采用经批准的材料和程序。运行要遵守当地、州和联邦的所有法律和条例。

操作员将为接触化学品的人员制订安全计划，包括紧急治疗中心的电话号码和地址，以及最近的中毒控制中心的电话号码。

在遇到非紧急情况也可拨打俄勒冈州科瓦利斯的国家农药信息中心电话号码：1-800-858-7384，工作时间：周一至周五，太平洋时间上午 6 时 30 分至下午 4 时 30 分。国家化学品运输应急中心的电话号码：1-800-424-9300。

- 按标签要求对井、季节性溪流、河流、天然或蓄水池塘和湖泊以及水库进行混合或装载回填。
- 根据标签说明或联邦、州、地区和当地法律，在处理过的农田周围张贴标志。同时遵循时间间隔限制。
- 根据标签说明或联邦、州、地区和当地法律，处置除草剂和除草剂容器。
- 阅读并遵守标签说明，并持有适当的材料安全数据表。可在互联网上访问：http：//www.greenbook.net/ 查看材料安全数据表和除草剂标签。

在每个季节使用前，以及在每个主要化学品和变更场地之前，根据建议校准施肥设备。

- 对于喷淋设备上磨损的喷嘴、破碎的软管和有缺陷的压力表，应进行更换。
- 持有至少 2 年的植物管理记录。除草剂施用记录应符合美国农业部农产品市场服务的农药备案程序和州的特定要求。

维护

在对该情况进行长时间监测并收集可靠数据后，通过评估目标物种是否再生或重现来判断实践是否成功。评估期的长短取决于被监测的草本杂草种类、繁殖体（种子、植物材料和根）与场地的接近度、种子的传播方式（风或动物）以及所用的方法和材料。

初次施用之后，可能会有草本杂草再生、重新发芽或重现的情况。当杂草植株最脆弱时，应根据需要制订期望的程序来对个别植物或区域再进行局部处理。

定期回顾和更新计划：结合新的 IPM 技术，对放牧管理和复杂的杂草种群变化作出处理，避免杂草对除草剂化学品产生抗性。

参考文献

Alex, JF and CM Switer 1982. Ontario weeds Publ 505, University of Guelph – Ontario Agricultural College, Guelph, Ontario, Canada.

American Sheep Industry, A Peischel and DD Henry, Jr., 2006. Targeted Grazing： a Natural Approach to Vegetation Management and Landscape Enhancement.

Ciba-Geigy Corp Plants that poison livestock： Information chart.

Cornell University Department of Animal Science. Plants Poisonous to Livestock and Other Animals [Online] Available at： http：//www.ansci.cornell.edu/plants/.

DeWolf, G and M Hondalus 1988. Common Massachusetts plants poisonous to horses. University of Massachusetts Cooperative Extension Service, Amherst, Massachusetts.

Ensminger, ME 1992. The stockman's handbook.（7th Ed）The Interstate Printers and Publishers, Inc Danville, Illinois.

Evers, RA and RP Link 1972. Poison plants of the Midwest and their effects on livestock. Special Publication 24, University of Illinois – College of Agriculture, Urbana, Illinois.

Hamilton, GW and JR Mitchell 2001. [Online] Poisonous plants in pastures. Univ of New Hampshire Coop Ext Serv., Durham, New Hampshire. Available at http：//extension.unh.edu/resources/representation/Resource000623_Rep645.pdf（Accessed 15 October 2008）.

Hill, RJ and D Folland 1986. Poisonous plants of Pennsylvania. Pennsylvania Department of Agriculture, Harrisburg, Pennsylvania.

Peachey, E., A Hulting, T Miller, D Lyon, D Morishita and P Hutchinson. Pacific Northwest Weed Management Handbook. 2016. Oregon State University, Corvallis Oregon.

Radosevich, SR., JS Holt, and CM Ghersa 2007. Ecology of Weeds and Invasive Plants – Relationship to Agriculture and Natural Resource Management. Third Edition. Wiley-Interscience. A John Wiley & Sons, Inc 454pp.

Reed, CF 1970. Selected weeds of the United States. Agriculture Handbook No. 366, US Government Printing Office, Washington, DC.

Sheley, R., J James, B Smith, and E Vasquez 2010. Applying Ecologically Based Invasive-Plant Management Rangeland Ecology & Management, 63（6）： 605-613.

USDA-ARS 2006. Bulletin 415 - Plants poisonous to livestock in the Western states.［Online］. Available at http：//www.ars.usda.gov/services/docs.htm?docid=12140（Updated 08 February 2006, accessed 15 October 2008）.

Whitson, TD., LC Burrill, SA Dewey, DW Cudney, BE Nelson, RD Lee, and R Parker 1992. Weeds of the West. Western Society of Weed Science in cooperation with the Western United States Land Grand Universities Cooperative Extension Services and the University of Wyoming. 630pp.

保护实践的效果——全国

土壤侵蚀	效果	基本原理
片蚀和细沟侵蚀	4	增加理想植物物种的健康水平和生产活力、增加地被植物，减少片蚀和细沟侵蚀。
风蚀	4	增加理想植物物种的健康水平和生产活力、增加地被植物，减少风蚀。
浅沟侵蚀	2	增加理想植物物种的健康水平和生产活力、增加地被植物，减少侵蚀的可能性。
典型沟蚀	2	增加理想植物物种的健康水平和生产活力、增加地被植物，减少侵蚀的可能性。
河岸、海岸线、输水渠	4	增加理想植物物种的健康水平和生产活力、增加地被植物，减少侵蚀的可能性。
土质退化		
有机质耗竭	0	不适用
压实	0	不适用
下沉	0	不适用
盐或其他化学物质的浓度	0	不适用
水分过量		
渗水	0	不适用
径流、洪水或积水	0	不适用
季节性高地下水位	0	不适用
积雪	0	不适用
水源不足		
灌溉水使用效率低	2	基于管理目标。
水分管理效率低	0	不适用
水质退化		
地表水中的农药	-1	农药可以用来控制植被。
地下水中的农药	0	不适用
地表水中的养分	0	不适用
地下水中的养分	0	不适用
地表水中的盐分	0	不适用
地下水中的盐分	0	不适用
粪肥、生物土壤中的病原体和化学物质过量	0	不适用
粪肥、生物土壤中的病原体和化学物质过量	0	不适用
地表水沉积物过多	0	由于植物群落地面地被植物减少了坡面漫流，可能出现轻微的改善。
水温升高	0	功能基的改变可能会产生一定效果。
石油、重金属等污染物迁移	0	不适用
石油、重金属等污染物迁移	0	不适用
空气质量影响		
颗粒物（PM）和 PM 前体的排放	0	通过机械方法或燃烧清除植被会增加短期 PM 排放，但草本杂草管制应该不会出现长期效果。
臭氧前体排放	0	通过化学方法或燃烧清除植被会增加短期挥发性有机化合物（VOC）和氮氧化物（NO_X）排放。但草本杂草管制应该不会出现长期效果。
温室气体（GHG）排放	1	焚烧植被会增加短期二氧化碳排放量。然而，草本杂草治理应该会产生积极的长期碳封存。
不良气味	0	不适用
植物健康状况退化		
植物生产力和健康状况欠佳	2	消除竞争性植物可以提高植物群落的健康、活力和生物多样性。
结构和成分不当	4	不需要的物种将通过物理、化学或生物手段清除，使其适合理想植物群落。
植物病虫害压力过大	4	消除竞争性植物可以提高植物群落的健康、活力和生物多样性。

（续）

植物健康状况退化	效果	基本原理
野火隐患，生物量积累过多	1	管理减少可燃物载量。
鱼类和野生动物——生境不足		
食物	2	植物的组成、结构、数量和可利用性都将得到改善。
覆盖 / 遮蔽	2	植被覆盖度将取决于清除的灌木丛种类和林分组成和结构的优化。最初，覆盖植被可能出现有轻微到重大的短期损失。
水	4	不适用
生境连续性（空间）	1	取决于栖息地特征的管理目标。
家畜生产限制		
饲料和草料不足	4	减少不需要的种类可增加家畜营养和生产所需的草料产量。
遮蔽不足	0	不适用
水源不足	0	不适用
能源利用效率低下		
设备和设施	0	不适用
农场 / 牧场实践和田间作业	0	不适用

CPPE 实践效果：5 明显改善；4 中度至明显改善；3 中度改善；2 轻度至中度改善；1 轻度改善；0 无效果；−1 轻度恶化；−2 轻度至中度恶化；−3 中度恶化；−4 中度至严重恶化；−5 严重恶化。

工作说明书—— 国家模板

（2010年4月）

此类可交付成果适用于个别实践。其他规划实践的可交付成果参考具体的工作说明书。

设计

可交付成果

1. 能够证明符合自然资源保护局实践中相关准则并与其他计划和应用实践相匹配的设计文件。
    a. 保护计划中确定的目的。
    b. 客户需要获得的许可证清单。
    c. 符合自然资源保护局国家和州公用设施安全政策（《美国国家工程手册》第 503 部分“安全”，第 503.00 节至 503.22 节）。
    d. 列出所有规定的实践或辅助性实践。
    e. 制订计划和规范所需的与实践相关的计算和分析，包括但不限于：
        i. 处理的时间和顺序
        ii. 确定的相关物种
        iii. 必要时，计划进行再处理
2. 向客户提供书面计划和规范书包括草图和图纸，充分说明实施本实践并获得必要许可的相应要求。
3. 确定在农田或牧场计划图上拟实施实践的区域。
4. 运行维护计划。
5. 证明设计符合实践和适用法律法规的文件。
6. 安装期间，根据需要所进行的设计修改。

注：可根据情况添加各州的可交付成果。

安装

可交付成果

1. 与客户进行的安装前会议。
2. 验证客户是否已获得规定许可证。
3. 根据计划和规范（包括适用的布局注释）进行定桩和布局。
4. 根据需要制订的安装指南。
5. 协助客户和原设计方并实施所需的设计修改。
6. 在安装期间，就所有联邦、州、部落和地方法律、法规和自然资源保护局政策的合规性问题向客户 / 自然资源保护局提供建议。
7. 证明安装过程和材料符合设计和许可要求的文件。

注：可根据情况添加各州的可交付成果。

验收

可交付成果

1. 实施记录。
    a. 实践单位
    b. 实际使用的材料
2. 证明施用过程符合自然资源保护局实践和规范并符合许可要求的文件。
3. 进度报告。
4. 与客户和承包商举行退出会议。

注：可根据情况添加各州的可交付成果。

参考文献

NRCS Field Office Technical Guide（eFOTG）, Section IV, Conservation Practice Standard Herbaceous Weed Control - 315.

NRCS National Range and Pasture Handbook.

NRCS National Environmental Compliance Handbook.

NRCS Cultural Resources Handbook.

注：可根据情况添加各州的参考文献。

保护实践效果（网络图）

（2017年8月）

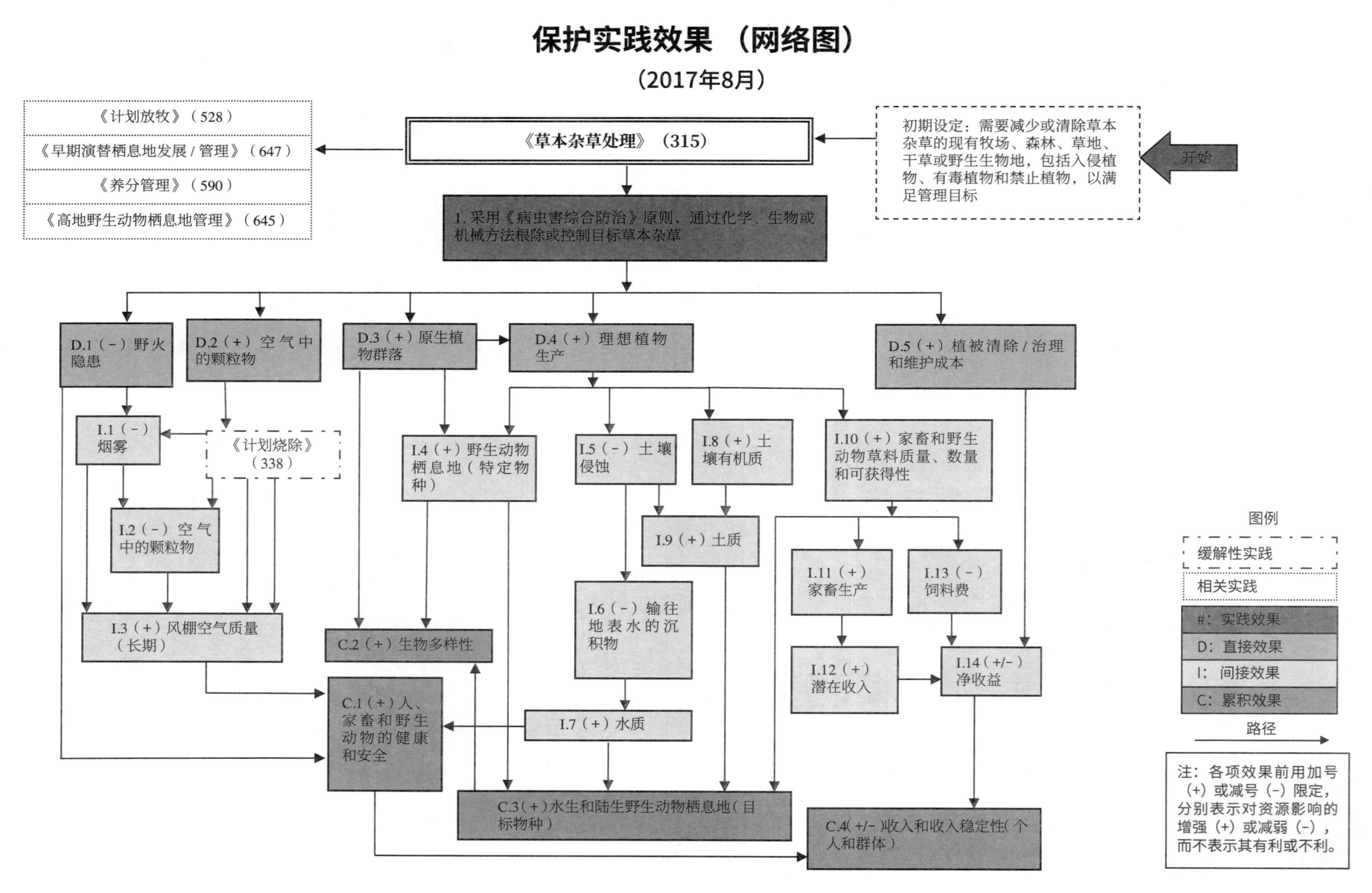

土地清理

（460，Ac., 2011年9月）

定义

为实现保护目的，从林区移走树木、树桩和其他植被。

目的

促进对现有土地进行必要的土地用途调整并做出改善，以达到保护自然资源的目的。

适用条件

本实践适用于林区，通过移除树木、树桩、灌木和其他植被以实现保护的目的。

准则

总体准则。所采用的清理和处理方法应当符合联邦、州和地方法律的规定。处理方法必须指出会对侵蚀控制、空气质量和水质造成的影响，以及对公众和财产安全造成的影响。

禁止将清除的杂物处理到立木或绿色木材中。这不仅能减少火灾，还能最大限度减少维护和重新清理的需求。将杂物堆在离周围的林地、建筑物或道路至少 100 英尺处。

清理杂物的处理方式应符合保护实践《木质残渣处理》（384）；或对杂物进行焚烧处理，应符合保护实践《计划烧除》（338）。

清理过的区域应便于用于计划的用途和土地处理。

水质。在被清理的区域和所有湿地、水体和水道之间留出一块 50 英尺宽的未被破坏的区域。

土质。当土壤水分含量达到一定程度导致土壤结构破坏或压实作用已达最小时，应进行清理。

必要时可在清理过的区域培植临时性植被以控制片流侵蚀、细沟侵蚀和风蚀，直到实现计划的土地用途为止。

注意事项

通用。在土地清理之前进行抢收，留下较高的树桩将会使最后清理和挖根活动变得更容易。

表层土的破坏和移动最小时进行土地清理时，应尽量减少破坏表层土。当土壤冻住时（在土壤覆盖最小的地区），在干旱少雨的夏季（在容易受水侵蚀的地区），在狂风发作低频时期（在容易受风侵蚀的地区），应考虑进行土地清理。

对于直径小于 4 英寸的树木，土地清理通常更有效。对于直径更大的树木，在土壤湿度低的时期应去除其根部或树冠。在土壤湿度高的时期，移动杂物会踩出很深的印迹并掩埋杂物，使最终的清理工作更加复杂。

文化资源。与此标准相关的破坏地表的活动有可能会影响到文化资源。应考虑使用对地面破坏最低的方法。

鱼类和野生生物资源。应特别注意保护鱼类和野生生物的栖息地。条状清理、成列堆积杂物以及保护巢穴和食物树等措施能够最大限度降低对野生生物的影响。

其他注意事项。应当考虑杂物堆的方位和布局，以促进对杂物的妥善处理并使地表水排放更加便利。应确定被系住的或推倒的树木的方向以保证它们彼此平行。杂物堆砌高度应与土地等高线平齐，要高、窄、紧凑、无土、无雪。一般来说，杂物堆应宽 15 ~ 25 英尺，高 10 ~ 15 英尺，间隔 150 ~ 200 英尺。间隔 200 英尺或者在其他需要设备路线、自然排水、地表径流和防火带的地方，至少杂物堆应有一个大约 30 英尺的开口（在杂物堆内部）。

选择适当的设备类型、规格，以及土地清理任务的能力，以便用经济上可行的方式促进工作的及时执行。

应考虑在刚清理的土地上采取一些减少杂草疯长或生长的活动。此外，通过掩埋、堆肥或覆盖杂物的方法，促进分解。

计划和技术规范

土地清理的计划和技术规范应当符合本实践，并应当描述使用本实践的要求，以达到其预期目的。计划和技术规范至少应包括：

- 待清理土地的平面图或限制条件说明。
- 需要回收的木材种类、原木长度，以及堆放位置。
- 所有未回收材料的处置要求。
- 杂物堆的方位和布局。
- 控制土壤侵蚀、水污染和空气污染的要求。
- 植被要求。
- 为促进土地应用和处理（如果适用可包括地表等级要求），在详细的土地说明书中概述被清理土地的现状。

运行和维护

应当为客户制订一份土地运行和维护计划。该计划应包括具体的说明，以确保本实践在其预期寿命中发挥预期的作用。

计划中要包含的最低要求有：

- 在控制不必要的外来植被的同时，执行植被覆盖保护的计划。
- 土地清理后对河道和水质进行保护。
- 当地面饱和时，使用重型设备穿越清理出区域的有关指导。
- 限制对使用机械处理、焚烧、杀虫剂和其他有损预期目标的化学物质的限制。

保护实践概述

（2012年12月）

《土地清理》（460）

土地清理指移除树木、树桩等植被，以便进行必要的土地利用调整和改善，利于保护。土地清理旨在为建立野生物种腾出土地。

实践信息

本实践适用于需要移除树木、树桩、灌木丛等植被以建立、重建或维护野生动物理想栖息地的林区。本实践不适用于为种植经济作物等其他目的而清理、填充或排干湿地。

在被清理区域及所有湿地、水体和常年溪流之间预留至少 50 英尺宽的防干扰带。必要时在规划土地用途就位前建立临时植被带。为减少压实度，避免在土壤湿度较高时清理。

土地清理的运行维护包括控制不利外来植被再生、保护河道、地面饱和时尽量减少使用重型设备以及适当使用农药和其他化学品。

常见相关实践

《土地清理》（460）通常与《灌木管理》（314）、《障碍物移除》（500）、《林分改造》（666）、《森林小径与过道》（655）、《稀有或衰退自然群落恢复》（643）、《高地野生动物栖息地管理》（645）等保护实践一同使用。

保护实践的效果——全国

土壤侵蚀	效果	基本原理
片蚀和细沟侵蚀	0	在规划用途就位前，需要设置临时植被，保护处理区域免受侵蚀。
风蚀	0	这一举措要求在规划土地用途就位之前，根据需要设置临时覆盖物，控制空地风蚀。
浅沟侵蚀	0	这一举措要求在规划土地用途就位之前，根据需要设置临时覆盖物，控制空地水蚀。
典型沟蚀	0	清理会减少植被，导致短期侵蚀加剧。
河岸、海岸线、输水渠	0	清理会减少植被，导致短期侵蚀加剧。
土质退化		
有机质耗竭	-3	有机物质可以通过清除掉。
压实	-1	清除可方便车辆通行。
下沉	0	不适用
盐或其他化学物质的浓度	0	不适用
水分过量		
渗水	0	不适用
径流、洪水或积水	-1	植被清除可增加径流。
季节性高地下水位	0	植被清除可减少蒸散量。
积雪	0	不适用
水源不足		
灌溉水使用效率低	0	不适用
水分管理效率低	0	不适用
水质退化		
地表水中的农药	-1	清除树木、树桩等植被会增加径流和侵蚀。
地下水中的农药	0	不适用
地表水中的养分	-1	清除永久性植被可能会增加径流和侵蚀，增加附着在沉积物上的养分向地表水的迁移。
地下水中的养分	0	不适用
地表水中的盐分	0	如果径流和侵蚀沉积物中含有盐分，清除覆盖物可能会增加盐分迁移。
地下水中的盐分	0	不适用
粪肥、生物土壤中的病原体和化学物质过量	-1	清除覆盖物可能会增加径流和侵蚀。
粪肥、生物土壤中的病原体和化学物质过量	0	不适用
地表水沉积物过多	-1	清除树木和植被会增加径流和侵蚀。缓解措施也是实践设计的一部分。
水温升高	-2	清除冠层覆盖可减少对溪流和水道的遮阴和冷却效果。缓解措施也是实践设计的一部分。
石油、重金属等污染物迁移	-1	清除覆盖物可能会增加径流和侵蚀。
石油、重金属等污染物迁移	0	不适用

（续）

空气质量影响	效果	基本原理
颗粒物（PM）和 PM 前体的排放	-1	设备运行会暂时产生颗粒物排放和废气排放。此外，土表扰动会释放颗粒物，而清理过的土地可能更容易受到风蚀产生的颗粒物（PM）。
臭氧前体排放	0	土地清理设备的车辆排放和臭氧前体短期内有所增加。
温室气体（GHG）排放	-1	如果材料燃烧或土表受到干扰，碳元素可能在材料处置过程中释放。
不良气味	0	不适用
植物健康状况退化		
植物生产力和健康状况欠佳	2	清除不需要的植物将为理想植物提供更好的生长环境。
结构和成分不当	0	不适用
植物病虫害压力过大	-2	不需要的物种可以在荒芜的地区定居。
野火隐患，生物量积累过多	4	活动减少可燃物负荷累积。
鱼类和野生动物——生境不足		
食物	-2	清除树木相关饵料。
覆盖 / 遮蔽	-2	清除植被将减少覆盖 / 遮蔽。
水	0	不适用
生境连续性（空间）	-2	土地受到干扰会导致栖息地破坏。
家畜生产限制		
饲料和草料不足	0	不适用
遮蔽不足	-2	清除植被将减少遮蔽。
水源不足	0	不适用
能源利用效率低下		
设备和设施	0	不适用
农场 / 牧场实践和田间作业	0	不适用

CPPE 实践效果：5 明显改善；4 中度至明显改善；3 中度改善；2 轻度至中度改善；1 轻度改善；0 无效果；-1 轻度恶化；-2 轻度至中度恶化；-3 中度恶化；-4 中度至严重恶化；-5 严重恶化。

工作说明书—— 国家模板

（2004年4月）

此类可交付成果适用于个别实践。其他规划实践的可交付成果参考具体的工作说明书。

设计

可交付成果

1. 能够证明符合自然资源保护局实践中相关准则并与其他计划和应用实践相匹配的设计文件。
   a. 保护计划中确定的目的。
   b. 客户需要获得的许可证清单。
   c. 制订计划和规范所需的与实践相关的计算和分析，包括但不限于：
      i. 确定适当的方法、强度和时间，有效和安全地清除树木、树桩等植被
      ii. 避让指定的湿地、水体和溪流
      iii. 在过渡到预期土地用途期间，将侵蚀、径流、土壤压实和土壤位移降低到可接受水平
2. 向客户提供书面计划和规范书包括草图和图纸，充分说明实施本实践并获得必要许可的相应要求。
3. 所需运行维护工作的相关文件。
4. 证明设计符合实践和适用法律法规的文件。

5. 安装期间，根据需要所进行的设计修改。

注：可根据情况添加各州的可交付成果。

安装

可交付成果

1. 与客户进行的实施前会议。
2. 验证客户是否已获得规定许可证。
3. 根据计划和规范（包括适用的布局注释）进行定桩和布局。
4. 根据需要提供的应用指南。
5. 协助客户和原设计方并实施所需的设计修改。
6. 在安装期间，就所有联邦、州、部落和地方法律、法规和自然资源保护局政策的合规性问题向客户 / 自然资源保护局提供建议。
7. 证明施用过程和材料符合设计和许可要求的文件。

注：可根据情况添加各州的可交付成果。

验收

可交付成果

1. 实施记录。
    a. 实践单位
    b. 实际使用和应用的缓解措施
2. 证明施用过程符合自然资源保护局实践和规范并符合许可要求的文件。
3. 进度报告。

注：可根据情况添加各州的可交付成果。

参考文献

NRCS Field Office Technical Guide（eFOTG）, Section IV, Conservation Practice Standard – Land Clearing, 460.

NRCS National Forestry Handbook（NFH）, Part 636.4.

NRCS National Environmental Compliance Handbook.

NRCS Cultural Resources Handbook.

注：可根据情况添加各州的参考文献。

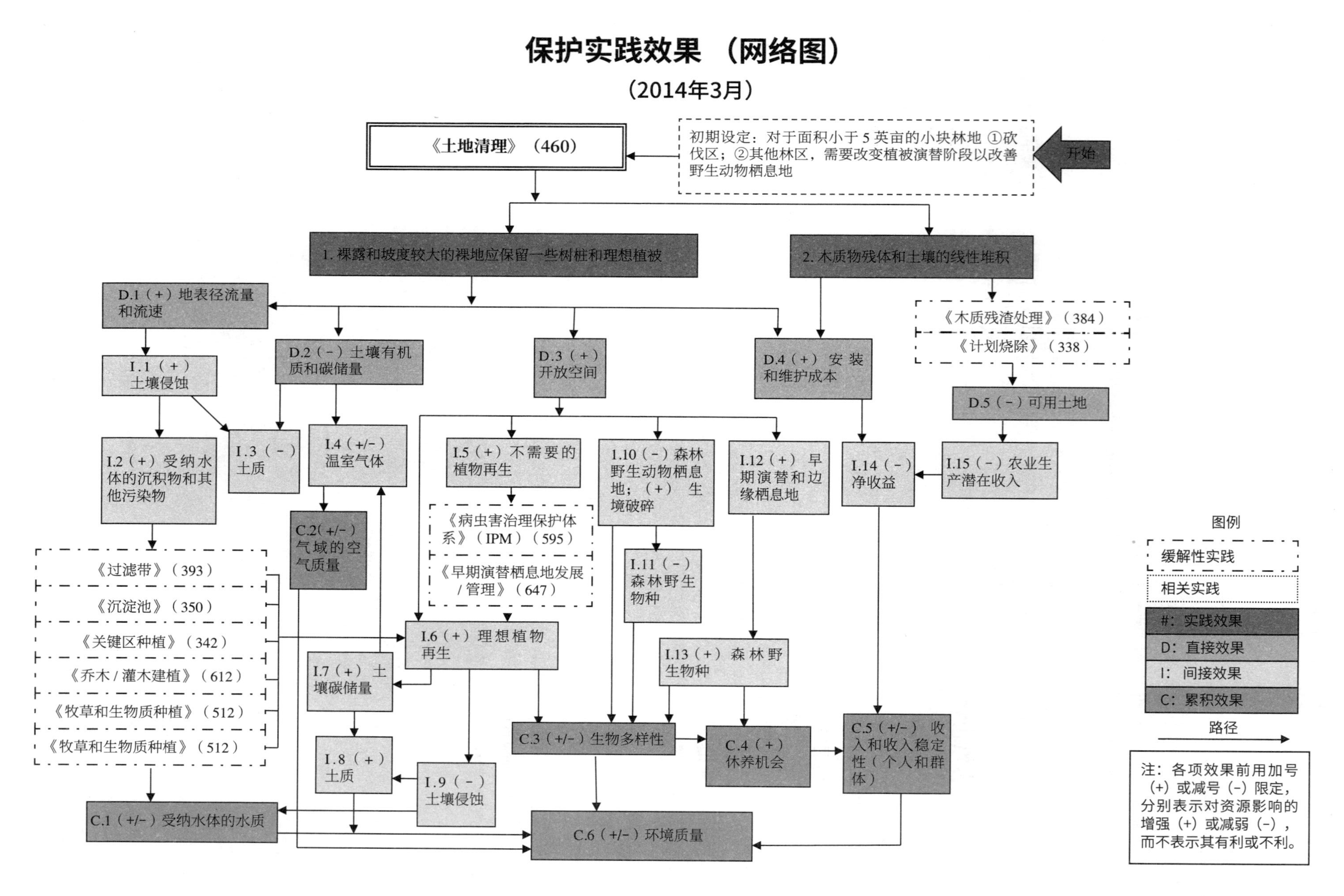

保护实践效果 （网络图）
（2014年3月）
开始
初期设定：对于面积小于 5 英亩的小块林地 ①砍伐区；②其他林区，需要改变植被演替阶段以改善野生动物栖息地
《土地清理》（460）
1. 裸露和坡度较大的裸地应保留一些树桩和理想植被
2. 木质物残体和土壤的线性堆积
《木质残渣处理》（384）
《计划烧除》（338）
D.1（+）地表径流量和流速
D.2（-）土壤有机质和碳储量
D.3（+）开放空间
D.4（+）安装和维护成本
D.5（-）可用土地
I.1（+）土壤侵蚀
I.2（+）受纳水体的沉积物和其他污染物
I.3（-）土质
I.4（+/-）温室气体
C.2（+/-）气域的空气质量
I.5（+）不需要的植物再生
《病虫害治理保护体系》（IPM）（595）
《早期演替栖息地发展/管理》（647）
I.10（-）森林野生动物栖息地；（+）生境破碎
I.11（-）森林野生物种
I.12（+）早期演替和边缘栖息地
I.13（+）森林野生物种
I.14（-）净收益
I.15（-）农业生产潜在收入
《过滤带》（393）
《沉淀池》（350）
《关键区种植》（342）
《乔木/灌木建植》（612）
《牧草和生物质种植》（512）
《牧草和生物质种植》（512）
I.6（+）理想植物再生
I.7（+）土壤碳储量
I.8（+）土质
I.9（-）土壤侵蚀
C.1（+/-）受纳水体的水质
C.3（+/-）生物多样性
C.4（+）休养机会
C.5（+/-）收入和收入稳定性（个人和群体）
C.6（+/-）环境质量
图例
缓解性实践
相关实践
#：实践效果
D：直接效果
I：间接效果
C：累积效果
路径
注：各项效果前用加号（+）或减号（-）限定，分别表示对资源影响的增强（+）或减弱（-），而不表示其有利或不利。

立体种植

（379，Ac., 2010年7月）

定义

为了丰富产品种类，上层种植树木或灌木，下层种植木本或非木本植物。

目的

- 在同一地区种植多种可共存的不同高度的作物，以提高作物多样性。
- 通过提高养分利用率和循环利用，保持或增加土壤有机质来改善土质。
- 提高植物生物量及土壤碳储量。

适用条件

适用于树木、灌木、木本作物或非木本作物混合种植的所有土地。本实践不适用于畜牧用地。

准则

适用于上述所有目的的总体准则

上层及下层木本或非木本植物的物种组合应兼容和互补。

植物的选择应基于其对气候区域、土壤特性和土壤承载力的适应性。任何树木或灌木的种植应选择适宜的地点。种植地点可参照保护实践《乔木 / 灌木场地准备》（490）。

已选树木及灌木树种的种植和养护需符合保护实践《乔木 / 灌木建植》（612）的相关规定。

冠层覆盖度的管理应使每一层植物达到最佳生长状态，这是由每层植物的生长目标决定的。

用于保护和生产目的的植物至少应能保持土壤有机质含量。

对于选定的一种或多种植物的种植区域，当降水量过低时，应为植物生根及生长提供水分。

选择抗虫害的植物品种。

选取的植物应有利于益虫栖息，包括昆虫传粉。

避免选择能够为作物或草料上携带的害虫提供栖息地的树木或灌木。

下列树木及灌木管理目标决定了上层植物冠层密度：

- 下层作物的光线需求及生长周期要求。
- 防侵蚀。
- 机械宽度及耕作面积。

对于经常或周期性遭受狂风袭击的区域，应增加迎风方向的冠层覆盖密度。

为了降低地表水径流量和易腐蚀耕地的腐蚀率，地面植被应充分覆盖且地表植物需朝向或位于等高线附近。必要时，可使用腐叶覆盖贫瘠土地。任何一层植物的苗床都应置于等高线上。

应控制树木或灌木的高度及宽度，这样系统内的地上和地下植被不会相互干扰。

通过提高养分利用率和循环利用，保持或增加土壤有机质来改善土壤质量的附加准则

为保护、生长和生产而选取的植物应能提高土壤有机质含量。

上层作物选择深根性品种。

上层和下层作物应包括固氮品种。

作物修剪后的残枝应保留在耕地中。

增加植物生物量和土壤碳储量的附加准则

为了获得最佳的碳储量，选择适合该耕地的植物种类，以确保其健康和活力，并为耕地提供充足的碳储存率。

为确保地上地下作物达到最高产量，应管理耕地使作物密度适宜。

耕种期间应最大限度减少土壤扰动。

种植下层作物时，最大限度减少土壤扰动。

注意事项

选择的作物、草料、树木及灌木应对土壤使用的化学药剂具有耐受性。

为了保持品种多样性，应使用本地物种以避免物种特异的害虫造成功能受损，使用本地物种可满足授粉动物和野生动植物的需要。

选择经济价值高的树木及灌木来获得最佳的经济效益。

考虑选择有重要文化意义的植物物种。

对于经常或周期性遭受狂风袭击的区域，考虑在立体种植地区的迎风侧使用《防风林/防护林建造》（380）中的植物。

预测可能发生的场外效应并相应地调整标准设计。

选定树木或灌木需要定期修剪时，考虑其抽芽能力。

计划和技术规范

针对各场地编制计划和技术规范，并且应符合本实践的规定，并使用经批准的规范表、工作表、技术说明和保护计划中的叙述性说明或其他可接受的文件进行记录。

运行和维护

应对树木、灌木、作物及草料进行定期检查，并保护其免受病虫害及竞争植被的不利影响。新栽种的树木或灌木应防止火灾及来自牲畜和野生动物的破坏。

所有其他详细规定的维护措施和树木/灌木种植技巧在植物成活前及确保种植前都应持续使用。这些举措包括移除已枯萎或即将枯萎的树木或灌木，出于安全原因修剪枯萎的树枝或受损的树枝，为了控制产品质量对选定的树枝进行定期修剪及控制不必要的竞争植物。

任何树木或灌木产品的移除、农业化学品的使用和维护操作应与本实践的既定目标保持一致。避免损害耕地及土壤，应遵守适用的联邦、州和地方关于场地内外影响的法规。

参考文献

Bentrup, Gary. 2008. Conservation buffers： design guidelines for buffers, corridors, and greenways. Gen. Tech. Rep. SRS-109. Asheville, NC： Department of Agriculture, Forest Service, Southern Research Station.

Josiah, Scott. 1999. Farming the forest for specialty products. Proceedings of the North American Conference on Enterprise.

Development through Agroforestry. University of Minnesota, Minneapolis, MN.

Josiah, Scott. 2001. Productive Conservation： Growing Specialty Forest Products in Agroforestry Plantings. National Arbor Day Foundation. Nebraska City, NE. http：//www.unl.edu/nac/morepublications/sfp2.pdf.

Thomas, M.G. 1993. Income Opportunities in Special Forest Products： Self-help Suggestions for Rural Entrepreneurs. Ag. Info Bulletin 666. USDA Forest Service. Washington, D.C. http：//www.fpl.fs.fed.us/documnts/usda/agib666/agib666.htm.

保护实践概述

（2012年6月）

《立体种植》（379）

立体种植是指管理现有的或种植的乔木或灌木的林分，在底层种植有能够提供各类产出的木本和非木本植物。

实践信息

立体种植要求制订和实施森林管理计划，其中应包括非木材森林产品（如树叶、蘑菇、浆果、根、坚果等）的生长、管理和收获，同时还需保留将木材产物作为长期经济投资对象进行管理的方案。本实践不适用于放牧土地。

保护效果包括但不限于：

- 通过增加有机质改善土质。
- 通过增加养分利用率和循环来改善水质。
- 通过增加植物生物量和土壤中的碳储量来改善空气质量。

常见相关实践

《立体种植》（379）通常与以下保护实践一并使用，包括《林分改造》（666）、《乔木/灌木建植》（612）、《乔木/灌木修剪》（660）、《乔木/灌木场地准备》（490）以及《访问控制》（472）。

保护实践的效果——全国

土壤侵蚀	效果	基本原理
片蚀和细沟侵蚀	1	植被和地表枯枝落叶层可减轻雨滴打击，减缓径流水流速，增强渗透。
风蚀	1	乔木或灌木会造成湍流，降低侵蚀性风速，并阻止沙砾跃移，形成稳定区。
浅沟侵蚀	1	冠层和土壤覆盖层降低了集中水流的冲蚀力度，限制了土壤颗粒的分离。
典型沟蚀	1	冠层和土壤覆盖层降低了集中水流的冲蚀力度，限制了土壤颗粒的分离。
河岸、海岸线、输水渠	0	不适用
土质退化		
有机质耗竭	5	永久性植被的根系和营养物质循环增加了植物的生物活性，从而提高了土表以及土壤有机质中的有机成分含量。
压实	2	根部渗透、有机质循环和生物活性有助于恢复土壤结构。
下沉	1	在较长的热带旱季期间，冠层覆盖和有机质可为土壤提供缓冲作用，减少有机质的氧化和损失。
盐或其他化学物质的浓度	1	植物可能会吸收一些盐分，而根部渗透的增强可提高土壤渗透性。
水分过量		
渗水	1	植物吸收多余水分；增加有机质含水量。
径流、洪水或积水	0	乔木或灌木提高土壤渗透性，但可能会减缓洪水排出该地区的移动能力。
季节性高地下水位	1	植物吸收多余水分；增加有机质含水量。

（续）

水分过量	效果	基本原理
积雪	0	不适用
水源不足		
灌溉水使用效率低	0	不适用
水分管理效率低	0	必须对作物进行调整和管理，以确保树木对可用水的利用。
水质退化		
地表水中的农药	3	混合多层作物的管理减少了治理虫害所需的化学品用量。此外，通过不同林冠层拦截化学物漂移也可以改善农药的降解情况。
地下水中的农药	1	混合多层作物的管理减少了治理虫害所需的化学品用量。此外，增加土壤有机质和生物活性有利于农药降解。
地表水中的养分	1	植物和土壤生物可吸收养分。
地下水中的养分	0	植物和土壤生物可吸收养分。有机质导致丹宁酸类增加。
地表水中的盐分	1	不同的冠层、表面覆盖层，以及有机质管理提高了渗透性能，并增加了灌溉或化学物质输入需量。
地下水中的盐分	0	不适用
粪肥、生物土壤中的病原体和化学物质过量	1	对多层冠层覆盖和有机质的管理阻碍了有害病原体的移动。
粪肥、生物土壤中的病原体和化学物质过量	1	对多层冠层覆盖和有机质的管理提高了植物的活性，微生物活动旺盛继而抑制了有害病原体。
地表水沉积物过多	1	不同林冠层、表面覆盖层，以及有机质的管理减少了到达地表输水管道系统中的含沙径流。
水温升高	0	不适用
石油、重金属等污染物迁移	1	对不同物种和有机质的管理可促进增加吸收。
石油、重金属等污染物迁移	1	对不同物种和有机质的管理可促进增加吸收。
空气质量影响		
颗粒物（PM）和 PM 前体的排放	1	永久性植被可以截留空气、减缓空气流动，降低风速和对农作物的风压，同时提供一种稳定的区域空间来拦截空气颗粒。
臭氧前体排放	0	不适用
温室气体（GHG）排放	2	植被能从空气中去除二氧化碳，并将其以碳的形式储存在植物活体（茎、根、叶等部位）和有机土壤的碳组分中。
不良气味	0	不适用
植物健康状况退化		
植物生产力和健康状况欠佳	5	对植物进行选择和管理，可保持植物最佳生产力和健康水平。
结构和成分不当	5	选择适应且适合的植物。
植物病虫害压力过大	3	种植并管理规划的植被，可控制不需要的物种。
野火隐患，生物量积累过多	1	对多层植被和表面有机质的管理可以减少阶梯可燃物负荷的累积。
鱼类和野生动物——生境不足		
食物	3	选择并管理合适的植物物种，以提高目标物种的食物营养价值。
覆盖 / 遮蔽	1	选择合适的植物物种，并加以管理，以增加对野生动物的覆盖 / 遮蔽。
水	1	不适用
生境连续性（空间）	1	不同的植被密度和冠层在时空上形成了不同的栖境结构。
家畜生产限制		
饲料和草料不足	3	可长期偏爱草料品种，保持本实践持续有效。
遮蔽不足	1	当养殖家畜时，可以通过多层树冠来提高遮蔽效果。
水源不足	0	不适用
能源利用效率低下		
设备和设施	0	不适用
农场 / 牧场实践和田间作业	0	不适用

CPPE 实践效果：5 明显改善；4 中度至明显改善；3 中度改善；2 轻度至中度改善；1 轻度改善；0 无效果；−1 轻度恶化；−2 轻度至中度恶化；−3 中度恶化；−4 中度至严重恶化；−5 严重恶化。

工作说明书—— 国家模板

（2010年7月）

此类可交付成果适用于个别实践。其他规划实践的可交付成果参考具体的工作说明书。

设计

可交付成果

1. 能够证明符合自然资源保护局实践中相关准则并与其他计划和应用实践相匹配的设计文件。
   a. 保护计划中确定的目的。
   b. 客户需要获得的许可证清单。
   c. 制订计划和规范所需的与实践相关的计算和分析，包括但不限于：
      i. 对上层和下层木本及非木本植物物种适应性和选择性的相容性分析，包括按层或水平对所需冠层覆盖进行计算，实现平衡以优化健康和生长以达到预期目的
      ii. 保持水分或补充水分、改善益虫（如传粉昆虫）栖息环境、减少害虫、保持土壤有机质，以及防控土壤侵蚀的要求
      iii. 分析树木 / 灌木之间所需的间距，以便在适当情况下使用机械和设备
      iv. 为确保达到其预期功能而采取的植株保护和维护措施，包括访问进出控制
      v. 在移除任何木本和非木本植物期间与控制现场和土壤破坏有关的附加规定
2. 向客户提供书面计划和规范书包括草图和图纸，充分说明实施本实践并获得必要许可的相应要求。
3. 所需运行维护工作的相关文件。
4. 证明设计符合实践和适用法律法规的文件。
5. 安装期间，根据需要所进行的设计修改。

注：可根据情况添加各州的可交付成果。

安装

可交付成果

1. 与客户进行的实施前会议。
2. 验证客户是否已获得规定许可证。
3. 根据计划和规范（包括适用的布局注释）进行定桩和布局。
4. 根据需要提供的应用指南。
5. 协助客户和原设计方并实施所需的设计修改。
6. 在安装期间，就所有联邦、州、部落和地方法律、法规和自然资源保护局政策的合规性问题向客户 / 自然资源保护局提供建议。
7. 证明施用过程和材料符合设计和许可要求的文件。

注：可根据情况添加各州的可交付成果。

验收

可交付成果

1. 实施记录。
   a. 实践单位
   b. 实际采用或使用的植物材料

2. 证明施用过程符合自然资源保护局实践和规范并符合许可要求的文件。
3. 进度报告。

注：可根据情况添加各州的可交付成果。

参考文献

NRCS Field Office Technical Guide（eFOTG）, Section IV, Conservation Practice Standard - Multi-Story Cropping, 379.

NRCS National Forestry Handbook（NFH）, Part 636.4.

NRCS National Environmental Compliance Handbook.

NRCS Cultural Resources Handbook.

注：可根据情况添加各州的参考文献。

保护实践效果（网络图）

（2014年5月）

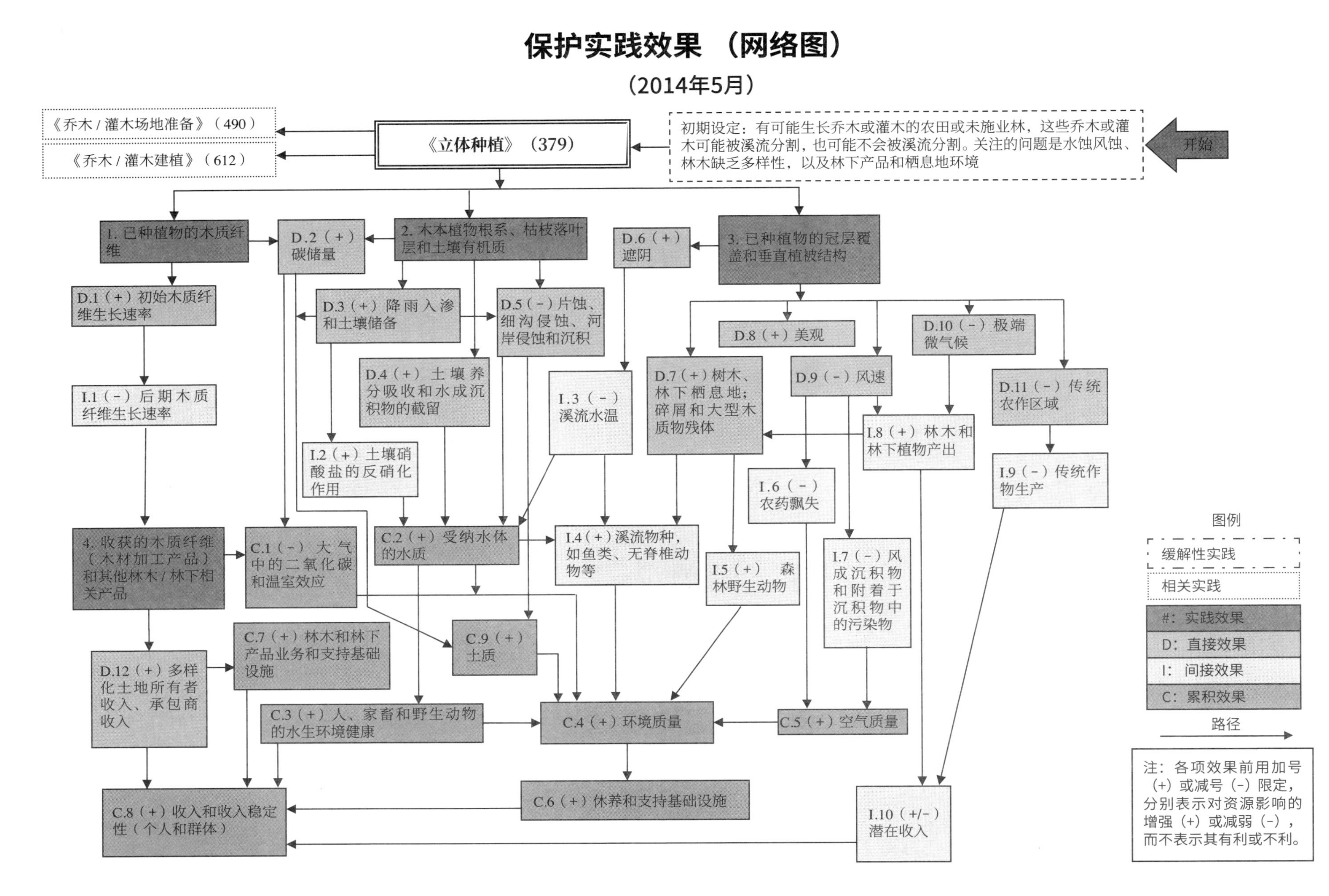

计划烧除

（338，Ac., 2010年9月）

定义

适用于在预定区域内用火控制。

目的

- 废弃植被控制。
- 为种植或播种、收割作业准备场地。
- 植被病害防控。
- 降低野火风险。
- 改善野生生物栖息地。
- 提高植物产量与或质量。
- 清除枯枝落叶、废物残渣。
- 提高树种、树苗产量。
- 便于促进放牧和食草动物的分布。
- 修复、维持生态农场。

适用条件

如适当，本实践适用于所有类型土地。

准则

适用于上述所有目的的总体准则

计划烧除作业应解决以下问题：

- 燃烧区域选址及说明。
- 预燃烧植被覆盖。
- 资源管理目标。
- 计划烧除作业环境条件要求。
- 通知一览表。
- 预燃烧作业准备。
- 设备一览表 / 人事安排与需求 / 安全要求。
- 燃烧后作业评估标准。
- 点火次序。
- 点火方法。
- 签字同意。

为达到既定目标，须制订完善的作业程序，提供良好的设备器材，培养技术娴熟的作业人员。

在进行燃烧实践、焚烧场地选址及火势预期强度设定时，应综合考虑各项因素［预期天气状况、燃烧热量或烟雾妨碍人员出行、造成车辆拥堵情况、赔偿责任（如公用工程管线）划分、人身健康安防措施设定等］。

为确保田地产量，降低水土流失，保持土壤性能（土壤结构、土壤湿度），应结合土壤性能、田地状况，制订适当的燃烧时机。

燃烧作业期间，对一切火势影响因素（如气象参数等）进行监测。控制燃烧时机、燃烧强度，以降低碳排放。

作业前应充分考虑公共工程（如电源线、天然气管线等）选址，可规避公共设施破坏风险，降低人身伤害系数。

作业前，应充分考虑烟尘影响。作业中，监测烟尘状况。

注意事项

燃烧作业前，应妥善处理野生动物、传粉生物各项活动（如筑巢、进食、栖息）。

在本实践设计、布局中，重点考虑湖泊、溪流、湿地、道路及人工防火道等现有障碍物。

如适当，在进行燃烧作业前，应事先通知附近业主、当地消防部门及公共安全局做好准备工作。

计划和技术规范

计划规范由认证个人制订编写，采用保护计划规定的（或其他可接受文本）规范表、工作表、技术说明及说明陈述对所有田地作业状况进行记录。在本实践实施前，须获得必要的许可，并制订燃烧计划。

运行和维护

在本实践作业期间，应对田地种类、预期多样性等因素（如燃烧热量及湿度、天气状况、燃烧热量或烟雾妨碍人员出行、造成车辆拥堵情况、赔偿责任划分、人身健康安防措施设定等）进行监测。在燃烧作业期间，充分考虑各项因素产生的预期后果，做好充分的防火准备、人手安排，可有效防止产生野火等威胁到人身健康安全事故或责任事故的发生。

加强维护作业，监测燃烧现场及附近区域，确保所有的灰烬、废渣等过火材料均达到预燃烧温度。

保护实践概述

（2012年6月）

《计划烧除》（338）

计划烧除指在控制下焚烧预先确定的区域。

实践信息

这一实践可用于以下目的：

- 控制不需要的植被
- 为种植或播种准备的田地
- 促进种苗生产
- 控制植物病害
- 在森林管理工作后清除废材和碎木屑
- 减少野火隐患
- 提高草料的质量，增加草料的数量
- 促进食草动物的分布
- 改善野生动物栖息地

使用这一高度专业化的实践需要强化培训，以及足够的辅助人员和设备。安全、成功的焚烧，必须根据合适的湿度、风况、温度和可燃物（可点燃的植被）情况来选择合适的时机。在焚烧前计划好安全预防措施，并在焚烧时密切监测火情。

所有焚烧计划必须解决以下问题：

- 焚烧区域的位置和说明
- 资源管理目标
- 焚烧前的植被覆盖
- 焚烧前的准备
- 需要的气候条件
- 设备清单
- 人员需求及分配
- 安全要求
- 点火顺序和点火方法
- 通知清单
- 批准签名
- 焚烧后的评估标准

常见相关实践

《计划烧除》(338)通常与《林分改造》(666)、《森林小径与过道》(655)、《牧场种植》(550)、《牧草和生物质种植》(512)、《病虫害治理保护体系》(595)等实践以及其他相关的收割、种植及播种实践一起使用。

保护实践的效果——全国

土壤侵蚀	效果	基本原理
片蚀和细沟侵蚀	2	促进植物生长和植被，减少水的侵蚀。
风蚀	2	促进植物生长和植被，减少水的侵蚀。
浅沟侵蚀	1	促进植物生长和植被，减少水的侵蚀。
典型沟蚀	1	促进植物生长和植被，减少水的侵蚀。
河岸、海岸线、输水渠	1	促进植物生长和植被，减少径流和溪流的持续时间。
土质退化		
有机质耗竭	1	促进植物生长和植被，减少损耗。
压实	0	不适用
下沉	-1	有机土壤较为敏感。
盐或其他化学物质的浓度	-1	焚烧能使有机物质矿化。
水分过量		
渗水	0	不适用
径流、洪水或积水	1	促进植物生长和植被，减少径流。
季节性高地下水位	0	不适用
积雪	0	不适用
水源不足		
灌溉水使用效率低	0	不适用
水分管理效率低	0	不适用
水质退化		
地表水中的农药	0	不适用
地下水中的农药	0	不适用
地表水中的养分	2	这一举措可增强植物的活力，促进养分的吸收。
地下水中的养分	1	这一举措可增强植物的活力，促进养分的吸收。
地表水中的盐分	0	不适用

（续）

水质退化	效果	基本原理
地下水中的盐分	0	不适用
粪肥、生物土壤中的病原体和化学物质过量	0	不适用
粪肥、生物土壤中的病原体和化学物质过量	0	不适用
地表水沉积物过多	1	促进植物生长和植被，减少径流和沉积物。
水温升高	0	这一举措用于保持地表水的温度。
石油、重金属等污染物迁移	1	先清除植被，然后促进植物生长。
石油、重金属等污染物迁移	0	不适用
空气质量影响		
颗粒物（PM）和PM前体的排放	0	增强植物活力可减少因风蚀而产生颗粒物的可能性。不过，焚烧本身会增加颗粒物的排放。
臭氧前体排放	0	通过降低野火的发生率，可最大限度地减少臭氧前体的排放。在燃烧时，臭氧前体（氮氧化物和挥发性有机化合物）短期内会增加。
温室气体（GHG）排放	1	随着野火的减少，二氧化碳的排放也将减少。增强植物活力，还有可能增加碳封存的潜力。
不良气味	-1	焚烧可增加烟雾、颗粒物和相关的气味。
植物健康状况退化		
植物生产力和健康状况欠佳	5	改变生长条件，可促进更多理想植物的健康和生长。
结构和成分不当	4	改变生长条件，可以让更多的合适物种生长。
植物病虫害压力过大	4	规划并采取措施来控制不需要的植被。
野火隐患，生物量积累过多	5	采取措施来减少可燃物载量。
鱼类和野生动物——生境不足		
食物	2	改变生长条件，以便提供多样化的植物群落，为野生动物提供充足的食物。
覆盖/遮蔽	2	改变生长条件，以便提供多样化的植物群落，为野生动物提供充足的食物。
水	2	不适用
生境连续性（空间）	4	通过焚烧可恢复理想的栖息地/空间。
家畜生产限制		
饲料和草料不足	5	恢复植物或现场条件，以便促进有用草料品种的生长，改进其质量。
遮蔽不足	-1	有些可提供遮蔽的灌木和乔木被从区域中清除。
水源不足	0	不适用
能源利用效率低下		
设备和设施	0	不适用
农场/牧场实践和田间作业	1	减少灭火和虫害控制的能源需要。

CPPE实践效果：5 明显改善；4 中度至明显改善；3 中度改善；2 轻度至中度改善；1 轻度改善；0 无效果；-1 轻度恶化；-2 轻度至中度恶化；-3 中度恶化；-4 中度至严重恶化；-5 严重恶化。

工作说明书——国家模板

（2010年9月）

此类可交付成果适用于个别实践。其他规划实践的可交付成果参考具体的工作说明书。

设计

可交付成果

1. 证明符合自然资源保护局实践中相关准则并与其他计划和应用实践相匹配的设计文件。
   a. 保护计划中确定的目的。
   b. 客户需要获得的许可证清单。

c. 实践相关的计算和分析应由有规定资格证书的人士来准备，并写入书面的焚烧计划中，包括但不限于：
   i. 焚烧区域说明（包括目前的植被覆盖）
   ii. 焚烧的目标和时机
   iii. 计划烧除的可接受条件
   iv. 焚烧区域的准备
   v. 安全要求和通知
   vi. 专门的预防区域
   vii. 焚烧方法

2. 向客户提供书面计划和规范书包括草图和图纸，充分说明实施本实践并获得必要许可的相应要求。
3. 确定在农田或牧场计划图上拟实施实践的区域。
4. 运行维护计划。
5. 证明设计符合实践和适用法律法规的文件。
6. 安装期间，根据需要所进行的设计修改。

注：可根据情况添加各州的可交付成果。

安装

可交付成果

1. 与客户进行的实施前会议。
2. 验证客户是否已获得规定许可证。
3. 根据计划和规范（包括适用的布局注释）进行定桩和布局。
4. 按照要求监控实施情况。
5. 协助客户并实施所需的设计修改。
6. 在安装期间，就所有联邦、州、部落和地方法律、法规和自然资源保护局政策的合规性问题向客户 / 自然资源保护局提供建议。
7. 证明施用过程和材料符合设计和许可要求的文件。

注：可根据情况添加各州的可交付成果。

验收

可交付成果

1. 实施记录。
   a. 实践单位
2. 证明施用过程符合自然资源保护局实践和规范并符合许可要求的文件。
3. 与客户和承包商举行退出会议。
4. 进度报告。

注：可根据情况添加各州的可交付成果。

参考文献

NRCS Field Office Technical Guide（eFOTG）, Section IV, Conservation Practice Standard – Prescribed Burning, 338.

NRCS General Manual.

NRCS National Environmental Compliance Handbook.

NRCS Cultural Resources Handbook.

注：可根据情况添加各州的参考文献。

保护实践效果 （网络图）

（2014年3月）

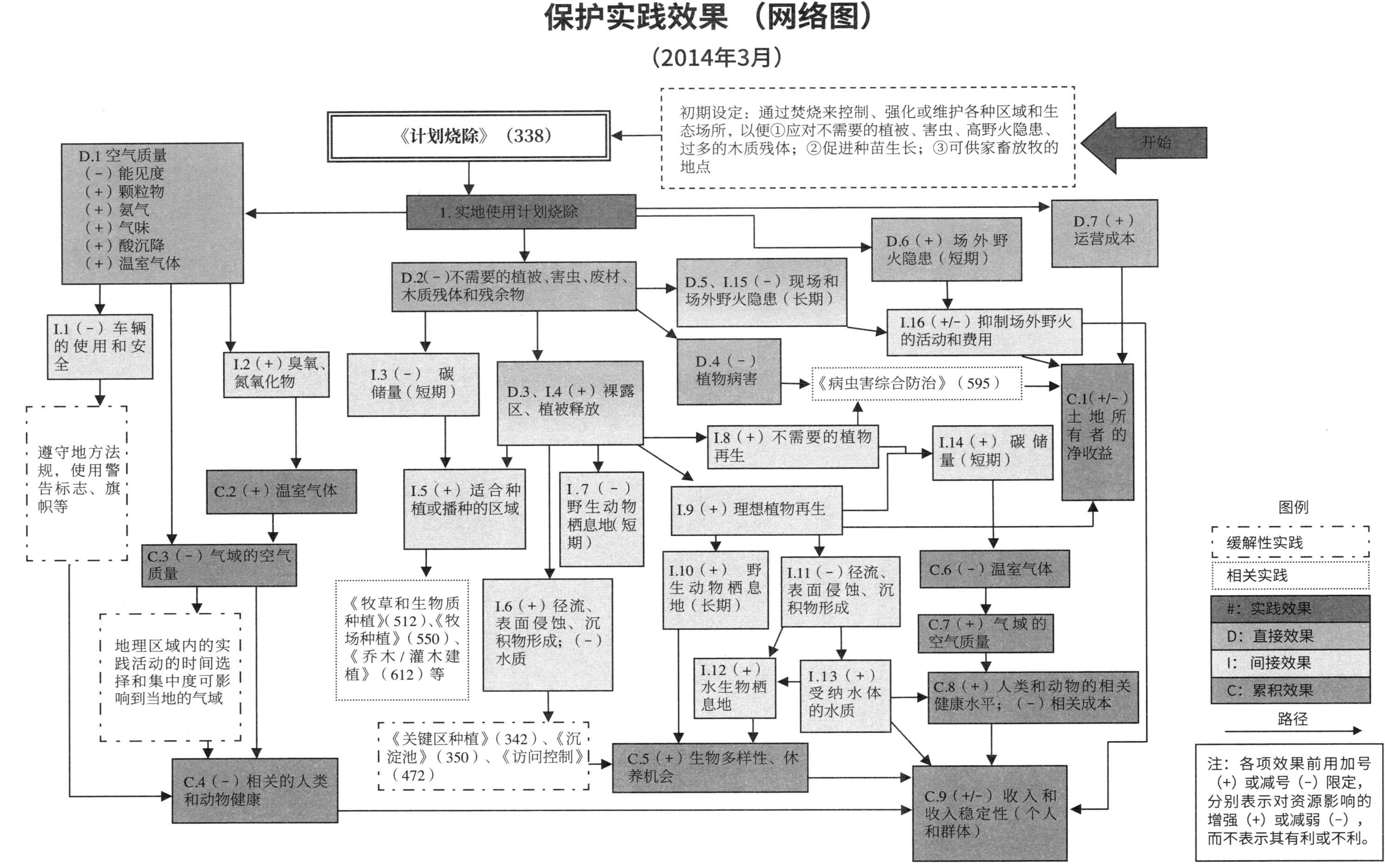

稀有或衰退自然群落恢复

（643，Ac., 2017年3月）

定义

重建非生物（包括物理和化学方面）和生物（生物学方面）环境，促进本地稀有或衰退的动植物群落持续发展。

目的

在那些部分满足或曾经满足稀有或衰退的自然群落生长地，恢复其自然状况和独特的植物群落。本实践的实施有助于解决退化的植被环境和稀缺的野生动物栖息地等土地资源问题。

适用条件

本实践可用于所有类型土地，包括退化的水栖地、陆地或湿地。通过对自然发展史的分析，这些土地都曾满足本地稀有或衰退的动植物群落的生长需求，但现在需要重新修复这些土地，以满足确定的非生物和生物等目标的生长环境。本实践也可用于修复体现当地重要文化的自然群落。

一些地区每年仅实施规定焚烧、规定放牧、改善森林状况和病虫防控等管理措施就可以拥有理想的环境，那么这些地区就不适用本实践。

准则

进行现场评估，确定非生物基线（非生物、物理和化学成分）和生物环境（生存特征，包括原生植物、野生动物、昆虫和其他重要的生物，以达到目标环境标准），并为非生物和生物确定需要修复的目标环境。

使用参照场地、生态场地记录或其他适当的参照信息来确定合适的目标环境和所需的恢复程度。

确定①创造目标环境的自然干扰机制，以及②维持这些环境所必需的生态过程。

确定致使环境退化的侵入物种和外来物种，这些物种会影响后续的修复工作。

修复非生物环境时，需遵守以下准则：

- 在需要促进自然群落形成的地方修复宏观或微观地形。微观地形特征是指单个植物规模的海拔变化，通常是由正常的农业活动（即耕耘、播种和刈割）、牲畜和野生有蹄类动物的过度采食，以及由此造成成片的冲蚀细沟。宏观地形特征是指海拔变化太大，足以影响部分区域的植物群落，而这些区域能够形成丛生的镶嵌式植物。同时由于变化太大，参差不齐的植物不易用常规的耕作方式清除。
- 对于自然植被模式、结构、丰富性和多样性，在变化前通过混合、种植、灌溉或土地清理等方式，从而修复目标自然群落固有的、多样性的土壤质地和化学需求（即肥力、pH和盐度）。
- 为了自然群落的生存，修复所需的基础物质，即牡蛎壳、林木残骸、裸露岩石。
- 为了动植物群落的生存，必要时修复水文。
- 为了自然群落的生存，修复其他退化的非生物环境。
- 借用修复工作中使用的材料，防止有害物种或侵入物种的侵害。
- 修复工程涉及挖掘、修建堤坝或护堤时，需使用重型设备（拖拉机、推土机等）；安装岩石或木质结构构件、改动地貌或流态时，应使用适当的工程实践或实施惯例。相关的保护实践可能包括：《堤坝》（356）、《引渠道》（362）、《池塘》（378）、《边坡稳定设施》（410）、《河岸和海岸保护》（580）、《明渠》（582）、《河床加固》（584）、《控水结构》（587）。

修复植物群落时，需遵守以下准则：

- 在实践使用周期内重建生物目标环境。
- 对于可能妨碍实践标准成功实施的植物物种，应予以根除或管控。
- 可行的情况下，使用本源识别的方法确定本地生态类型。
- 根据地形、坡度、坡向、土壤和水分梯度等反映自然模式（随机或嵌入分布，或均匀分布）的方式种植植被。
- 采用适当的植被培养方案（种植日期、种植方法、冷藏、植物护理、发芽率、后期管理等），以确保种植品种能够有可接受的存活率。

注意事项

应考虑周围的土地使用和栖息地可能会影响实现恢复和管理目标的能力。

在早期规划过程中就应将跨学科专业知识（例如工程师、水文学家）考虑在内，以便在确定计划性恢复活动的适用性时考虑相关的流域因素、地貌设置以及基础设施或财产风险。

规划过程中，邀请熟悉当地动植物群和习俗文化重要性的文化专家和负责人参与进来。

实施病虫综合控制措施，以缓解对原地和异地的潜在影响。

修复期间确认并保护邻近的栖息地以保护野生动物不受干扰。在缺少保护区的情况下，可采取阶段性修复措施，久而久之将形成栖息地。

土壤菌根可以对成功建立的本地植物群落修复模式产生重大影响。考虑利用现有的菌根种群和接种新菌根来缓解植被不足的情况。

农药残留和土壤过量施肥会降低恢复工作的成功率。考虑种植保育作物来减少农药和化肥浓度。

通过使用当地植物原材料（例如，使用当地种子库，从当地的种植区域采集原材料）或在种植商业植物时严格把控质量标准，维持当地基因型的完整性。

重新引入、安排或管理原生生物（如海狸、草原犬鼠、牡蛎和莎草）来辅助修复和维持目标环境。

除非能够达到理想的栖息地环境和所需的干扰机制，应避免在敏感鱼类和野生动物的关键生命阶段实施修复和维护活动。

计划和技术规范

本实践的技术规范应包括：

- 有关基础环境的文件（非生物和生物）。
- 对目标非生物（如土壤 / 基质、水文、宏观和微观地形以及地貌）和生物（如物种构成、时期、结构）的环境描述。
- 修护清单，包括支持保护实践的活动（如焚烧、修复历史性微型地形、施肥、准备种子床和种植）以及实施 / 应用每项活动的日期范围。
- 为修复工作提供必要的辅助实践（规定焚烧、改善林场等），包括预期的时间、范围、强度，以及为创造目标环境所需要的每项干扰 / 管理活动的频率。
- 采取必要的措施，控制有毒、侵入性、不良或竞争性的植物或动物物种，确保场地恢复到目标状况。
- 设定成功修复的时间。

运行和维护

运行和维护计划应包括：

- 将修复复基础环境所需的活动列入运行和维护计划中。
- 包括修复后的时间表，以便在必要时开展适应性管理工作。包括对附近地带和水域进行检测，并对有毒、有害和有问题的物种进行评估，确定其重新侵入目标区域的可能性。

保护实践概述

(2012年12月)

《稀有或衰退自然群落恢复》(643)

“稀有或衰退自然群落恢复”指重建或修复独有或衰退的陆地和水生生态系统。

实践信息

本实践适用于任何曾支持或目前支持恢复、管理自然环境的土地。设计好的结构、植被或管理工作将改善目标物种的栖息地。

保护效果包括但不限于:

- 恢复因人类活动而衰退的土地或水生物栖息地。
- 改善稀有和衰退的陆生、水生野生物种的栖息地。
- 增加原生植物群落的多样性。

常见相关实践

《稀有或衰退自然群落恢复》(643)通常与《小径和步道》(575)、《灌木管理》(314)、《保护层》(327)、《早期演替栖息地发展/管理》(647)、《乔木/灌木建植》(612)、《计划烧除》(338)、《高地野生动物栖息地管理》(645)和《湿地野生动物栖息地管理》(644)等保护实践一起使用。

保护实践的效果——全国

土壤侵蚀	效果	基本原理
片蚀和细沟侵蚀	2	建立和改善原生植被可减少水蚀。
风蚀	2	建立和改善原生植被可减少水蚀。
浅沟侵蚀	2	建立和改善原生植被可减少水蚀。
典型沟蚀	0	取决于最初的土地用途，效果各不相同。
河岸、海岸线、输水渠	0	取决于最初的土地用途，效果各不相同。
土质退化		
有机质耗竭	0	改善植被可增加土壤有机质。然而，如果使用了规定焚烧，清除林地中的植被和凋落物可短时间清除原本可能成为土壤有机质的有机物质。
压实	0	不适用
下沉	0	不适用
盐或其他化学物质的浓度	-1	当使用规定焚烧时，有机物质可能会矿化。
水分过量		
渗水	0	不适用
径流、洪水或积水	0	不适用
季节性高地下水位	0	不适用
积雪	0	不适用
水源不足		
灌溉水使用效率低	0	不适用
水分管理效率低	0	不适用

（续）

水质退化	效果	基本原理
地表水中的农药	0	不适用
地下水中的农药	0	不适用
地表水中的养分	0	不适用
地下水中的养分	0	不适用
地表水中的盐分	0	不适用
地下水中的盐分	0	不适用
粪肥、生物土壤中的病原体和化学物质过量	0	不适用
粪肥、生物土壤中的病原体和化学物质过量	0	不适用
地表水沉积物过多	2	改善植被，从而减少径流和淤积。
水温升高	2	恢复邻近溪流或水体的栖息地，可调节地表水水温。
石油、重金属等污染物迁移	0	不适用
石油、重金属等污染物迁移	0	不适用
空气质量影响		
颗粒物（PM）和 PM 前体的排放	0	不适用
臭氧前体排放	0	不适用
温室气体（GHG）排放	1	植被将空气中的二氧化碳转化为碳，储存在植物和土壤中。
不良气味	0	不适用
植物健康状况退化		
植物生产力和健康状况欠佳	4	对植物进行选择和管理，可保持植物最佳生产力和健康水平。
结构和成分不当	4	恢复和管理实践，可形成或保持理想的植物群落。
植物病虫害压力过大	4	种植并管理植被，可控制不需要的植物种类。
野火隐患，生物量积累过多	0	不适用
鱼类和野生动物——生境不足		
食物	4	植物多样性的提高以及植被质量和数量的增加为野生动物提供了食物。
覆盖 / 遮蔽	4	植物多样性的提高以及植被质量和数量的增加为野生动物提供了食物。
水	2	在设计时应考虑到鱼类和野生动物栖息地。
生境连续性（空间）	4	衰退的栖息地 / 空间得以恢复。
家畜生产限制		
饲料和草料不足	2	如果保持预期目的，这些地方可以为家畜提供饲料和草料。
遮蔽不足	0	不适用
水源不足	0	不适用
能源利用效率低下		
设备和设施	0	不适用
农场 / 牧场实践和田间作业	0	不适用

CPPE 实践效果：5 明显改善；4 中度至明显改善；3 中度改善；2 轻度至中度改善；1 轻度改善；0 无效果；−1 轻度恶化；−2 轻度至中度恶化；−3 中度恶化；−4 中度至严重恶化；−5 严重恶化。

工作说明书—— 国家模板

（2010年9月）

此类可交付成果适用于个别实践。其他规划实践的可交付成果参考具体的工作说明书。

设计

可交付成果

1. 能够证明符合自然资源保护局实践中相关准则并与其他计划和应用实践相匹配的设计文件。

2. 保护计划中确定的目的。
3. 客户需要获得的许可证清单。
4. 辅助性实践一览表。
5. 制订修复或管理计划和规范所需的与实践相关的清单和分析，包括但不限于：
   a. 资源清单
   b. 确定目标野生物种和栖息地方面的要求
   c. 放牧计划
   d. 抗旱计划
6. 运行维护计划。
7. 向客户提供书面计划和规范书包括草图和图纸，充分说明实施本实践并获得必要许可的相应要求。
8. 证明设计符合实践和适用法律法规的文件。
9. 安装期间，根据需要所进行的设计修改。

注：可根据情况添加各州的可交付成果。

安装

可交付成果

1. 与客户进行的实施前会议。
2. 验证客户是否已获得规定许可证。
3. 施用帮助。
4. 与客户和原设计师一起，共同对恢复管理野生动物栖息地计划进行必要的调整。
5. 证明施用过程符合修复和管理计划和许可证要求的文件。
6. 在安装期间，就所有联邦、州、部落和地方法律、法规和自然资源保护局政策的合规性问题向客户 / 自然资源保护局提供建议。
7. 证明施用过程和材料符合设计和许可要求的文件。

注：可根据情况添加各州的可交付成果。

验收

可交付成果

1. 实施记录。
   a. 实践单位
2. 证明安装过程符合自然资源保护局实践和规范并符合许可要求的文件。
3. 进度报告。

注：可根据情况添加各州的可交付成果。

参考文献

NRCS Field Office Technical Guide（eFOTG）, Section IV, Conservation Practice Standard – Restoration and Management of Declining Habitats – 643.

NRCS National Environmental Compliance Handbook.

NRCS Cultural Resources Procedures Handbook.

NRCS National Biology Manual.

NRCS National Biology Handbook.

注：可根据情况添加各州的参考文献。

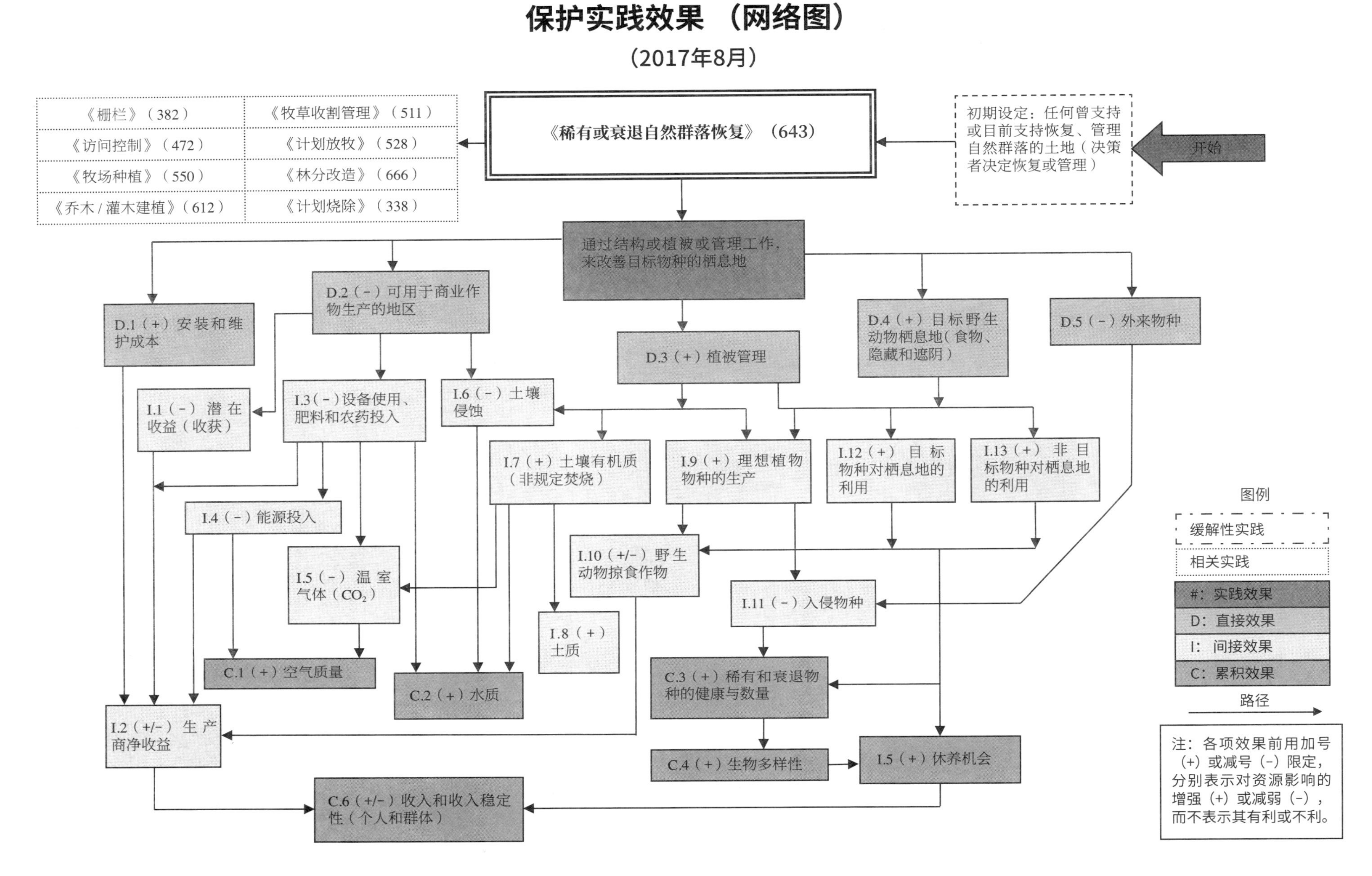
保护实践效果（网络图）
（2017年8月）
《栅栏》（382）
《牧草收割管理》（511）
《访问控制》（472）
《计划放牧》（528）
《牧场种植》（550）
《林分改造》（666）
《乔木/灌木建植》（612）
《计划烧除》（338）
《稀有或衰退自然群落恢复》（643）
初期设定：任何曾支持或目前支持恢复、管理自然群落的土地（决策者决定恢复或管理）
开始
通过结构或植被或管理工作，来改善目标物种的栖息地
D.1（+）安装和维护成本
D.2（-）可用于商业作物生产的地区
D.3（+）植被管理
D.4（+）目标野生动物栖息地（食物、隐藏和遮阴）
D.5（-）外来物种
I.1（-）潜在收益（收获）
I.3（-）设备使用、肥料和农药投入
I.6（-）土壤侵蚀
I.7（+）土壤有机质（非规定焚烧）
I.9（+）理想植物物种的生产
I.12（+）目标物种对栖息地的利用
I.13（+）非目标物种对栖息地的利用
I.4（-）能源投入
I.5（-）温室气体（CO_2）
I.10（+/-）野生动物掠食作物
I.8（+）土质
I.11（-）入侵物种
C.1（+）空气质量
C.2（+）水质
C.3（+）稀有和衰退物种的健康与数量
I.2（+/-）生产商净收益
C.4（+）生物多样性
I.5（+）休养机会
C.6（+/-）收入和收入稳定性（个人和群体）
图例
缓解性实践
相关实践
#：实践效果
D：直接效果
I：间接效果
C：累积效果
路径
注：各项效果前用加号（+）或减号（-）限定，分别表示对资源影响的增强（+）或减弱（-），而不表示其有利或不利。

关闭和处理道路/小径/场地

（654，Ft., 2017年10月）

定义

通过对道路、小径和场地进行封闭、停用或弃置相关处理以实现保护目标。

目的

最大限度地减少与现有道路、小径和场地相关的各种资源问题，通过对其封闭和治理，达到以下一个或多个目标：

- 控制侵蚀（道路、小溪、沟壑、风力），减少化学残留物和场外运动，抑制泥沙淤积和损坏，减少暴雨径流的增加和颗粒物的产生。
- 通过重新种植适应性强的植物，重建栖息地（野生动植物的食物、栖息地和掩盖物），重新连接野生动物栖息地和迁徙走廊（包括溪流和河岸区），以及控制有毒物种和入侵物种，将土地恢复到肥沃的状态。
- 重建在道路、小径或场地建设之前已存在的排水模式，恢复相关的山坡、河道和洪泛区的水文地貌的状况，使其完整。
- 尽量减少封闭区域的人为影响，保护敏感区域的安全性、美观性以及达到对野生动物栖息地的保护要求。

适用条件

本实践适用于指定封闭的道路、小径和场地，包括挖填斜坡、侧抛区域和相关的排水结构。

准则

适用于上述所有目的的总体准则

道路、小径和场地将作为三个治理等级之一：

- 封闭和治理道路、小径和场地，以达到将来可用于管理活动的水平。
- 封闭和治理道路、小径和场地，并重新连接到适用的排水管网（通常涉及排水渠的拆除，因为这些可能限制将来使用）。
- 封闭道路、小径和场地，并重塑其自然形状，治理和稳定环境并恢复相关的自然景观和排水管网。

根据现有道路、小径和场地对相关环境影响的严重程度确定适当的治理水平，并且考虑未来使用要求以及在封闭和治理活动期间的短期干扰效应。

治理必须达到和实现所述的实际条件和配置的目的及目标。已经为科技界认可的技术工具将用于支持设计和规范开发，如侵蚀、水文和水力学预测模型、土壤力学和边坡稳定性以及野生动物 / 栖息地相互作用。

封闭和治理活动的最终条件和配置将尽量减少不利的现场和非现场影响，如水蚀和风蚀，包括减少颗粒物 / 粉尘的产生，避免水流集中流向未受保护区域，治理不稳定和崩坏的斜坡，遏制河岸区或湿地退化，减少对河道和河岸的破坏，避免对水生生物和野生动植物迁移造成障碍，减少对水文改造或其他水资源损害。不得填埋任何与待处理区域相关的地下水渗流或泉水，也不能集中排水在未安装蓄水装置的区域。地下水渗流和泉水必须重新连接到适当的排水管网。

设备类型需要满足制订的治理级别。治理安排和施工技术要尽量减少土壤侵蚀、移位以及压实，避免破坏景观并造成安全问题，避免对野生动植物迁移造成障碍或对邻近地区造成无法承受的损害。

各级治理将采用适用于该级别的措施，例如但不限于：

- 永久或临时的交通封锁和警示标志。
- 开拓和重塑道路、小径、场地和排水方式，以恢复自然状态，包括拆除排水渠和将本区域重新连接到适当的排水管网。
- 松土，改善土壤渗水性使其更利于植物根系生长。
- 储存和散布表层土，可从别处调运。
- 调整道路和小径的坡度以分散选定封闭区域内的径流。
- 控制有毒、有害或侵入物种。
- 重建适宜的植被，包括必要的覆盖和土壤改良，以加强建设。

治理过程中要恢复自然地形和地表水文并稳定斜坡，使治理区域与附近的现有土地用途相兼容。

尽量减少对种群数量下降的物种的间接不利影响和干扰，尤其是项目区内河流或湿地下坡的水生物种。

根据所在地方、州和联邦法规的要求，必须在执行该措施之前对含有害物质的场所进行清理。对可能含有有害物质的场地进行清理时，必须基于土壤测试结果采取适当行动。

在封闭和治理操作过程中要控制颗粒物排放到空气中，需要在裸露和受干扰的表面上使用防尘剂或采用其他方法控制灰尘。

本实践的设计、施工准则要与其他标准的规范整合兼容并相结合使用，才能进行封闭和治理活动，并达到指定的最终条件和配置。自然资源保护局的保护条例中未涉及的组件设计准则必须符合专业工程条例标准。

注意事项

对于被认为不适合作为封闭和治理的道路、小径或场地，考虑依据现有的保护实践《行车通道》（560）、《森林小径与过道》（655）的规范来改造和运行维护相关的道路、小径或者场地，以实现保护目标。在这些情况下，在升级道路、小径和场地的同时要补充和完善实践措施。

压实区域需要对不同深度的堆积密度进行测试，以确保治理规格足以重建水文功能和植被。

种植植被时使用本地物种，尤其是那些具有多种价值的物种（例如生物量、果实、能否给动物提供食物、能否可筑巢和是否具有景观性）。避免引入有害外来物种。

在斜坡陡度和填挖作业严重程度不允许返回侧抛以形成生根介质的区域，评估用于剥离的道路基层，并将其用作生根介质。如果不适合作为生根介质，则可能需要加施合适的表层土或肥料。确保这些材料不含杂草、种子和污染物。

道路路面原址上的土壤通常营养不良。酌情考虑改善土壤或添加有机物质，以加快植被恢复速度。

计划和技术规范

根据准则要求，为每个地点或规划单位制订了适用本实践的计划和技术规范。并应包括以下项目：计划和技术规范必须根据本实践和现场具体的条件做好准备，并指明符合本条例情况下的达到预期目的的要求。这些项目必须说明位置、指定的治理水平以及使用材料的种类、数量和质量，还有使用的可接受设备以及封闭治理活动的顺序、时间和细节。

运行和维护

运行和维护必须包括定期监测和基于天气事件在已完工场地的巡视，来确定受不利环境和受干扰对植被成长的影响。更换将死或已死的植物并继续控制有毒、有害或侵入物种。

根据需要在水流和风蚀期间进行初始监测和巡视，直到确定场地稳定。必要时对场地进行额外的稳定措施和治理。

参考文献

Borlander, P. and A. Yamada. 1999. Dust palliative selection and application guide. Project Report 9977-1207-SDTDC San Dimas Technology Development Center, USDA, Forest Service, San Dimas, CA. Available at https：//www.fs.fed.us/eng/pubs/pdf/hi_res/99771207hi.pdf.

Merrill, B.R. and E. Casaday. 2001. Field techniques for forest and range road removal. California State Parks, Sacramento, CA. Available at: http：//www.parks.ca.gov/pages/23071/files/field%20techniques%20for%20road%20removal%20part%202.pdf.

Moll, J. 1996. A guide for road closure and obliteration in the Forest Service. San Dimas Technology and Development Center, USDA Forest Service, San Dimas, CA. Available at： https：//www.fs.fed.us/eng/pubs/pdfimage/96771205.pdf.

Switalski, T.A., et al. Benefits and impacts of road removal. The Ecological Society of America, Front. Ecol. Environ. 2004. 2（1）： 21–28. Available at http：//www.fs.fed.us/rm/pubs_other/rmrs_2004_switalski_t001.pdf.

保护实践概述

（2017年10月）

《关闭和处理道路 / 小径 / 场地》（654）

关闭和处理道路 / 小径 / 场地指停用或废弃来往通道或木材装车场。

实践信息

本实践可最大限度缓解各种与道路、小径和过道有关的资源问题，方式是关闭和治理它们，以便达到以下一个或多个资源保护目标：

- 减少侵蚀。
- 通过减少化学品和石油残品的流动来改善水质。
- 通过减少沉积物的流动来改善水质。
- 通过减少颗粒物（粉尘）来改善空气质量。
- 通过恢复食物、植被覆盖、遮蔽和生境连通性来改善野生动物栖息地环境。
- 减少有害物种和入侵物种。
- 恢复生态、水文和地形功能。
- 尽可能减轻人类对关闭区域的影响，以便满足安全性、美观、敏感区域保护或野生动物栖息地等方面的要求。

必须对暴雨或大风较多的地区进行监测和巡逻，直到事实证明该地区处于稳定状态。可能需要稳定措施和其他处理措施。根据需要替换掉枯萎或即将枯萎的植被，控制虫害、毒害或入侵物种，直到完全被理想的植被覆盖。

常见相关实践

《关闭和处理道路 / 小径 / 场地》通常与《田地边界》（386）、《牧草收割管理》（511）、《土地清理》（460）、《病虫害综合防治体系》（595）、《乔木 / 灌木建植》（612）和《高地野生动物栖息地管理》（645）等保护实践一起使用。

保护实践的效果——全国

土壤侵蚀	效果	基本原理
片蚀和细沟侵蚀	5	植被和覆盖增加、侵蚀条件稳定，从而改善渗透并减少水对土壤的剥离。
风蚀	1	因风蚀的缘故，受干扰的道路和小径通常不够宽广。过道植被和覆盖物的增加将保护土表，减少土壤风蚀作用。
浅沟侵蚀	5	植被覆盖和其他治理方式的增加将改善土壤入渗，保护土表，减少集中渗流造成的土壤剥离。
典型沟蚀	5	增加植被覆盖和其他治理方式可减少侵蚀和径流。
河岸、海岸线、输水渠	4	增加植被覆盖和其他治理方式可减少侵蚀和径流。
土质退化		
有机质耗竭	5	覆盖物增多、种植植被，可增加土壤有机质含量。
压实	2	因建立植被覆盖和恢复治理带来的根系生长的增加，可减少压实。
下沉	0	不适用
盐或其他化学物质的浓度	0	植被的增加会增加盐分的吸收；而有机质的增加可能会束缚盐分和其他化学物质。
水分过量		
渗水	1	通过植被吸收和其他水文治理，有助于渗流的控制。
径流、洪水或积水	3	通过植被和其他治理方式，水文变化过程得以恢复。
季节性高地下水位	4	通过植被和其他治理方式，水文变化过程得以恢复。
积雪	0	不适用
水源不足		
灌溉水使用效率低	0	不适用
水分管理效率低	1	通过植被和其他治理方式，水文变化过程得以恢复。
水质退化		
地表水中的农药	0	不适用
地下水中的农药	0	不适用
地表水中的养分	1	这一举措可减少侵蚀以及沉积物附着养分向地表水的输送。永久性植被将吸收养分。
地下水中的养分	1	永久性植被将吸收多余养分。
地表水中的盐分	0	径流较少，可防止可溶盐的流失。种植植被可以吸收多余的水，减少渗漏。
地下水中的盐分	0	植被吸收水分和盐分。
粪肥、生物土壤中的病原体和化学物质过量	1	减少侵蚀和径流，防止病原体的传播。
粪肥、生物土壤中的病原体和化学物质过量	1	这一举措增加了促进微生物活性的有机质，从而与病原体形成竞争。
地表水沉积物过多	3	植被和其他治理方式减少了侵蚀和沉积物的形成。
水温升高	1	自然水文环境的重建，可改善潜流。
石油、重金属等污染物迁移	3	侵蚀和径流的减少，有助于控制重金属进入地表水。土壤有机质的增加，可增加土壤保留重金属的能力。永久性植被可吸收重金属。
石油、重金属等污染物迁移	1	较高的有机质含量增加了土壤的缓冲能力。植被能吸收一些重金属。
空气质量影响		
颗粒物（PM）和 PM 前体的排放	2	永久性植被覆盖和其他治理方式，可减少风蚀，以及风和道路交通产生的扬尘。
臭氧前体排放	0	不适用
温室气体（GHG）排放	1	植被将空气中的二氧化碳转化为碳，储存在植物和土壤中。
不良气味	0	不适用
植物健康状况退化		
植物生产力和健康状况欠佳	1	选择适当的植物、养分改善和管理可以促进植物的生长、增强活力。
结构和成分不当	1	选择适应且适合的植物。
植物病虫害压力过大	0	建立永久性植被可以与有害植物形成竞争，减缓有害植物的蔓延；其他治理方式可直接清除有害植物。
野火隐患，生物量积累过多	0	不适用

（续）

鱼类和野生动物——生境不足	效果	基本原理
食物	1	植被质量和数量的增加为野生动物提供了更多的食物和遮蔽物。
覆盖 / 遮蔽	1	植被质量和数量的增加为野生动物提供了更多的食物和遮蔽物。
水	5	各种治理方式可恢复水文变化过程。
生境连续性（空间）	3	遮蔽物增多，将增加野生动物的生存空间。可用于连接其他遮蔽区域。
家畜生产限制		
饲料和草料不足	1	已种植的植被可为家畜增加草料。
遮蔽不足	0	不适用
水源不足	0	不适用
能源利用效率低下		
设备和设施	0	不适用
农场 / 牧场实践和田间作业	0	不适用

CPPE 实践效果：5 明显改善；4 中度至明显改善；3 中度改善；2 轻度至中度改善；1 轻度改善；0 无效果；−1 轻度恶化；−2 轻度至中度恶化；−3 中度恶化；−4 中度至严重恶化；−5 严重恶化。

工作说明书—— 国家模板

（2008年11月）

此类可交付成果适用于个别实践。其他规划实践的可交付成果参考具体的工作说明书。

设计

可交付成果

1. 证明符合自然资源保护局实践中相关准则并与其他计划和应用实践相匹配的设计文件。
   a. 保护计划中确定的目的（指定产品、环境服务和将资源问题保持在可接受水平的缓解措施）。
   b. 客户需要获得的许可证清单。
   c. 制订计划和规范所需的与实践相关的计算和分析，包括但不限于：
      i. 设计层级（①方便未来的管理，②将排水系统重新连接起来，③景观恢复）
      ii. 逐条列出并说明所有的治理措施
      iii. 不利的现场和非现场影响，以及这些影响的缓解措施
      iv. 说明结构和植被治理的结果和布局
2. 向客户提供书面计划和规范书包括草图和图纸，充分说明实施本实践并获得必要许可的相应要求。
3. 所需运行维护工作的相关文件。
4. 证明设计符合实践和适用法律法规的文件。
5. 安装期间，根据需要所进行的设计修改。

注：可根据情况添加各州的可交付成果。

安装

可交付成果

1. 与客户进行的实施前会议。
2. 验证客户是否已获得规定许可证。

3. 根据计划和规范（包括适用的布局注释）对实践或措施进行布局，并在适用的情况下，进行现场定桩或标记。
4. 根据需要提供的应用指南。
5. 协助客户和原设计方并实施所需的设计修改。
6. 在安装期间，就所有联邦、州、部落和地方法律、法规和自然资源保护局政策的合规性问题向客户 / 自然资源保护局提供建议。
7. 证明施用过程和材料符合设计和许可要求的文件。

注：可根据情况添加各州的可交付成果。

验收

可交付成果

1. 实施记录。
    a. 实践单位
    b. 实际使用和应用的缓解措施
2. 证明施用过程符合自然资源保护局实践和规范并符合许可要求的文件。
3. 进度报告。

注：可根据情况添加各州的可交付成果。

参考文献

NRCS Field Office Technical Guide（eFOTG）, Section IV, Practice Standard – Road/Trail/Landing Closure and Treatment, 654.

NRCS National Environmental Compliance Handbook, NRCS Cultural Resources Handbook.

注：可根据情况添加各州的参考文献。

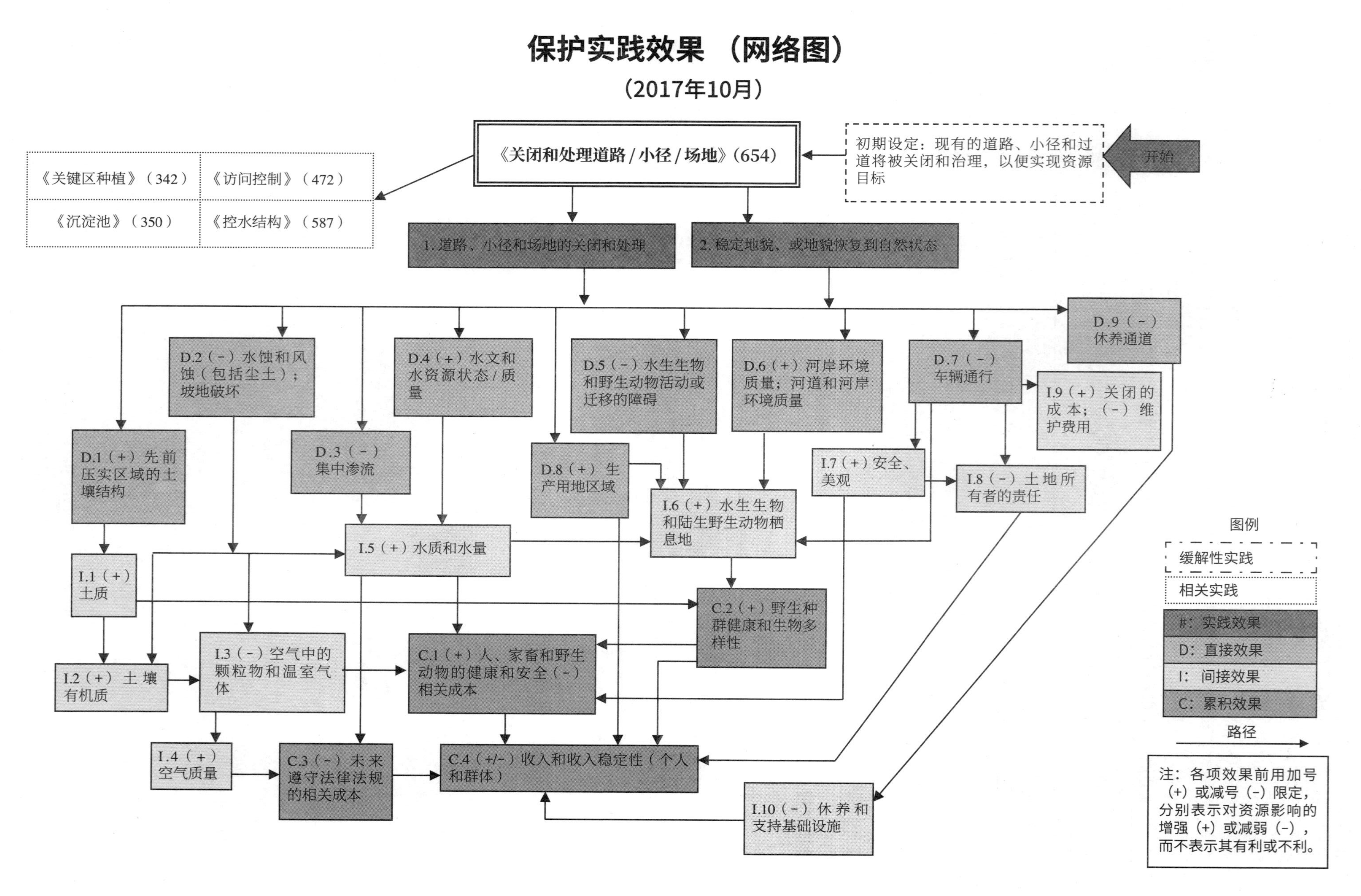

保护实践效果（网络图）
（2017年10月）
《关闭和处理道路/小径/场地》(654)
初期设定：现有的道路、小径和过道将被关闭和治理，以便实现资源目标
开始
《关键区种植》（342）
《访问控制》（472）
《沉淀池》（350）
《控水结构》（587）
1.道路、小径和场地的关闭和处理
2.稳定地貌，或地貌恢复到自然状态
D.9（-）休养通道
D.2（-）水蚀和风蚀（包括尘土）；坡地破坏
D.4（+）水文和水资源状态/质量
D.5（-）水生生物和野生动物活动或迁移的障碍
D.6（+）河岸环境质量；河道和河岸环境质量
D.7（-）车辆通行
I.9（+）关闭的成本；（-）维护费用
D.1（+）先前压实区域的土壤结构
D.3（-）集中渗流
D.8（+）生产用地区域
I.7（+）安全、美观
I.8（-）土地所有者的责任
I.6（+）水生生物和陆生野生动物栖息地
I.5（+）水质和水量
I.1（+）土质
C.2（+）野生种群健康和生物多样性
I.2（+）土壤有机质
I.3（-）空气中的颗粒物和温室气体
C.1（+）人、家畜和野生动物的健康和安全（-）相关成本
I.4（+）空气质量
C.3（-）未来遵守法律法规的相关成本
C.4（+/-）收入和收入稳定性（个人和群体）
I.10（-）休养和支持基础设施
图例
缓解性实践
相关实践
#：实践效果
D：直接效果
I：间接效果
C：累积效果
路径
注：各项效果前用加号（+）或减号（-）限定，分别表示对资源影响的增强（+）或减弱（-），而不表示其有利或不利。

野生动物筑巢

（649，No., 2014年9月）

定义

用于替换或修复缺失或缺乏的野生动物栖息地的建筑物。

目的

提供的建筑物应当数量合适、位置适宜、气候良好，以便：

- 改善或维持非驯化野生动物生态环境。
- 改善对野生动物造成危险的现有建筑物。

适用条件

本实践适用于种植或管理植被不能满足所考虑物种或行业短期需要的所有土地。此外，国家批准的野生动物栖息地评估报告指出，明确规定需要如下：

- 栖息地需要满足游荡、逃生、筑巢、饲养、栖息、取暖的地方，例如筑巢岛、筑巢箱、栖息箱、岩堆、栖息住所和丛林。
- 改善现有建筑来减少野生动物受伤或死亡的风险。例如，需要：
  1. 翻新现有的围栏，并在围栏上加装标识。
  2. 通过拆除铁丝网，或在适当的间隔处安装野生动物友好型电线，来改善现有的围栏。
  3. 通过安装逃生坡道或移除妨碍安全用水的障碍，来改善现有的用水设备。

请勿在以下状况下使用本实践：

- 为控制有害动物物种安装新建筑或修改现有建筑。
- 为圈养、野生或驯养的动物安装新建筑或修改现有建筑。

准则

适用于上述所有目的的总体准则

当国家批准的栖息地评估方法确定在执行植被管理战略的预期时间内无法提供的限制性栖息地成分时，建造和安装野生动物巢筑物。

使用以下标准来设计、建造或修缮野生动物巢筑。

- 选择建筑的位置应满足目标物种的需要，避免增加个人伤亡的风险。
- 为野生动物要选择耐用和安全的材料，避免使用腐蚀性的、危险的、疲弱或有刺激性的材料。如果建筑暴露在阳光下，应使用抗紫外线材料或由无毒物质制成的涂层，以防止由于阳光照射造成的损坏。
- 构造栖息地建筑应能够承受正常环境条件并满足目标野生动物在规定的目标时间段内的正常使用。
- 如果认定需要监视和管理野生动物筑巢，该建筑要具备准许进入的条件。
- 如果需要监视或管理建筑物，则使用访问功能定位建筑进行监视或管理，建筑应当在允许进入的地方选址。

注意事项

在执行本实践之前，考虑以下事项，并酌情实施缓和措施。

- 对目标物种和非目标物种的潜在负面影响，主要是通过捕食的增加、疾病传播、巢寄生或其他方式。
- 需要改善可能影响安全的日常活动和季节性运动的野生动物的现存场内和场外、障碍或其他保护建筑。
- 建立原生植被种类，其年龄、密度和建筑应补充或最终取代以安装好的栖息地建筑。
- 非目标或有害物种使用建筑物的相关风险。
- 对非目标物种应设有安全通道，例如麋鹿翻越或越过公路。
- 修改建筑，以阻止掠食者进入。
- 选择合适的颜色、方向和曝光以支持热调节。

计划和技术规范

依据本实践制订野生动物巢筑的计划和技术规范。计划要描述应用实践的生物和物理需求。

具体说明新安装或修改现有建筑的数量、位置、间距、等级、数量、尺寸、材料和安装时间。

根据国家技术说明或引用的文献，制订建造和安装栖息地建筑的规范。其中技术文献的一个案例是《野生动物栖息地管理手册》第 20 号“人工筑巢结构”（美国农业部，2008）。

运行和维护

为正在安装或修改的野生动物巢筑提供习惯和合理的运行和维护计划。提供运行和维护的时间、范围和强度，并考虑目标和相关物种的需要。至少，运行和维护应将包括一个进度表（时间、频率、持续时间）：
- 监测条件和建筑的使用。
- 在对目标物种干扰最小的季节，根据需要重新安置、修改或修复建筑，实施适应性管理。
- 对建筑物进行必要的维护，例如移除旧的筑巢材料，拆除非目标物种的巢穴，清理碎片，以及拆除已遗弃的建筑。
- 在一年特定季节或一天的某个时间来进行安装、改善或监视，尽量减少对野生动物的干扰。
- 如果决定（如放弃）对目标物种有潜在不利影响，应拆除所有建筑。

参考文献

USDA, Natural Resources Conservation Service and Wildlife Habitat Council. 2008. Artificial Nesting Structures. Fish and Wildlife Habitat Management Leaflet No. 20（revised）Washington, D.C.

保护实践概述

（2014年10月）

《野生动物筑巢》（649）

野生动物巢筑是为替换或修改缺失的或存在缺陷的野生动物栖息地组件而安装的构筑体。

实践信息

人工野生动物巢筑建造并应用在地面上，当缺乏自然栖境结构时，为野生动物提供游荡、逃生、筑巢、饲养、栖息、暂歇和晒太阳的栖息地。这些人工构筑体的安装通常是为了提供暂时缺失的栖息地，直到永久性自然栖息地建成。

野生动物巢筑的常见例子有巢套结构、岩桩、灌木桩和栖木。对濒危物种构成直接危险或威胁的现有构造体（如栅栏和浇水设施）的修改也属于这一国家保护实践。

修改现有构造体的例子包括在现有栅栏上增加栅栏标志、增加或移除铁丝网以方便野生动物安全通过，以及在现有饮水槽中增加野生动物逃生坡道。这种实践的应用仅限于非驯养的物种和种群。

常见相关实践

《野生动物筑巢》（649）通常用于促进《高地野生动物栖息地管理》（645）或《湿地野生动物栖息地管理》（644）的实施。当需要对安装的构造体进行监控和维护时，通常按照《行车通道》（560）来保障这一实践。

工作说明书—— 国家模板

此类可交付成果适用于个别实践。其他规划实践的可交付成果参考具体的工作说明书。

设计

可交付成果

1. 能够证明符合自然资源保护局实践中相关准则并与其他计划和应用实践相匹配的设计文件。
2. 保护计划中确定的目的。
3. 辅助性实践一览表。
4. 用以建造和安装野生动物巢筑的实践相关清单、分析以及规范，包括但不限于：
   a. 资源清单
   b. 确定可以通过安装野生动物人工构造体来解决的栖息地缺陷
   c. 确定需要构筑体的目标野生物种
5. 详细的实施时间表，考虑目标和非目标物种的生存需要，以及与进出和施工有关的季节性场地限制。
6. 说明新建或改建现有构筑体的数量、位置、间距、等级、数量、尺寸、材料和安装时间。
7. 运行维护计划，以及整个实施周期内的运行和维护计划。
8. 书面计划和规范，包括草图和图纸。
9. 证明设计符合实践的认证。
10. 安装期间，根据需要所进行的设计修改。

注：可根据情况添加各州的可交付成果。

安装

可交付成果

1. 与客户进行的实施前会议。
2. 选址及安装技术支持。
3. 材料和结构符合设计规范的认证。

注：可根据情况添加各州的可交付成果。

验收

可交付成果

1. 实施记录，例如按计划施用的实践装置的范围。
2. 证明施用过程符合自然资源保护局实践和规范并符合许可要求的文件。

注：可根据情况添加各州的可交付成果。

参考文献

NRCS Field Office Technical Guide（eFOTG）, Section IV, Conservation Practice Standard – Structures for Wildlife – 649.

NRCS National Biology Manual.

NRCS National Biology Handbook.

注：可根据情况添加各州的参考文献。

保护实践效果（网络图）

（2014年10月）

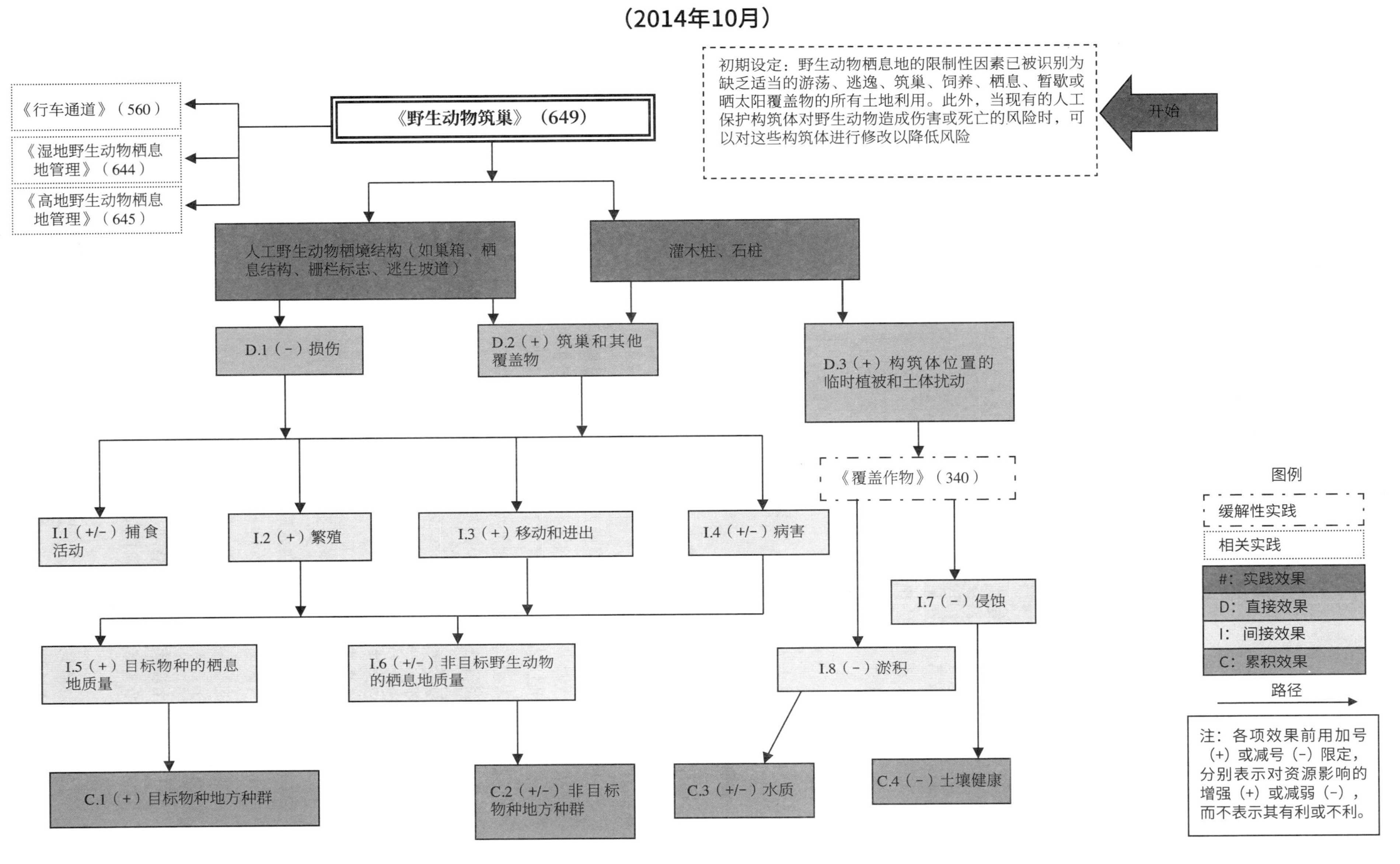

乔木/灌木修剪

（660，Ac.，2014年9月）

定义

修剪乔木和灌木中所选定的全部或部分分枝、顶枝或根。

目的

本实践可实现以下一个或多个目标：

- 维持或提高植物生产力、健康和活力，或减少植物病虫害。
- 形成所需的植物结构、叶子、分枝密度及生根长度。
- 改善下层树木的组成结构并提高其活力。
- 维持或改善土壤质量，提高有机质含量。
- 减少野火和安全隐患。
- 减少现场作业中的能耗。

适用条件

本实践适用于乔木和灌木生长的所有地区。

准则

适用于上述所有目的的总体准则

通过去除最小生物量实现修剪目标，从而维持乔木和灌木的健康和活力。维持修剪物种的建议根冠比。

针对每个物种，采用适当的修剪方法和技术，及时修剪，以实现目标要求。

使用合适的工具并依照相应的修剪程序，以尽量减少对剩余树木或灌木的压力和损害。

及时进行修剪活动，以尽量减少对田地、土壤和植被的负面影响。

不要创造或吸引有害昆虫或增加疾病可能性的条件（如新鲜切口流出的树汁）。

安排好修剪时间，以尽量减少对野生动物季节性活动的干扰。

若非为了达到国际树木栽培学会特别推荐的预期目标，不要涂刷或处理乔木或灌木的修剪切口或顶部（被修剪的）。

即使在修剪过程中树体没有异样，修剪后也要对所有设备进行消毒。

维持健康和活力的附加准则

修剪病木时，视情况对修剪工具进行消毒，以尽量减少病原体的传播。

修剪根部以维护或整修现有树木时，在树木滴灌线外修剪（除非与相邻作物或牧草区域的根部竞争过于激烈）并且修剪深度要与物种和田地相适应。

对于受影响的物种和田地，根据树的种类、田地和大小在推荐距离处对根部进行修剪，从而限制根移植物传播病害。

保持或改善土壤质量的附加准则

除发生野火危害或出现病虫害的威胁，或者通过燃烧可以最好地实现其他管理目标外，禁止燃烧植物残体。

将植物残体分散到整个田地。必要时，可以将残体与乔木或灌木的茎分离。可以将残体切碎或用于护根以加速融入土壤。

减少野火和安全危害的附加准则

当修剪是为了降低野火的风险，或在易受野火影响的区域为达到其他目的时，应在修建树木后处理木本残体。参照保护实践《木质残渣处理》（384）。减少野火危害还可以通过修剪树枝下垂的树木，最终修剪高度（在树干处）可能需要更高，以满足树冠和地面植被之间所需高度。

降低能耗的附加准则

无法修剪时，可以通过采用高效节能的方法，降低与修剪相关的总能耗。

注意事项

去除修剪活枝和叶子会降低乔木和灌木的能量储备以及光合作用的能力。错误的修剪方法会去除过多的分枝或叶子，或导致结构缺陷或破损，从而影响乔木和灌木的健康和活力。

考虑计划的植物残体处理方法对土壤、水、动物、植物、能源和空气资源的潜在影响（如比较保留现场残体与去除或燃烧残体的影响）。通过植物残体提供营养和有机物质来改善土壤质量。

如果需要，处理植物残体以限制病害或虫害的威胁，保持操作能力，或加速残体融入土壤。参照保护实践《木质残渣处理》（384）。

考虑为生产无结木或其他特殊林产品进行修剪的预估成本及预期经济效益。

当修剪用于控制病虫害（如槲寄生、水疱锈病）时，应考虑现有的树木间距、垂直树木结构、感染程度、树龄和立地条件。如果有必要，砍伐整棵树以限制病害或虫害，请参照保护实践《林分改造》（666）。

对于易被阳光灼伤的物种，特别是生长在朝南斜坡上的物种，考虑太阳对新暴露的乔木和灌木可能造成的损害。

在修剪过程中，考虑如何将修剪掉的分枝和植物的其他部分用作特殊林产品，或作其他用途。

计划和技术规范

实践的计划和技术规范，包括实现预期目的的设计和种植要求。在保护计划图上确定要修剪的区域，并将修剪的目标记录在保护计划中。

说明技术规范至少应包括：

- 选址。
- 修剪目标。
- 物种或植被类型的处理方法。
- 每英亩待处理的乔木 / 灌木数量。
- 要切割或移除的活枝和叶子的最小量和最大量。
- 与病虫害和野生生物影响有关的时间注意事项。
- 必要时采取缓解措施，以减少野火危害或降低病害和虫害的可能性。

运行和维护

定期检查植物状况，并在必要时进行额外处理或采取缓解措施。

控制由于透光增加而可能引起的本地植物入侵和有害植物的增加。

参考文献

Bedker, P.J., J.G. O’Brien, and M.M. Mielke. 1995. Revised 2012. How to Prune Trees. Available at 26TUhttp：//na.fs.fed.us/spfo/pubs/howtos/ht_prune/ htprune-rev-2012-screen.pdfU26T （verified 17 March 2014）. NA-FR-01-95. USDA-Forest Service, Northeastern Area State and Private Forestry.

Gilman, E.F., and A. Bisson. 2007. Developing a Preventive Pruning Program in your Community： Mature Trees. Available at 26Thttp：//hort.ifas.ufl.edu/woody/documents/ch_13 _mw06.pdf26T （verified 17 March 2014）. Publication ENH 1063. Florida Cooperative Extension Service, Institute of Food and Agricultural Sciences, University of Florida, Gainesville, FL.

Hanley, D.P., and S. Reutebuch. 2005. Conifer Pruning Basics for Family Forest Landowners. Available at 26Thttp：//cru.cahe.wsu.edu/CEPublications/eb198 4/EB1984.pdf26T（verified 17 March 2014）. Extension Bulletin 1984. Washington State Univ. Extension, Pullman, WA.

Owen, J.H. 2009. Shaping Fraser Fir Christmas Trees. Available at 26Thttp：//www.ces.ncsu.edu/fletcher/programs/xm as/production-mountains/shaping-fraser-fir-christmas-trees_070609.pdf26T（verified 17 March 2014）. Cooperative Extension Service, North Carolina State University, Raleigh, NC.

Van der Hoeven, G.A. 1977. All About Pruning. Available at 26Thttp：//www.ksre.ksu.edu/bookstore/pubs/c550. pdf26T（verified 17 March 2014）. KSU Horticulture Report C-550. Kansas State University Agricultural Experiment Station and Cooperative Extension Service, Manhattan, KS.

Windell, K. 1996. Pruning in timbered stands. USDA Forest Service Tech. Report 9624- 2815, Missoula Technology and Development Center, Missoula, MT.

保护实践概述

（2014年10月）

《乔木 / 灌木修剪》（660）

《乔木 / 灌木修剪》是指施用于乔木和灌木的处理方法，包括除去选定树枝、嫩枝或根系。本实践也可用于清除使用矮林作业技术以更新乔木或灌木生长的所有地上材料。

实践信息

修剪通过剪除损坏、病害或难看的植株部分，改善乔木或灌木的健康、外观以及价值。该方法还可以用来解决安全问题，例如切断危险分枝或清除可能引发野火的易燃部分。通过修剪可以使阳光照射到森林地面，从而促进林下植被的生长。也可用于为其他管理活动提供进出森林的通行路径。

通过修剪田间防风带也可利于管理积雪，使其更均匀地分布在邻近的田地上，以便利于提前耕作和改善水分条件。修剪防风带也可利于管理气味或促进空气流动，降低树木病害的发生率。

修剪时机是关键的考量因素。对于许多乔木和灌木最好在其休眠期进行修剪，以减轻对植物的冲击，并减少病虫害侵袭的可能性。暴风雨过后也可能需要进行修剪，以清除损坏和危及下方安全的树枝。

乔木或灌木修剪后留下的木质材料可留在原地，利于提高土壤有机质和植物养分含量。但是如果存在引发野火的危险，或者会导致有害昆虫或植物病害的暴发，应及时从现场移除。

有多种乔木和灌木可以实施修剪，但这种修剪工作属于劳动密集型作业，成本昂贵。在决定实施修剪之前，应首先对成本和效益进行评估。

对野生动物栖息地的影响属于可变情形，取决于场地条件、乔木或灌木特征，以及野生物种。调整修剪作业的时机，使其不影响筑巢鸟类或野生动物哺育新生幼崽。

常见相关实践

《乔木 / 灌木修剪》（660）作为促进实践做法常与《田篱间作》（311）、《立体种植》（379）、《林牧复合》（381）、《乔木 / 灌木建植》（612），以及《防风林 / 防护林改造》（650）一并使用。《木质残渣处理》（384）是应用于清除木质材料的支持性实践做法。《林分改造》（666）是应用于需要砍伐或者杀死整棵树以控制病虫害情况的支持性实践做法。

保护实践的效果——全国

土壤侵蚀	效果	基本原理
片蚀和细沟侵蚀	1	清除上层林冠能够增加能控制土壤侵蚀的地被植物的数量和活性。
风蚀	0	残留植被和碎屑保持未侵蚀状态。
浅沟侵蚀	0	残留植被和碎屑保持未侵蚀状态。
典型沟蚀	0	残留植被和碎屑保持未侵蚀状态。
河岸、海岸线、输水渠	0	不适用
土质退化		
有机质耗竭	-1	清除某一地点的木本植被同时也会清除原本可能成为土壤有机质的有机物质。
压实	0	不适用
下沉	0	不适用
盐或其他化学物质的浓度	0	不适用
水分过量		
渗水	0	不适用
径流、洪水或积水	0	不适用
季节性高地下水位	0	不适用
积雪	0	不适用
水源不足		
灌溉水使用效率低	0	不适用
水分管理效率低	0	不适用
水质退化		
地表水中的农药	1	对理想植物活性的管理能够减少径流、侵蚀和对农药施用的需求。
地下水中的农药	1	管理植物健康水平和生长活力减少了对农药施用的需求。
地表水中的养分	1	这一举措能够激发植物更有效地吸收及同化养分和有机物。
地下水中的养分	1	这一举措能够激发植物更有效地吸收及同化养分和有机物。
地表水中的盐分	0	不适用
地下水中的盐分	0	不适用
粪肥、生物土壤中的病原体和化学物质过量	0	不适用
粪肥、生物土壤中的病原体和化学物质过量	0	不适用
地表水沉积物过多	0	不适用
水温升高	0	不适用
石油、重金属等污染物迁移	0	不适用
石油、重金属等污染物迁移	0	不适用
空气质量影响		
颗粒物（PM）和 PM 前体的排放	0	不适用
臭氧前体排放	0	不适用
温室气体（GHG）排放	0	不适用
不良气味	0	不适用
植物健康状况退化		
植物生产力和健康状况欠佳	3	修剪可以增加选定乔木 / 灌木物种以及所需林下植被的健康和活性。
结构和成分不当	0	不适用
植物病虫害压力过大	0	不适用
野火隐患，生物量积累过多	3	采取措施来减少阶梯可燃物。
鱼类和野生动物——生境不足		
食物	1	草本植物和灌木植物的生长得到促进，可用作野生动物的食物来源。
覆盖 / 遮蔽	1	草本植物和灌木植物的生长得到促进，可用作野生动物的覆盖 / 遮蔽物。
水	1	不适用

（续）

鱼类和野生动物——生境不足	效果	基本原理
生境连续性（空间）	0	不适用
家畜生产限制		
饲料和草料不足	1	修剪能促进林下植物的生长。
遮蔽不足	1	从树木的较低部分移除树枝有利于家畜在林分内的自由移动。
水源不足	0	不适用
能源利用效率低下		
设备和设施	0	不适用
农场 / 牧场实践和田间作业	0	不适用

CPPE 实践效果：5 明显改善；4 中度至明显改善；3 中度改善；2 轻度至中度改善；1 轻度改善；0 无效果；-1 轻度恶化；-2 轻度至中度恶化；-3 中度恶化；-4 中度至严重恶化；-5 严重恶化。

工作说明书——国家模板

（2014年9月）

此类可交付成果适用于个别实践。其他规划实践的可交付成果参考具体的工作说明书。

设计

可交付成果

1. 能够证明符合自然资源保护局实践中相关准则并与其他计划和应用实践相匹配的设计文件。
    a. 保护计划中确定的目的。
    b. 客户需要获得的许可证清单。
    c. 辅助性实践一览表。
    d. 制订计划和规范所需的与实践相关的清单和分析，包括但不限于：
        i. 确定需要进行处理以达到预期目的的木本植物的数量
        ii. 按物种或种群划分待切割活枝和树叶材料的最小及最大数量
        iii. 处理方法和工具
        iv. 作业时间安排，应能尽量减少病虫害暴发的可能性，并减少对野生动物、土壤和理想植被的影响
        v. 采取缓解措施（如砍伐物和垃圾的处理），以尽量减少野火隐患和虫害发生率、保持土质，尽量减少对理想的植被和野生动物的影响
        vi. 安全注意事项
2. 应向业主提供书面计划和规范，包括作业示意图和图纸。计划和规范中应充分描述获得任何必要许可和针对安装实践的具体要求。
3. 运行维护计划。
4. 证明设计符合实践和适用法律法规的文件。
5. 安装期间进行的设计修改（如有）。

注：可根据情况添加各州的可交付成果。

安装

可交付成果

1. 与客户进行的处理前会议。

2. 验证客户是否已获得规定许可证。
3. 根据计划和规范对需要处理的区域和植株进行标记，包括作出任何相关备注或目录备注。
4. 安排处理作业所需指导，包括对安全注意事项的考量。
5. 协助客户和原设计方并实施所需的设计修改。
6. 在安装期间，就所有联邦、州、部落和地方法律、法规和自然资源保护局政策的合规性问题向客户 / 自然资源保护局提供建议。
7. 证明处理过程和材料符合设计和许可要求的文件。

注：可根据情况添加各州的可交付成果。

验收

可交付成果

1. 实施记录。
   a. 实践单位
   b. 所用缓解措施
2. 证明施用过程符合自然资源保护局实践和规范并符合许可要求的文件。

注：可根据情况添加各州的可交付成果。

参考文献

NRCS Field Office Technical Guide（eFOTG）, Section IV, Conservation Practice Standard – Tree/Shrub Pruning, 660.

NRCS National Forestry Handbook（NFH）, Part 636.4.

NRCS National Environmental Compliance Handbook.

NRCS Cultural Resources Handbook.

注：可根据情况添加各州的参考文献。

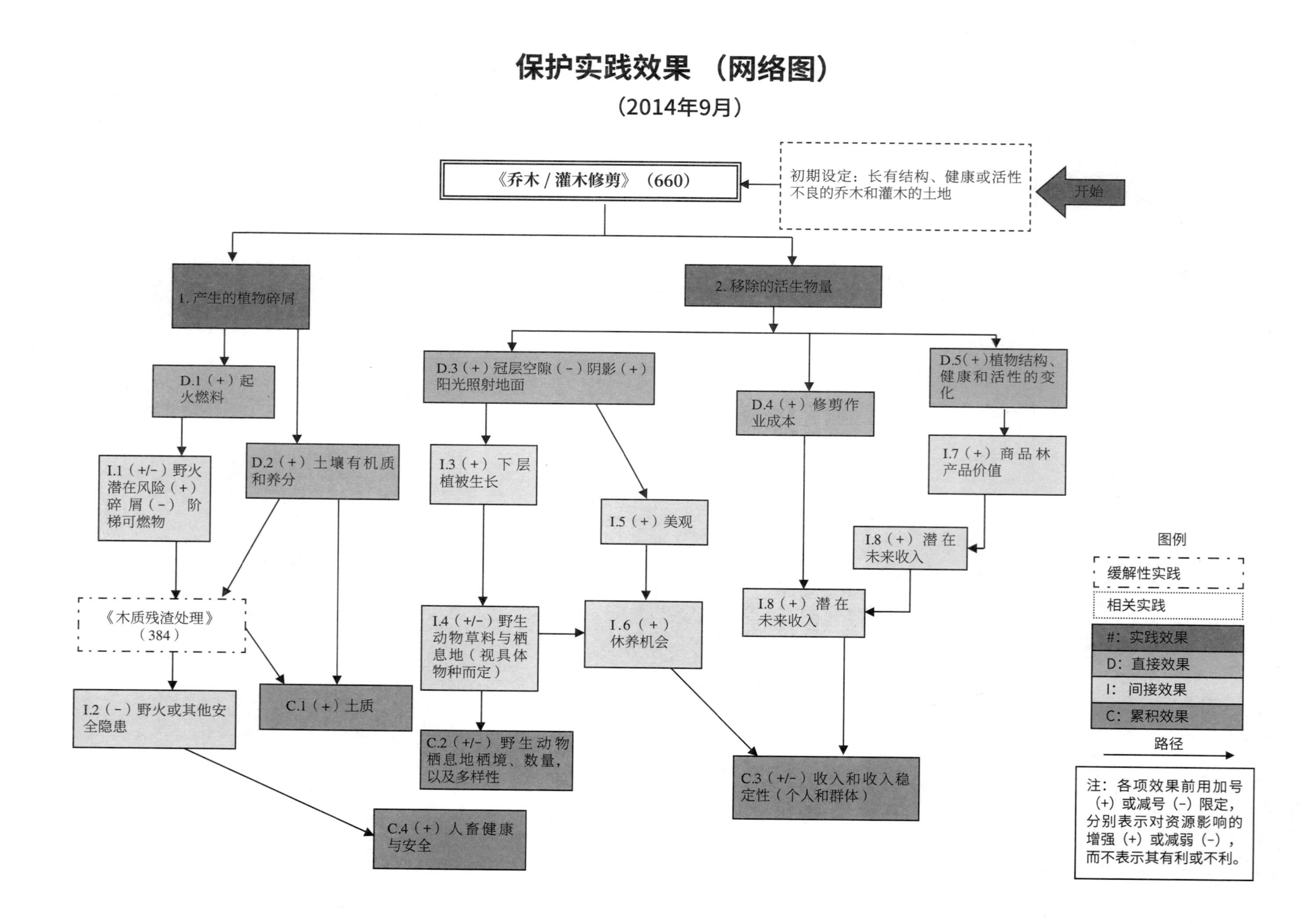
保护实践效果 （网络图）
（2014年9月）
开始
初期设定：长有结构、健康或活性不良的乔木和灌木的土地
《乔木 / 灌木修剪》（660）
1. 产生的植物碎屑
2. 移除的活生物量
D.1（+）起火燃料
D.2（+）土壤有机质和养分
D.3（+）冠层空隙（-）阴影（+）阳光照射地面
D.4（+）修剪作业成本
D.5（+）植物结构、健康和活性的变化
I.1（+/-）野火潜在风险（+）碎屑（-）阶梯可燃物
I.3（+）下层植被生长
I.5（+）美观
I.7（+）商品林产品价值
I.8（+）潜在未来收入
I.8（+）潜在未来收入
《木质残渣处理》（384）
I.4（+/-）野生动物草料与栖息地（视具体物种而定）
I.6（+）休养机会
I.2（-）野火或其他安全隐患
C.1（+）土质
C.2（+/-）野生动物栖息地栖境、数量，以及多样性
C.3（+/-）收入和收入稳定性（个人和群体）
C.4（+）人畜健康与安全
图例
缓解性实践
相关实践
#：实践效果
D：直接效果
I：间接效果
C：累积效果
路径
注：各项效果前用加号（+）或减号（-）限定，分别表示对资源影响的增强（+）或减弱（-），而不表示其有利或不利。

乔木/灌木场地准备

（490，Ac., 2006年1月）

定义

为改善乔木和灌木丛种植环境，所设置的整地处理区。

目的

- 促进目标木本植物的自然再生。
- 允许人工种植木本植物。

适用条件

在所有待处理的土地上种植乔木或灌木丛。

准则

适用于上述所有目的的总体准则

整地方法、强度和时间将与土地限制、设备和木本物种的种植要求相匹配。

为达到预期目的并保护合适的植被、土地和土壤条件，选择合适的整地方法。必要时采用其他补充措施，将侵蚀、径流量、土地夯实和排水量控制在可接受的水平。

适当地清除、处理砍伐木屑。请参阅保护实践《木质残渣处理》（384）。

砍伐后的木屑不得成为害虫的栖息地或藏匿处。

砍伐的木屑不得妨碍必要设备的操作或造成的火灾危险。有关燃烧木屑的规定，请参阅保护实践《计划烧除》（338）。

包括使用设备在内的措施，将用于控制或保护可能因整地而产生的局部入侵和有害物种。如果使用杀虫剂，请参阅保护实践《病虫害治理保护体系》（595）。

注意事项

选择整地方法时，应考虑对野生动物物种、栖息地和景观的影响。

整地作业中所释放的颗粒物、烟尘等大气污染物，可能会对现场及场外大气质量产生影响。

计划和技术规范

适用于本实践的计划和技术规范，应根据保护计划中获准的规范表、工作表、技术说明和叙述说明或其他可接受的文件进行准备和记录。

运行和维护

使用必要的防侵蚀措施。

如有必要，控制本土入侵和有害植物，若使用杀虫剂，请参阅《病虫害治理保护体系》（595）。

整地前后，应控制车辆或设备的进入，以尽量减少土壤侵蚀、土地夯实和对其他土地的影响。请参阅保护实践《访问控制》（472）。

保护实践概述

（2012年12月）

《乔木 / 灌木场地准备》（490）

乔木 / 灌木场地准备涉及为改善场地乔木 / 灌木的建植条件而对土地进行的处理改造。

实践信息

实施乔木 / 灌木场地准备保护实践能够以控制不需要的植被、清除砍伐物和碎片，或改良场地条件，继而为木本植物的种植或播种提供最佳场地条件，或促进理想树木和灌木的自然再生。

这一实践做法适用于立木度不足的地区、收获后计划植树的地区、希望将覆盖植被改变为木本植物的地区，或者长有不需要的植被能够对拟建植首选木本物种造成阻碍和竞争的地区。

本项实践的应用实施需要考虑以下几方面因素：

- 现有植被的保护；
- 剩余砍伐物和碎片的处置，使其不存在构成危害程度的虫害，不会阻碍所需设备的运行操作，不会造成不当火灾风险；
- 控制侵蚀或径流；
- 所选方法的成本效益；
- 保护文化资源、泉水、渗透区、湿地等特殊区域；
- 改善野生动物栖息地。

常见相关实践

《乔木 / 灌木场地准备》（490）通常在《乔木 / 灌木建植》（612）之前实施，且一般与《木质残渣处理》（384）、《高地野生动物栖息地管理》（645）及《防风林 / 防护林建造》（380）等保护实践一并使用。

保护实践的效果——全国

土壤侵蚀	效果	基本原理
片蚀和细沟侵蚀	-1	土壤扰动或植被和地表枯枝落叶层减少的地带有可能增加侵蚀性水能。
风蚀	-1	裸地或植被和地表凋落物稀少的区域有可能会加重土表暴露于风蚀性气候因子的程度。
浅沟侵蚀	-2	土壤扰动或植被和地表枯枝落叶层减少的地带有可能增加侵蚀性水能。
典型沟蚀	-1	土壤扰动或植被和地表枯枝落叶层减少的地带有可能增加侵蚀性水能。
河岸、海岸线、输水渠	0	不适用
土质退化		
有机质耗竭	-2	清除某一地点的植被同时也会清除原本可能成为土壤有机质的有机物质。
压实	-1	使用重型设备压实土壤。
下沉	0	不适用
盐或其他化学物质的浓度	0	不适用
水分过量		
渗水	0	不适用
径流、洪水或积水	0	临时现场条件。
季节性高地下水位	0	临时现场条件。
积雪	0	不适用
水源不足		
灌溉水使用效率低	0	不适用
水分管理效率低	5	土表的机械扰动增加了渗透速率和土壤湿度保存率。
水质退化		
地表水中的农药	-1	如果使用除草剂，可能到达地表水中。
地下水中的农药	-1	如果使用除草剂，可能到达地表水中。
地表水中的养分	0	不适用
地下水中的养分	0	不适用
地表水中的盐分	0	不适用
地下水中的盐分	0	不适用
粪肥、生物土壤中的病原体和化学物质过量	0	临时现场条件。
粪肥、生物土壤中的病原体和化学物质过量	0	场地增加的木本植被能够促进土壤中的微生物活性，从而抑制病原体数量。
地表水沉积物过多	-1	土体扰动可增加来自该林地的侵蚀。
水温升高	0	最终的林分冠层覆盖可为溪流提供遮挡。
石油、重金属等污染物迁移	0	不适用
石油、重金属等污染物迁移	0	林地中木本植被的增加，可减少污染物的吸收。
空气质量影响		
颗粒物（PM）和 PM 前体的排放	-2	使用设备产生的排放和土体扰动产生的灰尘，可增加空气中的颗粒物。
臭氧前体排放	0	林地清理机械的车辆排放和臭氧前体短期内有所增加。
温室气体（GHG）排放	0	林地清理机械的废气排放会短期增加。
不良气味	0	不适用
植物健康状况退化		
植物生产力和健康状况欠佳	5	林地发生改变，使得更多合适的物种可以生长，生产力增加，增进植物的健康与活力。
结构和成分不当	3	林地发生改变，使得更多合适和有用的物种可以生长。
植物病虫害压力过大	5	对林地条件进行管理，以便尽可能减少不需要的植被。
野火隐患，生物量积累过多	3	活动减少可燃物负荷累积。
鱼类和野生动物——生境不足		
食物	0	林地环境可能暂时导致供野生动物食用的食物减少。
覆盖 / 遮蔽	0	林地环境可能暂时导致供野生动物覆盖 / 遮蔽减少。
水	-1	不适用

（续）

鱼类和野生动物——生境不足	效果	基本原理
生境连续性（空间）	0	造成的环境变化是暂时的。这一举措用于重建树木茂盛的栖息地 / 空间。
家畜生产限制		
饲料和草料不足	0	不适用
遮蔽不足	-1	一系列活动可减少有保护作用的灌木和树木。
水源不足	0	不适用
能源利用效率低下		
设备和设施	0	不适用
农场 / 牧场实践和田间作业	0	不适用

CPPE 实践效果：5 明显改善；4 中度至明显改善；3 中度改善；2 轻度至中度改善；1 轻度改善；0 无效果；−1 轻度恶化；−2 轻度至中度恶化；−3 中度恶化；−4 中度至严重恶化；−5 严重恶化。

工作说明书—— 国家模板

（2004年4月）

此类可交付成果适用于个别实践。其他规划实践的可交付成果参考具体的工作说明书。

设计

可交付成果

1. 证明符合自然资源保护局实践中相关准则并与其他计划和应用实践相匹配的设计文件。
    a. 保护计划中确定的目的。
    b. 客户需要获得的许可证清单。
    c. 制订计划和规范所需的与实践相关的计算和分析，包括但不限于：
        i. 确定合适的方法、强度和时间来准备林地，以便种植、播种或自然更新
        ii. 将侵蚀、径流、土壤压实和土壤位移减到可接受的水平
2. 向客户提供书面计划和规范书包括草图和图纸，充分说明实施本实践并获得必要许可的相应要求。
3. 所需运行维护工作的相关文件。
4. 证明设计符合实践和适用法律法规的文件。
5. 安装期间，根据需要所进行的设计修改。

注：可根据情况添加各州的可交付成果。

安装

可交付成果

1. 与客户进行的实施前会议。
2. 验证客户是否已获得规定许可证。
3. 根据计划和规范（包括适用的布局注释）进行定桩和布局。
4. 根据需要提供的应用指南。
5. 协助客户和原设计方并实施所需的设计修改。
6. 在安装期间，就所有联邦、州、部落和地方法律、法规和自然资源保护局政策的合规性问题向客户 / 自然资源保护局提供建议。
7. 证明施用过程和材料符合设计和许可要求的文件。

注：可根据情况添加各州的可交付成果。

验收

可交付成果

1. 实施记录。
    a. 实践单位
    b. 实际使用和应用的缓解措施
2. 证明施用过程符合自然资源保护局实践和规范并符合许可要求的文件。
3. 进度报告。

注：可根据情况添加各州的可交付成果。

参考文献

NRCS Field Office Technical Guide（eFOTG）, Section IV, Conservation Practice Standard – Forest Site Preparation, 490.

NRCS National Forestry Handbook（NFH）, Part 636.4.

NRCS National Environmental Compliance Handbook.

NRCS Cultural Resources Handbook.

注：可根据情况添加各州的参考文献。

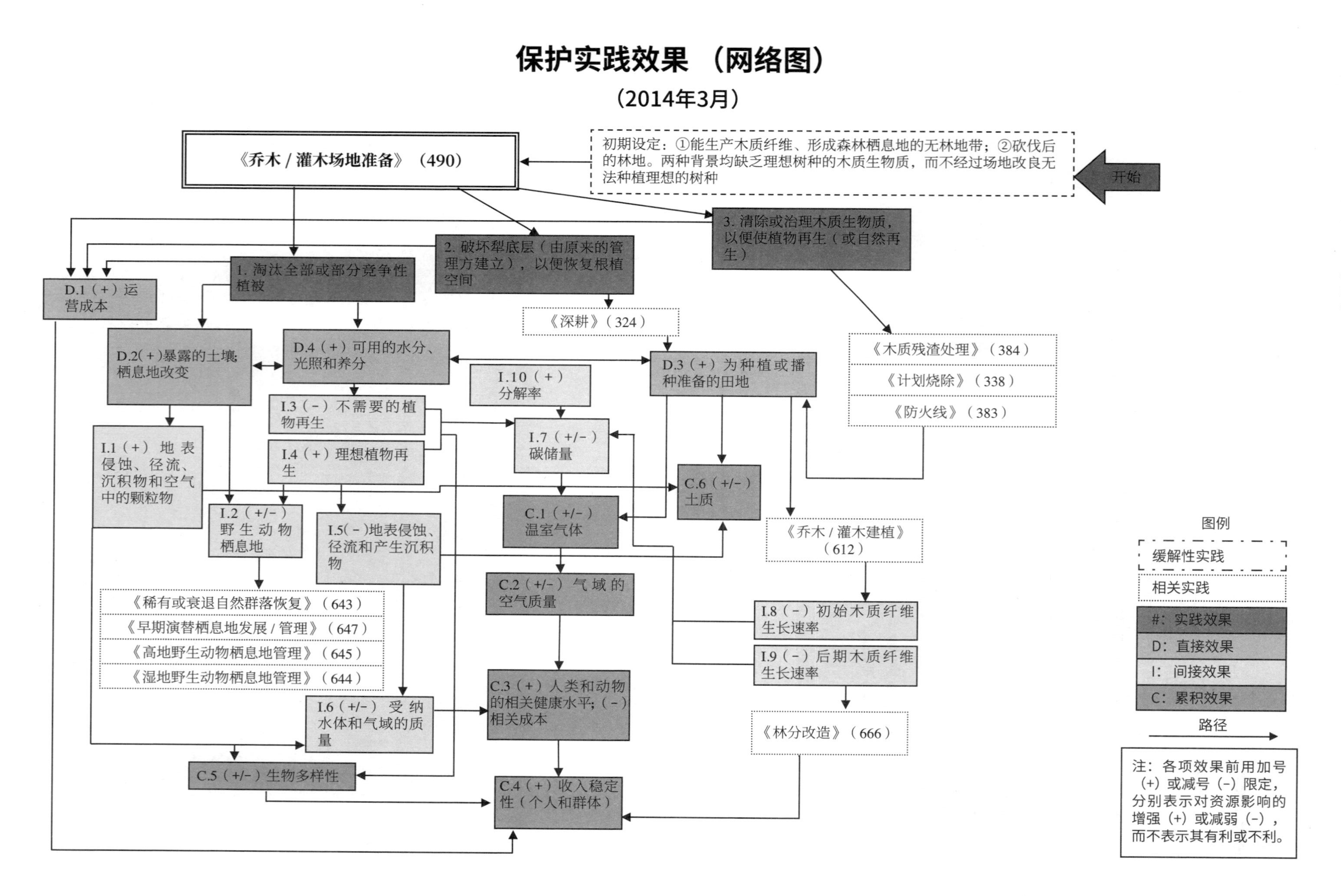
保护实践效果（网络图）
（2014年3月）
开始
初期设定：①能生产木质纤维、形成森林栖息地的无林地带；②砍伐后的林地。两种背景均缺乏理想树种的木质生物质，而不经过场地改良无法种植理想的树种
《乔木 / 灌木场地准备》（490）
1. 淘汰全部或部分竞争性植被
2. 破坏犁底层（由原来的管理方建立），以便恢复根植空间
3. 清除或治理木质生物质，以便使植物再生（或自然再生）
D.1（+）运营成本
D.2（+）暴露的土壤，栖息地改变
D.4（+）可用的水分、光照和养分
《深耕》（324）
D.3（+）为种植或播种准备的田地
《木质残渣处理》（384）
《计划烧除》（338）
《防火线》（383）
I.10（+）分解率
I.3（-）不需要的植物再生
I.4（+）理想植物再生
I.7（+/-）碳储量
I.1（+）地表侵蚀、径流、沉积物和空气中的颗粒物
I.2（+/-）野生动物栖息地
I.5（-）地表侵蚀、径流和产生沉积物
C.1（+/-）温室气体
C.6（+/-）土质
《乔木 / 灌木建植》（612）
《稀有或衰退自然群落恢复》（643）
《早期演替栖息地发展 / 管理》（647）
《高地野生动物栖息地管理》（645）
《湿地野生动物栖息地管理》（644）
C.2（+/-）气域的空气质量
I.8（-）初始木质纤维生长速率
I.9（-）后期木质纤维生长速率
I.6（+/-）受纳水体和气域的质量
C.3（+）人类和动物的相关健康水平；（-）相关成本
《林分改造》（666）
C.5（+/-）生物多样性
C.4（+）收入稳定性（个人和群体）
图例
缓解性实践
相关实践
#：实践效果
D：直接效果
I：间接效果
C：累积效果
路径
注：各项效果前用加号（+）或减号（-）限定，分别表示对资源影响的增强（+）或减弱（-），而不表示其有利或不利。

乔木/灌木建植

（612，Ac., 2016年5月）

定义

通过种植幼苗或插条、直接播种或通过自然再生来种植木本植物。

目的

种植木本植物，以实现以下目标：

- 通过种植木本植物来维持或改善所需植物的多样性、生产力和健康程度。
- 为适应该地生态特性的野生动物物种建造或改善栖息地。
- 控制侵蚀。
- 改善水质，减少径流和地下水中过量的养分和其他污染物。
- 隔离和储存碳。
- 恢复或维护本地植物群落。
- 开发可再生能源系统。
- 节约能源。
- 提供有益生物和授粉动物。

适用条件

在任何能够种植木本植物的地方都可以进行乔木 / 灌木建植。

准则

适用于上述所有目的的总体准则

选择一种或多种适合土壤和田地环境并且适合于计划目的的物种。

根据田地和物种的生态特征以及土地所有者目标确定乔木和灌木的目标容积量。进行种植、播种或以反映预期的幼苗死亡率不同密度 / 速率自然再生的，以在已建立的田地中达到目标容积量。

若条件不适合种植所需的植物，则使用保护实践《乔木 / 灌木场地准备》（490）来准备种植、播种或植物的自然再生的田地。

当利用自然再生来种植乔木或灌木时，确保种子或营养繁殖体的来源存在或未来一定会存在，或者存在先进的繁殖技术，满足其一即可实现目标。当自然再生依赖于种子来源时，在适当的时间进行任何必要的种植处理和田地准备，以促进种子的萌发和从理想物种中培育种子。根据需要修改林分条件，采用保护实践《林分改造》（666），为自然再生创造良好的林分结构。根据需要，使用保护实践《计划烧除》（338）、《灌木管理》（314）和《草本杂草处理》（315），以获得自然再生地区所需的树种组成、密度和乔木 / 灌木的排列。根据树种、年龄、直径和田地条件的适宜性，实施小灌木林再生（源自根芽或树桩芽）。根据物种特性确定小树林再生的正确时间。

在不能实现所需物种的自然再生或不符合标准的地方，进行乔木 / 灌木建植来实现或补充森林的再生。

只选择可行的、高质量的和适应性强的植物。所选种子需符合美国国家标准学会（ANSI）所认可的最低标准的种子移植协议并符合州内种子移植协议。禁止种植出现在联邦或州入侵物种或有毒杂草名单上的任何物种。

选择合适的种植日期和处理方法以提高存活率。选择适合土壤和田地条件的种植技术和时间。

根据需要，改变物种选择或种植 / 播种的时间，最小化残留化学物质的潜在影响。

评估田地以确定是否需要覆盖、补充水或其他处理（例如树木保护装置、遮阳卡、刷垫等）以确保其存活、成长。通过选择适合现场的植物材料、种植方法和种植季节最大限度地减少对补充水和养分的需求。如种植的乔木 / 灌木需补充水分，请使用保护实践《灌溉系统——微灌》（441）。

保护乔木和灌木种植区、播种地区和自然再生地区，免受害虫、野生动物、牲畜和火灾的不利影响。如有必要，通过采用综合害虫防治技术来预防、避免、监测和抑制害虫，从而保护植物。

允许移除植物或采摘果实（如树木、生物量、草药、坚果、水果等），但前提是保护其不因植被的流失或收获而受到损害。

减少养分和污染物的附加准则

当种植植物以去除径流或地下水中多余的养分时，选择具有快速生长特性、根系广泛和高养分吸收能力的物种。用于减少污染物的乔木和灌木必须能够耐受现场的污水或土壤中所含的污染物。

恢复或维护本地植物群落的附加准则

为种植而选择的物种，或在自然再生中受青睐的物种，将是本地的原生物种。该物种将持续向已确定的目标植物群落发展。

封存和储存碳的附加准则

为短期实现快速碳封存，须选择具有高增长率的物种，不过它们通常寿命较短。对于长期的碳储存，选择尺寸大、木材密度高、寿命长的植物。种植并维护储备充足的苗木。

建立可再生能源系统的附加准则

选择能够提供足够类型和数量的植物生物量的植物，以满足确定的生物能源需求。

管理能源生物量清除的强度和频率，以防止对现场造成长期负面影响。

以不会损害田地的其他预期目的和功能的方式收获生物质的能量。

节约能源的附加准则

通过植树为建筑物提供荫凉，提高能源效率。

选择增长潜力大于被保护结构或设施的植物。

使用合适的植物密度来优化产生的树阴。

设计乔木和灌木种植，以避免对建筑物的破坏，并为墙壁和窗户提供足够的空间。植物之间的距离应大于成熟的冠蔓延距离，并选择深根系的物种。

为了保护结构不受因风引起的热损失，使用保护实践《防风林 / 防护林建造》（380）。

有益生物栖息地的附加准则

种植的乔木和灌木为有益的有机体提供栖息地和食物来源，如授粉者、掠食性和寄生昆虫、蜘蛛、食虫鸟类和蝙蝠、猛禽和陆栖啮齿动物。在控制目标害虫的关键时期，如果可能的话，在一年内选择符合膳食、筑巢和覆盖预期有益生物要求的植物品种。

保护有益生物不受有害农药的侵害。

注意事项

考虑使用已在植物材料计划或类似的乔木 / 灌木改良计划中通过选择和测试的植物材料。

考虑使用不同的乔木和灌木物种组合，以最好地满足所需的野生动物和授粉物种的需要。

在选择植物材料时，考虑物种、品种是否具有侵略性性状，以及是否对现有或未来的植物群落构成潜在威胁。

在选择植物种类和种植地点时，考虑极端天气事件（如干旱、洪水、大风、晚春霜冻）的潜在影响。

当使用乔木和灌木进行碳封存和储存时，请考虑使用建模工具来预测碳固存率和储存碳量。

乔木 / 灌木的布置和间距应允许并预测未来通道的需要，以便进行林分管理和火灾控制。

当种植不足时，应在过度清除之前充分种植乔木和灌木，以确保在可行的情况下完全种植。

考虑种植生长速度快和密度高的物种，与杂草和不良植物竞争。

考虑使用提供生存和文化价值的物种（如部落种植的物种）。

考虑通过应用叶子颜色、开花季节和花色、成熟植物高度、边缘羽化和其他景观美化技术，设计种植植物以美化农场、休闲区和公共使用区的视觉效果。

植被种植过程中有机系统的注意事项

如木制品或干草等天然覆盖物可作为使用除草剂的可行替代方案，可以通过控制竞争植被来确保乔木 / 灌木的生长。经过认证的无籽覆盖物是首选。请参见保护实践《覆盖》（484）。

可通过增殖或引入捕食者或寄生虫以及发展害虫天敌栖息地来治理害虫；可以使用诸如诱饵、诱捕器和驱虫剂的非合成控制手段。

可以通过用完全可生物降解的材料覆盖；割草；保护种植的牲畜放牧；人工除草和机械栽培；预灌溉；火焰、热量或电气方式来控制入侵植物物种。根据需要，使用保护实践《计划烧除》（338）。

减少能源使用的注意事项

当种植树木以减少建筑物在夏季的能源消耗时，考虑把它们种在建筑物的西侧，那里的太阳热量每天最多。其次是东侧。种植在建筑物 30 ~ 50 英尺范围内的树木或灌木，通常可以为窗户和墙壁提供有效的阴凉，这取决于树未来生长高度。

凉爽气候下，在建筑物南面种植的落叶乔木或灌木可以在夏天提供阴凉，但也可以在冬天让阳光照射到建筑物。

计划和技术规范

制订计划与技术规范，说明为实现预期目的，采取该做法所需的条件，并获得所需的许可。

使用工作表或其他可接受的文档。该计划与技术规范至少应包括：

- 种植目标。
- 草图、图纸和详细图纸。
- 显示种植或自然再生区域位置的地图。
- 土壤地图、土壤和生态站点描述（如果可以提供的话）。
- 不同物种或植被类型的种植方法。
- 按种类划分的每英亩乔木 / 灌木数量。
- 相对于季节因素，考虑植物生理学、病虫害和野生生物影响，种植和自然再生的时机。
- 如果需要，采取措施减少野火危害或病虫害的可能性。

运行和维护

为该地制订一份维护计划。该计划至少应包括下列活动：

- 如果需要，定期焚烧或割草，以维持植物群落的健康水平。在野生动物生殖初期时不要进行维护活动。如果此类例外不与机构要求相冲突，则可以考虑利用此类例外以维持植物群落的健康。
- 在乔木 / 灌木建植期间或之后控制车辆或设备的进出，以保护新植被并最大限度地减少侵蚀、压实和其他田地影响。
- 在适当时间检查种植。播种或自然再生后的田地，以确定乔木和灌木的存活率是否符合实践目标。当存活率低时，重新植入或补种。
- 定期检查乔木和灌木，保护它们免受虫害、病害、竞争植被、火灾、牲畜、野生动植物、没有实际作用的树木遮蔽物和杂草障碍等的不利影响。
- 如果需要，控制竞争植被，直到建立所需的乔木 / 灌木。控制联邦或州入侵物种和有害杂草清单上的植物物种。
- 如果需要，施用营养素以保持所需乔木 / 灌木的活力。

参考文献

AmericanHort. 2014. American Standard for Nursery Stock. W.A. Quinn, Ed. ANSI Z60.1. Available at http：//americanhort.org/documents/ansi_nursery_stock_standards_americanhort_2014.pdf （verified 25 Jan 2016）.

Burns, R.M., and B.H. Honkala, tech. coords. 1990. Silvics of North America： 1. Conifers； 2. Hardwoods. Available at http：//www.na.fs.fed.us/spfo/pubs/silvics_manual/table_of_contents.htm （verified 25 Jan 2016）. Agriculture Handbook 654. USDA-Forest Service.

Landis, T.D.； Dumroese, R.K.； Haase, D.L. 2010. The Container Tree Nursery Manual. Volume 7, Seedling Processing, Storage, and Outplanting. Available at http：//www.fs.fed.us/rm/pubs_other/wo_AgricHandbook674_7.pdf （verified 25 Jan 2016）. Agriculture Handbook 674. USDA-Forest Service. Washington, DC. 200 p.

McPherson, E.G., J.R. Simpson, P.J. Perper, S.E. Maco, S.L. Gardner, S.K. Cozad, and Q. Xiao. 2006. Midwest community tree guide： benefits, costs, and strategic planting. Gen. Tech. Rept. PSW-GTR-199. USDA-Forest Service. 85 p. Available at http：//www.fs.fed.us/psw/programs/uesd/uep/tree_guides.shtml （verified 25 Jan 2016）.（Note： State FOTGs may substitute this citation with one specific to their region.）.

Organic Materials Review Institute. OMRI Products List. Available at http：//www.omri.org/omri-lists/download （verified 25 Jan 2016）.

Southern Organic Resource Guide. Sources of Organic and Untreated Non-GMO Seeds. Available at http: //attra.ncat.org/sorg/seeds.html（verified 25 Jan 2016）.

Talbert, C. 2008. Achieving establishment success the first time. Tree Planters Notes 52（2）：31-37.

USDA-Forest Service. 2002. Silvicultural Practices Handbook, Chapter 2 - Reforestation. Southwestern Region （Region 3）. Albuquerque, New Mexico. Available at http：//www.fs.fed.us/im/directives/field/r3/fsh/2409.17/2409.17_2.01_2.5.doc （verified 25 Jan 2016）. FSH 2409.17.（Note： State FOTGs may substitute this citation with one specific to their USDA-Forest Service region.）.

USDA-NRCS. Woodlands and Forestlands. Available at http：//www.nrcs.usda.gov/wps/portal/nrcs/detail/plantmaterials/technical/publications/?cid=stelprdb1044053 （verified 25 Jan 2016）.

保护实践概述

（2016年5月）

《乔木 / 灌木建植》（612）

乔木 / 灌木建植涉及种植秧苗、插枝、播种，或者创建能够促进自然再生的条件。

实践信息

种植乔木和灌木可用于实现多种目的。保护效果包括但不限于：

- 建植森林植被
- 巩固野生动物栖息地
- 控制侵蚀
- 改善水质
- 碳捕获和提高碳存储
- 节约能源

树种选择、田地准备、种植日期和方法以及树间距将根据规划用途和现场条件而有所不同。乔木和灌木种植后需要定期进行检查，保护它们免受虫害、病害、竞争植被、火灾和家畜或野生动物的破坏。

根据场地的不同，可能需要补充水分以确保培植期内的存活，通常持续 1 ~ 3 年。为了保持植物活力，可能需要定期施用养分。

常见相关实践

《乔木 / 灌木建植》（612）一般与《乔木 / 灌木场地准备》（490）、《覆盖》（484）、《森林小径与过道》（655）、《高地野生动物栖息地管理》（645）、《关键区种植》（342）、《灌木管理》（314）、《草本杂草处理》（315）、《病虫害治理保护体系》（595）以及《访问控制》（472）等保护实践一并使用。

保护实践的效果——全国

土壤侵蚀	效果	基本原理
片蚀和细沟侵蚀	5	植被和地表凋落物能够减少侵蚀性水能。
风蚀	5	高大植被可形成风幕，降低侵蚀性风速，并阻止沙砾跃移，形成稳定区。
浅沟侵蚀	4	植被、地表凋落物和根系减少了集中渗流的冲蚀力度。
典型沟蚀	2	植被、地表凋落物和根系减少了集中渗流的冲蚀力度。
河岸、海岸线、输水渠	2	植被的根系可束缚土壤，增强土壤的抗水流侵蚀能力。
土质退化		
有机质耗竭	4	永久性木本植被的建植可以促进根系和芽的生长发育。分解作用增加了土壤有机质含量。
压实	2	根部渗透和有机质有助于土壤结构的修复。
下沉	0	不适用
盐或其他化学物质的浓度	1	木本植被对盐和其他化学物质的吸收能力是有限的。
水分过量		
渗水	2	深根植物吸收多余水分。
径流、洪水或积水	0	乔木或灌木提高土壤渗透性，但可能会减缓洪水排出该地区的移动能力。
季节性高地下水位	2	深根植物吸收多余水分。
积雪	1	下风向乔木和灌木捕集降雪。
水源不足		
灌溉水使用效率低	0	不适用
水分管理效率低	1	适用和受控的植物生产可以更有效地利用可用水。
水质退化		
地表水中的农药	1	这一举措减少径流和农药的使用。同时，乔木和灌木可吸收农药残留。
地下水中的农药	1	这一举措能够减少农药的使用，并且种植的乔木和灌木可以吸收部分农药残留。
地表水中的养分	1	永久性植被将吸收多余养分。
地下水中的养分	1	永久性植被将吸收多余养分。
地表水中的盐分	1	这一举措能够促进植物吸收污染物。
地下水中的盐分	1	这一举措能够促进植物吸收污染物。
粪肥、生物土壤中的病原体和化学物质过量	1	木本植被可捕获并延迟病原体的移动，从而增加其死亡率。
粪肥、生物土壤中的病原体和化学物质过量	1	增加植被和土壤微生物活性可以增强对病原体的竞争作用。
地表水沉积物过多	3	植被提供良好覆盖率，有助于降低风速，并增加渗透性。
水温升高	1	在靠近溪流和其他水体的地方，乔木和灌木能够提供阴凉，保持水温适中。
石油、重金属等污染物迁移	1	有些植物能吸收重金属。
石油、重金属等污染物迁移	1	具备金属富集能力的乔木和灌木可以吸收去除土壤剖面中的重金属。
空气质量影响		
颗粒物（PM）和 PM 前体的排放	1	永久性植被能够减少风蚀作用和扬尘的产生。
臭氧前体排放	0	不适用

（续）

空气质量影响	效果	基本原理
温室气体（GHG）排放	4	植被将空气中的二氧化碳转化为碳，储存在植物和土壤中。
不良气味	2	植被能够阻碍风的移动，并能阻滞气味扩散。
植物健康状况退化		
植物生产力和健康状况欠佳	5	对植物进行选择和管理，可保持植物最佳生产力和健康水平。
结构和成分不当	5	选择适应且适合的植物。
植物病虫害压力过大	5	种植并管理植被，可控制不需要的植物种类。
野火隐患，生物量积累过多	0	不适用
鱼类和野生动物——生境不足		
食物	1	选择并管理合适的植物，以提高目标物种的食物营养价值。
覆盖 / 遮蔽	3	可以选择、管理植物，提高其作为覆盖 / 遮蔽的价值。
水	5	不适用
生境连续性（空间）	3	高大植被为野生动物创造了垂直栖境结构和强化的生存空间。
家畜生产限制		
饲料和草料不足	0	如果所需要的乔木和灌木不受损害，这些地点可作为家畜饲料和草料的饲喂点。
遮蔽不足	1	高大植被提供了遮蔽所。
水源不足	0	不适用
能源利用效率低下		
设备和设施	0	不适用
农场 / 牧场实践和田间作业	0	不适用

CPPE 实践效果：5 明显改善；4 中度至明显改善；3 中度改善；2 轻度至中度改善；1 轻度改善；0 无效果；-1 轻度恶化；-2 轻度至中度恶化；-3 中度恶化；-4 中度至严重恶化；-5 严重恶化。

工作说明书—— 国家模板

（2016年5月）

此类可交付成果适用于个别实践。其他规划实践的可交付成果参考具体的工作说明书。

设计

可交付成果

1. 证明符合自然资源保护局实践中相关准则并与其他计划和应用实践相匹配的设计文件。
   a. 保护计划中确定的目的。
   b. 客户需要获得的许可证清单。
   c. 制订计划和规范所需的与实践相关的计算和分析，包括但不限于：
      i. 确定拟种植或自然重建的木本植物适用物种、所需苗木水平以及适当建植的方法和建植时间
      ii. 针对已栽种苗木的保护措施，包括补充水分和栽培处理，以期提高苗木存活率和健康水平，并使用控制区域进出
      iii. 根据需要为改善或恢复原生植物群落和增加生物量以及土壤碳储量所作出的额外规定
2. 向客户提供书面计划和规范书包括草图和图纸，充分说明实施本实践并获得必要许可的相应要求。
3. 所需运行维护工作的相关文件。
4. 证明设计符合实践和适用法律法规的文件。

5. 安装期间，根据需要所进行的设计修改。

注：可根据情况添加各州的可交付成果。

安装

可交付成果

1. 与客户进行的实施前会议。
2. 验证客户是否已获得规定许可证。
3. 根据计划和规范（包括适用的布局注释）进行定桩和布局。
4. 根据需要提供的应用指南。
5. 协助客户和原设计方并实施所需的设计修改。
6. 在安装期间，就所有联邦、州、部落和地方法律、法规和自然资源保护局政策的合规性问题向客户 / 自然资源保护局提供建议。
7. 证明施用过程和材料符合设计和许可要求的文件。

注：可根据情况添加各州的可交付成果。

验收

可交付成果

1. 实施记录。
    a. 实践单位
    b. 实际使用的植物体和采取的保护措施
2. 证明施用过程符合自然资源保护局实践和规范并符合许可要求的文件。
3. 进度报告。

注：可根据情况添加各州的可交付成果。

参考文献

NRCS Field Office Technical Guide（eFOTG）, Section IV, Conservation Practice Standard – Tree/Shrub Establishment, 612.

NRCS National Forestry Handbook（NFH）, Part 636.4.

NRCS National Environmental Compliance Handbook.

NRCS Cultural Resources Handbook.

注：可根据情况添加各州的参考文献。

保护实践效果（网络图）

（2016年5月）

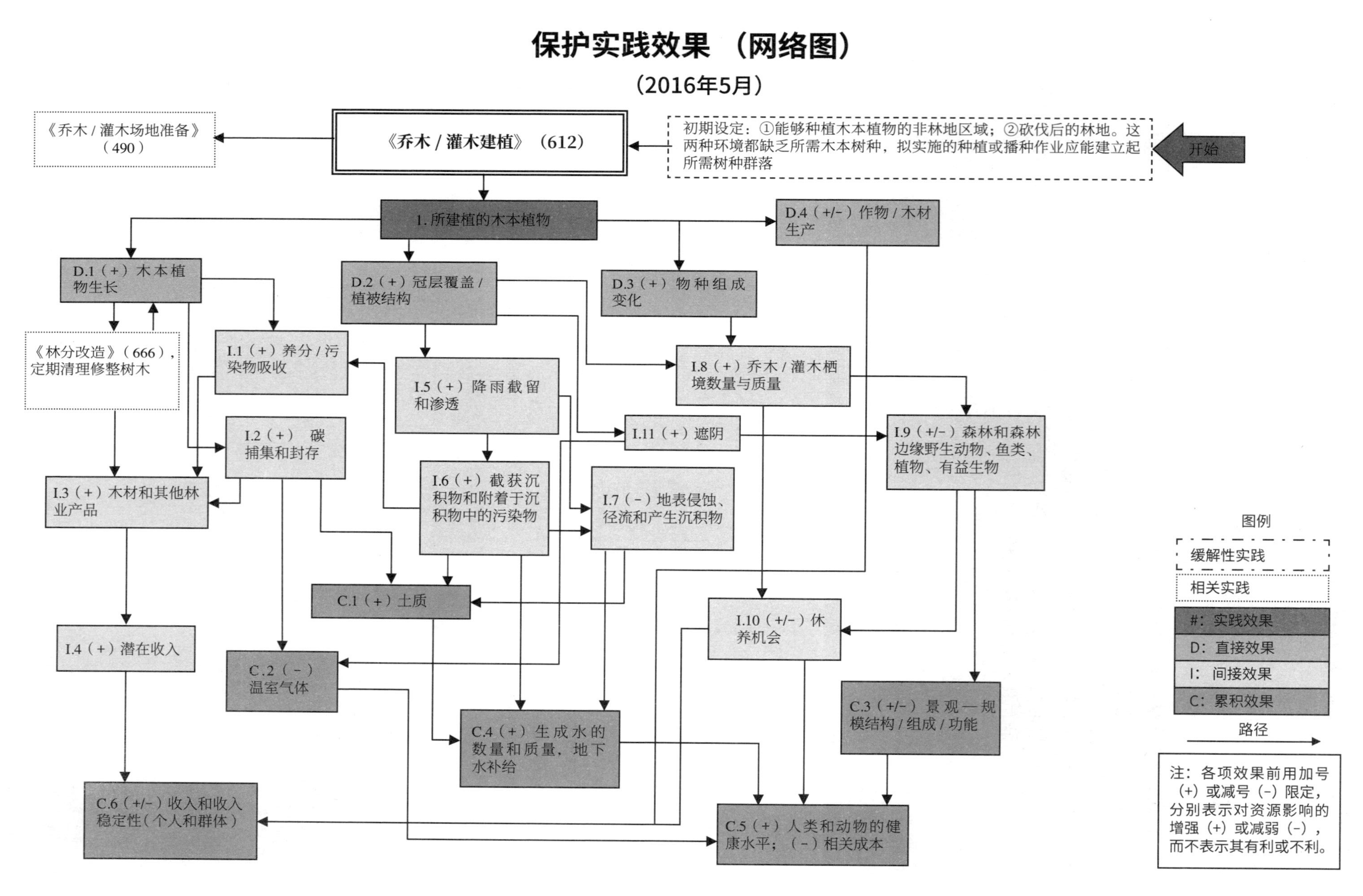

湿地野生动物栖息地管理

（644，Ac., 2010年9月）

定义

为湿地野生动物保留、开发或管理栖息地。

目标

为水鸟、滨鸟、毛皮兽或其他依赖湿地的相关动植物群维持、开发或改善湿地栖息地。

适用条件

适用于湿地、河流、湖泊和可管理湿地野生动物栖息地的水体。本实践适用于自然湿地或水体以及之前可能的《湿地恢复》（657）、《湿地改良》（659）和《创建》（658）的湿地。

准则

使用根据自然资源保护局州立办公室批准的栖息地评估或评价，确定规划地区的栖息地限制因素。

根据栖息地评价结果，采用本实践时应按其重要程度去除或减少限制因素。

仅通过使用本实践，或结合其他辅助和促进的标准，建立保护系统，使规划地区能够达到或超过《野生动物栖息地保护公约》第三节规定的野生动物栖息地的最低质量标准。

确定野生动物物种管理目标。对于需要的物种，确定栖息地环境的类型、数量和分布，以及实现管理目标所需的管理活动。

充分利用原生植物。

在执行本实践之前，对含有危险废物的场所进行清理。

应防止入侵植物种类和联邦 / 州列出的有毒和有害物种进入田地。

注意事项

考虑管理蚊虫等疾病传播媒介。

考虑对下游水流或含水层的影响，这将影响到其他用水或使用者。

考虑本实践对鱼类和野生动物栖息地的影响。

在周围高地上建立植被缓冲带，可以减少径流或风所携带的泥沙、可溶性和附着泥沙的污染物。

在已知存在营养和农药污染的地方，应当考虑计划物种的营养和农药耐受性。

考虑对水温的影响，以防止对水生和野生动物群落产生不良影响。

本实践产生的土壤扰动可能增加不良物种入侵的可能性。

添加断枝、树干或原木可以为野生动物提供栖息处和覆盖物，并作为食物链的碳源。

对于排水湿地，考虑地下上坡水和地下水资源的可用性。

选择种植物种时，考虑微地形和不同的水文情况。

考虑遵守州和联邦狩猎法规（如诱捕）而进行的管理措施的影响。

水位下降会增加海龟死亡的可能性。

考虑放牧对径流、渗透、湿地植被和鸟类筑巢的影响。

添加适合该区域的人工鸟窝可以提高这些区域的利用率。

在现有湿地和其他水体附近实施本实践将使这些覆盖物或植被更具连接性。

本实践对栖息地的改善可能会导致野生动物增加，对邻近农田上作物造成破坏。

考虑邻近的湿地或水体，它们有助于增加湿地系统的复杂性和多样性，减少栖息地的分散，并使相关的野生动物最大限度地利用湿地。

计划和技术规范

记录如何为相应的野生动物提供栖息地：

- 不同季节所需的水深；
- 所需结构的类型和尺寸；
- 理想的原生植物种类以及其种植和维护方法。

可在保护计划中使用适当的工作表或书面文件记录具体信息。

运行和维护

运行和维护计划至少应包括建筑和植被措施的监测和管理。

如果将割干草和牲畜放牧作为一种必要的野生动物管理手段，将发展放牧和牲畜放牧计划，以促进湿地的建立、开发和管理，以及为计划的湿地和野生动物而建的高地植被。

若条件允许，可使用生物方法（如使用捕食性动物或寄生物种）控制害虫和有害植物。

增加水深和淹没时间可作为控制不需要的植被（如芦苇）的方法。

参考文献

Hall, C.D. and F.J. Cuthbert. 2000. Impact of a controlled wetland drawdown on Blanding’s Turtles in Minnesota. Chelonian Conservation Biology. Vol. 3, No. 4, pp. 643-649.

Helmers, D.L. 1992. Shorebird management manual. Western Hemisphere Shorebird Reserve Network, Manomet, MA 58 pp.

Payne, Neil F.1992.Techniques for wildlife habitat management of wetlands. McGraw-Hill, Inc. 549 pp.

Smith, Loren M. and Roger L. Pederson. 1989. Habitat management for migrating and wintering waterfowl in North America. Texas Tech University Press, 574 pp.

保护实践概述

（2012年12月）

《湿地野生动物栖息地管理》（644）

湿地野生动物栖息地管理涉及开发和管理湿地野生动物的栖息地。

实践信息

本实践用于建立和改善水禽、有毛野兽或其他野生动物的栖息地。它可用于在其中野生动物栖息地可被管理的湿地、江河、湖泊和其他水体（或这些水体周围）。

本实践专为特定的野生动物物种而制订。本实践的应用规范包括以下各项：

- 满足理想野生动物物种需要的结构。
- 在每年的不同季节，提供合乎要求的栖息地所需的季节水深。
- 目标野生动物物种的繁殖、进食和掩蔽所需要的植物物种。
- 管理植被，以确保可持续性。

控制联邦/州名单上列出的有毒和有害物种、入侵植物种。

常见相关实践

《湿地野生动物栖息地管理》（644）通常与《湿地恢复》（657）、《湿地改良》（659）、《稀有或衰退自然群落恢复》（643）、《浅水开发与管理》（646）、《高地野生动物栖息地管理》（645）、《计划烧除》（338）和《河岸植被缓冲带》（391）等保护实践一起使用。

保护实践的效果——全国

土壤侵蚀	效果	基本原理
片蚀和细沟侵蚀	0	不适用
风蚀	0	不适用
浅沟侵蚀	0	不适用
典型沟蚀	0	不适用
河岸、海岸线、输水渠	0	不适用
土质退化		
有机质耗竭	0	不适用
压实	0	不适用
下沉	0	不适用
盐或其他化学物质的浓度	0	不适用
水分过量		
渗水	0	不适用
径流、洪水或积水	2	提供临时蓄洪，减少泛洪和积水。
季节性高地下水位	0	不适用
积雪	0	不适用
水源不足		
灌溉水使用效率低	0	不适用
水分管理效率低	0	不适用
水质退化		
地表水中的农药	0	不适用
地下水中的农药	0	不适用
地表水中的养分	0	不适用
地下水中的养分	0	不适用
地表水中的盐分	0	不适用
地下水中的盐分	0	不适用
粪肥、生物土壤中的病原体和化学物质过量	1	病原体被滞留在湿地里。
粪肥、生物土壤中的病原体和化学物质过量	0	不适用
地表水沉积物过多	3	改善植被，从而减少径流和淤积。
水温升高	0	根据现场条件，从蓄水池释放的水可能比受纳水体温度更高或更低。
石油、重金属等污染物迁移	0	不适用
石油、重金属等污染物迁移	0	不适用
空气质量影响		
颗粒物（PM）和 PM 前体的排放	0	不适用
臭氧前体排放	0	不适用
温室气体（GHG）排放	1	有机质和沉积物的积累会隔离碳。然而，厌氧条件可以促进甲烷的产生。
不良气味	-1	厌氧条件可以促进硫化氢和其他恶臭化合物的产生。
植物健康状况退化		
植物生产力和健康状况欠佳	4	对植物进行选择和管理，可保持其预期用途的最佳生产力和健康水平。
结构和成分不当	4	选择适应且适合的植物。

（续）

植物健康状况退化	效果	基本原理
植物病虫害压力过大	4	种植并管理植被，可控制不需要的植物种类。
野火隐患，生物量积累过多	0	不适用
鱼类和野生动物——生境不足		
食物	5	建立、恢复或改善食物区域。
覆盖 / 遮蔽	5	建立、恢复或改善覆盖 / 遮蔽区域。
水	0	主动管理湿地（如水位），改善某些物种的栖息地，对被截留的动物产生不利影响（如鱼类）；受益的动物种类取决于水文环境受保护的程度。
生境连续性（空间）	4	维持额外的湿地空间。
家畜生产限制		
饲料和草料不足	2	如果保持预期目的，这些地方可以为家畜提供饲料和草料。
遮蔽不足	0	不适用
水源不足	0	不适用
能源利用效率低下		
设备和设施	0	不适用
农场 / 牧场实践和田间作业	0	不适用

CPPE 实践效果：5 明显改善；4 中度至明显改善；3 中度改善；2 轻度至中度改善；1 轻度改善；0 无效果；−1 轻度恶化；−2 轻度至中度恶化；−3 中度恶化；−4 中度至严重恶化；−5 严重恶化。

工作说明书—— 国家模板

（2010年9月）

此类可交付成果适用于个别实践。其他规划实践的可交付成果参考具体的工作说明书。

设计

可交付成果

1. 能够证明符合自然资源保护局实践中相关准则并与其他计划和应用实践相匹配的设计文件。
2. 保护计划中确定的目的。
3. 客户需要获得的许可证清单。
4. 辅助性实践一览表。
5. 用以制订《湿地野生动物栖息地管理》相关清单、分析以及计划和规范，包括但不限于：
   a. 资源清单
   b. 目标野生物种的识别
6. 运行维护计划。
7. 向客户提供书面计划和规范书包括草图和图纸，充分说明实施本实践并获得必要许可的相应要求。
8. 证明设计符合实践和适用法律法规的文件。
9. 安装期间，根据需要所进行的设计修改。

注：可根据情况添加各州的可交付成果。

安装

可交付成果

1. 与客户进行的实施前会议。
2. 验证客户是否已获得规定许可证。

3. 施用帮助。
4. 与客户和原设计师一起，共同对《湿地野生动物栖息地管理》计划进行必要的调整。
5. 证明施用过程符合《湿地野生动物栖息地管理》计划和许可证要求的文件。
6. 在安装期间，就所有联邦、州、部落和地方法律、法规和自然资源保护局政策的合规性问题向客户 / 自然资源保护局提供建议。
7. 证明施用过程和材料符合设计和许可要求的文件。

注：可根据情况添加各州的可交付成果。

验收

可交付成果

1. 实施记录。
    a. 实践单位
2. 证明安装过程符合自然资源保护局实践和规范并符合许可要求的文件。
3. 进度报告。

注：可根据情况添加各州的可交付成果。

参考文献

NRCS Field Office Technical Guide（eFOTG）, Section IV, Conservation Practice Standard – Wetland Wildlife Habitat Management – 644.

NRCS National Environmental Compliance Handbook.

NRCS Cultural Resources Handbook.

NRCS National Biology Manual.

NRCS National Biology Handbook.

注：可根据情况添加各州的参考文献。

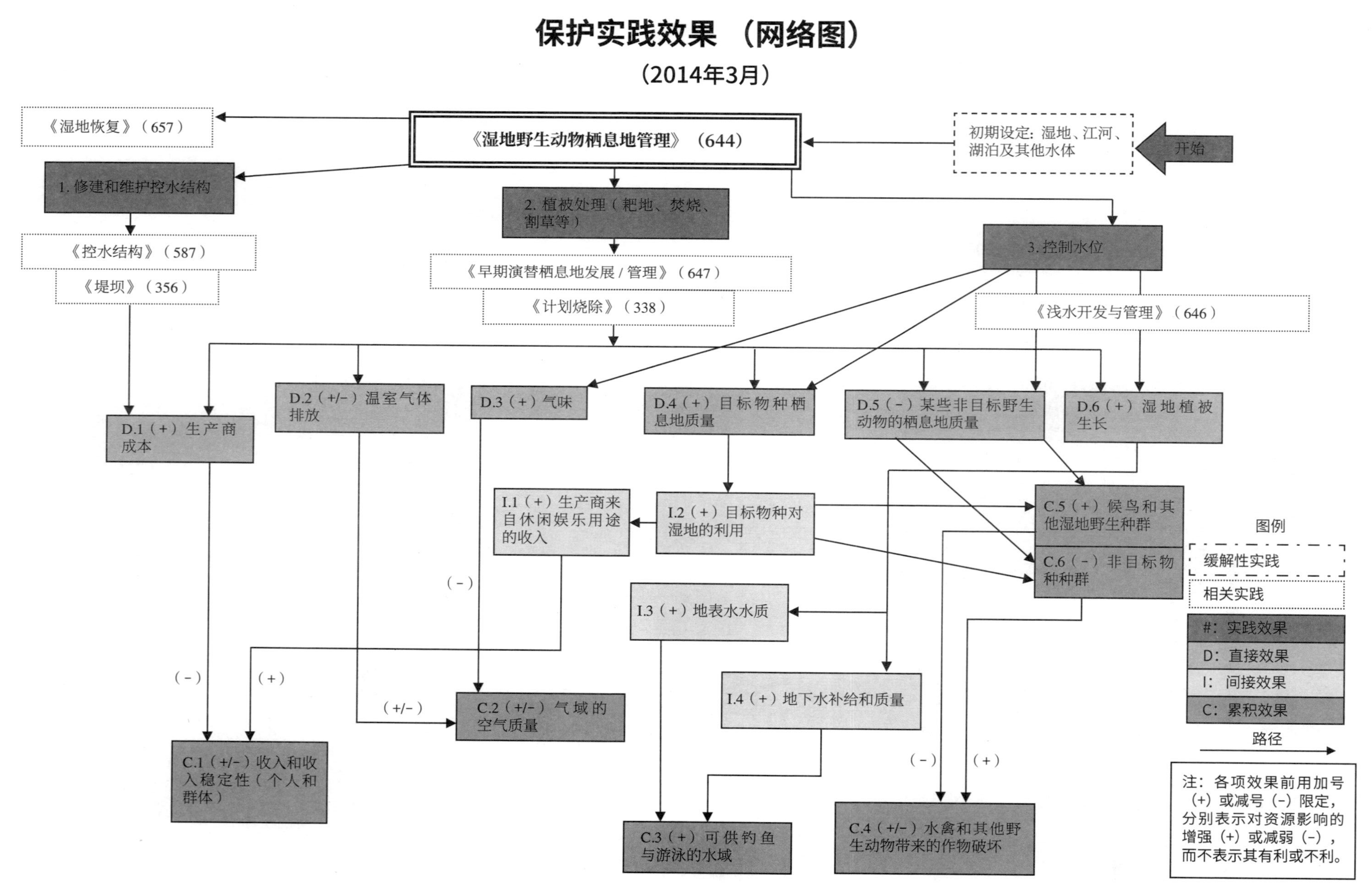
保护实践效果（网络图）
（2014年3月）
开始
初期设定：湿地、江河、湖泊及其他水体
《湿地野生动物栖息地管理》（644）
《湿地恢复》（657）
1. 修建和维护控水结构
《控水结构》（587）
《堤坝》（356）
2. 植被处理（耙地、焚烧、割草等）
《早期演替栖息地发展 / 管理》（647）
《计划烧除》（338）
3. 控制水位
《浅水开发与管理》（646）
D.1（+）生产商成本
D.2（+/-）温室气体排放
D.3（+）气味
D.4（+）目标物种栖息地质量
D.5（-）某些非目标野生动物的栖息地质量
D.6（+）湿地植被生长
I.1（+）生产商来自休闲娱乐用途的收入
I.2（+）目标物种对湿地的利用
I.3（+）地表水水质
I.4（+）地下水补给和质量
C.1（+/-）收入和收入稳定性（个人和群体）
C.2（+/-）气域的空气质量
C.3（+）可供钓鱼与游泳的水域
C.4（+/-）水禽和其他野生动物带来的作物破坏
C.5（+）候鸟和其他湿地野生种群
C.6（-）非目标物种种群
（-）
（+）
（+/-）
（-）
（-）
（+）
图例
缓解性实践
相关实践
#：实践效果
D：直接效果
I：间接效果
C：累积效果
路径
注：各项效果前用加号（+）或减号（-）限定，分别表示对资源影响的增强（+）或减弱（-），而不表示其有利或不利。

高地野生动物栖息地管理

（645，Ac., 2010年9月）

定义

为野生动物提供高地栖息地，并加以管理，保持其同栖息地景观的互联互通。

目的

对于在保护规划过程中发现的高地野生动物栖息地，处理时使其能够在适当地点和时间内移动，提供适当数量的住所、覆盖层、食物，确保维持部分生命周期内的野生动物在高地栖息地生存。

适用条件

决策者圈定的一些土地，致力于保护野生动物物种、寄生种群、相关生活或生态系统。

在目标野生动物种类范围内的土地，应能够维持理想的栖息地。

准则

适用于上述所有目的的总体准则

这份栖息地评估或评判材料经自然资源保护局办公室的批准，将用于确定规划区的栖息地制约因素。

如栖息地评估结果所示，实施本实践时应按照重要性顺序消除或减少限制因素。

仅适用于本实践及其他辅助和相应做法结合，形成一种养护制度，使规划区能够达到或超过野外办公技术指南（FOTG）第三节所规定的野生动物栖息地的最低质量标准。

为本实践的组成部分制订其他准则，包括但不限于：

- 能提供庇护所和食物，并使其能活动的植被。
- 能提供庇护所和食物，并使其能活动的结构设施。
- 为长期维护理想的栖息地条件，应调整植被。

植物材料的技术规范只包括高质量物种和适配的物种。

田地准备、种植日期和种植方法都应优化植被的生存和生长。

在筑巢、育雏、施肥或产犊等关键时期，应限制设备运输、放牧、割干草和其他对栖息地的干扰。如果为了维持植物群落的健康并控制有毒杂草，各州可规定某些引起干扰的活动需要例外说明。

明确防控有毒杂草及入侵植物。

注意事项

本实践通过狩猎、捕食、疾病传播、巢寄生等机制影响目标物种以及非目标物种。应注意这种做法对种群数量减少的物种的影响。

野生动物种群控制可能是保护和维持某些栖息地所必需的，这是土地所有者的责任。各州法规和联邦法规可能适用于种群控制的方法。

未受干扰的地区在管理活动中得到足够程度的保护，以保护动植物免受干扰。

本实践与其他保护实践相互结合，制订野生动物管理计划，包括：

《牧草和生物质种植》（512）、《野生动物饮水设施》（648）、《早期演替栖息地发展 / 管理》（647）、《稀有或衰退自然群落恢复》（643）、《林木 / 灌木设施》（612）、《牧场种植》（550）、《计划放牧》（528）、《计划烧除》（338）、《牧草收割管理》（511）、《访问控制》（472）、《河岸植被缓冲带》（391）、《河岸草皮覆盖》（390）、《林分改造》（666）。

计划和技术规范

自然资源保护局应确保这种做法的计划和技术规范专业性，计划和技术规范由接受过野生动物管理、生物学或生态学培训的人制订。

应为每一规划区和每一栖息地类型编制书面规范、时间表和地图。

应做以下说明：

- 确定数量和种类、栖息地要素、地点和管理行动，以实现客户的管理目标。
- 描述构建栖息地条件所需的适当方法、时间和管理强度，并在一段时间内维持这些条件。

技术规范应使用自然资源保护局批准的规范表、工作表，或使用保护计划中包含的特定叙述声明，并发送给客户。

运行和维护

为了实现预期功能，在本实践的运营周期内应采取以下措施：

- 定期评估栖息地条件，以便调整保护计划和实施保护策略。
- 每年检查、修理实践设施，或检查植被成分。

参考文献

Bolen, Eric and William Robinson. 2002. Wildlife Ecology and Management 5th Edition. Prentice Hall, 656 pp.

Bookhout, T.A. （ed.）. 1996. Research and Management Techniques for Wildlife and Habitats, 5th Ed. Wildlife Society, 740 pp.

Rayne, Neil F. and Fred C. Bryant. 1994. Techniques for Wildlife Habitat Management of Uplands. McGraw-Hill, Inc., 841 pp.

United States Department of Agriculture, Natural Resources Conservation Service. National Biology Manual. Title 190, Washington, DC.

United States Department of Agriculture, Natural Resources Conservation Service. 2004. National Biology Handbook. Washington, DC.

保护实践概述

（2012年12月）

《高地野生动物栖息地管理》（645）

《高地野生动物栖息地管理》为高地野生动物栖息地的建立和管理，以及野生动物所处自然环境的连通提供了指导。

实践信息

关于高地野生动物栖息地的问题在保护规划过程中确定，以确保满足野生动物的生存需要。本实践适用于农用土地及其他所有土地。

本实践确定了给理想的野生动物增加食物和掩蔽处的结构、植被或管理方面的措施。示例包括建立食物带、种植暖季草或冷季草、豆科植物、杂类草、树木或其他木本植被，具体取决于目标野生物种。

土地的管理方式，可影响到野生动物

的种类和数量。精心规划野生动物栖息地可美化景观，增加土地的价值。

常见相关实践

《高地野生动物栖息地管理》（645）通常与《供水设施》（614）、《稀有或衰退自然群落恢复》（643）和《访问控制》（472）等保护实践一起使用。

保护实践的效果——全国

土壤侵蚀	效果	基本原理
片蚀和细沟侵蚀	3	建立永久性植被覆盖可减少水蚀。
风蚀	3	建立永久性植被覆盖可减少风侵蚀。
浅沟侵蚀	3	建立永久性植被覆盖可减少水蚀。
典型沟蚀	2	坡面漫流将会减少，植被覆盖物将会增加。
河岸、海岸线、输水渠	1	坡面漫流将会减少，植被覆盖物将会增加。
土质退化		
有机质耗竭	0	可能种植新植被。
压实	0	不适用
下沉	0	不适用
盐或其他化学物质的浓度	0	不适用
水分过量		
渗水	0	不适用
径流、洪水或积水	-3	植被可导致洪水和积水。
季节性高地下水位	2	深根植物吸收多余水分。
积雪	0	不适用
水源不足		
灌溉水使用效率低	0	不适用
水分管理效率低	0	不适用
水质退化		
地表水中的农药	0	不适用
地下水中的农药	0	不适用
地表水中的养分	0	不适用
地下水中的养分	0	不适用
地表水中的盐分	0	不适用
地下水中的盐分	0	不适用
粪肥、生物土壤中的病原体和化学物质过量	0	不适用
粪肥、生物土壤中的病原体和化学物质过量	0	不适用
地表水沉积物过多	2	改善植被，从而减少径流和淤积。
水温升高	0	合理地管理高地植被，有助于改善分水岭环境。
石油、重金属等污染物迁移	0	不适用
石油、重金属等污染物迁移	0	不适用
空气质量影响		
颗粒物（PM）和 PM 前体的排放	2	植被能够减少风蚀作用和扬尘的产生。
臭氧前体排放	0	不适用
温室气体（GHG）排放	2	植被将空气中的二氧化碳转化为碳，储存在植物和土壤中。
不良气味	0	不适用

（续）

植物健康状况退化	效果	基本原理
植物生产力和健康状况欠佳	4	对植物进行选择和管理，可保持植物最佳生产力和健康水平。
结构和成分不当	4	管理和改善措施可建立或保持理想植物群落。
植物病虫害压力过大	4	种植并管理植被，可控制不需要的植物种类
野火隐患，生物量积累过多	0	不适用
鱼类和野生动物——生境不足		
食物	5	建立、恢复或改善食物区域。
覆盖 / 遮蔽	5	建立、恢复或改善食物区域。
水	3	不适用
生境连续性（空间）	5	植物多样性的提高以及植被质量和数量的增加为野生动物提供了栖息地 / 空间。
家畜生产限制		
饲料和草料不足	2	如果保持预期目的，这些地方可以为家畜提供饲料和草料。
遮蔽不足	0	不适用
水源不足	0	不适用
能源利用效率低下		
设备和设施	0	不适用
农场 / 牧场实践和田间作业	0	不适用

CPPE 实践效果：5 明显改善；4 中度至明显改善；3 中度改善；2 轻度至中度改善；1 轻度改善；0 无效果；−1 轻度恶化；−2 轻度至中度恶化；−3 中度恶化；−4 中度至严重恶化；−5 严重恶化。

工作说明书—— 国家模板

（2010年9月）

此类可交付成果适用于个别实践。其他规划实践的可交付成果参考具体的工作说明书。

设计

可交付成果

1. 能够证明符合自然资源保护局实践中相关准则并与其他计划和应用实践相匹配的设计文件。
2. 保护计划中确定的目的。
3. 客户需要获得的许可证清单。
4. 辅助性实践一览表。
5. 用以制订《高地野生动物栖息地管理》实践相关清单、分析以及计划和规范，包括但不限于：
   a. 资源清单
   b. 确定目标野生物种和栖息地方面的要求
6. 运行维护计划。
7. 向客户提供书面计划和规范书包括草图和图纸，充分说明实施本实践并获得必要许可的相应要求。
8. 证明设计符合实践和适用法律法规的文件。
9. 安装期间，根据需要所进行的设计修改。

注：可根据情况添加各州的可交付成果。

安装

可交付成果

1. 与客户进行的实施前会议。
2. 验证客户是否已获得规定许可证。
3. 施用帮助。
4. 与客户和原设计师一起，共同对《高地野生动物栖息地管理》计划进行必要的调整。
5. 证明施用过程符合《高地野生动物栖息地管理》计划和许可证要求的文件。
6. 在安装期间，就所有联邦、州、部落和地方法律、法规和自然资源保护局政策的合规性问题向客户 / 自然资源保护局提供建议。
7. 证明施用过程和材料符合设计和许可要求的文件。

注：可根据情况添加各州的可交付成果。

验收

可交付成果

1. 实施记录。
    a. 实践单位
2. 证明安装过程符合自然资源保护局实践和规范并符合许可要求的文件。
3. 进度报告。

注：可根据情况添加各州的可交付成果。

参考文献

NRCS Field Office Technical Guide（eFOTG）, Section IV, Conservation Practice Standard – Upland Wildlife Habitat Management – 645.

NRCS National Environmental Compliance Handbook.

NRCS Cultural Resources Handbook.

NRCS National Biology Manual.

NRCS National Biology Handbook.

注：可根据情况添加各州的参考文献。

保护实践效果（网络图）

（2014年3月）

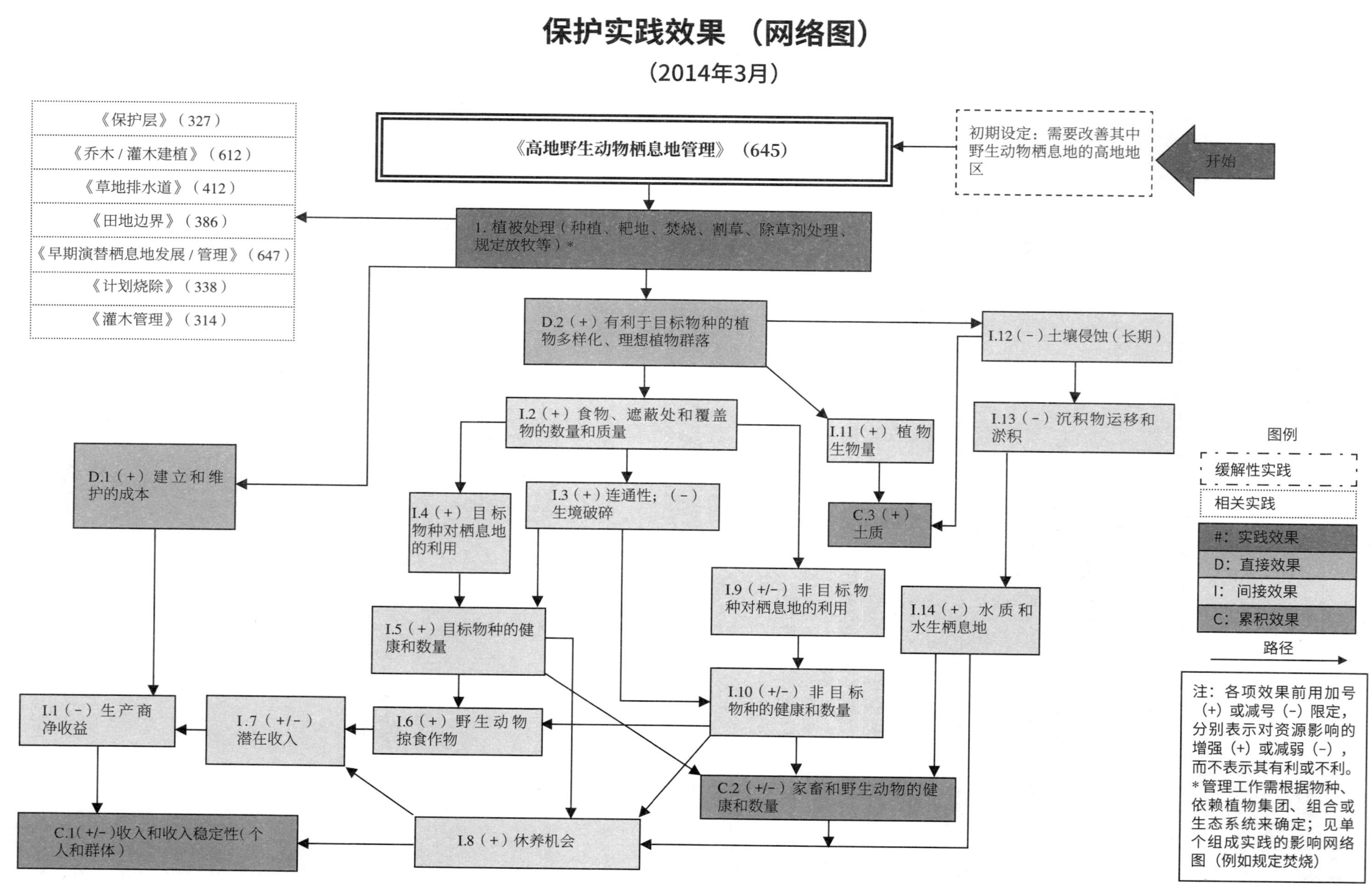

早期演替栖息地发展/管理

（647，Ac., 2010年9月）

定义

通过对植物演替的管理来实现对早期栖息地的开发和维护，从而使珍稀野生生物和自然群落受益。

目的

为需要早期演替环境的物种提供全部或部分生命周期的栖息地。

适用条件

在所有适合野生动物和植物物种的土地上。

准则

设计以实现理想的植物群落结构（如密度、垂直和水平覆盖）和植物物种多样性为目的的管理准则。

在需要种植的地方，使用适合区域的植物材料。

准备好造林地，选定种植期，采用适当的种植方式都将提高存活率。

禁止种植有害杂草和侵入物种。

必须采取措施对有害杂草和侵入物种进行减控。

如果使用化学手段对有害杂草和侵入物种进行控制，应使用农药筛检软件（WinPST）进行风险评估，并采用适当的缓解措施以降低已知风险。

为了保障草原筑巢鸟类有充足的昆虫食源，将通过有针对性地点喷、机械式或手芯式涂抹器喷涂或其他控制有害杂草的手段，或其他获批的方法来保护稻科植物、草本植物和豆科植物，以使本地授粉者和其他野生生物受益。

应及时采用管理措施把对野生生物的负面影响降至最低。关键时期（如野生生物筑巢、育雏、产卵或产犊季节），应限制干扰栖息地。

在土壤完整性至关重要的自然群落、在陡坡、在高度易腐蚀的土壤上和在有可能遭受物种侵入的地方，应最大限度减少土壤干扰。

当放牧被用作一种管理方式，则需专门制订一个规定的放牧计划，以实现本实践标准的意图和目的。

注意事项

可以通过营养调控及干扰措施来实现植物和动物多样性最大化，其中干扰措施包含但不仅限于以下手段：精选除草剂技术、大面积规划用火、光圈板、刈割、规划放牧或者综合这些方法。

我们应定期在整个管理区域内轮流使用这一标准，以维持预期的早期演替植物群落。

与专门防止土壤侵蚀的手段相比，野生生物栖息地通常需要更稀疏的播种密度。

设计安装好处理布局是为了便于：

- 使用机器。
- 在规划用火中使用天然防火墙或开发维护裸土防火墙。

当规划放牧时，考虑在牧场附近放置围场并推迟放牧，直至雏期结束。许多草原鸟类需要 40 多天的时间来喂养它们的雏鸟。

在为此举措筛选植被以及设计管理方案时，要在最可行的程度上将授粉动物的需求考虑在内。

计划和技术规范

应为每个地点制订书面规定、应用时间表和地图。技术规范应明确为实现管理目的所必需的栖息地环境、生物种类、位置以及管理措施。

客户应使用经批准的说明表、工作指导卡以及定制的实践规范，或者以其他由自然资源保护局批准的书面文件的方式记录技术规范。

运行和维护

要采取以下手段，以确保这种做法在其预期的生命周期内发挥预计功能，这些操作包括在实践（操作）中的应用和在使用中的正常重复活动，以及实践（维护）中的修理和保养活动。

为确保实现此举措的预期目的，管理计划中可能会存在些偶然变动。

任何使用化肥、农药和其他化学药品的行为都不得影响预期目的。

参考文献

Best，L.B.，K.E.Freemark，J.J. Dinsmore and M.Camp. 1995. A review and synthesis of bird habitat use in agricultural landscapes of Iowa. Am. Midl.Nat.134：1-29.

Burger，L.W.2002.Quailmanagement：Issues，concerns，and solutions for public and private lands-a southeastern perspective. Proceedings of the National Quail Symposium5.

DeGraaf，R.M.，M.Yamasaki.2003.Optionsformanagingearly-successional forest and shrubland bird habitats in the northeastern United States. Forest Ecology and Management 185：179-191.

Hamrick，R.G.，and J.P.Carroll. 2002. Response of northern bobwhite populations to agricultural habitat management in south Georgia. Proceedings of the 9th Annual Conference of the Wildlife Society9：129.

Oehler，J.D.etal. 2006. Managing grasslands，shrublands，and young forest habitats for wildlife–aguide for the northeast. Northeast Upland Habitat Technical Committee，Massachusetts Division of Fishand Wildlife.104pp.

Roseberry，J.L. 1992. Cooperative upland research. Effects of emerging farm practices and practices on habitat quality for upland game：Upland game habitat associations. Illinois Department of Conservation.

Sepik，G.F.，R.B.Owen，Jr.，and M.W.Coulter. 1981. A landowner's guide to woodcock management in the Northeast. Maine Agricultural Experiment Station，Miscellaneous Report253.23pp.

Shepherd，M.D.，S.L. Buchmann，M.Vaughan，S.H.Black. 2003.Pollinator Conservation Handbook：A Guide to Understanding，Protecting，and Providing Habitat for Native Pollinator Insects，145pp.Portland：The Xerces Society.

保护实践概述

（2012年12月）

《早期演替栖息地发展 / 管理》（647）

《早期演替栖息地发展 / 管理》涉及控制植物林，创造和保持早期演替属性，使期望的野生动物和自然群落受益。

实践信息

生态演替是一个用来描述生态群落在受到干扰后所发生的可预测变化的术语。当一个地点受到干扰后，植物和动物的组成会随着时间的推移而改变。与演替早期阶段相关的栖息地本质上是临时性的。通常需要进行植被管理，维持在演替早期阶段特有的野生动物和其他生态效益。本实践增加了植物群落的多样性，为早期演替的植物和动物物种提供了栖息地。这一操作是通过周期性的植物干扰来完成的；而这种干扰可能是机械干扰、化学干扰、生物干扰，或者这些干扰技术的组合。

保护效果包括但不限于：

- 建立理想植物群落。
- 减少土壤侵蚀和沉积。
- 改善水质。
- 增加河流流量。
- 改善野生动物栖息地。
- 改善草料质量。
- 减少野火隐患。

常见相关实践

《早期演替栖息地发展 / 管理》（647）通常与《田地边界》（386）、《牧草收割管理》（511）、《土地清理》（460）、《病虫害治理保护体系》（595）、《乔木 / 灌木建植》（612）以及《高地野生动物栖息地管理》（645）等保护实践一起使用。

保护实践的效果——全国

土壤侵蚀	效果	基本原理
片蚀和细沟侵蚀	0	场地扰动对土壤被水冲脱的影响是短期性的，可忽略不计。
风蚀	0	场地扰动对土壤被水冲脱的影响是短期性的，可忽略不计。
浅沟侵蚀	0	场地扰动对土壤被水冲脱的影响是短期性的，可忽略不计。
典型沟蚀	0	不适用
河岸、海岸线、输水渠	0	不适用
土质退化		
有机质耗竭	0	不适用
压实	0	用于实施该作业的重型设备可能会需要临时压实土壤。
下沉	0	不适用
盐或其他化学物质的浓度	0	不适用
水分过量		
渗水	0	不适用
径流、洪水或积水	0	不适用
季节性高地下水位	0	不适用
积雪	0	不适用
水源不足		
灌溉水使用效率低	0	不适用
水分管理效率低	0	不适用
水质退化		
地表水中的农药	0	不适用
地下水中的农药	0	不适用
地表水中的养分	0	不适用
地下水中的养分	0	不适用
地表水中的盐分	0	不适用
地下水中的盐分	0	不适用
粪肥、生物土壤中的病原体和化学物质过量	0	不适用
粪肥、生物土壤中的病原体和化学物质过量	0	不适用

（续）

水质退化	效果	基本原理
地表水沉积物过多	0	虽然植物被控制，但土体扰动是最小的。
水温升高	-2	清除沿溪流横长的遮阴冠层将导致地表水温度升高，特别是在低流量期间。
石油、重金属等污染物迁移	0	不适用
石油、重金属等污染物迁移	0	不适用
空气质量影响		
颗粒物（PM）和PM前体的排放	0	不适用
臭氧前体排放	0	不适用
温室气体（GHG）排放	0	保持总碳含量。
不良气味	0	不适用
植物健康状况退化		
植物生产力和健康状况欠佳	4	对植物进行选择和管理，可保持植物最佳生产力和健康水平。
结构和成分不当	4	选择适应且适合的植物。
植物病虫害压力过大	4	种植并管理植被，可控制不需要的植物种类。
野火隐患，生物量积累过多	0	不适用
鱼类和野生动物——生境不足		
食物	4	植物多样性的提高以及植被质量和数量的增加为野生动物提供了食物。
覆盖/遮蔽	4	植物多样性的提高以及植被质量和数量的增加为野生动物提供了覆盖物。
水	0	不适用
生境连续性（空间）	4	创造了其他的早期栖息地/空间。
家畜生产限制		
饲料和草料不足	1	已种植的植被可为家畜增加草料。
遮蔽不足	0	不适用
水源不足	0	不适用
能源利用效率低下		
设备和设施	0	不适用
农场/牧场实践和田间作业	0	不适用

CPPE 实践效果：5 明显改善；4 中度至明显改善；3 中度改善；2 轻度至中度改善；1 轻度改善；0 无效果；-1 轻度恶化；-2 轻度至中度恶化；-3 中度恶化；-4 中度至严重恶化；-5 严重恶化。

工作说明书——国家模板

（2010年9月）

此类可交付成果适用于个别实践。其他规划实践的可交付成果参考具体的工作说明书。

设计

可交付成果

1. 能够证明符合自然资源保护局实践中相关准则并与其他计划和应用实践相匹配的设计文件。
    a. 保护计划中确定的目的。
    b. 客户需要获得的许可证清单。
    c. 列出所有规定的实践或辅助性实践。
    d. 制订计划和规范所需的与实践相关的计算和分析，包括但不限于：
        i. 理想植物群落
        ii. 侵蚀计算
        iii. 植被控制

iv. 种类选择

v. 野生动物注意事项

2. 向客户提供书面计划和规范书包括草图和图纸，充分说明实施本实践并获得必要许可的相应要求。
3. 运行维护计划。
4. 证明设计符合实践和适用法律法规的文件。
5. 实施期间，根据需要所进行的设计修改。

注：可根据情况添加各州的可交付成果。

安装

可交付成果

1. 与客户进行的实施前会议。
2. 验证客户是否已获得规定许可证。
3. 根据计划和规范（包括适用的布局注释）进行定桩和布局。
4. 根据需要提供的应用指南。
5. 协助客户和原设计方并实施所需的设计修改。
6. 在实施期间，就所有联邦、州、部落和地方法律、法规和自然资源保护局政策的合规性问题向客户/自然资源保护局提供建议。
7. 证明施用过程和材料符合设计和许可要求的文件。

注：可根据情况添加各州的可交付成果。

验收

可交付成果

1. 实施记录。
   a. 实践单位
   b. 实际使用的材料
2. 证明施用过程符合自然资源保护局实践和规范并符合许可要求的文件。
3. 进度报告。

注：可根据情况添加各州的可交付成果。

参考文献

NRCS Field Office Technical Guide（eFOTG）, Section IV, Conservation Practice Standard Early Successional Habitat Development/Management - 647.

NRCS National Biology Manual.

NRCS National Biology Handbook.

NRCS National Environmental Compliance Handbook.

NRCS Cultural Resources Handbook.

注：可根据情况添加各州的参考文献。

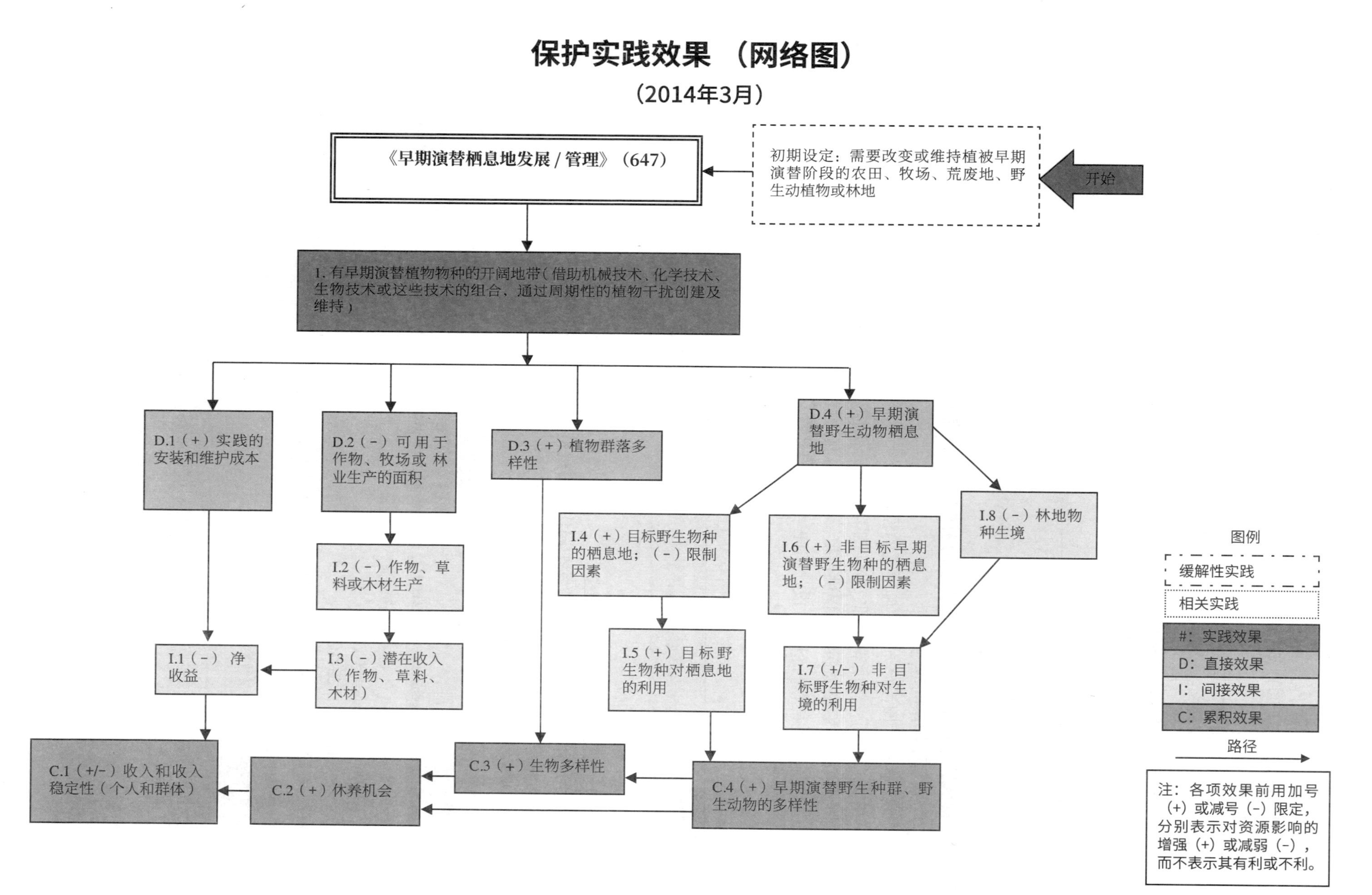
保护实践效果（网络图）
（2014年3月）
开始
初期设定：需要改变或维持植被早期演替阶段的农田、牧场、荒废地、野生动植物或林地
《早期演替栖息地发展/管理》（647）
1. 有早期演替植物物种的开阔地带（借助机械技术、化学技术、生物技术或这些技术的组合，通过周期性的植物干扰创建及维持）
D.1（+）实践的安装和维护成本
D.2（-）可用于作物、牧场或林业生产的面积
D.3（+）植物群落多样性
D.4（+）早期演替野生动物栖息地
I.1（-）净收益
I.2（-）作物、草料或木材生产
I.3（-）潜在收入（作物、草料、木材）
I.4（+）目标野生物种的栖息地；（-）限制因素
I.5（+）目标野生物种对栖息地的利用
I.6（+）非目标早期演替野生物种的栖息地；（-）限制因素
I.7（+/-）非目标野生物种对生境的利用
I.8（-）林地物种生境
C.1（+/-）收入和收入稳定性（个人和群体）
C.2（+）休养机会
C.3（+）生物多样性
C.4（+）早期演替野生种群、野生动物的多样性
图例
缓解性实践
相关实践
#：实践效果
D：直接效果
I：间接效果
C：累积效果
路径
注：各项效果前用加号（+）或减号（-）限定，分别表示对资源影响的增强（+）或减弱（-），而不表示其有利或不利。

木质残渣处理

（384，Ac.，2017年10月）

定义

处理由于管理活动或自然干扰而产生的树木残枝。

目的

- 减少有害燃料的产生。
- 降低病虫害风险。
- 减少火灾发生，改善空气质量。
- 为更好管理，优化访问入口。
- 增加牲畜和野生动物饲料供应量。
- 研发可再生能源系统。
- 增强美感。
- 降低对人类和牲畜造成的伤害。
- 改善土壤有机质。
- 改善场地进行自然或人工再生。

适用条件

在所有需要处理残枝的土地上，除了高产量的农田。

准则

适用于上述所有目的的总体准则

根据树木残枝的状况和程度、操作者的目的确定所选择的处理方法。

在充分保护土地和水资源的同时，其处理方法（如打桩、燃烧、搅碎、轻压和分散、场外清除、碾碎等）将实现土地所有者的目标。

注意尽量减少对残留植物群落的伤害或破坏其功能。

处理时间必须与预期目标一致，并尽量减少对其他资源的影响。

任何扩散烧除的相关活动都必须遵守保护实践《计划烧除》（338）。

保证处理后遗留在现场的木材不会产生火灾、安全隐患、环境破坏或害虫危害，也不会影响预期目标或其他计划管理活动。

减少有害燃料产生的附加准则

通过控制燃料燃烧时的高度、大小、数量和分布，将燃料量降低到合适的水平。

降低病虫害风险的附加准则

根据病虫害的特征确定处理的方法、强度和时间，以提高控制的有效性。

减少火灾发生，改善空气质量的附加准则

本实践应符合颗粒物 PM10 和 PM2.5 排放要求，臭氧前体［氮氧化物（NO_X）］和挥发性有机化合物（VOC）以及烟雾和扬尘的排放要遵守现有法规和准则，且获得州和地方许可。

提高牲畜和野生动物饲料供应量的附加准则

木材必须堆放起来，腾出足够的空间允许牲畜和野生动物进入，使得草料得以最大化生长。

研发可再生能源系统的附加准则

木材残枝清除不得对田地土壤有害，并充分保护土壤和水资源。应留下足够的残枝来维持或改善

树木营养和有机物循环。

增强美感的附加准则

对进一步处理分散、堆积或堆放的木材，以满足客户的目标以及各州或地方对美学和视觉资源的要求。

降低对人类和牲畜危害风险的附加准则

进一步处理分散、堆积或堆放在土地上的木材，以满足客户的目标以及任何州或地方对该地区安全使用的要求。

改善土壤有机质的附加准则

木材大小要和土地面积相当，以便加速分解。

改善自然或人工再生田地的附加准则

处理木材，按照保护实践《乔木 / 灌木场地准备》（490）进行补充处理。

注意事项

在可行的情况下，考虑碾碎、非现场处理、生物燃料堆肥或其他代替燃烧技术。

在确定木材处理的方法和时间时，要考虑空气质量法规、燃烧法规、可用资源，木质生物原料的能力以及未来的再生需求。

考虑非现场清除木材时对土壤碳的影响。

在规划和实施处理方式时，要考虑野生动物栖息地需求（如放倒的大树、障碍物等）。

必要时考虑修建人工栖息地（如蝙蝠箱、筑巢区、岩石堆等）。

在规划和实施处理方式时，应考虑传粉者的需求。

考虑对文化资源、濒危物种、自然区域和湿地的益处和其他影响。

计划和技术规范

适用于本实践的计划和技术规范，应采用保护计划中获准的规格表、工作表、技术规范和叙述说明或其他可接受的文件准备和记录。

运行和维护

监测有害生物的种群数量和对田地资源的潜在破坏，并在必要时采取控制措施。

为了安全起见，在实施期间将控制车辆或人员进出。请参阅保护实践《访问控制》（472）。

监测植被生长动态。对不需要的植被或过度的再生植被进行处理。

参考文献

Lowe, K. 2005. Working Paper 13： Treating Slash after Restoration Thinning. Ecological Restoration Institute. Northern Arizona University. Flagstaff, Arizona. https：//cdm17192.contentdm.oclc.org/digital/collection/p17192coll1/id/460/rec/1.

Bennett, M., and S. Fitzgerald. 2008. Reducing Hazardous Fuels on Woodland Property： Disposing of Woody Material. Oregon State University Extension publication EC-1574.

保护实践概述

（2017年10月）

《木质残渣处理》（384）

《木质残渣处理》能够减少或以其他方式处理在林业、农林或园艺活动中产生的或自然灾害造成的木本植物残体。

实践信息

本实践适用于需要处理大量木屑和碎片的地区。

保护效果包括但不限于：

- 减少野火隐患。
- 减少烟雾风险。
- 减少病虫害风险。
- 改善食草动物通往草料场地的通行状况。
- 改善土壤有机质含量。
- 改善自然或人工再生场地条件。

处理方式包括焚烧、破碎、切割，以及场外处置。在确定废弃木料材料处理的方法和时机时，应充分考虑空气质量法规、燃烧法规、可用资源的相关要求，并考虑将木质生物质用作生物燃料的能力，以及未来再生目标。将木质材料清运至场外可能会对现场土质产生长期负面影响。

常见相关实践

《木质残渣处理》（384）通常与《访问控制》（472）、《关键区种植》（342）、《防火带》（394）、《林分改造》（666）、《病虫害治理保护体系》（595）、《计划烧除》（338）、《计划放牧》（528）、《沉淀池》（350）以及《控水结构》（587）等保护实践一起使用。

保护实践的效果——全国

土壤侵蚀	效果	基本原理
片蚀和细沟侵蚀	1	处理部分砍伐物，对剩余部分重新分配以控制侵蚀。
风蚀	1	处理部分砍伐物，对剩余部分重新分配以控制侵蚀。
浅沟侵蚀	1	处理部分砍伐物，对剩余部分重新分配以控制侵蚀。
典型沟蚀	1	处理部分砍伐物，对剩余部分重新分配以控制侵蚀和头部修剪的发生。
河岸、海岸线、输水渠	0	不适用
土质退化		
有机质耗竭	-1	处理部分砍伐物，将剩下的部分重新分散到靠近地面的地方，或者进行堆肥。
压实	-2	使用重型设备压实土壤。
下沉	0	不适用
盐或其他化学物质的浓度	0	不适用
水分过量		
渗水	0	清除排水沟或渠道渗漏。
径流、洪水或积水	0	不适用
季节性高地下水位	0	清除排水沟或渠道渗漏。
积雪	0	不适用
水源不足		
灌溉水使用效率低	0	不适用
水分管理效率低	1	可将木质物残体重新撒布在接近地面的地方作为覆盖物。
水质退化		
地表水中的农药	0	不适用
地下水中的农药	0	不适用
地表水中的养分	0	不适用
地下水中的养分	0	不适用
地表水中的盐分	0	不适用
地下水中的盐分	0	不适用
粪肥、生物土壤中的病原体和化学物质过量	0	不适用
粪肥、生物土壤中的病原体和化学物质过量	0	不适用
地表水沉积物过多	1	残余砍伐物料的再分配能够减少泥沙沉积物。
水温升高	0	不适用
石油、重金属等污染物迁移	0	不适用
石油、重金属等污染物迁移	0	不适用
空气质量影响		
颗粒物（PM）和 PM 前体的排放	-1	使用设备产生的排放和使用机械产生的灰尘，可增加空气中的颗粒物。
臭氧前体排放	1	通过降低野火的发生率，可最大限度地减少臭氧前体的排放。
温室气体（GHG）排放	2	降低了发生森林野火以及释放二氧化碳的风险，最终使残余砍伐物料分解成为土壤有机质。
不良气味	0	不适用
植物健康状况退化		
植物生产力和健康状况欠佳	5	林地发生改变，使得更多合适的物种可以生长，生产力增加，增进植物的健康与活力。
结构和成分不当	1	对现场进行改良，以便建植或种植更加适用的预期物种。
植物病虫害压力过大	3	对林地条件进行管理，以便尽可能减少不需要的植被。
野火隐患，生物量积累过多	3	活动减少可燃物负荷累积。
鱼类和野生动物——生境不足		
食物	0	林地环境可能暂时导致供野生动物食用的植物物种减少。
覆盖 / 遮蔽	0	林地环境可能暂时导致供野生动物覆盖 / 遮蔽减少。

（续）

鱼类和野生动物——生境不足	效果	基本原理
水	1	不适用
生境连续性（空间）	0	造成的环境变化是暂时的。这一举措用于重建树木茂盛的栖息地 / 空间。
家畜生产限制		
饲料和草料不足	3	砍伐碎屑的移除能够提高草料场地的通行条件。
遮蔽不足	1	清除残余木屑有利于提高家畜在林分内的移动水平。
水源不足	0	不适用
能源利用效率低下		
设备和设施	0	不适用
农场 / 牧场实践和田间作业	1	可能产生生物量。

CPPE 实践效果：5 明显改善；4 中度至明显改善；3 中度改善；2 轻度至中度改善；1 轻度改善；0 无效果；−1 轻度恶化；−2 轻度至中度恶化；−3 中度恶化；−4 中度至严重恶化；−5 严重恶化。

工作说明书—— 国家模板

（2011年5月）

此类可交付成果适用于个别实践。其他规划实践的可交付成果参考具体的工作说明书。

设计

可交付成果

1. 能够证明符合自然资源保护局实践中相关准则并与其他计划和应用实践相匹配的设计文件。
   a. 保护计划中确定的目的。
   b. 客户需要获得的许可证清单。
   c. 制订计划和规范所需的与实践相关的计算和分析，包括但不限于：
      i. 确定残余或处理后木屑的数量并确定《木质残渣处理》，包括实现目标所需的时间或期限，以便使火灾、安全隐患、环境破坏和害虫危害的风险处于可接受水平
      ii. 保护土地和水资源并尽量减少对残余物或处理后植株残体伤害或功能的规定
      iii. 监测有害害虫和采取控制措施的要求，必要时可使用进出限制措施
2. 向客户提供书面计划和规范书包括草图和图纸，充分说明实施本实践并获得必要许可的相应要求。
3. 所需运行维护工作的相关文件。
4. 证明设计符合实践和适用法律法规的文件。
5. 安装期间，根据需要所进行的设计修改。

注：可根据情况添加各州的可交付成果。

安装

可交付成果

1. 与客户进行的施用前会议。
2. 验证客户是否已获得规定许可证。
3. 根据包括适用布局说明在内的计划和规范，对“留”树或“取”树进行布局和（如适用）样本标记。
4. 根据需要提供的应用指南。
5. 与客户和原设计方一起促进并实施所需的设计修改。
6. 在安装期间，就所有联邦、州、部落和地方法律、法规和自然资源保护局政策的合规性问题

向客户 / 自然资源保护局提供建议。

7. 证明施用过程和材料符合设计和许可要求的文件。

注：可根据情况添加各州的可交付成果。

验收

可交付成果

1. 实施记录。
    a. 实践单位
    b. 实际使用和应用的缓解措施
2. 证明施用过程符合自然资源保护局实践和规范并符合许可要求的文件。
3. 进度报告。

注：可根据情况添加各州的可交付成果。

参考文献

NRCS Field Office Technical Guide（eFOTG）, Section IV, Conservation Practice Standard – Forest Slash Treatment, 384.

NRCS National Forestry Handbook（NFH）, Part 636.4.

NRCS National Environmental Compliance Handbook.

NRCS Cultural Resources Handbook.

注：可根据情况添加各州的参考文献。

保护实践效果（网络图）

（2017年10月）

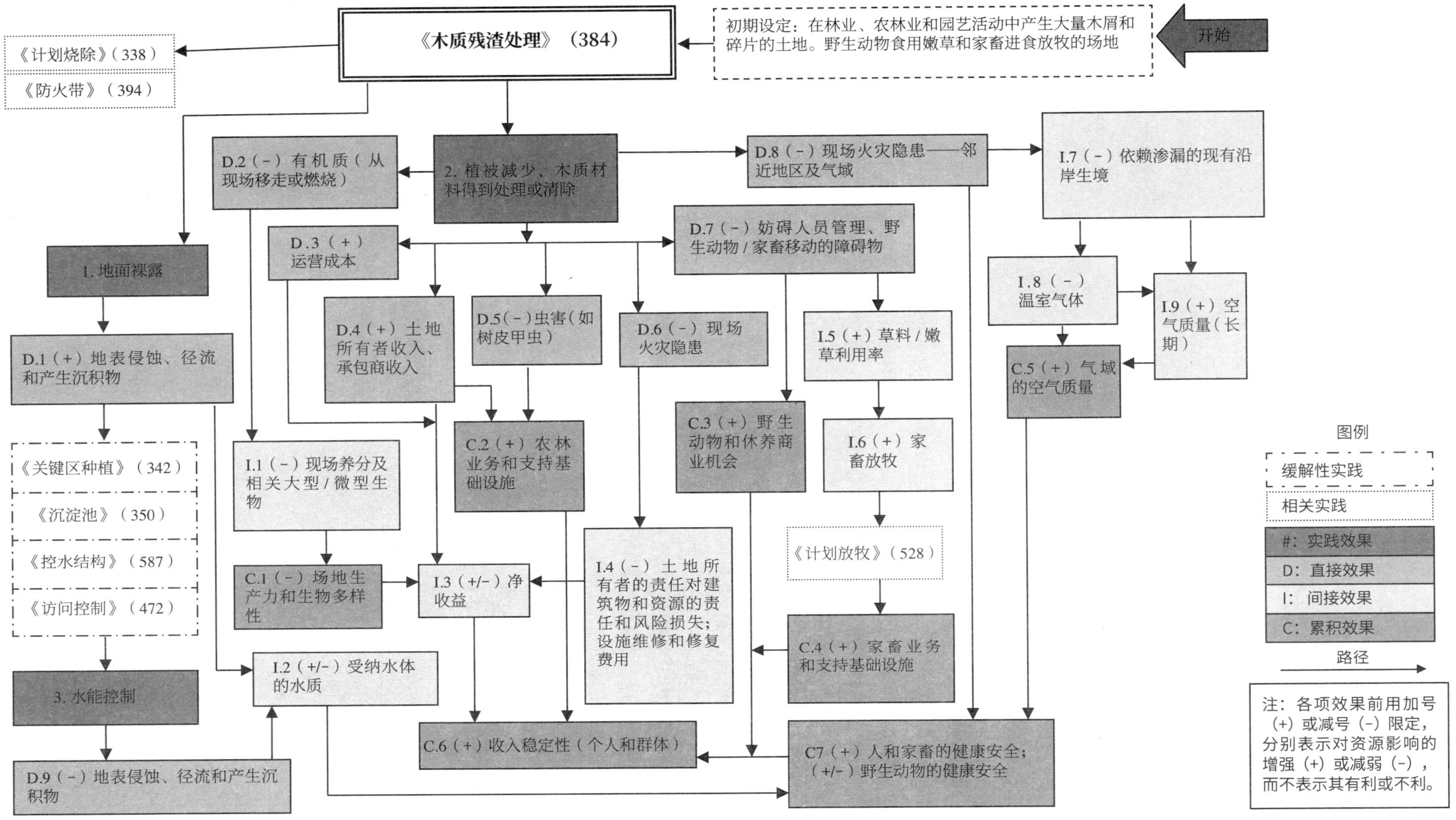

河床加固

（584，Ft.，2015年9月）

定义

用以加固河床或水渠底部的措施。

目的

本实践适用于达到下列一种或多种目的：

- 稳定或提升水渠河床高度或坡度。
- 调整沉积物的流移或堆积。
- 调控洪泛区、河岸带和湿地地表和地下水位。

适用条件

本实践适用于现有河床、新形成的冲积河床以及水渠入口。由于它们经历了破坏性的沉积或退化，即使清除杂物、建立植物保护和护岸、治理上游水也无法得到有效控制。

本实践同样适用于因移除水生生物通道障碍而导致水渠河床不稳定。

准则

与根据当地、州政府、部落以及联邦政府的法律法规，依据特定计划设计和安装措施。施用与改进方法一致的措施，这些改进措施由他人来计划或实施。

评估水渠现有结构（如涵洞、桥梁、地下电缆、管道、灌溉水槽）效果，来对措施预期功能的影响做出判断。由于土地使用、土地改造、上游改良或结构调整措施造成了现有或预期条件改变，以此为基础来分析进入水渠的沉积物数量和性质。选取与河岸或海岸线的物料、水化学、水渠水力学、边坡特征相兼容的措施。

设计措施以实现：

- 在可控风险内，承受流量历时、洪水深度、浮力、浮升力、冲刷、迎角、流速、高流态等条件。
- 维持充分的深度保持充分的深度，为地表水、支流、河沟或其他水渠提供充足的出水口。
- 维持沉积物运移体制以防止有害侵蚀或者上下游沉积。
- 预测水面结冰、碎片影响、水位波动。
- 避免对濒危物种、保护物种、可替代物种以及它们栖息地造成影响。
- 避免对考古、历史学、结构性和传统文化性能造成负面影响。
- 将对船工、游泳者和使用水渠的人的安全威胁降到最低。

措施不得出现下列影响：

- 对泄洪渠或者洪泛区的作用产生损害。
- 对水面高度产生有害改变。
- 妨碍水生生物的上下游通道，除非是为了预防外来侵入物种。

在不影响水渠功能的前提下，丢弃在清理、除根和水渠挖掘过程中出现的废物质。采取避免腐蚀的措施以保护受干扰地区。挑选最适宜在预期的生境条件下生长的植被或者采取其他最适宜预期的生境条件的措施。

清理水渠时需移除树桩、倒伏树、杂物、砂坝沉积，因为它们会导致或者可能导致不利的河床侵蚀、结构损坏或减少水渠容量，从而导致临近洪泛区水位超平均值。保留或者替换可能形成掩盖、食物、水池、水流的栖息地形成要素。

注意事项

评估水渠的稳定性需要充足的细节来鉴定导致不稳定的因素（如因分水岭变化导致排放发生重大改变或者沉积物产生）。由于评估复杂性，考虑聘请交叉学科团队和流域模型团队。

当设计保护性措施时：

- 如果设计需要满足多方利益需求，则需从合适的设计、功能和防护性措施的管理等方面出发，设计综合性计划。
- 在考虑措施的设计寿命时，将可能会发生的变化如水文学中的分水岭和沉降考虑进去。
- 在整个标准设计过程中，使用移除的木质材料。
- 为鱼类或者野生动物维持或者增加其栖息地作用，包括提供覆盖植被、降低或者减低水温和提高水质。
- 在适用的情况下，改善濒危动物和其他物种的栖息环境。
- 最大化毗邻湿地功能和价值，最小化现存湿地功能和价值的副作用。
- 保护侧槽出入口不受侵蚀和沉积。

在设计保护性措施的时候，在社会和安全方面计划人们适用的类型。使用可以加强美观和娱乐性使用的建筑材料、坡地标准、植被及其他地区发展要素，用步道、气候控制和缓冲区来维持或补充已有的风景。注意避免过度干扰和压缩土壤。

计划和技术规范

为具体的流域和地区的水渠制订计划和技术规范，并说明使用这种做法以达到预期使用目的的要求。计划至少应包括：

- 地形图
- 排水面积
- 速度
- 安全设备

运行和维护

需制订运行和维护计划，详细说明如何进行操作和和维护以确保系统功能的正常使用。定期检查零部件，并及时维修和更换损坏的零部件。

参考文献

USDA, NRCS, Conservation Engineering Division, National Engineering Handbook, Part 653, Stream Corridor Restoration.

USDA, NRCS, Conservation Engineering Division, National Engineering Handbook Part 654, Stream Restoration Design.

USDA, NRCS, Stream Restoration Planning and Design, Fluvial System Stabilization and Restoration Field Guide.

保护实践概述

（2015年9月）

《河床加固》（584）

河床加固通常是采用一个或多个措施来稳固河床或水渠底部。

实践信息

侵蚀和沉积是自然发生的河流过程，对河流的健康至关重要。当侵蚀和沉积保持平衡时，河流处于健康状态。

如果河流系统出现不平衡，对现有或新建河道的河床造成损害，则应进行河床加固。这一实践可能会破坏河流的水生环境，因此只有在无法以其他方式解决问题时才选择。大多数情况下，河床加固与另一种实践《河岸和海岸保护》（580）相结合。

在安装河床加固装置之前，要彻底调查问题的原因。确定可能的解决方案以及每个方案对上游和下游可能产生的影响。

应考虑的因素包括：侵蚀和沉积模式的变化；施工期间和实践期间水生物栖息地的改善或损坏；对船工或游泳者的潜在安全风险。本实践的预期年限至少为 10 年。河床加固措施的运行维护将包括定期检查和修理或更换损坏的部件。

常见相关实践

《河床加固》（584）通常与《河岸和海岸保护》（580）、《清理和疏浚》（326）和《明渠》（582）等保护实践相联系。

来源：美国农业部自然资源保护局 Gary Kramer

保护实践的效果——全国

土壤侵蚀	效果	基本原理
片蚀和细沟侵蚀	0	不适用
风蚀	0	不适用
浅沟侵蚀	0	不适用
典型沟蚀	2	这一举措可稳固水渠，防止进一步侵蚀。
河岸、海岸线、输水渠	2	稳固水渠，防止进一步退化，提高岸坡稳定性。
土质退化		
有机质耗竭	0	不适用
压实	0	不适用
下沉	0	不适用
盐或其他化学物质的浓度	0	不适用
水分过量		
渗水	2	防止水渠退化，可调控洪泛区、河岸带和湿地地表和地下水位。
径流、洪水或积水	0	不适用
季节性高地下水位	0	不适用
积雪	0	不适用
水分不足		
灌溉水使用效率低	0	不适用
水分管理效率低	0	不适用
水质退化		
地表水中的农药	0	不适用
地下水中的农药	0	不适用
地表水中的养分	0	不适用
地下水中的养分	0	不适用
地表水中的盐类	0	不适用
地下水中的盐类	0	不适用
粪肥、生物土壤中的病原体和化学物质过量	0	不适用
粪肥、生物土壤中的病原体和化学物质过量	0	不适用
地表水沉积物过多	1	保持水渠稳定通常会减少悬浮泥沙。
水温升高	1	这一举措会影响河流水质和鱼类栖息地，包括河流温度。
石油、重金属等污染物迁移	0	不适用
石油、重金属等污染物迁移	0	不适用
空气质量影响		
颗粒物（PM）和 PM 前体的排放	0	不适用
臭氧前体排放	0	不适用
温室气体（GHG）排放	0	不适用
不良气味	0	不适用
植物健康状况退化		
植物生产力和健康状况欠佳	2	对植物进行选择和管理，可保持植物最佳生产力和健康水平。
结构和成分不当	4	选择物种时，以适应的和适合的为主。
植物病虫害压力过大	4	有害植物和入侵植物从河岸移除，取而代之的是有稳固作用的植物。
野火隐患，生物量积累过多	0	不适用
鱼类和野生动物——生境不足		
食物	1	稳定的水渠为鱼类提供了更多的食物。
覆盖 / 遮蔽	1	稳定的水渠为鱼类提供了更多的覆盖 / 遮蔽。
水	0	稳定的水渠可形成更多、更深的水池。

（续）

鱼类和野生动物——生境不足	效果	基本原理
生境连续性（空间）	2	稳定的水渠增加鱼类生存空间。
家畜生产限制		
饲料和草料不足	0	不适用
遮蔽不足	0	不适用
水源不足	0	不适用
能源利用效率低下		
设备和设施	0	不适用
农场 / 牧场实践和田间作业	0	不适用

CPPE 实践效果：5 明显改善；4 中度至明显改善；3 中度改善；2 轻度至中度改善；1 轻度改善；0 无效果；−1 轻度恶化；−2 轻度至中度恶化；−3 中度恶化；−4 中度至严重恶化；−5 严重恶化。

工作说明书——国家模板

（2015年9月）

此类可交付成果适用于个别实践。其他规划实践的可交付成果参考具体的工作说明书。

设计

可交付成果

1. 能够证明符合自然资源保护局实践中相关准则并与其他计划和应用实践相匹配的设计文件。
   a. 保护计划中确定的目的。
   b. 客户需要获得的许可证清单。
   c. 符合自然资源保护局国家和州公用设施安全政策（M210《美国国家工程手册》第 503 部分《安全》，A 子部分“影响公用设施的工程活动”第 503.00 节至第 503.6 节）。
   d. 制订计划和规范所需的与实践相关的计算和分析，包括但不限于：
      i. 地质与土力学（M210《美国国家工程手册》第 531 部分《地质》，A 子部分“地质调查”）
      ii. 水文条件 / 水力条件
      iii. 结构
      iv. 环境因素
      v. 植被
      vi. 安全注意事项（M210《美国国家工程手册》第 503 部分《安全》，A 子部分“影响公用设施的工程活动”第 503.10 节至第 503.12 节）
2. 向客户提供书面计划和规范书包括草图和图纸，充分说明实施本实践并获得必要许可的相应要求。
3. 合理的设计报告和检验计划（M210《美国国家工程手册》第 511 部分，B 子部分“文档”，第 511.11 和 M210《美国国家工程手册》第 512 部分，D 子部分“质量保证活动”，第 512.30 至第 512.32 节）。
4. 运行维护计划。
5. 证明设计符合实践和适用法律法规的文件（M210《美国国家工程手册》第 505 部分《非自然资源保护局工程服务》，A 子部分“前言”，第 505.3 节）。
6. 安装期间，根据需要所进行的设计修改。

注：可根据情况添加各州的可交付成果。

安装

可交付成果

1. 与客户进行的安装前会议。
2. 验证客户是否已获得规定许可证。
3. 根据计划和规范（包括适用的布局注释）进行定桩和布局。
4. 安装检查（酌情根据检查计划开展）。
    a. 实际使用的材料（M210《美国国家工程手册》第 512 部分《施工》，D 子部分“质量保证活动”，第 512.33 节）
    b. 检查记录
5. 协助客户和原设计方并实施所需的设计修改。
6. 在安装期间，就所有联邦、州、部落和地方法律、法规和自然资源保护局政策的合规性问题向客户 / 自然资源保护局提供建议。
7. 证明安装过程和材料符合设计和许可要求的文件。

注：可根据情况添加各州的可交付成果。

验收

可交付成果

1. 竣工文档。
    a. 实践单位
    b. 图纸
    c. 最终量
2. 证明安装过程符合自然资源保护局实践和规范并符合许可要求的文件［M210《美国国家工程手册》第 505 部分《非自然资源保护局工程服务》，A 子部分“前言”，第 505.3.C.（1）节］。
3. 进度报告。

注：可根据情况添加各州的可交付成果。

参考文献

NRCS Field Office Technical Guide（eFOTG）, Section IV, Conservation Practice Standard - Channel Bed Stabilization, 584.

NRCS National Engineering Manual（NEM）.

NRCS National Environmental Compliance Handbook.

NRCS Cultural Resources Handbook.

注：可根据情况添加各州的参考文献。

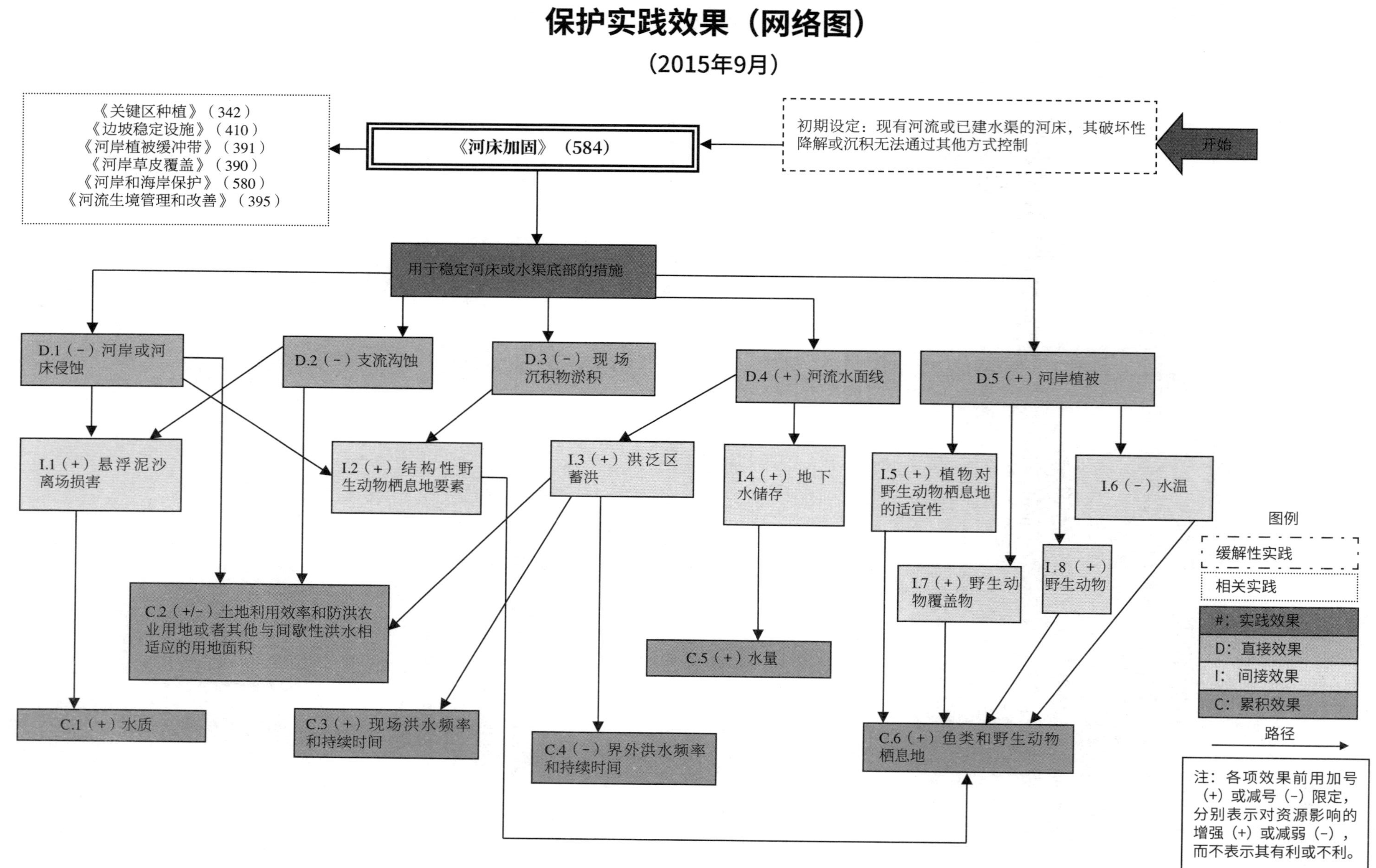
保护实践效果（网络图）
（2015年9月）
开始
初期设定：现有河流或已建水渠的河床，其破坏性降解或沉积无法通过其他方式控制
《河床加固》（584）
《关键区种植》（342）
《边坡稳定设施》（410）
《河岸植被缓冲带》（391）
《河岸草皮覆盖》（390）
《河岸和海岸保护》（580）
《河流生境管理和改善》（395）
用于稳定河床或水渠底部的措施
D.1（-）河岸或河床侵蚀
D.2（-）支流沟蚀
D.3（-）现场沉积物淤积
D.4（+）河流水面线
D.5（+）河岸植被
I.1（+）悬浮泥沙离场损害
I.2（+）结构性野生动物栖息地要素
I.3（+）洪泛区蓄洪
I.4（+）地下水储存
I.5（+）植物对野生动物栖息地的适宜性
I.6（-）水温
I.7（+）野生动物覆盖物
I.8（+）野生动物
C.2（+/-）土地利用效率和防洪农业用地或者其他与间歇性洪水相适应的用地面积
C.5（+）水量
C.1（+）水质
C.3（+）现场洪水频率和持续时间
C.4（-）界外洪水频率和持续时间
C.6（+）鱼类和野生动物栖息地
图例
缓解性实践
相关实践
#：实践效果
D：直接效果
I：间接效果
C：累积效果
路径
注：各项效果前用加号（+）或减号（-）限定，分别表示对资源影响的增强（+）或减弱（-），而不表示其有利或不利。

栅栏

（382，Ft.，2013年4月）

定义

为限制动物或人而建造的屏障。

目的

本实践通过限制人或动物（包括车辆）的活动范围及轨迹，从而达到某种保护目的。

适用条件

本实践适用于针对任何人员或动物的管理操作，旨在将目标对象限定在一定的活动区域内。

准则

适用于所有目的的一般准则

栅栏材料、类型和设计应保障其质量和耐久性。栅栏类型、设计和安装位置应便于管理以及适用现场需求。根据实际需求，栅栏可分为永久性栅栏、可移动式栅栏和临时性栅栏。

栅栏的安装位置应方便管理。应规划好栅栏的出入口，如大门和防畜栏。栅栏设计和安装的预期寿命应符合管理目标，并应适用所有联邦、州和地方法律法规。

所用材料的高度、尺寸、间距和类型需满足管理需求，保障预期使用寿命，能够实现对相关人员和动物的管理操作。

栅栏的设计、安装和位置应符合当地对野生动物和土地管理的标准及要求。

注意事项

栅栏的设计和安装位置应考虑以下情况：地形、土壤性质、家畜管理、动物安全、家畜运输、取水设施、潜在放牧系统开发、人员进出安全、景观美学、侵蚀问题、土壤湿度、洪水概率、跨河桥和材料耐用性。在适当情况下，应使用天然屏障取代栅栏。

在适用情况下，明确路权有助于栅栏建设和维护工作。注意不要在候鸟筑巢的季节清除植被。

在适用情况下，应对栅栏予以标记，提高栅栏可视性，以保护动物或人员安全。

栅栏需跨沟壑、峡谷或溪流建设时，应进行特殊支撑、设计或引道。

栅栏设计和安装位置应便于施工、维修和养护。

应以恰当的方式移除现有栅栏，以免对动物、人员和设备造成伤害。

计划和技术规范

应制订好所有栅栏类型、安装和位置的相关计划和规范。需对应用本实践实现其所有预期目的进行详细说明。

运行和维护

应对栅栏进行定期检查，以确保栅栏使用正常。运行维护包括以下内容：

定期检查栅栏，以及明确在风暴或其他干扰事件发生后的响应计划。

维护活动：

- 对任何发生松散及破损的部分进行修理或更换，并注意大门和出入口有无破损情况。
- 移除树木及枝干。

- 必要时更换水口。
- 必要时修复受侵蚀区域。
- 根据需要，修理或更换标记，或其他安全标识和控制装置。

参考文献

Bell, H.M. 1973. Rangeland management for livestock production. University of Oklahoma Press.

Heady, H.F. and R.D. Child. 1994. Rangeland ecology and management. Western Press.

Holechek, J.L., R.D. Pieper, and C.H. Herbel. 2001. Range management： principles and practices. Prentice Hall.

Paige, C. 2012. A Landowner' s Guide to Fences and Wildlife： Practical Tips to Make Your Fences Wildlife Friendly. Wyoming Land Trust, Pinedale, WY.

Stoddard, L.A., A.D. Smith, and T.W. Box. 1975. Range management. McGraw-Hill Book Company.

United States Department of Interior, Bureau of Land Management and United States Department of Agriculture, Forest Service. 1988. Fences. Missoula Technology and Development Center.

United States Department of Agriculture, Natural Resources Conservation Service. 2005.

Electric fencing for serious graziers. Columbia, Mo.

United States Department of Agriculture, Natural Resources Conservation Service. 2003. National range and pasture handbook, revision 1. Washington, DC.

Vallentine, J.F. 1971. Range development and improvement. Brigham Young University Press.

保护实践概述

（2016年9月）

《栅栏》（382）

围栏是为限制家畜、野生动物或人而建造的屏障。

实践信息

本实践适用于任何需要控制家畜或野生动物的地区或需要管制与人员接触的地区。

栅栏的种类繁多，但栅栏材料和施工质量的设计和安装应始终确保栅栏能达到预期目的。标准围栏由带倒钩或光滑的铁丝构成，并用带有支撑结构的柱子悬挂起来。其他类型的栅栏包括小型动物用的钢丝网、电围栏和悬挂围栏；这些栅栏设计带有笨重但间距很大的柱子和支撑结构。

规划围栏时需要考虑的事项包括：

- 尽量避开不规则地形。
- 对野生动物活动的影响。
- 州和地方法律。
- 家畜处理、饮水和饲养要求。

栅栏的运行维护包括在暴风雨和其他干扰事件后进行定期检查；必要时维护和修理围栏，包括清除树木 / 树枝和更换止水带。

常见相关实践

《栅栏》（382）通常与《计划放牧》（528）及《访问控制》（472）等保护实践一起使用。

保护实践的效果——全国

土壤侵蚀	效果	基本原理
片蚀和细沟侵蚀	1	屏障有助于有效控制动物或人使用某一区域的时间、频率、持续时间和强度，从而减少对土壤和植被的过度干扰。
风蚀	0	屏障有助于有效控制动物或人使用某一区域的时间、频率、持续时间和强度，从而减少对土壤和植被的过度干扰。
浅沟侵蚀	0	屏障有助于有效控制动物或人使用某一区域的时间、频率、持续时间和强度，从而减少对土壤和植被的过度干扰。
典型沟蚀	0	屏障有助于有效控制动物或人使用某一区域的时间、频率、持续时间和强度，从而减少对土壤和植被的过度干扰。
河岸、海岸线、输水渠	0	屏障有助于有效控制动物或人使用某一区域的时间、频率、持续时间和强度，从而减少对土壤和植被的过度干扰。 这一情况促进了植被生长以及河岸稳定。
土质退化		
有机质耗竭	0	不适用
压实	1	不适用
下沉	0	不适用
盐或其他化学物质的浓度	0	不适用
水分过量		
渗水	0	不适用
径流、洪水或积水	0	不适用
季节性高地下水位	0	不适用
积雪	0	不适用
水源不足		
灌溉水使用效率低	0	不适用
水分管理效率低	0	不适用
水质退化		
地表水中的农药	0	不适用
地下水中的农药	0	不适用
地表水中的养分	0	不适用
地下水中的养分	0	不适用
地表水中的盐分	0	不适用
地下水中的盐分	0	不适用
粪肥、生物土壤中的病原体和化学物质过量	2	控制动物或人进入溪流区域。
粪肥、生物土壤中的病原体和化学物质过量	0	不适用
地表水沉积物过多	0	不适用
水温升高	0	不适用
石油、重金属等污染物迁移	0	不适用
石油、重金属等污染物迁移	0	不适用
空气质量影响		
颗粒物（PM）和 PM 前体的排放	0	不适用
臭氧前体排放	0	不适用
温室气体（GHG）排放	1	围栏可以用来保护和改善植被。
不良气味	0	不适用
植物健康状况退化		
植物生产力和健康状况欠佳	2	对动物的控制促进了放牧管理、提高了理想植物群落的健康水平和生长活力。
结构和成分不当	0	对动物的控制有助于管理放牧活动，从而鼓励适应和适合该地点的植物生长。
植物病虫害压力过大	0	不适用
野火隐患，生物量积累过多	0	不适用

（续）

鱼类和野生动物——生境不足	效果	基本原理
食物	0	不适用
覆盖 / 遮蔽	0	不适用
水	1	不适用
生境连续性（空间）	0	不适用
家畜生产限制		
饲料和草料不足	3	对动物的控制影响植被的活力和健康。
遮蔽不足	0	不适用
水源不足	0	不适用
能源利用效率低下		
设备和设施	4	通过农场能源审计确定。
农场 / 牧场实践和田间作业	0	其他保护实践涉及的农场 / 牧场实践和农田作业。

CPPE 实践效果：5 明显改善；4 中度至明显改善；3 中度改善；2 轻度至中度改善；1 轻度改善；0 无效果；−1 轻度恶化；−2 轻度至中度恶化；−3 中度恶化；−4 中度至严重恶化；−5 严重恶化。

工作说明书—— 国家模板

（2013年4月）

此类可交付成果适用于个别实践。其他规划实践的可交付成果参考具体的工作说明书。

设计

可交付成果

1. 能够证明符合自然资源保护局实践中相关准则并与其他计划和应用实践相匹配的设计文件。
    a. 保护计划中确定的目的。
    b. 客户需要获得的许可证清单。
    c. 符合美国自然资源保护局国家和州公用设施安全政策（《美国国家工程手册》第 503 部分《安全》A 子部分“影响公用设施的工程活动”第 503.00 节至第 503.06 节）。
    d. 制订计划和规范所需的与实践相关的计算和分析，包括但不限于：
        i. 定位 / 校准
        ii. 高度
        iii. 尺寸
        iv. 间距
        v. 材料类型
2. 向客户提供书面计划和规范书包括草图和图纸，充分说明实施本实践并获得必要许可的相应要求。
3. 确定保护计划图上拟实施实践的区域。
4. 运行维护计划。
5. 证明设计符合实践和适用法律法规的文件（《美国国家工程手册》A 子部分第 505.3 节）。
6. 安装期间，根据需要所进行的设计修改的文档记录。

注：可根据情况添加各州的可交付成果。

安装

可交付成果

1. 业主和承包商之间举行的安装前会议的文档记录。
2. 验证客户是否已获得规定许可证。
3. 根据计划和规范（包括适用的布局注释）进行定桩和布局。
4. 安装检查（酌情根据检查计划开展）。
    a. 实际使用的材料（第 512 部分 D 子部分“质量保证活动”第 512.33 节）
    b. 检查记录
5. 协助客户和原设计方并实施所需的设计修改。
6. 在安装期间，就所有联邦、州、部落和地方法律、法规和美国自然资源保护局政策的合规性问题向客户 / 美国自然资源保护局提供建议。
7. 证明安装过程和材料符合设计和许可要求的文件。

注：可根据情况添加各州的可交付成果。

验收

可交付成果

1. 竣工文档。
    a. 实践单位
    b. 图纸
    c. 最终量
2. 证明安装过程符合美国自然资源保护局实践和规范并符合许可要求的文件（《美国国家工程手册》A 子部分第 505.3 节）。
3. 进度报告。
4. 与客户和承包商之间举行的退出会议的文档记录。

注：可根据情况添加各州的可交付成果。

参考文献

NRCS Field Office Technical Guide（eFOTG）, Section IV, Conservation Practice Standard - Fence, 382.

NRCS National Engineering Manual（NEM）.

NRCS National Environmental Compliance Handbook.

NRCS Cultural Resources Handbook.

注：可根据情况添加各州的参考文献。

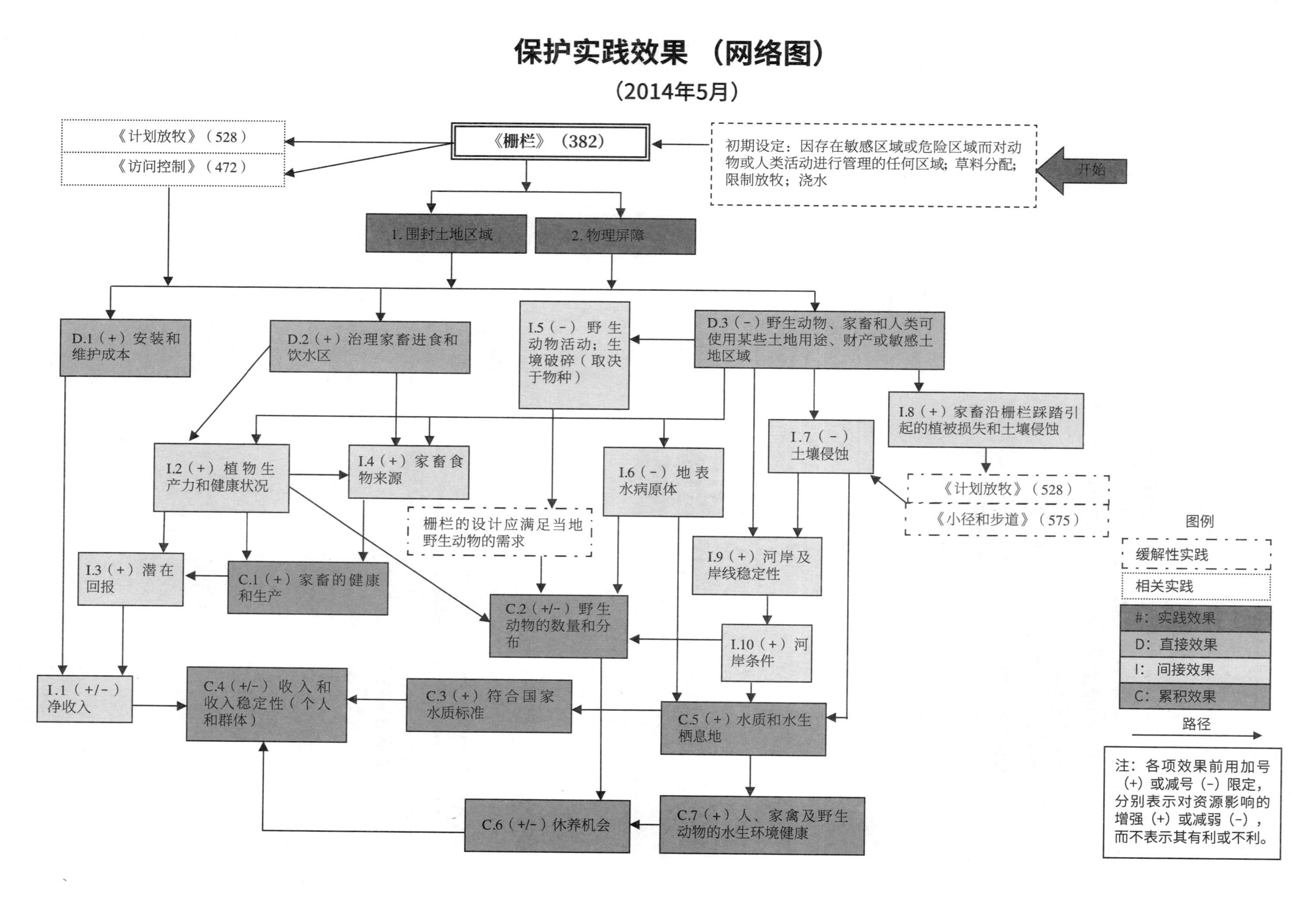
保护实践效果（网络图）
（2014年5月）
《计划放牧》（528）
《访问控制》（472）
《栅栏》（382）
初期设定：因存在敏感区域或危险区域而对动物或人类活动进行管理的任何区域；草料分配；限制放牧；浇水
开始
1. 围封土地区域
2. 物理屏障
D.1（+）安装和维护成本
D.2（+）治理家畜进食和饮水区
I.5（-）野生动物活动；生境破碎（取决于物种）
D.3（-）野生动物、家畜和人类可使用某些土地用途、财产或敏感土地区域
I.8（+）家畜沿栅栏踩踏引起的植被损失和土壤侵蚀
I.2（+）植物生产力和健康状况
I.4（+）家畜食物来源
I.6（-）地表水病原体
I.7（-）土壤侵蚀
《计划放牧》（528）
《小径和步道》（575）
栅栏的设计应满足当地野生动物的需求
I.3（+）潜在回报
C.1（+）家畜的健康和生产
I.9（+）河岸及岸线稳定性
C.2（+/-）野生动物的数量和分布
I.10（+）河岸条件
I.1（+/-）净收入
C.4（+/-）收入和收入稳定性（个人和群体）
C.3（+）符合国家水质标准
C.5（+）水质和水生栖息地
C.6（+/-）休养机会
C.7（+）人、家禽及野生动物的水生环境健康
图例
缓解性实践
相关实践
#：实践效果
D：直接效果
I：间接效果
C：累积效果
路径
注：各项效果前用加号（+）或减号（-）限定，分别表示对资源影响的增强（+）或减弱（-），而不表示其有利或不利。

牧草收割管理

（511，Ac., 2010年4月）

定义

及时修剪和清除田间草料，如草料、青割或青贮草料。

目的

- 优化草料的产量和品质，使之达到预期水平。
- 促进生命力旺盛的植物再生长。
- 管理所需物种，管理所需草料。
- 利用牧草植物生物量作为土壤养分吸收工具。
- 控制昆虫、病害和杂草。
- 维护或改善野生生物栖息地。

适用条件

本实践适用于所有种植有可用机器收割草料作物的土地。

准则

适用于上述所有目的的总体准则

为了优化草料种植地、保护植物群落和提高林分寿命，应以适当的频率，并在草料达到一定的高度时收割草料。遵循国家合作推广社的建议，根据成熟期、水分含量、切割长度、留茬高度和收获间隔等因素，对草料进行收割。收割时必须满足以下条件：

成熟期。收割成熟的草料，在不影响植物活力和土地寿命的前提下，收割所需的质量和数量。

水分含量。在所使用的储存方法或装置类型的最佳湿度范围内收割青贮或半干青贮作物。

必须遵循国家合作推广社建议的最佳的水分含量和水平，以及监测和测定含水量和水平的方法和技术。

通过使用化学防腐剂或添加干草料，防止因直接切断牧草青贮草料（含水量>70%）造成可消化干物质的发酵和渗流损失。

为了让草料质量处于最佳水平，须将草料湿度控制在30% ~ 40%，并且当湿度超过40%时将其翻晒或倒置。

为了保持草料的质量和数量，在草料湿度为15% ~ 20%时捆扎，并将自然晾干的干草和20% ~ 35%温度的草料打捆。

切割长度。收割青贮草料时，须将其切割成与所使用的存储装置相适应的尺寸，并保留最优有效纤维。应能够对所选择的切断长度进行适当的包装，来形成必要的无氧条件，以确保适当的青贮进程。

须将非常干燥的青贮草料切割的更短一点，以确保良好的包装和足够的青贮密度。

留茬高度。在一定高度上切割草料作物，可以促进所需物种的茁壮健康生长。割茬高度将提供足够的残叶面积；有足够数量的顶端、基部或辅助分蘖或芽；可避免极热或极冷；未切断的茎基，可以为作物充分且茁壮的恢复储备营养。遵循国家合作推广建议的适当留茬高度，防止草料物种在寒冷的气候中被冻死。

污染物。草料中不得含有可能导致饲养的动物患病、死亡或排斥进食的污染物。检查国家合作推广社在污染物方面的通知、注意事项，以及对特定收割地点和区域的建议。

提高或维持林分寿命、植物生命力和草料品种混合的总体准则

成熟期和收获间隔期。在成熟期或收获间隔范围内收割草料，使其足以提供足够的食物储备或基部或辅助分蘖或芽，以促进再生和繁殖，而不会让植物失去生命力。

在成熟期和以一定频率减少一年生植物的再播种，以确保生产足够的可存活种子或硬壳种子遗留，保证植物理想的生长密度。

如果植物显现出有短期的环境压力的迹象，以一定的方式调整作物收割以促使作物健康而有生命力。在这些情况下须遵循国家合作推广社的建议。

控制收获时间和收割高度，以确保重新播种或已播种的一年生植物的发芽和生长。

作为养分摄取工具的总体准则

采用一种能最大限度地利用现有或目标养分的收割制度，以此目的而使用这种方法需要通过更频繁的收割次数来增加养分摄取，而非设法延长土地寿命。

控制病虫害、杂草和侵入植物侵扰的总体准则

当控制病虫害、杂草和侵入植物对草料的影响时，须遵循国家合作推广社的指南。

规划对草料收割期进行规划，以控制病虫害和杂草的侵入。当采用杀虫剂来控制病虫害或杂草时，须遵循农药标签上注明的收割期进行施用。根据保护实践标准：《病虫害治理保护体系》（595）为所有待收割的草料地制订计划、评估其病虫害综合防治方案。同时制订清除侵入植物和有害杂草的计划。

通过收割，保持一个完整、有生命力、密集的草料种植场，来减少病虫害和杂草的侵袭。

待叶子上的露水、雨水或灌溉水蒸发后再收割草料。

改善野生生物栖息地价值的总体准则

如果客户也致力于为期望的野生生物提供合适的栖息地，则须实施和维护适当的收割计划、覆盖模式并为期望的物种合适的栖息地留有最低植物高度。

根据国家的指导方针，定期收割将使我们所期望的野生物种受益。

协调结合本实践与保护实践《高地野生动物栖息地管理》（645）和相关工作表。

注意事项

使用时，本实践应与保护实践《计划放牧》（528）相结合。

当施用养分或其他土壤改良剂时，草料产量应适当与保护实践《养分管理》（590）和《废物回收利用》（633）相结合，氮等养分过量或不平衡可以导致某些动物中毒。

生产的用于储存的草料质量需具有作为动物饲料的最佳性能。豆科草料的纤维含量过低会导致反刍动物的代谢紊乱，以及由于动物性能下降而给生产者带来经济损失，需对收割的草料进行质量分析。本实践应与保护实践《饲料管理》（592）相结合。

直接切割的草料和豆科青贮草料可以在贮藏过程中产生青贮草料渗滤液（渗液）。须考虑采用保护实践《雨水径流控制》（570）和《废物储存设备》（313）。

结合收割方案并参考储存和喂养的方式，使草料质量维持在可接受的范围，并减少可消化的干物质损失。

如果天气条件使得草料质量难以达到所需的水平，可以考虑采用机械或化学调节剂、强制存储空气仓库固化或青贮。

如果预测长期或强降水会降低草料质量，则考虑延迟收割。

在降水量或湿度水平造成不可接受的草料质量损失的地区，应考虑青割或青贮草料，以减少或消除田间干燥时间。还可以采用使用干燥剂、防腐剂或浸渍剂等其他方法以减少晒田时间。

为了减少安全隐患，应避免在超过 25° 坡度的坡地上操作收割和牵引设备，特别是在横坡交通模式上。

为优化水溶性碳水化合物和营养品质，可以考虑在下午收割草料。

计划和技术规范

特定场地的工作或设计表或在保护计划的标准叙述中需包含详细的技术规范。

计划和技术规范必须包括对草料收割操作的最低要求：

- 目标、目的、具体目的（如提高草料数量、质量或养分吸收等）。
- 要收割的草料品种。

按收割的各优势牧草品种显示。

- 收割方法。
- 成熟期。
- 最优收割含水量。
- 切割长度。
- 留茬高度。
- 如适用，包括晚收等收获间隔。
- 避免污染物的建议。

适当的工作表和其他材料需包括这些计划和技术规范，以应用本实践来达到预期目的。

运行和维护

在草料收割之前，清除可能会损坏机器的杂物和可能被牲畜误食而导致疾病（如创伤性胃炎）或死亡的杂物。

在最佳的设置和速度下操作所有的草料收割设备，以减少对叶片造成的损失。

控制草料作物病害、虫害和杂草的移动，在收割草料后和储存草料前，应清洁收割设备。

设置草料切割机上的剪切板，对收割的作物进行适当的理论切割。保证刀的锋利。切勿使用再切割机或筛子，除非草料湿度水平低于能达到最佳的切割效果的建议水平。

在操作草料收割设备时，需遵循所有农业设备制造商的安全措施。

不论采用青贮或半干青贮方式，需确保对草料进行良好压实和密封，以排除氧气和霉菌或细菌的形成。

以环保的方式处理储存草料的塑料膜或塑料袋。

参考文献：

Ball, D. M., C. S. Hoveland, & G. D. Lacefield. 2002. Southern Forages.（Third Ed.）. Potash & Phosphate Institute.

Barnes, R. F., C. J. Nelson., K.J. Moore & M. Collins. 2007. Forages, The Science of Grassland Agriculture, Sixth Edition.

Hanson, A. A., D. K. Barnes, & R. R. Hill, Jr. 1988. Alfalfa and Alfalfa Improvement.

Ishler, V. A., etal. 1991. Harvesting and Utilizing Silage. Pennsylvania State University Circular 396.

Matches, A. G. 1973. Anti-Quality Components of Forages. Crop Science Society of America Special Pub. No. 4.

Pitt, R. E. 1990. Silage and Hay Preservation. Northeast Regional Agricultural Engineering Service.

Leep R., J. Andresen, D.H. Min & A. Pollyea. 2006. Late Summer and Fall Harvest Management of Alfalfa. First Alfalfa Technology Conference. Michigan State University, East Lansing, MI.

Henning, J.C., M. Collins, D. Ditsch, G.D. Lacefield. 1998. Baling Forage Crops for Silage. Univ. of Ky., Ext. Pub. AGR-173, Lexington, KY.

Serotkin, N., Ed. The Penn State Agronomy Guide, 1995-1996. Pennsylvania State University. 1994. University Park, PA.

Smith, D. 1975. Forage Management in the North, Third Edition. Kendall/Hunt Publishing Company.

Taylor, N. L. 1985. Clover Science and Technology. American Society of Agronomy.

保护实践概述

（2012年2月）

《牧草收割管理》（511）

牧草收割管理是指及时修剪和清除田间草料和生物质，如干草、青割或青贮草料。

实践信息

草料收割的频率和高度应能够优化理想草料林分、植物群落和林分寿命。

在收割草料时，必须考虑特定植物和动物物种的健康水平。根据植物体的不同，干旱情况可能会使草料中的硝酸盐水平增加到产生毒性的程度；而对于结霜植物体来说，氢氰酸中毒是一个问题。

除了收割方案外，可能还需要储存方案和施肥方案，将草料质量保持在可接受的范围内并最大限度地减少可消化干物质的损失。

如果受天气条件影响，难以收割到所需质量的草料，则可能需要使用机械或化学调理剂、加压气流谷仓养护或青贮等措施。

如果预报有较长时间的降水或较大的降水量，则会降低草料质量、推迟收割时间。

在降水量或湿度水平造成不可接受的草料质量损失的地区，应考虑青割或青贮草料，减少或消除晒田时间。还可以采用使用干燥剂、防腐剂或浸渍剂等其他方法减少晒田时间。

常见相关实践

《牧草收割管理》（511）通常与《计划放牧》（528）等保护实践一起使用。当施用了养分或其他土壤改良剂时，则采用《养分管理》（590）和《废物回收利用》（633）。

保护实践的效果——全国

土壤侵蚀	效果	基本原理
片蚀和细沟侵蚀	1	保持旺盛的植被可减少水对土壤的剥离。
风蚀	1	保持旺盛的植被可减少水对土壤的剥离。
浅沟侵蚀	0	不适用
典型沟蚀	0	不适用
河岸、海岸线、输水渠	0	不适用
土质退化		
有机质耗竭	1	植被和更深根系的数量将会增加，从而增加土壤的有机物质含量。
压实	3	改善根系发育、增加枯枝落叶积累、提高生物活性、减少机械作业次数。
下沉	0	不适用
盐或其他化学物质的浓度	0	不适用
水分过量		
渗水	0	不适用

（续）

水分过量	效果	基本原理
径流、洪水或积水	0	不适用
季节性高地下水位	0	不适用
积雪	0	不适用
水源不足		
灌溉水使用效率低	1	改善草料管理，提高了用水效率。
水分管理效率低	1	改善草料管理，提高了用水效率。
水质退化		
地表水中的农药	2	管理植物健康水平和生长活力减少了对农药施用的需求。
地下水中的农药	0	不适用
地表水中的养分	1	管理改进以及植物的健康水平和生长活力的提高减少了养分和有机物的吸收。
地下水中的养分	0	不适用
地表水中的盐分	0	不适用
地下水中的盐分	0	不适用
粪肥、生物土壤中的病原体和化学物质过量	1	管理改善了植被、减少了径流，同时增加了土壤微生物活性。
粪肥、生物土壤中的病原体和化学物质过量	0	不适用
地表水沉积物过多	0	不适用
水温升高	0	不适用
石油、重金属等污染物迁移	1	提高植物密度、健康水平和生长活力，从而略微改善植物的吸收情况。
石油、重金属等污染物迁移	0	不适用
空气质量影响		
颗粒物（PM）和 PM 前体的排放	0	不适用
臭氧前体排放	0	不适用
温室气体（GHG）排放	0	不适用
不良气味	0	不适用
植物健康状况退化		
植物生产力和健康状况欠佳	1	对植物进行管理，可保持植物最佳生产力和健康水平。
结构和成分不当	1	植物得到管理，保持适应且适合的物种组分。
植物病虫害压力过大	0	不适用
野火隐患，生物量积累过多	0	不适用
鱼类和野生动物——生境不足		
食物	1	植被质量和数量的增加为特定野生动物物种提供了更多的食物。
覆盖 / 遮蔽	1	适时收割植被改善了野生动物的栖息地。
水	1	不适用
生境连续性（空间）	0	不适用
家畜生产限制		
饲料和草料不足	2	改善管理将提高牧草和草料的数量和质量。
遮蔽不足	0	不适用
水源不足	0	不适用
能源利用效率低下		
设备和设施	0	不适用
农场 / 牧场实践和田间作业	0	不适用

CPPE 实践效果：5 明显改善；4 中度至明显改善；3 中度改善；2 轻度至中度改善；1 轻度改善；0 无效果；−1 轻度恶化；−2 轻度至中度恶化；−3 中度恶化；−4 中度至严重恶化；−5 严重恶化。

工作说明书—— 国家模板

（2010年4月）

此类可交付成果适用于个别实践。其他规划实践的可交付成果参考具体的工作说明书。

设计

可交付成果

1. 能够证明符合自然资源保护局实践中相关准则并与其他计划和应用实践相匹配的设计文件。
   a. 保护计划中确定的目的。
   b. 客户需要获得的许可证清单。
   c. 辅助性实践一览表（如《牧草种植》）。
   d. 制订草料管理计划所需的与实践相关的清单和分析，包括但不限于：
      i. 草料收割的成熟期说明
      ii. 收割时的水分含量
      iii. 收割进行青贮时的收割长度
      iv. 留茬高度
2. 向客户提供书面计划和规范书包括草图和图纸，充分说明实施本实践并获得必要许可的相应要求。
3. 提供给客户的说明书，该说明书应充分描述有关实施本实践以及获得规定许可证的要求。
4. 确定在农田或牧场计划图上拟实施实践的区域。
5. 运行维护计划。
6. 证明草料管理计划符合实践和适用法律法规的文件。
7. 安装期间，根据需要所进行的设计修改。

注：可根据情况添加各州的可交付成果。

安装

可交付成果

1. 与客户进行的实施前会议。
2. 验证客户是否已获得规定许可证。
3. 实施建议。
4. 协助客户和原设计方并实施所需的设计修改。
5. 在实施期间，就所有联邦、州、部落和地方法律、法规和自然资源保护局政策的合规性问题向客户 / 自然资源保护局提供建议。
6. 证明施用过程符合草料管理计划和许可证要求的文件。

注：可根据情况添加各州的可交付成果。

验收

可交付成果

1. 实施记录。
   a. 实践单位。
   b. 多年生草料留茬高度的文件记录。

2. 证明施用过程符合自然资源保护局实践和规范并符合许可要求的文件。
3. 进度报告。
4. 与客户和承包商举行退出会议。

注：可根据情况添加各州的可交付成果。

参考文献

NRCS Field Office Technical Guide（eFOTG）, Section IV, Conservation Practice Standard – Forage Harvest Management - 511.

NRCS National Environmental Compliance Handbook.

NRCS Cultural Resources Handbook.

注：可根据情况添加各州的参考文献。

保护实践效果（网络图）

（2014年3月）

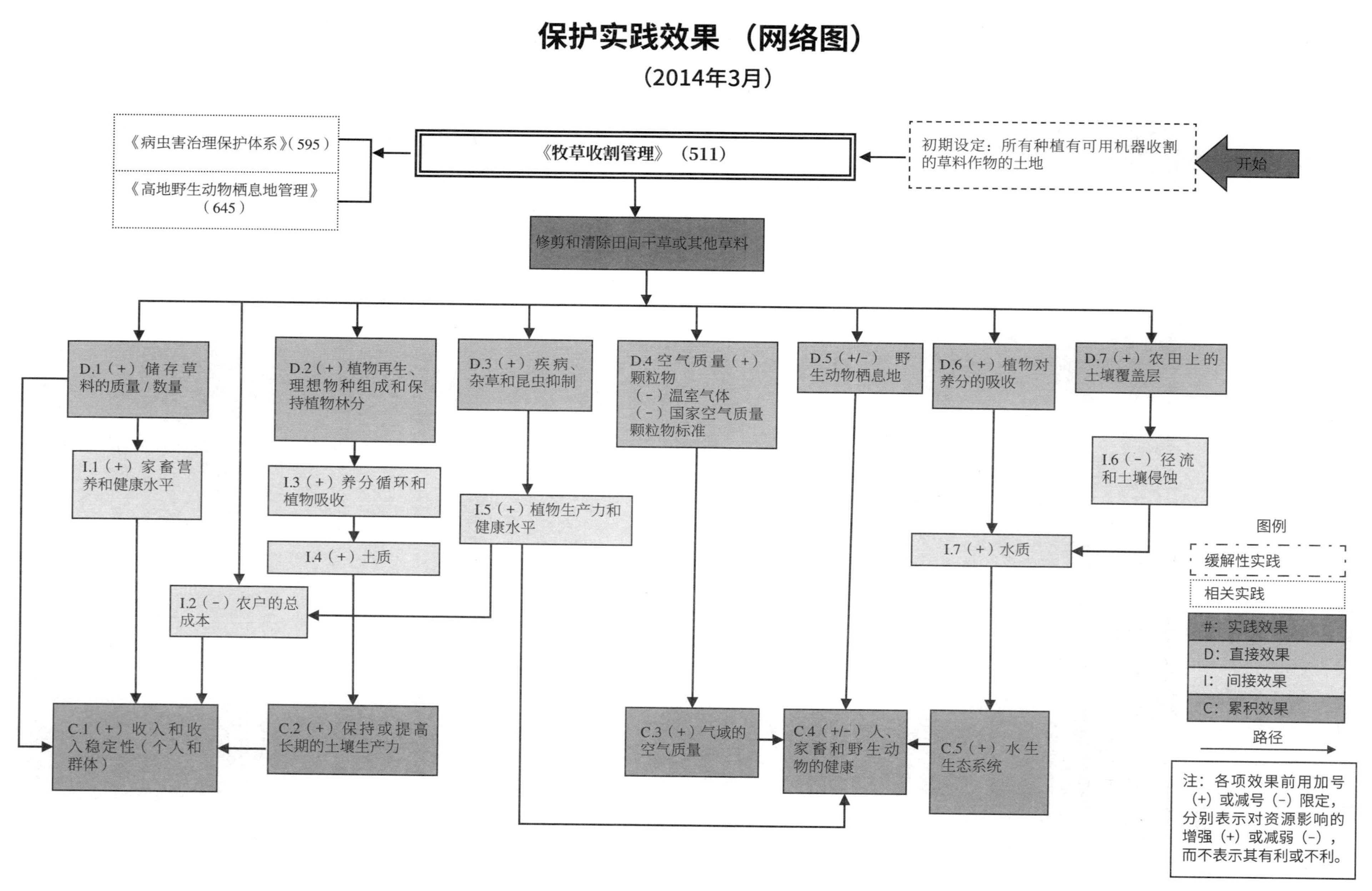

牧场机械处理

（548，Ac., 2010年9月）

定义

用机械处理方式改变土壤或植物生存条件，如穴播、沟播、凿土、疏土或深耕。

目的

- 疏松压实的土层，提高土壤渗透性。
- 减少地表径流，增加渗透量。
- 改变生根固化条件，铺盖物料，增加植物活力。
- 对植物群落进行改造，提高生产力和产量。

适用条件

本实践可适用于牧草、牧场、放牧森林和坡度小于 30° 的天然牧场。

准则

适用于上述所有目的的总体准则

设计和应用诸如沟播、穴播、凿土、疏土或深耕等机械处理方法，以达到预期目的，解决自然资源问题。这些方式应限于土壤和斜坡，且地表扰动在这类区域不会导致不可接受的土壤侵蚀和沉积。《计划放牧》（528）将遵循牧地机械处理应用流程。

待处理的区域应考虑不良或有害植物的影响，可能因地表扰动而增加有害植物的数量。

若要形成天然植物群，既需要充足的优良植物物种，还要有合理的布局，这样才能使植物有效吸收水分并蔓延到受扰区。

应采取间歇放牧，以确保处理区域内的植物有休养时间。

条件允许时，应在设定区域进行规划。

处理之前确保土壤相对干燥。

本实践下的所有工作均应遵守联邦、州和地方法律法规。

注意事项

《牧场种植》（550）、《牧草和生物质种植》（512）、《计划放牧》（528）、《病虫害治理保护体系》（595）和《养分管理》（590）可与机械处理方式结合使用。

治理后可能会增加有害或入侵植物数量。

表面粗糙度的增加会导致被处理区域无法用于某些用途。

处理前用探针或其他适当工具检查压实层。

工作前，对排水系统、管道和其他地下建筑物进行探测。

考虑动物在处理后地形上的导航能力。

准备本实践时考虑文化资源。如果选定的机械处理将超过先前地面扰动的深度，此活动将影响地下文化资源。

计划和技术规范

根据实践，为每一个场地或规划单位编制放牧地机械处理的规范。应使用国家制订的规范表、工作表、保护计划的叙述说明或其他适用文件记录规格。

运行和维护

按照 528 号标准实施规定的放牧计划，对于长期运行本实践至关重要。只有在自动修复机制恢复以后，才能使用能让处理区域内的土壤变得紧实的重型设备。如果随着时间的推移，牧场机械处理的预期效果逐渐减弱甚至消失，可能需要重复该方法。

参考文献

Griffith, L.W., G.E. Schuman, F. Rauzi, and R.E. Baumgartner. 1985. Mechanical Renovation of Shortgrass Prairie for Increased Herbage Production. J. Range Manage. 38：7-10.

Vallentine, J.F. 1977. Range Development and Improvements. Brigham Young University Press, Provo, Utah.

Whisenant, S.G. 1999. Repairing Damaged Wildlands. Cambridge University Press, United Kingdom.

保护实践概述

（2012年12月）

《牧场机械处理》（548）

牧场机械处理包括使用机械工具进行处理或改变土壤和植物状况，如挖坑、等高作沟与开沟、翻耕或耕松新土，以达到预期目的。

实践信息

机械处理可以改善土壤的渗透性、减少径流，增加入渗、修复并刺激植物群落，从而提高生产力和产量。通过压裂已压实的土层，打破根结条件和茅草，增加植物活力，修复和刺激植物群落，实现更高的生产力和产量，进而从中获益。

本实践适用于坡度小于 30° 的草地、牧地、放牧林和天然牧场。

与本实践有关的活动包括高作沟、开沟、梯田修筑、挖坑、翻耕、播种、规定焚烧和通气。

常见相关实践

《牧场机械处理》通常与《牧场种植》（550）、《计划放牧》（528）、《病虫害治理保护体系》（595）及《养分管理》（590）等保护实践一起应用。针对牧草地，本实践与《牧草和生物质种植》（512）、《计划放牧》（528）、《病虫害治理保护体系》（595）以及《养分管理》（590）配合应用。

保护实践的效果——全国

土壤侵蚀	效果	基本原理
片蚀和细沟侵蚀	1	地表粗糙度的增加和植被覆盖的改善将增加渗透、减少径流、减少土壤移动。
风蚀	1	植被的增加减少了风蚀。
浅沟侵蚀	0	不适用
典型沟蚀	0	不适用
河岸、海岸线、输水渠	0	不适用
土质退化		
有机质耗竭	1	提高了植物的活力和生产力，增加了有机质含量。
压实	0	不适用
下沉	0	不适用
盐或其他化学物质的浓度	0	不适用
水分过量		
渗水	0	不适用
径流、洪水或积水	2	渗透增加、径流减少。
季节性高地下水位	0	不适用
积雪	0	不适用
水源不足		
灌溉水使用效率低	0	不适用
水分管理效率低	2	增加水分入渗、改善植物、土壤、水分与空气的关系。
水质退化		
地表水中的农药	0	不适用
地下水中的农药	0	不适用
地表水中的养分	1	对土壤条件的改善会增加渗透、减少径流。促进植物生长将更好地利用养分、减少径流损失的可能性。
地下水中的养分	0	不适用
地表水中的盐分	0	不适用
地下水中的盐分	0	不适用
粪肥、生物土壤中的病原体和化学物质过量	1	由于渗透增加、径流减少，情况略有改善。
粪肥、生物土壤中的病原体和化学物质过量	0	不适用
地表水沉积物过多	5	水文指标的改善增加了渗透、减少了径流。
水温升高	0	不适用
石油、重金属等污染物迁移	0	不适用
石油、重金属等污染物迁移	0	不适用
空气质量影响		
颗粒物（PM）和 PM 前体的排放	-1	土壤的强烈扰动可以释放颗粒物。
臭氧前体排放	0	不适用
温室气体（GHG）排放	-2	土壤的强烈扰动会使储存的土壤碳以二氧化碳的形式释放出来。
不良气味	0	不适用
植物健康状况退化		
植物生产力和健康状况欠佳	4	改善现场情况，从而提高理想植物的健康水平和生长活力。
结构和成分不当	2	改善现场条件，增强适合的理想物种的生长。
植物病虫害压力过大	-1	新处理地区可能会长出其他不需要的植物。
野火隐患，生物量积累过多	0	不适用
鱼类和野生动物——生境不足		
食物	0	不适用
覆盖 / 遮蔽	0	不适用

（续）

鱼类和野生动物——生境不足	效果	基本原理
水	0	不适用
生境连续性（空间）	0	不适用
家畜生产限制		
饲料和草料不足	1	该处理提高了植物产量和物种多样性。
遮蔽不足	0	不适用
水源不足	0	不适用
能源利用效率低下		
设备和设施	0	不适用
农场 / 牧场实践和田间作业	0	不适用

CPPE 实践效果：5 明显改善；4 中度至明显改善；3 中度改善；2 轻度至中度改善；1 轻度改善；0 无效果；−1 轻度恶化；−2 轻度至中度恶化；−3 中度恶化；−4 中度至严重恶化；−5 严重恶化。

工作说明书—— 国家模板

（2010年9月）

此类可交付成果适用于个别实践。其他规划实践的可交付成果参考具体的工作说明书。

设计

可交付成果

1. 能够证明符合自然资源保护局实践中相关准则并与其他计划和应用实践相匹配的设计文件。
   a. 保护计划中确定的目的。
   b. 客户需要获得的许可证清单。
   c. 符合自然资源保护局国家和州公用设施安全政策（《美国国家工程手册》第503部分《安全》，第503.00节至503.22节）。
   d. 辅助性实践一览表（即《牧场种植》）。
   e. 制订计划和规范所需的与实践相关的计算和分析，包括但不限于：
      i. 要采用的机械处理类型
      ii. 田地准备要求
      iii. 理想植物群落说明
      iv. 放牧后充分修整的规定
      v. 侵蚀治理规定
      vi. 实际应用的可接受土壤水分含量
2. 向客户提供书面计划和规范书包括草图和图纸，充分说明实施本实践并获得必要许可的相应要求。
3. 运行维护计划。
4. 证明设计符合实践和适用法律法规的文件。
5. 安装期间，根据需要所进行的设计修改。

注：可根据情况添加各州的可交付成果。

安装

可交付成果

1. 与客户和承包商进行的实施前会议。

2. 验证客户是否已获得规定许可证。
3. 根据计划和规范（包括适用的布局注释）进行定桩和布局。
4. 安装检查。
    a. 实际使用的材料
    b. 检查记录
5. 协助客户和原设计方并实施所需的设计修改。
6. 在实施期间，就所有联邦、州、部落和地方法律、法规和自然资源保护局政策的合规性问题向客户 / 自然资源保护局提供建议。
7. 证明施用过程和材料符合设计和许可要求的文件。

注：可根据情况添加各州的可交付成果。

验收

可交付成果

1. 实施记录。
    a. 实践单位
2. 证明施用过程符合自然资源保护局实践和规范并符合许可要求的文件。
3. 进度报告。

注：可根据情况添加各州的可交付成果。

参考文献

Field Office Technical Guide（eFOTG）, Section IV, Conservation Practice Standard – Grazingland Mechanical Treatment - 548.

National Engineering Manual, Utility Safety Policy.

NRCS National Environmental Compliance Handbook.

NRCS Cultural Resources Handbook.

注：可根据情况添加各州的参考文献。

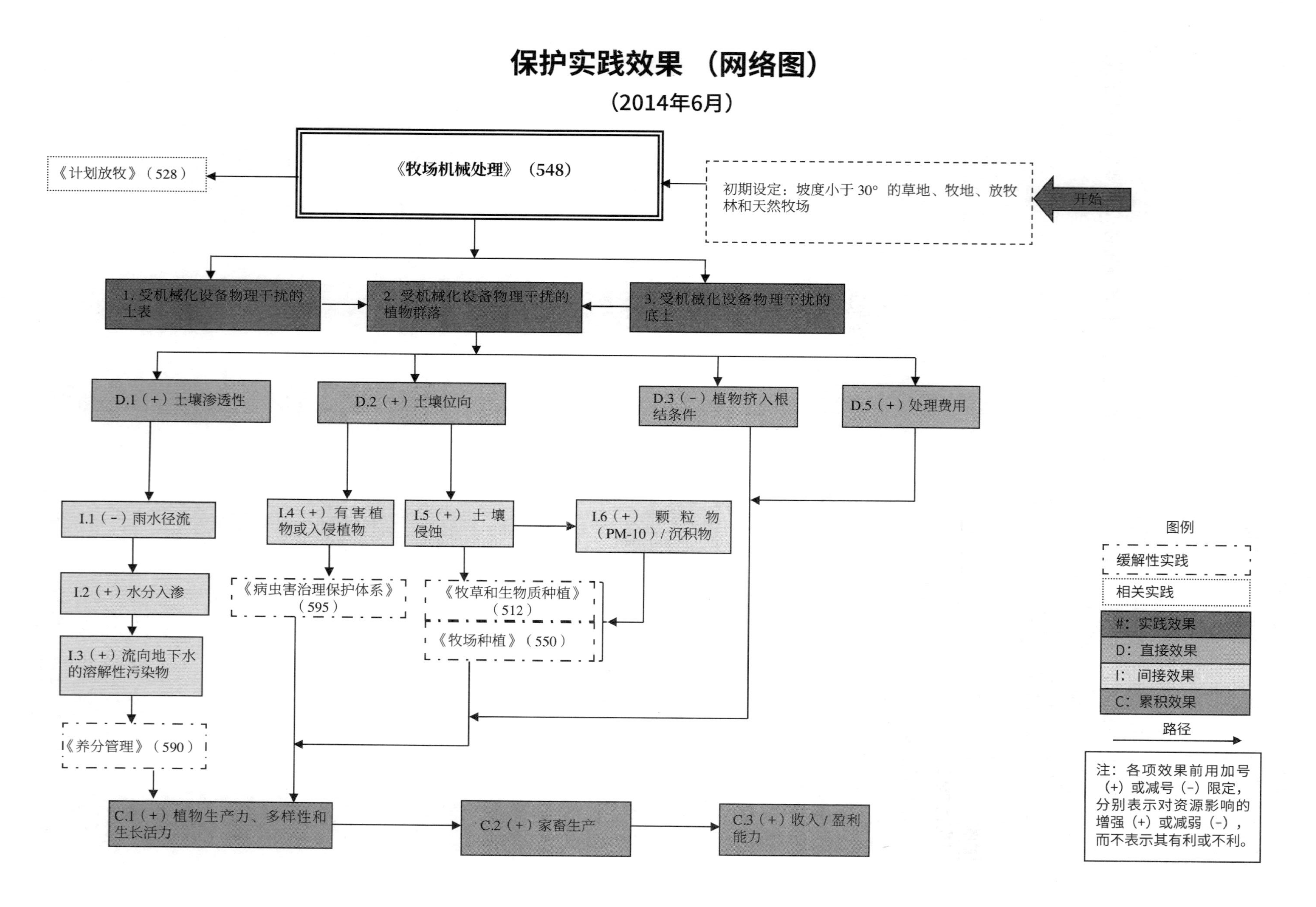

保护实践效果（网络图）
（2014年6月）
《计划放牧》（528）
《牧场机械处理》（548）
初期设定：坡度小于30°的草地、牧地、放牧林和天然牧场
开始
1. 受机械化设备物理干扰的土表
2. 受机械化设备物理干扰的植物群落
3. 受机械化设备物理干扰的底土
D.1（+）土壤渗透性
D.2（+）土壤位向
D.3（-）植物挤入根结条件
D.5（+）处理费用
I.1（-）雨水径流
I.4（+）有害植物或入侵植物
I.5（+）土壤侵蚀
I.6（+）颗粒物（PM-10）/沉积物
I.2（+）水分入渗
《病虫害治理保护体系》（595）
《牧草和生物质种植》（512）
《牧场种植》（550）
I.3（+）流向地下水的溶解性污染物
《养分管理》（590）
C.1（+）植物生产力、多样性和生长活力
C.2（+）家畜生产
C.3（+）收入/盈利能力
图例
缓解性实践
相关实践
#：实践效果
D：直接效果
I：间接效果
C：累积效果
路径
注：各项效果前用加号（+）或减号（-）限定，分别表示对资源影响的增强（+）或减弱（-），而不表示其有利或不利。

牲畜用水管道

（516，Ft.，2011年9月）

定义

一种为牲畜或野生动物输送水的管道及附属设备。

目的

本实践作为资源管理系统的一部分，以期实现以下一个或多个目的：

- 将水输送到牲畜或野生动物的使用地点。
- 减少能耗。
- 发展可再生能源系统。

适用条件

本实践适用于将牲畜或野生动物使用的水源，通过封闭管道从水源输送到供水设施。

本实践不适用于灌溉管道的使用，灌溉管道请参考保护实践《灌溉管道》（430）。

准则

适用于上述所有目的的总体准则

在切实可行的情况下，管道的数量、质量和输送率应充分满足牲畜和野生动物的需水量。

管道仅需安置在与所选材料类型及环境条件均相适应的地表或土壤中。

容量。容量应满足保护标准预计的输送既定流量。

即使牲畜或野生动物的数量和种类增加，导致季节性的日常需水量增多，也应保证其所需的用水量。

在计算容量需求时，必须考虑运输和使用中合理的耗水情况。

摩擦及其他损失。按照设计目的，对水力坡度线水头损失的计算应基于下列公式中任意一个：Hazen-Williams 公式、Darcy-Weisbach 公式或者曼宁公式。公式的选择应基于给定水流条件和所使用管道的材料。应酌情考虑其他因管道接口型号、阀门、管道的扭曲、收缩而引起流速和流向改变从而造成的水头损失（也称小损失）。对于封闭的加压系统，除非有专门设计的负内压装置，所有管道的水力坡度线均应保持在管道顶部各个位置的水流之上。

管道设计。管道的设计应满足所有使用要求，以便内部压力（包括任何点的液压瞬变或静压）小于管道的压力额定值。

如塑料和金属管之类的软管应根据软管结构设计标准（自然资源保护局《美国国家工程手册》第636 部分第 52 章节）进行设计，并且要遵循以下准则：

塑料管。当按照设计容量运作时，在管道内或下游端装有阀门或其他水流控制设施的情况下，满管流速不应超过每秒 5 英尺。考虑到瞬态压力的安全系数，工作压力在任何时刻都不应超过管道额定压力的 72%。一旦超过任何一个限制，就必须对水流条件进行特殊设计考虑，也必须采取措施充分保护管道不受瞬态压力的影响。

管道的压力额定值通常以管道温度 73.4℉ 为基础。当运行温度较高时，应相应降低管道的有效压力额定值。

金属管。最大容许压力应取决于所使用的环向应力公式，将容许拉应力限制为所选材料屈服点应力的 50%。常用金属管的压力设计见于《美国国家工程手册》第 636 部分第 52 章。

管道支护。安装在地面上的管道在必要时应含有支护设施从而使其能够稳定地抵抗内外压。管道支架设计见《美国国家工程手册》第 636 部分第 52 章。

接头和连接点。设计和生产的所有连接点均应该能够承受管道运作时的压力，做到没有丝毫泄露。并且还要确保管道内部不会存在任何减少容量的障碍物。

对于所使用的接头和管材的类型，应从制造商处获得许可、认证的接头挠度。

对于倾斜的金属管道，膨胀接头应在与锚或推力块相邻且靠下的位置安装。

对于焊管接头，应根据需求安装膨胀接头，从而将管道压力限制在允许值之内。

允许的纵向弯曲管道应根据材料类型和压力等级来操作，或参照《美国国家工程手册》第 636 部分第 52 章的描述。

悬空管道接头的设计应考虑到管道荷载问题，包括管内的水、风、冰及热胀冷缩带来的影响。

金属管道的接头和连接点应尽可能采用相似材料。如果使用不同材料则应注意防止接头和连接点的电偶腐蚀。

覆盖深度。地下管道应安装在地面以下的足够深度，以保护其免遭交通负荷、农业作业、极寒温度或者土壤开裂带来的危害。

在给定的安装条件下，管道应足够结实去承受加诸其上的所有外部负荷。应运用适当的活负载来应对预期的交通情况。

当覆盖深度或强度不足时，应采用载体（装箱）或其他机械措施。

减压。若水头进水量超过压力损失很多，或静压过大，或流量过大，以上情况应使用减压阀或断路器箱。

阀门及其他附属设备。阀门及其他附属设备的压力等级应等于或大于设计工作压力。当使用杠杆操作阀时要分析评估阀门迅速关闭时潜在的瞬态压力。

止回阀和防回流阀。如果发生不利的回流，泵出口和管道之间应安装止回阀。

当回流可能会污染水源或地下水时，所有管道都应该使用经批准的防回流装置。

泄压阀。若所有阀门关闭时会产生过大压力，则泵出口和管道之间应安装泄压阀。若需要保护管道免受减压阀故障或失效影响，那么泄压阀应装在减压阀下端。

泄压阀应设置为在实际压力较低时开启，但在设计的工作压力值或管道最大许可压力值的基础上，每平方英寸最多能够再多 5 磅。阀门应具备足够的水流容量以便减少管道中的过多压力。打开阀门时，每一个减压阀应标识其压力。可调式泄压阀应为密封状态，否则将改变阀门对压力的调整。

代替详细的瞬态压力分析，泄压阀的最小尺寸应为常规管道直径每英寸 1/4 英寸的常规阀门尺寸。

通风口。为了空气顺利进出管道，需要防止空气堵塞、水力瞬压或管道倒塌。包括为了保护管道而进行的空气释放和真空泄放。管道应设计成在运行时仍低于水力坡度线。如果管道的某一部分处于水力坡度之上，那么可能需要定期使用空气泵。

调压室和空气室。为了控制水力瞬压或水柱分离而安装调压室或空气室时，其面积应满足管道所需的水容积，且在两室未被排空的情况下仍然适用，而且还要确保计划降压时所需流速仍可得到实现。

排水口和水位控制。将水从管道输送到浇灌设施的设备应具备足够的容量以提供所需流量。在持续供水到浇灌设施的部位要使用自动水位控制（如浮子阀）来控制水流，防止不必要的溢流。

所设计的排水口和水位控制应能够承受或免受牲畜、野生动物、冻结和冰灾的伤害。排水口要最大限度降低磨损、物理损坏或是暴露带来的退化。

推力控制。管道等级、水平线向或者尺寸减小的突变情况下可能需要一个锚或推力块来吸收管道轴向推力。推力控制通常应该位于管道末端以及直插式控制阀中。遵循制造商关于推力控制的建议，若缺失制造商的数据信息，可参照《美国国家工程手册》第 636 部分第 52 章的相关内容。

热效应。在进行系统设计时一定要适当考虑热效应。降低压力等级的价值和程序请参照《美国国家工程手册》第 636 部分第 52 章节。

物理保护。安装在地面之上的钢管应镀锌或使用适当的保护漆涂层来对其加以保护。

安装在地面之上的塑料管在其预期寿命内应该能够抵抗紫外线，否则必须采取措施使其免遭紫外线伤害。

所有管道在交通负荷、农业作业、极寒气温、火灾、热胀冷缩等方面均应得到保护，可以采取合理措施来保护管道免遭潜在的破坏。

填充。管道系统应具备控制其填充物的方法，以防止空气滞留或过多瞬态压力的存在。

要做到在一个封闭的大气管道系统（即关闭所有出口）中让灌溉速度大于每秒 1 英尺，则需要通过特殊的评估和措施来消除滞留空气并防止过多的瞬态压力。

如果无法在较低流速下进行灌注，系统应在增压前面向大气打开（打开排气口）。设计该系统是为了去除空气和防止在高灌注率时发生过大瞬态压力。

冲洗。如果水中沉积物显著，管道应有足够的流速来确保能将沉积物冲出管道。

如果供水中含有需要冲洗的沉积物或者其他异质，则需在管道的远端点或低端点安装合适的阀门。

排水。为重力或其他方式彻底清除管道内存水做好准备：

- 严寒气温是一大危害；
- 管道制造商要求排水；
- 管道的排水另有规定；
- 管道内排出的水在释放时不会造成水质、土壤侵蚀或安全问题。

安全排水。应严格规范从阀门排出的水，特别是从空气阀或泄压阀中排出的水。这些阀门的位置应让水流远离系统操作员、牲畜、电气设备或其他控制阀。

植被。应恢复植被或者切实维护因施工而遭到破坏的稳定地区。苗床准备、播种、施肥、覆盖膜都应符合保护实践《关键区种植》（342）。

适用于减少能源使用的附加准则

提供能在实际实施中减少能源使用的分析。

与先前的操作条件相比，能源使用有所减少并且减少量按年或季节平均能源减少量计算。

适用于可再生能源系统发展的附加准则

可再生能源系统应满足与自然资源保护局或行业标准相适应的设计准则，并且要遵从制造商的建议。水电系统的设计、操作、维护应与微型水力发电手册第 4、5 部分相应部分保持一致。

注意事项

安全。管道系统在安装和运行过程中可能对人身安全造成危害，应考虑以下安全问题：

- 在设计和施工中解决沟槽安全问题。
- 保护人们免受泄压阀、空气释放阀及其他阀门排出的高压水的危害。
- 施工前确定是否存在地下工程。

经济。管道设计时应考虑以下经济问题：

- 根据能量寿命要求而非原材料成本来挑选管道尺寸。
- 根据预期使用期来选择管材。
- 考虑应用水电来代替减压阀的使用，或缩短管道直径以减少摩擦损耗。

其他资源。应考虑对其他资源造成的潜在影响：

- 解决埋地管道安装过程中的珍稀植物物种和文化资源问题。在可能的情况下尽量避开这些资源和对干扰极度敏感的湿地及栖息地，或者采取一定措施使得影响最小化。
- 考虑管道及附属设备的视觉设计，尤其是处于公众能见度较高的地区。

计划和技术规范

根据牲畜用水管道的计划和技术规范进行实际操作。计划和技术规范至少应包括：

- 管道布局的平面视图。
- 管道的剖面视图。
- 管道尺寸和材料。
- 管道接头的要求。

- 以书面形式描述管道安装的具体地点，包括管道压力试验要求。
- 覆盖深度和回填要求。
- 植被建设要求。

运行和维护

为安装的每一个牲畜用水管道系统制订运行和维护计划。该计划需要记录必要活动以确保其切实延长了预期寿命。

设计的某些特定部分应包含运行和维护。根据项目范围，可以通过书面的计划和说明，保护计划叙述实现，或者单独制订运行和维护计划。

运行和维护计划还应包括其他内容，诸如排水程序、标记交叉位置、操作阀门以防管道或附件损坏、附件或管道维修、推荐的运行程序等。

任何负极保护系统的监测均应按照运行和维护计划指定的要求去执行。

应该制订灌注程序，规定在此过程的各个阶段可允许流速和附件运行都要保证管道安全。应使用流量测量装置，如使用流量计或其他（如闸阀的匝数）来确定管道系统的流量。该信息应提供给操作者并应酌情纳入运行和维护计划。

参考文献

McKinney, J.D., et al. Microhydropower Handbook, IDO-10107, Volumes 1 & 2. U.S. Department of Energy, Idaho Operations Office.

USDA-NRCS, National Engineering Handbook, Part 636, Chapter 52, Structural Design of Flexible Conduits.

保护实践概述

（2012年12月）

《牲畜用水管道》（516）

牲畜用水管道是为家畜或野生动物输水而安装的一种管道。

实践信息

本实践旨在将水从水源输送至使用地点。其目标通常是分散饮用水或储水设施的位置。本实践适用于必须输水至另一个地点管理、节约供水或卫生的情况。

按本实践安装的管道通常用于家畜管理的目的。单一水源可为多个地点提供家畜畜牧用水，对改善放牧单位管理非常有效。

家畜管道也用于为野生动物提供或分配饮用水设施。

家畜用水管道需在实践的预期年限内进行维护。

常见相关实践

《牲畜用水管道》（516）通常与《水井》（642）、《泉水开发》（574）、《池塘》（378）、《计划放牧》（528）、《栅栏》（382）、《供水设施》（614）等保护实践一同使用。

保护实践的效果——全国

土壤侵蚀	效果	基本原理
片蚀和细沟侵蚀	0	不适用
风蚀	0	不适用
浅沟侵蚀	0	不适用
典型沟蚀	0	不适用
河岸、海岸线、输水渠	0	不适用
土质退化		
有机质耗竭	0	不适用
压实	0	不适用
下沉	0	不适用
盐或其他化学物质的浓度	0	不适用
水分过量		
渗水	0	不适用
径流、洪水或积水	0	不适用
季节性高地下水位	0	不适用
积雪	0	不适用
水源不足		
灌溉水使用效率低	0	不适用
水分管理效率低	0	不适用
水质退化		
地表水中的农药	0	不适用
地下水中的农药	0	不适用
地表水中的养分	0	不适用
地下水中的养分	0	不适用
地表水中的盐分	0	不适用
地下水中的盐分	0	不适用
粪肥、生物土壤中的病原体和化学物质过量	0	不适用
粪肥、生物土壤中的病原体和化学物质过量	0	不适用
地表水沉积物过多	0	不适用
水温升高	0	不适用
石油、重金属等污染物迁移	0	不适用
石油、重金属等污染物迁移	0	不适用
空气质量影响		
颗粒物（PM）和 PM 前体的排放	0	不适用
臭氧前体排放	0	不适用
温室气体（GHG）排放	0	不适用
不良气味	0	不适用
植物健康状况退化		
植物生产力和健康状况欠佳	2	用于放牧管理的可用水可以促进植物生长和活力。
结构和成分不当	0	不适用
植物病虫害压力过大	0	不适用
野火隐患，生物量积累过多	0	不适用
鱼类和野生动物——生境不足		
食物	0	不适用
覆盖 / 遮蔽	0	不适用
水	0	不适用

（续）

鱼类和野生动物——生境不足	效果	基本原理
生境连续性（空间）	0	不适用
家畜生产限制		
饲料和草料不足	0	不适用
遮蔽不足	0	不适用
水源不足	5	管道有助于将水分配给家畜。
能源利用效率低下		
设备和设施	0	不适用
农场 / 牧场实践和田间作业	2	适当调整管道尺寸、减少摩擦损失可减少泵送的能源消耗。

CPPE 实践效果：5 明显改善；4 中度至明显改善；3 中度改善；2 轻度至中度改善；1 轻度改善；0 无效果；−1 轻度恶化；−2 轻度至中度恶化；−3 中度恶化；−4 中度至严重恶化；−5 严重恶化。

工作说明书——国家模板

（2011年5月）

此类可交付成果适用于个别实践。其他规划实践的可交付成果参考具体的工作说明书。

设计

可交付成果

1. 能够证明符合自然资源保护局实践中相关准则并与其他计划和应用实践相匹配的设计文件。
    a. 保护计划中确定的目的。
    b. 客户需要获得的许可证清单。
    c. 对周边环境和构筑物的影响。
    d. 符合自然资源保护局国家和州公用设施安全政策（《美国国家工程手册》第 503 部分《安全》A 子部分“影响公用设施的工程活动”第 503.00 节至第 503.06 节）。
    e. 制订计划和规范所需的与实践相关的计算和分析，包括但不限于：
        i. 容量
        ii. 液压装置
        iii. 材料
        iv. 气候注意事项（如霜冻）
        v. 植被（参见实践标准 342 号《临界区种植》）
2. 向客户提供书面计划和规范书包括草图和图纸，充分说明实施本实践并获得必要许可的相应要求。
3. 合理的设计报告和检验计划（《美国国家工程手册》第 511 部分，B 子部分“文档”，第 511.11 和第 512 节，D 子部分“质量保证活动”，第 512.30 节至第 512.32 节）。
4. 运行维护计划。
5. 证明设计符合实践和适用法律法规的文件［《美国国家工程手册》A 子部分第 505.03（b）（2）节］。
6. 安装期间，根据需要所进行的设计修改。

注：可根据情况添加各州的可交付成果。

安装

可交付成果

1. 与客户和承包商进行的安装前会议。
2. 验证客户是否已获得规定许可证。
3. 根据计划和规范（包括适用的布局注释）进行定桩和布局。
4. 安装检查（酌情根据检查计划开展）。
    a. 实际使用的材料
    b. 检查记录
5. 协助客户和原设计方并实施所需的设计修改。
6. 在安装期间，就所有联邦、州、部落和地方法律、法规和自然资源保护局政策的合规性问题向客户 / 自然资源保护局提供建议。
7. 证明安装过程和材料符合设计和许可要求的文件。

注：可根据情况添加各州的可交付成果。

验收

可交付成果

1. 竣工文档。
    a. 实践单位
    b. 图纸
    c. 最终量
2. 证明安装过程符合自然资源保护局实践和规范并符合许可要求的文件［《美国国家工程手册》A 子部分第 505.03（c）（1）节］。
3. 进度报告。

注：可根据情况添加各州的可交付成果。

参考文献

NRCS Field Office Technical Guide（eFOTG）, Section IV, Conservation Practice Standard - Pipeline, 516.

NRCS National Engineering Manual（NEM）.

NRCS National Environmental Compliance Handbook.

NRCS Cultural Resources Handbook.

注：可根据情况添加各州的参考文献。

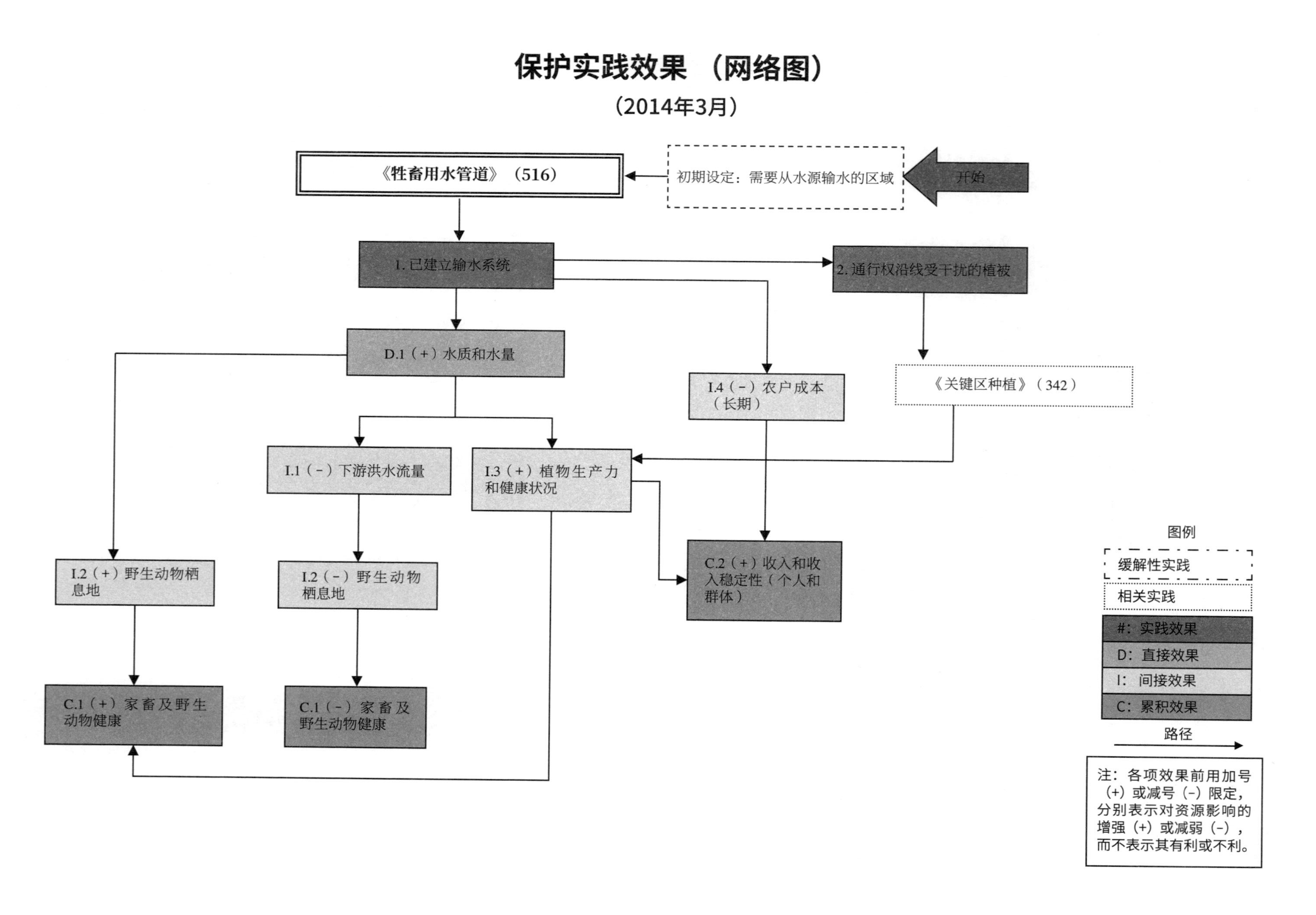
保护实践效果（网络图）
（2014年3月）
《牲畜用水管道》（516）
初期设定：需要从水源输水的区域
开始
1. 已建立输水系统
2. 通行权沿线受干扰的植被
D.1（+）水质和水量
I.4（-）农户成本（长期）
《关键区种植》（342）
I.1（-）下游洪水流量
I.3（+）植物生产力和健康状况
C.2（+）收入和收入稳定性（个人和群体）
I.2（+）野生动物栖息地
I.2（-）野生动物栖息地
C.1（+）家畜及野生动物健康
C.1（-）家畜及野生动物健康
图例
缓解性实践
相关实践
#：实践效果
D：直接效果
I：间接效果
C：累积效果
路径
注：各项效果前用加号（+）或减号（-）限定，分别表示对资源影响的增强（+）或减弱（-），而不表示其有利或不利。

牲畜庇护所

（576，No.，2013年12月）

定义

永久性或便携式结构，墙壁少于四面或仅有一个屋顶的场所，以提高草场和牧场利用率，并使牲畜免受负面环境因素的影响。该结构不能理解为建筑物。

目的

- 保护牲畜免受过热、过冷、刮风或下雪天气的危害。
- 保护地表水免受营养负荷和病菌负荷的危害。
- 通过提供牲畜庇护所 / 遮阳结构，保护林地免受加速侵蚀和过多营养物沉积的危害。
- 优化牧场牲畜分布，以改善野生动物栖息地环境，减少过度使用土地，或调整因牲畜分布不当引起的其他资源问题。

适用条件

本实践通过提供遮阳场所或者庇护所，保护牧畜免受敏感地区伤害。这些地区位于远离林区、河岸、洼地现有的遮阳场所或庇护所。应用本实践时必须排除敏感地区的动物。使用保护实践《栅栏》（382）中的牲畜禁入条例。

本实践适用于动物生产力和健康受到负面环境条件影响时的情况，例如直射阳光、无阻碍阳光，刮风或下雪天气。

本实践可以促进改善规定放牧条件下的牲畜管理，以保护水质和土壤健康。

本实践可保护草场或牧场，用于放牧的农田或草地，冬季饲养区，以及牲畜重度使用区。

准则

适用于所有目的和结构类型的总体准则

便携式结构运输。为便携式结构配备滑道、轮子或其他装置以方便运输。为垂直和水平结构构件提供侧向支撑，以防止扭曲或弯曲。

选址。结构选址应避免对文化资源，即濒临灭绝、濒危候选物种及其栖息地产生不利影响。结构选址应远离河岸地区并处于集中流域的高地位置，以避免破坏水质。结构选址应距离任何地表水体至少 100 英尺，距离上坡井 150 英尺，距下坡井 300 英尺。结构选址应无地表水流过。

冲刷防护防蚀。保护结构免受屋顶径流危害。

材料。结构建造应选用耐用型材料，其最小使用寿命应为 10 年。根据其预期寿命（通常不超过 5 年），可能需要用织物材料或其他非结构材料进行更换。酌情处理或回收磨损织物材料或其他非结构材料。

废物管理。根据养分管理计划设计结构，以促进牧场肥料分布。

规定放牧。安装牲畜保护结构以改善牲畜分布，从而解决资源问题，这时资源管理计划必须包含保护实践《计划放牧》（528）。

图 1　典型遮阳结构

适用于遮阳结构的附加准则

朝向。最长轴面朝南北方向，使遮阳面积最大化，且阳光能使结构下的区域保持干燥。

遮阳罩。结构顶部设计应相对平坦，以最大限度降低风力对结构的影响。结构屋顶间距比例至少为 1∶25，以解决径流问题。在遮阳结构的四角处固定足够大小和强度的拉紧器，以应对使用季节时当地的风力条件。

尺寸。表 1 显示了遮阳结构的最小尺寸要求。单个遮阳结构最大尺寸限制为宽 25 英尺、长 50 英尺（面积为 1 250 平方英尺）。便携式结构体积小，便于移动。根据要保护的动物数量，可能需要多个结构。

在高产牲畜的规定放牧系统中，应至少为 75% 的畜群提供遮阳场所，特别是奶牛或肉用奶牛。

表 1　最低遮光要求

动物类型	最低遮光要求	
	面积（平方英尺 / 头）	高度（英尺）
奶牛、肉用奶牛、马	35 ~ 50	10 ~ 12
猪、绵羊、山羊	10 ~ 15	7
家禽	3 ~ 7	7

选址。结构选址与现有结构应至少相距 50 英尺，以保持空气流通。使用结构的位置来创建理想的牲畜迁移模式。根据需要移动便携式结构，以保护附近区域的植被。

适用于防风结构的附加准则

选址。防风结构选址应位于牲畜需要避风的地区。参见图 2。选址必须位于车辆或设备能进入的地方。

图 2　典型的防风结构

若条件允许，选址应位于平坦、无阻挡的地区。如果防风结构位于山坡下方，应尽量置于顺风处。位于山丘逆风处的防风结构应至少比山脚逆风处防风结构高出 75 倍。

若条件允许，选址应尽可能垂直于冬季风的盛行风向。应注意防止防风结构阻挡夏季风，夏季风可以增加热应力。

形状和尺寸。防风结构应为 90° V 形、半圆形或直线形结构。

为有效防风和防雪，建议采用 V 形或半圆形结构。结构开口宽度（垂直于风向）不应大于其高度的 15 倍。

V 形庇护所。建造具有坚固面的 V 形庇护所，以在墙壁的两端转移飘雪。在墙壁顺风向下延伸 5H 的保护区内，风速可降低 60% ~ 80%（图 3）。V 形或封闭端应面朝冬季风和早春盛行风的方向。庇护所可以转移周围的雪并沉积在顺风区内，且距离不超过庇护所宽度（D）的五倍。

庇护所区域计算如图 3 所示。表 2 表明庇护所区域要求。庇护所结构应根据表 2 中的数值进行搭建。

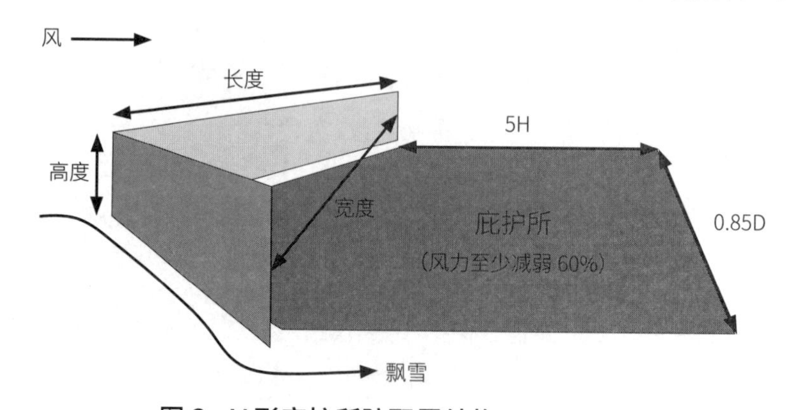

图 3　V 形庇护所防飘雪结构

按照表 2、表 3 的数据指导设计庇护所尺寸。

表 2 防风结构的最低要求

动物类型	最低防风结构面积要求（平方英尺 / 头）
奶牛、肉用奶牛、马	35 ~ 50
猪、绵羊、山羊	10 ~ 15
家禽	3 ~ 7

表 3 庇护所的尺寸参数（图 3）

屏障墙壁高度（英尺）	长（英尺）	宽（英尺）	保护面积（平方英尺）
6	60	84.8	3 964
8	80	113.1	7 047
10	105	148.5	11 823
12	125	176.8	16 828
14	145	205.1	22 714

半圆形庇护所。半圆形庇护所构建所需材料数量与 V 形庇护所大致相同。保护区与庇护所长度比高于 V 形庇护所约 27%。如表 3 所示，半圆形庇护所的尺寸以等于 V 形庇护所一半直径的半径为基础。半圆形庇护所通常是最经济的（每平方英尺材料成本）；然而，形状因素限制木板或嵌板的材料类型。半圆形庇护所也倾向于自支撑。

直线形庇护所。如果风向与任何垂直于栅栏的方向不同，那么庇护所提供的保护也有限，所以说直线防风不如 V 形设计有效。然而，直线形庇护所能够为高于 15 ~ 20 倍的固体和多孔壁结构提供有效的防风保护。雪被迫越过栅栏并沉积在结构的顺风处而不是绕过结构。

一般结构标准。柱间距和深度需要基于持续风速和场地朝向进行特定设计。

安装在距离地面 8 英寸的木材必须按照 ASTMD1760 木制产品压力处理标准规范进行压力处理。对于有机生产者或向有机生产者出售堆肥的机构，确保其庇护所中使用的经处理木材满足有机生产的要求。生产者最好咨询有机认证机构，了解经处理木材的使用性和可接受性。

注意事项

永久性结构应位于放牧系统的中心位置，以促进所有放牧区域的等距迁移。

牲畜庇护结构设计需要考虑采取防污染和防冲刷措施。

出于经济考虑，设计应考虑整体废物管理系统计划以及安全和健康因素。

永久性结构应考虑运用《密集使用区保护》（561），其中植被不能位于结构下方或内部。

如果条件允许需要频繁前往总部、放牧区或使用浇水设施，在可能的情况下，应考虑使用保护实践《小径和步道》（575）。

使用便携式遮阳结构时，应考虑在冬季拆除和存放结构或织料，以延长遮阳布的使用寿命。

考虑在暴风雨天气移除和存储移动遮阳结构。

在规划牲畜庇护结构选址时，应考虑土壤类型和季节性地下水位区域。

计划和技术规范

根据本实践制订牲畜庇护结构的计划和技术规范。阐述本实践达到的预期目的。

包括施工计划、图纸、工作表或其他类似文件。在这些文档中详述安装实践的要求。

至少包括：

- 庇护结构类型、选址（如果是永久性结构）和朝向。
- 对于基于标准风速设计结构时，要进行风力计算，根据需要设定最小厚度、强度等。包括确定结构朝向所需的季节性风向。

- 便携式结构需要制订迁移计划。
- 工作表或施工图纸。
- 建造规定，包括结构尺寸和配置。
- 材料，包括尺寸、数量，任何涂层和使用的材料质量。

运行和维护

为操作员准备运行与维护计划。运行与维护计划中需满足的最低要求为：

- 每年和重大风暴事件后都需检查结构。
- 通过实践根据实际使用寿命维护构件和织物组件。
- 根据需要更换或修复结构钢部件上的维护涂层。
- 定期扎紧遮光布，以最大限度降低风损。
- 当织物罩因环境条件而变质时，需要进行更换。
- 定期移动便携式结构，以防止对周围区域植被造成破坏。
- 如果不经常移动结构，应定期或按规定时间间隔收集和清除累积动物粪便，并根据保护实践《废物回收利用》（633）或《养分管理》（590）酌情利用。

参考文献

ASTM D A-36, A-120, D-751, D-1494, D-1682, D-1760, D1910.; Federal Specification TT-P-641.

Federal Test Method Standard No. 191, Method 5804; “Warm Cows & Cool Breezes”, Montana State University Extension Service; http://www.msuextension.org/counties/Stillwater/articles/Ag%20Articles/Windbreaks.pdf .

“Taming Blizzards for Animal Protection, Drift Control and Stock Water”, R. L. Jairell and R.A. Schmidt, USDA Forest Service.

“Portable Animal Protection Shelter and Wind Screen”, R. L. Jairell and R.A. Schmidt, USDA Forest Service.

“Effect of a Solid Windbreak in a Cattle Feeding Area”, Earl M. Bates, Oregon State University and Ralph L. Phillips, Eastern Oregon Agricultural Research Center.

工作说明书—— 国家模板

此类可交付成果适用于个别实践。其他规划实践的可交付成果参考具体的工作说明书。

设计

可交付成果

1. 能够证明符合自然资源保护局实践中相关准则并与其他计划和应用实践相匹配的设计文件。
   a. 保护计划中确定的目的。
   b. 符合自然资源保护局国家和州公用设施安全政策（《美国国家工程手册》第 503 部分《安全》A 子部分“影响公用设施的工程活动”第 503.00 节至第 503.06 节）。
   c. 制订计划和规范所需的与实践相关的计算和分析，包括但不限于：
      i. 定位 / 校准
      ii. 高度
      iii. 尺寸
      iv. 间距
      v. 材料类型
2. 向客户提供书面计划和规范书包括草图和图纸，充分说明实施本实践并获得必要许可的相应要求。
3. 确定保护计划图上拟实施实践的区域。
4. 运行维护计划。
5. 证明设计符合实践和适用法律法规的文件（《美国国家工程手册》A 子部分第 505.3 节）。
6. 安装期间，根据需要所进行的设计修改的文档记录。

注：可根据情况添加各州的可交付成果。

安装

可交付成果

1. 业主和承包商之间举行的安装前会议的文档记录。
2. 验证客户是否已获得规定许可证。
3. 根据计划和规范（包括适用的布局注释）进行定桩和布局。
4. 安装检查（酌情根据检查计划开展）。
    a. 实际使用的材料（第 512 部分 D 子部分“质量保证活动”第 512.33 节）
    b. 检查记录
5. 协助客户和原设计方并实施所需的设计修改。
6. 在安装期间，就所有联邦、州、部落和地方法律、法规和自然资源保护局政策的合规性问题向客户 / 自然资源保护局提供建议。
7. 证明安装过程和材料符合设计和许可要求的文件。

注：可根据情况添加各州的可交付成果。

验收

可交付成果

1. 竣工文档。
    a. 实践单位
    b. 图纸
    c. 最终量
2. 证明安装过程符合自然资源保护局实践和规范并符合许可要求的文件（《美国国家工程手册》A 子部分第 505.3 节）。
3. 进度报告。

注：可根据情况添加各州的可交付成果。

参考文献

NRCS Field Office Technical Guide（eFOTG）, Section IV, Conservation Practice Standard – Livestock Shelter Structure, 576.

NRCS National Engineering Manual（NEM）.

NRCS National Environmental Compliance Handbook.

NRCS Cultural Resources Handbook.

注：可根据情况添加各州的参考文献。

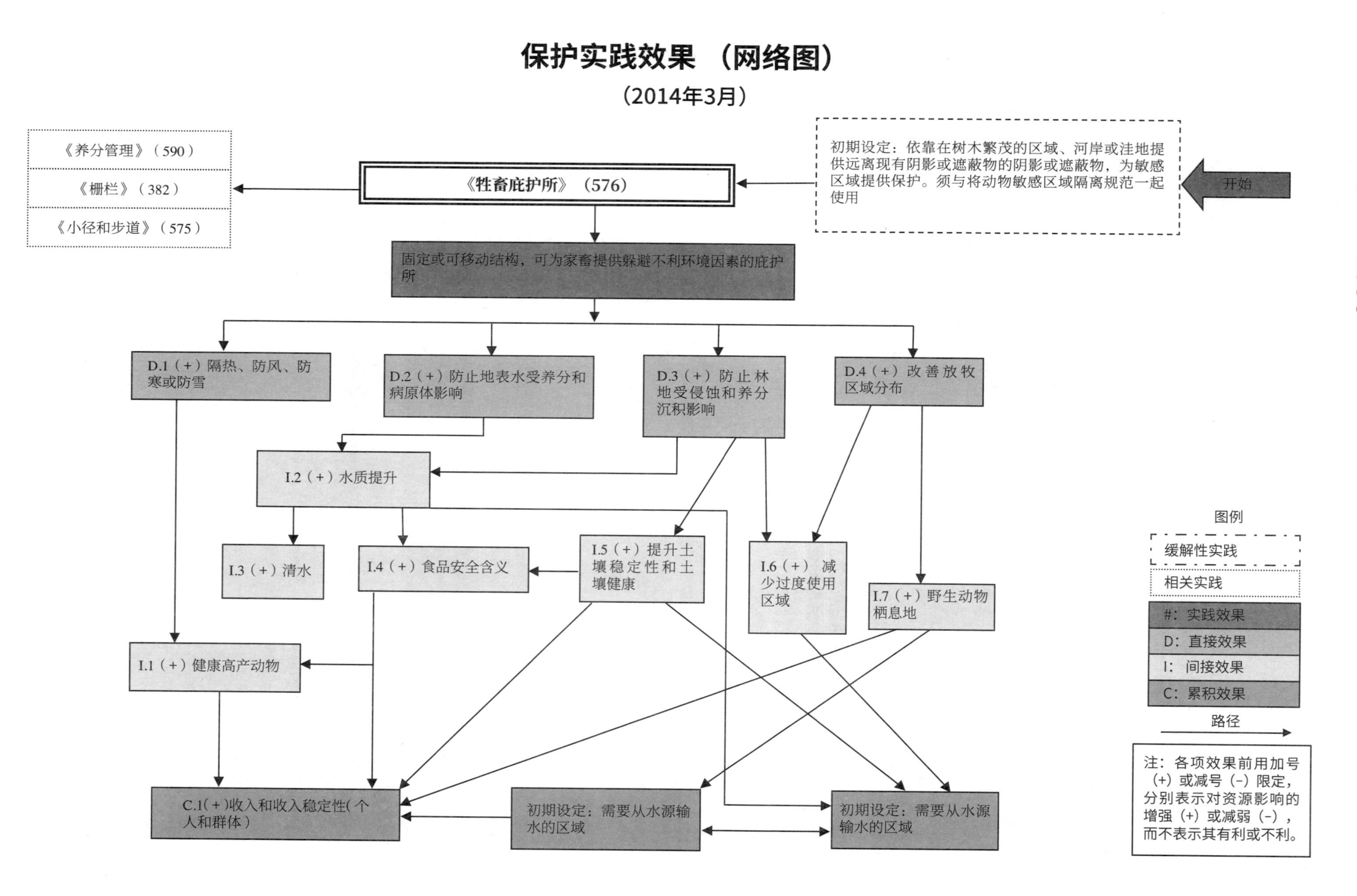
保护实践效果（网络图）
（2014年3月）
《养分管理》（590）
《栅栏》（382）
《小径和步道》（575）
《牲畜庇护所》（576）
初期设定：依靠在树木繁茂的区域、河岸或洼地提供远离现有阴影或遮蔽物的阴影或遮蔽物，为敏感区域提供保护。须与将动物敏感区域隔离规范一起使用
开始
固定或可移动结构，可为家畜提供躲避不利环境因素的庇护所
D.1（+）隔热、防风、防寒或防雪
D.2（+）防止地表水受养分和病原体影响
D.3（+）防止林地受侵蚀和养分沉积影响
D.4（+）改善放牧区域分布
I.2（+）水质提升
I.3（+）清水
I.4（+）食品安全含义
I.5（+）提升土壤稳定性和土壤健康
I.6（+）减少过度使用区域
I.7（+）野生动物栖息地
I.1（+）健康高产动物
C.1（+）收入和收入稳定性（个人和群体）
初期设定：需要从水源输水的区域
初期设定：需要从水源输水的区域
图例
缓解性实践
相关实践
#：实践效果
D：直接效果
I：间接效果
C：累积效果
路径
注：各项效果前用加号（+）或减号（-）限定，分别表示对资源影响的增强（+）或减弱（-），而不表示其有利或不利。

池塘

（378，No., 2015年9月）

定义

池塘是在筑堤、开挖或两者综合作用下形成的。

在本实践中，自然资源保护局将第一种方法建造的水池定义为筑堤堤塘，第二种方法建造的则为挖掘池塘。如果在辅助溢洪道上的堤坝深度超过沿路堤中心线的最低原始地面 3 英尺及以上时，则由挖掘和筑堤两种方法建造的水池就称为堤塘。

目的

水池池塘可以为牲畜、鱼类和野生动物提供水源，同时还具有提供娱乐、防火、控制侵蚀、延缓水流速度功能以及其他如改善水质功能。

适用条件

本实践适用于所有挖掘池塘，同时也适用于符合低危险性水坝所有标准的堤坝池塘，如下所示：

- 水坝工程的失败不会导致（造成）生命损失以及房屋、商业、工业建筑、主要公路或铁路损坏，也不会导致公共基础设施服务毁坏或中断。
- 蓄水量乘以大坝的有效高度不得低于 3 000 平方英亩英尺。如果没有明渠辅助溢洪道，则蓄水量是指在辅助溢洪道顶部最低高度以下或者坝顶高程以下的容积。大坝的有效高度是最低明渠通道辅助溢洪道顶部与原始截面中在坝中心线上的最低点之间的高程差（以英尺为单位）。
- 如果没有明渠辅助溢洪道，则使用坝顶最低点而不是明渠辅助溢洪道的最低坝顶。
- 大坝的有效高度为 35 英尺或以下。

准则

适用于上述所有目的的总体准则

根据池塘的设计寿命设计最小沉积物容量，或定期进行清理。保护池塘上方的排水区域，防止沉积物影响设计寿命。

根据自然资源保护局《美国国家工程手册》第 503 部分《安全》要求，采取必要措施，避免造成重大伤害或生命损失。

根据保护实践《关键区种植》（342）要求，土石路堤、溢洪道、借用区域和其他区域的裸露表面在施工过程中受到干扰时，需进行播种或铺设草皮。气候条件不允许播种或铺设草皮的情况下，若需要提供地表防护，请按照保护实践《覆盖》（484），来铺设沙砾等无机覆盖材料。

文化资源。评估项目区域内现存文化资源以及所有项目对这些资源的影响。在适当条件下，为考古学、历史学、建筑学和传统文化财产提供保护。

场地条件。通过以下方式进行选址或场地清理，使设计暴雨流量流向安全地带：①天然或人工建造的辅助溢洪道；②结合使用主溢洪道和辅助溢洪道；③主溢洪道。

选择一个能通过地表径流、地下水或补充水源为预期目的地提供充足水的场地。同时，水质必须达到预期目的地要求。

水库。提供充足的水源，以满足预期目的地用户对水的需求量。计算库容时，应考虑沉降、使用季节、蒸发渗漏损失等因素。

适用于堤塘标准

地质调查。使用凹坑、沟槽、钻孔和现有数据综述或其他合适的方法进行检查，进而确定路堤基础、辅助溢洪道和借用区域的材料。按照统一土壤分类系统（美国材料与实验协会 D2487）对土壤材料进行分类。

基础防渗墙。根据防渗要求，用相对不透水材料在大坝下面和桥台上面修建防渗墙。将防渗点定位在大坝中心线上或上游。将截流深度扩大到足以拦截水流量，并与相对不透水层连接。根据需要，将渗流控制同防渗墙相结合。防渗墙底部宽度足以容纳用于挖掘、回填和压实操作的设备。防渗墙的斜度不能大于垂直面。

渗流控制。包括渗流控制，如果遇到以下情况：①基础防渗墙不能拦截透水层；②渗漏会形成不理想的潮湿区；③维持堤坝稳定需要防渗；④特殊问题则需要靠排水来维护大坝的稳固性。渗流控制需要通过：①地基、桥台或者堤防过滤器和排水系统来完成；②储层覆盖；③结合运用这些措施。

顶部宽度。表 1 为各种总高度的大坝提供了最小坝顶宽度。总高度是坝的固定顶部与坝趾最低高度之间的垂直距离。

对于用作公共道路的水坝顶部，单向交通道路的最小宽度为 16 英尺，双向交通道路的最小宽度为 26 英尺。必要时安装护栏或其他安全措施，并遵守道路管理部门的要求。对于总高度小于 20 英尺的大坝，维护注意事项或施工设备限制可能需要增加表 1 中所示的最小宽度。

表 1 最小坝顶宽度

大坝总高度（英尺）	坝顶宽度（英尺）
≤ 10	6
10 ～ 14.9	8
15 ～ 19.9	10
20 ～ 24.9	12
25 ～ 34.9	14
≥ 35	15

侧面斜坡边坡。设计每侧的坡度比为 1:2 或更缓。上游和下游边坡坡度比为 1:5 或更缓。根据需要，设计桥台或平缓边坡以确保所有坡道在所有负荷条件下的稳定性。

斜坡边坡保护。根据需要可采取特殊措施，例如修建护堤，用岩石碎石、沙砾石、土壤水泥或特殊植被来保护大坝边坡免受侵蚀。如适用，请参照自然资源保护局工程技术发布版 21056《大坝堤防植物波防护设计与布局指南》，以及工程技术发布版 21069《边坡防护指导》。

出水高度干舷。设计辅助溢洪道和固定堤坝顶部水流高度之间的最小出水高度为 1.0 英尺。当大坝排水面积超过 20 英亩或有效高度超过 20 英尺时，设计辅助溢洪道顶部和固定堤坝顶部之间的最小高度差为 2.0 英尺。当池塘没有辅助溢洪道时，设计高于设计水位的最高点到固定堤坝顶部之间的最小出水高度为 1.0 英尺。

沉积量。增加大坝的高度，以确保坝顶下沉后的高度等于或超过设计坝顶高度。设计与每个大坝截面相关的大坝沉降最小值为大坝总高的 5%，除非本地区详细的土壤测试和实验室分析表明较小值足以满足沉积量。

主溢洪道和堤坝内部管道。使用岩石、混凝土或其他类型的衬砌溢洪道，或者植被或地下溢洪道可以解决基础流量的速度和持续时间的情况，除此之外，还可以设计一条穿过大坝的辅助管道。

当大坝排水面积为 20 英亩或不足 20 英亩时，设计辅助溢洪道的顶高与主溢洪道的顶高的最小差为 0.5 英尺。当大坝的排水面积超过 20 英亩时，设计最小差为 1.0 英尺。

为用于压力流的管道提供防涡流装置。设计入口和出口，使其适用于预期的全部流量和液压头。

设计的管道容量要足够大，保证在长时间、持续或频繁的水流条件下不会超出辅助溢洪道承载力。设计的主溢洪道管道最小内径为 4 英寸。设计用于供水管道或用于任何其他用途的管道最小内径为 1.25 英寸。

使用球墨铸铁、焊接钢、波纹钢、波纹铝、钢筋混凝土（预制或现场浇铸）或塑料来修建管道。

如果大坝总高度为 20 英尺或更高，请勿使用铸铁或未加钢筋的混凝土管道。

所设计和安装的管道，要能够承受所有外部和内部载荷，不会出现弯曲、膨胀或开裂等情况。设计刚性管道，可以满足正向预测条件。根据自然资源保护局《美国国家工程手册》第636部分第52章“柔性管道的结构设计”的要求来设计柔性管道。

建立柔性管道与刚性管道或其他结构之间的连接，以适应不同情况的改变和集中压力。使用耦合器、垫圈、填塞、止水或焊接等方法来设计和安装所有管道。设计接缝在所有内部和外部荷载下保持其严密性，包括由于地基沉降而导致管道伸长。

根据需要为管道修建混凝土托架或基床，以减少或限制管道结构负荷并改善管道支撑。

设计出口装置，例如悬臂管出口截面和冲击坑，以便在需要时消散能量。

防腐蚀。在管道经常遭受腐蚀的地区或在饱和土壤电阻率小于 4 000 欧姆 · 厘米或土壤 pH 小于 5 的堤坝地区，为所有钢管和联轴器提供防护涂层。防护涂层包括沥青、聚合物镀锌、镀铝涂层或煤焦油搪瓷等。

紫外线防护。所有塑料管道使用防紫外线材料，或对管道进行防护涂层或遮盖，避免阳光直射。

阴极保护。为镀层焊接钢和镀锌波纹金属管提供阴极保护，土壤和电阻率研究表明管道需要阴极保护，例如在保护涂层的地区以及需要额外保护和延长使用寿命的镀层焊接钢和镀锌波纹金属管。如果原始设计和安装不包括阴极保护，请考虑在有保护涂层的管道桥接处确保电流的连续性，若监测显示需要，则在以后添加阴极保护。

过滤隔膜。当大坝的有效高度为 15 英尺或更高且大坝的有效蓄水面积为 50 英亩−英尺或以上时，提供过滤隔膜以控制的所有管道上的渗流，低于路线设计水位线的峰值高程。根据需要设计过滤隔膜或采取替代措施，以控制延伸穿过所有其他堤坝或在路线设计水文图的峰值以上管道的渗水。

依据《美国国家工程手册》第 628 部分，第 45 章的要求来设计过滤隔膜。在截水槽下游安装过滤隔膜，但如果基础防渗墙位于中心线的上游或者没有截水槽，则要在大坝中心线的下游安装过滤隔膜。

为了提高过滤隔膜的性能，可在堤趾下游处修建一个排水口。同时要注意保护出口免受表面侵蚀和动物侵入。

确保过滤隔膜既可以作为相邻地基土壤的过滤器，也可以作为拦截渗漏的排水管道。过滤隔膜的材料要符合《美国国家工程手册》第 628 部分，45 章，“过滤隔膜”，628.4503（d）部分，“过滤与排水等级划分”。

当使用防渗漏套管代替过滤隔膜时，要确保其与管道连接的严密性。防水圈的最大间隔限制为管道防水圈最小投影的 14 倍或者 25 英尺（垂直于管道测量），取二者最小值。定位防水圈的间隔不得超过 10 英尺，且所用防水圈的材料要与管道的材质保持一致。

设计防渗圈时，使填料内沿管道的渗流路径至少增加 15%。

垃圾防护。在立管入口安装垃圾防护装置，以防止管道堵塞，除非流域不包含可能堵塞管道的垃圾或碎片。

池塘排水。如果需要进行适当的池塘管理或根据州法律的要求，在管道上安装合适的阀门用于排水。若地区满足此项条件，设计人员则可以将主溢洪道管道作为池塘排水管道使用。

辅助溢洪道。除非主溢洪道足够大，高于设计水位高度且垃圾不会高出大坝，否则必须修建明渠辅助溢洪道。不设辅助溢洪道的封闭主溢洪管道可接受使用的最低准则，由横截面积 3 平方−英尺或以上的管道、不会堵塞的入口和一个用来促进垃圾通过的弯头组成。

设计天然或人工修建的辅助溢洪道的最小通行能力，即能通过表 2 中所示频率和持续时间的总设计暴雨所预期的峰值流量，能减少任何管道排放和滞留存储量。

设计辅助溢洪道，使峰值流量能够安全地通过辅助溢洪道或风暴径流能够通过蓄水池。在主溢洪道顶部水面或水位下降 10 天的水面设定路线，以较高者为准。从辅助溢洪道的顶部或从储存整个设计暴雨所达到的高度计算 10 天的水位下降值，取较小数值。设计辅助溢洪道，将设计流量以安全速度输送至下游且不会危害大坝。

所建辅助溢洪道由入口管道、控制装置和出口管道组成。设计梯形截面的辅助溢洪道。在未扰动或压实的土地或原生岩石修建辅助溢洪道。为要建造溢洪道的材料设计稳定的边坡。对于有效高度为20英尺或更高的大坝，设计最小底部宽度为10英尺。

在控制装置的上游设计一个水平进水道，用于维护和保持溢洪道顶部高度所需的距离。如有必要，将水平段上游的入口通道修成弯区的形状以适应现有的地形。根据《美国国家工程手册》第628部分，第50章，土制溢洪道设计或采用等效程序设计出口通道等级。

结构辅助溢洪道。用于主要溢洪道或辅助溢洪道时，根据《美国国家工程手册》第650部分“工程领域手册”，第5节“水力学”，第11节，“跌水式溢洪道”来设计陡槽式溢洪道或跌水式溢洪道；设计一个结构溢洪道。其最小容量是可以通过表2所示的频率和持续时间的总设计暴雨的预期峰值流量，减少任何可减少的管道排放和滞留存储量。

挖掘池塘标准

径流。在水位线最高高度的上方设计出水高度至少为1.0英尺。修建一个符合表2容量要求的管道和辅助溢洪道。在确定挖掘池塘位置和堆放淤积物时，要考虑径流的流动方式。

边坡。挖掘区域设计稳定边坡坡度比不能大于1:1。

边坡灌溉渠。当野生动物或牲畜需要水时，按照保护实践《供水设施》（614）中的标准来设计边坡灌溉渠。

入口保护。地表水进入池塘的天然或人工开挖的渠道时，要注意保护边坡免受侵蚀。

挖出物。将池塘挖出物堆放好，其重量既不会影响池塘边坡的稳定性，也不会因降雨而被重新冲回池塘。

- 均匀铺展到不超过3英尺的高度，使顶部与池塘分开形成一个连续的坡度。
- 合理堆放池塘挖出物，让边坡处于一个自然静止的状态。堆放池塘挖出物要同池塘深度相等，但是距池塘边缘12英尺以上。
- 形状的设计要从视觉上与景观融合。
- 路堤要低，周围景观要保持平整。
- 将池塘挖出物运出该区域。

表2 辅助溢洪道最小容量

排水面积（英亩）	有效坝高①（英尺）	滞洪蓄水（英亩英尺）	最小设计暴雨②	
			频率（发生次数/年）	最短持续时间（小时）
≤ 20	≤ 20	<50	10	24
≤ 20	>20	<50	25	24
>20	—	<50	25	24
所有其他	—	—	50	24

① 适用条件下进行定义。
② 根据气候区选择降雨分布。

注意事项

视觉设计资源。在公众知名度较高的地区以及与娱乐休闲区，仔细考虑池塘的视觉设计。池塘的形状和形式、挖出物、植物要与周围环境及其功能相关。

堤坝的设计要与自然地形相融合。池塘应是圆形而不应是长方形。同时，也要使池塘挖出物的最终形态是平滑、流动的，并与周围的景观相搭配，而不能是凹凸不平的土墩。如若可行，可以修建一个小岛以增加视觉效果并吸引野生动物。

鱼类和野生动物。选址和建造池塘，尽量减少对现有鱼类和野生动物栖息地的影响。情况允许的话，可以保留池塘上游的树木和池塘区域内的树桩等。在池塘的上游形成浅滩和栖息地。

如果在池塘内养鱼，请按照保护实践《鱼塘管理》（399）进行操作。

植被。将储存表土堆放在受干扰区以便重新种植植被。

考虑选择和种植植被，以改善鱼类、野生动物栖息地，增加物种多样性。

水量。考虑水量预算的因素，尤其是：
- 对径流、入渗、蒸发、蒸腾、深层渗滤和地下水补给的体积和速率的影响。
- 季节性或气候改变引起的变化。
- 对下游水流和对湿地、含水层等环境的影响，以及对下游用水所产生的社会和经济影响。

水质。考虑以下因素的影响：
- 侵蚀和泥沙流动、病原体和径流所携带的可溶解与附着沉积物。
- 本实践对下游河道短期水质和相关建设的影响。
- 控制下游水温，防止对水生和野生动植物群落产生不利影响。
- 湿地和水生野生动物栖息地。
- 水位对于土壤吸收养分过程的影响，如植物氮素利用或反硝化。
- 土壤水位对于土壤盐度、水分和下游水的控制。
- 翻动泥土对于有毒物质的发现与重新分配的潜在影响。
- 对于在池塘附近吃草的牲畜，可以考虑用栅栏来防止牲畜活动直接影响到大坝及池塘。

计划和技术规范

根据本计划和技术规范，以说明与本实践相适应的要求。至少包括以下项目：
- 有关池塘布局和附属特征的平面图。
- 主要溢洪道、辅助溢洪道、大坝和附属特征（视需要而定）的典型剖面和横截面。
- 足够充分描述施工要求的结构图。
- 营养繁殖和覆盖的要求，视需要而定。
- 安全特性。
- 特定地点的建筑和材料要求。

运行和维护

为操作人员准备一份运行和维护计划。

至少在运行和维护计划中包括以下项目：
- 定期检查所有装置、土堤、溢洪道和其他重要的附属设施。
- 及时修理或更换损坏的部件。
- 当泥沙达到预期储存高度时要立即进行清理。
- 定期清除树木、灌木丛和不良物种。
- 定期检查安全部件，必要时立即修理。
- 保持植被覆盖保护，如若需要，则立即在裸露地区进行播种。

参考文献

American Society for Testing and Materials. Standard Practice for Classification of Soils for Engineering Purposes（Unified Soil Classification System）, ASTMD 2487. West Conshohocken, PA.

USDA NRCS. Engineering Technical Releases, TR-210-60, Earth Dams and Reservoirs. Washington, DC.

USDA NRCS. National Engineering Handbook（NEH）, Part 628, Dams. Washington, DC.

USDA NRCS. NEH, Part 633, Soil Engineering. Washington, DC.

USDA NRCS. NEH, Part 636, Structural Engineering. Washington, DC.

USDA NRCS. NEH, Part 650, Engineering Field Handbook. Washington, DC.

USDA NRCS. National Engineering Manual. Washington, DC.

保护实践概述

（2015年10月）

《池塘》（378）

池塘是指通过筑堤、开挖或两者结合而形成的蓄水池。

实践信息

自然资源保护局将第一种方法建造的池塘定义为筑堤堤塘，将第二种方法建造的池塘定义为挖掘池塘。

池塘的用途是储存家畜、鱼类、野生动物、娱乐、消防、侵蚀控制、滞流和其他用途（如改善水质）所需用水。

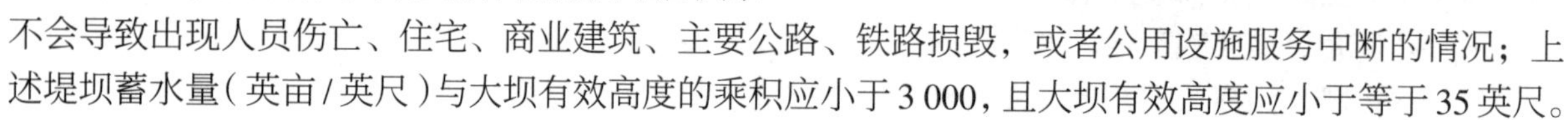

《池塘》实践标准旨在确保堤防损坏后洪水不会导致出现人员伤亡、住宅、商业建筑、主要公路、铁路损毁，或者公用设施服务中断的情况；上述堤坝蓄水量（英亩/英尺）与大坝有效高度的乘积应小于3 000，且大坝有效高度应小于等于35英尺。

现场必须确保设计暴雨径流能够以安全的速度通过天然或人工的泄洪道。必须保护排水区域不受侵蚀，因为侵蚀会显著降低构筑物的预期使用寿命；同时要确保排水区域足够大，这样地表径流和地下水流动将维持池塘的足够供水量。水质必须适用于水体预期用途。地形和土壤条件必须适用于池塘。

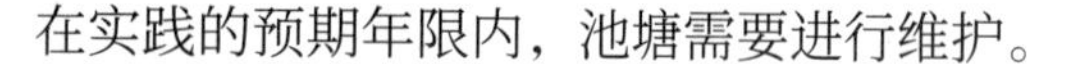

在实践的预期年限内，池塘需要进行维护。

常见相关实践

《池塘》（378）通常与《计划放牧》（528）、《栅栏》（382）、《访问控制》（472），以及《关键区种植》（342）等保护实践一起使用。

保护实践的效果——全国

土壤侵蚀	效果	基本原理
片蚀和细沟侵蚀	0	不适用
风蚀	0	不适用
浅沟侵蚀	0	不适用
典型沟蚀	2	路堤对冲沟具有稳定作用。
河岸、海岸线、输水渠	1	洪峰流量从蓄水体下游降低。
土质退化		
有机质耗竭	0	不适用
压实	0	不适用
下沉	0	不适用
盐或其他化学物质的浓度	-1	将盐分和化学物质集中在同一个地方，随着时间的推移会产生积聚现象。

（续）

水分过量	效果	基本原理
渗水	-2	积水可能会造成渗漏。
径流、洪水或积水	2	径流减少、洪峰流量降低。
季节性高地下水位	-1	积水造成渗漏。
积雪	0	不适用
水源不足		
灌溉水使用效率低	2	为灌溉提供永久蓄水量。
水分管理效率低	2	提供永久储水。
水质退化		
地表水中的农药	0	不适用
地下水中的农药	0	不适用
地表水中的养分	2	这一举措阻碍了水的流动，减少了养分向下游地表水的输送。
地下水中的养分	-1	蓄积的养分物质可能会污染地下水。
地表水中的盐分	0	不适用
地下水中的盐分	0	不适用
粪肥、生物土壤中的病原体和化学物质过量	-2	因水生动物饲料或腐烂的植被，或因径流中养分物质过多造成的。
粪肥、生物土壤中的病原体和化学物质过量	0	不适用
地表水沉积物过多	2	悬浮泥沙被截留。
水温升高	0	根据现场条件，从蓄水池释放的水可能比受纳水体温度更高或更低。
石油、重金属等污染物迁移	0	不适用
石油、重金属等污染物迁移	0	不适用
空气质量影响		
颗粒物（PM）和 PM 前体的排放	0	不适用
臭氧前体排放	0	不适用
温室气体（GHG）排放	0	不适用
不良气味	0	不适用
植物健康状况退化		
植物生产力和健康状况欠佳	2	用于放牧管理的可用水可以促进植物生长和活力。
结构和成分不当	0	不适用
植物病虫害压力过大	0	不适用
野火隐患，生物量积累过多	0	不适用
鱼类和野生动物——生境不足		
食物	2	池塘能为某些鱼类和野生动物提供动植物性食物来源。
覆盖 / 遮蔽	2	植物和构筑物能够为鱼类和野生动物提供掩护。
水	0	池塘可为野生动物提供水源；应尽可能降低洪水消退后圈困水生动物的可能性，尤其是鱼类和蝾螈类。
生境连续性（空间）	2	蓄水池为需要此种栖息环境的物种创造了额外的池塘类栖息地 / 生存空间。
家畜生产限制		
饲料和草料不足	0	不适用
遮蔽不足	0	不适用
水源不足	5	池塘提供畜牧用水。
能源利用效率低下		
设备和设施	0	不适用
农场 / 牧场实践和田间作业	0	不适用

CPPE 实践效果：5 明显改善；4 中度至明显改善；3 中度改善；2 轻度至中度改善；1 轻度改善；0 无效果；-1 轻度恶化；-2 轻度至中度恶化；-3 中度恶化；-4 中度至严重恶化；-5 严重恶化。

工作说明书—— 国家模板

（2015年10月）

此类可交付成果适用于个别实践。其他规划实践的可交付成果参考具体的工作说明书。

设计

可交付成果

1. 提供证明符合自然资源保护局实践中相关准则并与其他计划和应用实践相匹配的设计文件。
   a. 保护计划中确定的目的。
   b. 客户需要获得的许可证清单。
   c. 对周边环境和构筑物的影响。
   d. 保证符合自然资源保护局国家和州公用设施安全政策（《美国国家工程手册》第503部分《安全》A子部分“影响公用设施的工程活动”第503.00节至第503.06节）。
   e. 提供制订计划和规范所需的与实践相关的计算和分析，包括但不限于：
      i. 地质与土力学（《美国国家工程手册》第531a子部分）
      ii. 水文条件/水力条件
      iii. 结构，包括适当的危险等级
      iv. 植被
2. 向客户提供书面计划和规范书包括草图和图纸，充分说明实施本实践并获得必要许可的相应要求。
3. 合理的设计报告和检验计划（《美国国家工程手册》第511部分，B子部分“文档”，第511.11和第512节“施工”，D子部分“质量保证活动”，第512.30节至第512.32节）。
4. 提供运行维护计划。
5. 提供证明设计符合实践和适用法律法规的文件（《美国国家工程手册》第501部分《授权》A子部分“评审和批准”第501.3节）。
6. 提供安装期间，根据需要所进行的设计修改。

注：可根据情况添加各州的可交付成果。

安装

可交付成果

1. 与客户和承包商进行的安装前会议。
2. 验证客户是否已获得规定许可证。
3. 根据计划和规范（包括适用的布局注释）进行定桩和布局。
4. 提供安装质量保证（按照质量保证计划的要求提供，视情况而定）。
   a. 实际使用的材料（第512部分D子部分“质量保证活动”第512.33节）
   b. 质量保证记录
5. 协助客户和原设计方并实施所需的设计修改。
6. 在安装期间，就所有联邦、州、部落和地方法律、法规和自然资源保护局政策的合规性问题向客户/自然资源保护局提供建议。

7. 证明安装过程和材料符合设计和许可要求的文件。

注：可根据情况添加各州的可交付成果。

验收

可交付成果

1. 竣工文档。
    a. 实践单位
    b. 图纸
    c. 最终量
2. 提供证明安装过程符合自然资源保护局实践和规范并符合许可要求的文件（《美国国家工程手册》第501部分《授权》A子部分“评审和批准”第501.3节）。
3. 进度报告。

注：可根据情况添加各州的可交付成果。

参考文献

NRCS Field Office Technical Guide（eFOTG）, Section IV, Conservation Practice Standard - Pond, 378.

NRCS National Engineering Manual（NEM）.

NRCS National Environmental Compliance Handbook.

NRCS Cultural Resources Handbook.

注：可根据情况添加各州的参考文献。

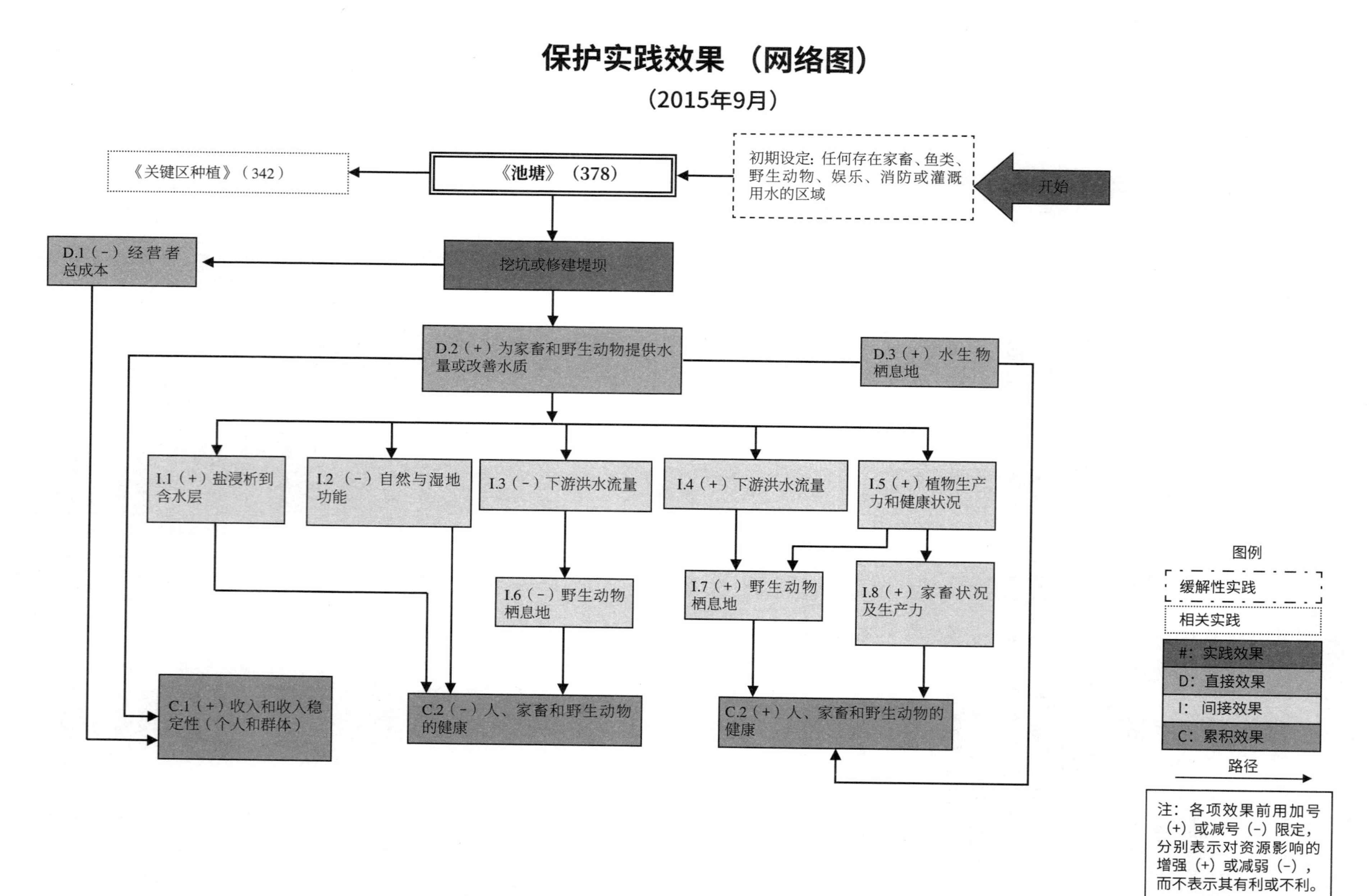
保护实践效果（网络图）
（2015年9月）
开始
初期设定：任何存在家畜、鱼类、野生动物、娱乐、消防或灌溉用水的区域
《池塘》（378）
《关键区种植》（342）
挖坑或修建堤坝
D.1（-）经营者总成本
D.2（+）为家畜和野生动物提供水量或改善水质
D.3（+）水生物栖息地
I.1（+）盐浸析到含水层
I.2（-）自然与湿地功能
I.3（-）下游洪水流量
I.4（+）下游洪水流量
I.5（+）植物生产力和健康状况
I.6（-）野生动物栖息地
I.7（+）野生动物栖息地
I.8（+）家畜状况及生产力
C.1（+）收入和收入稳定性（个人和群体）
C.2（-）人、家畜和野生动物的健康
C.2（+）人、家畜和野生动物的健康
图例
缓解性实践
相关实践
#：实践效果
D：直接效果
I：间接效果
C：累积效果
路径
注：各项效果前用加号（+）或减号（-）限定，分别表示对资源影响的增强（+）或减弱（-），而不表示其有利或不利。

泉水开发

（574，No.，2013年12月）

定义

收集来自泉水或渗漏处的水来饲养牲畜和野生动物。

目的

改善牲畜和野生动物用水的水质或增加水量。

适用条件

本实践适用于有泉水或小泉的地方，将为计划所要求使用的宜用水提供可靠供应。

准则

适用于上述所有目的的总体准则

根据场地条件进行泉水开发，以收集足量的水来满足开发预期目的，同时保护场地生态功能。

- 泉水开发前确定并评估替代水源。
- 在放牧或野生动物管理计划中记录泉水开发的需要。

为家畜用水开发泉水可能对鱼类和野生动物栖息地造成不利影响，要根据需求进行开发，以促进规定的放牧。

- 对现场进行评估加以确定。
- 水量合乎预期使用目标。
- 水质合乎预期使用目标。
- 泉点位置匹配预期目的。
- 土壤与地质适宜性。
- 泉水的开发对现有生态功能造成的影响及潜在损失，包括蓄水和引水对当地野生动物和野生动物栖息地的影响，以及消耗性用水对河岸健康和功能、水流、水温和当地含水层补给的影响。
- 如果该场地被认定为湿地，则必须采取适当措施，以避免、尽量减少或减轻不利影响。
- 利用野生动物生境评估指南或功能评估工具评估湿地功能和价值的影响。
- 泉水的开发设计，须使其免受冻结、洪水、牲畜、过量泥沙、车辆交通和水质污染的损害。

源头区域。泉点的开发设计应尽可能地保留其现有的形态。将收集地点定位在泉点或小泉的斜坡下方。

驱除源头区域牲畜。

在适用的情况下，维持鱼类和野生动物从泉水开发中获取水资源。

开发泉水时，应清除细粒沉积物、岩石、斜坡冲刷材料和植被等泉水流障碍物，泉水的开发设计应能够防止阻塞的再次发生。

收集系统。收集系统通常由安装在截水墙上游的瓦片、穿孔管或砾石收集器组成。这些收集器将泉水运输到集水箱或直接输送到能将水流输送到使用点的管道中。

截水墙可由混凝土、黏土、砖石、塑料薄板或板桩建造。

如果使用点高于泉点的位置，则根据可用电源和供水需求确定泵的类型和尺寸。泵应符合保护实践《泵站》（533）的规定。

根据需要，采取防止沉积物进入收集系统的措施，或安装一个集水箱，用于阻拦和清除累积的沉积物。集水箱也可以用来储存水，以满足高峰用水需求。

集水箱。如果可能的话，将集水箱设置在水源的下坡处。将其埋入土壤或采用其他适合场地的方法来保护集水箱不结冰。

调整集水箱的尺寸，使其具有充分储存沉积物及所需的蓄水空间。确保集水箱的横截面积足够大，以便定期进行清洁，最小横截面积为 1.5 平方英尺。

使用耐用的材料（如混凝土、岩石、塑料、镀锌钢或未经处理耐腐蚀的木材）建造集水箱。

为集水箱配置一个紧闭封盖，以防止地表径流、动物粪便或垃圾的流入。

将出口管设置在集水箱底板上方至少 6 英寸处，以便收集沉积物。

出口。为泉水开发提供水流输送的装置以达到预期用途。如果使用管道，则按照保护实践《牲畜用水管道》（516）进行管道设计，替代出口结构应符合保护实践《控水结构》（587）的标准。

用于从已开发的泉水中取水的设施应按照保护实践《供水设施》（614）进行设计。

泉水流量管理。当泉水的流量（无论是间歇的还是连续的）超过收集系统的容量时，就会溢出。调整溢流尺寸以承受最大预期流量。设置流口，这样不会造成侵蚀、降低水质或造成附近供水设施的潮湿环境。

为尽量降低对湿地潜在的不利影响，应采取下列措施之一（按优先顺序列出）：

- 如果适用，在罐或槽上安装一个浮阀，并将所有多余的水留在集水箱中。
- 直接溢流尽可能靠近源头，以加强现有湿地建设。
- 创造新的湿地栖息地，能够提供与正在消失的湿地相似的功能。

根据需要，通过对泉水的开发，那些平坦区和坡度区将会受到影响。要正确管理来自天然泉水的流量、收集的水和溢出的径流。

施工后在受干扰的区域种植本地植物。植被难以重建的地方，应遵循保护实践《关键区种植》（342）的规定。

注意事项

泉水中常含有罕见的动植物群。对泉水的开发应尽量减少对这些物种的干扰，必须遵守有关对受威胁、濒危或特殊关注物种影响的政策。

在冬季停工、流量控制和维护时，应考虑出口管道上的关闭阀。应对开口管道通风口进行遮蔽，以防止野生动物进入和潜在水污染。

灌木植物的移除、挖掘、清洗和取水可能影响鱼类和野生动物栖息地及湿地功能。然而，选择性地去除不合需要的灌木丛和管理所需的本土植物可以减少蒸散损失并保护生物多样性。

在修建之前，识别并控制由种子或无性繁殖蔓延的不良植物物种。

考虑如何在春季补给区内施加其他保护措施来增加降水或融雪的渗透，从而增加泉水流量。

在一定程度上，禁止牲畜进入现有湿地和建造的溢流区，以保护水质和水量。

天然泉水和小泉更多位于史前时期及历史定居点及活动区域，这相应地增加了泉水及其周围的文化资源的可能性。

计划和技术规范

计划和技术规范应包含计划安装地点、材料和施工要求的细节，以满足其预期目标。

这些计划和技术规范至少应包括：

- 泉水开发的位置。
- 使用的材料，包括管道直径和类别、收集系统等。
- 确定相关组件的高度，如收集系统、管道等。

运行和维护

应向土地所有者提供一份运行和维护计划，并与土地所有者一起审查。运行和维护计划应包含定期监测以下项目的日程表：

- 集水箱中的泥沙堆积。
- 排出管道和溢流管道堵塞。
- 从收集区和集水箱输水至地表水中。
- 溢流管的侵蚀。
- 鼠害。
- 故意破坏和盗窃。

应立即修复发现的任何问题。清除集水箱中的沉积物时，将所有沉积物放置在高地，远离泉水和相关的湿地。

参考文献

Heath, R.C., 1983, Basic Ground-water Hydrology： US Geological Survey Water Supply Paper 2220, 86 p., http： //pubs.er.usgs.gov/publication/wsp2220.

Stevens, L.E., and Meretsky, V.J. 2008, Aridland Springs in North America - Ecology and Conservation： University of Arizona Press, Tucson, AZ, 432 p., http： //www.uapress.arizona.edu/Books/bid1963.htm.

USDA- NRCS, 2011, Springs and Wells： National Engineering Handbook （210-NEH）, Part 650- Engineering Field Handbook （EFH）, Chapter 12, 24 p.

USDA-NRCS, Jan. 2010, Well Design and Spring Development: National Engineering Handbook（210-NEH）, Part 631 – Geology, Chapter 32, 55 p.

保护实践概述

（2012年12月）

《泉水开发》（574）

泉水开发是一种从泉水或渗水处收集水的方式，以便将其用于家畜、野生动物或其他农业用途。

实践信息

可以在泉水或渗水处为规划用途提供可靠、适宜水供应的地方安装泉水开发设施。

泉水的开发通过水流障碍的清除和水的收集来实现。用于泉水开发的集水系统类型取决于泉水类型和现场地质。集水系统通常由一个限制性屏障组成，该屏障迫使在流向排水口的穿孔管道中进行水的收集。

如果泉水流量不足以满足预期用途的高峰用水需求，则还需要另外提供一种储水手段。泉水箱可以由混凝土、塑料、镀锌钢或天然防腐木材制成。泉水箱还可以发挥沉积物捕集器的作用。

泉水开发设施可能会对附近的植物和野生动物群落产生影响。需要考虑将任何不利影响降至最低程度的选项。

本实践的预期年限至少为 20 年。泉水开发设施的运行维护包括定期清除泉水箱中的沉积物、保持出口和溢流管的畅通以及修复溢流管中的侵蚀以及因啮齿动物造成的破坏。还包括持续地将地表水从泉水中分流。

常见相关实践

《泉水开发》(574)通常与《牲畜用水管道》(516)和《供水设施》(614)等保护实践一起使用。还可以与一些灌溉措施一起应用。

保护实践的效果——全国

土壤侵蚀	效果	基本原理
片蚀和细沟侵蚀	0	不适用
风蚀	0	不适用
浅沟侵蚀	0	不适用
典型沟蚀	1	水的收集减少了径流。
河岸、海岸线、输水渠	1	泉水开发消除了使河岸保持饱和并使河岸易受侵蚀的渗漏和水流。
土质退化		
有机质耗竭	0	不适用
压实	-1	已开发水源周围动物出现频率的增加将会提高地面压实潜力，特别是在土壤潮湿的情况下。
下沉	0	不适用
盐或其他化学物质的浓度	0	不适用
水分过量		
渗水	2	从现场收集和移走的水。
径流、洪水或积水	1	从现场收集和移走的水。
季节性高地下水位	2	从现场收集并移走的地下水。
积雪	0	不适用
水源不足		
灌溉水使用效率低	2	提供可靠供水，实现管理优化。
水分管理效率低	2	提供可靠供水，实现管理优化。
水质退化		
地表水中的农药	0	不适用
地下水中的农药	0	不适用
地表水中的养分	0	不适用
地下水中的养分	0	不适用
地表水中的盐分	1	泉水流动可产生一些稀释效应。
地下水中的盐分	0	不适用
粪肥、生物土壤中的病原体和化学物质过量	1	泉水水流通常比地表水流的质量更好，为稀释创造条件。效果取决于流量之间的比例。
粪肥、生物土壤中的病原体和化学物质过量	0	不适用
地表水沉积物过多	1	水资源开发将减少家畜在潮湿地区和附近溪流中的踩踏。
水温升高	0	泉水比地表水更凉爽，它们靠近溪流，通过潜流交换降低了溪流温度。泉水开发可减少沟渠中的潜水量。
石油、重金属等污染物迁移	2	泉水水流通常比地表水流的质量更好，为稀释创造条件。效果取决于流量之间的比例。
石油、重金属等污染物迁移	0	不适用
空气质量影响		
颗粒物（PM）和 PM 前体的排放	0	不适用
臭氧前体排放	0	不适用
温室气体（GHG）排放	0	不适用
不良气味	0	不适用

（续）

植物健康状况退化	效果	基本原理
植物生产力和健康状况欠佳	2	用于灌溉或放牧管理的可用水可以促进植物生长和活力。
结构和成分不当	0	不适用
植物病虫害压力过大	0	不适用
野火隐患，生物量积累过多	0	不适用
鱼类和野生动物——生境不足		
食物	0	不适用
覆盖 / 遮蔽	0	不适用
水	0	为陆生物种提供水源。
生境连续性（空间）	2	一旦泉水可供使用，就能开辟更多的栖息地及空间。
家畜生产限制		
饲料和草料不足	2	通过改善动物分布情况可使家畜更容易获得草料。
遮蔽不足	0	不适用
水源不足	5	泉水提高了家畜用水的质量和数量。
能源利用效率低下		
设备和设施	0	不适用
农场 / 牧场实践和田间作业	0	不适用

CPPE 实践效果：5 明显改善；4 中度至明显改善；3 中度改善；2 轻度至中度改善；1 轻度改善；0 无效果；−1 轻度恶化；−2 轻度至中度恶化；−3 中度恶化；−4 中度至严重恶化；−5 严重恶化。

工作说明书—— 国家模板

（2013年12月）

此类可交付成果适用于个别实践。其他规划实践的可交付成果参考具体的工作说明书。

设计

可交付成果

1. 证明符合实践中相关准则并与其他计划和应用实践相匹配的设计文件。
   a. 保护计划中确定的目的。
   b. 客户需要获得的许可证清单。
   c. 符合自然资源保护局国家和州公用设施安全政策［《美国国家工程手册》第 503 部分《安全》A 子部分“影响公用设施的工程活动”第 503.00 节至第 503.06 节）］。
   d. 制订计划和规范所需的与实践相关的计算和分析，包括但不限于：
      i. 容量
      ii. 附件
      iii. 环境因素（例如野生动物安全、湿地、水质）
2. 向客户提供书面计划和规范书包括草图和图纸，充分说明实施本实践并获得必要许可的相应要求。
3. 运行维护计划。
4. 证明设计符合实践和适用法律法规的文件［《美国国家工程手册》A 子部分 505.03（b）（2）节）］。
5. 安装期间，根据需要所进行的设计修改。

注：可根据情况添加各州的可交付成果。

安装

可交付成果

1. 与客户和承包商进行的安装前会议。
2. 验证客户是否已获得规定许可证。
3. 根据计划和规范（包括适用的布局注释）进行定桩和布局。
4. 安装检查。
   a. 实际使用的材料
   b. 检查记录
5. 协助客户和原设计方并实施所需的设计修改。
6. 在安装期间，就所有联邦、州、部落和地方法律、法规和自然资源保护局政策的合规性问题向客户 / 自然资源保护局提供建议。
7. 证明安装过程和材料符合设计和许可要求的文件［《美国国家工程手册》A 子部分 505.03（c）（1）节］。

注：可根据情况添加各州的可交付成果。

验收

可交付成果

1. 竣工文档。
   a. 实践单位
   b. 图纸
   c. 最终量
2. 证明安装过程符合自然资源保护局实践和规范并符合许可要求的文件。
3. 进度报告。

注：可根据情况添加各州的可交付成果。

参考文献

Field Office Technical Guide（eFOTG）, Section IV, Conservation Practice Standard – Spring Development, 574.

National Engineering Manual.

NRCS National Environmental Compliance Handbook.

NRCS Cultural Resources Handbook.

注：可根据情况添加各州的参考文献。

保护实践效果（网络图）

（2014年3月）

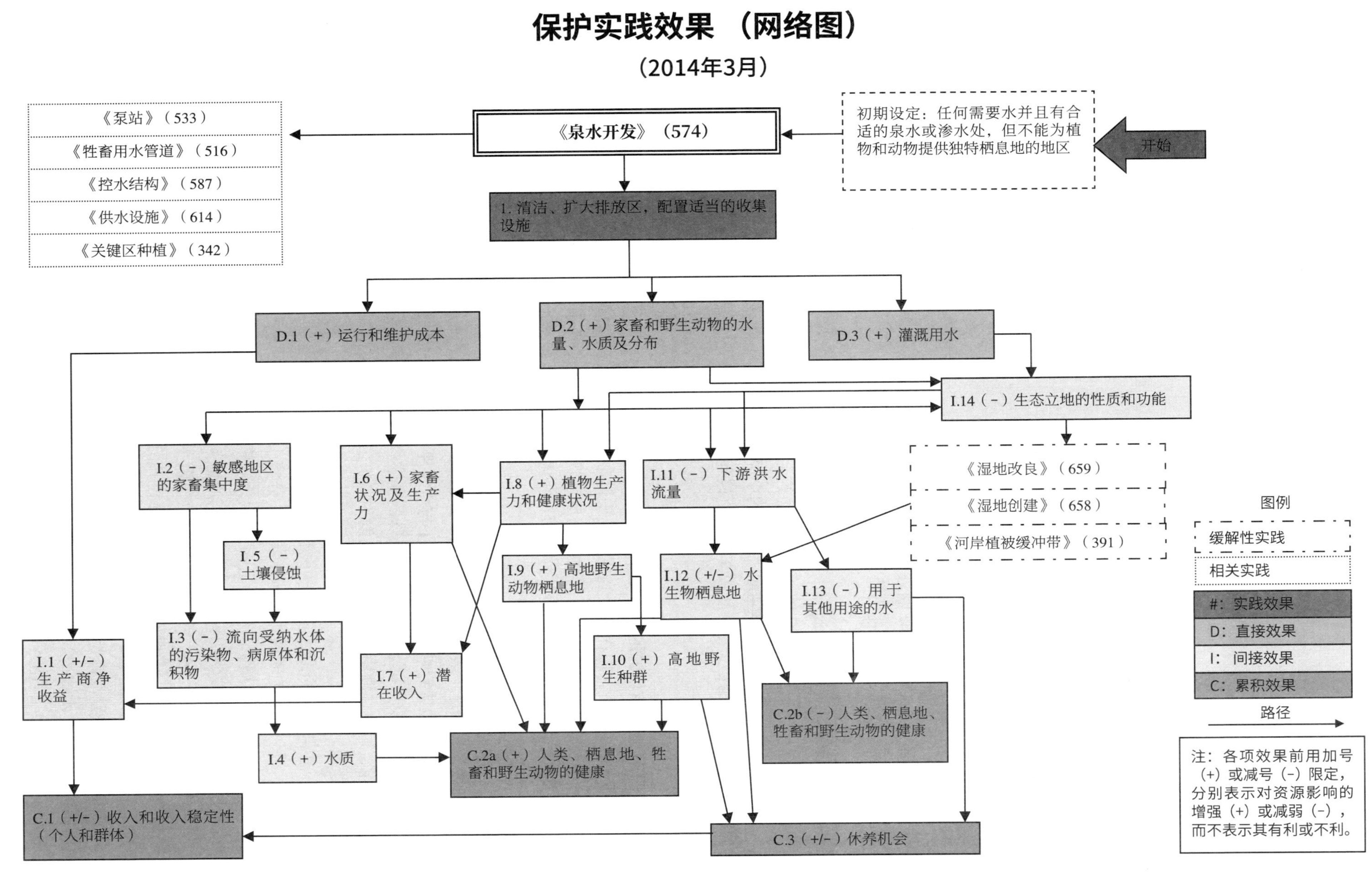

小径和步道

（575，Ft., 2014年9月）

定义

小径是一条植被覆盖或泥土铺就形成的小路。步道是人工修建的小路。小径和步道均是为了方便动物、人或非公路车辆通行。

目的

修筑小径或步道以实现以下一个或多个目的：

- 提供或方便动物获取草料、水、工作设备或装卸设备，以及遮蔽物的通道。
- 提高放牧效率。
- 保护生态敏感区、受侵蚀以及易受侵蚀的地区。
- 方便行人或非公路车辆进行农业、建筑及维修操作。
- 修筑小径或步道以便进行休闲活动或通往休闲地点。

适用条件

本实践适用于需要管理动物或人类活动的土地。

本实践适用于为非公路车辆通行修建的小径或步道，如不能在公路上行驶的全地形车或履带式雪上汽车。此标准不适用于为设备或车辆通行修建的道路。参见保护实践《行车通道》（560）。

准则

适用于上述所有目的的总体准则

小径或步道的设计应符合计划用途及田地限制。尽量减少对河岸带、溪流、河堤或野生动物栖息地（破坏或限制野生动物活动）等地方造成现场和场外侵蚀等不利影响。

空旷地。空旷地宽和高的设计应符合小径或步道安全使用标准。如需，参考 NRCS《小径和步道辅助设计》210-VI-LAN-04 进行设计。

坡度。小径或步道坡度的设计应满足计划用途安全标准，减少潜在的径流侵蚀。

小径或步道横坡（表面垂直于走向）或路拱的设计应保证排水时不造成侵蚀。

边坡。稳定边坡的坡度比（垂距 H 与水平距 L 之比）为 2∶1。对于较短距离、岩石区或非常陡峭的山坡，若土壤条件允许，可采取特殊的稳定措施，修筑更陡坡度。

若可能，避免在地质条件和土壤易发生滑坡的地区修建小径或步道。若无法避免，对该地区进行防止滑坡处理。

转弯。转弯半径的设计应基于小径或步道的预期用途。

水控。通过安装地表或地下排水装置，分流小径或步道的积水，如需可参见保护实践《地下排水沟》（606）或《引水渠》（362）。可选用地表横向排水设施（如截水沟），控制并引导水流排出小径或步道。最大间距要求见保护实践《行车通道》（560）中的图表。保护排水口以减少侵蚀。

尽量避免通过湿土区。若不可避免，应在积水池或湿土区，选用全天候路面材料或架高步道。

小径或步道选址，应避开径流可直接穿过其流入河流或水域的地区。尽量将小径或步道沿等高线修建，避免与等高线垂直。

若小径或步道跨河修建，参见保护实践《跨河桥》（578）。通常，气候干旱、排水困难地段作业，参见保护实践《控水结构》（587）。排水涵洞至少能够抵抗 2 年一遇、持续 24 小时的风暴天气。设计排水涵洞时应参照各部分严重的风暴事件，同时将流域条件或预期使用情况考虑在内。

桥梁及高架步道。桥梁设计参照保护实践《跨河桥》（578）。

步道的设计应符合良好的工程原则，适合步道的使用及类型。设计高架步道，应在正常操作状态下，预计最大荷载基础上，将安全系数至少增加 1.5。若设计行人专用高架步道，则应参照美国国家公路与运输协会标准（AASHTO）《行人天桥设计指南》或国家指导方针（以严苛者为准）。

设计马匹或其他大型牲畜行走的桥梁和高架步道时，以每平方英尺不少于 200 磅的均匀负载为标准。

覆面。若土壤表面能够满足预期用途，小径上有植被或无植被均可。

若小径上种植有植被，在其未能完全覆盖并承受预期交通时，应保护其免受交通影响。根据保护实践《密集使用区保护》（561）种植植被。

若需采用全天候路面材料，参见保护实践《密集使用区保护》（561）。步道覆面材料的选择应符合预期用途及频率。

设计针对动物行走的步道时，应考虑应将其脚敏感特质考虑在内。

侵蚀控制。包括在施工期间控制水蚀和风蚀的规定。若可行，应尽快在受影响地区种植植被。参见保护实践《关键区种植》（342）或 NRCS 认可的播种规范。种植适合该地区的植被。优先选择与土地用途和现有植物种类相适应的本地植物。

若土壤、树阴或者气候条件阻碍植被种植，参见保护实践《覆盖》（484）采用侵蚀控制方法。

安全及使用控制。小径或步道设计应涵盖使用控制和用户安全。若需，应安装方向和警告标志、扶手、大门、围栏及其他安全装置。根据需要安装滑石或落石防护。

提供或方便动物获取草料、水、工作设备或装卸设备以及遮蔽物的附加准则

小径或步道的宽度设计应满足动物及操作人员的通行，由操作人员进行管理和维护。

小径或步道大门的设计应保证动物的有效进出，方便动物在牧场间活动。

若需将动物围在小径或步道时，参见保护实践《栅栏》（382）。

改善放牧效率及分布的附加准则。

若放牧计划是为了改善动物分布或更好利用牧场，则需修建小径或步道促进动物活动。参见保护实践《计划放牧》（528）制订放牧计划。

方便行人或非公路车辆进行农业、建筑及维修操作或用于休闲的附加准则

以 NRCS《小径和步道辅助设计》210-VI-LAN-04 中小径和步道的类型及级别设计要求为基础。当小径或步道有多重用途时，设计应遵循最严格标准。如需，参见保护实践《访问控制》（472），设定临时性或永久性无人区。

宽度。小径或步道宽度的设计，应满足预期使用安全。小径的类型和级别决定最小宽度。相关设计参数，请参阅 LAN4 附录 A 中表格。

娱乐开放权限。1990 年通过的《美国残疾人法案（ADA）》要求户外休闲路线及徒步者或行人通道必须对残疾人开放。强调新修建或改造现有设施，要求无障碍。以下情况无须遵循 ADA 户外娱乐指南：

- 对文化、历史、宗教或显著自然特征造成损害。
- 大幅度改变自然环境。
- 必须采用联邦、州或地方法规禁止的施工方式或材料。
- 地形或现行施工条例不允许。

做好开放权限评估，确定小径和步道开放等级。小径设计程序参见 NRCS《小径辅助设计》210-VI-LAN-04。

注意事项

概述。设计小径或步道时，考虑对具有特殊风景价值地区的影响。

结合其用途及目标因素，进行小径或步道选址，以保护水质。

引导动物远离可能发生病原体转移的敏感地带，促进食品安全。

在易受风侵蚀的地区，或经常出现干涸、很容易自动生成颗粒物质（如粉尘）的疏松地面，使用粗糙纹理的覆面材料修建步道时，需用非植被表面处理。粗糙的材料粒径较大，这些颗粒不会轻易漂浮在空气中，从而减少粉尘的产生。

粉尘排放易引发悬浮微粒问题，而无植被覆盖通道正是产生粉尘的罪魁祸首。如需减少颗粒物的产生和漂浮，可采用额外的保护实践，如保护实践《未铺筑路面和地表扬尘防治》（373）。

动物出入。将围栏置于步道表面材料之外，以方便维护。

行人及非公路车辆出入。通常，农用通道坡度不得超过 15%，但 50 英尺或以下的短道坡度可能高达 50%。岔道使用避免了长且陡的坡度。一般行人或骑马使用的小径或步道坡度不超过 10%。越野滑雪等其他用途的坡度可能更陡，险峻部分坡度可能达 50%。登山步道坡度可达 20%。

以公路为起点的休闲小径，在设计时可能需要考虑为用户提供足够的停车区域。

农用小径和步道可考虑作为暂存区，存放设备、用品或收获的农作物。

关键树木和其他植被具有观赏价值、能够提供阴凉、减少侵蚀和径流、为鱼类和野生动物提供栖息地或增加该区域的景观，应考虑保存和维护。可能需要对树木或其他植被进行选择性修剪，以维持俯瞰风景及远景。俯视时，将树木移除或修剪至最低，从而能够看清楚目前的显著特征。

计划和技术规范

应制订计划和技术规范，并说明为实现预期目的，修建小径和步道的要求。该计划和技术规范至少应包括：

- 标有小径和步道位置的平面图。
- 标有宽度、特有边坡及任何需要的覆面的小径和步道每一段典型横截面。
- 每一段剖面。
- 水控装置及其他附属设施详情。
- 侵蚀防护措施。
- 材料量值。
- 施工说明。
- 围栏（视情况而定）。
- 视情况而定安装安全设备。
- 抑尘剂的预期使用类型、数量和频率。

运行和维护

为每个地点制订书面运行和维护计划。至少应包含以下内容：

- 检查安排，须在重大径流事件之后进行，至少每年一次。检查视情况而定，包括排水构筑物、小径或步道表面、植被、围栏、桥梁及高架步道、安全设备。
  - 对于开放或公众桥梁及高架步道，应按照美国国家公路与运输协会标准《桥梁构件检验手册》进行检查。
- 维护活动
  - 去除水控设备沉积物。
  - 修复侵蚀区域或损坏的表面材料。
  - 维持设计坡度及尺寸，对小径或步道划分等级并塑形。
  - 根据需要，采取粉尘防控措施。
  - 根据需要，修复安全及控制设施。
  - 植被损坏或破坏区域重新播种。
  - 根据需要，定期清除管理积肥。
  - 对于多个相邻植被覆盖的动物通行小径，应包含轮作计划，以允许植被恢复，改善交通条件。

参考文献

These references were current at the time the 保护实践 was developed. Use more recent editions, if available.

United States Department of Agriculture, Forest Service. 2007. Trail Construction and Maintenance Notebook. Washington, DC.

USDA-NRCS. 2003. National Range and Pasture Handbook, Revision 1. Washington, DC.

Wood, Gene. 2007. Recreational horse trails in rural and wildland areas： design, construction and maintenance. Clemson University.

American Association of State Highway and Transportation Officials. 2010. AASHTO Load and Resistance Factor Rating Bridge Design Specifications, 5PthP Edition. Washington, DC.

American Association of State Highway and Transportation Officials. 2011. Guide Manual for Bridge Element Inspection. 1PstP edition. Washington, DC.

American Association of State Highway and Transportation Officials. 2002. Standard Specifications for Highway Bridges, 17Pth Edition. Washington, DC.

American Association of State Highway and Transportation Officials. 2009. Guide Specification for Design of Pedestrian Bridges, 2nd Edition. Washington, DC.

USDA - NRCS. 2009. LAN Architecture Note 4. Trails and Walkways Design Aid. Washington, DC

USDA - FS. 1991. Trails Management Handbook. Washington, DC.

USDI-NPS. 1996. Handbook for Trail Design, Construction and Maintenance. Washington, DC.

保护实践概述

（2014年9月）

《小径和步道》（575）

小径是指具有植被覆盖面或土质表面的建造路径。步道是指铺设有人工建材的建造路径。小径 / 步道旨在方便动物、人或越野车辆的通行。

实践信息

本实践适用于以下情形：

- 提供或改善动物获取草料、水源、劳作 / 处理设施或庇护所的途径。
- 促进放牧效率和资源分配的提高。
- 保护生态敏感、易侵蚀，或者潜在侵蚀地点。
- 提供行人或越野车进出农业、建筑或维修作业场所的道路。
- 提供小径 / 步道进出休闲场地。

小径或步道的设计应与预期使用频率和用户类型相匹配。还应设置有与用途相匹配的路面类型。不经常使用的小径可使用草坪作为路面覆盖。日常使用人行道应采用硬化路面。如需要在湿地区域设置人行道，则可以采用高架木板路。

本实践的预期年限至少为 10 年。小径或步道的维护内容可包括定期进行平整或改造以保持设计坡度或路面尺寸、更换表面材料、重新播种受损植被，以及清除堆积粪肥。

常见相关实践

在用于改善促进家畜迁移时，《小径和步道》（575）通常与保护实践《栅栏》（382）结合使用。本实践还通常与《计划放牧》（528）一并使用，以期构成循环放牧系统。其他一并使用的保护实践还有《关键区种植》（342）、《密集使用区保护》（561）及《跨河桥》（578）。

保护实践的效果——全国

土壤侵蚀	效果	基本原理
片蚀和细沟侵蚀	1	路径能引导远离易受侵蚀地区。
风蚀	1	路径能引导远离易受侵蚀地区。
浅沟侵蚀	1	路径能引导远离易受侵蚀地区。
典型沟蚀	4	休养休闲通行路径可引导远离问题区域，并有助于冲沟的自愈修复。
河岸、海岸线、输水渠	-2	休养休闲通行路径可引导远离问题区域，并有助于问题区域的自愈修复。
土质退化		
有机质耗竭	0	不适用
压实	2	受控交通可以将土壤压实控制在有限区域内。
下沉	0	不适用
盐或其他化学物质的浓度	0	不适用
水分过量		
渗水	0	不适用
径流、洪水或积水	2	受管理的步行通行能够增加植被率。
季节性高地下水位	0	不适用
积雪	0	不适用
水源不足		
灌溉水使用效率低	0	不适用
水分管理效率低	0	不适用
水质退化		
地表水中的农药	0	不适用
地下水中的农药	0	不适用
地表水中的养分	0	不适用
地下水中的养分	0	不适用
地表水中的盐分	0	不适用
地下水中的盐分	0	不适用
粪肥、生物土壤中的病原体和化学物质过量	1	小径可以让通行物体远离敏感区域。
粪肥、生物土壤中的病原体和化学物质过量	0	不适用
地表水沉积物过多	2	由于交通受控并减少了侵蚀，悬浮泥沙和地表水浑浊度将会降低。
水温升高	0	不适用
石油、重金属等污染物迁移	0	不适用
石油、重金属等污染物迁移	0	不适用
空气质量影响		
颗粒物（PM）和 PM 前体的排放	1	稳定小径可以提高其他区域的覆盖率。
臭氧前体排放	0	不适用
温室气体（GHG）排放	0	不适用
不良气味	0	不适用
植物健康状况退化		
植物生产力和健康状况欠佳	4	所选择的种类应能在预期目的条件下保持最佳生长状态。

（续）

植物健康状况退化	效果	基本原理
结构和成分不当	5	应选择合适的适用物种用于本实践的侵蚀控制。
植物病虫害压力过大	-1	小径可能为杂草生长提供环境。
野火隐患，生物量积累过多	2	过道可作为减少活动中的防火带以及燃料通往现场的通道。
鱼类和野生动物——生境不足		
食物	-2	建造施工和维护活动能够消除或减少食物种类。
覆盖 / 遮蔽	-2	建造施工和维护活动能够消除或减少覆盖 / 遮蔽。
水	1	不适用
生境连续性（空间）	-2	休养用途和干扰的增加会降低生境可用性。
家畜生产限制		
饲料和草料不足	0	不适用
遮蔽不足	0	不适用
水源不足	0	不适用
能源利用效率低下		
设备和设施	0	不适用
农场 / 牧场实践和田间作业	0	不适用

CPPE 实践效果：5 明显改善；4 中度至明显改善；3 中度改善；2 轻度至中度改善；1 轻度改善；0 无效果；-1 轻度恶化；-2 轻度至中度恶化；-3 中度恶化；-4 中度至严重恶化；-5 严重恶化。

工作说明书—— 国家模板

（2014年9月）

此类可交付成果适用于个别实践。其他规划实践的可交付成果参考具体的工作说明书。

设计

可交付成果

1. 能够证明符合自然资源保护局保护实践中相关准则并与其他计划和应用实践相匹配的设计文件。包括：
   a. 明确的客户需求，与客户进行商讨的记录文档，以及提议的解决方法。
   b. 保护计划中确定的目的。
   c. 农场或牧场规划图上显示的安装规划实践的位置。
   d. 客户需要获得的许可证清单。
   e. 对周边环境和构筑物的影响。
   f. 证明符合自然资源保护局国家和州公用设施安全政策的文件（《美国国家工程手册》第 503 部分《安全》A 子部分“影响公用设施的工程活动”第 503.0 至第 503.6 节）。
   g. 制订计划和规范所需的与实践相关的计算和分析，包括但不限于：
      i. 平面图 / 路线设计
      ii. 基础施工
      iii. 等级、宽度和铺面材料
      iv. 地表排水
      v. 施工作业，包括侵蚀与泥沙控制
      vi. 植被
      vii. 安全

viii. 环境因素

2. 向客户提供书面计划和规范书包括草图和图纸，充分说明实施本实践并获得必要许可的相应要求。
3. 适当的设计报告（《美国国家工程手册》第 511 部分《设计》，B 子部分“文档”，第 511.10 和 511.11 节）。
4. 质量保证计划（《美国国家工程手册》第 512 部分《施工》，D 子部分“质量保证活动”，第 512.30 至 512.33 节）。
5. 运行维护计划。
6. 证明设计符合自然资源保护局实践和规范并适用法律法规（《美国国家工程手册》第 505 部分《非自然资源保护局工程服务》，A 子部分“前言”，第 505.0 节和第 505.3 节）的证明文件。

注：可根据情况添加各州的可交付成果。

安装

可交付成果

1. 与客户和承包商进行的安装前会议。
2. 验证客户是否已获得规定许可证。
3. 根据计划和规范（包括适用的布局注释）进行定桩和布局。
4. 安装检查。
   a. 实际使用的材料(《美国国家工程手册》第 512 部分《施工》, C 子部分“施工材料评估”，第 512.20 至 512.23 节；D 子部分“质量保证活动”，第 512.33 节）
   b. 检查记录
   c. 符合质量保证计划的文件
5. 协助客户和原设计方并实施所需的设计修改。
6. 在安装期间，就所有联邦、州、部落和地方法律、法规和自然资源保护局政策的合规性问题向客户 / 自然资源保护局提供建议。

注：可根据情况添加各州的可交付成果。

验收

可交付成果

1. 竣工文档。
   a. 实践单位
   b. “红线”图纸（《美国国家工程手册》第 512 部分《施工》，F 子部分“竣工图”，第 512.50 至 512.52 节）
   c. 最终量
2. 证明安装过程符合自然资源保护局实践和规范并符合许可要求的文件（《美国国家工程手册》第 505 部分《非自然资源保护局工程服务》，A 子部分“前言”，第 505.3 节）的证明文件。
3. 进度报告。

注：可根据情况添加各州的可交付成果。

参考文献

NRCS Field Office Technical Guide（eFOTG）, Section IV, Conservation Practice Standard - Trails and Walkways, 575.

NRCS National Engineering Manual（NEM）.

NRCS National Environmental Compliance Handbook.

NRCS Cultural Resources Handbook.

注：可根据情况添加各州的参考文献。

保护实践效果（网络图）

（2014年9月）

开始
初期设定：需要改善牲畜获取草料、水源和庇护所通行状况的放牧地区；引导远离生态敏感区域；为环境困难区域提供通行条件
《小径和步道》（575）
《跨河桥》（578）
《控水结构》（587）
1. 建造一条小道或者人行道
D.1（-）进出生态敏感地区、侵蚀地区或水体
D.2（+）家畜进出草料场所、建造水源、庇护所或搬运处理 / 挤奶设施
D.3（+）放牧效率与资源分配
D.4（+）进出农业、建筑或维护操作场所
D.5（+）进出游憩休养场地
《访问控制》（472）
《栅栏》（382）
I.7（+）植物状况及生产力
I.9（-）设备磨损
I.10（-）维护费用
I.8（+）家畜生产
I.11（-）压实
I.1（+）野生动物栖息地
I.12（-）侵蚀
I.6（+）防火带
I.13（-）农户的总成本
I.2（+）野生物种样性
I.14（+）休养机会
I.3（-）排放到地表水中的污染物、病原体、养分和沉积物
I.4（-）有害藻类和杂草生长
I.5（+）地表水中溶解氧
C.2（+）公共 / 私人健康、安全和美观性
C.3（+）收入和收入稳定性（个人和群体）
C.1（+）水质和水生栖息地
图例
缓解性实践
相关实践
#：实践效果
D：直接效果
I：间接效果
C：累积效果
路径
注：各项效果前用加号（+）或减号（-）限定，分别表示对资源影响的增强（+）或减弱（-），而不表示其有利或不利。

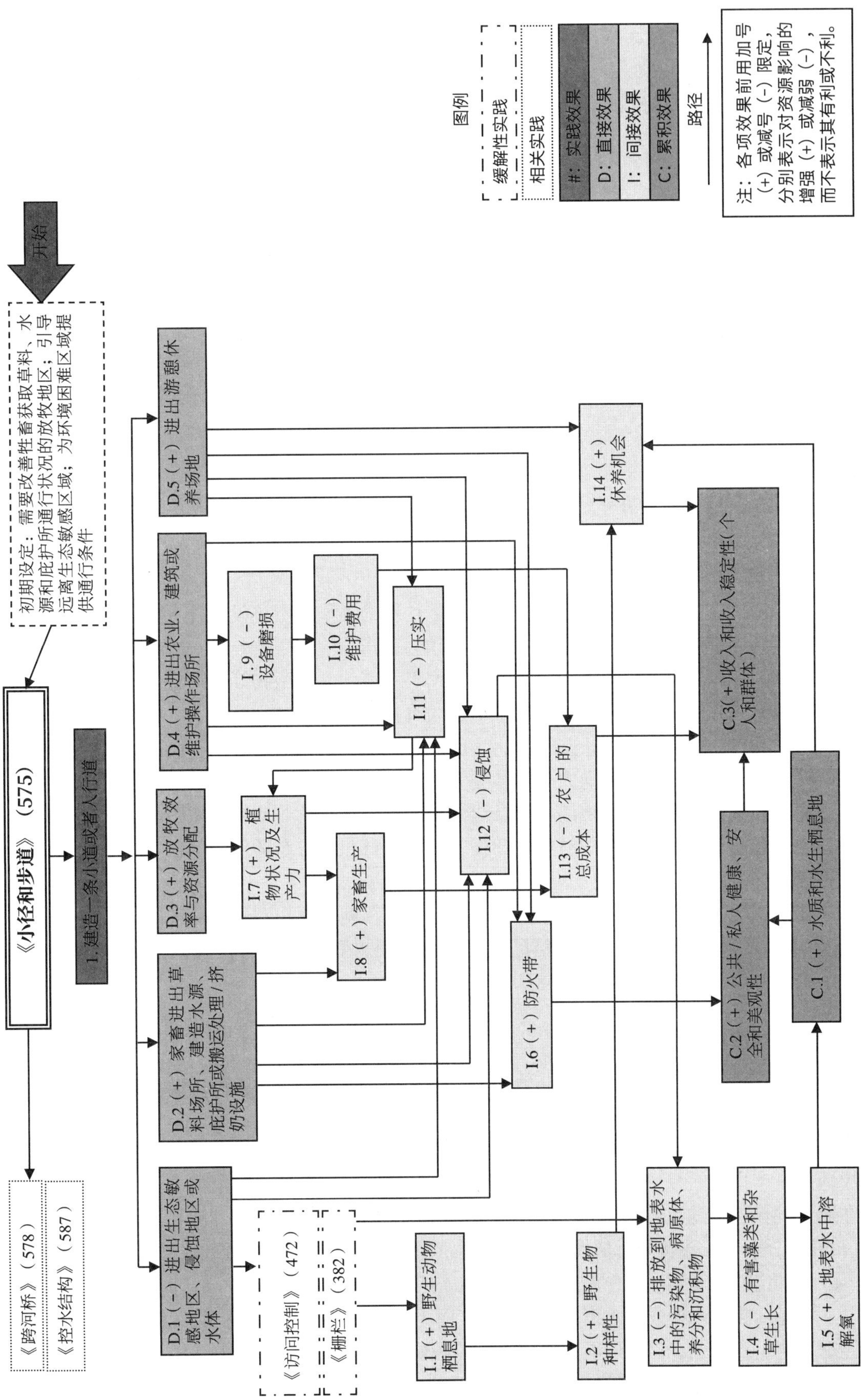

供水设施

（614，No.，2014年9月）

定义

供水设施是为牲畜或野生动物提供饮用水的一种设施。

目的

用特定的方式为牲畜或野生动物储存或提供饮用水。

- 提供每日用水量。
- 改善动物分布状况。
- 提供可替代敏感资源的水源。

适用条件

本实践适用于牲畜或野生动物需要饮水，且水源充足、水质良好、土壤适应该设施的地区。

准则

容量。确定主要使用该设施的牲畜或野生动物的类型。若该设施需要为不同种类的动物提供水，水量应满足所有动物在干旱季节日需水量总和。

请参阅《国家牧场手册》（第6章）国家指南或大学出版物等资料查看有关牲畜用水量、水质等信息。基于野生动物对水量和水质的要求，为野生动物提供饮用水。

用户需求。所修建供水设施的空间，应能容纳所有动物同时饮水。同时要满足主要使用该设施动物的特殊需求。具体包括鹿角大小、种类、进出口要求等。

材料和设备附件。使用耐用材料修建供水设施，使其达到或超过实践所要求的使用寿命。与此同时，要按照自然资源保护局的材料设计程序进行设计，若没有适用的保护实践，则按照相关行业标准进行修建。

受干扰地区的稳定。依据设施的计划使用，在因施工而受到干扰的地区进行种植或采取措施稳固土壤。期间，可依据保护实践《关键区种植》（342）种植植被。若种植植被过程中，受场地条件的制约，可酌情按照保护实践《覆盖》（484）进行。

水槽和储水罐

容量。设计供水设施时，其容量应满足补水期所需水的储存量。根据水的可用性、补给率、位置和计划运行来确定额外存储量。

选址。确定供水设施的位置，以满足饲养牲畜或野生动物物种的用水需求。选择一个可以促进放牧地点分布均匀、并降低敏感区域放牧压力的场地。若计划修建多个供水设施，则要将供水设施设置在适合饲养牲畜的距离处。

若可能，供水设施要远离溪流、池塘或河岸地区，以尽量减小粪便或表面污染等造成污染的可能性。

在井口附近安装供水设施时，正向排水沟应远离井口。

地基。将饮水槽或储水罐安装在坚固、平坦，且不会发生不同种类沉淀的地基上。适当地基材料包括基岩、混凝土、挤密碎石和稳定且压实良好的土壤。必要时，拆除和清理不足以承受设计荷载的材料，为打好地基做足准备。

若有需要，锚定或支撑供水设施，防止其被风刮倒或被动物撞倒。

储水罐。分析地基条件并提供确保储水罐稳定的设计方案。对于罐高大于罐直径的垂直储罐，还要分析倾倒的可能性并确定锚固要求。

依据自然资源保护局设计程序或制造商指南，确保埋设的储水罐能够承受现场预期的所有地面和车辆载荷。

稳定性。对固定槽而言，要保护供水设施周围区域，因为该区域会因动物聚集或供水设施溢水引发资源问题，可依据保护实践《密集使用区保护》（561）来设计保护措施。

对于便携式设施，可经常移动水槽以防止动物聚集而造成损害。

附件。使用保护实践《牲畜用水管道》（516）来选择将水供应接至水槽所需的组件。同时，也包括与水井或家庭或市政供水系统相连的回流装置。

在已设计溢流管的情况下，要为溢流管提供稳定的出口。保护出口免受损坏。若可能，直接从水槽中的水溢流到另一个使用此水源的地方或原始的水道。

当水在压力下为供水设施供水时，使用自动水位控制或浮阀来控制流向该设施的水量，以减少能源消耗，预防溢流。

根据需要，在重力槽上安装浮阀，以避免水源枯竭。

保护阀门和控制装置不受牲畜、野生动物、冷冻和冰的损害。

逃生装置。对位于 100° 经线以西的场地，将野生动物的逃生装置考虑在露天供水设施的设计中。对位于 100° 经线以东的场地，且当地知识和经验表明野生动物可能有溺水风险的情况下，安装逃生装置。

一个有效的逃生装置必须满足以下条件：

- 与罐体或水槽内壁相接。
- 可到达水槽或罐体的底部。
- 固定在水槽边。
- 用耐用、表面粗糙、动物可以抓握的材料来建造。
- 坡度不超过 45° 。
- 尽量减少对牲畜造成干扰。

每 30 英尺处安装一个逃生装置。

有关逃生装置的更多信息，请参阅国际蝙蝠保护组织《野生动物用水——牧场管理手册》。

饮水坡道。如果牲畜或野生动物直接在池塘或溪流饮水，请建造饮水坡道以提供稳定饮水。在选择坡道的最佳位置时，评估现有和拟建造的围栏、放牧模式、海岸线坡度和水深。

宽度。坡道宽度足以适应预期使用目标。

长度。延伸坡道至溪流或池塘足以达到所需的深度。

地表排水。从接近坡道处流向地表径流。

斜坡。饮水坡道的坡度与动物使用计划保持一致，但不能超过 3:1。

边坡。确保侧坡路堑和填土稳定，侧坡坡度不超过 2:1（横纵比）。除此之外，还应保证岩石切块或填土的比例不超过 1.5:1（横纵比）。

地基。必要时，拆除和清理不足以承受设计荷载的材料，为打好地基做足准备。

表面材质。按照保护实践《密集使用区保护》（561）来设计坡度表面。所选材料质量须满足水下承受条件。

入口。使用栅栏或其他障碍物作为坡道边界。栅栏应按照保护实践《栅栏》（382）进行设计与建造。同时，障碍物尺寸、强度和质量，必须满足设施的预期用途。

溪流坡道。除上述情况外，应依据保护实践《跨河桥》（578）中的标准设计和建造浅滩桥。

定位饮水坡道，使其不会阻碍溪流中水生生物的移动。

池塘坡道。建议设计永久水位最小水深为 3 英尺。斜坡处池塘深度大于 3 英尺时，则可能需要将斜坡挖掘至岸边，以确保下端地基稳固。同时，坡道延伸至设计永久水位以下至少 0.5 英尺处。

注意事项

并非所有物种都需要或受益于补充水。安装供水设施之前，应考虑该设施对目标和非目标野生动物物种会产生哪些影响。观察或记录野生动物供水设施的内容，并不一定表明净效益。在生态系统内引入新的水源，可能会产生诸如放牧、捕食、捕获、溺水、疾病传播以及野生动物种群扩大，超出可利用栖息地承载力等影响。为野生动物提供水源会增加与濒危物种竞争或捕食动物的栖息地。

设计与供水设施相关的栅栏，以便为野生动物物种提供安全出入口。为保护掠过水面获取水的物种，应确保围栏出入口清晰可见。将永久性横幅或覆盖物添加到延伸穿过供水设施的铁丝网，使他们更容易被猎食者看到。

本国沙漠或干旱地区的野生动物种群可能会依赖补充供水设施。即使暂未出现牲畜，也应保证全年供水。

考虑应建造有利于野生动植物的设施。此类设施设计应包括为不会使用凸起结构（如沟槽）饮水的物种提供地面供水。地面供水可通过创建溢流收集区域或二级地下水源来完成。根据目标物种，规划者可能会考虑通过使用合适的栅栏（根据需要标记）保护这些区域，不包括牲畜和较大的野生动物物种，同时允许小型地面栖息物种进入该场地。

还应考虑预防供水设施传播疾病。当地若存在此类问题，应考虑对水传播疾病和寄生虫进行适当的控制或治疗。

当使用风力、太阳能或其他潜在不稳定电源时，需提供额外日储水量（3 ~ 5 天）、备用电池系统或备用水源。同时，需注意此类电源系统不适合使用浮阀。

应考虑水资源开发对新项目区域水资源平衡或预算的影响。在某些情况下，这可能很重要并可能会影响到相邻或相关栖息地和物种。

若存在小型牲畜（如羔羊）或小孩掉落槽中的潜在危险，应在槽中安装壁架或类似结构以提供逃生路线，或另外设计一个较低的槽。

需经常清洁滞留在供水设施中的碎屑和藻类。遮盖供水设施并减少碎片落入，同时仍允许动物出入，保持水的凉爽、清洁，更适于动物饮用。

设计屋顶遮阳时，该屋顶还应具有承载风雪的能力，并确保屋顶经得起预期牲畜和野生动物活动。按照保护实践《顶盖和覆盖物》（367）中的标准来设计屋顶。

若存在碎片或藻类问题，可通过增加进水口和出水口管道尺寸，或在溢流管入口处安装倒置弯头等来减少堵塞发生的可能性。可通过完全排出供水设施的方法使设施维护更容易。还应保护排水管出口免受侵蚀。

若需要，考虑安装永久进出口装置用以维护储水罐。

位于陡峭坡度上的供水设施，会因动物移动而受到侵蚀。陡峭的斜坡也可能导致管道和阀门因压力过大而产生问题。选择合适的供水设施安装位置，以尽量减少地形陡峭而造成的问题。

供水坡道。如果将牲畜驱逐出溪流是计划安装的一部分，请考虑安装一个供水坡道，以便在需要紧急供水时使用。可选择用门阻挡坡道入口。

斜坡的坡度会对动物的行为产生影响。较陡斜坡会减少动物在斜坡区出没。

所选坡面材料，应能减少动物移动，但仍能保证动物立足。动物蹄足接触较大石头时，会有不舒服感。

尽可能避免在阴暗的地方设置供水坡道。

在河流中间筑造栅栏会比较困难。情况允许的条件下，应横跨溪流修建栅栏。开关栅栏门可限制动物活动。

计划和技术规范

所制订的计划和技术规范应能描述应用此实践实现其预期目的的要求。应至少包括以下内容：

- 显示设施位置和相关管道的地图或航空照片。

- 预计使用该设施的动物类型和数量。
- 根据需要提供特殊入口的条件。
- 地基稳定性要求。
- 显示设施和必要附件（地基、管道和阀门、逃生特征、锚固等）的现场详细图纸。
- 因安装设施而受到干扰的区域的稳定要求。
- 根据需要安装栅栏。
- 材料和数量。
- 描述设施安装的施工规范。

运行和维护

制订一份运行和维护计划，并与操作人员一起审核。该计划将说明必须采取的措施，以确保设施在其设计寿命内正常运行。该计划至少包括以下项目：

- 定期检查设施是否受损。还应检查泄漏、场地侵蚀、栅栏损坏、过度使用区域以及与供水设施相关的附件状况。根据需要修理或更换损坏的部件。
- 检查自动水位装置的性能（若存在）。
- 确保出口管道自由运行且不会造成腐蚀。
- 定期清洁设施。
- 维护设施，以确保水量充分流入和流出。
- 根据气候条件，为冬季做好准备。可能包括排放供水管、排空水箱，或确保浮阀不会冻坏。
- 对于便携式设施，包括移动设施的计划以及设施周围区域的监控或维修。

参考文献

Brigham, William and Stevenson, Craig, 1997, Wildlife Water Catchment Construction in Nevada, Technical Note 397.

National Engineering Handbook, Part 650 Engineering Field Handbook, Chapters 5, 11 & 12, USDA Natural Resources Conservation Service.

National Range and Pasture Handbook, Chapter 6, Page 6-12, Table 6-7 & 6-8, USDA-Natural Resources Conservation Service.

National Research Council, 1996 Nutrient Requirements of Domestic Animals, National Academy Press.

Prescribed Grazing and Feeding Management for Lactating Dairy Cows”, New York State Grazing lands and USDA NRCS, January 2000）.

Taylor, Daniel A. R. and Merlin D. Tuttle. Water for Wildlife, A Handbook for Ranchers and Range Managers. Bat Conservation International, 2012.

Tsukamoto, George and Stiver, San Juan, 1990. Wildlife Water Development, Proceedings of the Wildlife Water Development Symposium, Las Vegas, NV, USDI Bureau of Land Management.

Yoakum, J. and W.P. Dasmann. 1971. Habitat manipulation practices. Ch. 14 in Wildlife Management Techniques, Third Edition. Ed. Robert H. Giles, Jr. Pub. The Wildlife Society. 633 pp.

保护实践概述

（2014年9月）

《供水设施》（614）

供水设施是一种为家畜或野生动物提供饮用水的设施。

实践信息

供水设施用于向家畜或野生动物提供饮用水，以满足其日常需要。合理设置水槽位置能改善动物的分布和植被状况。在某些情况下，人们会安装供水设施以使家畜远离溪流及其他涉及水质问题的地表水区域。

本实践适用于所有需要提供家畜或野生动物饮水设施，且有足够数量和质量的水源，以及土壤和地形适合建设安装此类设施的地区。

上述水源可以是水井、泉水、溪流、池塘、市政供水或其他来源，包括在某些情况下从外地运来的水。可以安装水箱来储存用水以及时向水槽供水。通水坡道则可提供通往池塘或溪流的受控水流通道。

本实践的预期年限至少为 10 年。供水设施的运行维护包括清洗、修理或更换损坏部件，确保有足够的流入和流出量，并采取防冻措施。如果使用可移动水槽，则还应包括水槽移动和监测植被状况的计划。

常见相关实践

《供水设施》通常与《水井》（642）、《牲畜用水管道》（516）、《泉水开发》（574）、《栅栏》（382）、《小径和步道》（575）、《池塘》（378）、《密集使用区保护》（561），以及《计划放牧》（528）等保护实践一起使用。

保护实践的效果——全国

土壤侵蚀	效果	基本原理
片蚀和细沟侵蚀	2	水源得到更好分配使植被覆盖增加，从而减少了土壤侵蚀。
风蚀	2	水源得到更好分配使植被覆盖增加，从而减少了土壤侵蚀。
浅沟侵蚀	2	水源得到更好分配使植被覆盖增加，从而减少了土壤侵蚀。
典型沟蚀	1	水源得到更好分配使植被覆盖增加，能减缓水流冲刷作用，继而减少发生典型水土侵蚀的概率。
河岸、海岸线、输水渠	4	提供替代水源，饮水动物不再去往河岸，减少了侵蚀。
土质退化		
有机质耗竭	0	不适用
压实	0	此实践做法可导致设施附近通行量增加，但本实践将能减少通行区域出现过剩水分。
下沉	0	不适用
盐或其他化学物质的浓度	0	不适用

（续）

水分过量	效果	基本原理
渗水	0	这一举措可能会导致少量的渗透增加，这是因为更好的植被覆盖阻滞了水流动。
径流、洪水或积水	0	这一举措可能会导致少量的渗透增加（表面水流动减少），这是因为更好的植被覆盖阻滞了水流动。
季节性高地下水位	0	这一举措可能会导致少量的渗透增加，这是因为更好的植被覆盖阻滞了水流动。
积雪	0	不适用
水源不足		
灌溉水使用效率低	0	不适用
水分管理效率低	0	不适用
水质退化		
地表水中的农药	0	不适用
地下水中的农药	0	不适用
地表水中的养分	0	不适用
地下水中的养分	0	不适用
地表水中的盐分	1	更好地使动物远离地表水区域,降低了粪肥对地表水源造成盐分污染的风险。
地下水中的盐分	0	不适用
粪肥、生物土壤中的病原体和化学物质过量	1	由于更好的水源分配，植被水平得到改善，并将起到过滤阻截水中污染物的作用。此外，动物分布得越好，污染物的浓度就越低。
粪肥、生物土壤中的病原体和化学物质过量	-1	这一举措易于造成动物聚集，增加了病原体传播扩散的可能性。
地表水沉积物过多	2	水资源开发将减少家畜在潮湿地区和附近溪流中的踩踏。
水温升高	1	本实践的目的是保护沿河道的植被，从而调节溪流温度。
石油、重金属等污染物迁移	1	由于更好的水源分配，植被水平得到改善，并将起到过滤阻截水中污染物的作用。此外，动物分布得越好，污染物的浓度就越低。
石油、重金属等污染物迁移	0	不适用
空气质量影响		
颗粒物（PM）和 PM 前体的排放	0	不适用
臭氧前体排放	0	不适用
温室气体（GHG）排放	0	不适用
不良气味	0	不适用
植物健康状况退化		
植物生产力和健康状况欠佳	2	用于放牧管理的可用水可以促进植物生长和活力。
结构和成分不当	0	不适用
植物病虫害压力过大	0	不适用
野火隐患，生物量积累过多	0	不适用
鱼类和野生动物——生境不足		
食物	0	不适用
覆盖 / 遮蔽	0	不适用
水	2	这一举措旨在向其他地点提供水流，从而起到保护溪流和河岸带的作用。
生境连续性（空间）	3	一旦水资源可供使用，就能开辟更多的栖息地 / 空间。
家畜生产限制		
饲料和草料不足	2	通过改善动物分布情况可使家畜更容易获得草料。
遮蔽不足	0	不适用
水源不足	5	偏远地区的供水设施。
能源利用效率低下		
设备和设施	0	不适用
农场 / 牧场实践和田间作业	0	不适用

CPPE 实践效果：5 明显改善；4 中度至明显改善；3 中度改善；2 轻度至中度改善；1 轻度改善；0 无效果；-1 轻度恶化；-2 轻度至中度恶化；-3 中度恶化；-4 中度至严重恶化；-5 严重恶化。

工作说明书—— 国家模板

（2014年9月）

此类可交付成果适用于个别实践。其他规划实践的可交付成果参考具体的工作说明书。

设计

可交付成果

1. 能够证明符合自然资源保护局保护实践中相关准则并与其他计划和应用实践相匹配的设计文件。包括：
   a. 明确的客户需求，与客户进行商讨的记录文档，以及提议的解决方法。
   b. 保护计划中确定的目的。
   c. 农场或牧场规划图上显示的安装规划实践的位置。
   d. 客户需要获得的许可证清单。
   e. 对周边环境和构筑物的影响。
   f. 符合自然资源保护局国家和州公用设施安全政策的证明（《美国国家工程手册》第 503 部分《安全》，A 子部分“影响公用设施的工程活动”第 503.0 节至第 503.6 节）。
   g. 制订计划和规范所需的与实践相关的计算和分析，包括但不限于：
      i. 容量
      ii. 材料
      iii. 气候注意事项（如霜冻）
2. 向客户提供书面计划和规范书包括草图和图纸，充分说明实施本实践并获得必要许可的相应要求。
3. 适当的设计报告（《美国国家工程手册》第 511 部分《设计》，B 子部分“文档”，第 511.10 节和第 511.11 节）。
4. 质量保证计划（《美国国家工程手册》第 512 部分《施工》，D 子部分“质量保证活动”，第 512.30 节至第 512.33 节）。
5. 运行维护计划。
6. 证明设计符合自然资源保护局实践和规范并适用法律法规（《美国国家工程手册》第 505 部分《非自然资源保护局工程服务》A 部分《前言》，第 505.0 节和第 505.3 节）的证明文件。

注：可根据情况添加各州的可交付成果。

安装

可交付成果

1. 与客户和承包商进行的安装前会议。
2. 验证客户是否已获得规定许可证。
3. 根据计划和规范（包括适用的布局注释）进行定桩和布局。
4. 安装检查。
   a. 实际使用的材料(《美国国家工程手册》第 512 部分《施工》, C 子部分“施工材料评估”，第 512.20 至 512.23 节；D 子部分“质量保证活动”，第 512.33 节）
   b. 检查记录
   c. 符合质量保证计划的文件
5. 协助客户和原设计方并实施所需的设计修改。

6. 在安装期间，就所有联邦、州、部落和地方法律、法规和自然资源保护局政策的合规性问题向客户 / 自然资源保护局提供建议。

注：可根据情况添加各州的可交付成果。

验收

可交付成果

1. 竣工文档。
   a. 实践单位
   b. “红线”图纸（《美国国家工程手册》第 512 部分《施工》，F 子部分“竣工图”，第 512.50 至 512.52 节）
   c. 最终量
2. 证明安装过程符合自然资源保护局实践和规范并符合许可要求的文件证明安装过程符合自然资源保护局实践和规范并符合许可要求的文件（《美国国家工程手册》第 505 部分《非自然资源保护局工程服务》，A 子部分“前言”，第 505.3 节）。
3. 进度报告。

注：可根据情况添加各州的可交付成果。

参考文献

NRCS Field Office Technical Guide（eFOTG）, Section IV, Conservation Practice Standard – Watering Facility, 614.

NRCS National Engineering Manual（NEM）.

NRCS National Environmental Compliance Handbook.

NRCS Cultural Resources Handbook.

注：可根据情况添加各州的参考文献。

保护实践效果（网络图）

（2014年9月）

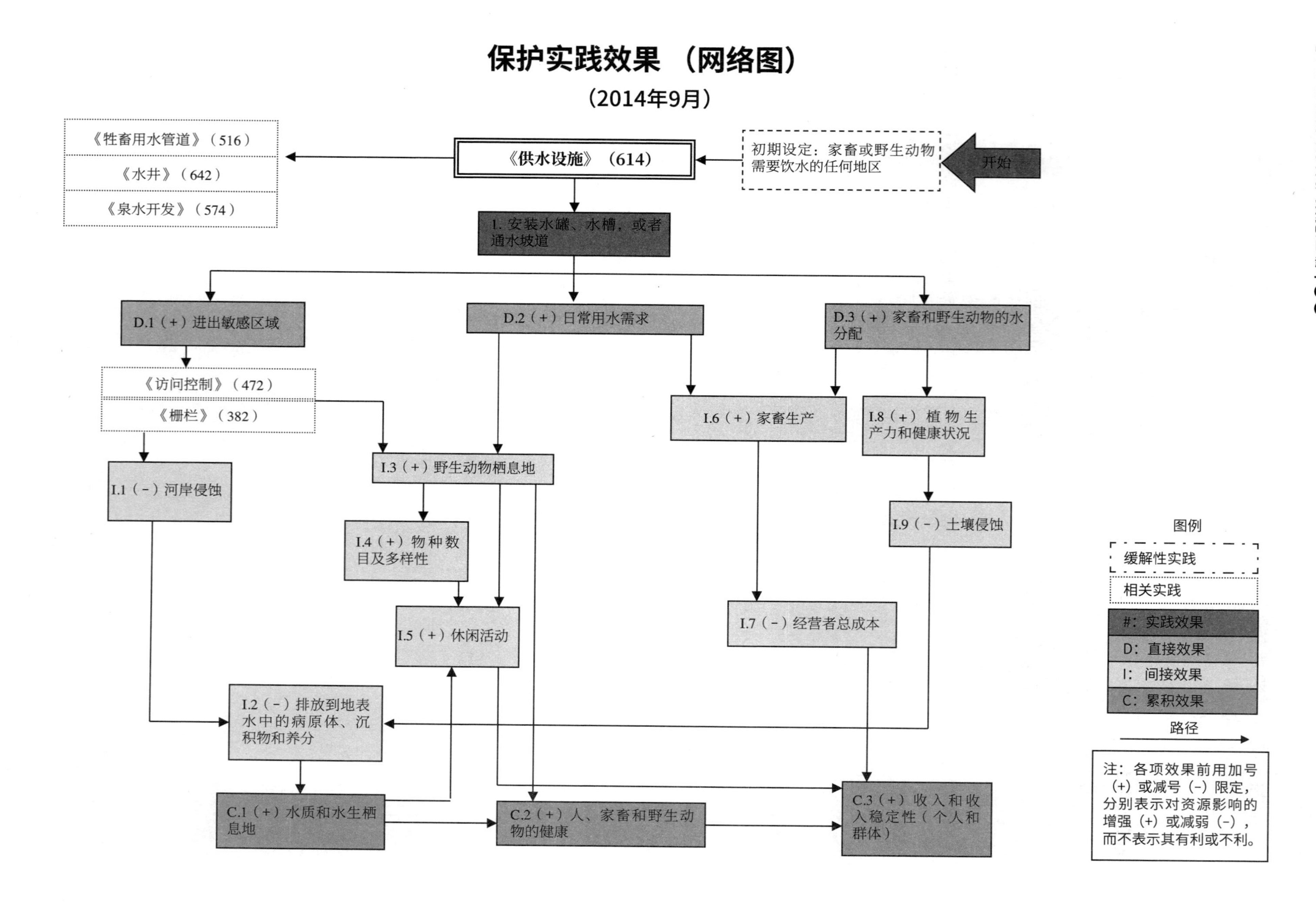

水井

（642，No.，2014年9月）

定义

通过钻孔、挖掘、打桩、喷射或以其他方式建造在含水层中的孔洞结构。

目的

为牲畜、消防、野生动物和其他农业用途提供地下水。

适用条件

本实践均适用于所有农业用地类型，保证其地下水的质量和数量以满足预期目标。

本实践不适用于仅供家用或公共用水的井，也不适用于仅供监测或观察的井［使用保护实践《监测井》（353）］、注水井、临时测试井或压力计。

本实践不适用于泵、地表供给水路线、贮存设施和相关设备。

准则

法律法规。农业供水水井的调查、设计和安装必须符合所有适用的政府法规、法律、许可、授权、登记等相关规定。特别是，联邦法律要求：

- 国内使用组件的测试井必须符合美国国家标准学会（ANSI）/ 美国自来水厂协会（AWWA）2007 年出台的 A100-06 号美国国家标准。
- 灌溉测试井必须符合美国国家标准学会（ANSI）/ 美国自来水厂协会（AWWA）2007 年出台的 EP400.3 号美国国家标准。
- 水井的设计和安装必须遵循适用行业通用标准。

土地所有人负责获得所有相应的许可和用水权。

合适选址。根据当地可靠经验，采用所有相关有效的地质图、报告以及州和联邦机构维护的水井记录。检查附近水井的设计、施工和维护记录，以决定地下水是否有足够的储量或是否达到预期的质量。如果当地的水文地质数据不足或当地条件复杂并充满不确定因素，应采用专业技术对该地进行评估，并就场地的可行性提供专业建议。

水井选址应避开架空处和地下公用线路及其他有安全隐患的地方。

如果现场条件允许，水井选址应远离潜在地表污染源头的地方，并远离可能发生洪水的地区。应考虑泵和周围环境来确定梯度。

清除所有树木、灌木和障碍物，方便钻机和相关设备在相对平整、干燥的工作场地运行，确保安全有效的工作环境。

井口保护。所有地表径流、降水和排水应远离井口。压实土、堆土和倾斜土料，也应远离井口。

保护井口和相关设施不受野生动物、牲畜、农场机械、车辆停放或其他人类活动的污染或损害。

水井应建在距离潜在地表和地下污染源至少 100 英尺的地方。

注浆和密封套管。除了最上面的 10 英尺之外，硬岩层或物理稳定的地方可能不需要套管。

如果钻孔遇到易腐蚀、易碎或其他不稳定材料，除进口部分外，须安装防水灌浆套管。

所有水井套管需要进行防水密封。可使用的密封剂包括含有膨胀水硬性水泥、膨润土基浆液、膨润土碎片和颗粒料、砂水泥浆液、纯水泥或混凝土的砂浆。

如果一个或多个区域所产水水质不合格，使用灌浆或封隔器来防止水的混合或含水层的交叉污染。

在套管和覆盖自流井蓄水层透水性较差的材料之间安装封隔器或类似的保持装置，或增加少量密封剂。为分离不希望水混合的含水区域，提供一个类似的正面密封。

关于钻井条件，应以保持其封闭压力的方式，直接封闭蓄水层上下地质单元。

如果套管延伸到钻孔底部，安装水密端盖或灌浆密封，以防止地质物质从井底进入。

当设计需要伸缩式筛网滤网组件时，在伸缩式筛网滤网组件的顶部和外壳之间安装一个或多个防沙密封。

不要设计最大的水位压降，以防达到最高隔板或泵入口的顶部。

完成后，应使用合适的螺纹、凸缘联轴节或焊接盖或压缩密封，以防止污染物进入水井内。

套管材料。套管可使用材料包括：钢、铁、不锈钢、铜合金、塑料、玻璃纤维、混凝土或其他同等强度的材料，在水井的预计使用寿命中，这些材料对地下水具有足够的耐化学性。为了防止电偶腐蚀，不要将不同的金属连接在一起。

机井中只能使用钢管套管。

如果使用潜水泵，选择合适的套管直径以便安装和有效操作。

在安装、开挖水井期间，选择的套管材料，应能够承受施加在套管上的所有预期的静态和动态压力，并能在井的整个设计预期寿命内使用。参照《美国国家工程手册》第 631.3200 部分“水井设计”以确定允许的套管材料的适当差异压头限制。

确保套管接头有足够的强度，在防水密封的同时，可承载灌溉其长度的套管重量。如果有需要，在安装过程中请用机械支撑套管以保证接头完整。在能够充分支撑套管重量的材料上不再使用机械支撑的套管。

筛网和过滤包。如果存在下列任何一种情况，请使用筛网和过滤包（也称为砾石包）：

- 存在不良等级的细沙蓄水层或扬沙或崩落砂。
- 存在高度变化的含水层，如交替的砂层和黏土层。
- 存在胶结不良的砂岩或其他松散压实材料。
- 要求低生产性蓄水层最大产水量。
- 反向循环钻孔。

如果没有合适的过滤材料，可使用商业制造的预压井筛。预压井筛由内筛和外筛组成，其中包含工程过滤材料。材料必须符合以下质量标准：

- 少于百分之五的细粒含量百分率（通过 200 目的筛子的比例）。
- 主要是圆形、密实的硅质材料。
- 无棱角颗粒，如碎岩，或扁平颗粒，如云母；
- 没有泥土或柔软的材料，如黏土、页岩、淤泥、石膏或硬石膏。
- 没有有机物质、其他杂质或金属物质。
- 没有溶于盐酸的物质，如石灰岩。

水平或倾斜井，可使用预压井筛。

根据地下含水区域的深度和钻孔穿透的含水区域的厚度，安装井筛。从底部向上安装传统过滤包，并以避免颗粒分离和桥接的方式安装。

使用任何方法进行筛网打孔须满足下列相关规定：

- 对于尺寸一致的蓄水层材料，筛网开口应小于蓄水层的平均直径。
- 对于尺寸不一致的蓄水层材料，筛网开口不得超过蓄水层材料的 60%。
- 过滤器 / 砾石包的筛网开口必须排除至少 85% 的过滤包材料。
- 调整筛网的长度和开口面积，使入口速度或剪应力保持低于阈值的水平，以便过滤包颗粒物遭到侵蚀并流入井中。
- 从功能上来讲，套管不能被削弱或变形。

对于在底部安装筛网的井，需在井底再加装几英尺的空筛网或套管，以容纳通过井筛的泥沙沉淀物，并最终沉降到井底。

入口。安装一个最小直径为 0.5 英寸的入口，以实现对水面深度的无障碍测量，或者安装一个压力表，用于测量流动井的关井压力。

密封或封顶入口、压力计和井盖上的所有其他开口，以防止不必要的材料进入。一个入口可以配置一个可拆卸的盖子。

水井开发。挖井工作完成后，需要确保井的开发工作。无论水井是用松散材料还是坚硬岩石含水层建成，都需要对水井进行开发。采用一项或多项开发技术来有效地疏松和去除因钻井作业而沉积的淤泥、细沙、钻屑、钻泥或在钻孔面和含水层邻近部分的添加剂。对于筛选区域，开发技术必须要拆除沙桥，并去除筛外的细颗粒。在开发过程中，通过提捞或抽运来清除井底堆积的沉淀物。

以预期正常生产速度的 120% 从井中泵水，直到清除悬浮沉积物和相关的浑浊物。不要使用永久泵进行任何水井开发工作。

有关各种井的开发技术的指导，请参阅《美国国家工程手册》第 631.32 部分。

井水测试。如果当地的水质状况未知或可疑，使用与井的性能或水的适宜性的相关参数对井水进行测试。根据保护实践《地下水检测》（355）来测试井水。

消毒。在进行最后的化学消毒之前，清除井口及其附近外来物质，如油脂、土壤、沉淀物、黏结剂和浮渣。泵及所有部件安装之前，均要清洗干净，使用浓度不低于 100 毫克 / 升的氯化合物对井进行消毒。

注意事项

在规划和设计水井时，考虑评估是否会对附近现有生产井产生不利干扰。

在规划时，考虑地下水超采的可能性和含水层的长期安全产量。

井性能测试。完成井的施工且获得稳定水位后，进行泵测试以确定比容量和动态水位。记录试验长度和泵送速率。

计划和技术规范

制订计划和技术规范，并明确说明应用这一实践以达到预期目的的要求。如果未在州监管机构要求的文件中注明以下信息，请在安装记录中加以记录：

- 用全球定位系统（GPS）坐标或足够详细的叙述说明来定位水井。
- 水井所有者的姓名。
- 套管材料类型或进度表的类型，不管是否使用过。
- 套管延伸到地面的高度。
- 从套管顶部边缘或地面测量的静态水位。
- 告知蓄水层是自流水还是非自流水。如果井是自流井，则提供流量和压力数据。
- 使用的水井开发方法。
- 如果需要的话，抽水测试结果应包括试验长度、水位稳定性、抽水率及水位稳定后的比容量等。
- 钻机日志。
- 如果对水质进行检测，需记录检测参数和检测结果、采样日期、取样人员姓名、进行检测的实验室名称。

运行和维护

制订水井运行和维护计划。所有者负责根据维修计划保存和维护良好的施工记录。所有者必须确保对水井进行定期检查，确保水井正常运行和水质。

确保在井口半径 100 英尺范围内不储存或混合农用化学品，如化肥和农药，否则需要清洗容器。

必须检查影响专为用水而设计的水井性能的情况。这些情况至少包括：

- 在水井设计的可接受范围之外的流量、静态水位、最大抽水水平和压力（对于自流井）都需下降。
- 可能损坏井、泵或附件的沉积物。

- 水质的变化包括气味、颜色、味道和化学变化。
- 藻类或铁细菌的存在。

应定期清理或冲洗底部安装有空白套管的筛网井，以清除过多的沉淀物。

在维修记录中，包括描述已识别问题、已采取的纠正措施和日期以及纠正措施前后的具体容量的说明，所有者必须及时补救不可接受的情况。

如果水井无法使用，根据自然资源保护局制订的保护实践标准：《水井停用》（351）的规定处置。

参考文献

USDA, NRCS, Conservation Engineering Division, National Engineering Handbook, Geology, 631.32, Water Well Design.

USDA, NRCS, Conservation Engineering Division, Agricultural Waste Management Field Handbook 651.01, Laws, Regulations, Policy, and Water Quality Criteria.

ANSI/ASAE American National Standard EP400.3, 2007, Designing and Constructing Irrigation Wells.

ANSI/AWWA American National Standard, A100-06, 2007, Standard for Water Wells.

保护实践概述

（2014年9月）

《水井》（642）

水井是指通过向地下含水层采用钻井、开挖、掘进、打眼、高压水冲或其他方式建造的、用来提供地下水源供给的孔洞结构。

实践信息

本实践适用于为家畜、野生动物、灌溉、消防和其他农业用途供水。

本实践对正确设计和施工作业提出了要求，确保正常运转。水井应尽可能建在地势较高的地方，远离污染源或洪水源头。在规划时应评估拟建水井对现有附近在用井产生不利干扰的可能性。规划中应考虑的其他问题还包括地下水透支的可能性；含水层长期安全产量和施工作业的潜在影响；以及水井运行对现场或其附近文化、历史、考古、科学资源的影响。

水井的运行维护包括记录所发现的问题、所采取的纠正措施、日期和采取纠正措施前后的单位出水量（单位产量下降）。

常见相关实践

水井建造完成后通常需要配置配水系统、供水系统和灌溉系统。

《水井》（642）通常与《泵站》（533）、《牲畜用水管道》（516）、《供水设施》（614），以及《灌溉管道》（430）等保护实践一起使用。

保护实践的效果——全国

土壤侵蚀	效果	基本原理
片蚀和细沟侵蚀	2	水源得到更好分配使植被覆盖增加，从而减少了土壤侵蚀。
风蚀	2	水源得到更好分配使植被覆盖增加，从而减少了土壤侵蚀。
浅沟侵蚀	2	水源得到更好分配使植被覆盖增加，从而减少了土壤侵蚀。
典型沟蚀	0	不适用
河岸、海岸线、输水渠	0	不适用
土质退化		
有机质耗竭	0	不适用
压实	0	这一举措主要涉及产水而非可用水的分配。
下沉	0	不适用
盐或其他化学物质的浓度	1	在采用井水灌溉的地方，污染物可以在根区以下过滤掉。
水分过量		
渗水	0	不适用
径流、洪水或积水	0	不适用
季节性高地下水位	2	水从地下水源中排出。
积雪	0	不适用
水源不足		
灌溉水使用效率低	2	建造水井将能可靠供水，并使管理更加集中。
水分管理效率低	0	不适用
水质退化		
地表水中的农药	0	不适用
地下水中的农药	0	不适用
地表水中的养分	0	不适用
地下水中的养分	0	不适用
地表水中的盐分	0	不适用
地下水中的盐分	0	在沿海地区抽取地下淡水可能会导致海水入侵。
粪肥、生物土壤中的病原体和化学物质过量	-1	清除覆盖物可能会增加径流和侵蚀。
粪肥、生物土壤中的病原体和化学物质过量	0	使用水井灌溉没有灌溉过的土地会增加可溶性污染物和附着在沉积物上的污染物向外迁移的可能性。放牧地区的污染物可能更少。
地表水沉积物过多	0	不适用
水温升高	0	不适用
石油、重金属等污染物迁移	0	不适用
石油、重金属等污染物迁移	0	不适用
空气质量影响		
颗粒物（PM）和 PM 前体的排放	0	不适用
臭氧前体排放	0	不适用
温室气体（GHG）排放	0	不适用
不良气味	0	不适用
植物健康状况退化		
植物生产力和健康状况欠佳	1	增加灌溉水可利用量，妥善管理施用量，可促进植物生长、健康和活力。
结构和成分不当	0	不适用
植物病虫害压力过大	0	不适用
野火隐患，生物量积累过多	0	不适用
鱼类和野生动物——生境不足		
食物	0	不适用
覆盖 / 遮蔽	0	不适用

（续）

鱼类和野生动物——生境不足	效果	基本原理
水	2	为地表水缺乏地区的家畜和野生动物提供可靠的水源供应。
生境连续性（空间）	0	不适用
家畜生产限制		
饲料和草料不足	2	通过改善动物分布情况可使家畜更容易获得草料。
遮蔽不足	0	不适用
水源不足	5	水井可促进水的供应和分配。
能源利用效率低下		
设备和设施	0	设计合理的水井可以使用高效的泵送系统。
农场 / 牧场实践和田间作业	0	不适用

CPPE 实践效果：5 明显改善；4 中度至明显改善；3 中度改善；2 轻度至中度改善；1 轻度改善；0 无效果；−1 轻度恶化；−2 轻度至中度恶化；−3 中度恶化；−4 中度至严重恶化；−5 严重恶化。

工作说明书—— 国家模板

（2014年9月）

此类可交付成果适用于个别实践。其他规划实践的可交付成果参考具体的工作说明书。

设计

可交付成果

1. 能够证明符合自然资源保护局保护实践中相关准则并与其他计划和应用实践相匹配的设计文件。包括：
   a. 明确的客户需求，与客户进行商讨的记录文档，以及提议的解决方法。
   b. 保护计划中确定的目的。
   c. 农场或牧场规划图上显示的安装规划实践的位置。
   d. 客户需要获得的许可证清单。
   e. 对周边环境和构筑物的影响。
   f. 证明符合自然资源保护局国家和州公用设施安全政策的文件（《美国国家工程手册》第 503 部分《安全》，A 子部分“影响公用设施的工程活动”第 503.0 节至第 503.6 节）。
   g. 制订计划和规范所需的与实践相关的计算和分析，包括但不限于：
      i. 水文地质
      ii. 井口位置和保护
      iii. 材料
      iv. 环境因素（例如水质）
2. 向客户提供书面计划和规范书包括草图和图纸，充分说明实施本实践并获得必要许可的相应要求。
3. 适当的设计报告（《美国国家工程手册》第 511 部分《设计》，B 子部分“文档”，第 511.10 节和第 511.11 节）。
4. 质量保证计划（《美国国家工程手册》第 512 部分《施工》，D 子部分“质量保证活动”，第 512.30 节至第 512.33 节）。
5. 运行维护计划。
6. 证明设计符合自然资源保护局标准和规范并适用法律法规（《美国国家工程手册》第 505 部

分《非自然资源保护局工程服务》，A 子部分“前言”，第 505.0 节和第 505.3 节）的证明文件。

注：可根据情况添加各州的可交付成果。

安装

可交付成果

1. 与客户和承包商进行的安装前会议。
2. 验证客户是否已获得规定许可证。
3. 根据计划和规范（包括适用的布局注释）进行定桩和布局。
4. 安装检查。
   a. 实际使用的材料(《美国国家工程手册》第 512 部分《施工》, C 子部分“施工材料评估”，第 512.20 至 512.23 节；D 子部分“质量保证活动”，第 512.33 节）。
   b. 检查记录。
   c. 符合质量保证计划的文件。
5. 协助客户和原设计方并实施所需的设计修改。
6. 在安装期间，就所有联邦、州、部落和地方法律、法规和自然资源保护局政策的合规性问题向客户 / 自然资源保护局提供建议。

注：可根据情况添加各州的可交付成果。

验收

可交付成果

1. 竣工文档。
   a. 实践单位
   b. “红线”图纸（《美国国家工程手册》第 512 部分《施工》，F 子部分“竣工图”，第 512.50 至 512.52 节）
   c. 最终量
2. 证明安装过程符合自然资源保护局实践和规范并符合许可要求的文件（《美国国家工程手册》第 505 部分《非自然资源保护局工程服务》，A 子部分“前言”，第 505.3 节）。
3. 进度报告。

注：可根据情况添加各州的可交付成果。

参考文献

NRCS Field Office Technical Guide （eFOTG）, Section IV, Conservation Practice Standard - Water Well, 642.

NRCS National Engineering Manual （NEM）.

NRCS National Environmental Compliance Handbook.

NRCS Cultural Resources Handbook.

注：可根据情况添加各州的参考文献。

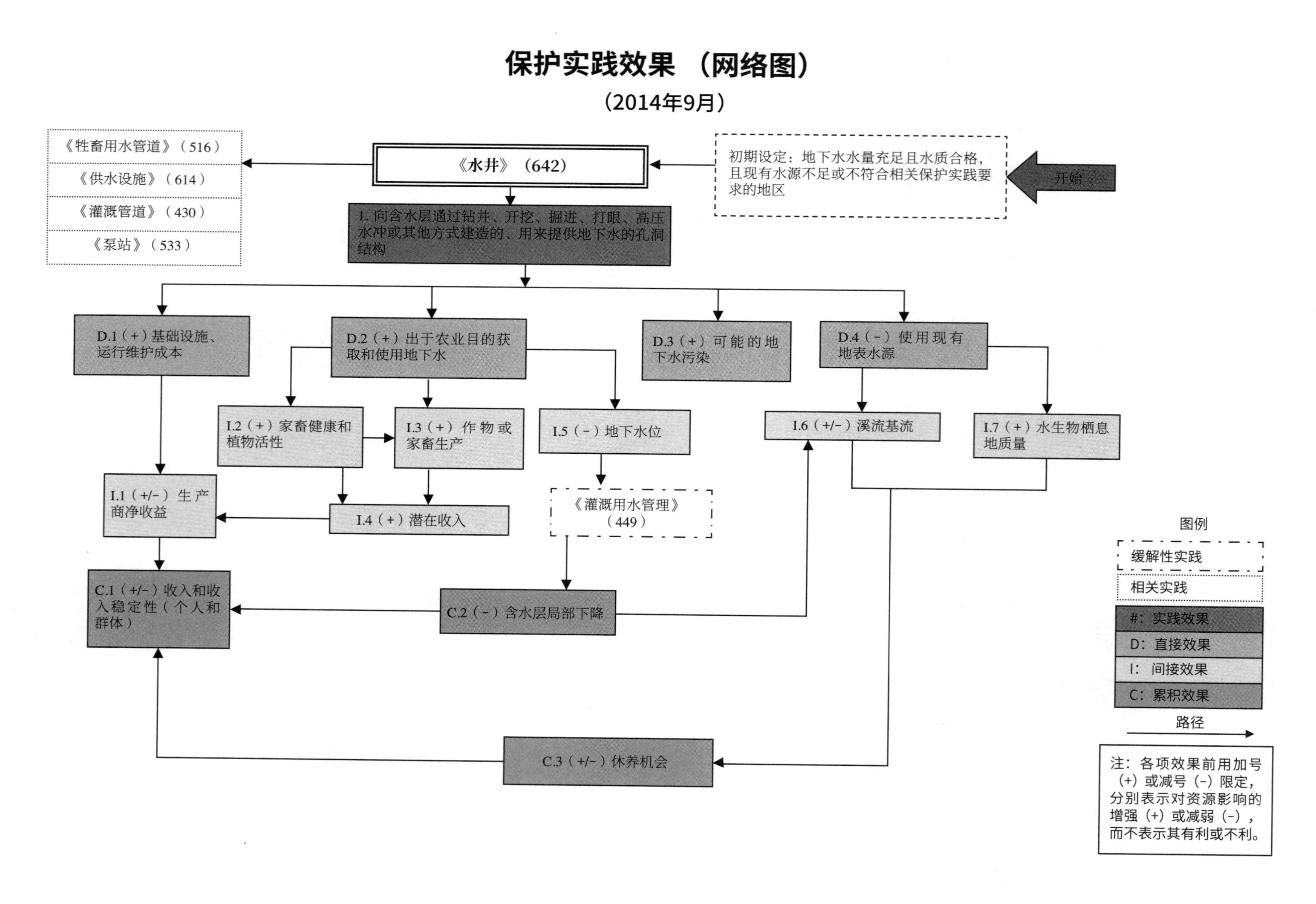
保护实践效果（网络图）
（2014年9月）
开始
初期设定：地下水水量充足且水质合格，且现有水源不足或不符合相关保护实践要求的地区
《水井》（642）
《牲畜用水管道》（516）
《供水设施》（614）
《灌溉管道》（430）
《泵站》（533）
I. 向含水层通过钻井、开挖、掘进、打眼、高压水冲或其他方式建造的、用来提供地下水的孔洞结构
D.1（+）基础设施、运行维护成本
D.2（+）出于农业目的获取和使用地下水
D.3（+）可能的地下水污染
D.4（-）使用现有地表水源
I.2（+）家畜健康和植物活性
I.3（+）作物或家畜生产
I.5（-）地下水位
I.6（+/-）溪流基流
I.7（+）水生物栖息地质量
I.1（+/-）生产商净收益
I.4（+）潜在收入
《灌溉用水管理》（449）
C.1（+/-）收入和收入稳定性（个人和群体）
C.2（-）含水层局部下降
C.3（+/-）休养机会
图例
缓解性实践
相关实践
#：实践效果
D：直接效果
I：间接效果
C：累积效果
路径
注：各项效果前用加号（+）或减号（-）限定，分别表示对资源影响的增强（+）或减弱（-），而不表示其有利或不利。

水产养殖池
（397，Ac.，2010年1月）

定义

为养殖淡水和咸水生物（包括鱼类、软体动物、甲壳类动物和水生植物）而建造和管理的蓄水池。

目的

为生产、种植和收获水产养殖生物提供有利的水生环境。

适用条件

该实践适用于储存水以及以水产养殖为目的的所有蓄水池。

准则

总体准则

水产养殖池可以是：（1）拦截和储存地表径流水的路堤池塘；（2）通过抽取地下水或调取泉水或用溪流填充的水道外蓄水池或挖出的池塘。

现场必须防止洪水、泥沙淤积和非沉积物污染。

如果有可能产生污染，必须对池塘区域内的土壤以及排水区域内的土壤进行残留农药和其他有害化学物质的检测。

为了使生产最优化，应当适当混入酸性土壤，使土壤达到中性状态或所需的pH。

当建造多个池塘时，各个池塘应保持独立，互不干扰，以便捕捞寄生虫、控制疾病。

所有池塘的设计应尽量防止外来物种或其他有害物种进入到相邻地表水体，尤其是河流和溪流的上游和下游。

在所有裸露的扰动土壤表层应种植植被。如果土壤或气候条件无法使植被发挥作用，则应采用其他保护方法。

供水。如果水质和水量都适合的话，可以使用任何可用的水源。如果河流、溪流或水源可能含有危害物质，例如不良鱼类、农药残留、鱼病和寄生虫，取水时必须在抽水系统中安装过滤器。

建立具体的进水流量需参考蒸发速率、放养密度和养殖种类要求。

水质。如有需要，进入池塘的水应当灌气以增加溶解氧并消散有害气体。池塘中的最低溶解氧含量为百万分之三至百万分之五。必要时应包括养殖池塘内的补充曝气，以维持所需的溶解氧。

水温和水化学应当满足物种要求和计划生产水平。

在切实可行的情况下进水应尽量远离出水口，以防止水从池塘中迅速排出。

规定收集、捕捞和利用养殖生物产生的废物。

应对下游排放的水进行必要处理，以确保接收水的指定州区不会因水产养殖蓄水装置的变化而退化。

遵守所有联邦、州和地方法规，在建造和储存之前将获得必需的许可证。

设计标准——路堤池塘。挖掘池塘周围的填土坝、路堤应当符合或者高于池塘养护标准378号标准规定的要求。

路堤顶部的最小宽度应为14英尺，用于捕捞、喂养和管理，不能公共使用。

设计标准——挖掘池塘。在不包括外部径流的情况下，在其外围开挖和修筑路堤所建的池塘，应配有辅助溢洪道或主溢洪道，足以在48小时或更短时间内疏解25年一遇、一次达24小时的降雨。这种情况下，必须使用至少8英寸直径的管道。

路堤施工应包括所需的路堤沉降，以满足干舷最低要求。在路堤的外端和排水沟的路堤顶部之间应至少设置 10 英尺宽的护堤。

管道和导管。横穿堤坝的泵排出口应安装在预期的高水位之上，并应做出相关举措，防止泵和电机振动影响被传送到排放管道。

作为分水或引导水流循环而建造的内部路基应有足够的截面，以确保其预期设定的稳定性和功效。

在管道入口和出口必须有足够的设备来保护地表免受湍流的影响。

池塘的尺寸和深度。池塘的大小和深度应满足种植物种的要求。

排水系统。所有池塘应有完整和部分排水设施。蓄水池的设计和施工中应包括下水管道、快速释放阀、下水释放套、水泵或其他装置用于水位控制和池塘管理。管道设计和渗流控制应符合或高于池塘养护实践 378 号规定的要求。

池塘底部。在围网捕捞生物的情况下，池塘底部应光滑，没有任何树桩、树木、树根和其他碎片。须填平池塘内现有的河道及洼地。应当加深池塘的边缘区，同时水位至少达到 3 英尺。

小龙虾能够诱捕，所以不需要完全清除树木、树桩和其他植被。

池底到出口处有一定的坡度，坡度至少为每 100 英尺 0.2 英尺。

通道和安全性。按照规定进入现场进行运行和维护。设备通道的坡度应为 4 级水平至 1 级垂直或更平坦的坡度。

应在附近设置适当的安全装置，对落水者进行施救，并安装装置以防止此类事故发生。

必要时应设置围栏，防止牲畜掉入水中和发生不必要的交通事故。

注意事项

就池塘大小、水深和水产经济物种的适应环境等问题，向国家渔业机构或有关的国立大学或研究机构征求建议。

在规划水产养殖池时要考虑对文化资源产生的任何不利影响。

其他规划考虑因素包括：

- 在能见度高的公共地带和与休闲垂钓的相关区域应仔细考虑池塘的视觉设计。
- 考虑对下游水流或含水层数量的影响，这些因素可能对环境、社会或经济造成不良影响，并导致地下水位因大量抽水而下降。
- 规划设计中应包括避免鸟类和其他动物破坏的措施。

计划和技术规范

建造水产养殖池的计划和技术规范应符合本实践，并应说明在特定场所为实现其预期目的而实施该做法的具体要求。

这些计划至少应包括：

- 带有地形信息的位置地图。
- 显示池塘高程和尺寸的典型截面。
- 结构装置尺寸、位置、材料类型和高度。
- 处置处理其他多余的挖掘物。
- 必要时围栏的位置和类型。
- 植被种植面积和植物生长说明。

运行和维护

应制订书面形式的现场具体运行和维护计划，供系统负责人使用。运行和维护计划应规定对植被、管道、阀门、溢洪道、道路和系统的其他部分进行检查、运行和维护。

保护实践概述

（2012年12月）

《水产养殖池》（397）

水产养殖池是为养殖淡水和咸水生物（包括鱼类、软体动物、甲壳类动物和水生植物）而建造和管理的蓄水池。

实践信息

本实践适用于为鱼类和其他动植物的商业生产而建造或改造的所有类型的池塘。同时适用于收取公共捕鱼费的作业。

本实践的目的是为生产、种植、收获和销售商业性水产养殖作物提供有利的水生环境。

商业鱼塘以成功运营所需的自然资源的局限性和潜力为设计依据。通过全面评估，确定项目的可行性。对土壤进行评估，以确定渗漏是否属于局限条件；对水进行测试，以确定水量和水质是否满足条件；调查对下游的影响，包括水处理要求；考虑进场入口的情况；并考虑项目的合规性和合法性。

应联系州渔业管理机构或适当的州立大学或研究机构，咨询池塘大小、水深和适应的商业水生物种等方面的建议。

水产养殖池将需要在实践的预期年限内进行维护。

常见相关实践

《水产养殖池》（397）通常与《访问控制》（472）、《堤坝》（356）、《行车通道》（560）、《废物回收利用》（633）、《养分管理》（590）和《池底密封或衬砌》（521A、521B、521C、521D）等保护实践一起使用。

保护实践的效果——全国

土壤侵蚀	效果	基本原理
片蚀和细沟侵蚀	0	不适用
风蚀	0	不适用
浅沟侵蚀	0	不适用
典型沟蚀	0	不适用
河岸、海岸线、输水渠	0	不适用
土质退化		
有机质耗竭	0	不适用
压实	0	不适用
下沉	0	不适用
盐或其他化学物质的浓度	0	如果池塘里的水流入周围的土地，可能会导致盐度增加，特别是以淡水虾为养殖目标的池塘。

（续）

水分过量	效果	基本原理
渗水	0	不适用
径流、洪水或积水	0	不适用
季节性高地下水位	0	不适用
积雪	0	不适用
水分不足		
灌溉水使用效率低	0	不适用
水分管理效率低	0	不适用
水质退化		
地表水中的农药	0	不适用
地下水中的农药	0	不适用
地表水中的养分	-2	这些池塘的废水排放会导致富含养分和有机物的地表水受到污染。
地下水中的养分	-2	池塘排放的废水会造成地下水污染。
地表水中的盐类	0	不适用
地下水中的盐类	0	不适用
粪肥、生物土壤中的病原体和化学物质过量	-2	设施废水中的鱼类病原体可排入地表水，感染野生鱼类。
粪肥、生物土壤中的病原体和化学物质过量	0	不适用
地表水沉积物过多	0	不适用
水温升高	-2	池塘水的排放温度将高于受纳水体的环境温度。
石油、重金属等污染物迁移	0	不适用
石油、重金属等污染物迁移	0	不适用
空气质量影响		
颗粒物（PM）和 PM 前体的排放	0	不适用
臭氧前体排放	0	不适用
温室气体（GHG）排放	0	不适用
不良气味	0	不适用
植物健康状况退化		
植物生产力和健康状况欠佳	0	不适用
结构和成分不当	0	不适用
植物病虫害压力过大	4	水生植被可用来控制不需要的物种。
野火隐患，生物量积累过多	0	不适用
鱼类和野生动物——生境不足		
食物	0	不适用
覆盖 / 遮蔽	0	不适用
水	0	池塘可以增加野生动物对资源的利用。
生境连续性（空间）	0	不适用
家畜生产限制		
饲料和草料不足	0	不适用
遮蔽不足	0	不适用
水源不足	0	不适用
能源利用效率低下		
设备和设施	0	不适用
农场 / 牧场实践和田间作业	0	不适用

CPPE 实践效果：5 明显改善；4 中度至明显改善；3 中度改善；2 轻度至中度改善；1 轻度改善；0 无效果；−1 轻度恶化；−2 轻度至中度恶化；−3 中度恶化；−4 中度至严重恶化；−5 严重恶化。

工作说明书—— 国家模板

（2010年1月）

此类可交付成果适用于个别实践。其他规划实践的可交付成果参考具体的工作说明书。

设计

可交付成果

1. 能够证明符合自然资源保护局实践中相关准则并与其他计划和应用实践相匹配的设计文件。
    a. 保护计划中确定的目的。
    b. 客户需要获得的许可证清单。
    c. 符合自然资源保护局国家和州公用设施安全政策(《美国国家工程手册》第 503 部分《安全》A 子部分“影响公用设施的工程活动”第 503.00 节至第 503.06 节）。
    d. 制订计划和规范所需的与实践相关的计算和分析，包括但不限于：
        i. 地质与土力学（《美国国家工程手册》第 531a 子部分）
        ii. 水文条件或水力条件及附属设施设计
        iii. 结构
        iv. 植被
        v. 环境因素
        vi. 安全注意事项（《美国国家工程手册》第 503 部分《安全》A 子部分第 503.10 至 503.12 节）
2. 向客户提供书面计划和规范书包括草图和图纸，充分说明实施本实践并获得必要许可的相应要求。
3. 合理的设计报告和检验计划（《美国国家工程手册》第 511 部分，B 子部分“文档”，第 511.11 节和第 512 节，D 子部分“质量保证活动”，第 512.30 节至第 512.32 节）。
4. 运行维护计划。
5. 证明设计符合实践和适用法律法规的文件［《美国国家工程手册》A 子部分第 505.03（a）（3）节］。
6. 安装期间，根据需要所进行的设计修改。

注：可根据情况添加各州的可交付成果。

安装

可交付成果

1. 与客户和承包商进行的安装前会议。
2. 验证客户是否已获得规定许可证。
3. 根据计划和规范（包括适用的布局注释）进行定桩和布局。
4. 安装检查（酌情根据检查计划开展）。
    a. 实际使用的材料（第 512 部分 D 子部分“质量保证活动”第 512.33 节）
    b. 检查记录
5. 协助客户和原设计方并实施所需的设计修改。
6. 在安装期间，就所有联邦、州、部落和地方法律、法规和自然资源保护局政策的合规性问题向客户 / 自然资源保护局提供建议。
7. 证明安装过程和材料符合设计和许可要求的文件。

注：可根据情况添加各州的可交付成果。

验收

可交付成果

1. 竣工文档。
    a. 实践单位
    b. 图纸
    c. 最终量
2. 证明安装过程符合自然资源保护局实践和规范并符合许可要求的文件［《美国国家工程手册》A 子部分第 505.03（c）（1）节］。
3. 进度报告。

注：可根据情况添加各州的可交付成果。

参考文献

NRCS Field Office Technical Guide（eFOTG）, Section IV, Conservation Practice Standard - Aquaculture Pond, 397.

NRCS National Engineering Manual（NEM）.

NRCS National Environmental Compliance Handbook.

NRCS Cultural Resources Handbook.

注：可根据情况添加各州的参考文献。

保护实践效果（网络图）

（2014年3月）

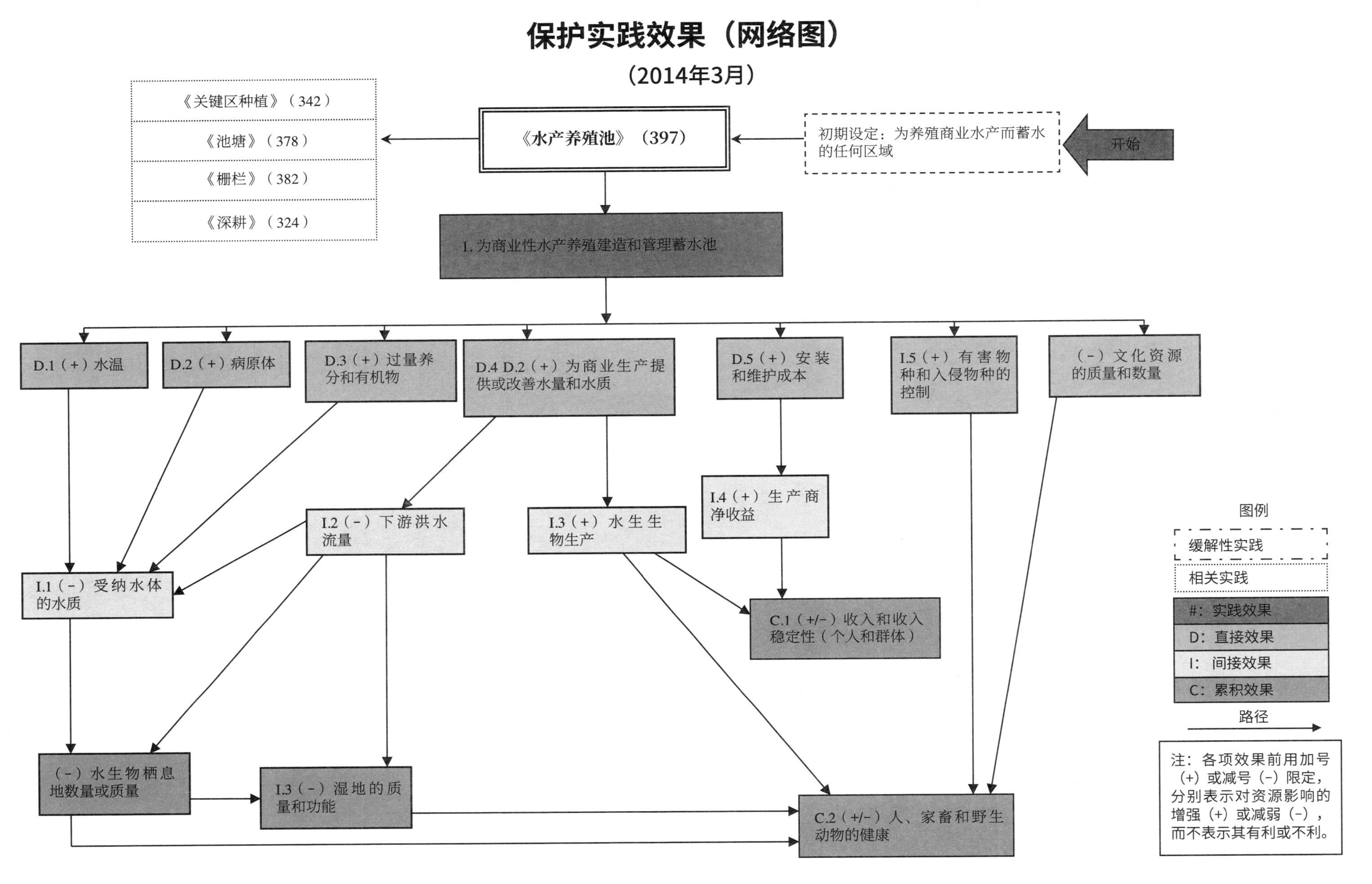

水生生物通道

（396，Mi.，2011年4月）

定义

对限制或阻碍水生生物运动的障碍物进行改造或去除。

目标

为水生生物改善或提供通道。

适用条件

所有阻碍水生生物通道的水生栖息地。

准则

规划和评估

评估水位和流量变化地点、潮汐影响、水力特征、地貌影响、沉积物运输和连续性，以及有机碎屑移动等。根据评估得到的变化范围设计通道的功能。

减少非必需的通道或因修改或移除通道障碍物而导致的轮廓变化。

尽可能地规划并安置符合当地条件和河流地貌的通道。

避免将鱼道入口和出口设置在妨碍功能、增加干扰或捕食或导致过度操作和维护要求的区域。

设计要求

通道的设计应适应目前和合理预期的流域情况的变化。

根据目标物种的游泳和跳跃能力或相似物种的游泳能力设计通道结构。根据水力计算记录如何满足目标生物生理需求的设计资料。

当不清楚目标物种的游泳和跳跃能力时，或者当一个项目将使多种水生生物受益时，借鉴相邻的流域或相似河流，模仿设计通道结构的几何形状和模式。

设计并评估通道结构至少满足在满堤岸蓄水和 25 年一遇洪峰流量情况下仍具有相应的水力性能和结构的完整性。

设计通道应尽量减少或避免导致迁徙生物出现体能不足、物理障碍和对生命有危害的情况发生。

设计通道应尽量减少或避免迁徙期的过度延迟。

在目标物种移动的期间内提供足够的引流到通道设施中。

只有在要求或必要时，才能在涵洞或鱼道上使用拦污栅。确保拦污栅可以自我清洁或易于维护。

选择无毒且难降解的建筑材料。

规划施工物流、方法和顺序，以尽量减少对水生生物，河岸地区和河流生境的不利影响。

注意事项

研发或采用定量方法来识别和评估通道障碍物（参见参考文献）。用此方法获得的信息有助于规划和预算事项。

在安装或改造新设施或结构之前应拆除通道障碍物。完全或部分地清除障碍物通常可提供更好的通道条件，并且比设计、构建、运行和维护多个新的通道结构更节约经济。

与其他涵洞结构相比，采用水流模拟方法（在其整个长度上包含天然河床底部在内）（USFS2008）设计的涵洞或无底拱，优于其他涵道构造形式的通道。与人造表面相比，天然河床为鱼类和其他水生生物不同生命阶段的需求提供了诸多通道和栖息地益处。

设计和安置，表征为尽可能多的不同水生物种和年龄段的水生生物改善或提供通道的功能。

在项目开始和建设期间尽可能保留河边湿地和河岸植被，以保证遮阴、河边湿地的连续性以及水生生态系统的养分输入和结构完整。在适当的情况下，应拆除施工通道或小径，并恢复该场地具有代表性的原生植被。

替换或移除现有的河流中可触发工作场地的上游或下游的通道调整（例如，沉积或退化）的结构。建立多级控制或其他坡度改造，以减轻负面物理或生态后果［参照保护实践《河床加固》（584）和《边坡稳定设施》（410）］。

在阻碍物上建立通道时，分析任何潜在的包括目标物种和水生滋扰物种之间的杂交、疾病、竞争或捕食等的负面相互作用。如可能导致严重后果，应采取措施尽量减少不利影响。

兼顾可能受到通道项目影响的其他水生或陆生物种对栖息地的需求。一些通道设施可以通过使用额外的漫滩泄水涵洞，在公路下提供安全的迁徙路线，从而提高陆栖脊椎动物的生存率。

评估阻碍物上游和下游的栖息地数量，以评估项目的可行性、成本效益或连接分散栖息地的可能性。在可能的情况下使用流域方法为项目规划提供框架。

鱼类通道设施常与可能伤害或杀死水生物种的水道分流或取水相联系。通过设立网栅，防止鱼类被卷吸或撞击，特别是幼鱼被水流携带进入分流的水道、压力管道或抽水泵。

通道项目可能影响水资源管理措施，例如分流、发电或储蓄。尽量平衡水生生物通道与其他水管理目标之间的关系。

考虑上游和范围更大的流域方面可能对生物通道产生影响的问题。常见的解决方案可包括维持或恢复适当的河水流量或其他水质参数（如：温度、溶解氧）。

障碍物的清除，特别是堤坝和交叉道路的清除，可能会对湿地、洪水发生的可能性、现有基础设施以及社会和文化习俗和资源产生重大影响。在规划或设计障碍物清除项目时，需要评估并处理其全部影响范围。

河漫滩和水利开发往往会改变历史形成的河道形态和位置。考虑绕过障碍物，将水流恢复到原来稳定的天然河道。

通道设施可以帮助生物的群体恢复和管理。在规划通道时，应顾及当地、所在州或联邦种质资源库存收集和物种管理计划。

在海洋环境中可利用自我调节的潮汐水道。调整这些结构以自动调节海水侵入河口，并改善河口功能和通道条件。

若遇低水位交叉，车辆污染物对水质的影响和轮胎引起的侵蚀可能会非常严重。在可能的情况下，重新规划道路或设置硬化河道交叉口［参照保护实践《跨河桥》（578）］。

计划和技术规范

为实施本实践，应制订因地制宜地的计划。计划应明确指定通道结构设计、布局和总体目标，并包括（至少）：

- 安置图和场地规划图，设计流量描述，以及关于操作原则的摘要。
- 显示现有和计划的场地状况的详细施工图，包括高程、典型特征和设计结构的横截面。
- 含有用料情况、物流（包括侵蚀控制）和时间安排的建设详细说明。
- 施工后评估和监测指南，以评估结构的完整性并符合设计标准。

运行和维护

为本实践的所有实施标准制订运行和维护计划。计划应包括，如果由于结构损坏或无法使用导致通道状况受损，应进行定期检查和纠正标准。运行和维护项目至少应包括：

- 指定负责通道结构的日常运行和维护的具体实体。
- 确保结构的正常功能所必要的年度、季节性或日常运行活动。
- 定期检查通道结构，以确保其符合设计标准。

- 清洁拦污栅和废物收集器，或定期清除废物堆积。
- 根据操作准则，调整闸门、孔口、阀门或其他控制装置，以调节流量并保持通道结构。
- 定期检查人工计量器或其他流量计量设备的准确性。
- 每年检查通道结构的结构完整性和失修情况。
- 检查闸阀和阀门密封是否损坏。
- 更换旧的或坏的止回阀、挡板、翼或其他结构部件。
- 适时情况下，从通道结构中清除沉积物堆积。

参考文献

Aquatic Nuisance Species Information. 2006.（per Nonindigenous Aquatic Nuisance Prevention and Control Act of 1990 [16 U.S.C. 4701]）.

Bell, M.C. 1990. *Fisheries Handbook of Engineering Requirements and Biological Criteria*. United States Army Corps of Engineers, Fish Passage Development and Evaluation Program, Portland, OR. 290 pp.

Clay, C.H. 1995. *Design of Fishways and Other Fish Facilities*. Second Edition. CRC Press, Inc. Boca Raton, FL. 248 pp.

Jungwirth, M., S. Schmutz, and S. Weiss, editors. 1998. *Fish Migration and Fish Bypasses*. Fishing News Books, Oxford, UK. 438 pp.

NRCS. 2006. Fish passage and screening designs. Technical Supplement 14-N to NEH-654 – Stream Restoration Design Handbook.

Taylor, R.N. and M. Love. 2003. Fish passage evaluation at stream crossings. Part IX in： California Stream Habitat Restoration Manual, 3rd edition, 1998. Prepared by G. Flosi, S. Downie, J. Hopelain, M. Bird, R. Coey, and B. Collins. Sacramento, CA. 100 electronic pp.

United States Forest Service（USFS）. 2006. Low water crossings： Geomorphic, biological, and engineering design considerations. 0625 1808, SDTDC, San Dimas, CA.

USFS. 2008. Stream Simulation： An ecological approach to providing passage for aquatic organisms at road-stream crossings. 0877 1801P, NTDP, San Dimas, CA.

Washington Department of Fish and Wildlife（WDFW）. 2000. Fishway guidelines for Washington State. Olympia, WA. 57 pp.

WDFW. 2000. Fish passage barrier and surface water diversion screening and prioritization manual. WDFW Habitat Program, Environmental Restoration Division, Salmon Screening, Habitat Enhancement and Restoration Section, Olympia, WA. 158 pp.

保护实践概述

（2012年7月）

《水生生物通道》（396）

水生生物通道（AOP）是对限制或阻碍水生生物运动的障碍物进行改造或去除。

实践信息

AOP 项目包括一系列措施和结构，以消除或修改阻碍水生物种移动的障碍。AOP 影响河流廊道的功能和物理条件，以改善栖息地，形成可增强长期稳定性的管理方案，并通过恢复产卵和饲养栖息地的准入来改善目标物种的种群状况。由生物学家、工程师和其他专家组成的跨学科团队可以成功地规划和完成 AOP 项目。AOP 标准适用于所有阻碍水生生物通道的水生栖息地，包括淡水湖泊和河流以及河口环境。清除障碍物通常能使通道质量和地貌功能完美融合，尽管这种方案在许多地方有时难以实现。

评估水位和流量变化地点、潮汐影响、水力特征、地貌影响、沉积物运输和连续性，以及有机碎屑移动等。根据评估得到的变化范围设计通道的功能。结构设计是关键，通道应适应场地内的环境。

可能需要采取额外措施，以缓解因改动或移除通道障碍物而导致的水渠方案问题或剖面变化。此外，在水里和水周围工作可能涉及许多不同的监管机构，保护敏感生物的工作部门可能会控制施工时间。

本实践所涵盖的措施可能包括但不限于：涵洞（管道、无底和混凝土）、低水位水道口、桥梁、鱼梯、大坝拆除、仿自然鱼道、挡潮闸和重力改道处的筛网。

运行维护要求包括：清除沉积物和碎片、调整闸门以控制流量、定期检查并及时修复受损部件，以及监测以确保实践进展顺利。

常见相关实践

《水生生物通道》（396）通常与《河流生境管理和改善》（395）、《跨河桥》（578）、《河岸和海岸保护》（580）、《河床加固》（584）和《乔木 / 灌木建植》（612）等保护实践一起使用。

保护实践的效果——全国

土壤侵蚀	效果	基本原理
片蚀和细沟侵蚀	0	不适用
风蚀	0	不适用
浅沟侵蚀	0	不适用
典型沟蚀	0	不适用
河岸、海岸线、输水渠	0	不适用
土质退化		
有机质耗竭	0	不适用
压实	0	不适用
下沉	0	不适用
盐或其他化学物质的浓度	0	不适用
水分过量		
渗水	0	不适用
径流、洪水或积水	0	不适用
季节性高地下水位	0	不适用
积雪	0	不适用
水分不足		
灌溉水使用效率低	0	不适用
水分管理效率低	0	不适用
水质退化		
地表水中的农药	0	不适用
地下水中的农药	0	不适用
地表水中的养分	0	不适用
地下水中的养分	0	不适用
地表水中的盐类	0	不适用
地下水中的盐类	0	不适用
粪肥、生物土壤中的病原体和化学物质过量	0	不适用
粪肥、生物土壤中的病原体和化学物质过量	0	不适用
地表水沉积物过多	0	不适用
水温升高	2	改善水上通道可以减少河道内的积水，从而可能防止高温。
石油、重金属等污染物迁移	0	不适用
石油、重金属等污染物迁移	0	不适用
空气质量影响		
颗粒物（PM）和 PM 前体的排放	0	不适用
臭氧前体排放	0	不适用
温室气体（GHG）排放	0	不适用
不良气味	0	不适用
植物健康状况退化		
植物生产力和健康状况欠佳	0	不适用
结构和成分不当	0	不适用
植物病虫害压力过大	0	不适用
野火隐患，生物量积累过多	0	不适用
鱼类和野生动物——生境不足		
食物	0	不适用
覆盖 / 遮蔽	2	提供水生生物通道，使这些迁徙生物能够到达其正在寻找的用于生存或繁殖的覆盖 / 遮蔽处。

（续）

鱼类和野生动物——生境不足	效果	基本原理
水	0	改善河道内通道可以使水流更加均匀，从而有助于形成通道。
生境连续性（空间）	0	不适用
家畜生产限制		
饲料和草料不足	0	不适用
遮蔽不足	0	不适用
水源不足	0	不适用
能源利用效率低下		
设备和设施	0	不适用
农场 / 牧场实践和田间作业	0	不适用

CPPE 实践效果：5 明显改善；4 中度至明显改善；3 中度改善；2 轻度至中度改善；1 轻度改善；0 无效果；−1 轻度恶化；−2 轻度至中度恶化；−3 中度恶化；−4 中度至严重恶化；−5 严重恶化。

工作说明书——国家模板

（2011年4月）

此类可交付成果适用于个别实践。其他规划实践的可交付成果参考具体的工作说明书。

设计

可交付成果

1. 能够证明符合自然资源保护局实践中相关准则并与其他计划和应用实践相匹配的设计文件。
    a. 保护计划中确定的目的。
    b. 客户需要获得的许可证清单。
    c. 符合自然资源保护局国家和州公用设施安全政策（《美国国家工程手册》第 503 部分《安全》A 子部分“影响公用设施的工程活动”第 503.00 节至第 503.06 节）。
    d. 制订计划和规范所需的与实践相关的计算和分析，包括但不限于：
        i. 水文条件或水力条件
        ii. 结构
        iii. 环境因素（GM 190 ECS 第 410.22 部分）
2. 向客户提供书面计划和规范书包括草图和图纸，充分说明实施本实践并获得必要许可的相应要求。
3. 合理的设计报告和检验计划（《美国国家工程手册》第 511 部分，B 子部分“文档”，第 511.11 节和第 512 节，D 子部分“质量保证活动”，第 512.30 节至第 512.32 节）。
4. 运行维护计划。
5. 证明设计符合实践和适用法律法规的文件［《美国国家工程手册》A 子部分第 505.03（a）（3）节］。
6. 安装期间，根据需要所进行的设计修改。

注：可根据情况添加各州的可交付成果。

安装

可交付成果

1. 与客户和承包商进行的安装前会议。
2. 验证客户是否已获得规定许可证。
3. 根据计划和规范（包括适用的布局注释）进行定桩和布局。
4. 安装检查（酌情根据检查计划开展）。
    a. 实际使用的材料（第 512 部分 D 子部分“质量保证活动”第 512.33 节）
    b. 检查记录
5. 协助客户和原设计方并实施所需的设计修改。
6. 在安装期间，就所有联邦、州、部落和地方法律、法规和自然资源保护局政策的合规性问题向客户 / 自然资源保护局提供建议。
7. 证明安装过程和材料符合设计和许可要求的文件。

注：可根据情况添加各州的可交付成果。

验收

可交付成果

1. 竣工文档。
    a. 实践单位
    b. 图纸
    c. 最终量
2. 证明安装过程符合自然资源保护局实践和规范并符合许可要求的文件［《美国国家工程手册》A 子部分第 505.03（c）（1）节］。
3. 进度报告。

注：可根据情况添加各州的可交付成果。

参考文献

Aquatic Nuisance Species Information. 2006（per Nonindigenous Aquatic Nuisance Prevention and Control Act of 1990 [16 USC 4701]）.

Bell, MC 1990. *Fisheries Handbook of Engineering Requirements and Biological Criteria*. United States Army Corps of Engineers, Fish Passage Development and Evaluation Program, Portland, OR 290 p.

Clay, CH 1995. *Design of Fishways and Other Fish Facilities*. Second Edition. CRC Press, Inc Boca Raton, FL 248 pp.

Jungwirth, M., S Schmutz, and S Weiss, editors. 1998. *Fish Migration and Fish Bypasses*. Fishing News Books, Oxford, UK 438 pp.

NRCS 2006. Fish passage and screening designs. Technical Supplement 14-N to NEH-654 – Stream Restoration Design Handbook.

Taylor, RN and M Love 2003. Fish passage evaluation at stream crossings. Part IX in：*California Stream Habitat Restoration Manual, 3rd edition, 1998*. Prepared by G Flosi, S Downie, J Hopelain, M Bird, R Coey, and B Collins. Sacramento, CA 100 electronic pp.

United States Forest Service（USFS）. 2006. Low water crossings：Geomorphic, biological, and engineering design considerations. 0625 1808, SDTDC, San Dimas, CA.

USFS 2008. Stream Simulation：An ecological approach to providing passage for aquatic organisms at road-stream crossings 0877 1801P, NTDP, San Dimas, CA.

Washington Department of Fish and Wildlife（WDFW）2000. Fishway guidelines for Washington State. Olympia, WA 57 pp.

WDFW 2000. Fish passage barrier and surface water diversion screening and prioritization manual. WDFW Habitat Program, Environmental Restoration Division, Salmon Screening, Habitat Enhancement and Restoration Section, Olympia, WA 158 pp.

注：可根据情况添加各州的参考文献。

保护实践效果（网络图）

（2014年3月）

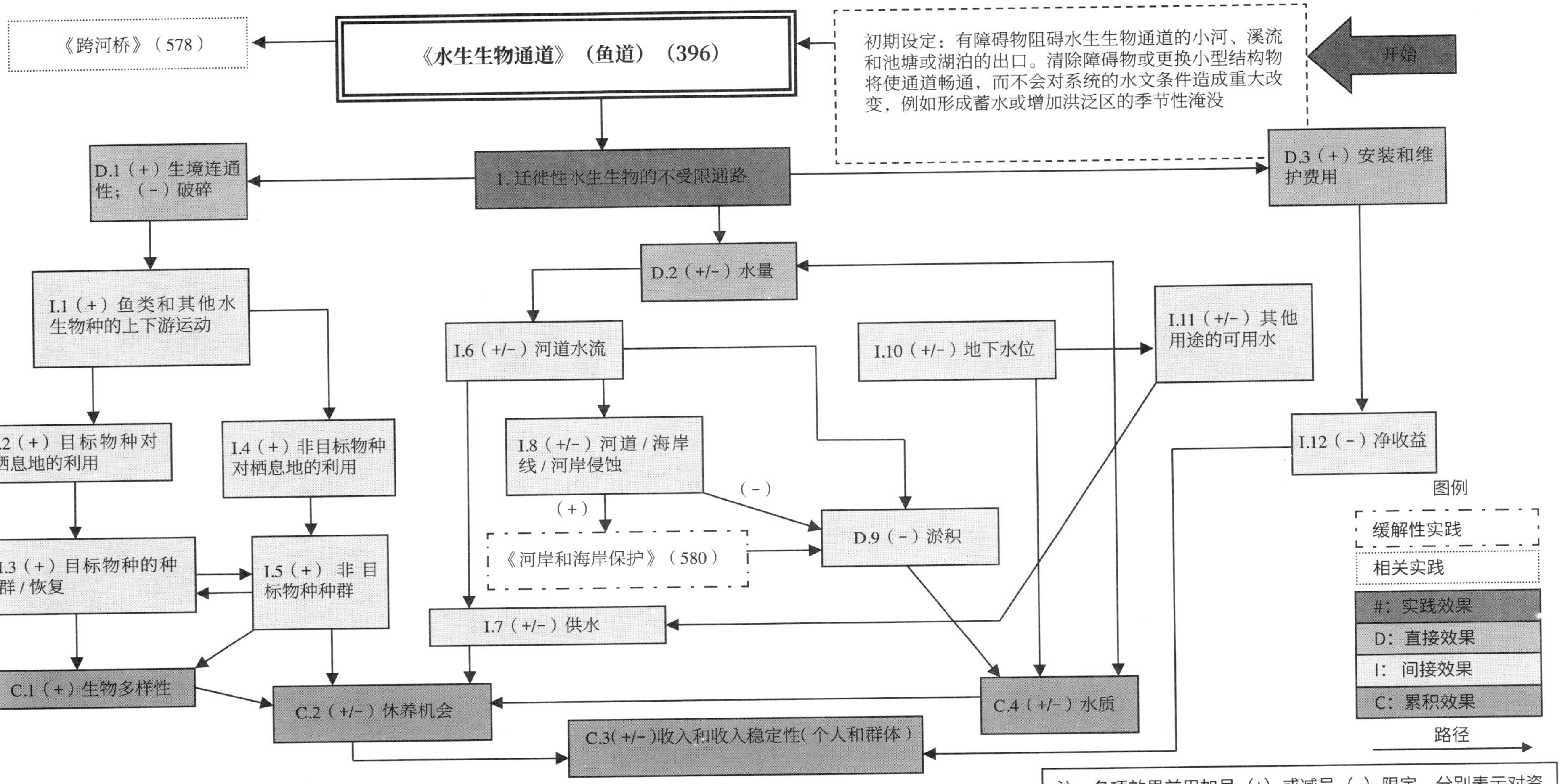

注：各项效果前用加号（+）或减号（-）限定，分别表示对资源影响的增强（+）或减弱（-），而不表示其有利或不利。

实践实施的范围和产生的效果仅限于“初期设定”中所述内容。涉及较大河流系统、蓄水、洪泛区季节性洪水增加或水文系统其他变化的项目，可能需要在特定场地环境评估中进行评估。

鱼道或鱼箱

（398，No.，2016年5月）

定义

为了高密度养鱼而建造或使用的一种有连续水流的鱼道或鱼箱。

目的

养鱼水道或鱼池鱼道或鱼箱应提供：

- 设施内的流动水应设定适宜的温度保证质量，用于可靠的鱼类养殖。
- 为了提高渔业产量，允许化学因素、物理因素或生物因素的操作。

适用条件

本实践本实践适用于可以管理水流养鱼的鱼道或鱼箱。它适用于土渠，以及由混凝土、混凝土砖、木材、岩石、玻璃纤维或其他材料构成的鱼道或鱼箱。

准则

适用于上述所有目的的总体准则

设置防护设备，以防洪水、淤泥和外源产生的污染物的污染。

基于可用水量和计划生产水平，设计鱼道或鱼箱面积。

水量。通过重力流或泵送，保持足够的水量以养殖所需的鱼类。一般来说，这个量相当于每小时两次完整的水交换，管道长度为 80 ～ 100 英尺。测量低流量期间的水量。

水质。供应的水不得含有害气体、矿物、淤泥、农药和其他污染物。设计和施工前需进行水质分析，除非之前使用或操作经验显示水质可达到所需物种标准。表 1 举例说明鳟鱼和鲶鱼生存所需的水质要求。特殊的水质参数可能适用于其他鱼类。

表 1 水质要求

质量参数		物种	
		鳟鱼	鲶鱼
溶解氧	所需理想最小值	8 毫克 / 升 或 >5 毫克 / 升	5 毫克 / 升 或 >3 毫克 / 升
温度（°F）	理想最小值 / 最大值	55 ～ 64 45 / 70	75 ～ 84 70 / 90
pH	所需最小 / 最大理想最小值 / 最大值	6.5 ～ 9.0 6.0 / 9.5	6.5 ～ 9.0 6.0 / 9.5
二氧化碳	理想最小值* / 最大值	2 毫克 / 升 或 <0/3 毫克 / 升	5 毫克 / 升 或 <0 / 10 毫克 / 升

* 毒性随着溶解氧浓度、温度和 pH 变化。

食肉动物控制。如果需要，可以使用栅栏、围屏、触网、电线或其他材料来防止食肉动物捕食鱼类，以免造成损失。把捕兽器或其他对人类、牲畜或宠物有潜在伤害的设备安置到安全地带。除非经过特殊努力，否则通常无法进入。国家机构可要求许可证或许可证才能进行此类活动。

制订计划，处理、贮存或使用因鱼槽或鱼箱运作而产生或引致的废物。应使用保护实践《废物储存设备》（313）、《废物处理池》（359）、沉沙池和其他设施。按照保护实践《养分管理》（590）倾倒废物。根据作业规模，排放到河流的物体须满足国家河流标准，遵从国家污染物排放清除系统（NPDES）条例。

适用于线槽鱼道的标准

水道鱼道通常由线槽鱼道组成，即水流从鱼道的一端流进，从另一端流出。线槽鱼道通常有两类：

- **混凝土或混凝土块结构。**依据 NRCS《美国国家工程手册》第 536 部分——结构设计设置和建造鱼道。设计混凝土或混凝土块鱼道时，使用同样的设计材料建立隔板和谷坊。
- **梯形或抛物线形断面土渠。**设计梯形或抛物线形断面的鱼道。设计底部宽度基于可用水量，但不小于 4 英尺。设计边坡比例为 1:1 或更平坦，由边坡稳定性分析决定。设计和建造具有光滑均匀表面的电缆管道边坡和底部，以尽量减少死水区域。

坡度边坡。尽可能设计和建造每 100 英尺最小底限坡度 0.5 英尺的水池。鱼道出口将控制水面坡度。

长度。根据现场地形和水的复氧需要，确定每个鱼道的最大长度，但不超过 100 英尺。对于串联鱼道的设计，在每段的下端安装一个隔板和谷坊。

宽度。考虑到可用的供水、收集设备和系统的操作和维护需要，选择单个鱼道的宽度。

干舷。鱼道内的水面与鱼道旁的隔板、堤坝或防洪堤顶部之间的最小高程差为 0.5 英尺。

堤坝和防洪堤。设置一个土制堤坝和防洪堤，顶部宽度最少 6 英尺。在水面上的土制堤坝和防洪堤坡度比例为 2:1 或者更平坦。堤坝或防洪堤作为道路使用时，顶部宽度最少 14 英尺，采用 3:1 或者更平的边坡。

隔离墙隔板。横跨鱼道槽的结构或土制屏障称为隔板，用于形成较短的截面，建立和保持所需水位，保证曝气。除用作屏障外，它们还应具有一个开口或临界截面，允许从鱼道底部排水，而不需要借助其他排水设施。

用土、混凝土、混凝土块、岩砖石、铁或其他耐用金属、已处理木料或如下合成材料设置隔板：

- 建造土制隔板时，顶部宽度至少需要 4 英尺，边坡比例为 2:1 比例或更平坦。
- 加固混凝土隔板时的顶部宽度至少为 6 英寸，底部宽度至少为 8 英寸。
- 用在土制鱼道建设的混凝土、混凝土块、岩砖石或钢制隔板，需将其扩大到至少 24 英寸、河道的两边和低端。
- 用混凝土、混凝土砌块、木材或金属需设置一个隔板开口截面或临界截面。
- 沿着垂直面安装闸板或滤网时，应设置狭槽或沟槽。
- 用混凝土或混合砂浆灌满混凝土块的开口和中心处。

排水管道。在隔板底部安装一个直径至少 6 英寸的排水管，或者为了充分排水移去闸板。为了使排水系统不受其他系统的影响，尽可能系列性地设置每一个单元。

滤网。如需阻止野生鱼进入，需在同一入口处设置滤网。在截面和出口处的每一个隔板里设置滤网，以防止鱼流失。应在闸板上游设置至少 6 ~ 8 英寸长的滤网，为了防止鱼跃出，应在预期水位上方设置至少 6 ~ 8 英寸长的加大滤网。根据需要分离的鱼类尺寸范围设计滤网。通过滤网保持缓慢的水流速度，以防止鱼类撞击滤网。

灌气。为每一个隔板配备一个溢流堰，例如在隔板开口或临界截面的闸板。溢流堰的宽度等同于鱼道的底部宽度，但不少于 4 英尺，此时就可以用闸板达成预期水位。鱼道宽度达到 8 英尺时，应设置两个或更多溢流堰，使用刚性中心面隔离。为了提高设计的曝气，准备一个或多个防溅板，形成连续的飞溅物，或将喷嘴放在水面上方的水池中。将堰顶设置在下游水面高程以上至少 1 英尺处。

适用于水池适用标准

水池形状通常为圆形、矩形或椭圆形。水通过喷嘴或喷射器进到水池，这种方式可以在水池内形成回转循环；通常在水池中心以立管或底部排水的方式放水。

用混凝土、金属、玻璃纤维建造水池，若有其他强度或耐久性适中的材料也可使用。为了正常循环，非圆形水池必须有一个内部隔板。水池鱼道建必须配有水供给设备、管理人员以及喂鱼和收鱼设备。

供水。在水池中安装的喷射器、喷嘴或相似装置必须对水池里的水有切向力。把水下喷嘴安置在水池底部上方，最大限度防止废物颗粒上浮。在北半球，喷嘴按逆时针方向安装；在南半球，喷嘴按顺时针方向安装。此时喷嘴均在顺流中。

废物清理。把废物清除条款添加到计划中。把底槽、围屏或中心位置排水管归为水池构造的一部分。

注意事项

鱼类和野生动物

分析培养外地鱼类对地方鱼类种群的影响。

植被

贮存表层土，放置到干扰区以便促使植被再生长。为了改善鱼类、野生动物生存环境以及保护物种多样性，应讨论植被选择和植被种植问题。

水量

考虑对水量平衡部分的影响，比如：

- 径流、渗透、蒸发、蒸腾、深层渗透和地下水灌水的水量和流速的影响。
- 季节、气候变化引起的影响可变性。
- 对下游水量的影响和对湿地、含水层环境的影响以及对下游使用或使用者的社会经济影响。

水质

应考虑的影响：

- 随着淤泥、病原菌和径流侵蚀、流动带来的附着在沉积物上的物质。
- 该活动对下游水源质量带来的短期建筑影响。
- 控制下游水温、水位，以防对水生和野生动物群落带来不良影响。
- 湿地和水栖野生动物栖息地的影响。
- 水位对植物氮作用或脱氮作用等土壤养分过程的影响。
- 土壤水位控制土壤盐度、土壤水或下游水。
- 因移土而发现或再区分有毒物质的可能性，土方作业可能会暴露有害物质或重新分布。
- 溶解有机化学物或无机化学物可能会流向下游和地下水补给区。

计划和技术规范

按本实践中描述的条例要求来起草计划和技术规范。至少包括：

- 设备及配件的布局平面图。
- 按需准备的设备和配件的典型剖面和截面。
- 适于描述建筑要求的结构图。
- 按需种植植被或护根的要求。
- 安全性。
- 特定施工和材料要求。

运行和维护

为操作员准备运行和维护方案。

运行和维护方案里至少包括以下内容：

- 定期检查所有装置、土制堤坝和其他重要配件。
- 及时修复或更换破损零部件。
- 沉积物一旦达到预定存储高度，应及时清除。
- 定期清除树木、灌木和不良物种。
- 如需，定期检查安全零部件并及时修理。
- 维持保持植物防护并及时按需在裸地上播种。

参考文献

American Society for Testg and Materials. Standard Practice for Classification ofSoils for Engeerg Purposes（Unified SoilClassification System）, ASTMD2487. West Conshohocken, PA.

Timmons, M.B., Ebelg, J.M., Wheaton, F.W., Summerfelt, S.T. &Vci, B.J. 2001.Recirculatg Aquaculture Systems.Cayuga Aqua Ventures. Ithaca, NY.

USDA NRCS.NEH, Part633, Soil Engeerg. Washgton, DC.

USDA NRCS. NEH, Part650, Engeerg Field Handbook. Washgton, DC.

USDA NRCS.National Engeerg Manual. Washgton, DC.

保护实践概述

（2016年5月）

《鱼道或鱼箱》（398）

鱼道或鱼箱是指为了高密度养鱼而建造或使用的一种有连续水流的鱼道或鱼箱。

实践信息

为了进行高水平的管理并提高渔产，鱼道或鱼箱需要温度和质量适宜的连续水流。

鱼道或鱼箱包括土渠，以及由混凝土、混凝土砖、木材、岩石、玻璃纤维或其他材料构成的鱼道或鱼箱。

在规划本实践时，通常会进行水产养殖资源评估。该评估有助于确定实践的可行性，统筹其经济性、水资源可利用量、市场、管理要求和其他考虑因素。

制订计划，处理、贮存或使用因鱼道或鱼箱运作而产生或引致的废物，并构成本实践的设计与实施工作的一部分。废物处理包括建造废物储存池、储存设施、处理潟湖、沉淀池或其他设施。废物利用包括通过灌溉或将废物运到可用土地上，将废物撒在该土地上。

常见相关实践

通常与《鱼道或鱼箱》（398）一起应用的保护实践包括《堤坝》（356）、《草地排水道》（412）、《养分管理》（590）、《明渠》（582）、《控水结构》（587）、《地下出水口》（620）、《废物回收利用》（633）、《废物储存设施》（313）以及《废物处理池》（359）。

保护实践的效果——全国

土壤侵蚀	效果	基本原理
片蚀和细沟侵蚀	0	不适用
风蚀	0	不适用
浅沟侵蚀	0	不适用
典型沟蚀	0	不适用
河岸、海岸线、输水渠	0	不适用
土质退化		
有机质耗竭	0	不适用
压实	0	不适用
下沉	0	不适用
盐或其他化学物质的浓度	0	不适用
水分过量		
渗水	0	不适用
径流、洪水或积水	0	不适用
季节性高地下水位	0	不适用
积雪	0	不适用
水源不足		
灌溉水使用效率低	0	不适用
水分管理效率低	0	不适用
水质退化		
地表水中的农药	0	不适用
地下水中的农药	0	不适用
地表水中的养分	-1	适当执行本实践可将污染降至最低。
地下水中的养分	-1	适当执行本实践可将污染降至最低。
地表水中的盐分	-1	适当执行本实践可将污染降至最低。
地下水中的盐分	0	不适用
粪肥、生物土壤中的病原体和化学物质过量	-1	设施废水中的鱼类病原体可排入地表水。缓解措施也是实践设计的一部分。
粪肥、生物土壤中的病原体和化学物质过量	-1	适当执行本实践可将污染降至最低。
地表水沉积物过多	0	不适用
水温升高	-1	排放的水温度一般将高于受纳水体的环境温度。
石油、重金属等污染物迁移	0	不适用
石油、重金属等污染物迁移	0	不适用
空气质量影响		
颗粒物（PM）和 PM 前体的排放	0	不适用
臭氧前体排放	0	不适用
温室气体（GHG）排放	0	不适用
不良气味	0	不适用
植物健康状况退化		
植物生产力和健康状况欠佳	0	不适用
结构和成分不当	0	不适用
植物病虫害压力过大	0	不适用
野火隐患，生物量积累过多	0	不适用
鱼类和野生动物——生境不足		
食物	0	不适用
覆盖 / 遮蔽	0	不适用
水	0	不适用
生境连续性（空间）	0	不适用

（续）

家畜生产限制	效果	基本原理
饲料和草料不足	0	不适用
遮蔽不足	0	不适用
水源不足	0	不适用
能源利用效率低下		
设备和设施	0	不适用
农场 / 牧场实践和田间作业	0	不适用

CPPE 实践效果：5 明显改善；4 中度至明显改善；3 中度改善；2 轻度至中度改善；1 轻度改善；0 无效果；−1 轻度恶化；−2 轻度至中度恶化；−3 中度恶化；−4 中度至严重恶化；−5 严重恶化。

工作说明书—— 国家模板

（2016年5月）

此类可交付成果适用于个别实践。其他规划实践的可交付成果参考具体的工作说明书。

设计

可交付成果

1. 能够证明符合自然资源保护局实践中相关准则并与其他计划和应用实践相匹配的设计文件。
    a. 保护计划中确定的目的。
    b. 客户需要获得的许可清单。
    c. 符合美国自然资源保护局国家和州公用设施安全政策（《美国国家工程手册》第 503 部分《安全》A 子部分“影响公用设施的工程活动”第 503.00 节至第 503.06 节）。
    d. 制订计划和规范所需的与实践相关的计算和分析，包括但不限于：
        i. 水量和水质
        ii. 结构
        iii. 环境因素
        iv. 安全注意事项（《美国国家工程手册》第 503 部分《安全》A 子部分第 503.10 至 503.12 节）
2. 向客户提供书面计划和规范书包括草图和图纸，充分说明实施本实践并获得必要许可的相应要求。
3. 合理的设计报告和检验计划（《美国国家工程手册》第 511 部分，B 子部分“文档”，第 511.11 节和第 512 节，D 子部分“质量保证活动”，第 512.30 节至第 512.32 节）。
4. 运行维护计划（《国家运行和维护手册》）。
5. 证明设计符合实践和适用法律法规的文件［《美国国家工程手册》A 子部分第 505.03（a）（3）节］。
6. 安装期间，根据需要所进行的设计修改。

注：可根据情况添加各州的可交付成果。

安装

可交付成果

1. 与客户和承包商进行的安装前会议。
2. 验证客户是否已获得规定许可证。

3. 根据计划和规范（包括适用的布局注释）进行定桩和布局。
4. 安装检查（酌情根据检查计划开展）。
    a. 实际使用的材料（第 512 部分 D 子部分“质量保证活动”第 512.33 节）
    b. 检查记录
5. 协助客户和原设计方并实施所需的设计修改。
6. 在安装期间，就所有联邦、州、部落和地方法律、法规和美国自然资源保护局政策的合规性问题向客户 / 美国自然资源保护局提供建议。
7. 证明安装过程和材料符合设计和许可要求的文件。

注：可根据情况添加各州的可交付成果。

验收

可交付成果

1. 竣工文档。
    a. 实践单位
    b. 图纸
    c. 最终量
2. 证明安装过程符合美国自然资源保护局实践和规范并符合许可要求的文件［《美国国家工程手册》A 子部分第 505.03（c）（1）节］。
3. 进度报告。

注：可根据情况添加各州的可交付成果。

参考文献

NRCS Field Office Technical Guide（FOTG）, Section IV, Conservation Practice Standard - Fish Raceway or Tank, 398.

NRCS National Engineering Manual（NEM）.

NRCS National Environmental Compliance Handbook.

NRCS Cultural Resources Handbook.

注：可根据情况添加各州的参考文献。

保护实践效果（网络图）

（2016年5月）

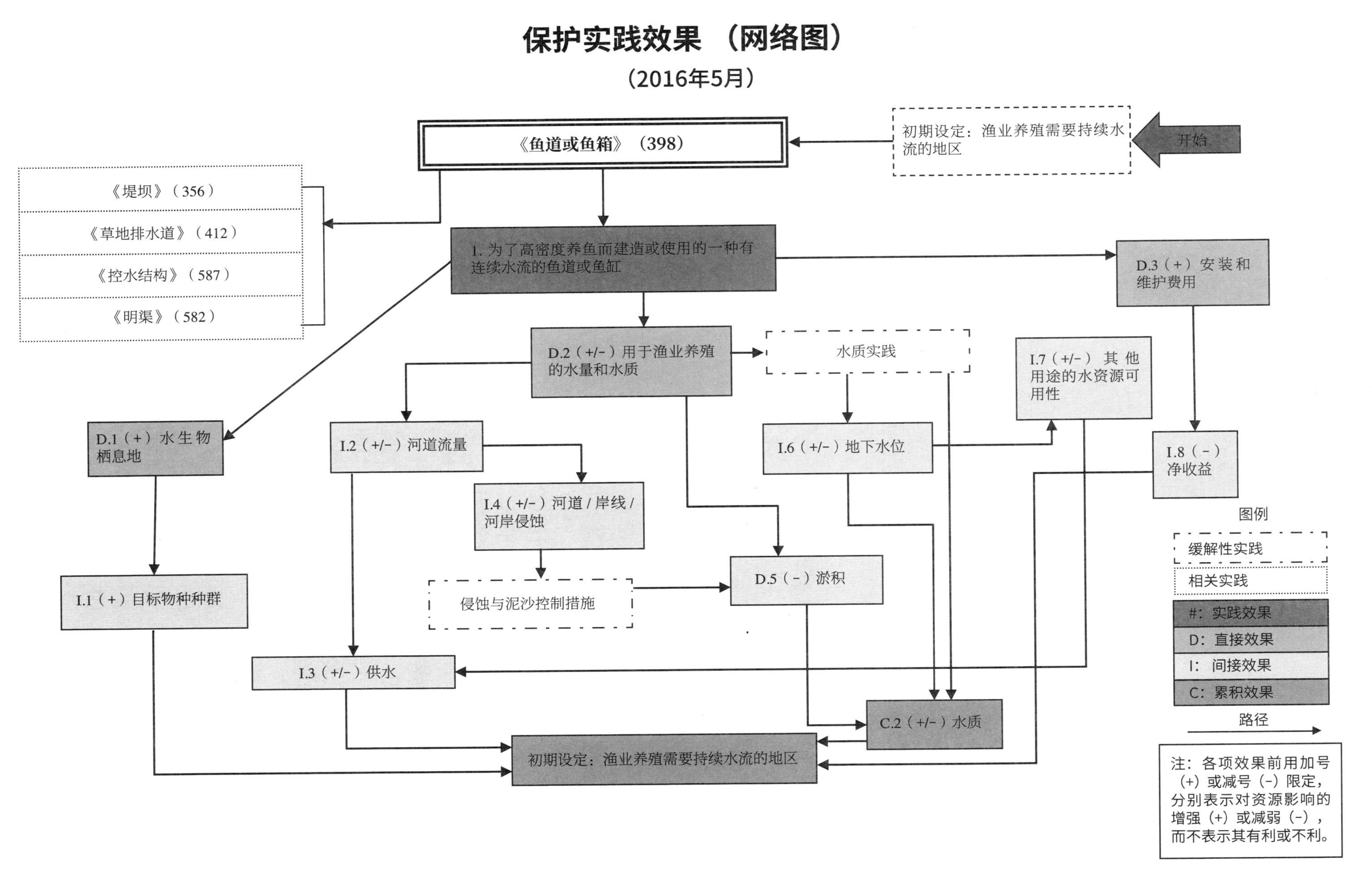

鱼塘管理

（399，Ac.，2011年9月）

定义

为保证鱼类产量而对鱼类活动的固定水域及其水质进行管理。

目的

- 为鱼类和其他水生生物提供良好的生存水域，以保证鱼类种群的繁衍。
- 加强并维持理想的物种种类和物种比例。
- 发展加强并维持理想的生产水平。

适用条件

适用于不以商业水产养殖为目的，或温或冷的池塘、湖泊和水库。

准则

适用于上述所有目的的总体准则

鱼池鱼塘管理必须符合保护实践《池塘》（378）中的要求。

牲畜不能接近鱼塘。

根据州和当地法规控制滋扰物种。

避免鱼塘受到洪水、沉降和污染的干扰。

治理有害的水生植物。

在选择鱼种时，要遵守州和当地的规定。

池塘、湖泊和水库的排放应符合国家水质标准。

根据州和当地的法规，防止池塘中的鱼类逃脱或游入可能对当地物种造成不利影响的毗邻水域。

发展并维持理想的物种种类和物种比例的标准

将放养物种仅限于在本地池塘、湖泊或水库适用的物种。

根据客户目的和当地法规制订池塘管理计划，例如，物种选择、放养率控制。

根据鱼塘的大小、深度、水温和水质选择鱼种，确定放养率和比率。

制订达到并保持所需生产水平的标准

通过撒石灰、施肥、限制槽口、捕捞或补充饲料维持所需的生产水平。根据当地条件，使用池塘管理计划来保持水质良好（例如，溶解氧水平、总硬度、pH、碱度、浮游植物水华等）。

水生生物的健康问题一旦出现，将直接影响到生产水平，则需要纳入池塘管理计划。在鱼类死亡并将样品提交给诊断实验室时，应遵循适当的诊断抽样程序。

注意事项

非本地的供垂钓鱼类可能游出池塘并严重影响邻近的生态系统。

鱼塘上方的流域区应使用农药替代品，否则可能会对水质和水生生物产生不良影响。

通过在鱼塘中添加养分质、治理虫害等保持水质。

考虑鱼塘的其他用途（例如家畜饮水、人类休闲娱乐、农业灌溉等）对鱼类或水生生物群体的影响。

使用鱼塘增氧设备来输送气体、改善水质，并减少蓄水中的鱼类压力。

为了便于动物庇荫或繁殖，要在鱼塘内或附近为其他鱼类和野生动物提供栖息场所。池塘周围的植被缓冲区益处颇多，例如方便鸟类产卵以及为野生动物提供栖息地，减少堤岸侵蚀，改善水质，等等，鸟类可能在鱼塘附近的草地产卵，因此严禁在产卵旺季前修剪草皮。

计划和技术规范

鱼塘管理计划要事先备好经批准的规范表、工作表、技术说明、保护计划的叙述性陈述或其他文件。该计划将包括：

- 选址的位置图和平面图。
- 描述所需物种和管理目的的目的陈述。
- 确定鱼类和其他水生生物种群动态的评估方法（观测、围网、电击、捕获记录等）。
- 如适用，参照国家水生滋扰物种管理计划建议。
- 如适用，参照相关要求和规定。

运行和维护

为有效管理池塘、湖泊或水库，在制订运行和维护计划时，须包括下列举措：

- 定期评估生境状况。
- 管理鱼类或其他水生生物种群。
- 在适用的情况下补充喂养。
- 清除不需要的和数量过多的生物。
- 管理和控制水生植被。
- 适用时施肥或撒石灰。
- 监测和维护所需的水质条件（例如溶氧水平、总硬度、pH、碱度、浮游植物水华等）。
- 定期检查和维护鱼塘部件（例如，水位控制设备）。
- 检测和鉴定鱼类病原体以及说明收集和保存的样品。
- 水处理和逃脱控制机制的运行和维护程序。

参考文献

A Manual of Fish Culture. Fish Culture Section, American Fisheries Society, 1999.

Inland Fisheries Management in North America, Second Edition.Chapter 21, Small Impoundments.Kohler, C.C. and W.A. Hubert, editors. American Fisheries Society, 1999.

Managing Aquatic Vegetation with Grass Carp. J.R. Cassani, editor. American Fisheries Society, 1996.

Mississippi Interstate Cooperative Resource Association： Summary of Permit Authority and Prohibited Species by State with Special Emphasis on Asian Carp. Aquatic Nuisance Species Task Force, 2000.

Suggested Procedures for the Detection and Identification of Certain Finfish and Shellfish Pathogens （Blue Book）. Fish Health Section, American Fisheries Society, 2004.

NOTE： State fish and wildlife agencies and land grant universities may also provide publications on fishpond management.

保护实践概述

（2012年12月）

《鱼塘管理》（399）

鱼塘管理是指养殖或改善蓄水，以保证供家庭使用或娱乐用途的鱼类池塘管理。

实践信息

本实践适用于不以商业水产养殖为目的，或温或冷的池塘、湖泊和水库。

鱼塘管理可以用来提高几乎任何需要养殖一批鱼类的池塘、湖泊或水库的鱼产量。目的是通过为鱼类创造一个更有利的生存水域来提高鱼类产量。本实践可增加食物供应、减少不必要的动植物之间的竞争。

为有效管理池塘、湖泊或水库，必须开展鱼塘的运行维护工作，须包括下列举措：定期评估生境状况、管理鱼类或其他水生生物种群、在适用的情况下补充喂养、清除不需要的和数量过多的生物、管理和控制水生植被、适用时施肥或撒石灰、监测和维护所需的水质条件（例如溶氧水平、总硬度、pH、碱度、浮游植物水华等）。

常见相关实践

鱼塘管理通常与《池塘》（378）等保护实践一起应用。

保护实践的效果——全国

土壤侵蚀	效果	基本原理
片蚀和细沟侵蚀	0	不适用
风蚀	0	不适用
浅沟侵蚀	0	不适用
典型沟蚀	0	不适用
河岸、海岸线、输水渠	0	不适用
土质退化		
有机质耗竭	0	不适用
压实	0	不适用
下沉	0	不适用
盐或其他化学物质的浓度	0	不适用
水分过量		
渗水	0	不适用
径流、洪水或积水	0	不适用
季节性高地下水位	0	不适用
积雪	0	不适用
水源不足		
灌溉水使用效率低	0	不适用
水分管理效率低	0	不适用
水质退化		
地表水中的农药	0	不适用
地下水中的农药	0	不适用
地表水中的养分	0	不适用
地下水中的养分	-2	这一举措可排放废水，导致污染地下水。
地表水中的盐分	0	不适用
地下水中的盐分	0	不适用
粪肥、生物土壤中的病原体和化学物质过量	0	非商业鱼塘应杜绝藏有病原体的可能性。
粪肥、生物土壤中的病原体和化学物质过量	0	不适用
地表水沉积物过多	0	不适用

（续）

水质退化	效果	基本原理
水温升高	0	不适用
石油、重金属等污染物迁移	0	根据现场条件，从蓄水池释放的水可能比受纳水体温度更高或更低。
石油、重金属等污染物迁移	0	不适用
空气质量影响		
颗粒物（PM）和 PM 前体的排放	0	不适用
臭氧前体排放	0	不适用
温室气体（GHG）排放	0	不适用
不良气味	0	不适用
植物健康状况退化		
植物生产力和健康状况欠佳	4	对不适宜的水生植物进行管理，从而保持生境价值。
结构和成分不当	4	不适宜的水生植物得到控制。
植物病虫害压力过大	4	不需要的水生植被由管理部门治理。
野火隐患，生物量积累过多	0	不适用
鱼类和野生动物——生境不足		
食物	4	管理积滞水，供水生物种使用。
覆盖 / 遮蔽	4	积滞水中的水生植物为鱼类提供了覆盖 / 遮蔽。
水	0	管理池塘，供水生物种使用。
生境连续性（空间）	4	创造了其他的池塘栖息地 / 空间。
家畜生产限制		
饲料和草料不足	0	不适用
遮蔽不足	0	不适用
水源不足	0	不适用
能源利用效率低下		
设备和设施	0	不适用
农场 / 牧场实践和田间作业	0	不适用

CPPE 实践效果：5 明显改善；4 中度至明显改善；3 中度改善；2 轻度至中度改善；1 轻度改善；0 无效果；−1 轻度恶化；−2 轻度至中度恶化；−3 中度恶化；−4 中度至严重恶化；−5 严重恶化。

工作说明书——国家模板

（2004年4月）

此类可交付成果适用于个别实践。其他规划实践的可交付成果参考具体的工作说明书。

设计

可交付成果

1. 能够证明符合自然资源保护局实践中相关准则并与其他计划和应用实践相匹配的设计文件。
    a. 保护计划中确定的目的。
    b. 客户需要获得的许可证清单。
    c. 列出所有规定的实践或辅助性实践。
    d. 制订计划和规范所需的与实践相关的计算和分析，包括但不限于：
        i. 水生物种和载畜率
        ii. 水源与适宜性
        iii. 饲料要求（如适用）
2. 向客户提供书面计划和规范书包括草图和图纸，充分说明实施本实践并获得必要许可的相应要求。

3. 运行维护计划。
4. 证明设计符合实践和适用法律法规的文件。
5. 实施期间，根据需要所进行的设计修改。

注：可根据情况添加各州的可交付成果。

安装

可交付成果

1. 与客户进行的实施前会议。
2. 验证客户是否已获得规定许可证。
3. 根据需要提供的应用指南。
4. 协助客户和原设计方并实施所需的设计修改。
5. 在实施期间，就所有联邦、州、部落和地方法律、法规和自然资源保护局政策的合规性问题向客户 / 自然资源保护局提供建议。
6. 证明施用过程和材料符合设计和许可要求的文件。

注：可根据情况添加各州的可交付成果。

验收

可交付成果

1. 实施记录。
    a. 实践单位
    b. 实际使用的材料
2. 证明施用过程符合自然资源保护局实践和规范并符合许可要求的文件。
3. 进度报告。

注：可根据情况添加各州的可交付成果。

参考文献

NRCS Field Office Technical Guide（eFOTG）, Section IV, Conservation Practice Standard Fishpond Management - 399.

NRCS National Biology Manual.

NRCS National Environmental Compliance Handbook.

NRCS Cultural Resources Handbook.

注：可根据情况添加各州的参考文献。

保护实践效果（网络图）

（2014年3月）

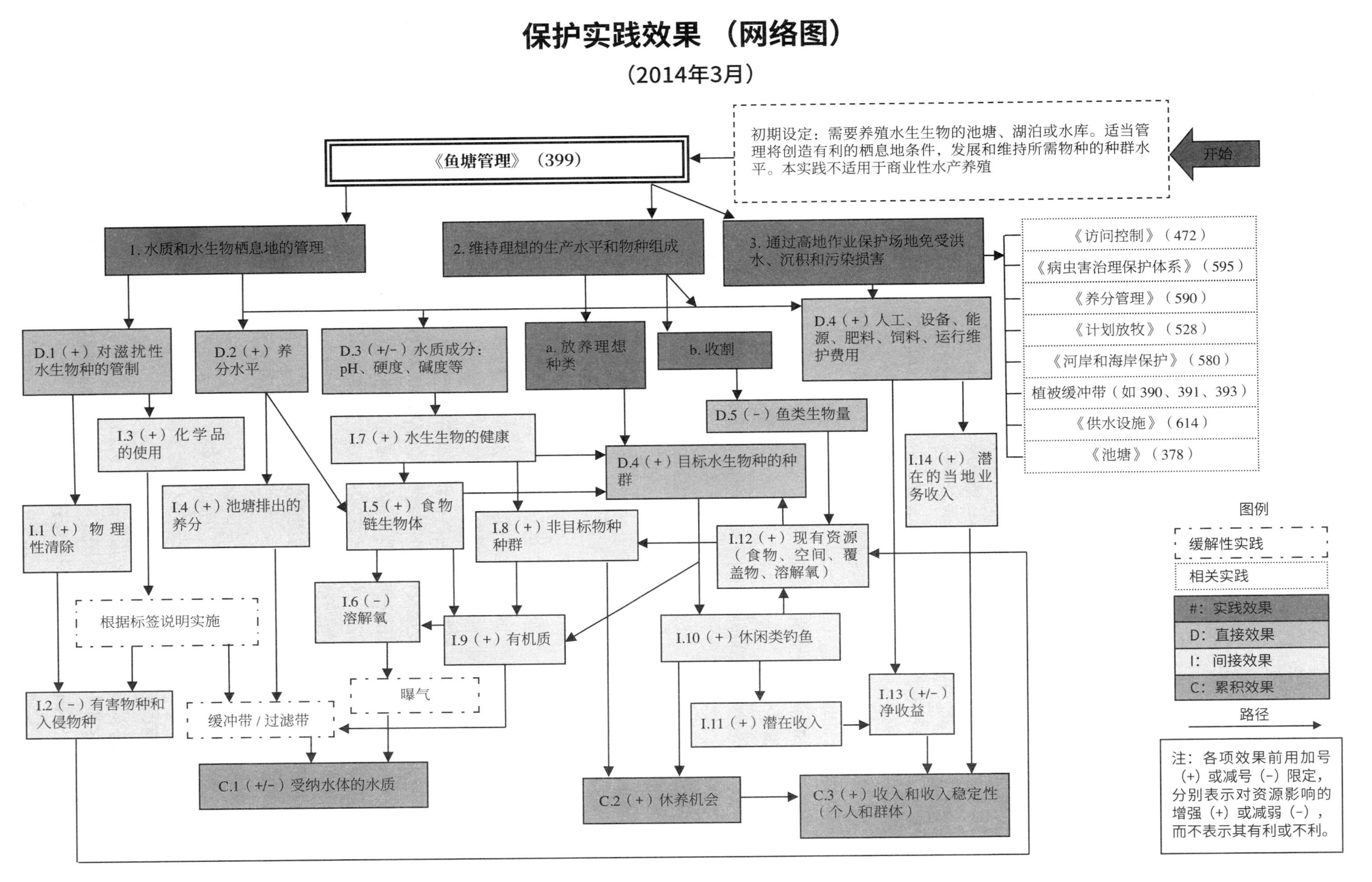

灌木篱壁种植

（422，Ft., 2010年9月）

定义

构建线性密集植被，以保护自然资源。

目的

至少应具有以下一种保护功能：

- 栖息地，包括陆生野生生物的食物、掩蔽物及走廊。
- 增加授粉者的花粉、花蜜及筑巢栖息地。
- 为生活在相邻溪流或水道中的水生生物提供食物、掩蔽物和阴凉。
- 作为病虫害综合治理的一个组成部分，为捕食者和有益的无脊椎动物提供底物。
- 阻挡空气中的微粒物质。
- 减少化学物质漂移和气味扩散。
- 隔音屏障和防尘屏障。
- 增加生物量和土壤的碳储存含量。
- 绿篱。
- 边界划分及轮廓引导。

适用条件

本实践至少须实现上述一种目的。

准则

适用于上述所有目的的总体准则

灌木篱壁应采用木本植物或多年生丛草栽植，在冬季其直立茎平均高度也能维持至少 3 英尺高。

选取的植物必须适应土壤和场地条件、气候条件并且实现保护目的。

灌木篱壁中不得栽植州登记在册的有毒植物。

选择的栽植物种不携带能够威胁附近作物生长的病虫害。

本实践适用地点应免受放牧和践踏的损害，以确保能够达到预期目的。

灌木篱壁栽植期间，应控制植被竞争。如有必要，控制植被竞争应持续到栽植期之后。

所有计划工作应遵守联邦、州和地方的法律法规。

如果目标是保护野生动物的食物和遮蔽物时，栽植需超过单行的最小宽度，其他均不需要。

保护野生动物的食物、遮蔽物及通道的附加准则

栽植至少两种能够共生的原生植被。栽植多种植物物种能够增加食物和栖息地多样性，同时降低病虫害风险。

选取的植物应提供遮蔽物和食物，以满足土地所有者土地所有者要达到保护野生动物的目标。

成熟时期，篱壁宽度应大于 15 英尺。这可能需要栽植一排以上的植物。

保护授粉者栖息地的附加准则

篱壁植物必须提供丰富的花粉和花蜜资源。

栽植包括多种不同花期（早春至深夏）的物种。物种的实际数量由相邻开花植物花粉的有效性决定。排除与相邻的昆虫授粉作物同一时期开花的植物。

保护授粉篱壁免受农药的伤害。如需防治虫害，只对非开花植物进行处理，或使用对授粉者无毒的农药。

种植绿篱的附加准则

选定的植物应达到足够的大小和密度，以便根据需要创建的屏障来容纳牲畜或人类。

如果目的是饲养牲畜，选取的植物不应毒害或危害动物。

边界划分的附加准则

灌木篱壁应沿着耕田、林地边界排列，以区分土地管理单位。

轮廓指引轮廓参考的附加准则

为了提供永久的轮廓标记，篱壁栽植应对齐，以确保《等高种植》（330）或《等高条植》（585）的实施。对齐准则参照以上保护实践标准。

隔音降噪的附加准则

篱壁遮挡区域是隐避区域，隐藏不易看见的区域或减少噪声。

篱壁应栽植在能阻挡视线或阻隔噪声的地方。

选取栽植的植物高度和密度应足以遮挡视线或阻挡噪声。

改善景观外观的附加准则

灌木篱壁设计应符合土地所有者的审美标准。

应根据土地所有者对作物颜色、质地和生长习性的偏好选取植物。

减少颗粒物质漂浮的附加准则

灌木篱壁的栽植方向应尽可能垂直于盛行风向。

在成熟期迎风侧的树篱密度应至少达到 50%。

在成熟期靠近微粒源的树篱密度应至少达到 65%。

减少气味扩散 / 化学物质漂移的附加准则

篱壁栽植方向应尽可能垂直于主流风向，且处在气味源或化学物质漂移源与敏感区域之间。

篱壁栽植应位于气味产生区和化学应用区的逆风处。

选取的树木和灌木物种应具有叶状结构，以便于捕获、吸附和吸收空气中的化学物质或气味。选取耐预期化学用途的植物物种。

注意事项

总体

种植超过规定长度和最小宽度的篱壁将增加土壤和生物量中的碳储量。更大、更多样化的篱壁会提升其他大多数资源价值。

篱壁栽植的规划应与其他实践相结合，以开发全面保护系统，从而增强景观美感，减少水土流失，改善泥沙淤积，提高水质，并提供野生动物栖息地。

篱壁轮廓应在地上形成曲折的线条，从而使外观自然并增加“边缘”野生动物栖息地的可用性。

篱壁中的原生灌木和小乔木，产生了最大的环境效益。

裸根和集装箱苗的使用，将加速篱壁的生长。

篱壁将在成熟时提供大量的遮光物。遮光物可能会影响邻近植物的生长、微气候和美观。

修缮活动限制在篱壁的 1/3 长或宽的区域，可以防止采用本实践的区域内野生动物栖息地突然消失。

定期断根可以减少对邻近农田营养和水分的掠夺。

避免使用由根蘖传播的植物，从而避免篱壁扩展到超过预期的处理区域。

野生动物的食物、掩蔽物及通道

灌木篱壁中应有通道或走廊，便于野生动物在景观中安全通过。

一般来说，通道越宽可容纳的野生动物越多。

将破碎的栖息地连接起来可以增加野生动物的生存面积。

在草原生态系统中，篱壁由于分割栖息地而增加被捕食风险，从而对区域敏感的筑巢鸟产生不利影响。

灌木篱壁可以增加天然存在的野生动物的食物供应。
灌木篱壁可以为野生动物提供喂养、生活、筑巢和照顾幼崽的栖息地。
密集多刺的灌木丛为鸣禽提供巢穴和躲避捕食者的避难所。
栽植的常绿植物为野生动物提供了全年栖息地及保温覆盖。
沿篱壁边缘栽植草本植被可进一步增强篱壁的栖息地功能。
在篱壁安装具有捕食者防护装置的人造巢箱可以提高窝洞鸟类和小型哺乳动物对此的利用率。

绿篱

多刺灌木和乔木可以增强围栏的屏障效果。

屏风以及隔音屏障

从视觉角度来看，篱壁减少开阔区域的视野，隐藏视线后面的物体。
从屏障两侧的角度考虑设计。
栽植的隔离噪声屏障，应尽量靠近噪声源。
灌木或乔木的组合可以形成比单一物种创造更有效的屏障。
常青植物可以维持屏障全年有效。

改善景观外观

考虑植物在树皮、树枝、树叶、花朵和果实的季节性颜色表现。
考虑植物的生长习性（轮廓、高度和宽度）。

水质和水量

采取以下措施来提升水质：

- 阻止沉积物流动并消除沉积物附着物质。
- 植物养分质的渗透和吸收。
- 通过遮阳减少太阳辐射对小河道的影响，从而产生水冷却效果。

篱壁可以通过改善其根系周围的土壤结构来增加地表水渗透。但是，蒸发蒸腾作用会降低地下水补给效益。

预防偶发风雪沙尘

虽然不是主要的用途，但篱壁也可能附带地阻挡风携带的雪或沙尘。
考虑在路线上栽植篱壁，以防止公路上积雪和聚沙。
当防止积雪或聚沙是主要保护目的时，请参照保护实践《防风林 / 防护林建造》（380）。

计划和技术规范

应针对每个地点制订适用于本实践的计划和技术规范。应使用或批准的规格表、作业单或养护计划中的叙述性文件或其他被接受的文件来记录此计划和技术规范。

运行和维护

维护植被，以确保持续控制气味扩散和化学物质漂移。
植物存活率太低而不能形成连续的篱壁时，需要补充种植。
在植物的整个生命周期内，应避免植被遭受火灾和放牧的影响。
对病虫害进行监测和控制。
需要定期施用营养素以维持植物活力。
在野生动物筑巢季节，应安排翻新活动以防止其被干扰。

参考文献

National Biology Handbook, Part 614.4, “Conservation Corridor Planning at the Landscape Level”. Natural Resources Conservation Service, August 1999.

Shepherd, M., S. L. Buchmann, M. Vaughan, and S. H. Black. 2003. Pollinator Conservation Handbook. Xerces Society. Portland, OR.

保护实践概述

（2012年12月）

《灌木篱壁种植》（422）

灌木篱壁种植包括在线性设计中种植茂密植被，从而保护自然资源。

实践信息

绿篱是用木本植物或多年生丛生草建造的，这些植物能够生长出至少 3 英尺高的直立茎干，并能够在冬季常绿。保护效果包括但不限于：

- 改善野生动物栖息地。
- 减少空气中的灰尘、化学物质和气味的飘散。

绿篱还有助于屏蔽噪声，改善景观外观。

混合了当地灌木和小乔木的绿篱可以实现最大的环境效益。考虑绿篱在到期时提供的遮光量情况，这一点很重要。遮阴和根系生长可能会影响邻近植物的生长和微气候。

常见相关实践

《灌木篱壁种植》（422）通常与《乔木 / 灌木建植》（612）以及《高地野生动物栖息地管理》（645）等保护实践一起使用。

保护实践的效果——全国

土壤侵蚀	效果	基本原理
片蚀和细沟侵蚀	0	不适用
风蚀	1	茂密植被能够捕获悬浮粒子。
浅沟侵蚀	0	不适用
典型沟蚀	0	不适用
河岸、海岸线、输水渠	0	不适用
土质退化		
有机质耗竭	2	永久性植被增加了实践中土壤有机质的足迹。
压实	1	实践中根系在足迹上发育会改善土壤结构和孔隙度。
下沉	0	不适用
盐或其他化学物质的浓度	0	不适用
水分过量		
渗水	0	不适用
径流、洪水或积水	0	不适用
季节性高地下水位	0	不适用

（续）

水分过量	效果	基本原理
积雪	2	高大植被可挡住建筑物和动物聚集区上风处的积雪。
水源不足		
灌溉水使用效率低	0	不适用
水分管理效率低	0	不适用
水质退化		
地表水中的农药	1	这一举措可减少农药飘失，同时还可能减少径流和侵蚀。此外，田地边界可能吸引益虫或诱捕害虫，从而减少对农药的施用需求。
地下水中的农药	0	不适用
地表水中的养分	2	植被带建成后，能够截留坡面漫流或风积土，将径流中的养分去除。
地下水中的养分	0	不适用
地表水中的盐分	0	不适用
地下水中的盐分	0	不适用
粪肥、生物土壤中的病原体和化学物质过量	0	不适用
粪肥、生物土壤中的病原体和化学物质过量	0	不适用
地表水沉积物过多	0	不适用
水温升高	1	沿着溪流实施本实践可以增加树阴并缓和溪流温度。
石油、重金属等污染物迁移	0	不适用
石油、重金属等污染物迁移	0	不适用
空气质量影响		
颗粒物（PM）和 PM 前体的排放	2	一排排永久性乔木或灌木可以减少风蚀、截留并捕集空气中的颗粒。
臭氧前体排放	0	不适用
温室气体（GHG）排放	1	植被将空气中的二氧化碳转化为碳，储存在植物和土壤中。
不良气味	2	可用于拦截和过滤异味气体。
植物健康状况退化		
植物生产力和健康状况欠佳	2	选用的植物应保持在最佳的生长条件，以便达成预期目的。
结构和成分不当	5	选择适应且适合的植物。
植物病虫害压力过大	4	种植并管理植被，可控制不需要的植物种类。
野火隐患，生物量积累过多	0	不适用
鱼类和野生动物——生境不足		
食物	4	精选植物可改善食物供给和可用性。
覆盖 / 遮蔽	4	精选的理想植物改善了野生动物的掩蔽处。
水	0	不适用
生境连续性（空间）	4	提供额外的垂直栖息地和空间。
家畜生产限制		
饲料和草料不足	0	不适用
遮蔽不足	1	绿篱可以提供一些树阴，并具有防风的作用。
水源不足	0	不适用
能源利用效率低下		
设备和设施	0	不适用
农场 / 牧场实践和田间作业	0	不适用

CPPE 实践效果：5 明显改善；4 中度至明显改善；3 中度改善；2 轻度至中度改善；1 轻度改善；0 无效果；−1 轻度恶化；−2 轻度至中度恶化；−3 中度恶化；−4 中度至严重恶化；−5 严重恶化。

工作说明书—— 国家模板

（2010年9月）

此类可交付成果适用于个别实践。其他规划实践的可交付成果参考具体的工作说明书。

设计

可交付成果

1. 能够证明符合自然资源保护局实践中相关准则并与其他计划和应用实践相匹配的设计文件。
   a. 保护计划中确定的目的。
   b. 客户需要获得的许可证清单。
   c. 制订计划和规范所需的与实践相关的计算和分析，包括但不限于：
      i. 木本植物或直立多年生束生草适应种类及行间范围和位置的测定
      ii. 为提供所需功能而采取的保护措施
      iii. 对野生动物掩蔽处、生物围栏、边界划定、等高线标记、掩护和景观外观的必要补充规定
2. 向客户提供书面计划和规范书包括草图和图纸，充分说明实施本实践并获得必要许可的相应要求。
3. 所需运行维护工作的相关文件。
4. 证明设计符合实践和适用法律法规的文件。
5. 安装期间，根据需要所进行的设计修改。

注：可根据情况添加各州的可交付成果。

安装

可交付成果

1. 与客户进行的实施前会议。
2. 验证客户是否已获得规定许可证。
3. 根据计划和规范（包括适用的布局注释）进行定桩和布局。
4. 根据需要提供的应用指南。
5. 协助客户和原设计方并实施所需的设计修改。
6. 在安装期间，就所有联邦、州、部落和地方法律、法规和自然资源保护局政策的合规性问题向客户 / 自然资源保护局提供建议。
7. 证明施用过程和材料符合设计和许可要求的文件。

注：可根据情况添加各州的可交付成果。

验收

可交付成果

1. 实施记录。
   a. 实践单位
   b. 实际采用或使用的植物材料
2. 证明施用过程符合自然资源保护局实践和规范并符合许可要求的文件。
3. 进度报告。

注：可根据情况添加各州的可交付成果。

参考文献

NRCS Field Office Technical Guide（eFOTG）, Section IV, Conservation Practice Standard – Hedgerow Planting, 422.

NRCS National Forestry Handbook（NFH）, Part 636.4.

NRCS National Environmental Compliance Handbook.

NRCS Cultural Resources Handbook.

NRCS National Biology Manual.

NRCS National Biology Handbook.

注：可根据情况添加各州的参考文献。

保护实践效果（网络图）

（2014年3月）

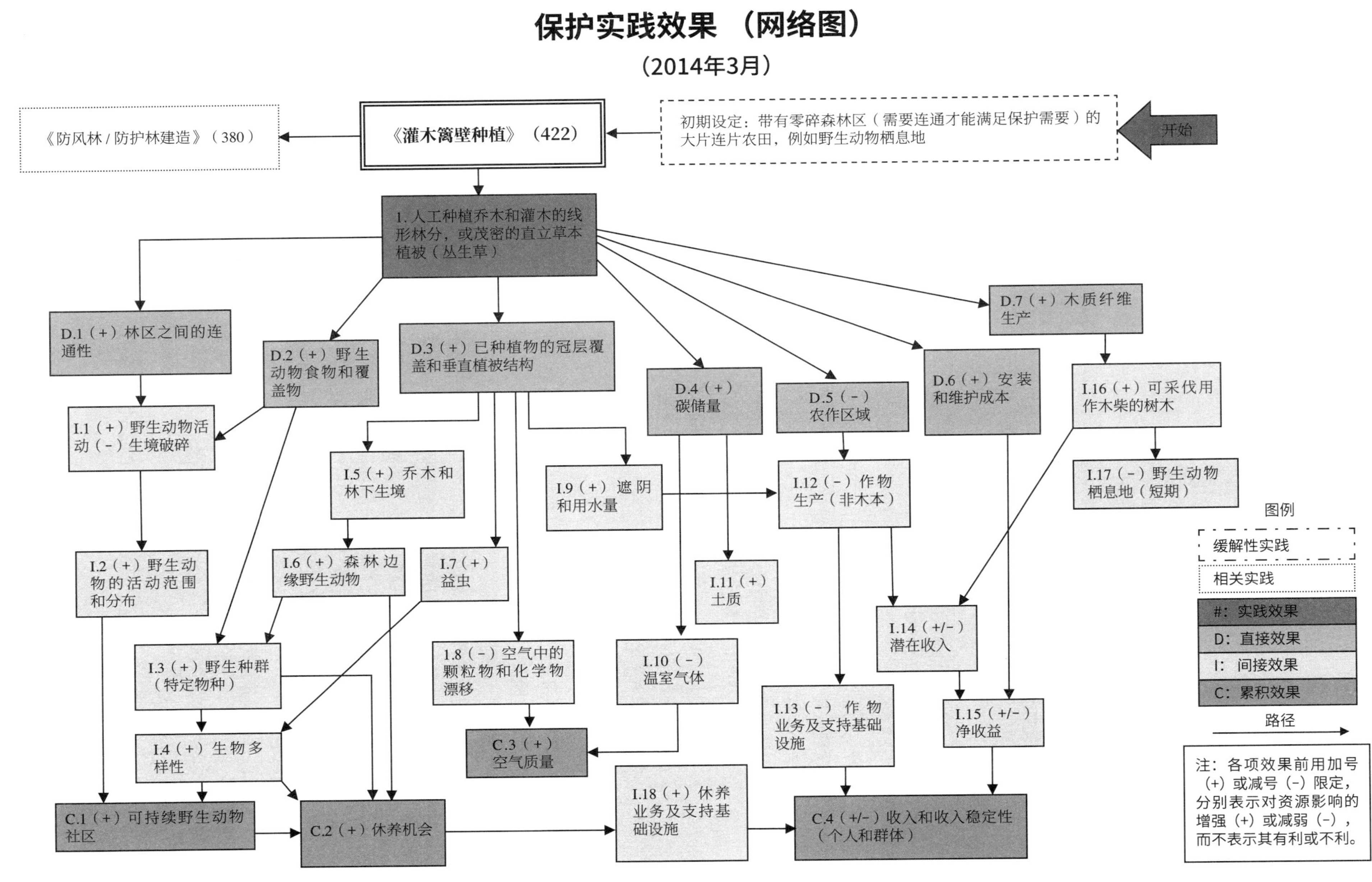

浅水开发与管理

（646，Ac.，2010年9月）

定义

淹没土地为鱼类和野生动物提供栖息地。

目的

为野生动物（如水鸟、水禽、涉禽、哺乳动物、鱼类、爬行动物、两栖动物）和至少在其一段生命周期内需要浅水条件的其他物种提供栖息地。

适用条件

通过筑堤、挖掘、开沟或灌洪来储蓄或调节水资源的土地。

在大洪水流量期可以为本地鱼类提供庇护的洪泛区。

此本实践不适用于：

- 《野生动物饮水设施》（648）旨在为野生动物建造饮水处。
- 《湿地恢复》（657）旨在修复退化的湿地，使土壤、水文、植被群落和生物生境恢复到几乎接近原有的条件水平。
- 《湿地改良》（659）旨在改善现有的湿地或修复退化的湿地，湿地的管理目标针对具体属性而定，而这可能以牺牲其他属性为代价，退化土地一旦修复与之前的湿地截然不同。
- 《人工湿地》（656）旨在处理水污染点源或水污染面源。
- 《湿地创建》（658）在一个没有湿地的地方建造湿地。
- 《鱼塘管理》（399）。

准则

土壤必须具有低渗透性或能阻碍地下排水的季节性高地下水位，且允许保持适当的水位。

现场不得出现危险品。

在预计洪涝期内，该地区必须供水充足。

为了创造理想的生境条件，需要人为降低水位时，应采取适当的脱水办法。

在预计洪涝期，大部分地区的水位必须能够保持在 1 ~ 18 英寸，与河道相连的洪泛区栖息地例外，该地其中 6 英尺深的水为当地鱼类物种提供了栖息地，在高流量的洪泛时期这些鱼类在其中栖息。

在规划有效栖息地管理（如耙地或水位管理）的地方，将计划开发一个接入点，以便管理。

应在现场控制外来植物物种和联邦 / 州列出的有毒和有害物种。

为达到预期目的，应根据需要使用、拆除或更改现有的排水系统。

水禽栖息地准则

计划提供水禽饲养和休憩生境的地区，应设计成能使可食用植物在内的地区逐渐淹至平均 6 ~ 10 英寸的深度。

每逢水禽季节性栖息期间，应淹没可食用植物在内的地区。

滨鸟栖息地准则

规划提供滨鸟栖息地的地区，必须在季节性的陆地鸟类繁衍生息期间，有裸露的泥滩和有 1 ~ 4 英寸水的区域。

两栖动物栖息地准则

若在当地至少有一种特有两栖类物种的繁殖期内，应计划在整个繁殖期进行淹没。

周围的高地栖息地应具有足够的数量和较好的质量，满足至少一种特有两栖动物完成一个完整生命周期的需求。

设计结构时应防止鱼类进入两栖类动物繁殖专区。

离流鱼类栖息地准则

设计水控装置以防止本地鱼类在水退时被捕。

注意事项

水量、径流速率、入渗量、蒸发量和蒸腾速率都会影响本实践效果。

在将规划的水深维持在大多数设备的最佳范围内的同时，接近水平的位置可以安置较大的设备。

在蓄水池成形的地方，形状不规则的海岸线和沿水面边缘（9 ~ 20）:1 的不同侧坡可能会增加生物环境多样性。

应注意洪水和降水的时间以及降雨类型如何影响潮湿土壤类型的植物物种构成。

注意植物对洪水和盐浓度的耐受性，还要考虑土壤中种子的成分。

养分和农药残留物可能影响植物种类构成，也可能影响在该地种植适宜作物的能力。

注意对附近湿地或淡水鱼类和野生动物栖息地的影响。

注意易溶物质和悬浮物质流入下游地表水和地下水。

本实践可能影响下游水流，也可能影响到其他方面的用水或其使用者。

应注意蚊虫等疾病携带者。

本实践可作为湿地动植物赖以生存和繁殖的生境走廊的一个环节。

周围高地植被的组成和范围可能对实践中栖息地的功能有若干影响。

为改善浅水区的水质，在周围的高地上划建植被缓冲区。

本实践可能会使下游水温升高，对相关的水生和陆生群落造成不利影响。

土壤扰动会增加外来植物侵入的可能性。

对于不需要的植被可以用增加水深、提高浸水持续时间的方法清除不需要的植被。

对无益植物和害虫进行生物控制（例如使用捕食者或寄生物种），这可能是破坏性最小的病害虫防治替代办法。

本实践及其相关的人为活动和牲畜活动可能会影响到野生动物的生存，从而降低生物环境的适应性和功能。构建植物屏障、修建栅栏或围墙门，可以减少不必要的干扰。

计划与技术规范

为达到预期目的，安装水控装置的计划与技术规范应按此标准执行，且应当说明采用本实践已达到预期目的的要求。

应使用经批准的规格表、作业单、保护计划中的叙述性文件或其他可接受的文件记录该技术规范。

浅水区的设计和实行，应由经过适当训练的人员复查并确认，以使鱼类和其他野生动物受益。

运行和维护

为了确保本实践操作年限内的预期功能，应采取以下举措，包括：本实践中常规的重复活动、实践利用（操作）、实践修复和保养（维护）。

凡可进行水文控制或有自然旱季的水禽以及滨鸟的摄食和休息区域，为减少外来植物大量繁殖并控制其生长，应每 3 ~ 5 年进行焚烧、集中处理或表面清理一次。为鼓励种植适宜的栖息地植物，应采取焚烧、集中处理或表面清理等措施。

不管是施用肥料、化学处理、依法焚烧、喷洒农药还是使用其他化学物质，在为目标物种提供栖息地时不应使用。

运行和维护应包括对所提供的结构部件和生境质量进行监测和管理。

参考文献

Helmers, Doug. 1992. Shorebird Management Manual. Western Hemisphere Shorebird Reserve Network, Manomet, MA 58 pp.

Kingsbury, Bruce & Joanne Gibson, 2002. Habitat Management Guidelines for Amphibians and Reptiles of the Midwest. Partners in Amphibian & Reptile Conservation, Ft Wayne IN, 57 pp.

Smith, Loren M. and Roger L. Pederson. 1989. Habitat management for migrating and wintering waterfowl in North America. Texas Tech University Press, 574 pp.

保护实践概述

（2012年12月）

《浅水开发与管理》（646）

浅水开发和管理是指淹没土地，为鱼类或野生动物提供栖息地。

实践信息

本实践适用于可以通过筑堤、挖掘、挖沟或淹没来蓄水或调节水的地方。这一实践还可以用来在丰水期为野生鱼类提供庇护栖息地。

其目的是为野生动物提供栖息地，包括滨鸟、水禽、涉禽、哺乳动物、鱼类、爬行动物、两栖动物和其他至少在部分生命周期内需要浅水的物种。

选址对于这一实践成功与否有着重要的影响。土壤必须具有低渗透性或季节性高地下水位。现场必须不存在危险物质，供水必须足以在淹没期间保证大部分区域的水位保持在 1 ~ 18 英寸深。

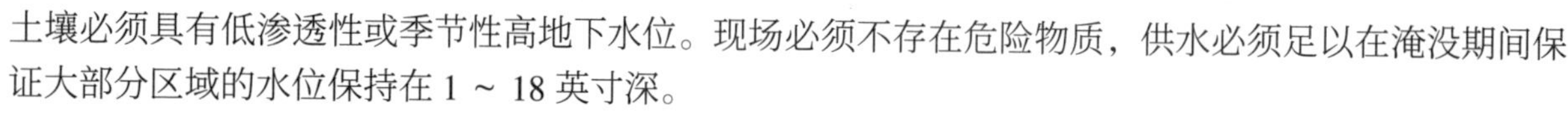

为了确保这一实践在其预期年限内发挥预期作用，运行维护是非常重要的，其中包括对提供的构造部件和栖息地质量进行监测和管理。水禽和滨鸟的觅食和休息区可能每隔 3 ~ 5 年便需要进行焚烧、圆盘耕作或表面干扰，以阻止演替并控制有害植物的生长。

常见相关实践

《浅水开发与管理》（646）通常与《堤坝》（356）、《控水结构》（587）、《灌溉渠道衬砌》（428）、《牲畜用水管道》（516）、《池塘》（378）和《湿地野生动物栖息地管理》（644）等保护实践一起使用。

保护实践的效果——全国

土壤侵蚀	效果	基本原理
片蚀和细沟侵蚀	0	不适用
风蚀	0	不适用
浅沟侵蚀	0	不适用
典型沟蚀	0	不适用
河岸、海岸线、输水渠	0	不适用
土质退化		
有机质耗竭	1	水淹地区的有机质氧化程度降低。土壤湿度增强的地方，植被生长加速。
压实	0	不适用
下沉	0	不适用
盐或其他化学物质的浓度	0	不适用
水分过量		
渗水	0	不适用
径流、洪水或积水	2	形成临时蓄洪。
季节性高地下水位	0	不适用
积雪	0	不适用
水源不足		
灌溉水使用效率低	0	不适用
水分管理效率低	0	不适用
水质退化		
地表水中的农药	0	不适用
地下水中的农药	0	不适用
地表水中的养分	1	这一举措可收集养分和有机物，并促进湿地植物对养分和有机物的分解和利用。
地下水中的养分	1	这一举措可收集养分和有机物，并促进湿地植物对养分和有机物的分解和利用。
地表水中的盐分	0	不适用
地下水中的盐分	-1	这一举措需要积水，积水将增加积水区域的渗透，将可溶盐带到地下水中。
粪肥、生物土壤中的病原体和化学物质过量	2	可能会捕集到植被、微生物和沉积物。
粪肥、生物土壤中的病原体和化学物质过量	-1	这一举措要求积水，这将增加积水区域的渗透。渗透水可能会过滤病原体。
地表水沉积物过多	2	积水会减慢水流速度，使沉积物沉降。
水温升高	0	根据现场条件，从蓄水池释放的水可能比受纳水体温度更高或更低。
石油、重金属等污染物迁移	2	植被和厌氧条件可截留重金属。
石油、重金属等污染物迁移	1	这一举措要求积水，这将增加积水区域的渗透。渗透水可能会过滤重金属。
空气质量影响		
颗粒物（PM）和 PM 前体的排放	0	不适用
臭氧前体排放	0	不适用
温室气体（GHG）排放	0	存在短期的碳储量，但定期的维护实践（耕作、焚烧）可能会释放出贮存的碳。
不良气味	0	不适用
植物健康状况退化		
植物生产力和健康状况欠佳	2	对植物进行选择和管理，可保持其预期用途的最佳生产力和健康水平。
结构和成分不当	4	湿润土壤管理实践，可形成或保持理想的植物群落。
植物病虫害压力过大	1	对水进行管理，以培植适合野生动物生长的植被，预期能够延缓入侵植物的生长。
野火隐患，生物量积累过多	0	不适用
鱼类和野生动物——生境不足		
食物	4	水和湿润土壤管理为改善野生动物食物的可获得性提供了帮助。

（续）

鱼类和野生动物——生境不足	效果	基本原理
覆盖 / 遮蔽	2	水和湿润土壤管理为改善野生动物食物的可获得性提供了帮助。
水	0	鱼类和野生动物栖息地是一个管理目标。
生境连续性（空间）	4	创建并管理浅水栖息地和空间。
家畜生产限制		
饲料和草料不足	1	如果保持预期目的，这些地方可以为家畜提供饲料和草料。
遮蔽不足	0	不适用
水源不足	0	不适用
能源利用效率低下		
设备和设施	0	不适用
农场 / 牧场实践和田间作业	0	不适用

CPPE 实践效果：5 明显改善；4 中度至明显改善；3 中度改善；2 轻度至中度改善；1 轻度改善；0 无效果；-1 轻度恶化；-2 轻度至中度恶化；-3 中度恶化；-4 中度至严重恶化；-5 严重恶化。

工作说明书——国家模板

（2010年9月）

此类可交付成果适用于个别实践。其他规划实践的可交付成果参考具体的工作说明书。

设计

可交付成果

1. 能够证明符合自然资源保护局实践中相关准则并与其他计划和应用实践相匹配的设计文件。
2. 保护计划中确定的目的。
3. 客户需要获得的许可证清单。
4. 辅助性实践一览表（如《堤坝》（356）、《控水结构》（587））。
5. 用以制订目标野生物种的浅水管理计划和规范的实践相关清单和分析，包括但不限于：
    a. 土壤适宜性
    b. 充足供水
6. 运行维护计划。
7. 向客户提供书面计划和规范书包括草图和图纸，充分说明实施本实践并获得必要许可的相应要求。
8. 证明设计符合实践和适用法律法规的文件。
9. 安装期间，根据需要所进行的设计修改。

注：可根据情况添加各州的可交付成果。

安装

可交付成果

1. 与客户进行的安装前会议。
2. 验证客户是否已获得规定许可证。
3. 施用帮助。
4. 在安装期间，就所有联邦、州、部落和地方法律、法规和自然资源保护局政策的合规性问题向客户 / 自然资源保护局提供建议。

5. 证明施用过程和材料符合设计和许可要求的文件。

注：可根据情况添加各州的可交付成果。

验收

可交付成果

1. 竣工文档。
   a. 实践单位
   b. 图纸
   c. 最终量
2. 证明安装过程符合自然资源保护局实践和规范并符合许可要求的文件。
3. 进度报告。

注：可根据情况添加各州的可交付成果。

参考文献

NRCS Field Office Technical Guide（eFOTG）, Section IV, Conservation Practice Standard – Shallow Water Management for Wildlife– 643.

NRCS National Environmental Compliance Handbook.

NRCS Cultural Resources Handbook.

NRCS National Biology Manual.

NRCS National Biology Handbook.

注：可根据情况添加各州的参考文献。

保护实践效果（网络图）

（2014年3月）

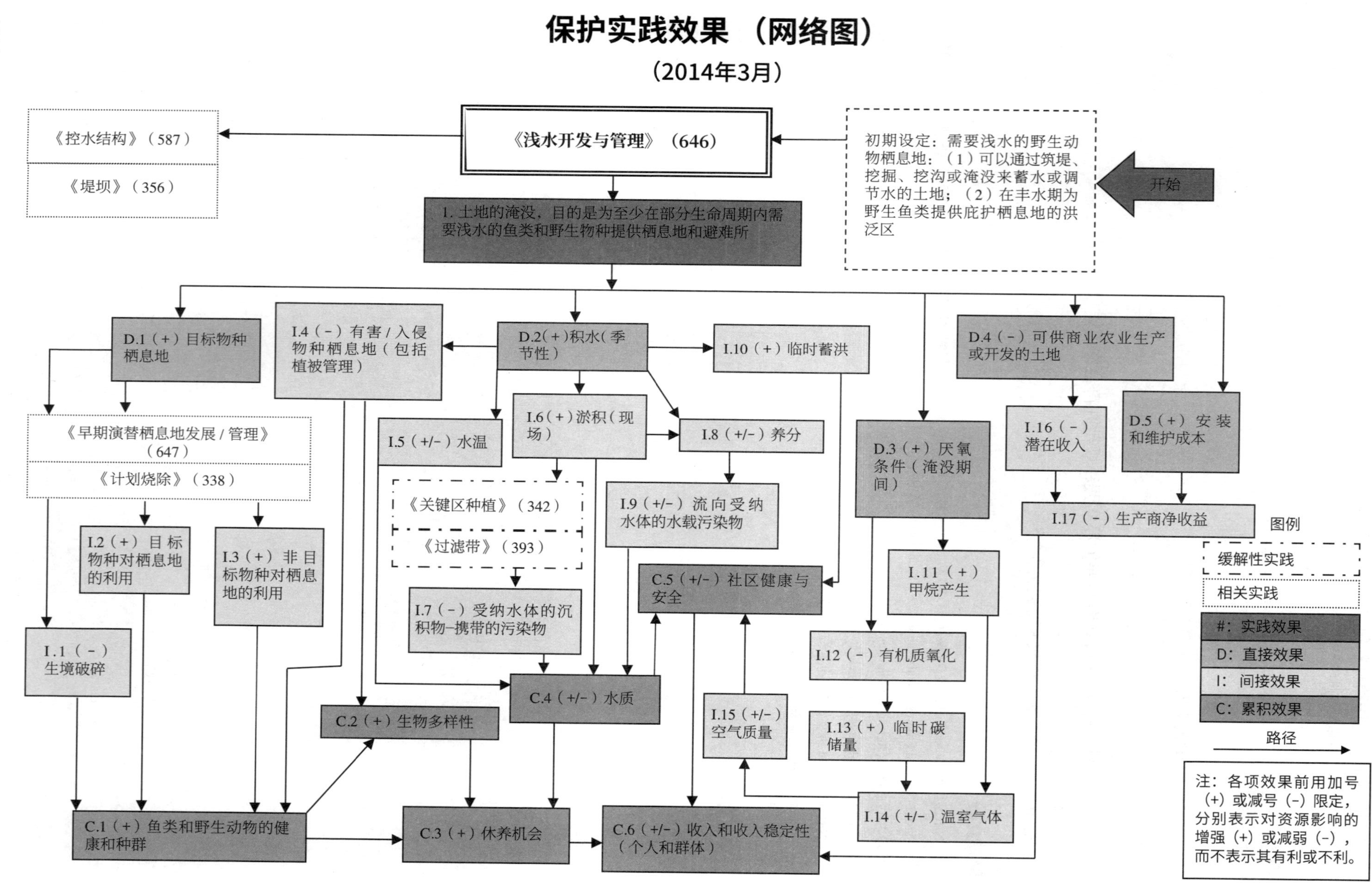

野生动物栖息地种植

（420，Ac.，2019年5月）

定义

通过种植草本植被或灌木等方法重建野生动物栖息地。

目的

本实践用于实现以下一个或多个目的：

- 改善目标野生物种或种群赖以生存的已退化栖息地。
- 参考历史上理想的原生植物群落创建野生动物栖息地。

适用条件

本实践适用于所有被认定为自然资源不足的野生动物栖息地，以及通过植物群落清查或野生动物栖息地评估后，表明重建草本植被或灌木能够起到改变目前植被状况的土地（物种多样性、丰富度、构成和分布情况）。按照本保护实践的要求，可使用一年生植物来重建栖息地植被，同时一年生植物可使作物得以滋养生长，从而达到植物群落稳定性的目的。

本实践不适用于：

- 树木种植。对于此类情况，可采用保护实践《乔木 / 灌木建植》（612）。
- 需要反复培育和种植的野生动物绿化带。对于此类绿化带，可采用保护实践《湿地野生动物栖息地管理》（644）或《高地野生动物栖息地管理》（645）。
- 要求恢复非生物条件的绿化带，以及旨在恢复稀有或衰退的自然群落的绿化带。对于此类项目，可采用保护实践《稀有或衰退自然群落恢复》（643）。
- 绿化带的主要目的是为家畜或其他家养动物（如家养麋鹿、野牛和鹿）提供草料。对于此类绿化带，可采用保护实践《牧草和生物质种植》（512）或《牧场种植》（550）。
- 侵蚀控制或水质管理构成主要资源问题的绿化带。对于此类绿化带，可采用保护实践《保护层》（327）、《防风林 / 防护林建造》（380）、《关键区种植》（342）或《过滤带》（393）。
- 需要采取积极有效的措施，处理有害木本植物或草本植被，且需要对此进行长期监测治理。对于有害物种或入侵物种难以控制所导致的植被退化情况，可采用保护实践《灌木管理》（314）和《草本杂草处理》（315）。在采用保护实践《灌木管理》时，根据需要，可同时采用保护实践《草本杂草处理》（315）与《野生动物栖息地种植》（420），以充分解决栖息地所存在的其他限制因素问题。

准则

适用于所有目的的总体准则

在自然资源保护局栖息地评估方案（如《野生动物栖息地评估指南》）的指导下，根据所确定的目标野生物种或种群，有针对性地进行必要的植被重建工作，以满足自然资源保护局最低规划标准，即《50% 值得关注的物种的潜在栖息地》（USDA NRCS 2003）。在大多数生态环境评估方案中，这样做至少可以得到 0.5 分。

目标栖息地的主要环境因素取决于所选择的植物种类。目标栖息地的主要环境因素取决于植物物种丰富度、多样性、分布情况和构成。目标条件包括不需要每年种植的物种。

对邻近植物群落进行清查或评估，以确定将有害物种（有害的、有入侵性和侵略性的本土植物）引入邻近敏感性栖息地是否存在潜在风险。该评估内容包括对人员和设备进出以及引入新植物物种相关风险的评估。通过实施必要措施来应对已知风险。

野生动物绿化带应考虑使用季节、生态习性、活动范围、邻近栖息地环境和整体景观环境。

评估目标物种或种群的栖息地位置和资源价值，要考虑到非目标物种的风险（例如，在田间和田野间捕食的鸟类，杀虫剂对无脊椎动物的影响，以及以驱除其他野生动物为目的而建立的新栖息地）。相应地调整种类、位置或分布。

当野生动物栖息地位于交通和公共基础设施附近时，野生动物绿化带会给人类和野生动物带来某些安全隐患。为防止安全隐患的发生，可将绿化带位置选在远离交通和公用设施的地方。

仅种植具有非侵入性和对环境适应性强的物种。

与引进其他物种相比，本土植物群通常可以带来更大的生态效益。在适当及切实可行的情况下，应首先选择本土植物。

播种率将根据纯活种子（PLS）计算。植物种子质量需符合自然资源保护局质量标准。

如果种子是从本地采集的，则需测试种子的纯度和发芽率，以确定纯活种子和杂草率，包括自然资源保护局列出的有害杂草。从当地采集的植物（球茎或灌木幼苗）必须来自无害或无入侵物种的区域。如果这些范围内的植物不可用，则需从正规渠道购买合适的种子或植物幼苗，以满足未来栖息地的生态条件。

恢复原生牧场上的野生植被时（例如小型授粉植物），要求混合草种必须是该地方特有的，这取决于适用生态单元描述（ESD）或符合其他技术资料。如果该地区本土草种不能通过正规渠道购买到或无适合品种，请参考自然资源保护局制订的相关规定。混合草种的百分比指数应当符合自然资源保护局标准，以及本实践之规定。

应当充分考虑植被构成、物种比率、种植深度、后期养护等因素，以期在实践使用期限内打造目标栖息地环境。

完善植被重建方案所需的必要条件，如：田地准备、杂草和害虫防治、种植率、种植日期、种植方法、冷藏处理、豆科植物接种和植物原料储存。完善植被重建后所需的管理措施（例如，在重建期间，修剪一年生杂草），以最大限度地提高种植的成活率。实时跟进当地、州或地区级别的先进技术信息，如自然资源保护局《植物材料中心指南》。

养分和其他土壤改良剂仅在植被重建期使用。

在植被重建期间需保护植物免受已知风险的侵害，如放牧、火灾、杂草过剩以及其他害虫。

在植被重建期间，检查重建区域是否有侵入性植物或有害植物入侵。并实施恰当的管控措施。

建立与历史 / 遗产 / 参考土著植物群落相似的栖息地的附加准则

本地野生动物早已适应了栖息地的生活。大多数本地野生动物能够很好地适应栖息地的新环境，由此可以看出新栖息地的环境是有利于野生物种进化的。这些历史环境（通常称为期望环境、前欧洲发展环境或参考共同体环境）包括不同的干扰机制。如果创建野生动物栖息地的目标是为了还原本地野生动物赖以生存的栖息地时，可以遵循以下标准：

- 根据自然资源保护局的权威数据（例如生态单元描述，自然遗产计划和自然资源保护局参考点）显示，在植被建植时应该尽量还原原生植物物种的丰富度。
- 如果可行，可通过正当来源选择植物种类或本地植物种类（例如，使用本地种子库或从本地区采集植物幼苗）以保持本地基因的完整性。
- 建植时应该注意不同物种的分布情况（均匀、随机或成群分布）。
- 种植后，利用必要的支持保护实践来恢复或模拟已确定的和达到目标条件所必需的自然扰动状态。

注意事项

许多草原栖息地一直很少有树木存在。在这些栖息地增加灌木对许多本地野生物种会产生不利的影响。

在这些地区，要使植物群落不断更替生长，可能需要采用分阶段的方法来重建目标植物群落。例如，这些地区可能需要种植 1 ~ 2 年的一年生植物或作物，可采用《高地野生动物栖息地管理》（645）、《保护性作物轮作》（328）或《覆盖作物》（340）等保护实践来满足土壤有机质标准，以及控制害草的生长。

在本土牧场和本土草原，采用其他保护实践［如《计划放牧》（528）和《计划烧除》（338）等保护实践］可以满足目标物种或种群对栖息地的环境要求，这样对环境的反作用较小，其他物种入侵的风险也比较小。

在适宜的土地和土壤条件下，重建可循环更替的植物种类。

其他与之相连的土地开发和栖息地可能会影响野生动物种群的恢复，还会涉及未来的管理问题。考虑到对邻近栖息地的影响，需制订出有针对性的应对方案。

如果该土地最近被用作农田、草场或牧场，则需要对重建区域和过去 10 年未施肥的土地中的土壤进行测试。如果土壤中氮含量超过自然水平 25% 以上，则应该使氮含量符合标准后再进行种植，例如种植不具有侵入性的一年生牧草（如高粱），收获后用作干草。

残留的农药、除草剂和之前对土地施用的养分会对土壤微生物和重建工作造成不利的影响。视情况而定，可选择清除表面作物，也可以重新种植。

在使用过农药的相邻土地上种植会影响到无脊椎动物的生存。可使用自然资源保护局技术说明或利用其他自然手段降低农药风险。

现代农业、城市发展和能源开发等人类活动会侵占常驻和迁移野生动物的栖息地，影响其生存质量。将生境质量提高到超过自然资源保护局的最低规划标准阈值 50%（USDA NRCS，2003），可以最大限度地扩大当地野生种群的数量，并有助于抵消由于农业侵占而引起的对栖息地野生动物所产生的不利影响。

计划和技术规范

按照本实践制订每一步的实施计划和规范。计划中应包含一份详细的实施时间表，以及覆盖整个实践使用期间的成功标准。

该计划：

- 包括目标野生物种或种群名称。
- 描述关键目标种群属性，如物种组成、年龄、结构或密度。
- 使用权威野生动物栖息地评估程序记录基线条件和预估条件。
- 确定有害的、入侵的、不受欢迎的和相互竞争的植物和动物物种的控制措施，以使现场恢复到目标条件。
- 如适用，请详述如何降低对非目标野生物种的影响。
- 包括一份实践实施时间表。时间表包括主要工作内容和日期以及所有支持性标准［如《草本杂草处理》（315）、《灌木管理》（314）、《栅栏》（382）和《跨河桥》（578）等保护实践］。
- 描述田地准备及播前整地方法。
- 肥料施用方法和比率（如适用）。
- 种植方法和比率。
- 补充水供应方法（如适用）。
- 植物保护方法（如适用）。
- 植被重建的成功标准（目标条件），包括目标条件和时间表。

运行和维护

运行和维护（O&M）计划包括用于维持和改善栖息地环境条件的所有工作，具体如下：

- 植被重建后的评估工作。
- 运行维护时间表，考虑适应性管理。

- 为避免时间上的冲突，需确定运行维护的时间段，可以是一天或某一季节。

参考文献

USDA NRCS. 2003. National Biology Manual, Section 511.04（c）, Resource management systems and quality criteria.

保护实践概述

（2019年5月）

《野生动物栖息地种植》（420）

通过播种或种植来建立草本植物和灌木植物野生动物栖息地，能为野生动物提供基本的食物和遮蔽源。在将农田或牧场转化成专门的野生动物栖息地时，这些植物具有特别重要的价值。

实践信息

《野生动物栖息地种植》（420）在目前用于其他目途（例如作物或牧场）的地区建立草本植物或灌木植物野生动物栖息地。此外，本实践用于将现有的低质量栖息地转化为高质量栖息地。例如，本实践常常被用于转化单一草种的草原（例如无芒雀麦、东半球蓝茎草和羊茅草），使之成为多植物物种的草原。保护实践《野生动物栖息地种植》（420）经常用于为传粉昆虫和帝王蝶提供盛开的杂类草。

本实践的使用期限是 5 年，优势目标植物群落为寿命能达到本实践使用期限的物种。一年生的野生动物绿化带（例如每年的食物带）并非使用本实践种植，而是使用其他保护实践种植，例如《高地野生动物栖息地管理》（645）或《湿地野生动物栖息地管理》（644），这两种实践的使用期限均为 1 年。种植树木的栖息地将使用保护实践《乔木 / 灌木建植》（612）来种植树木，本实践的使用期限为 15 年。

常见相关实践

《野生动物栖息地种植》（420）通常与《草本杂草处理》（315）、《灌木管理》（314）、《栅栏》（382）和《计划烧除》（338）等保护实践一起使用。

保护实践效果（网络图）

（2019年5月）

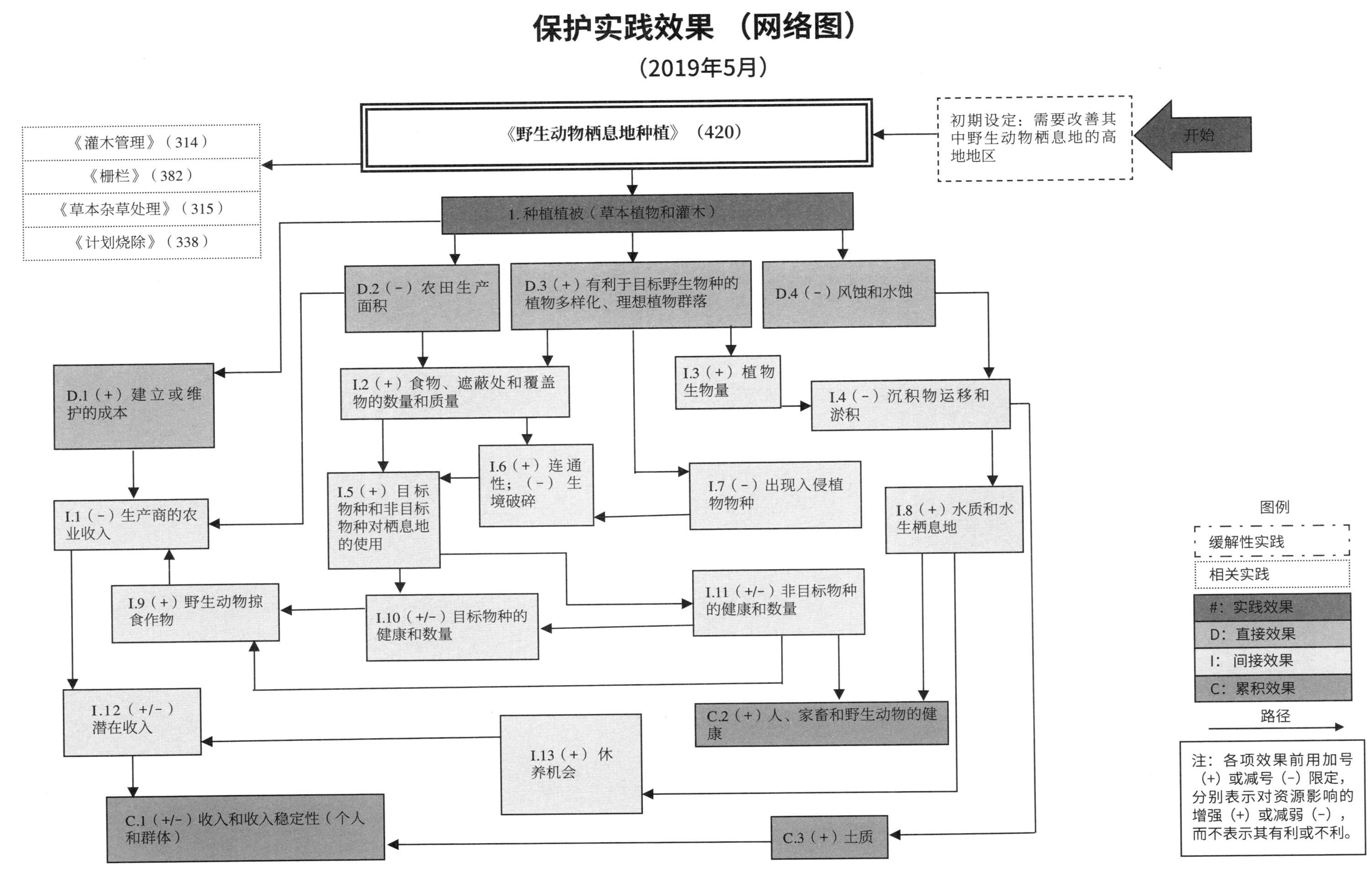

第四章

节能减排

广义上讲，节能减排是指节约物质资源和能量资源，减少废弃物和环境有害物（包括废气、废水、废渣和噪声等）排放；狭义上讲，节能减排就是节约能源和减少环境有害物排放。此类保护实践主要用于农场等场所降低能源消耗、减少颗粒物排放，以及减少工矿等来源污染物的排放。

空气过滤和除尘

（371，No.，2010年4月）

定义

利用拦截或收集手段减少设施中空气污染物排放的设备或系统。

目的

通过惯性除尘、过滤除尘、静电除尘、吸附除尘、湿式除尘和生物除尘等手段，来控制通风装置内气体和大气颗粒物排放。

具体而言，该措施的实施可用于减少下列空气污染物的排放，从而有助于改善空气质量：

- 直接排放的颗粒物
- 挥发性有机化合物（VOCs）
- 氨
- 异味硫化物
- 甲烷

适用条件

本实践适用于有任何天然或机械通风装置的农业操作，并可在上述所列范围内确定可能排放的空气污染物。

准则

适用于上述所有目的的总体准则

设计。通过惯性碰撞、直接拦截、静电吸引、吸收或吸附等作用来设计特定的设备或系统，旨在去除装置内部的空气污染物，并实现其设计和操作要求最小化。

设计该设备或系统立足于农业生产或类似的实际应用。可独立验证示范装置或系统性能数据的来源可能包括：大学、地方、州或联邦机构；其他独立研究组织；制造商根据资料和研究成果所提供的保证；公认的良好工程标准；实际操作经验。

所有电气组件的安装位置和类型（包括接线、电气盒、连接器等）都应遵守《美国国家电器标准》要求。当地制订的电气要求可能超出 NEC（《美国国家电器标准》）的规定。

通风。机械通风结构中，所有集中气流不必非要处理。而应将设备或系统应用于已识别需要处理的集中气流上，以达到该设备或系统处理结果的预定目标。

调整设备或系统的大小，以便能够处理集中气流的最大通风率。

通风率应基于通风装置的工业设计标准和良好的工程设计原则得出。添加过滤的设备或系统后，应保持最低要求的通风率。

风机。评估和选择风机应基于是否有能力提供所需的通风率，使得经过通风装置及控制设备后，能够满足最大的预期压降；应基于是否有能力达到所需的通风率范围。提供所需通风率的能力，需要由权威独立测试实验室认证或制造商给予保证。

风机的选择也基于预期集中气流的特性及其构成。耐腐蚀的风机往往是首选。

在多扇系统的每个风机上安装百叶扇，以尽量减少回流的可能性。

管道系统。设计和确定管道尺寸应能够实现最大通风率和最小压降。

副产物。按照法律要求处理、存储和处置设备或系统产生的副产物，防止滋扰公众。

惯性除尘器准则

使用惯性除尘器，去除机械通风结构内集中气流中的颗粒物。但惯性除尘器无法有效去除集中气流中的气态化合物。

基于以下几点设计惯性除尘器：

- 集中气流的特性，如速度、温度、含水量和化学成分
- 集中气流中的颗粒物浓度
- 颗粒物在集中气流中的粒径分布
- 收集的粒径范围
- 惯性除尘器收集和处理系统，用于去除颗粒物

袋式除尘器准则

使用袋式除尘器，去除机械通风结构内集中气流中的颗粒物。但袋式除尘器无法有效去除集中气流中的气态化合物。

基于以下几点设计袋式除尘器：

- 集中气流的特性，如速度、温度、含水量和化学组分
- 集中气流中的颗粒物浓度
- 颗粒物在集中气流中的粒径分布
- 收集的粒径范围
- 气流与过滤布的比值
- 袋式除尘器收集和处理系统，用于去除颗粒物
- 过滤纤维的清洗方法

静电除尘器准则

使用静电除尘器，去除机械通风结构内集中气流中的颗粒物。但静电除尘器无法有效去除集中气流中的气态化合物。

基于以下几点设计静电除尘器：

- 装置内集中气流或空气的特征，如速度、温度和含水量
- 装置内集中气流或空气的颗粒物浓度
- 颗粒物在集中气流或装置内空气中的粒径分布
- 收集的粒径范围
- 静电除尘器收集和处理系统，用于去除颗粒物
- 收集板的清洗方法

湿式除尘器 / 生物除尘器准则

使用湿式除尘器 / 生物除尘器，去除机械通风结构排出的、结构内或集中气流中的颗粒物或气体化合物。

应基于以下几点设计湿式除尘器 / 生物除尘器：

- 装置内集中气流或空气的特征，如速度、温度和含水量
- 装置内集中气流和空气中移出的空气污染物类型
- 装置内集中气流或空气中目标空气污染物的浓度
- 颗粒物质在装置内集中气流或空气中的粒径分布（如果颗粒物质为目标空气污染物）
- 需要收集的粒径范围（如果颗粒物质为目标空气污染物）
- 收集和处理 / 恢复系统，用于擦洗液体、去除空气污染物和其他中间产物

吸附装置的准则

使用吸附装置，去除机械通风装置中集中气流中的气态化合物。同时，吸附作用也可以去除颗粒物质，但如果集中气流颗粒物浓度较高，则吸附介质结垢的可能性更大。

吸附装置的设计应基于以下几点：

- 集中气流的特征，如速度、温度和含水量

- 应从集中气流中去除的空气污染物类型
- 集中气流中目标空气污染物的浓度
- 颗粒物引起吸附介质结垢的可能性
- 吸附介质的恢复 / 再生体系
- 去除的空气污染物和其他中间产物的收集和处理 / 恢复体系

对含有较高颗粒物浓度的集中气流进行预清洁，以尽量减少吸附介质结垢的可能性。

生物过滤器的准则

使用生物过滤器，去除机械通风设施中集中气流中的气体化合物。生物过滤器也可以清除颗粒物，但如果集中气流的颗粒物浓度较高，则生物介质结垢的可能性更大。

生物过滤器设计应基于以下几点：

- 集中气流的特征，如速度、温度和含水量
- 应从集中气流中去除的空气污染物类型
- 集中气流中目标空气污染物的浓度
- 颗粒物引起生物过滤介质结垢的可能性
- 使用的生物过滤介质的种类及该介质的预期寿命
- 用于生物过滤介质、任何已清除的空气污染物和其他中间产物的收集和处理 / 回收系统

对含有较高颗粒物浓度的集中气流进行预清洁，以尽量减少生物过滤介质结垢的可能性。

将多余的水分（如来自于沉积物的水分）分流至远离生物过滤器的地方。

必要的情况下，在生物过滤器设计中加入额外的水分输送装置。

实施包括生物过滤器在内的对啮齿动物进行防治的计划。

定期清除生物过滤介质中的植物，以保持适当的气流流动。

注意事项

将设备或系统的总成本（安装加维护成本）与设备或系统的预期性能进行比较。在此标准中，不同选项的安装成本变化很大。此外，各种选项的运行成本（包括人工、维护、能源成本等）变化也很大。

整体系统压力降至小于 0.3 英寸的水柱时，可允许使用标准的农业生产风机。

对于颗粒物浓度较高的气流，请考虑将风扇放在气流之外，或者在联系风扇之前安装设备或系统以清除气流中的颗粒物，以减少清除风扇叶片中累积颗粒物的可能或频率。

如有可能，回收利用中间产物、过滤产物或洗涤介质和液体，不要随意处置。

计划和技术规范

根据应用标准中的计划和技术规范，为每个场地或规划单元制订实施本实践的计划和技术规范。技术规范应规范使用保护计划中各州制订的各项说明表格、工作表格、实践要求表格、叙述性声明，或其他可接受的文档进行记录。

制订包含流程图的设计文档，并至少包含以下指定的信息：

- 使用的设备或系统的类型。
- 识别待处理的空气（即来自机械通风装置的集中气流或装置内的空气）。同时也要确认装置内的没有被设备或系统处理的任何集中气流或空气。阐明确定处理或不处理的集中气流或装置内空气的理由。
- 拟去除的空气污染物类型和浓度。
- 装置内集中气流或空气的特征，如速度、温度和含水量。
- 空气污染物去除设备或系统的设计参数。
- 过程的控制和监测。
- 设备或系统的预期性能（控制效率）。
- 去除的空气污染物和其他中间产物的收集、处理及回收系统。

运行和维护

制订并实施符合本实践预期目的、使用寿命、安全要求和设计标准的运行和维护计划。

根据制造商推荐的意见运行和维护设备或系统（如适用）。

若风机用于含颗粒物的气流，需要制订并实施风机检查和维护计划，以防止和去除积尘。

设计和建造管网，使所有部分都能够安全隔离并进行日常维护。

参考文献

Boubel，RichardW.，DonaldL.Fox，D.Bruce Turner，and Arthur C.Stern. 1994. Fundamentals of Air Pollution，Third Edition.

Cooper，C. David，and F.C. Alley. 2002. Air Pollution Control–ADesignApproach，Third Edition.

Davis，WayneT.（editor）.2000.Air Pollution Engineering Manual，Second Edition.

Heinsohn，Robert J. and Robert L. Kabel.1999. Sources and Control of Air Pollution.

Livestock and Poultry Environmental Stewardship Curriculum Lesson41：Emission Control Strategies for Building Sources.

MWPS-32.1990. Mechanical Ventilating Systems for Livestock Housing.Ames，IA：MidWest Plan Service.

Schmidt，David，KevinJanni，and Richard Nicolai.2004. Biofilter Design Information，Biosystems and Agricultural Engineering Update18. University of Minnesota Extension Service.

Schmidt，David and Richard Nicolai. 2005. Biofilters. South Dakota State University College of Agricultural & Biological Sciences Cooperative Extension Service.

U.S. Environmental Protection Agency Clean Air Technology Center. Air Pollutant Technology Fact Sheets.

U.S. Environmental Protection Agency Clean Air Technology Center. 2003. Using Bioreactors to Control Air Pollution.

保护实践概述

（2012年12月）

《空气过滤和除尘》（371）

空气过滤和除尘是利用拦截或收集手段减少结构中空气污染物排放的设备。

实践信息

空气过滤和除尘系统利用惯性除尘、过滤除尘、静电除尘、吸附除尘、湿式除尘和生物除尘等手段，来控制通风装置的气体或颗粒物排放。具体而言，空气过滤和除尘系统可用于减少下列排放物：

- 直接排放的颗粒物（如灰尘）
- 挥发性有机化合物（VOC）
- 氨
- 异味硫化物
- 甲烷

本实践的设计标准包含气流的特征、待处理污染物的浓度和特征、系统预期效率、被清除的污染物的收集和处理等。为每个系统制订了具体的运行维护计划。

空气过滤和除尘需在实践的预期年限内进行维护。

常见相关实践

《空气过滤和除尘》（371）通常与《农药处理设施》（309）、《废物储存设施》（313）、《动物尸体无害化处理设施》（316）、《堆肥设施》（317）、《顶盖和覆盖物》（367）等保护实践一起使用。

保护实践的效果——全国

土壤侵蚀	效果	基本原理
片蚀和细沟侵蚀	0	不适用
风蚀	0	不适用
浅沟侵蚀	0	不适用
典型沟蚀	0	不适用
河岸、海岸线、输水渠	0	不适用
土质退化		
有机质耗竭	0	不适用
压实	0	不适用
下沉	0	不适用
盐或其他化学物质的浓度	0	不适用
水分过量		
渗水	0	不适用
径流、洪水或积水	0	不适用
季节性高地下水位	0	不适用
积雪	0	不适用
水分不足		
灌溉水使用效率低	0	不适用
水分管理效率低	0	不适用
水质退化		
地表水中的农药	0	不适用
地下水中的农药	0	不适用
地表水中的养分	0	不适用
地下水中的养分	0	不适用
地表水中的盐类	0	不适用
地下水中的盐类	0	不适用
粪肥、生物土壤中的病原体和化学物质过量	0	不适用
粪肥、生物土壤中的病原体和化学物质过量	0	不适用
地表水沉积物过多	0	不适用
水温升高	0	不适用
石油、重金属等污染物迁移	0	不适用
石油、重金属等污染物迁移	0	不适用
空气质量影响		
颗粒物（PM）和 PM 前体的排放	4	各类过滤和除尘系统均能高效率地减少颗粒物排放。
臭氧前体排放	2	某些过滤和除尘系统能够高效率地减少挥发性有机化合物（VOC）的排放。
温室气体（GHG）排放	2	某些过滤和除尘系统能够高效率地减少甲烷的排放。然而，某些生物滤池也可能增加一氧化二氮的排放。
不良气味	4	某些过滤和除尘系统能够高效率地减少挥发性有机化合物（VOC）、异味硫化物和氨的排放。
植物健康状况退化		
植物生产力和健康状况欠佳	0	不适用
结构和成分不当	0	不适用
植物病虫害压力过大	0	不适用
野火隐患，生物量积累过多	0	不适用
鱼类和野生动物——生境不足		
食物	0	不适用

（续）

鱼类和野生动物——生境不足	效果	基本原理
覆盖 / 遮蔽	0	不适用
水	0	不适用
生境连续性（空间）	0	不适用
家畜生产限制		
饲料和草料不足	0	不适用
遮蔽不足	0	不适用
水源不足	0	不适用
能源利用效率低下		
设备和设施	-1	某些空气过滤系统为高能耗系统。
农场 / 牧场实践和田间作业	0	不适用

CPPE 实践效果：5 明显改善；4 中度至明显改善；3 中度改善；2 轻度至中度改善；1 轻度改善；0 无效果；-1 轻度恶化；-2 轻度至中度恶化；-3 中度恶化；-4 中度至严重恶化；-5 严重恶化。

工作说明书—— 国家模板

（2010年4月）

此类可交付成果适用于个别实践。其他规划实践的可交付成果参考具体的工作说明书。

设计

可交付成果

1. 能够证明符合自然资源保护局实践中相关准则并与其他计划和应用实践相匹配的设计文件。
   a. 保护计划中确定的目的。
   b. 客户需要获得的许可证清单及需要遵守的法规。
   c. 辅助性实践一览表。
   d. 制订计划和规范所需的与实践相关的计算和分析，包括但不限于：
      i. 目标排放量及来源
      ii. 规定的减排量
      iii. 减排量计算、分析等
2. 向客户提供书面计划和规范书，包括草图和图纸，充分说明实施本实践并获得必要许可的相应要求。
3. 运行维护计划。
4. 证明设计符合实践和适用法律法规的文件。
5. 安装期间，根据需要所进行的设计修改。

注：可根据情况添加各州的可交付成果。

安装

可交付成果

1. 与客户进行的安装前会议。
2. 验证客户是否已获得规定许可证。
3. 根据需要制订的安装指南。
4. 协助客户和原设计方并实施所需的设计修改。
5. 在安装期间，就所有联邦、州、部落和地方法律、法规和自然资源保护局政策的合规性问题

向客户 / 自然资源保护局提供建议。
6. 证明安装过程和材料符合设计和许可要求的文件。

注：可根据情况添加各州的可交付成果。

验收

可交付成果

1. 实施记录。
    a. 实践单位
    b. 实际使用的材料
2. 证明施用过程符合自然资源保护局实践和规范并符合许可要求的文件。
3. 进度报告。

注：可根据情况添加各州的可交付成果。

参考文献

NRCS Field Office Technical Guide（eFOTG）, Section IV, Conservation Practice Standard.

Air Filtration and Scrubbing - 371.

NRCS National Environmental Compliance Handbook.

NRCS Cultural Resources Handbook.

注：可根据情况添加各州的可交付成果。

保护实践效果（网络图）

（2014年3月）

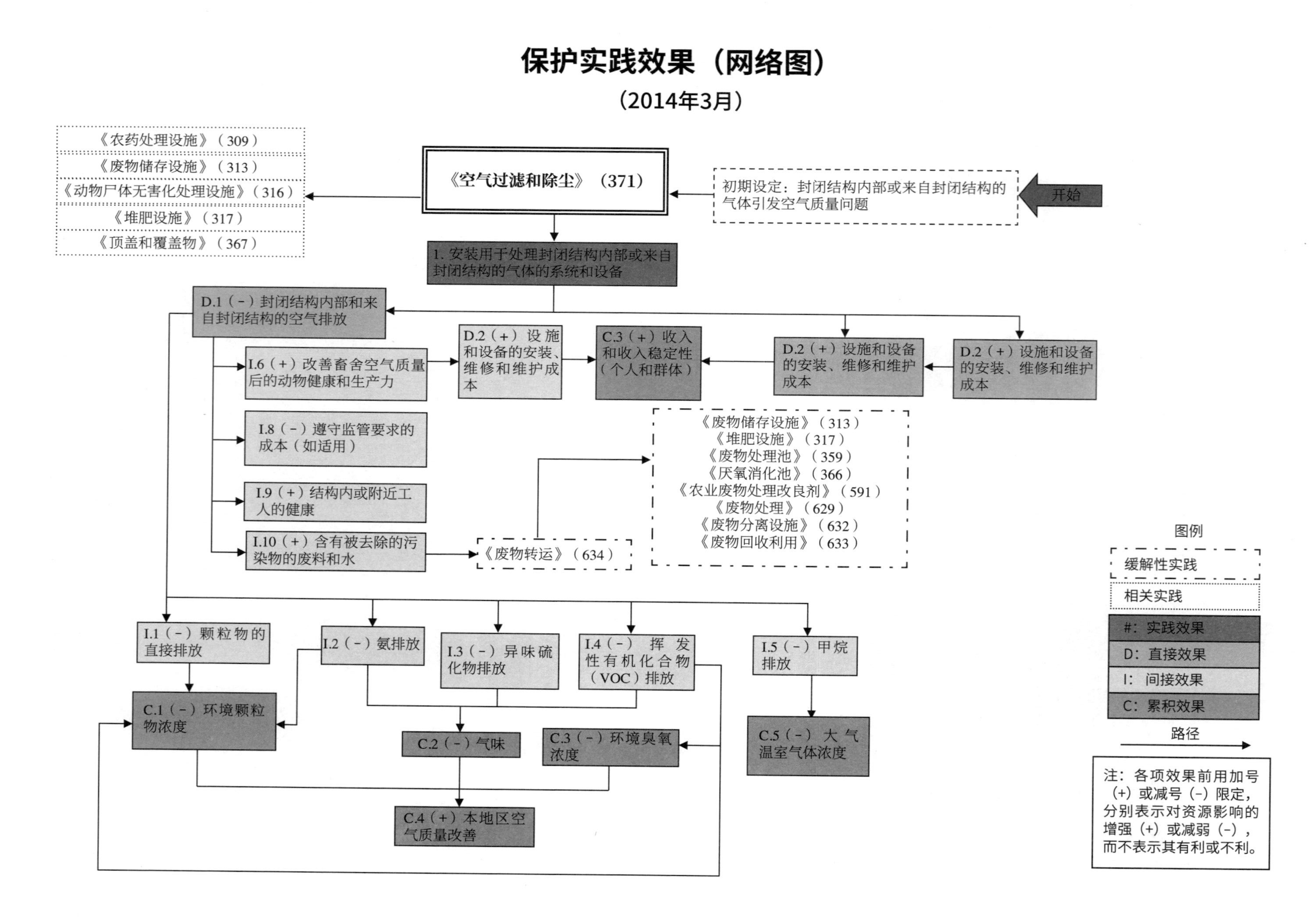

建筑围护结构修缮

（672，No.，2013年4月）

定义

对现有农业设施的建筑围护结构进行改造或翻新。

目的

本实践可作为保护管理系统的一部分，通过调节热量传递来减少能源使用。

适用条件

本实践适用于任何至少部分时间受气候影响的农业设施，其完整的能源分析符合美国农业和生物工程师协会（ASBES612 的 2 类农场能源审核指南）。审核将至少涉及建筑物内通风、空气加热和空气冷却的主要活动。

准则

实施 2 类农场能源审核的建议，因为它们涉及建筑围护结构的改进。

根据审核建议，用合适的密封胶密封裂缝。请参照美国供热、制冷和空调工程师协会（ASHRAE）手册——合适的密封胶材料和涂抹方法的基本原理。

确保建筑围护结构符合所有适用的建筑规范。同时确保改进后建筑围护结构的墙体和天花板的 u 值等于或小于 ASABE ANSI/ASAES401.2《美国农业建筑隔热材料使用指南》表 1 和图 1 所提供的 u 值。

绝缘和蒸汽缓凝剂

根据建筑的温度极值、湿度状况和预期的紫外线照射情况选择绝缘材料。

选择耐用、防潮、对人畜无毒且符合联邦药品管理局相关规定的绝缘或覆盖材料。

关于喷雾泡沫绝缘，请参照“美国国家规范 210 工程第 301 部分——喷雾泡沫绝缘和蒸汽缓凝剂的要求”，该规范可以代替美国农业生物工程师学会（ASABE）401.2 中的要求。

对于喷雾泡沫以外的材料，确保暴露在建筑物内部的绝缘材料和蒸汽缓凝剂能满足美国国家标准学会（ANSI）或美国农业生物工程师学会（ASABE）S401.2 中描述的规格。

绝缘必须与结构的电线兼容。

根据制造商的建议安装绝缘材料，并保持绝缘的热性能。

安装绝缘材料，以便在整个绝缘区域内有一个合理均匀的绝缘值。

根据“美国国家规范 210 工程第 301 部分——喷雾泡沫绝缘和蒸汽缓凝剂的要求”，确定是否需要蒸汽缓凝剂。如果需要，请按照制造商的指示安装一个可接受的蒸汽缓凝剂。

温室玻璃和圆顶温棚

根据温室玻璃的透光率、传热特性和耐用性，选择符合或超过农业能源审核推荐的材料性能标准的温室玻璃材料。参照美国农业工程师学会（ASAE）EP460 中表 3 中商业温室设计和典型玻璃材料性能的布局。

在实际可行的地方使用多层，如双层聚乙烯，结构板改性丙烯酸或能源屏幕，以减少内部和外部之间的温室或圆顶温棚的传热。在覆盖聚乙烯的温室中，内层应具有红外保持（IR）和抗凝聚（AC）的性能，以减少热损失。至少使用 6 密耳级温室，抗紫外线共聚物盖。

温室能量屏

根据预期用途选择能量屏或遮光屏：保温、遮阳或两者兼用。

能量屏或遮光屏应以排水沟对排水沟（隔板以排水沟高度平放）或桁架对桁架（相邻桁架之间拉

起的屏幕）的方式安装。

根据折叠能力、耐用性和功能性选择屏幕材料。

屏幕材料应设有防火设施，以限制屏幕间火势蔓延，并应按照当地防火规范进行阻燃。

商用门窗

安装用以提高建筑围护效率的门窗应按照美国环保局（USEPA）能源之星尽心标示，或符合国际法规委员会（ICC）关于国际节能法规（IECC）的最低要求。根据美国材料与试验协会（ASTM）E2112 所规定的最低要求，按照制造商的指示和建议安装门窗和天窗。

注意事项

选择并安装隔热材料，防止啮齿动物进入、咀嚼，防止鸟类啄食，防止昆虫侵染或牲畜损伤。

可以在温室安装多个屏幕以增加热量，或用于多种用途，如节能和遮阳。

一般公共通道的建筑物，例如零售点，可能需要更严格的建筑规范。

改进建筑围护结构可能需要移动或修改电线、水管、燃料供应管道、灯具或其他基础设施。

自动温度或湿度传感器和控制装置可以提高可移动温室屏幕的效率。

如果农业建筑内相对湿度保持在85%以上，请参照美国农业工程师学会EP475或其他适当的指南。

在某些情况下，可以使用彩色窗户来控制建筑温度。着色对窗户的 *u* 值没有影响，但它降低了太阳能的吸收。这在夏季可能是一种好处，在冬季可能是一种负担，这取决于当地的气候条件。

计划和技术规范

应根据标准为每个场地或规划单元制订应用本实践的技术规范。

计划和技术规范至少应包含以下内容：

- 现有建筑围护结构的平面图和说明，以及经修改或改装的建筑围护结构及有关部件或装置（如适用）。
- 适用于建筑围护结构材料的描述和特点。
- 与此标准关联的通风和密封规定的详细信息。
- 替换物料的处理要求（如适用）。
- 根据农业建筑物的当前加热 / 冷却要求确定与此标准安装相关的节能文件要求。

运行和维护

应制订符合本实践目的、预期寿命和安全要求运行和维护计划。该计划应包括关于维持该系统的建议准则。定期维护项目包括：

- 检查建筑围护结构的泄露情况，特别是能量屏密封的边缘。
- 定期检查绝缘套以确保其均匀地覆盖建筑物的围护空间，并在必要时修复损坏的材料和组件。
- 定期检查是否有断裂，并修复或更换破损的蒸汽屏或能量屏材料。
- 识别与建筑围护系统相关的关键控制设备。定期检查，必要时进行维护。

保持记录以持续记录能源改进的实施情况。从安装改进的建筑围护结构开始，保留且更新至少三年的记录。要保留的建议记录的内容包括：

- 建筑中产生的公共事业票据、燃料购买票据和农产品产量数据。
- 对建筑围护结构修缮和相关部件或设备进行维护的记录文件。

参考文献

American Society of Heating, Refrigeration and Air Conditioning Engineers. 2010. ASHRAE Handbook – Fundamentals.

American Society of Agricultural and Biological Engineers. 2011. Design and Management of Storages for Bulk, Fall-Crop, Irish Potatoes. ASAE EP475.1 JUN1996（R2011）. St. Joseph, MI.

American Society of Agricultural and Biological Engineers. Guidelines for the Use of Thermal Insulation in Agricultural Buildings.

ANSI/ASABE S401.2 FEB1993（R2008）. St. Joseph, MI.

American Society of Agricultural and Biological Engineers. 2008. Heating, Ventilating and Cooling Greenhouses. ANSI/ASAE EP 406.4 Jan 2003（R2008）. St. Joseph, MI.

American Society of Agricultural and Biological Engineers. 2009. Performing On-Farm Energy Audits. ANSI/ASABE S612 JUL2009. St Joseph, MI.

American Society for Testing and Materials. 2012. Standard Practice for Installation of Exterior Windows, Doors and Skylights. ASTM E2112-07. Subcommittee：E06.51, Book of Standards, Vol. 04.12. West Conshohocken, PA.

International Code Council, Inc. 2011. International Energy Conservation Code. IECC-12. Country Club Hills, IL.

U.S. Environmental Protection Agency and U.S. Department of Agriculture. ENERGY STAR. http：//www.energystar.gov/.

保护实践的效果——全国

土壤侵蚀	效果	基本原理
片蚀和细沟侵蚀	0	不适用
风蚀	0	不适用
浅沟侵蚀	0	不适用
典型沟蚀	0	不适用
河岸、海岸线、输水渠	0	不适用
土质退化		
有机质耗竭	0	不适用
压实	0	不适用
下沉	0	不适用
盐或其他化学物质的浓度	0	不适用
水分过量		
渗水	0	不适用
径流、洪水或积水	0	不适用
季节性高地下水位	0	不适用
积雪	0	不适用
水分不足		
灌溉水使用效率低	0	不适用
水分管理效率低	0	不适用
水质退化		
地表水中的农药	0	不适用
地下水中的农药	0	不适用
地表水中的养分	0	不适用
地下水中的养分	0	不适用
地表水中的盐类	0	不适用
地下水中的盐类	0	不适用
粪肥、生物土壤中的病原体和化学物质过量	0	不适用
粪肥、生物土壤中的病原体和化学物质过量	0	不适用
地表水沉积物过多	0	不适用
水温升高	0	不适用
石油、重金属等污染物迁移	0	不适用
石油、重金属等污染物迁移	0	不适用
空气质量影响		
颗粒物（PM）和 PM 前体的排放	2	减少设备使用可以减少燃烧产生的颗粒物排放。

（续）

空气质量影响	效果	基本原理
臭氧前体排放	2	减少设备使用可以减少与燃烧相关的氮氧化物的排放。
温室气体（GHG）排放	2	减少能耗通常会减少温室气体。
不良气味	0	不适用
植物健康状况退化		
植物生产力和健康状况欠佳	0	不适用
结构和成分不当	0	不适用
植物病虫害压力过大	0	不适用
野火隐患，生物量积累过多	0	不适用
鱼类和野生动物——生境不足		
食物	0	不适用
覆盖 / 遮蔽	0	不适用
水	0	不适用
生境连续性（空间）	0	不适用
家畜生产限制		
饲料和草料不足	0	不适用
遮蔽不足	0	不适用
水源不足	0	不适用
能源利用效率低下		
设备和设施	4	通过农场能源审计确定。
农场 / 牧场实践和田间作业	0	其他保护实践涉及的农场 / 牧场实践和田间作业。

CPPE 实践效果：5 明显改善；4 中度至明显改善；3 中度改善；2 轻度至中度改善；1 轻度改善；0 无效果；−1 轻度恶化；−2 轻度至中度恶化；−3 中度恶化；−4 中度至严重恶化；−5 严重恶化。

工作说明书——国家模板

（2014年9月）

此类可交付成果适用于个别实践。其他规划实践的可交付成果参考具体的工作说明书。

设计

可交付成果

1. 证明符合自然资源保护局实践中相关准则并与其他计划和应用实践相匹配的设计文件。
    a. 保护计划中确定的目的。
    b. 客户需要获得的许可证清单及需要遵守的法规。
    c. 辅助性实践一览表。
    d. 制订计划和规范所需的与实践相关的计算和分析，包括但不限于：
        i. 绝缘 R 值
        ii. 建立 u 值
        iii. 门窗评分
        iv. 所有已安装组件的附加性能额定值
        v. （如有需要）减排要求
2. 向客户提供书面计划和规范书，包括草图和图纸，充分说明实施本实践并获得必要许可的相应要求。
3. 运行维护计划。

4. 证明设计符合实践和适用法律法规的文件。
5. 安装期间，根据需要所进行的设计修改。

注：可根据情况添加各州的可交付成果。

安装

可交付成果

1. 与客户进行的安装前会议。
2. 验证客户是否已获得规定许可证。
3. 根据需要制订的安装指南。
4. 协助客户和原设计方并实施所需的设计修改。
5. 在安装期间，就所有联邦、州、部落和地方法律、法规和自然资源保护局政策的合规性问题向客户 / 自然资源保护局提供建议。
6. 证明安装过程和材料符合设计和许可要求的文件。

注：可根据情况添加各州的可交付成果。

验收

可交付成果

1. 实施记录。
   a. 实践单位
   b. 实际使用的材料
2. 证明施用过程符合自然资源保护局实践和规范并符合许可要求的文件。
3. 进度报告。

注：可根据情况添加各州的可交付成果。

参考文献

NRCS Field Office Technical Guide（eFOTG）, Section IV, Conservation Practice Standard Building Envelope Improvement - 672.

NRCS National Environmental Compliance Handbook.

NRCS Cultural Resources Handbook.

注：可根据情况添加各州的参考文献。

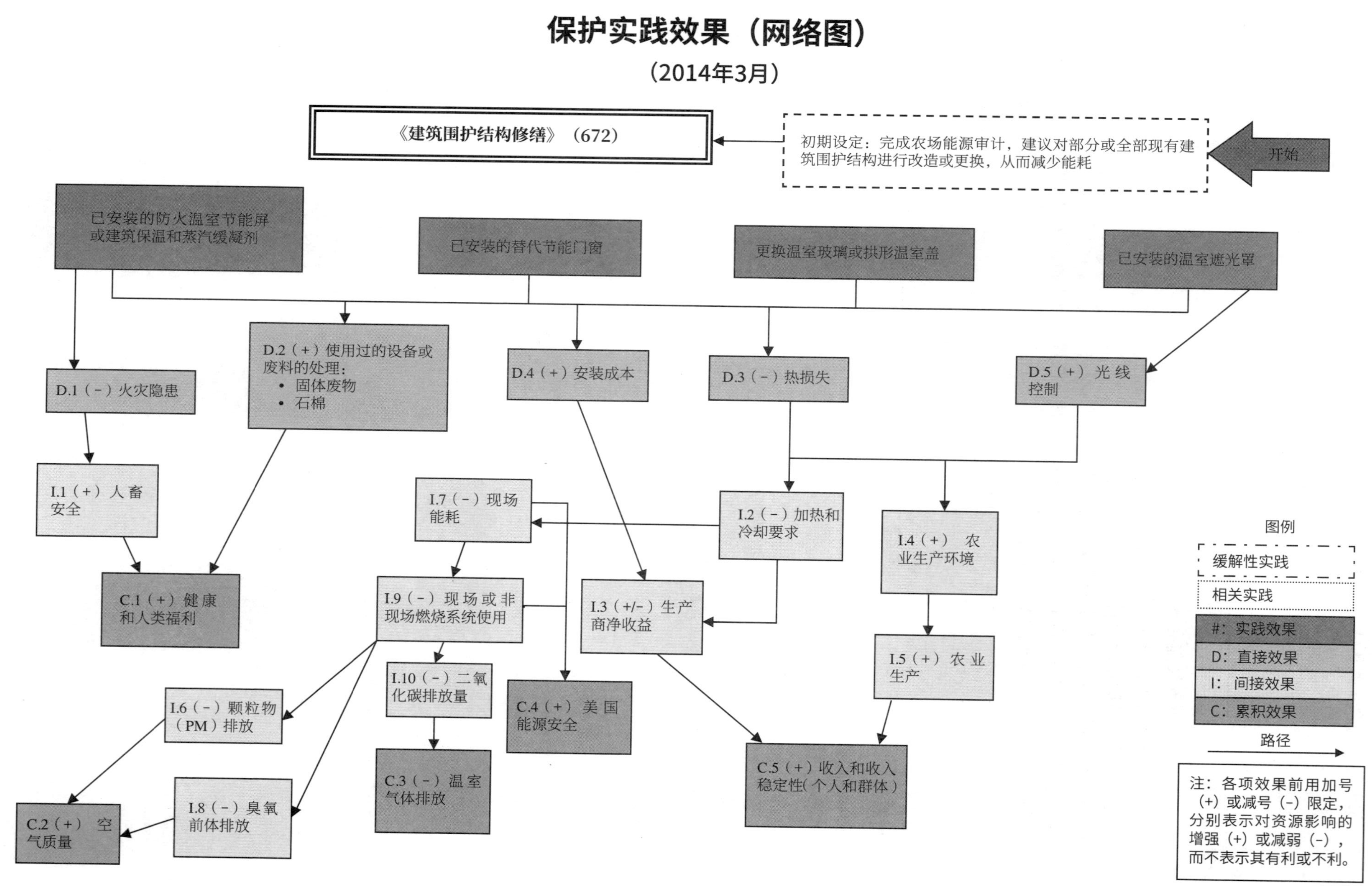
保护实践效果（网络图）
（2014年3月）
《建筑围护结构修缮》（672）
初期设定：完成农场能源审计，建议对部分或全部现有建筑围护结构进行改造或更换，从而减少能耗
开始
已安装的防火温室节能屏或建筑保温和蒸汽缓凝剂
已安装的替代节能门窗
更换温室玻璃或拱形温室盖
已安装的温室遮光罩
D.1（-）火灾隐患
D.2（+）使用过的设备或废料的处理：
• 固体废物
• 石棉
D.4（+）安装成本
D.3（-）热损失
D.5（+）光线控制
I.1（+）人畜安全
I.7（-）现场能耗
I.2（-）加热和冷却要求
I.4（+）农业生产环境
C.1（+）健康和人类福利
I.9（-）现场或非现场燃烧系统使用
I.3（+/-）生产商净收益
I.10（-）二氧化碳排放量
C.4（+）美国能源安全
I.5（+）农业生产
I.6（-）颗粒物（PM）排放
C.3（-）温室气体排放
C.5（+）收入和收入稳定性(个人和群体)
I.8（-）臭氧前体排放
C.2（+）空气质量
图例
缓解性实践
相关实践
#：实践效果
D：直接效果
I：间接效果
C：累积效果
路径
注：各项效果前用加号（+）或减号（-）限定，分别表示对资源影响的增强（+）或减弱（-），而不表示其有利或不利。

燃烧系统改进

（372，No.，2019年5月）

定义

对农业燃烧系统及其部件或装置进行更换、改建动力装置或改造。

目的

本实践旨在实现以下一个或多个目标：

- 减少氮氧化物（NO_x）的排放，改善空气质量。
- 通过减少颗粒物（PM）排放，改善空气质量。
- 提高燃烧系统效率，降低能耗。

适用条件

本实践适用于现有的农业燃烧系统，其中包括固定式、便携式和自行移动式燃烧装置。

对于泵站相关燃烧系统（如泵站供电装置），当泵站只是出于空气质量或降低能耗的目的对其动力装置进行更换、改建动力装置或改造时，应适用本保护实践。在所有涉及泵送装置燃烧系统的其他情况下，适用保护实践《泵站》（533）。

准则

适用于所有目的的一般准则

对燃烧系统及其相关部件或装置进行更换、改建动力装置或改造的，必须具有与原始设备大致相同的功能，可以执行类似的工作。另外，对燃烧系统及其相关部件或装置进行更换、改建动力装置或改造的，必须按照联邦、州及地方标准和指导方针，对原有设备进行等量工程，不得超标。

更换与改建动力装置

更换或改建动力装置后，在美国自然资源保护局批准的拆卸设施处销毁现有装置。经批准的拆卸设施可通过剪切、压碎或粉碎的方式对装置进行报废处理。销毁会将现有的高辐射装置从检修中移除，并阻止旧装置重新使用或移动到其他区域。

如果当地没有拆卸设施，则通过以下方式报废现有装置，并妥善处理：

- 要报废发动机，请在发动机缸体上钻一个直径至少3英寸的孔，包括油底壳导轨（密封面）部分。
- 对于移动设备，除了报废发动机外，如果没有配备车架，则完全切断车架栏杆或破坏钟罩和变速器部件。其他方法可能包括：敲打变速器壳体上的孔以及切割车轴和车轴壳，以损坏传动系部件。
- 报废其他装置时，也需使用美国自然资源保护局批准的方法。
- 根据环境法律法规处理装置及其相关材料或内容物。确保任何现场设备都不会形成干扰或病媒栖息地。

对销毁或报废及其妥善处理予以备案、存档。存档必须涉及：

- 现有装置类型。
- 现有单元序列号或移动单元车辆识别号。
- 现有装置的销毁或报废日期。
- 现有装置的销毁或报废方式。
- 说明无任何零件或组件被分割、重新使用、作为零件出售，或用于重建发动机等设备。
- 留存标注销毁或报废日期的照片。

适用于改善空气质量的附加准则

任何更换、改建动力装置或改造都必须证明颗粒物、氮氧化物排放量或两者都有所减少。

对燃烧系统及其相关部件或装置进行更换或改建动力装置的，应使用非燃烧电源或采用清洁燃烧技术、工艺或燃料的组合式燃烧电源。

进行更换或改建柴油动力装置时，请使用最新的美国环境保护局署发动机 TIER 技术。

适用于减少能耗的附加准则

预计降低的能耗直接来源于本实践的适用。实践后能耗减去实践前能耗，即可计算预期年度能耗差异。使用美国自然资源保护局批准的备案方法。

注意事项

燃烧系统的更换或改建动力装置涉及非易燃可再生能源（如太阳能、风能和水能）的，可更好地减少与农业燃烧系统相关的空气排放。非易燃可再生能源不会直接向空气排放，也不会增加厂外发电带来的空气排放。考虑非易燃可再生能源对其他资源的影响，分析其整体节能效益。

个别改造措施的示例有：

- 增加一个或多个排放控制装置。
- 改变空气或燃料混合物，提高燃烧效率，降低排放。
- 增加某装置，降低燃烧剧烈程度，完成类似任务。
- 增加某装置，减少现有燃烧系统上自动传感器、控制装置等装置的运行。
- 采用更清洁的燃料。
- 能够降低排放物形成或释放的燃烧技术等物理改进。

降低挥发性有机化合物（VOC）的排放是改进燃烧系统的又一个好处。

使用非燃烧技术和非化石燃料可以减少温室气体（GHG）的排放。

计划和技术规范

根据本实践描述的准则、注意事项及操作维护，为各现场或规划单位编制本实践的应用规范。使用经批准的规范表、工作表、保护计划报告书等文件对本实践规范予以记录。

至少在计划和规范中：

- 识别并说明现有装置及其相关部件或装置。
- 识别并说明更换或改建动力装置及其相关部件或装置。
- 识别并说明改造装置以及对现有系统的改造类型。
- 记录被更换装置及其相关部件或装置的销毁或报废。
- 就空气质量问题，对用于预估空气排放降低程度的方法和分析进行记录。
- 就能源问题，对用于预估能耗降低程度的方法和分析进行记录。

运行和维护

制订符合本实践目的、预期寿命、安全要求和设计准则的运行维护计划。

本实践要求执行定期的维护操作项目，保持性能合格。计划必须包含要求，包括但不限于：

- 按制造商建议操作维护所有部件。此外，要遵守所有警告、注意事项和安全协议。
- 按照维持系统工作状态的需要，对所有部件进行修理或更换。
- 对认证以及所有制造商安装、操作、维护和用户指南等文件保留安装记录。应要求向美国自然资源保护局提供副本。
- 保留对所有部件的维护记录。
- 整个实践期限需予以备案，记录自运行开始后排放降低或能源效率提升的情况。记录可能包括实际运行小时数、月公共费用（电费）、机组所用燃料类型和数量以及能源生产数据。应要求向美国自然资源保护局提供副本。

保护实践概述

（2019年5月）

《燃烧系统改进》（372）

安装、更换或改装农业燃烧系统或相关部件或装置。

实践信息

燃烧系统改进可用于减少颗粒物和氮氧化物的排放。本实践还可提高燃烧系统的能源效率，减少农业燃烧系统的能耗。

农业燃烧系统是燃烧燃料的固定式（如发动机、加热器等）或移动式（如拖拉机等）供电装置。更换和调整的系统必须是非燃烧装置，或产生的排放少，或能源消耗少。

本实践的设计标准包括：更换或调整燃烧系统的适当尺寸和使用；正确处理更换或拆除的燃烧系统及其部件的要求；以及现有和更换、调整或改装燃烧系统的预期空气排放或能量使用。

需要确定并描述现有的燃烧系统以及为了减少空气排放或能耗而对该系统进行的改动。记录用于估算空气排放量或能耗减少量的方法和分析。必须在整个实践的使用期限内保存对减少空气排放或能耗所需的改进和操作的记录。

常见相关实践

《燃烧系统改进》（372）通常作为独立实践进行，但与泵送装置相关的燃烧系统的某些改进将根据《泵站》（533）进行。此外，其他能源改善实践，如《建筑围护结构修缮》（672）或《农场能源改进》（374）也可应用于本实践。

保护实践的效果——全国

土壤侵蚀	效果	基本原理
片蚀和细沟侵蚀	0	不适用
风蚀	0	不适用
浅沟侵蚀	0	不适用
典型沟蚀	0	不适用
河岸、海岸线、输水渠	0	不适用
土质退化		
有机质耗竭	0	不适用
压实	0	不适用
下沉	0	不适用
盐或其他化学物质的浓度	0	不适用
水分过量		
渗水	0	不适用
径流、洪水或积水	0	不适用
季节性高地下水位	0	不适用
积雪	0	不适用
水分不足		
灌溉水使用效率低	0	不适用
水分管理效率低	0	不适用
水质退化		
地表水中的农药	0	不适用
地下水中的农药	0	不适用
地表水中的养分	0	不适用
地下水中的养分	0	不适用
地表水中的盐类	0	不适用
地下水中的盐类	0	不适用
粪肥、生物土壤中的病原体和化学物质过量	0	不适用
粪肥、生物土壤中的病原体和化学物质过量	0	不适用
地表水沉积物过多	0	不适用
水温升高	0	不适用
石油、重金属等污染物迁移	0	不适用
石油、重金属等污染物迁移	0	不适用
空气质量影响		
颗粒物（PM）和 PM 前体的排放	4	本实践的主要目的是减少农业燃烧系统的颗粒物排放。
臭氧前体排放	4	本实践的主要目的是减少农业燃烧系统的氮氧化物（NO_X）排放。
温室气体（GHG）排放	2	依靠用于改善农业燃烧系统的技术，可以减少化石燃料的二氧化碳排放。
不良气味	0	不适用
植物健康状况退化		
植物生产力和健康状况欠佳	0	不适用
结构和成分不当	0	不适用
植物病虫害压力过大	0	不适用
野火隐患，生物量积累过多	0	不适用
鱼类和野生动物——生境不足		
食物	0	不适用
覆盖或遮蔽	0	不适用
水	0	不适用

（续）

鱼类和野生动物——生境不足	效果	基本原理
生境连续性（空间）	0	不适用
家畜生产限制		
饲料和草料不足	0	不适用
遮蔽不足	0	不适用
水源不足	0	不适用
能源利用效率低下		
设备和设施	2	燃烧系统的改善可以提高能源效率。
农场或牧场实践和田间作业	0	不适用

CPPE 实践效果：5 明显改善；4 中度至明显改善；3 中度改善；2 轻度至中度改善；1 轻度改善；0 无效果；−1 轻度恶化；−2 轻度至中度恶化；−3 中度恶化；−4 中度至严重恶化；−5 严重恶化。

工作说明书—— 国家模板

（2016年5月）

此类可交付成果适用于个别实践。其他规划实践的可交付成果参考具体的工作说明书。

设计

可交付成果

1. 能够证明符合自然资源保护局实践中相关准则并与其他计划和应用实践相匹配的设计文件。
    a. 保护计划中确定的目的。
    b. 客户需要获得的许可证清单及需要遵守的法规。
    c. 辅助性实践一览表。
    d. 制订计划和规范所需的与实践相关的计算和分析，包括但不限于：
        i. 目标排放量及来源
        ii. 规定减排量
        iii. 减排量计算、分析等
2. 向客户提供书面计划和规范书包括草图和图纸，充分说明实施本实践并获得必要许可的相应要求。
3. 运行维护计划。
4. 证明设计符合实践和适用法律法规的文件。
5. 安装期间，根据需要所进行的设计修改。

注：可根据情况添加各州的可交付成果。

安装

可交付成果

1. 与客户进行的安装前会议。
2. 验证客户是否已获得规定许可证。
3. 根据需要制订的安装指南。
4. 协助客户和原设计方并实施所需的设计修改。
5. 在安装期间，就所有联邦、州、部落和地方法律、法规和自然资源保护局政策的合规性问题

向客户 / 自然资源保护局提供建议。

6. 证明安装过程和材料符合设计和许可要求的文件。

注：可根据情况添加各州的可交付成果。

验收

可交付成果

1. 实施记录。
    a. 实践单位
    b. 实际使用的材料
2. 证明施用过程符合自然资源保护局实践和规范并符合许可要求的文件。
3. 进度报告。

注：可根据情况添加各州的可交付成果。

参考文献

NRCS Field Office Technical Guide（eFOTG）, Section IV, Conservation Practice Standard Combustion System Improvement - 372.

NRCS National Environmental Compliance Handbook.

NRCS Cultural Resources Handbook.

注：可根据情况添加各州的参考文献。

保护实践效果（网络图）

（2014年3月）

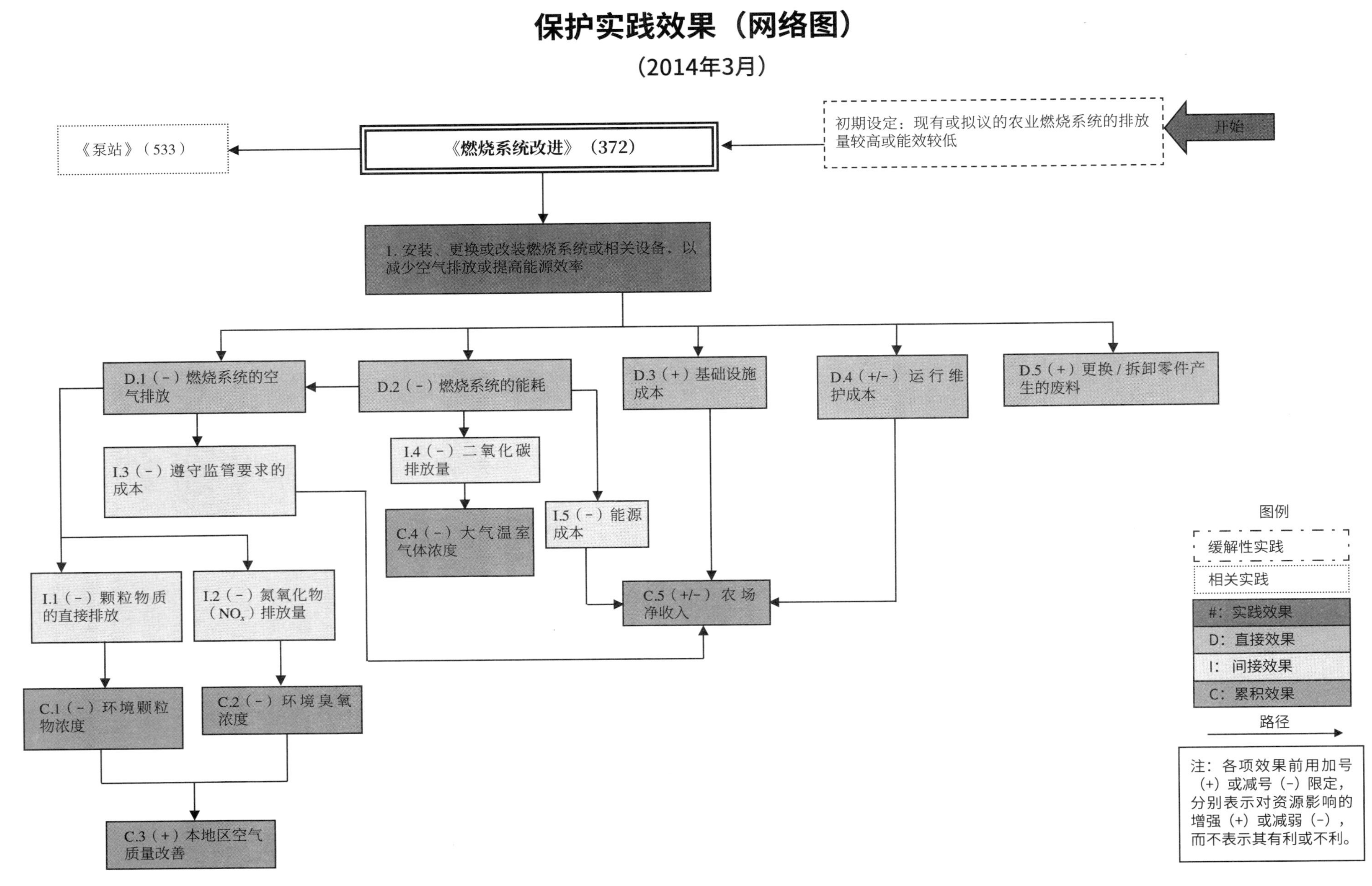

干式消防栓

（432，Each, 2011年9月）

定义

是一种安装在水源中，可通过吸力排水的非加压性、永久性管道组件系统。

目的

在任何天气状况下提供可用水源进行灭火时适用。

适用条件

本实践适用于以下情况：可用水充足，运输车辆可进入现场，以及有水源进行灭火。

准则

场地通达度。施工前，应取得土地所有者的同意书。在安装干式消防栓之前，与消防部门人员审查消防栓的入口、地形、高度和位置。与当地消防官员合作，确定和研发适用于干式消防栓的消防车和泵车。

提供一条排水良好且全天候畅通的道路，至少 12 英尺宽，方便人员和设备在紧急情况下通行。

使用消防队认可的方式将干式消防栓标记清楚。

为了限制吸水管路的长度，应将消防车和水泵连接器停放在通道边缘 10 英尺内。

如果干式消防栓位于已建成的蓄水池中，应将消防通道、消防车以及水泵连接器设置在比辅助溢洪道高的位置。

在完成施工后，提供一份精确位置图，说明消防栓、车辆进入当地消防部门的通道和土地所有者住址。

需水量。干式消防栓可用的最小水量是干旱期间总静态升力不超过 15 英尺时可获得的送水量。充足的水量一般为至少 30 000 加仑泵送的吸入量，或最小泵流量 250 加仑 / 分钟，并在 2 小时之内不会中断。

根据适合当地的标准确定供水是否充足。利用 RESOP 或其他类似的计算机程序或模型确定在蓄水池中的供水量。利用流计数据或其他适当技术的区域分析确定径流来源的适当性。

水泵扬程。安装消防栓时，应注意消防车泵送接头的顶部或泵的中心线（以较高者为准）不能比干式消防栓管道入口中心线高出 15 英尺以上。

与当地消防部门进行协调，确定消防车保险杠连接的适当高度。通常情况下，这个高度离地面大约 24 英尺，但绝不能高于从消防车到干式消防栓的吸水长度。统计所有损失总计，总扬程（水头）不得超过 20 英尺。水头损失包括过滤器的头部损失、弯头、管线摩擦、标高（静压头）以及将干式消防栓连接到消防车上的抽吸软管。

管道。管道材料可以是柔性管道，如塑料管道、钢管、铝管或满足材料要求的球墨铸铁管。

根据《美国国家工程手册》第 636 部分《结构工程》第 52 章《柔性导管的结构设计》设计管道，以便在设计流量时泵送压力满足水量需求的标准。

使用 6 英寸以上直径的管道。在整个管道系统中使用不超过两个 90° 弯头。在管道上安装进水过滤器和消防栓头，并使用当地消防部门认证的标准消防车软管适配器，以便快速连接或排水。

保护防止紫外线照射塑料管道。

管道入口。将管道进水口顶部安装在低水位以下 2 英尺处或该区域无霜冻位置以下至少 2 英尺处，取较深处。

将干式消防栓入口管安装在朝向水源的斜坡上，以避免沉淀物积聚在接头中。在水池底部以上至少 2 英尺处，且支撑在泥坑或蓄水池至少 4 英尺以上的土坡上并固定进水滤网或过滤器。

滤网。制造与管道兼容的过滤器或采用耐腐蚀材料制造的井滤网。对所有组件均采用非腐蚀性材料，包括针脚。滤网和过滤器的最小开口面积必须是管道横截面积的 4 倍，且每个进口孔的直径不得大于 3/8 英寸。

PVC 管孔之间钻出空的直径为 1/4 ～ 3/8 英寸，过滤器可以穿过。在过滤器投入使用之前，应清除钻孔并清洁管道。

底端盖。在进水管的入口端盖上有一个穿孔的端盖，在不借助特殊工具的情况下，可轻松拆卸。穿孔改善了流入过滤器的流动条件，并可以冲洗淤泥。

干式消防栓。不要使用传统的干筒消防栓，例如公共供水系统中的消防栓。干筒消防栓必须完全密封，如果用干式消防栓安装，可能会因吸入过量而造成材料损失。

可以在有特殊需求的地区（例如高度破坏区域或低位要求美观时）规定使用隐藏式消防栓（低于地面连接），也称为嵌入式消防栓，这种干式消防栓不需要 24 英寸立管。它可以与 45° 或直式干式消防栓头组件一起使用。

干式消防栓头。使用青铜、黄铜、铝合金或其他耐用、无腐蚀性的金属消防栓套管固定在当地消防部门认可的栓头上，以便快速连接或排水。

连接消防栓头必须使用为 6 英寸的国家标准螺纹（NST），也称为国家软管螺纹（NH），保证最大限度上供水。

干式消防栓帽。采用无须专用工具即可拆卸的卡扣或卡扣帽，并用钢缆或链条将其永久连接到干式消防栓头上。消防栓帽使用硬塑料或采用与 NST 相同的金属，使耐腐蚀性最大化。

测试。在测试管道系统之前，使管接头密封剂固化。当地消防部门负责在安装后对设计性能进行首次泵试验，确认操作安全无误。请注意可能干扰消防栓正常运行的淤泥、碎屑或其他干扰物。

保护措施。在安装干式消防栓后，对现场进行规划，通过地表排水和植被，或以其他方式防止侵蚀。根据保护实践《关键区种植》（342）规定种植符合标准和规范的植被。

注意事项

如果干式消防栓的运行会对水源造成脱水现象，则应在设计中加入缓冲设置来解决这些问题。

施工期间及施工结束后应采取适当的措施防止侵蚀，避免沉积物对消防栓造成影响。

在使用干式消防栓的过程中，为了减轻消防车泄漏的燃料和润滑油对地表水和地下水可能造成的影响，应当制订一项减少泄漏的计划。

这种做法本实践有可能对国家登记在册或符合条件的（重要）文化资源（考古、历史或传统文化遗产）产生不利影响；但也有可能保护列入名单或符合条件的历史建筑。在规划中考虑这些因素，并在建设和维护中遵循国家自然资源保护局的政策。

消防栓头易受车辆损坏。考虑在靠近头部两侧安装一个钢柱（建议直径在 3 分米及以上），以便允许人员进入。可能需要物理屏障来保护地面以上的管道。在标志和连接帽上使用反光涂料，提高紧急情况下的能见度。

在确定出入道路和引水区域时应考虑能见度和视线距离。当涉及本地道路交通时，为了急救服务人员和公众的安全，进出道路必须与公共道路完全分开。

计划和技术规范

在准备干式消防栓相关计划和技术规范的同时，应说明根据本实践实施条例的要求，并在开启工作之前获得所需许可证。计划和技术规范至少包含以下内容：

- 干式消防栓位置
- 计划安装平面图
- 管道配置文件

- 道路行驶要求
- 管道入口的详细信息
- 立管及消防栓头的详细信息
- 场地稳定要求
- 材料清单

运行和维护

为干式消防栓的所有者和操作者制订并提供运行和维护计划。运行和维护计划中需要说明的最低要求是：

1. 保持现场道路畅通，并定期修缮干式消防栓入口区域，以便紧急使用。在可行的情况下，修缮安排尽量避开草地筑巢鸟类的主要筑巢季节。
2. 每年以最高的设计水流量测试干式消防栓，以验证现场可实用性。测试前再次冲洗消防系统。每年春季和秋季需要例行检查消防栓，必要时进行冲洗，清除滤网上可能堆积的淤泥或沉积物。
3. 定期清除进水口滤网上可能干扰干式消防栓正常运行的残余水生生物。

参考文献

USDA-NRCS, National Engeerg Handbook, Part 636, Structural Engeerg, Chapter 52, Structural Design of Flexible Conduits.

保护实践概述

（2012年12月）

《干式消防栓》（432）

干式消防栓是一种安装在水源中的无压永久管道组件系统，通过吸力抽水。

实践信息

使用干式消防栓，保证了灭火时的全天候可用水源。

在水量充足、运输车辆可以进入现场以及灭火需要水源的情况下本实践适用。

在农村地区，缺乏自来水总管道和加压消防栓有时会削弱消防部门快速有效地开展工作的能力。消防部门行动能否成功取决于卡车装满水后返回火场的距离。

在许多情况下，这些注水点往往离火场很远，消防员无法在现场保持不间断的水源供给。

干式消防栓需在实践的预期年限内进行维护。

常见相关实践

《干式消防栓》（432）通常与《行车通道》（560）、《池塘》（378）、《大坝》（402）、《访问控制》（472）、《密集使用区保护》（561）等保护实践一起使用。

保护实践的效果——全国

土壤侵蚀	效果	基本原理
片蚀和细沟侵蚀	0	不适用
风蚀	0	不适用
浅沟侵蚀	0	不适用
典型沟蚀	0	不适用
河岸、海岸线、输水渠	0	不适用
土质退化		
有机质耗竭	0	不适用
压实	0	接触干式消防栓可能会导致水源区域的压实度受到限制。
下沉	0	不适用
盐或其他化学物质的浓度	0	不适用
水分过量		
渗水	0	不适用
径流、洪水或积水	0	不适用
季节性高地下水位	0	不适用
积雪	0	不适用
水源不足		
灌溉水使用效率低	-1	贮存用来灭火的水不能用于其他用途。
水分管理效率低	-1	贮存用来灭火的水不能用于其他用途。
水质退化		
地表水中的农药	0	不适用
地下水中的农药	0	不适用
地表水中的养分	0	不适用
地下水中的养分	0	不适用
地表水中的盐分	0	不适用
地下水中的盐分	0	不适用
粪肥、生物土壤中的病原体和化学物质过量	0	不适用
粪肥、生物土壤中的病原体和化学物质过量	0	不适用
地表水沉积物过多	0	不适用
水温升高	0	不适用
石油、重金属等污染物迁移	0	不适用
石油、重金属等污染物迁移	0	不适用
空气质量影响		
颗粒物（PM）和 PM 前体的排放	0	不适用
臭氧前体排放	0	不适用
温室气体（GHG）排放	0	不适用
不良气味	0	不适用
植物健康状况退化		
植物生产力和健康状况欠佳	0	不适用
结构和成分不当	0	不适用
植物病虫害压力过大	0	不适用
野火隐患，生物量积累过多	2	灭火水源的可利用性。
鱼类和野生动物——生境不足		
食物	0	不适用
覆盖 / 遮蔽	0	不适用
水	2	排水沟中的水暂时可用。

（续）

鱼类和野生动物——生境不足	效果	基本原理
生境连续性（空间）	0	不适用
家畜生产限制		
饲料和草料不足	0	不适用
遮蔽不足	0	不适用
水源不足	0	不适用
能源利用效率低下		
设备和设施	0	不适用
农场/牧场实践和田间作业	0	不适用

CPPE 实践效果：5 明显改善；4 中度至明显改善；3 中度改善；2 轻度至中度改善；1 轻度改善；0 无效果；−1 轻度恶化；−2 轻度至中度恶化；−3 中度恶化；−4 中度至严重恶化；−5 严重恶化。

工作说明书——国家模板

（2004年4月）

此类可交付成果适用于个别实践。其他规划实践的可交付成果参考具体的工作说明书。

设计

可交付成果

1. 能够证明符合自然资源保护局实践中相关准则并与其他计划和应用实践相匹配的设计文件。
   a. 保护计划中确定的目的。
   b. 客户需要获得的许可证清单。
   c. 符合自然资源保护局国家和州公用设施安全政策（《美国国家工程手册》第 503 部分《安全》A 子部分“影响公用设施的工程活动”第 503.00 节至第 503.06 节）。
   d. 制订计划和规范所需的与实践相关的计算和分析，包括但不限于：
      i. 水文条件/水力条件
      ii. 结构
      iii. 植被
2. 向客户提供书面计划和规范书包括草图和图纸，充分说明实施本实践并获得必要许可的相应要求。
3. 运行维护计划。
4. 证明设计符合实践和适用法律法规的文件［《美国国家工程手册》A 子部分第 505.03（a）（3）节］。
5. 安装期间，根据需要所进行的设计修改。

注：可根据情况添加各州的可交付成果。

安装

可交付成果

1. 与客户和承包商进行安装前会议。
2. 验证客户是否已获得规定许可证。
3. 根据计划和规范（包括适用的布局注释）进行定桩和布局。
4. 安装检查（酌情根据检查计划开展）。
   a. 实际使用的材料（第 512 部分 D 子部分“质量保证活动”第 512.33 节）

b. 检查记录

5. 协助客户和原设计方并实施所需的设计修改。
6. 在安装期间，就所有联邦、州、部落和地方法律、法规和自然资源保护局政策的合规性问题向客户 / 自然资源保护局提供建议。
7. 证明安装过程和材料符合设计和许可要求的文件。

注：可根据情况添加各州的可交付成果。

验收

可交付成果

1. 竣工文档。
    a. 实践单位
    b. 图纸
    c. 最终量
2. 证明安装过程符合自然资源保护局实践和规范并符合许可要求的文件［《美国国家工程手册》A 子部分第 505.03（c）（1）节］。
3. 进度报告。

注：可根据情况添加各州的可交付成果。

参考文献

NRCS Field Office Technical Guide（eFOTG）, Section IV, Conservation Practice Standard - Dry Hydrant, 432.

NRCS National Engineering Manual（NEM）.

NRCS National Environmental Compliance Handbook.

NRCS Cultural Resources Handbook.

注：可根据情况添加各州的参考文献。

保护实践效果（网络图）

（2014年3月）

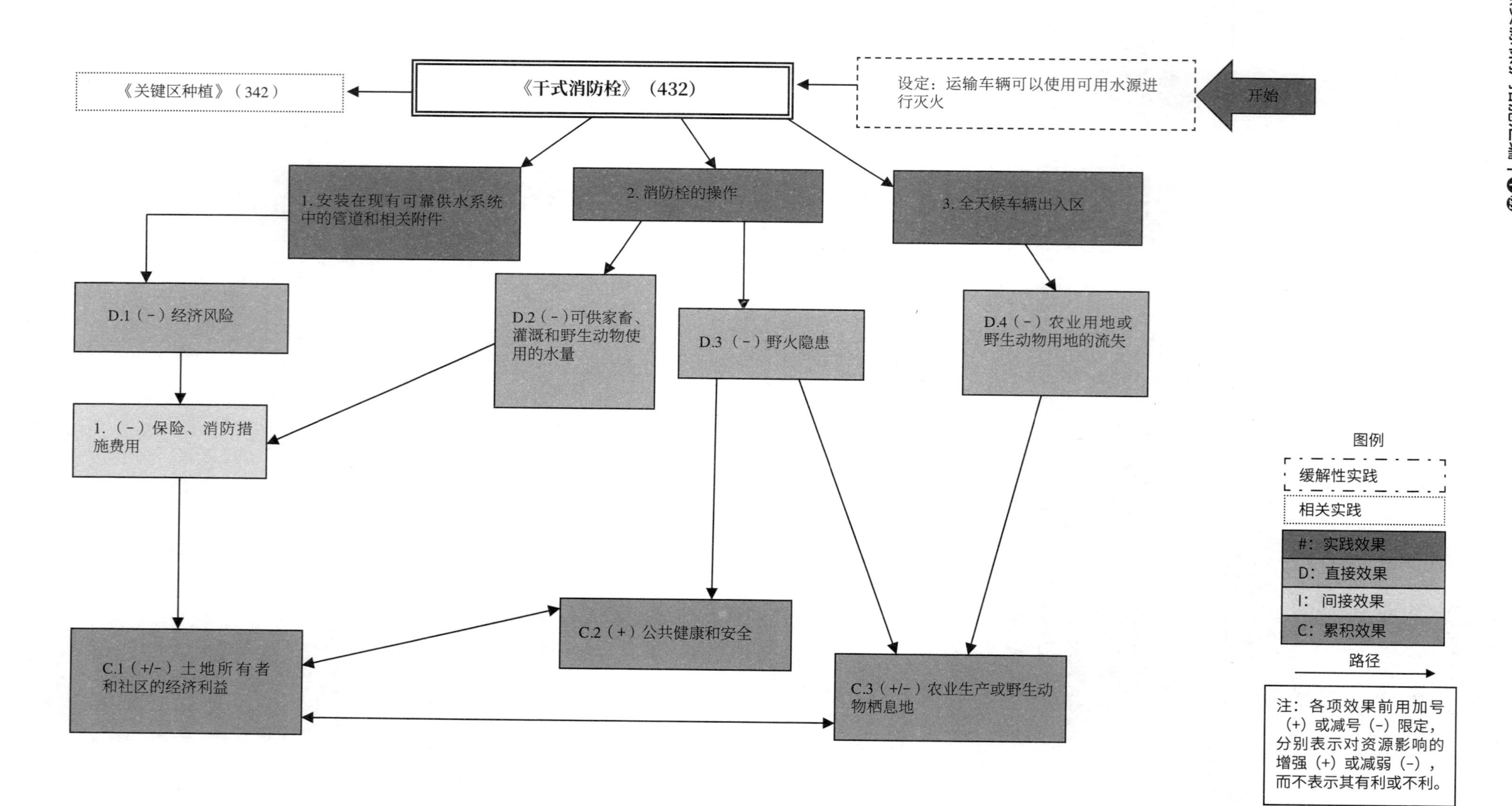

露天场地上动物活动产生粉尘的控制

（375，Ac., 2010年9月）

定义

减少或防止在动物饲养过程中，动物在露天场地上活动产生的颗粒物排放。

目标

- 通过减少由动物活动引起的颗粒物质（PM）的直接排放，改善空气质量，包括可吸入颗粒物（称为PM10）和细微颗粒物（称为PM2.5）。
- 通过减少由吸入排放颗粒物造成的影响来改善动物健康。

适用条件

本实践适用于任何在动物饲养操作（AFO）中可能受动物活动影响的露天场地（露天地段、围栏、畜栏、工作巷道或其他易散的微粒排放源），对于靠近主要道路或人口密集区的干燥气候地区的动物饲养尤为重要。

准则

总体准则

在实施本实践之前，将减少露天场地表面动物活动产生的粉尘排放的粉尘预防和控制策略纳入场地保护计划。

粪肥收集的具体标准

如果粪肥收集是减少露天场地表面动物活动粉尘排放的计划内容之一，应将粪肥收集纳入场地养护计划。

每年至少清理一次露天空地上的粪肥（清除粪肥）。此外，根据现场保护计划中粪肥收集部分的安排，粪肥的收集应更为频繁。当收集粪肥时，在露天地表的矿质土壤上留下一层1～2英寸厚的压实肥料。

水资源应用的具体标准

用于控制颗粒物质的水资源应用系统应符合保护实践《喷灌系统》（442）中的相关设计标准。

自然资源保护局标准中未明确说明的部件设计标准应与普遍接受的工程原理相一致。

对于形状不规则的围区，无法使用喷淋系统进行处理并具有潜在成为粉尘源时，应将水用于装有软管或喷嘴的油罐卡车或拖车中，水的喷洒速度和水量与相应的喷水系统接近。

在喷水系统运行期间，动物饲养操作的供水应充足并可用于满足其他操作需要。如果需要临时储水量来满足适当的洒水喷头运行所需的流量，则此储水应符合保护实践《灌溉水库》（436）中的适用设计标准。

水质。防尘喷洒系统所使用的水应适合动物饮用。

设计喷洒率。最大喷洒速率和水量不应导致露天地表表面产生过多的径流或积水。

管道。施水系统干线和支管应符合保护实践《灌溉管道》（430）或保护实践《牲畜用水管道》（516）中的适用设计要求。

泵和动力装置。必要时，泵和动力装置应能够以设计的能力和压力有效地运行供水系统。抽水厂应符合保护实践《泵站》（533）的有关设计要求。

电气元件。所有电气部件，包括接线盒、连接器，都应符合《美国国家电气法规》的要求。

注意事项

有些场所可能需要采用综合措施控制粉尘。例如，粪肥收集可以在露天场所减少水的施用需求，因为露天场所表面上的有机物质（OM）减少。而较少有机物质需要较少的水来增加表层的含水量。

后置式粪肥收集设备如箱式刮板机，比前置式推式粪肥收集设备能够提供更平坦、光滑的表面，也更有利于露天场地的水分管理。

可对动物饲养区进行围栏表面整形和平滑处理，以防止积水和长期潮湿的区域。积水区和长期潮湿区可能会增加其他空气污染物的排放，例如氨、挥发性有机化合物（VOC）、恶臭硫化合物、甲烷和一氧化二氮。

避免多余喷头洒水的重叠，以减少径流和湿润，并减少气味和飞虫问题。在减少粉尘排放的同时，为了尽量减少气味的排放，控制露天地表水分含量在 25% ～ 40%。

在供水有限的地区，下午晚些时候洒水会更有效率，这是因为动物还未活动，导致尘埃的天气条件也尚未形成。

为提高减尘效率，在考虑预测或预期的天气条件下，进行粪肥收集或施用水。例如，在预报有风天气之前进行水应用可能是有益的，以最小化由风引起的颗粒物夹带的可能性。

建议安装水表来测量用水量，以便进行适当的管理。

对于植物生长覆盖的动物设施，考虑使用保护实践《关键区种植》（342）或保护实践《密集使用区保护》（561）来建立植被或保护表面免受动物进入并减少动物使用本地区产生的扬尘。

根据自然资源保护局保护实践《覆盖》（484），也可以使用或不使用植物覆盖物来减少动物活动产生的扬尘。

考虑使用设置成垂直的障碍物，以 15 倍屏障高度的间隔距离来计算主流风向。防风林、防护林、实心围墙、防雪栅栏、麻袋栅栏、板条墙、干草捆、轮胎捆和类似材料可用于控制气流和翻沙的土壤。有关详细的防风林 / 农田防护林标准，请参照保护实践《防风林 / 防护林建造》（380）。

在没有动物活动的地区，宜进行覆盖［参照保护实践《覆盖》（484）］或建立植被［参照保护实践《关键区种植》（342）或保护实践《密集使用区保护》（561）等附加措施，使用环境可接受的防尘剂 [参照保护实践《未铺筑路面和地表扬尘防治》（373）］以及风障的使用［参照保护实践《防风林 / 防护林建造》（380）］等用于额外的扬尘控制。

计划和技术规范

应为每个区域编制应用本实践的计划和专项说明，并使用经批准的标准说明、工作表或其他可接受的文件进行记录，该等文件附有说明安装现场具体细节的叙述性陈述。

运行和维护

应记录下列活动和天气信息：每日降水量、粪便清除量和粪便收集日期、防尘洒水器的洒水日期和时间。对粉尘控制活动进行年度自检，并将结果添加到防尘和控制计划中。

必要时，在场地保护计划中，应对减少动物活动的粉尘排放的防尘和控制策略进行调整。

运行和维护计划必须包括运行和维护防尘控制水应用系统的具体说明，以确保其正常工作。此外，还应提供关于定期检查和及时修理或更换损坏部件的资料。

资源条件不变时，允许临时改变操作行为和施用措施，以适应突发状况，如野火、飓风、干旱或洪水。

参考文献

Auvermann，Brent，DavidParker，andJohnSweeten，2000.Manure Harvesting Frequency–The Key to Feedyard Dust Control in a Summer Drought，Extension Service Publication E52.Texas Agri Life Extension Service.

Livestock and Poultry Environmental Stewardship Curriculum Lesson42：Controlling Dustand Odor from Open Lot Livestock Facilities.

Mukhtar，Saqib and Brent Auvermann. 2009. Improving the Air Quality of Animal Feeding Operations with Proper Facility and Manure Management，Extension Service Publication E585. Texas Agri Life Extension Service.

Rahman，Shafiqur，SaqibMukhtar，and RonWiederholt. 2008. Managing Odor Nuisance and Dust from Cattle Feedlots，Extension Service Publication NM1391. North Dakota State University Extension Service.

保护实践概述

（2012年12月）

《露天场地上动物活动产生粉尘的控制》（375）

《露天场地上动物活动产生粉尘的控制》（375）主要针对减少或防止在动物饲养操作时，因动物在露天场地活动而产生的颗粒物的排放。

实践信息

本实践旨在通过减少动物活动引起的颗粒物质的直接排放，解决空气质量资源中的颗粒物（PM）问题，包括可吸入粗颗粒物质（以PM10计）和细颗粒物质（以PM2.5计），从而改善空气质量，并通过减少吸入排放颗粒物造成的影响，改善动物健康。

本实践适用于在动物饲养操作（AFO）过程中可能受到动物活动影响的任何露天场地（露天场地、圈舍、畜栏、工作巷道或其他颗粒排放的无组织源）。对于干燥气候下在主车行道或人口密集地区进行动物饲养操作来说，这一点尤为重要。

在安装本实践设施前，应在场地保护计划中纳入一项防尘和控制策略，减少露天场地上动物活动所产生的扬尘量。

本实践要求在其预期年限内进行维护。

常见相关实践

《露天场地上动物活动产生粉尘的控制》（375）通常与《关键区种植》（342）、《未铺筑路面和地表扬尘防治》（373）、《喷灌系统》（442）、《泵站》（533）、《防风林/防护林建造》（380）等保护实践一起使用。

保护实践的效果——全国

土壤侵蚀	效果	基本原理
片蚀和细沟侵蚀	0	不适用
风蚀	0	不适用
浅沟侵蚀	0	不适用
典型沟蚀	0	不适用
河岸、海岸线、输水渠	0	不适用
土质退化		
有机质耗竭	0	不适用
压实	0	不适用
下沉	0	不适用
盐或其他化学物质的浓度	0	不适用
水分过量		
渗水	0	不适用
径流、洪水或积水	0	不适用
季节性高地下水位	0	不适用
积雪	0	不适用
水源不足		
灌溉水使用效率低	0	不适用
水分管理效率低	0	不适用
水质退化		
地表水中的农药	0	不适用
地下水中的农药	0	不适用
地表水中的养分	0	不适用
地下水中的养分	0	不适用
地表水中的盐分	0	不适用
地下水中的盐分	0	不适用
粪肥、生物土壤中的病原体和化学物质过量	0	不适用
粪肥、生物土壤中的病原体和化学物质过量	0	不适用
地表水沉积物过多	0	不适用
水温升高	0	不适用
石油、重金属等污染物迁移	0	不适用
石油、重金属等污染物迁移	0	不适用
空气质量影响		
颗粒物（PM）和 PM 前体的排放	4	收集粪肥或洒水可减少空地上动物活动产生的颗粒物排放。本实践的主要目的是减缓颗粒物排放。
臭氧前体排放	0	不适用
温室气体（GHG）排放	0	不适用
不良气味	1	如果较为频繁地清除粪肥，则露天场地的粪肥因生物分解而产生异味的可能性便会降低。
植物健康状况退化		
植物生产力和健康状况欠佳	0	不适用
结构和成分不当	0	不适用
植物病虫害压力过大	0	不适用
野火隐患，生物量积累过多	0	不适用
鱼类和野生动物——生境不足		
食物	0	不适用

（续）

鱼类和野生动物——生境不足	效果	基本原理
覆盖 / 遮蔽	0	不适用
水	0	不适用
生境连续性（空间）	0	不适用
家畜生产限制		
饲料和草料不足	0	不适用
遮蔽不足	0	不适用
水源不足	0	不适用
能源利用效率低下		
设备和设施	0	不适用
农场 / 牧场实践和田间作业	0	不适用

CPPE 实践效果：5 明显改善；4 中度至明显改善；3 中度改善；2 轻度至中度改善；1 轻度改善；0 无效果；−1 轻度恶化；−2 轻度至中度恶化；−3 中度恶化；−4 中度至严重恶化；−5 严重恶化。

工作说明书—— 国家模板

（2010年9月）

此类可交付成果适用于个别实践。其他规划实践的可交付成果参考具体的工作说明书。

设计

可交付成果

1. 能够证明符合自然资源保护局实践中相关准则并与其他计划和应用实践相匹配的设计文件。
   a. 保护计划中确定的目的。
   b. 客户需要获得的许可证清单及需要遵守的法规。
   c. 辅助性实践一览表。
   d. 制订计划和规范所需的与实践相关的计算和分析，包括但不限于：
      i. 目标排放量及来源
      ii. （如有需要）减排要求
      iii. 减排量计算、分析等
      iv. 侵蚀计算（必要时）
2. 向客户提供书面计划和规范书包括草图和图纸，充分说明实施本实践并获得必要许可的相应要求。
3. 运行维护计划。
4. 证明设计符合实践和适用法律法规的文件。
5. 安装期间，根据需要所进行的设计修改。

注：可根据情况添加各州的可交付成果。

安装

可交付成果

1. 与客户进行的安装前会议。
2. 验证客户是否已获得规定许可证。
3. 根据需要制订的安装指南。
4. 协助客户和原设计方并实施所需的设计修改。

5. 在安装期间，就所有联邦、州、部落和地方法律、法规和自然资源保护局政策的合规性问题向客户 / 自然资源保护局提供建议。
6. 证明安装过程和材料符合设计和许可要求的文件。

注：可根据情况添加各州的可交付成果。

验收

可交付成果

1. 实施记录。
    a. 实践单位
    b. 实际使用的材料
2. 证明施用过程符合自然资源保护局实践和规范并符合许可要求的文件。
3. 进度报告。

注：可根据情况添加各州的可交付成果。

参考文献

NRCS Field Office Technical Guide（eFOTG）, Section IV, Conservation Practice Standard Dust Control From Animal Activity on Open Lot Surfaces - 375.

NRCS National Environmental Compliance Handbook.

NRCS Cultural Resources Handbook.

注：可根据情况添加各州的参考文献。

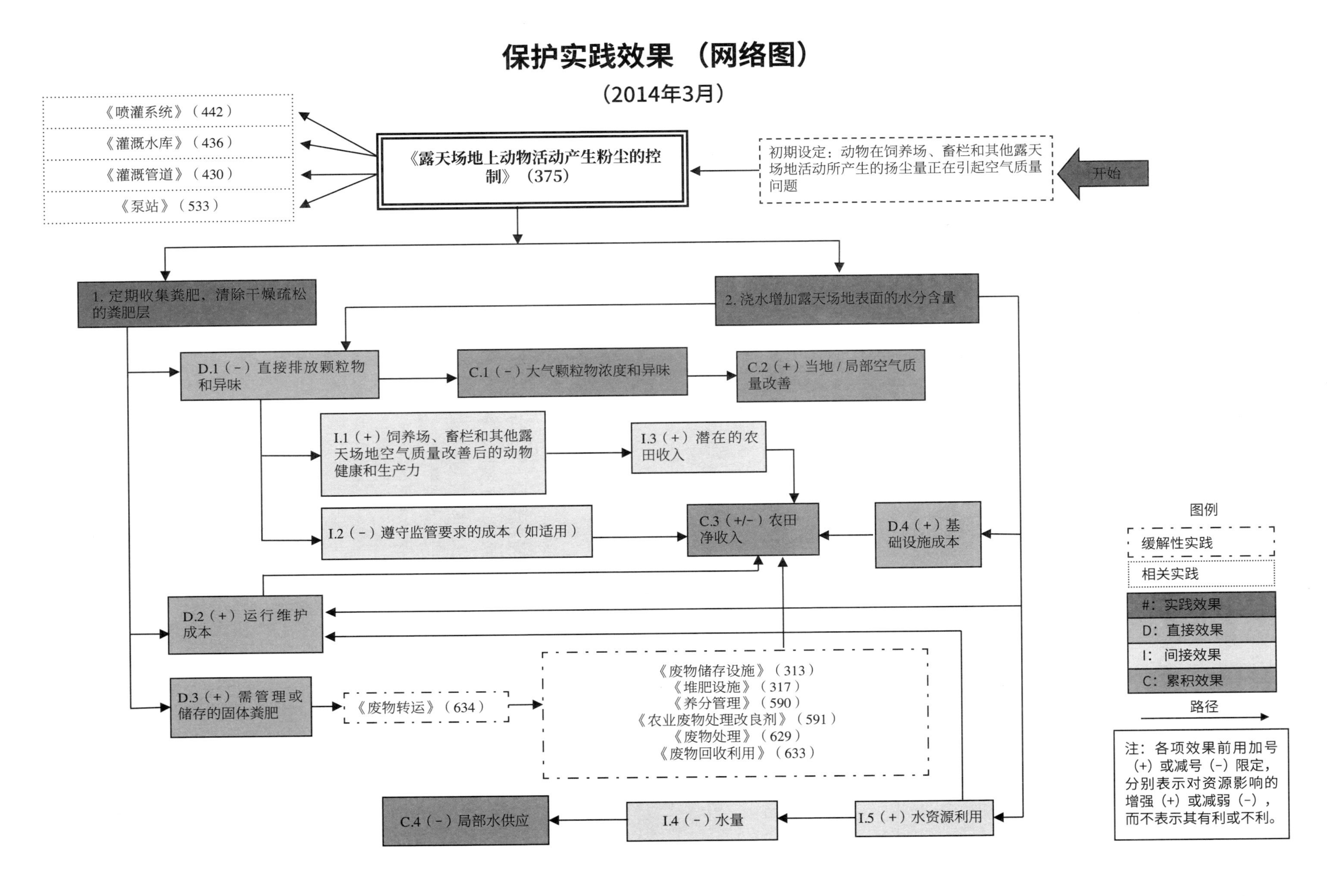

保护实践效果（网络图）
（2014年3月）
《喷灌系统》（442）
《灌溉水库》（436）
《灌溉管道》（430）
《泵站》（533）
《露天场地上动物活动产生粉尘的控制》（375）
初期设定：动物在饲养场、畜栏和其他露天场地活动所产生的扬尘量正在引起空气质量问题
开始
1. 定期收集粪肥，清除干燥疏松的粪肥层
2. 浇水增加露天场地表面的水分含量
D.1（-）直接排放颗粒物和异味
C.1（-）大气颗粒物浓度和异味
C.2（+）当地/局部空气质量改善
I.1（+）饲养场、畜栏和其他露天场地空气质量改善后的动物健康和生产力
I.3（+）潜在的农田收入
I.2（-）遵守监管要求的成本（如适用）
C.3（+/-）农田净收入
D.4（+）基础设施成本
D.2（+）运行维护成本
D.3（+）需管理或储存的固体粪肥
《废物转运》（634）
《废物储存设施》（313）
《堆肥设施》（317）
《养分管理》（590）
《农业废物处理改良剂》（591）
《废物处理》（629）
《废物回收利用》（633）
C.4（-）局部水供应
I.4（-）水量
I.5（+）水资源利用
图例
缓解性实践
相关实践
#：实践效果
D：直接效果
I：间接效果
C：累积效果
路径
注：各项效果前用加号（+）或减号（-）限定，分别表示对资源影响的增强（+）或减弱（-），而不表示其有利或不利。

未铺筑路面和地表扬尘防治

（373，sf, 2019年5月）

定义

为减少车辆和机械交通或风力作用产生的扬尘（空气中的颗粒物质）而对未铺筑路面和表面进行的处理。

目的

本规程适用于：

- 通过减少颗粒物（PM）排放，改善空气质量。
- 通过减少颗粒物排放，提高能见度。
- 通过减少颗粒物排放，增进植物健康活力。

适用条件

本实践适用于经常发生车辆、机械移动或风力作用明显的未绿化及未铺筑表面，如未铺筑路面、交通区、停车场、暂存或装配区、设备存放区、跑道、装卸区及相关农业用地。

不适用于铺筑表面、在用牧场和农田，也不适用于频繁受动物活动影响的表面（如圈和畜栏）。动物活动为主要粉尘来源的地方适用保护实践《露天场地上动物活动产生粉尘的控制》（375）。

准则

适用于所有目的的一般准则

选择适当表面处理时，要参考：

- 现场特定粉尘治理目标。
- 观测得出粉尘产生的典型频率及时长，还有：
  - 预期流（车辆的典型数量和频率、平均车辆吨位、平均车速、车辆车轮数和型号等）。
  - 现有表面材料的特性（级配、压实度、黏结性、耐久度等）。
  - 现场气候及其与粉尘产生的联系（降水量、温度、湿度、侵蚀风势）。
  - 环境因素（潜在径流、附近水体等）。

对未铺筑表面进行适当处理，确保排水良好。

可使用的抑尘剂有：

- 水
- 吸水产品
- 石油制品
- 有机非石油制品
- 电化学产品
- 黏土添加剂
- 聚合物产品
- 纤维制品

使用产品规范规定的粉尘治理产品。按照联邦、州和地方法律法规，遵循制造商的所有标签指令。如果制造商给出的规范不可用，则应制订现场特定产品施用和维护计划，满足抑尘的预期目的。

抑尘剂需要根据交通等因素定期反复施用。按照产品指南规定或产品施用和维护计划规定，反复施用抑尘剂。

用水作抑尘剂或抑尘剂成分时，确保水源充足，能够满足反复施用的需要。为了取得粉尘治理的显著成效，可能需要反复洒水。获得联邦、州和地方机构要求的所有许可证或用水权。

注意事项

考虑对未铺筑路面及表面采取车辆限速、减少 / 限制车流量及设备搬运等措施。

在评估粉尘治理措施的有效性时，应考虑粒度分布、塑性和压实度。考虑对未铺筑表面的上层进行 200 目筛分分析，确定小于 75 微米的细粒百分比。将此信息列入过程，并根据此分析选择适当的处理方法。

在选择合适的抑尘剂时要兼顾有效性和经济性。不鼓励将水作为主要抑尘手段。只考虑将其作为临时或补充手段。

考虑在用水时添加表面活性剂，延长有效期，减少水的重复使用频率和用水量。

实施履带治理措施，如在与铺面道路的交叉口处设置碎石垫层。

考虑在路边或未铺砌区域采取其他实践或措施，如过滤带，使用保护实践《过滤带》（393），尽量减少沉积物或抑尘剂对水体的径流。

考虑使用其他相关保护实践，包括保护实践《覆盖》（484）、《关键区种植》（342）、《密集使用区保护》（561）、《灌木篱壁种植》（422）或《防风林 / 防护林建造》（380）。

计划和技术规范

按照该准则，为各现场或规划单位编制符合保护实践《未铺筑路面和地表扬尘防治》（373）的安装规范。

在计划和规范至少应包括以下内容：

- 处理位置或区域。
- 识别所选处理方法，包括粉尘治理目标和用于选择处理的其他因素。
- 使用所选处理之前，识别所有表面处理和级配要求。
- 对粉尘治理所用材料的类型和数量的识别和说明，以及使用方法。包括要求定期反复使用抑尘剂的计划。
- 识别所有相邻的敏感区域（如鱼类产卵区和水体）。
- 识别与抑尘剂一起使用的所有配套和辅助措施。
- 对产品信息表、材料安全数据表等类似文件的备案（如适用）。

运行和维护

制订符合本实践目的、预期寿命、安全要求和设计准则的运行维护计划。计划必须包含要求，包括但不限于：

- 按照需要，维护表面处理或反复使用抑尘剂，包括额外表面处理或维护要求。如果初始抑尘处理之后，规划区域受到分级等重大干扰，则重新实施处理。
- 如果自然风化降低了初始处理的效果，使表面空气中的颗粒物可见，则要求重新实施处理。

参考文献

此类参考文献可在美国自然资源保护局空气质量网站的文件部分找到。

Bolander, P. and A. Yamada, 1999. Dust Palliative Selection and Application Guide. Project Report 9977- 1207-SDTDC. San Dimas Technology Development Center, U.S. Dept. of Agriculture, Forest Service, San Dimas, California.

Jones, D., Kociolek, A., Surdahl, R., Bolander, P., Drewes, B., Duran, M., Fay, L., Huntington, G., James, D., Milne, C., Nahra, M., Scott, A., Vitale, B., and Williams, B., 2013. Unpaved Road Dust Management, A Successful Practitioners Handbook. Federal Highway Administration Report No. FHWA-CFL/TD-13-00. 94 pp.

保护实践概述

（2019年5月）

《未铺筑路面和地表扬尘防治》（373）

为减少车辆和机械交通或风力作用产生的扬尘（空气中的颗粒物质）而对未铺筑路面和表面进行的处理。

实践信息

本实践旨在减少或消除在车辆和机械设备的机械作用或大风作用在未铺筑车行道或其他表面上所产生的烟尘（直接PM）排放。动物活动产生的扬尘防治按照保护实践《露天场地上动物活动产生粉尘的控制》（375）中的规定处理。

道路扬尘会导致车行道沿线和附近的能见度和安全问题。扬尘会沉积在附近的植被上，导致植物健康不良。还可以沉积在水体或溪流上，导致沉积物增加，降低水生生物的健康。

可采用多种抑尘剂减少未铺筑的行车道上的扬尘。这些抑尘剂中包括需要经常重复施用的的物质（如水）以及控制寿命相对较长的物质（如石油乳剂）。一些抑制剂含有化学物质；而这些化学物质可能会对附近的溪流和处理地区径流中的水体产生有害影响。

这种做法的效果显著、立竿见影。扬尘减少或消除，随之而来的影响也同样减少或消除。《未铺筑路面和地表扬尘防治》要求在实践的预期年限内进行维护。

常见相关实践

《未铺筑路面和地表扬尘防治》（373）通常与《关键区种植》（342）、《防风林/防护林建造》（380）、《露天场地上动物活动产生粉尘的控制》（375）和《覆盖》（484）等保护实践一起应用。

保护实践的效果——全国

土壤侵蚀	效果	基本原理
片蚀和细沟侵蚀	2	未铺筑表面的处理有助于黏结颗粒，从而减少侵蚀。
风蚀	5	未铺筑表面的处理有助于黏结颗粒，从而减少侵蚀。
浅沟侵蚀	0	不适用
典型沟蚀	0	不适用
河岸、海岸线、输水渠	0	不适用
土质退化		
有机质耗竭	0	不适用
压实	0	不适用
下沉	0	不适用
盐或其他化学物质的浓度	-1	如果使用盐基吸湿缓和剂(如氯化钙或氯化镁)，则邻近土体可能会受到影响。
水分过量		
渗水	0	不适用
径流、洪水或积水	0	不适用
季节性高地下水位	0	不适用
积雪	0	不适用
水源不足		
灌溉水使用效率低	0	不适用
水分管理效率低	0	不适用
水质退化		
地表水中的农药	0	不适用
地下水中的农药	0	不适用
地表水中的养分	-1	如果使用有机缓和剂（如木质素磺酸盐或油料产品），则附近的地表水可能会受到影响。
地下水中的养分	0	不适用
地表水中的盐分	-1	如果使用盐基吸湿缓和剂（如氯化钙或氯化镁），则附近的地表水可能会受到影响。
地下水中的盐分	0	不适用
粪肥、生物土壤中的病原体和化学物质过量	0	不适用
粪肥、生物土壤中的病原体和化学物质过量	0	不适用
地表水沉积物过多	1	未铺筑表面的处理可有助于黏结颗粒，从而减少对附近地表水的侵蚀和输沙量。
水温升高	0	不适用
石油、重金属等污染物迁移	0	不适用
石油、重金属等污染物迁移	0	不适用
空气质量影响		
颗粒物（PM）和 PM 前体的排放	4	使用抑尘剂可减少车辆通行和风蚀在未铺筑路面和表面上造成的颗粒物排放。本实践的主要目的是减缓颗粒物排放。
臭氧前体排放	0	不适用
温室气体（GHG）排放	0	不适用
不良气味	0	不适用
植物健康状况退化		
植物生产力和健康状况欠佳	0	不适用
结构和成分不当	0	不适用
植物病虫害压力过大	0	不适用
野火隐患，生物量积累过多	0	不适用

（续）

鱼类和野生动物——生境不足	效果	基本原理
食物	0	不适用
覆盖 / 遮蔽	0	不适用
水	0	不适用
生境连续性（空间）	0	不适用
家畜生产限制		
饲料和草料不足	0	不适用
遮蔽不足	0	不适用
水源不足	0	不适用
能源利用效率低下		
设备和设施	0	不适用
农场 / 牧场实践和田间作业	0	不适用

CPPE 实践效果：5 明显改善；4 中度至明显改善；3 中度改善；2 轻度至中度改善；1 轻度改善；0 无效果；−1 轻度恶化；−2 轻度至中度恶化；−3 中度恶化；−4 中度至严重恶化；−5 严重恶化。

工作说明书—— 国家模板

（2010年4月）

此类可交付成果适用于个别实践。其他规划实践的可交付成果参考具体的工作说明书。

设计

可交付成果

1. 能够证明符合自然资源保护局实践中相关准则并与其他计划和应用实践相匹配的设计文件。
    a. 保护计划中确定的目的。
    b. 客户需要获得的许可证清单及需要遵守的法规。
    c. 辅助性实践一览表。
    d. 制订计划和规范所需的与实践相关的计算和分析，包括但不限于：
        i. 目标排放量及来源
        ii. 减排要求
        iii. 减排量计算、分析等
        iv. 侵蚀计算（必要时）
2. 向客户提供书面计划和规范书包括草图和图纸，充分说明实施本实践并获得必要许可的相应要求。
3. 运行维护计划。
4. 证明设计符合实践和适用法律法规的文件。
5. 安装期间，根据需要所进行的设计修改。

注：可根据情况添加各州的可交付成果。

安装

可交付成果

1. 与客户进行的安装前会议。
2. 验证客户是否已获得规定许可证。
3. 根据需要制订的安装指南。

4. 协助客户和原设计方并实施所需的设计修改。
5. 在安装期间，就所有联邦、州、部落和地方法律、法规和自然资源保护局政策的合规性问题向客户 / 自然资源保护局提供建议。
6. 证明安装过程和材料符合设计和许可要求的文件。

注：可根据情况添加各州的可交付成果。

验收

可交付成果

1. 实施记录。
    a. 实践单位
    b. 实际使用的材料
2. 证明施用过程符合自然资源保护局实践和规范并符合许可要求的文件。
3. 进度报告。

注：可根据情况添加各州的可交付成果。

参考文献

NRCS Field Office Technical Guide（eFOTG）, Section IV, Conservation Practice Standard Dust Control on Unpaved Roads and Surfaces - 373.

NRCS National Environmental Compliance Handbook.

NRCS Cultural Resources Handbook.

注：可根据情况添加各州的参考文献。

保护实践效果（网络图）

（2014年3月）

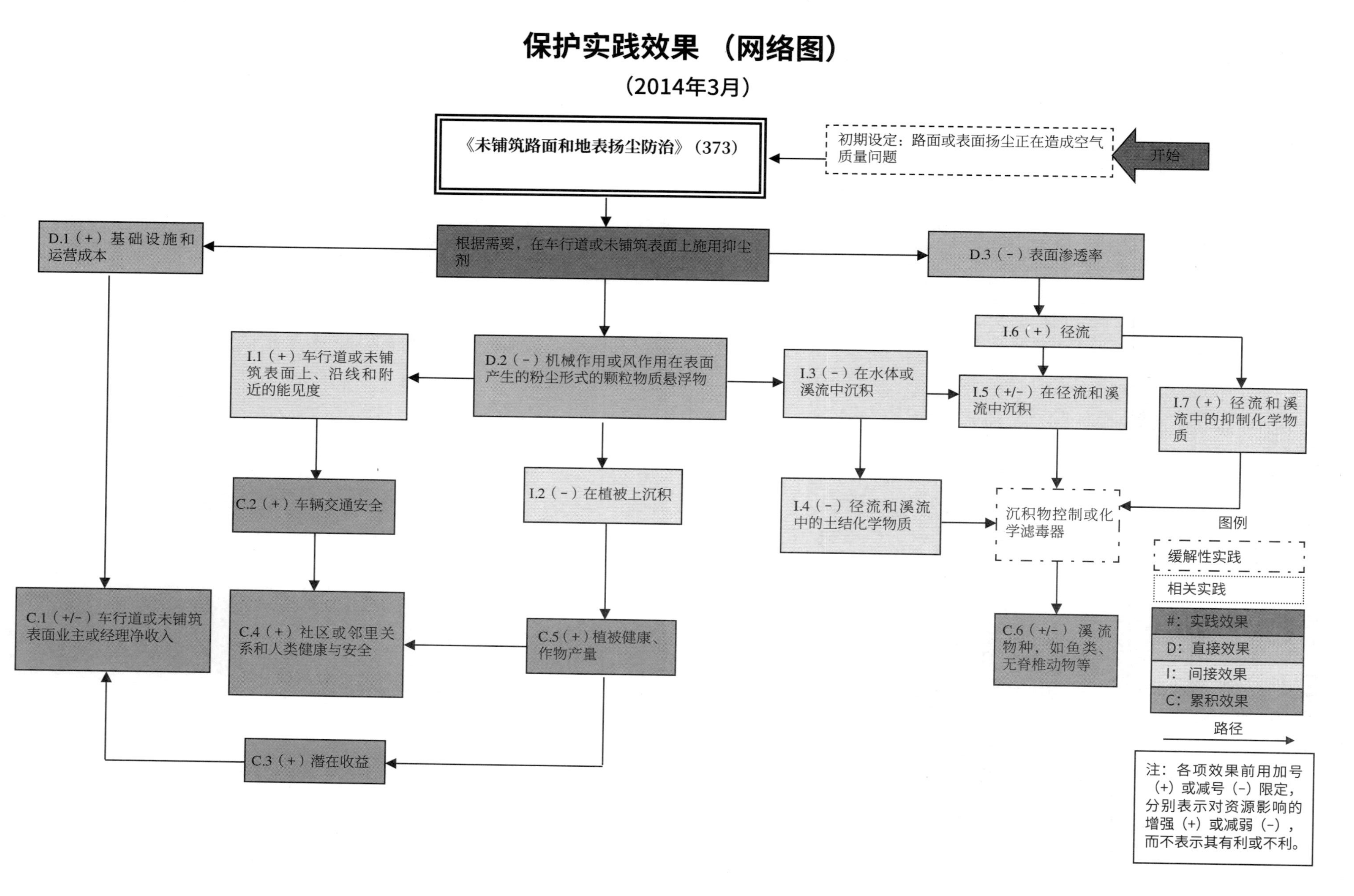

农场能源改进

（374，No., 2011年5月）

定义

开发和实施改进措施，以减少能源消耗或提高农场能源使用效率。

目的

本实践可用作节能管理系统的一部分，以减少能源消耗。

适用条件

本实践适用于非住宅结构和以减少能源使用为既定目标的能源使用系统。

准则

适用于上述所有目的的附加准则

根据美国农业生物工程师学会（ASABE）S612 号标准，建议对当前农场能源进行审计。

必要时，重置或升级系统及相关组件或设备，经过确认后应满足或超过当前联邦、州和地方的适用标准。美国农业生物工程师学会 S612 号标准中定义的农场企业主要活动的各个组件应符合相应的自然资源保护局（NRCS）或行业标准，例如：

- 自然资源保护局制订的保护实践《泵站》（533）。
- 自然资源保护局制订的保护实践《燃烧系统改进》（372）。
- 美国供暖制冷和空调工程师学会标准 90.1—2010 制订的《配置暖通空调（HVAC）设施》。
- 美国农业生物工程师学会 EP566.1 制订的《换气扇》。
- 美国农业生物工程师学会 EP406.4 制订的《温室空调》。
- 美国国家电气制造商协会 MG1—2009（2010 修订版）制订的《电机效率》。

注意事项

节约能源和提高能源效率应考虑温室气体和大气污染物的排放。如若适用，可利用计算温室气体排放额度的方法。需单独提供实际的温室气体减排量的资料。

为减少输入到农场的能源消耗，考虑使用可再生能源。

根据土地所有者的目标和目的，提出各项能源措施计划（如生命周期节能、回收期、成本效益等）并逐步实施。

计划和技术规范

节能增效措施的计划和技术规范应符合本实践要求，并说明为达到预期目的而妥善实施该措施的具体要求。计划和技术规范应包括：

- 详细描述安装场地的技术规范。
- 确定并描述现有系统及其相关组件或设备。
- 确定并描述升级系统及其相关组件或设备。
- 记录系统能源使用情况以及实施这一措施所带来的潜在能源节约。
- 提供能显示实施本措施的位置及其与适当的其他构造物或自然特征关系的平面视图。
- 有关实施措施及其设备的详细图纸，包含管道系统、进水口连接、安装、基础设施和其他构件。

运行和维护

应根据实施本措施标准的目的，以及其预期寿命和安全要求运行制订运行和维护计划。

重置或升级系统及相关组件或设备应按照制造商的建议进行运行和维护。

保存实施能源改进情况的记录。从措施开始实施起，记录和更新至少 5 年的相关信息。建议保存的记录包括：

- 每月的水电费账单、燃料的支出和农产品的产量。
- 记录重置或升级系统和相关组件或设备的维护信息。

参考文献

American Society of Agricultural and Biological Engineers. 2003. Heating, ventilating and cooling greenhouses. ANSI/ASAE EP406.4 JAN2003（R2008）. ASABE, St. Joseph, MI.

American Society of Agricultural and Biological Engineers. 2008. Guidelines for selection of energy efficient agricultural ventilation fans. ASAE EP566.1 AUG 2008. ASABE, St. Joseph, MI.

American Society of Agricultural and Biological Engineers. 2009. Performing On-Farm Energy Audits. ANSI/ASABE S612 JUL2009. ASABE, St. Joseph, MI.

American Society of Heating, Refrigerating and Air Conditioning Engineers. 2010. Energy standard for buildings except low-rise residential buildings. ANSI/ASHRAE/IES, Standard 90.1. ASHRAE, Atlanta, GA.

National Electric Manufacturing Association. 2006. Motors and generators. NEMA MG1 – 2009（R2010）. Rosslyn, VA.

保护实践概述

（2015年9月）

《农场能源改进》（374）

农场能源改进标准作为保护管理体系的一部分实施，旨在减少能源使用。本实践需要制订和实施农场改良措施，从而提高能源效率、减少农场能源使用。改进措施可包括更换或改装农业设备系统及其相关部件或装置。

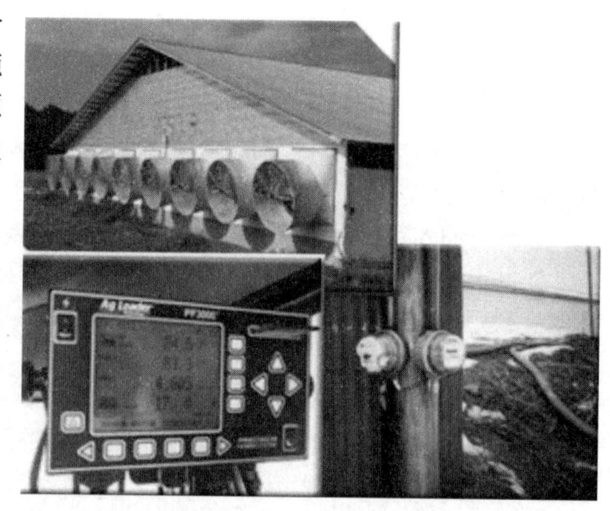

实践信息

农场能源改进专门用于实施当前能源审计组成部分中提出的建议；而该能源审计是根据美国农业和生物工程师协会 ANSI/ASABE S612 标准《农场能源审计》开展的。本实践适用于任何消耗能源的农业设备系统、非住宅结构或部件，前提上文定义的可接受农场能源审计中已确定此类系统或部件。

更换或改装系统和相关部件或装置必须符合或超过当前适用的联邦、州和地方标准和指南，以及适当的自然资源保护局或行业标准要求。自然资源保护局标准包括保护实践《泵站》（533）和《燃烧系统改进》（372）。可以在本实践下应用的行业标准包括美国供暖制冷和空调工程师学会标准 90.1-2010、ASABE EP 406.4 和美国电气制造商协会《电机效率》标准。

本实践所涵盖的应用包括但不限于自动环境控制器、绝缘、循环风机、板式冷却器、热回收系统、高效照明灯具和提高枫糖浆生产效率的系统。

运行维护要求包括定期检查、及时修理损坏的部件并进行监测，以确保这一做法持续有效。

常见相关实践

《农场能源改进》（374）通常与《泵站》（533）、《燃烧系统改进》（372）以及《关键区种植》（342）等保护实践一起使用。

保护实践的效果——全国

土壤侵蚀	效果	基本原理
片蚀和细沟侵蚀	0	不适用
风蚀	0	不适用
浅沟侵蚀	0	不适用
典型沟蚀	0	不适用
河岸、海岸线、输水渠	0	不适用
土质退化		
有机质耗竭	0	不适用
压实	0	不适用
下沉	0	不适用
盐或其他化学物质的浓度	0	不适用
水分过量		
渗水	0	不适用
径流、洪水或积水	0	不适用
季节性高地下水位	0	不适用
积雪	0	不适用
水源不足		
灌溉水使用效率低	0	不适用
水分管理效率低	0	不适用
水质退化		
地表水中的农药	0	不适用
地下水中的农药	0	不适用
地表水中的养分	0	不适用
地下水中的养分	0	不适用
地表水中的盐分	0	不适用
地下水中的盐分	0	不适用
粪肥、生物土壤中的病原体和化学物质过量	0	不适用
粪肥、生物土壤中的病原体和化学物质过量	0	不适用
地表水沉积物过多	0	不适用
水温升高	-2	如果安装水源热泵，则可能出现这一情况。
石油、重金属等污染物迁移	0	不适用
石油、重金属等污染物迁移	0	不适用
空气质量影响		
颗粒物（PM）和 PM 前体的排放	2	设备效率提高可以减少燃烧产生的颗粒物排放。
臭氧前体排放	2	设备效率提高可以减少与燃烧相关的氮氧化物的排放。
温室气体（GHG）排放	2	减少能源使用通常会减少温室气体。
不良气味	0	不适用

（续）

植物健康状况退化	效果	基本原理
植物生产力和健康状况欠佳	2	增加水资源可利用量和获取量，可促进植物的生长、健康和活力。
结构和成分不当	0	不适用
植物病虫害压力过大	0	不适用
野火隐患，生物量积累过多	0	不适用
鱼类和野生动物——生境不足		
食物	0	不适用
覆盖 / 遮蔽	0	不适用
水	0	不适用
生境连续性（空间）	0	不适用
家畜生产限制		
饲料和草料不足	0	不适用
遮蔽不足	0	不适用
水源不足	0	不适用
能源利用效率低下		
设备和设施	4	通过农场能源审计确定
农场 / 牧场实践和田间作业	0	其他保护实践涉及的农场 / 牧场实践和农田作业。

CPPE 实践效果：5 明显改善；4 中度至明显改善；3 中度改善；2 轻度至中度改善；1 轻度改善；0 无效果；−1 轻度恶化；−2 轻度至中度恶化；−3 中度恶化；−4 中度至严重恶化；−5 严重恶化。

工作说明书—— 国家模板

（2011年5月）

此类可交付成果适用于个别实践。其他规划实践的可交付成果参考具体的工作说明书。

设计

可交付成果

1. 能够证明符合自然资源保护局实践中相关准则并与其他计划和应用实践相匹配的设计文件。
   a. 保护计划中确定的目的。
   b. 客户需要获得的许可证清单及需要遵守的法规。
   c. 辅助性实践一览表。
   d. 制订计划和规范所需的与实践相关的计算和分析，包括但不限于：
      i. 目标排放量及来源
      ii. （如有需要）减排要求
      iii. 减排量计算、分析等
2. 向客户提供书面计划和规范书包括草图和图纸，充分说明实施本实践并获得必要许可的相应要求。
3. 运行维护计划。
4. 证明设计符合实践和适用法律法规的文件。
5. 安装期间，根据需要所进行的设计修改。

注：可根据情况添加各州的可交付成果。

安装

可交付成果

1. 与客户进行的安装前会议。
2. 验证客户是否已获得规定许可证。
3. 根据需要制订的安装指南。
4. 协助客户和原设计方并实施所需的设计修改。
5. 在安装期间，就所有联邦、州、部落和地方法律、法规和自然资源保护局政策的合规性问题向客户 / 自然资源保护局提供建议。
6. 证明安装过程和材料符合设计和许可要求的文件。

注：可根据情况添加各州的可交付成果。

验收

可交付成果

1. 实施记录。
    a. 实践单位
    b. 实际使用的材料
2. 证明施用过程符合自然资源保护局实践和规范并符合许可要求的文件。
3. 进度报告。

注：可根据情况添加各州的可交付成果。

参考文献

NRCS Field Office Technical Guide（eFOTG）, Section IV, Conservation Practice Standard Farmstead Energy Improvement - 374.

NRCS National Environmental Compliance Handbook.

NRCS Cultural Resources Handbook.

注：可根据情况添加各州的参考文献。

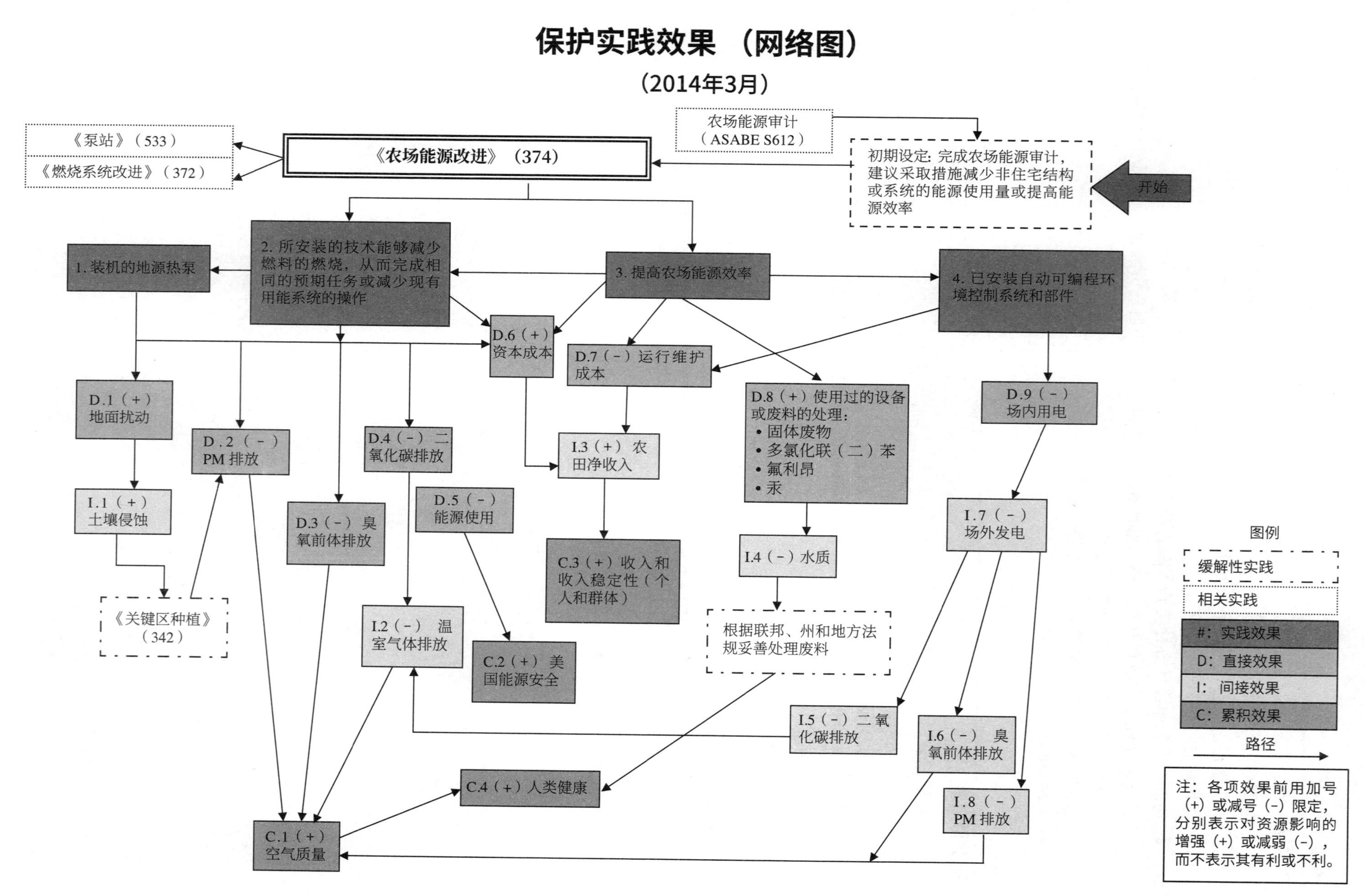

保护实践效果（网络图）
（2014年3月）
农场能源审计（ASABE S612）
《泵站》（533）
《燃烧系统改进》（372）
《农场能源改进》（374）
初期设定：完成农场能源审计，建议采取措施减少非住宅结构或系统的能源使用量或提高能源效率
开始
1. 装机的地源热泵
2. 所安装的技术能够减少燃料的燃烧，从而完成相同的预期任务或减少现有用能系统的操作
3. 提高农场能源效率
4. 已安装自动可编程环境控制系统和部件
D.6（+）资本成本
D.7（-）运行维护成本
D.1（+）地面扰动
D.2（-）PM排放
D.4（-）二氧化碳排放
I.3（+）农田净收入
D.8（+）使用过的设备或废料的处理：
• 固体废物
• 多氯化联（二）苯
• 氟利昂
• 汞
D.9（-）场内用电
I.1（+）土壤侵蚀
D.3（-）臭氧前体排放
D.5（-）能源使用
I.7（-）场外发电
C.3（+）收入和收入稳定性（个人和群体）
I.4（-）水质
《关键区种植》（342）
I.2（-）温室气体排放
C.2（+）美国能源安全
根据联邦、州和地方法规妥善处理废料
I.5（-）二氧化碳排放
I.6（-）臭氧前体排放
C.4（+）人类健康
I.8（-）PM排放
C.1（+）空气质量
图例
缓解性实践
相关实践
#：实践效果
D：直接效果
I：间接效果
C：累积效果
路径
注：各项效果前用加号（+）或减号（-）限定，分别表示对资源影响的增强（+）或减弱（-），而不表示其有利或不利。

田间作业减排

（376，Ac.，2015年8月）

定义

为降低田间作业过程中颗粒物（PM）排放，对田间作业方式及排放技术进行适度调整。

目的

通过降低颗粒物排量，改善大气质量。

适用条件

本实践适用于粮田、山地、牧场及林地作业。

准则

总则

事实证明，采用以下一种或多种方法，可有效降低颗粒物排量（当前作业系统下的颗粒物指数迅速下降至启用拟用作业系统后的理想值）：

- 联合耕作。为减少每次轮作的田地通行次数，可选用支持单通道耕种的多功能耕种设备。
- 精准指导系统。为减少土壤侵蚀，为尽量减少田间通道重复采用全球定位系统（GPS）与转向技术。
- 替代设备技术。用替代设备或翻新设备，可有效减少颗粒物排量。此外，为减少净田间通道，改变粮田尺寸或间距，可采用防尘技术（如喷雾器、导流板等），加宽设备尺寸。
- 田间作业时机管控。调整田间作业时机，可有效减少颗粒物排量。粮田相对湿度或土壤湿度较高，风速较大或遇上强风天气时，土壤扰动现象严重时，均可采用指挥控制措施。此外，减少苗床整地与种植的时间，或者是通过调整其他时机的措施，来降低颗粒物排量。
- 调整作物栽培技术与收割方法。调整常规作业方式，改用增强土壤扰动和放慢收割技术等其他种作物栽培方法。例如，饲料收割作业时，则无须要求在田地进行干燥，可采用手工收割，在土壤扰动或收割作业之前，可添加水等土壤稳定物料，选用移栽操作而非直接播种，为减少土壤侵蚀可通过灌溉渠道施加农药化肥。

为降低收割过程中颗粒物排量，可以加固土壤表面，在花生收割机作业时，可先行进行灌溉作业。

注意事项

处理作物残茬，可有效降低风蚀作用下产生的颗粒物排量，增加碳汇量。

行栽作物或间作套种均采用地膜覆盖技术，可有效减少潜在的风蚀危害。

采用杂草防除替代技术（如割草机、喷雾器、火焰灭火器等），可大幅降低颗粒物排量。

使用单一型耕种机（如耙地机），减少耕作次数，减少引发土壤颗粒雾沫的散热面变化效应，降低颗粒物排量。

计划和技术规范

按照本实践规定的操作与维护要求，以及规划标准，制订具体的粮田或处理田计划与技术规范。为了更好地将本实践应用在试验田中，并取得理想效果，计划与技术规范应明确列出作业要求。实施本实践的计划，应至少包含已获批准的《田间作业减排》（376）《执行要求文件》中的下列组成部分：

- 粮田编号及亩数。
- 减排目标。
- 当前田间作业系统基准值列表。
- 规划田间作业系统列表。
- 减排举措、减排适用情况及具体操作列表。
- 特殊考虑因素。

应按照官方认证的作业要求文件规定进行技术规范记录。

运行和维护

为确保减排工作妥善开展，按季度或按年定期审查颗粒物减排作业效果，如有必要，进行适当调整。

参考文献

Agricultural Air Quality Conservation Management Practices for San Joaquin Valley Farms. 2004. San Joaquin Valley Air Pollution Control Districtand USDA-NRCS. 14 pp.

保护实践概述

（2015年9月）

《田间作业减排》（376）

田间作业排污是指减少田间作业（包括耕作、土地平整、种植、作物管理和收割作业）产生的微粒排放。

平整土地排放的土壤微粒

实践信息

本实践主要用于减少颗粒物的排放量，特别是在田地作业期间减少 PM10 和较小颗粒的排放量。

本实践适用于农田、牧地、牧场和林地。

可以通过以下方式减少颗粒排放：减少耕作次数、使用全球定位系统导航避免耕作重叠、在耕作和收割设备上使用降尘技术、在土表保留更多的作物残茬、在更潮湿的土壤条件和作物条件下安排田间作业时间、在田间设备上使用降尘技术，以及通过田间灌溉保持更高的土壤湿度。

保护效果包括但不限于：

- 改善空气质量。
- 提高视觉审美 。

常见相关实践

《田间作业减排》（376）通常与《保护性作物轮作》（328）、《覆盖作物》（340）、《残留物和耕作管理——免耕》（329）、《残留物和耕作管理——少耕》（345）、《灌溉用水管理》（449）以及《木质残渣处理》（384）等保护实践一起应用。

实施要求

（2016年2月）

生产商：______________________ 项目或合同：______________________

地点：______________________ 国家：______________________

农场名称：______________________ 地段号：______________________

实践位置图
（显示预计进行本实践的农场 / 现场的详细鸟瞰图，显示所有主要部件、布点、与地标的相对位置及测量基准）

索引
- ☐ 封面
- ☐ 规范
- ☐ 图纸
- ☐ 运行维护
- ☐ 认证声明

公用事业安全系统或呼叫系统信息

工作说明：

仅自然资源保护局审查

设计人：______________________ 日期______________________

校核人：______________________ 日期______________________

审批人：______________________ 日期______________________

实践目的（勾选所有适用项）：

☐ 通过减少颗粒物排放，改善空气质量。

规范：

填写下表，记录基准情况（当前田间作业系统），随附按田地显示系统的 RUSLE2 或 WEPS 打印输出。

☐ 附上的打印材料。

场地：____________英亩：__________________

轮作的当前 / 基准作物（按顺序显示，包括果园和葡萄园作物）	列出每个作物的所有当前 / 基准田间作业或活动	当前 / 基准作业或活动的时间安排（月）

使用以下一种或多种技术减少 PM 排放：

☐ 联合耕作。

☐ 精确制导系统。

☐ 替代设备技术。

☐ 田间作业的时间安排。

☐ 改良作物栽培和收割方法。

填写下表，记录田间作业规划系统的情况或者，随附按田地显示系统的 RUSLE2 或 WEPS 打印输出。

☐ 附上的打印材料。

场地：____________英亩：__________________

轮作作物（按顺序显示，包括果园和葡萄园作物）	列出每种作物的所有田间作业或活动	作业或活动的时间安排（月）

关于如何应用开展特定活动或应用技术的特殊注意事项或详情：

运行维护

☐ 根据需要，定期或每年审查 PM 减排活动，确保活动正常进行并在需要时进行改良。

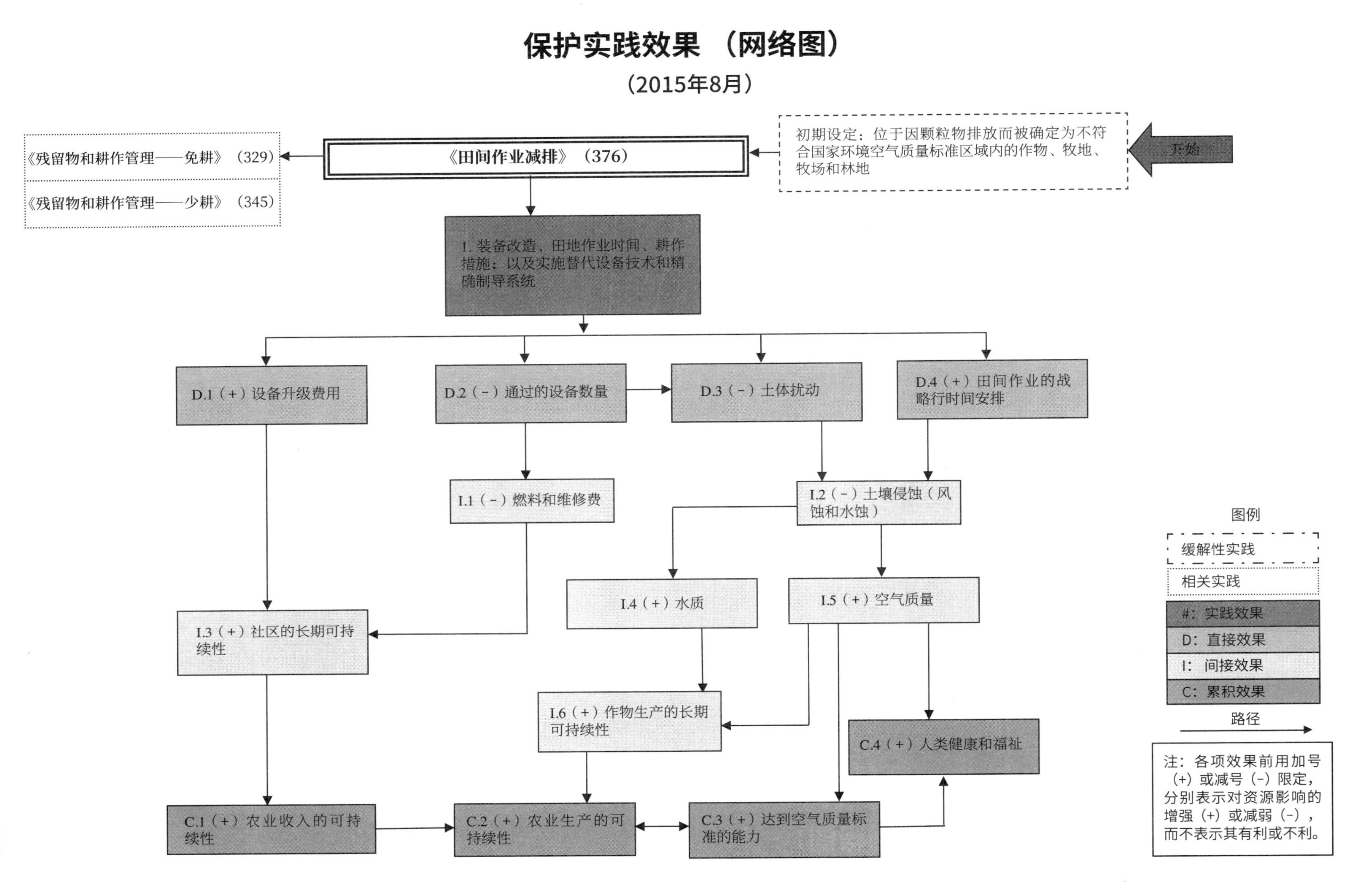
保护实践效果 （网络图）
（2015年8月）
开始
初期设定：位于因颗粒物排放而被确定为不符合国家环境空气质量标准区域内的作物、牧地、牧场和林地
《田间作业减排》（376）
《残留物和耕作管理——免耕》（329）
《残留物和耕作管理——少耕》（345）
1. 装备改造、田地作业时间、耕作措施；以及实施替代设备技术和精确制导系统
D.1（+）设备升级费用
D.2（-）通过的设备数量
D.3（-）土体扰动
D.4（+）田间作业的战略行时间安排
I.1（-）燃料和维修费
I.2（-）土壤侵蚀（风蚀和水蚀）
I.3（+）社区的长期可持续性
I.4（+）水质
I.5（+）空气质量
I.6（+）作物生产的长期可持续性
C.1（+）农业收入的可持续性
C.2（+）农业生产的可持续性
C.3（+）达到空气质量标准的能力
C.4（+）人类健康和福祉
图例
缓解性实践
相关实践
#：实践效果
D：直接效果
I：间接效果
C：累积效果
路径
注：各项效果前用加号（+）或减号（-）限定，分别表示对资源影响的增强（+）或减弱（-），而不表示其有利或不利。

照明系统改进

（670，No.，2013年4月）

定义

完全更换或改装当前农业照明系统的一个或多个组件。

目的

本实践作为管理系统的一部分，可减少能耗。

适用条件

本实践适用于现有照明系统设施，以及符合美国国家标准协会 S612 完整照明评估的农业设施，该评估主要参照第二类型农场的能源审核准则。

准则

适用于上述所有目的的总体准则

开始实施前，应参照第二类农场能源审核规范，因为它们与照明系统的改进息息相关。为了更好地实施，照明评估必须记录以下内容：

- 基线——当前照明系统的能源使用情况。
- 为达到本实践中最低能源效率要求，进行更换或改造。
- 更换或改造后，预期的能耗将低于基线。

遵守电气规范和消防标准以及当地法规。

房屋构造、接线、安装和连接应符合美国国家电气规范第 547 条《农业建筑》（美国消防协会，2011）。

确保改装后的照明系统达到标准的灯光质量和灯光亮度（照明亮度），空间内照明应达到的目标（美国农业与生物工程协会 EP344.3）。

在牛奶监测区、鸡蛋监测区、挤奶室等需要检查的区域，安装显色指数（CRI）为 70 或更高参数的灯具。

照明系统包括发光设备（灯具、镇流器和固定装置）、控制装置和线路。

若组件暴露在灰尘、潮湿或腐蚀性空气中（例如在畜禽舍操作中），应使用无腐蚀性、耐水的灯具，保护灯具不受环境污染，符合国家电气法规（美国消防协会，2011）。

根据 ASABE EP344.3 表 3 中给出的任务分类和最大间距层析高度比（s/Hp）保证光的均匀性。使用制造商的均匀性数据（如有）或商业灯光建模软件，以确保光线的水平和均匀分布。

灯具和镇流器。选择更换灯或镇流器时，其额定效率最低为每瓦 50 流明（lm/W）。

灯具和镇流器应满足灯的启动特性（预热期和启动温度）。

确保镇流器适配使用的瓦数、数量和类型一致。必要时，以电子镇流器取代磁性镇流器，提高能源效率，在某些情况下还可延长灯泡寿命并降低启动温度。

灯具和镇流器的处理应遵守环保法规。

控制器。当需要采用间歇性照明或自然采光时，则不是必须使用人工连续照明，此时可采用自动控制，减少照明系统的工作时间或输入功率。照明控制包括但不限于开关、调光器、光传感器、占用传感器和计时器。

传感器和控制器的设计和安装应满足预期目的，并确保与所使用灯具的兼容。

当使用自动控制时，安装一个独立的手动控制装置。

安全和保障。确保工人和动物的安全：

尽量减少工人和障碍物遮挡工作区域的光源。

多方向的照明可减少阴影密度，保证均匀照明。

选择并安装带有反射器、折射器和扩散护盾的固定装置以减少眩光。

所有灯具的安装都应在视线水平线上。

注意事项

在某些情况下，照明的改变可能会影响建筑的供暖、冷却或通风。这些影响通常很小，但是在计划更换灯泡时应考虑到这些影响。

在可行的情况下，将开关和调光器放置在远离潮湿或灰尘环境的地方，或使用耐腐蚀控制装置，以保护开关和调光器免受环境污染。

在房屋内，内部表面的反光、哑光饰面将减少眩光，并有助于创建一个舒适的视觉环境。

光源的颜色会影响人们对发光区域颜色的辨别能力，在某些情况下还会影响人和牲畜的情绪。

为提高植物和动物的产量，可以调整光量、亮度和光周期。

日光补充人造光可降低照明系统的能耗，并提供更高质量的光。

对于外部照明系统，灯光的方向和强度可能会极大地影响光污染，并对人类和野生动物产生的影响。

对于杂散电压，要规划改进，以减少危害和对动物健康的负面影响。

计划和技术规范

照明系统的计划和技术规范应符合本实践。计划和技术规范应包括以下内容：

记录现有的照明环境，包括流明输出、灯具数量和位置、灯具的数量、瓦数、灯具类型、灯具品牌和型号、控制器和排线以及离散区域的活动。

确定固定装置的品牌和型号、灯具数量、镇流器类型、灯具瓦数、灯管类型、固定等级（防尘、防水、耐洗等）。说明建议的照明水平，如果与现有情况不同，指出改变的原因。

记录改装或安装时的固定装置的具体数量和布局，以及电源开关和控制器。

包括照明系统的平面图、电气接线图。

运行和维护

制造商和客户负责维护照明系统。提供运行和维护说明，包括以下内容：

定期检查灯具、镇流器、固定装置、线路和控制装置。及时更换损毁的灯具，并根据需要修理或更换其他系统部件，以确保系统正常运行。

定期清洁灯具、固定装置和房间表面，以确保保持高质量的照明环境。

参考文献

American Society of Agricultural and Biological Engineers. 2010. Lighting Systems for Agricultural Facilities ASAE EP344.3 JAN2005（R2010）ASABE, St. Joseph, MI.

American Society of Agricultural and Biological Engineers. 2009. Performing On-farm Energy Audits. ANSI/ASABE S612 JUL2009. St. Joseph, MI.

National Fire Protection Association （NFPA）. 2011. Article 547 Agricultural Buildings. NFPA 79. Boston, MA.

National Lighting Product Information Program. 2011. NLPIP Lighting Research Center Glossary. http：//www.lrc.rpi.edu/programs/NLPIP/glossary.asp.

保护实践的效果——全国

土壤侵蚀	效果	基本原理
片蚀和细沟侵蚀	0	不适用
风蚀	0	不适用
浅沟侵蚀	0	不适用
典型沟蚀	0	不适用
河岸、海岸线、输水渠	0	不适用
土质退化		
有机质耗竭	0	不适用
压实	0	不适用
下沉	0	不适用
盐或其他化学物质的浓度	0	不适用
水分过量		
渗水	0	不适用
径流、洪水或积水	0	不适用
季节性高地下水位	0	不适用
积雪	0	不适用
水源不足		
灌溉水使用效率低	0	不适用
水分管理效率低	0	不适用
水质退化		
地表水中的农药	0	不适用
地下水中的农药	0	不适用
地表水中的养分	0	不适用
地下水中的养分	0	不适用
地表水中的盐分	0	不适用
地下水中的盐分	0	不适用
粪肥、生物土壤中的病原体和化学物质过量	0	不适用
粪肥、生物土壤中的病原体和化学物质过量	0	不适用
地表水沉积物过多	0	不适用
水温升高	0	不适用
石油、重金属等污染物迁移	0	不适用
石油、重金属等污染物迁移	0	不适用
空气质量影响		
颗粒物（PM）和 PM 前体的排放	0	不适用
臭氧前体排放	0	不适用
温室气体（GHG）排放	0	不适用
不良气味	0	不适用
植物健康状况退化		
植物生产力和健康状况欠佳	0	不适用
结构和成分不当	0	不适用
植物病虫害压力过大	0	不适用
野火隐患，生物量积累过多	0	不适用
鱼类和野生动物——生境不足		
食物	0	不适用
覆盖 / 遮蔽	0	不适用
水	0	不适用

（续）

鱼类和野生动物——生境不足	效果	基本原理
生境连续性（空间）	0	不适用
家畜生产限制		
饲料和草料不足	0	不适用
遮蔽不足	0	不适用
水源不足	0	不适用
能源利用效率低下		
设备和设施	4	通过农场能源审计确定。
农场 / 牧场实践和田间作业	0	其他保护实践涉及的农场 / 牧场实践和田间作业。

CPPE 实践效果：5 明显改善；4 中度至明显改善；3 中度改善；2 轻度至中度改善；1 轻度改善；0 无效果；−1 轻度恶化；−2 轻度至中度恶化；−3 中度恶化；−4 中度至严重恶化；−5 严重恶化。

工作说明书——国家模板

（2013年4月）

此类可交付成果适用于个别实践。其他规划实践的可交付成果参考具体的工作说明书。

设计

可交付成果

1. 能够证明符合自然资源保护局实践中相关准则并与其他计划和应用实践相匹配的设计文件。
   a. 保护计划中确定的目的。
   b. 客户需要获得的许可证清单及需要遵守的法规。
   c. 辅助性实践一览表。
   d. 制订计划和规范所需的与实践相关的计算和分析，包括但不限于：
      i. 目标排放量及来源
      ii. （如有需要）减排要求
      iii. 减排量计算、分析等
2. 向客户提供书面计划和规范书包括草图和图纸，充分说明实施本实践并获得必要许可的相应要求。
3. 运行维护计划。
4. 证明设计符合实践和适用法律法规的文件。
5. 安装期间，根据需要所进行的设计修改。

注：可根据情况添加各州的可交付成果。

安装

可交付成果

1. 与客户进行的安装前会议
2. 验证客户是否已获得规定许可证。
3. 根据需要制订的安装指南。
4. 协助客户和原设计方并实施所需的设计修改。
5. 在安装期间，就所有联邦、州、部落和地方法律、法规和自然资源保护局政策的合规性问题向客户 / 自然资源保护局提供建议。

6. 证明安装过程和材料符合设计和许可要求的文件。

注：可根据情况添加各州的可交付成果。

验收

可交付成果

1. 实施记录。
   a. 实践单位
   b. 实际使用的材料
2. 证明施用过程符合自然资源保护局实践和规范并符合许可要求的文件。
3. 进度报告。

注：可根据情况添加各州的可交付成果。

参考文献

NRCS Field Office Technical Guide（eFOTG）, Section IV, Conservation Practice Standard Farmstead Energy Improvement - 374.

NRCS National Environmental Compliance Handbook.

NRCS Cultural Resources Handbook.

注：可根据情况添加各州的参考文献。

保护实践效果（网络图）

（2014年6月）

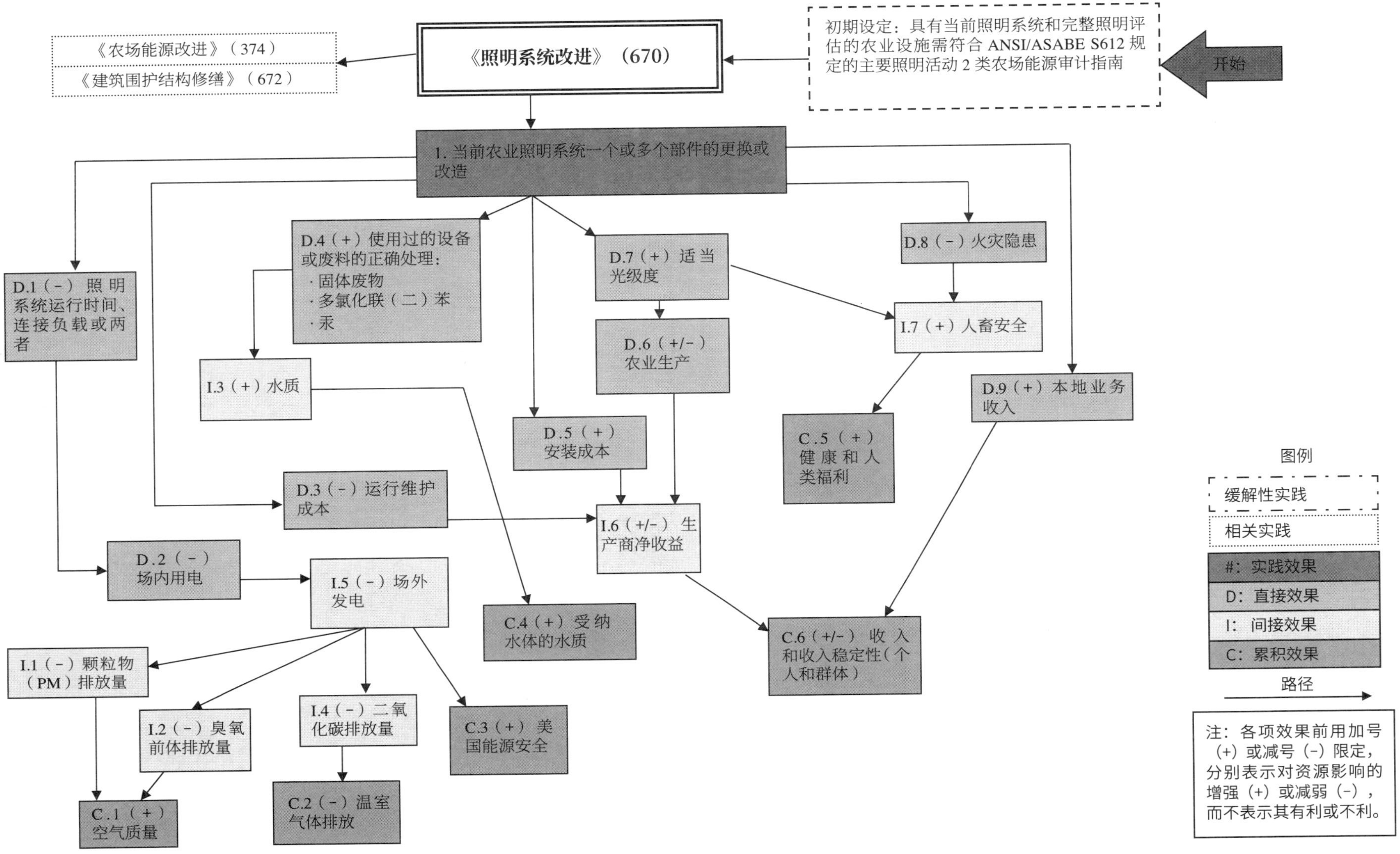

矿井和坑道关闭

（457，No.，2005年2月）

定义

通过填埋、封堵、封盖、设障、安装大门或围栏等一系列措施，关闭地下矿井巷道。

目标

- 减少对人畜危害。
- 维护或改善道路和野生动物栖息地。
- 保护文化资源。
- 减少沉降问题。
- 减少有害气体排放。
- 减少或防止地表水、地下水污染。

适用条件

本实践适用于：为完成上述一个或多个目标，对未关闭的地下矿井、沉降坑、坑道或先前已关闭、现又松动的矿井区，实施调查、规划和处理作业。

本实践与开拓矿井巷道周围区域所进行的地表处理有关。

准则

适用于上述所有目的的总体总则

关井作业应按照当地、州、联邦以及部落的法律法规，开展计划、设计、施工操作。在必要时应安装围栏或大门，以便偶尔进入井筒或坑道。

可考虑在野生动物生栖息地，安装一些用于维护或改善蝙蝠等野生动物生境的围栏、大门等封闭设施。在蝙蝠等野生动物栖息的矿井区域，野生动物友好型关闭计划不具备可行性，应另行编撰、实施适用于蝙蝠等野生动物的专项计划。

围栏、大门、封顶及墙壁仅用于：经与负责任的政府机构、土地所有者或组织制订维护协定，可确保定期检查及维护的地区。

使用前，须确保储备土壤及岩石材料免受侵蚀。

安全性。关井闭坑作业施工小组，至少包含两名成员，要求各成员均需对暗井及坑道进行勘查，并共享各自的日常勘查作业表。在开展现场勘查、调查及基础调查活动期间，必须使用安全护栏、绳索、安全带、气体探测器等设备。

在现场调查及安装装置时，如果存在危险气体，则应任用从事地下工作的人员，并经过美国矿山安全与健康管理局认证，进行现场监督安全工作。

在施工期间，应确定塌陷区的位置，用围栏和告示单明确标记。该区域所有作业人员，必须佩戴适当的安全防护用具。

必须使用保险杠或其他装置，以防机器和卡车掉入井筒和沉降坑。如有可能，设备叶片和铲斗规格应大于要填充的巷道开口尺寸。

如发现爆炸物或疑似炸药的物品，请勿妄自处理，须将情况上报当地矿山安全与健康管理局办公室。

为降低未来开发井筒或坑道风险的发生，在竣工时，应在地面标明经填埋或封堵的井筒或坑道的位置，并在当地契约登记簿上填写矿井关井闭坑宣誓书。

报告。现场调查报告应当记录以下信息：

- 现场地质和地下水条件。
- 矿井巷道状况。
- 矿井周边人身及财产风险。
- 矿井内的设备与垃圾。
- 存在的有害气体。
- 存在的酸性矿井废水。
- 如有，一并记录矿井历史（含矿区平面图）。
- 矿井的动植物种类目录。
- 水位变化可能引发的地表变化。

设计参照。1981 年 1 月 1 日发布的美国农业工程说明 1 包括对调查、安全、设计、施工方面的指导，这项说明可一并用于本实践的程序指导。农业工程说明 1 为煤矿专项说明，所有信息均不适用于其他类型的矿井。

关于保护蝙蝠而设的围栏和大门的修建指南，详情参见由国际蝙蝠保护组织 Merlin D. Tuttle 和 Daniel A.R.Taylor 所著的《蝙蝠与矿井》1998 年修订版文件。

围栏和大门的附加准则

围栏和大门选址，应在沉降或塌落状况均不会破坏景观完整性的地方。未授权，禁止人员进入围栏和大门。如适用，设计围栏和大门时，应能够维护或改善蝙蝠等野生动物生境、活动场所。

围栏或大门应选用钢、混凝土、砖石材制，或采用“防入侵”链围和铁丝围栏或组合式（链围 + 铁丝围栏）模式外围。

设计填埋或密封的附加准则

清理井筒和坑道中所有的垃圾、杂物、金属、木材、电线及其他材料，这些材料可能会影响填充及密封的设计效果。

经填充和封堵的井筒或坑道的完工地面，应按照自然资源保护局标准，分级铺设，实现巷道和植被区域自由排水。

所有清除出去的物料，应在核准区域焚烧或填埋，或运往核准堆填区填埋。

设计填埋。使用设计好的过滤器（该过滤器由非成酸性自由排水材料或聚氨酯泡沫组成），将井筒或坑道填充至离地约 3 英尺高的位置。

井筒或坑道的剩余部分应填满土料（含采用 9 英寸升降机压缩的至少 3 英尺的黏土或其他可以延缓通水或透气的防渗材料）。为方便作业，井筒填充深度应超过矿井深度的 10% 或 3 英尺（以较少者为准）。

露天、活跃型、大量渗水的沉降坑，需要采用一种由非成酸性、可自由流动材料制成的过滤器。覆盖足量土壤，以维持拟定植被量。

封闭、闲置的、无渗水的沉降坑，只需采用适当的土料回填。

为方便作业，污水池填充深度，应超过水池深度的 10% 或 3 英尺（以较少者为准）。

堵塞物密封。只有在无其他解决方案的情况下，方可采用堵塞物密封井筒。在地面部分填满、地下仍处于开放状态的井筒内，使用堵塞物进行地下密封作业。

为承载预期负荷，堵塞物应采用钢筋混凝土材料。应在坚固的基岩上浇注钢筋混凝土。堵塞物可以设计为具有防水性和气密性或允许排水和排气。

应使用由非成酸性自由排水材料或聚氨酯泡沫制成的过滤器，将堵塞物上方井筒，填充至离地面约 3 英尺的位置。

堵塞物上方井筒的剩余部分，应填充土料（含约 2 英尺厚、至少 2 层的黏土或其他能够延缓渗水或透气的防渗材料）。为方便作业，竖井巷道，应填充至超过堵塞物上方竖井深度的 10% 的位置。

经封堵的井筒完工地面，应按照自然资源保护局标准，分级铺设，实现巷道和植被区域自由排水。

封盖和壁式密封。盖和墙壁，应采用钢筋混凝土或钢梁和炉栅或实心钢板制成，以完全实现关井闭坑作业。

封盖和墙壁，须设定足够的强度，以承载预期负荷，且应固定良好。

封盖、墙壁、配件、通道孔和通风管，应具有合理的防破坏能力，竖井上方的封盖表面，须至少比周围地面高出 1 英尺，以确保良好的能见度，以及封盖设施的有效排水。

障碍物密封。设置障碍，以防人类和动物进入坑道，且可用于防止回填材料的横向扩展，支撑覆盖坑道的填料。

障碍物，应采用石头、碎石、混合石料、砾石或类似非成酸性自由排水材料制成。

障碍物的填充长度，应至少为坑道最大高度或障碍物切面宽度的 3 倍（以较大者为准）。

混凝土或砌筑墙可用于支撑障碍物。无混凝土或砌筑墙支撑的障碍物，应采用水平垂直比为 3∶1 或平缓边坡法，实现支撑作业。

地表的障碍物应用土料覆盖，最小垂直厚度应设定为 4 英尺，且须按照自然资源保护局标准种植植被。

如有需要，应横穿贯穿该覆盖物，铺设管道或块石坝趾的永久排水系统。必要时，应使用防透气措施。

水坝密封。建造水坝是为了防止水流入或流出坑道。

规格设定，应按照前面章节关于障碍物相关规定，执行作业。

填料必须防水，且能够承载预期负荷和液压载荷。整合设计好的过滤器，以防填料管涌。

注意事项

为了维护和改善蝙蝠等野生动物生境，应注意以下内容：

- 矿区栖息物种。
- 蝙蝠或其他野生动物活动的季节和目标矿区。
- 封闭对矿井气流和温度造成的影响。环境的细微变化，可能对蝙蝠活动产生显著的消极或积极影响。

计划和技术规范

关井闭坑计划和技术规范应符合本实践。为实现预期目的或目标，本计划和技术说明应描述具体地点应用标准的要求。

运行和维护

为完成预期目标，应对障碍物、围栏、大门和封顶开展维护作业。现场具体的运行与维护计划，应包含对所有门式、栏式和盖式的封闭物作业内容。开展定期检查，及时修复和补充。维护计划中，应拟定出额外的维护。

保护实践概述

（2012年12月）

《矿井和坑道关闭》（457）

矿井和坑道可以通过填充、堵塞、覆盖、安装屏障、浇口或栅栏予以关闭。

实践信息

地下矿可能有垂直开口的竖井、水平的坑道，或二者都有。

关闭矿井或坑道是为了：

- 减少对人类和动物的危害。
- 维护或改善野生动物的进出口或栖息地。
- 保护栽培资源。
- 减少沉降问题。
- 减少有害气体排放。
- 减少或防止地表和地下水污染。

开始关闭矿井时，首先要注意安全。进行现场调查活动之前，必须对所有地下矿进行有害气体检测。只有受过专门训练的人才能进入矿井。

矿井和坑道可以通过填满整个矿井、堵塞或封上开口予以完全封闭。此类技术去除了进入矿井进出口，也可防止污染水溢出矿井。

经弗吉尼亚州矿产能源部许可使用。

未必需要完全关闭矿井或坑道，才能消除安全隐患。限制人员进入有屏障、隔门或栅栏的场地通常也可消除安全隐患。仔细选择屏障、隔门或栅栏，只有蝙蝠等小型动物能够继续栖息于矿井中。

本实践的预期年限至少为 15 年。矿井或坑道关闭的运行维护取决于关闭方法。相关工作一般包括定期检查、修理或更换损坏的部件。

常见相关实践

《矿井和坑道关闭》（457）通常与《土地复垦——废弃矿区》（543）及《土地复垦——有毒物质排放控制》（455）等保护实践一同使用。

保护实践的效果——全国

土壤侵蚀	效果	基本原理
片蚀和细沟侵蚀	0	不适用
风蚀	0	不适用
浅沟侵蚀	0	不适用
典型沟蚀	0	不适用
河岸、海岸线、输水渠	0	不适用
土质退化		
有机质耗竭	0	不适用
压实	0	不适用
下沉	2	这一举措旨在防止矿区周围的地面沉降。
盐或其他化学物质的浓度	0	不适用
水分过量		
渗水	0	不适用
径流、洪水或积水	0	不适用
季节性高地下水位	2	封闭可限制地表水进入矿井并提高地下水位。
积雪	0	不适用
水源不足		
灌溉水使用效率低	0	不适用
水分管理效率低	0	不适用
水质退化		
地表水中的农药	0	不适用
地下水中的农药	0	不适用
地表水中的养分	0	不适用
地下水中的养分	0	不适用
地表水中的盐分	0	不适用
地下水中的盐分	2	这一举措可防止外部水通过矿井渗入，进而将溶解的污染物迁移至地下水中。
粪肥、生物土壤中的病原体和化学物质过量	0	不适用
粪肥、生物土壤中的病原体和化学物质过量	0	不适用
地表水沉积物过多	0	不适用
水温升高	0	不适用
石油、重金属等污染物迁移	2	在封闭的情况下，本实践可防止有毒物质从矿井排放至地表水。
石油、重金属等污染物迁移	1	这一举措可防止外部水通过矿井渗入，进而将重金属迁移至地下水中。
空气质量影响		
颗粒物（PM）和 PM 前体的排放	0	不适用
臭氧前体排放	0	不适用
温室气体（GHG）排放	1	封闭地下矿可减少矿井中产生的甲烷排放。
不良气味	1	封闭地下矿可减少矿井中产生的硫化氢排放。
植物健康状况退化		
植物生产力和健康状况欠佳	0	不适用
结构和成分不当	0	不适用
植物病虫害压力过大	0	不适用
野火隐患，生物量积累过多	0	不适用
鱼类和野生动物——生境不足		
食物	0	不适用
覆盖 / 遮蔽	0	不适用
水	0	不适用
生境连续性（空间）	2	保持动物通行，减少其他干扰。

（续）

鱼类和野生动物——生境不足	效果	基本原理
家畜生产限制		
饲料和草料不足	0	不适用
遮蔽不足	0	不适用
水源不足	0	不适用
能源利用效率低下		
设备和设施	0	不适用
农场 / 牧场实践和田间作业	0	不适用

CPPE 实践效果：5 明显改善；4 中度至明显改善；3 中度改善；2 轻度至中度改善；1 轻度改善；0 无效果；−1 轻度恶化；−2 轻度至中度恶化；−3 中度恶化；−4 中度至严重恶化；−5 严重恶化。

工作说明书—— 国家模板

（2004年4月）

此类可交付成果适用于个别实践。其他规划实践的可交付成果参考具体的工作说明书。

设计

可交付成果

1. 能够证明符合自然资源保护局实践中相关准则并与其他计划和应用实践相匹配的设计文件。
   a. 保护计划中确定的目的。
   b. 客户需要获得的许可证清单。
   c. 对周边环境和构筑物的影响。
   d. 符合自然资源保护局国家和州公用设施安全政策（《美国国家工程手册》第 503 部分《安全》A 子部分“影响公用设施的工程活动”第 503.00 节至第 503.06 节）。
   e. 制订计划和规范所需的与实践相关的计算和分析，包括但不限于：
      i. 结构
      ii. 安全
2. 向客户提供书面计划和规范书包括草图和图纸，充分说明实施本实践并获得必要许可的相应要求。
3. 合理的设计报告和检验计划（《美国国家工程手册》第 511 部分，B 子部分“文档”，第 511.11 和第 512 节，D 子部分“质量保证活动”，第 512.30 节至第 512.32 节）。
4. 运行维护计划。
5. 证明设计符合实践和适用法律法规的文件［《美国国家工程手册》A 子部分第 505.03（b）（2）节］。
6. 安装期间，根据需要所进行的设计修改。

注：可根据情况添加各州的可交付成果。

安装

可交付成果

1. 与客户和承包商进行的安装前会议。
2. 验证客户是否已获得规定许可证。
3. 根据计划和规范（包括适用的布局注释）进行定桩和布局。

4. 安装检查（酌情根据检查计划开展）。
   a. 实际使用的材料
   b. 检查记录
5. 协助客户和原设计方并实施所需的设计修改。
6. 在安装期间，就所有联邦、州、部落和地方法律、法规和自然资源保护局政策的合规性问题向客户 / 自然资源保护局提供建议。
7. 证明安装过程和材料符合设计和许可要求的文件。

注：可根据情况添加各州的可交付成果。

验收

可交付成果

1. 竣工文档。
   a. 实践单位
   b. 图纸
   c. 最终量
2. 证明安装过程符合自然资源保护局实践和规范并符合许可要求的文件［《美国国家工程手册》A 子部分第 505.03（c）（1）节］。
3. 进度报告。

注：可根据情况添加各州的可交付成果。

参考文献

NRCS Field Office Technical Guide（eFOTG）, Section IV, Conservation Practice Standard - Mine Shaft and Adit Closing, 457.

NRCS National Engineering Manual（NEM）.

NRCS National Environmental Compliance Handbook.

NRCS Cultural Resources Handbook.

注：可根据情况添加各州的参考文献。

保护实践效果（网络图）

（2014年3月）

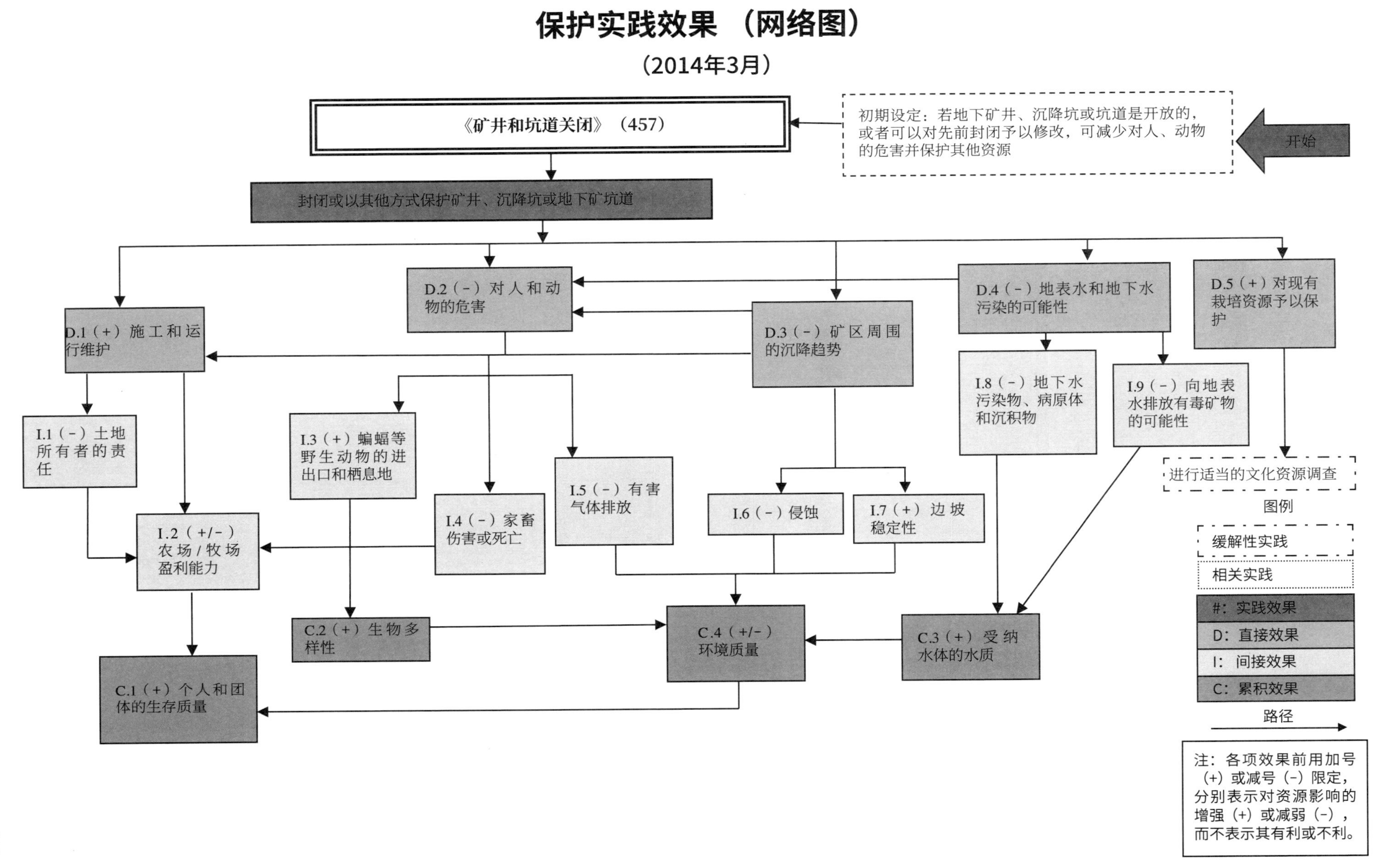

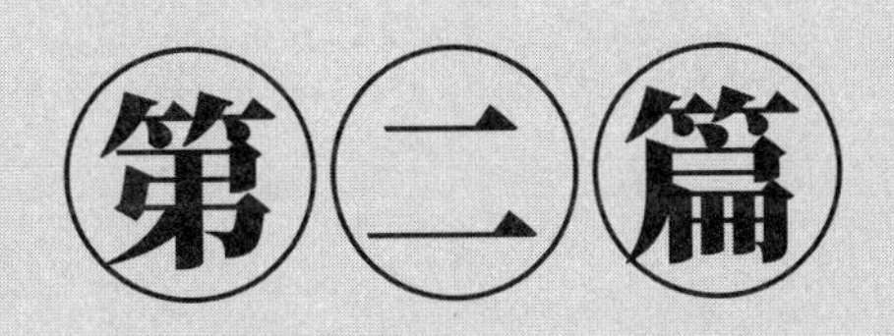

国家保护行动

本篇是美国国家保护行动有关规范 4 项。

田边监测

概述

过量营养物质可能威胁到溪流、河流和湖泊的生态健康，因此田边监测的重点是查明和减少产生过量营养物质的农业来源。田边监测对农业径流的数量和质量进行评估，并且对减少养分流失养护措施的有效性进行评价。

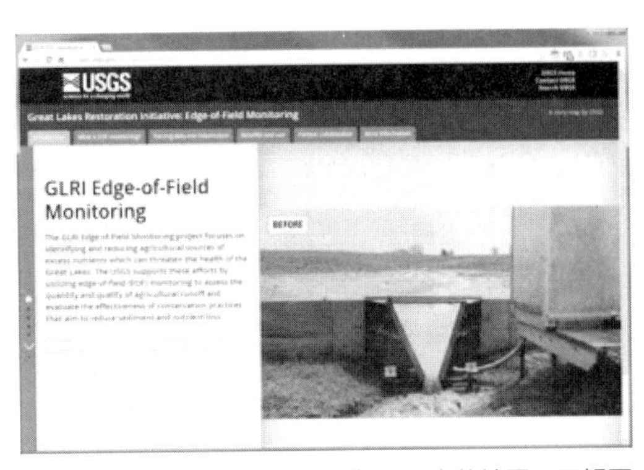

访问交互式“五大湖恢复倡议”田边事件地图，了解更多信息

田边（EOF）监测站点安装在农田的边缘，既可以安装在田面，也可以使用地下瓦管。在径流流入自然水系之前，通过监测设备拦截并引导径流。EOF 站点对径流的数量和质量进行监测。

EOF 监测通常采用嵌套式流域研究设计，既可以监测单个农田径流，也可以监测较大的次流域河流。多尺度监测既可以评估某项养护措施对单块农田的直接影响，也可以评估较大流域的累积效果。利用自然降雨 / 融雪条件进行全年监测，不仅能够监测养分流失数量，还能够监测流失时间。应基于事件–时间的战略性营养施用和适应性措施，对此信息进行评估。

为什么要实施 EOF 监测?

田边监测嵌套流域设计包含多尺度径流监测。这包括评估单个农田流域保护措施的有效性，以及监测河流规模的水质变化（通过研究位于子流域流出处的美国地质勘探局的流速仪）。嵌套式田边站点经常监测实施养护措施前后的变化，或对治理和控制流域进行比较（研究叠合盆地）。

历史上，养护措施评估监测针对一定流域规模进行，但这些评估往往因土地用途改变和河流流程而变得复杂，所以经常需要花费很长的研究时间。通过监测单个农田的径流，可以对农业活动的直接影响和养护措施的有效性进行评价。EOF 监测的优势包括：

- 营养源与运输的直接关系。
- 量化农田活动与养护措施实施效果。
- 减少养分流失和改进养护——实践影响模型。
- 由于对规模集中的农田进行监测，研究时间得以缩短。
- 提高生产商的参与度。
- 为管理决策、适应性管理和外联提供信息。

什么是 EOF 衡量?

在田边站点收集的数据包括：

- 径流数量和流量：决定每个站点的流经水量。
- 气象数据：降水量、气温、相对湿度、太阳辐射量、土壤温度和土壤水分。
- 现场水质：温度、酸碱度、电导率、溶解氧、浊度、硝酸盐和磷酸盐（通过传感器测量）。
- 沉积物和营养物：分析样本中的悬浮泥沙、氯化物、硝酸盐加亚硝酸盐、铵、总凯氏氮、正磷酸盐和总磷。

为了确定从农田流失的各种成分的数量，可以结合样本浓度和径流量来计算负荷和产量。这对于评估养护措施的有效性至关重要。

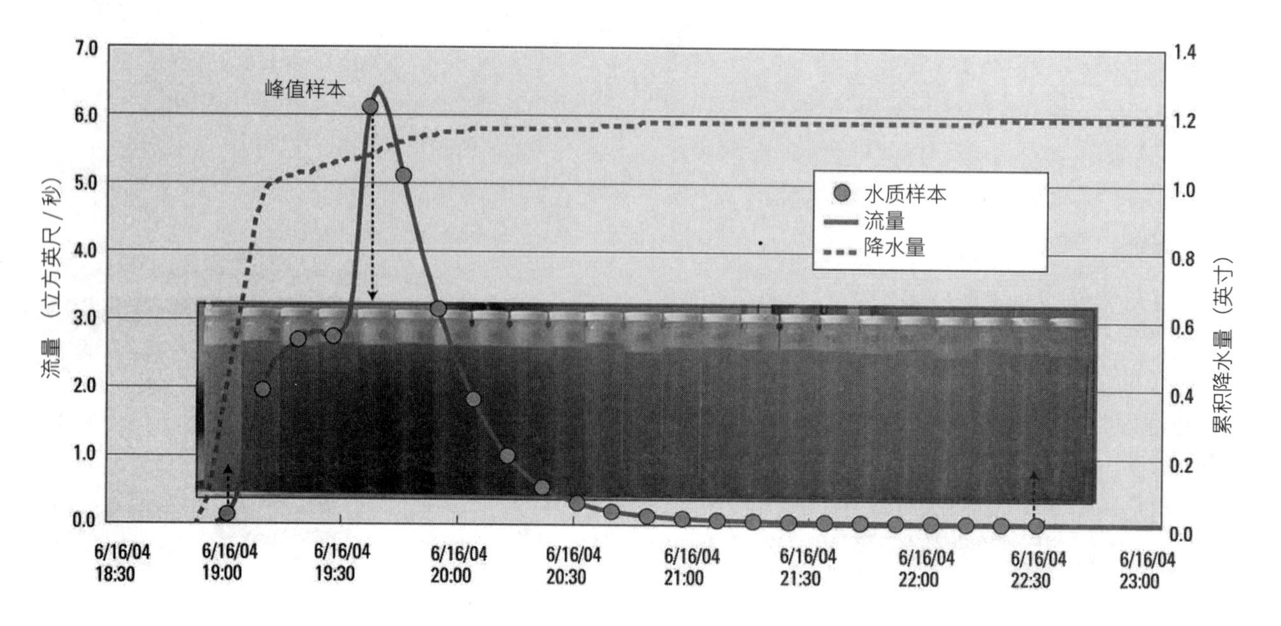

这幅图像中的水位线示例显示了流量或者说通过流量计（实线）的水量是如何随着降水量的累积（虚线）而变化的。图中所示为在每个时间点（圆圈）采集的水质样本，它显示了田边径流事件期间所采集水样中的沉积物和营养物浓度的排放响应和变化。

地表站点

地表 EOF 监测站点位于农田径流流出的区域或农田径流直接排入的附近河流中。典型的 EOF 地表站点有：

- 翼墙：用于引导径流与土护堤相结合的胶合板或钢板桩。
- H-Flume：径流控制检测。
- 水量监测设备：用于记录水位。
- 冷冻式水质取样器：在径流事件中收集和储存水样。
- 双向通信和数据记录功能：能够在不同的规模、位置、设置和条件下对监控设备进行灵活的、全年的直接控制。

田边地表站点

- 电源：全年运行需要用电，包括夏季样本冷藏柜和冬季加热带。电力由空调提供（如果可用），或者通过位于偏远地区的太阳能设备提供。
- 数码相机：远程捕获农田情况，记录工作人员读数验证流量数据，并对现场情况进行交流，减少人员工作时间、提高数据准确性。

地下瓦管站点

地下瓦管 EOF 监测站点通常位于排水瓦管排水口、排水沟或河流中，或与地下瓦管系统成直线分布。典型的EOF地下瓦管站点的设备与地表站点设备相同，但由于地下位置的要求不同而有所差异。

- 流量控制结构：改良版商用产品，包括一个测量地下瓦管径流的尖顶 V 形缺口堰。水深测量和水质样本也包括在流量控制结构内。
- 地下瓦管：安置在农田地表以下 3 ～ 4 英尺范围内的人工排水系统。

- 流速计：当回水影响流量控制结构时，用来测量地下瓦管中流速的仪器。

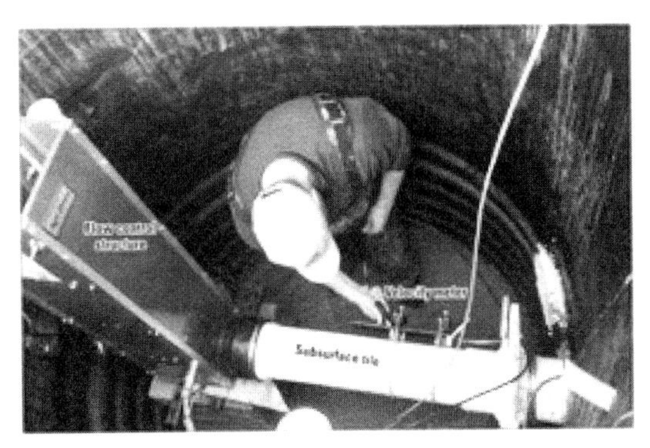

田边地下瓦管站点

灵活的监测策略

与任何监测工作一样，EOF 也面临着挑战，美国地质调查局与生产商和合作伙伴进行合作，制订了灵活且适应性强的严格监测策略。每个站点都是复杂性和机遇并存，例如：

- 站点通常位于私人农场，通常无法通过公路到达，因此设备必须易于运输、侵入性低，同时考虑项目目标的独特性、土地所有者的关注点和有限的预算。
- EOF 监测全年在各种天气条件下进行，因此能够适应不断变化的径流条件和天气状况。同时，最重要的是它能够最大限度地减少现场人员实地监测的需要。
- 采用多种监测设计（前 / 后；叠合盆地；地表 / 地下）。
- 监测替代方案（如使用实时水质传感器、不同样本收集策略或深度集成采样臂）可能会提高数据质量或降低成本。

田边监测常见挑战的照片，如冬季环境、安装问题和动物干扰

田边监测：“五大湖恢复倡议”（GLRI）

查明和减少威胁五大湖健康的过量营养物质的农业来源是五大湖恢复倡议田边监测的重点。美国地质勘探局支持利用田边监测评估农业径流的数量和质量以及评估为减少沉积物和养分流失制订的养护措施。

减少五大湖营养物质的措施

五大湖拥有超过 20% 的地表淡水，为 4 000 多万人提供饮用水和不计其数的休养机会，并为整个地区带来数十亿美元的经济效益。为了帮助子孙后代保护、恢复和维护五大湖当前的生态系统，2009 年实施了五大湖恢复倡议（GLRI）。“五大湖恢复倡议行动二期计划”（2015—2019 年）目前已进入第二阶段，确定了战略优先行动，以实现五大湖地区生态系统恢复、保护和可持续发展愿景。美国地质勘探局在五大湖流域进行了长期的科学研究，与部落、联邦、州和当地的合作伙伴及利益相关者进行了密切合作。“五大湖恢复倡议”在结构上符合“五大湖恢复倡议”五个重点领域的目标和目的，其研究、监测和其他实地实践结果提供了所需科学信息，为指导大湖恢复工作提供帮助，并证明了科学对成功恢复的重要性。

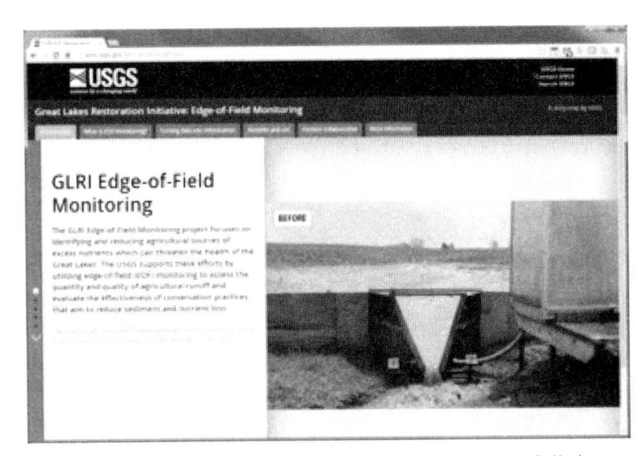

访问交互式“五大湖恢复倡议”田边事件地图，了解更多信息

"五大湖恢复倡议"行动二期计划的主要目标是通过实施养护或其他减少养分的措施，降低农业流域的养分负荷。磷是促进植物生长的一种基本元素，通常用于维持经济作物生产。这些措施的重点就是减少磷。没有被植物吸收的过量磷会被冲入河流和小溪，最终会流入五大湖。大量投入营养物质会导致有害藻类和其他藻类的大量繁殖和生长，从而影响人类和野生动物的健康、损害饮用水、造成休养机会丧失，威胁五大湖生态系统的健康。

"五大湖恢复倡议"重点流域

减少养分负荷的"五大湖恢复倡议"措施针对 4 个重点流域目标。选择这些流域的原因是这里的农业用地密度高，生态系统出现受损。所有重点流域都与水域环境严重退化的指定关注区域相关。美国为了实施养护措施，减少流失于农田并最终进入五大湖的营养物质的量，美国农业部自然资源保护局向重点流域的生产商（农户）提供资金和支持。

美国地质勘探局通过监测田边径流质量支持这些工作；这项研究设计有助于我们对特定养护措施的有效性进行评估。我们在研究设计、监测站点和流速仪安装及维护、数据收集和分析以及水质建模方面的专业知识为该项目提供了严谨的科学依据。

"五大湖恢复倡议"田边监测项目

"五大湖恢复倡议"田边（EOF）监测项目的两个主要目标如下：

1. 减少 4 个"五大湖恢复倡议"重点流域农业径流中的养分物质，主要是减少磷。
2. 对农业养护措施的减磷效果进行监测和模拟。

通过美国地质勘探局科学家与美国自然资源保护局工作人员的密切合作，确定了磷和其他营养物质的来源，并在养护措施实施前后对径流水质进行量化。收集的数据还用于预测更大流域范围内可能减少的磷的含量。迅速与当地流域利益相关方分享项目成果，有助于养护措施的适应性实施，并鼓励生产商进行沟通交流。

EOF 监测如何在五大湖地区应用

"五大湖恢复倡议"重点流域工作的 EOF 监测始于 2012 年。一个典型的 EOF 监测项目持续时间为 5 ~ 10 年，其中包括在实施计划养护措施之前进行 2 ~ 3 年的监测。截至 2016 年 5 月，在威斯康星州、密歇根州、印第安纳州、俄亥俄州和纽约州的六个子流域中，有 22 个活跃的"五大湖恢复倡议"EOF 站点（14 个地表站点和 8 个地下瓦管站点）。EOF 监测和建模直接针对"五大湖恢复倡议行动二期计划"中列出的发展措施，并提供有效数据和产品，帮助其他合作机构完成活动，从而为"五大湖恢复倡议"的监测和养护目标提供了更具适应性的方法。

养护措施评价

减少土壤侵蚀或养分流失、改善水质或恢复野生动物栖息地等一系列保护和改善自然资源的活动都称为养护措施。重点流域工作的主要目标是评估加速实施美国自然资源保护局所制订养护措施的影响，EOF 监测通过直接进行水质监测和流域影响建模量化养护措施的有效性。美国地质勘探局在河流和农田 EOF 站收集水质数据，我们与美国自然资源保护局合作收集和管理农场农

这些照片分别是在实施草制水道养护措施之前和之后拍摄的，照片显示了在威斯康星州一块田边地面监测站点上农业径流的澄清度变化

艺数据。农场数据包含在受监测的农田上发生的所有农场活动的描述（每次活动发生的内容、数量和时间）。这一数据对于解释由实施养护措施引起的径流数量和质量的变化至关重要。

美国地质勘探局正在通过与发现农场（Discovery Farms）合作了解农业活动对环境的影响，并帮助生产商找到保持经济可行性的同时尽量降低其影响的方法。田边或地下瓦管监测站测量包括融雪量在内的径流事件量，并收集样本，分析其中的悬浮泥沙、磷、氮和氯化物含量。

典型监测站用于量化地表径流量，并从小型农业流域的农田边收集径流样本

目的

农业活动历来被认为是造成水资源退化的主要原因之一，尤其是在威斯康星州。尽管如此，农业活动对人类的生活方式、食品以及推动社会进步的经济都起着至关重要的作用。为了保持经济的可行性，威斯康星州的生产商正面临着艰难的挑战：新农业法案很可能会取消补贴，而不断增加的燃料和化肥成本限制了盈利能力，已经提出的法规可能会大大改变生产商历来的经营方式。此外，生产商正遭受越来越大的“环保”压力：水井污染、粪便泄漏，以及最近大量鱼类的死亡都与农业活动有关。农业生产和相关的潜在环境危害正受到公众的密切关注，关注程度前所未有。

美国地质勘探局正在与发现农场（Discovery Farms）项目合作，收集数据，以了解农业活动对环境的影响。它还与生产商合作，评估促成影响最小化的措施，同时确保生产商能够保持经济可行性。

范围

在威斯康星州各处选定的Discovery Farms上都安装了监测站，这些农场是各种土地特征、生产计划和管理方式的代表。监测站安装在小型水源河流、农田边缘和地下瓦管处。所有监测站都是为了连续测量径流量以及收集暴雨径流期间包括融雪在内的离散水样而设计的。将收集的离散样本组合成单个样本，该单个样本代表暴雨持续期间内的平均浓度。对这些复合样品中的总磷、溶解性活性磷、悬浮泥沙、总溶解性固体、铵态氮、硝态氮＋亚硝酸盐氮、凯氏氮和氯化物进行分析。根据流量信息和组分浓度计算暴雨负荷。

该项目的主要试验方法之一是对每个农场进行多个叠合流域分析，以确定当前管理措施产生的影响。如果需要对当前的生产系统进行修改，则进行更改，检查修改这些措施是否会显著降低组分产量。轮作、残留物检查、粪便管理和财务记录等农场信息由发现农场的工作人员收集，以助于了解生产系统和管理变化的影响。研究预计将在每个农场持续5～7年。

除了叠合流域设计，还将对农场的各个方面进行其他几项调查。这些研究包括但不限于：比较每个农场与威斯康星州其他地区的组分产量，比较一种管理系统与另一种不同的管理系统的组分产量，比较沉积物的测量损失与各种

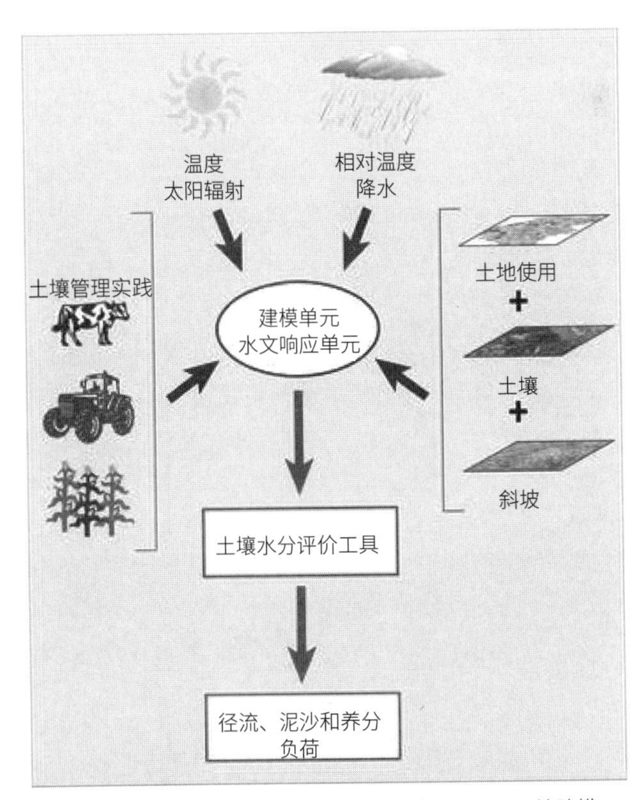

土壤水分评估工具（SWAT）的输入和输出产品可用于田边建模

预测指数的损失估计，开发、校准和验证磷损失风险指数，开发、校准和验证水文和化学模型（地表水和地下水）。

出版物

（有关美国地质勘探局的官方出版物，请参见上面的“出版物”选项卡。）

Minks, K.R., Ruark, M.D., Lowery, B., Madison F.W., Stuntebeck, T.D., Komiskey, M.J., Kraft, G.J., 2015, At-grade stabilization structure impact on surface water quality of an agricultural watershed： Journal of Environmental Management, 153：50-9.

Radatz, T.F., Thompson, A.M., Madison, F.W., 2012, Soil Moisture and Rainfall Intensity Thresholds for Runoff Generation in Southwestern Wisconsin Agricultural Basins. Journal of Hydrological Processes, v. 27, i.5.

Komiskey, M.J., Stuntebeck, T.D., Frame, D.R., and Madison, F.W., 2011, Nutrients and sediment in frozen-ground runoff from no-till fields receiving liquid-dairy and solid-beef manures： Journal of Soil and Water Conservation, v. 66.

建模

EOF数据收集表征了当前条件，并允许我们随时间的变化检测地面变化。然而，建模是为了对未来情况进行预测，或者评估由于实施大量养护措施而对成本效益产生的潜在变化。

水质模型是根据土地利用、土壤、海拔、气候和土地管理实践数据建立的，这些数据为每个EOF站点的农田流域（也称为水文响应单元，或HRU）量身定制。根据美国自然资源保护局提供的农场额外信息，这些模型将养护措施所导致的潜在变化进行量化，并帮助评估多农场变化对较大流域水质的累积效果。由于这些模型代表了五大湖地区共同的农业实践，因此流域级结果往往可转移到整个五大湖流域的其他农业地区。在这个“五大湖恢复倡议”EOF项目中，选择用土壤和水评估工具（SWAT）模型来表征养护措施对河流次流域范围的影响。

土壤测试

（216，Ac.，2020年10月）

定义

使用已认证的实验室方法对土壤的物理、生物或化学特性进行定量分析。土壤测试结果会被用于保护实践中，以解决资源问题。

目的

根据土壤健康测试的结果，对计划中土壤健康实践的展开进行设计。

适用条件

农田、牧场和已开发土地。

准则

根据资源问题和规划的目标收集土壤，分析土壤健康指标。

按照“土壤健康技术说明第 450-03 号，推荐使用的土壤健康指标和相关实验室程序”中提出的指标进行土壤测试。采用下列所有 5 种指标 / 方法，除非有国家指导方针列明只使用“技术说明第 450-03 号”推荐的一个指标。

- 利用干式燃烧测得的土壤有机碳含量。
- 利用 ARS 或美国自然资源保护局（NRCS）方法或通过洒水渗透计测得的土壤大团粒体湿稳定性。
- 培养 4 天后的呼吸。
- 高锰酸盐氧化测得的活性炭。
- 作为檬酸盐可溶性蛋白测得的生物可利用氮。

如果最近两年未对土壤中的常量和微量营养素进行测试，则需进行全面的化学土壤测试。全面测试包括：pH、电导率（EC）、磷、钾、钙、镁、硫、铁、锰、铜和锌。

在已经完成了现场评估的地方收集土壤。

注意事项

作为全面化学测试的一部分还要进行其他分析物测试，例如硝酸盐 - 氮、总氮、硼或钼。

计划和技术规范

土壤测试的计划和规范应符合本实践及所参考的技术说明。

土壤测试记录包括：

- 标明取样位置的航空成像。
- 样本 ID、GPS 数据和其他取样检查。
- 实验室测试结果。
- 实践计划的实施要求。
- 按推荐频率进行的额外测试或监测计划表。

- 所需的其他记录。

运行和维护

管理过渡期，建议至少每 3 年测试一次土壤健康指标，在所有新管理实践稳定后，建议至少每 5 年测试一次，或者如果管理发生明显变化，则建议增加测试频率。

参考文献

美国农业部自然资源保护局。2019。土壤健康技术说明第 450-03 号。推荐使用的土壤健康指标和相关实验室程序。https：//go.usa.gov/xpxqQ

美国农业部自然资源保护局。2019。土壤健康技术说明第 450-04 号。利用综合土壤健康管理体系内的保护实践解决农田资源问题的基本知识。新闻报道。内容包含在技术说明指令 450- 技术中。

美国农业部自然资源保护局。2014。Kellogg 土壤调查实验室方法手册。土壤调查报告第 42。版本 5.0

土壤测试实施要求

生产商：______________________ 项目或合同：______________________

农场名称：______________________ 策划者 /TSP：______________________

位置：______________________ 日期：______________________

目的：根据土壤健康测试的结果，对计划中土壤健康实践的展开进行设计。

最大化土壤覆盖
最小化扰动
最大化生物多样性
最大化土壤覆盖

工作描述：

单独收集土壤： 土壤测试计划日期：

要设计的实践或活动计划

□《保护层》（327）	□《牧草和生物质种植》（512）
□《保护性作物轮作》（328）	□《计划放牧》（528）
□《残留物和耕作管理——免耕》（329）	□《牧场种植》（550）
□《高隧道式温棚》（325）	□《养分管理》（590）
□《用石膏制品改良土壤》（333）	□《病虫害防治保护体系》（595）
□《固定道耕作》（334）	□《盐碱地管理》（610）
□《覆盖作物》（340）	□《土壤碳改良剂》（808）
□《残留物和耕作管理——少耕》（345）	
□《覆盖》（484）	
□《灌溉用水管理》（449）	

土壤收集和处理

时间安排：可在开始生长季活动开始前、整个生长季期间或收获之后收集土壤，前提是在土壤湿度充足且近期没有发生任何物理扰动、未添加土壤改良剂或其他化学物质的情况下进行。

在时间展开前，获得土壤测试结果。选用相同地理参照位置，取样的土壤条件要基本类似，如果可能，在将来每年的同一时间对实践效果进行监测。

位置：识别要进行土壤取样的保护管理单元（CMU）。一个保护管理单元可以是 1 个或多个土地规划单元（PLU），具有相似土壤类型、土地使用和管理。一个保护管理单元通常小于 20 英亩，但也可根据土壤类型、地形和农作制度增大面积。

在保护管理单元内的至少 3 个代表性位置（主要位置）收集土壤。对于每个主要位置，首先要收集主要位置中的土壤，然后在主要位置周围收集 4 个子样本（5 个子样本 / 位置）。对所有 15 个子样本进行合并，创建成 1 个复合样本。

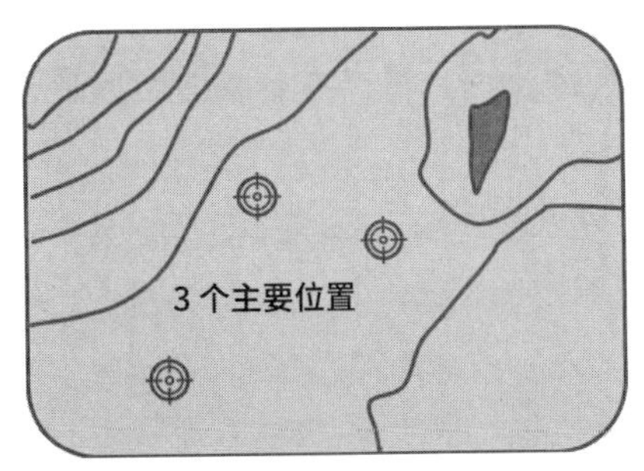

在每个保护管理单元内至少识别 3 个主要代表性位置。将会收集土壤，并对从这 3 个位置收集到的土壤进行合并

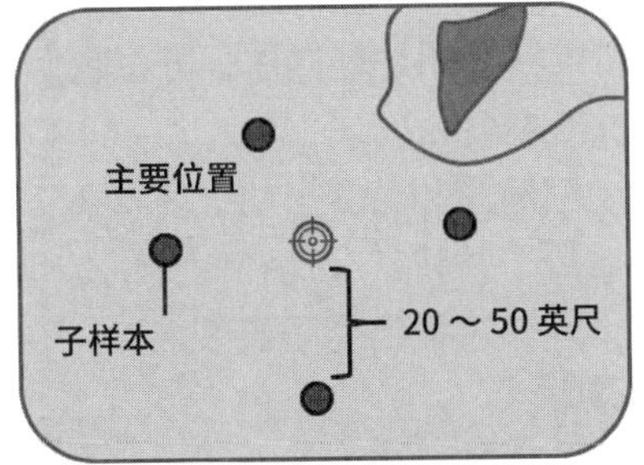

在每个主要位置周围选择 4 处地点，收集子样本。从上述 5 个地点收集土壤并混合。间隔 20～50 英尺

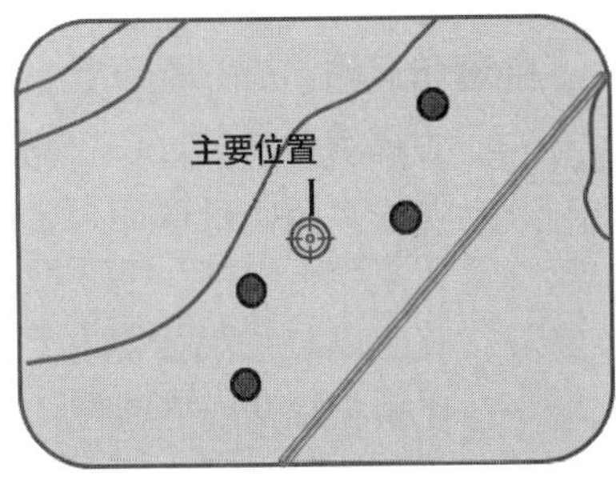

如果有空间限制（例如道路或界址线），可以更直线化、W 形或锯齿形的模式对 4 个地点进行选择

避免从以下区域收集或合并土壤样本：

- 车辙或行车道、田地边界、洼地或田地内其他的地方
- 历史上的低产或高产区
- 不同的景观位置
- 作物或轮作不同或作物相同管理不同的田地
- 作物行与作物行间区域
- 侵蚀与未侵蚀区域
- 饱和土壤

收集：

- 收集前确保所有设备干净、没有残留。
- 清除土表的植被或杂物。
- 用铁锹或直铲挖一个约 8 英寸深的小洞。
  - 可以使用直径≥ 1 英寸的土壤探测钎代替铁锹，但这不作为首选工具

- 探测钎的使用可能会干扰土壤团粒体稳定性结果。
- 在洞的一侧取一块垂直的矩形土壤片，大约 2 英寸厚和 6 英寸深。
  - 让土壤片的上部和底部宽度保持相同。
  - 确保样本从土壤片的上部和底部获得的土壤一样多。
  - 如有需要，清除多余土壤，确保样本均衡且保持矩形形状。
- 放入相对干净的桶中。
- 对剩余 14 处取样位置重复上述步骤。
- 彻底混合，然后将 4 ~ 5 杯土壤放入 1 加仑可重新闭紧的冷藏袋中。
  - 再添加 1 ~ 2 杯进行全面化学测试。
  - 考虑对土壤进行额外保存存档，用于将来的分析（例如新分子技术）。

用铁锹收集 2 英寸厚的土壤片，用于土壤健康测试

样本识别：在去田地前创建样本 ID 和并在可重新闭紧的袋子上贴好标签。按下列格式创建样本 ID：

5 位邮政编码 – 生产商名称缩写（××）– 日期（年月日）– 土壤制图单元符号（MuS）– 样本编号。

将样本 ID、GPS 数据和任何其他观察结果或内部互相参照信息（PII）记录在另一个文件中，然后放在美国自然资源保护局客户文件夹中。

处理和运输：从田地回来后，如果不立即处理样本，可将它们放在冰箱中。将样本分成适当数量，分别用于土壤健康测试、化学测试或存档。

- 如果土壤即将被送去进行土壤健康和营养分析，不要对其冷冻或风干。
- 如果用于存档，则要把土壤风干并将其存储在密封的玻璃容器中。
- 将土壤装在双层袋中，防止运输过程中袋子破裂。
- 不要将提交表格放在样本袋中。
- 土壤和提交表格放在紧密包装的纸板箱中，在 2 ~ 3 天内送达。
  - 运输时要注意样本送达日期不是周末或节假日。
- 遵守美国农业部 - 动植物卫生检疫局（USDA-APHIS）有关禁止、管制或检疫土壤的所有规定。

分析后评分和解释：美国自然资源保护局土壤健康测试计划的所有参与者必须先获得美国自然资源保护局对其原始数据的评分，然后才可将结果发送给生产商。实验室负责将数据发送到 SoilHealthTest@usda.gov。首先利用“土壤健康评价协议和评估（SHAPE）”程序对原始数据进行转换，然后送回到实验室。实验室会将最终结果传送给收集样本的个人。

实践检验和认证

本人证明本保护实践的实施已全部完成，符合规定目的的要求，并符合美国自然资源保护局保护实践标准和规范。

检验和认证者：

规划师 / 技术服务提供商签名：

日期：

田地边界水质监测数据收集和评估

（201，2020年10月）

定义

根据本保护活动标准，水质监测和评估是指利用可接受的工具和方案进行的、生产商用来衡量保护实践和保护系统有效性的行动和活动。通过田地边界监测对保护实践的有效性进行评估，将有助于更好地了解水的成分情况，并有助于美国自然资源保护局和参与者调整或验证保护措施的应用。

目的

- 评估实践或实践体系在降低目标成分浓度和负荷方面的有效性。
- 使用评估技术了解当前的土地管理情况，并在适当的情况下进行相应调整，以便将来实现预期目标。
- 收集特定田地边界的水质数据，以校准、验证和核实预测模型。

适用条件

本保护活动适用于采取或将要采取保护实践以解决地表和地下排水水质问题并需要确定所采用的保护实践的效果和表现的各类土地利用。在田地边界测量的污染物应与相关受纳溪流或水体相关的水质成分相关联。这将资源问题与规划过程联系起来，并促进系统保护方法的形成。

一般标准

本文件规定了田地边界水质监测和评估各阶段的标准，系统安装除外。系统安装标准包含在《田地边界水质监测系统安装保护行动》（202）中。与所有水质监测工作一样，有效评估需要一系列要素：监测设计、选址、系统设计、操作要求、数据管理和质量保证。

监测设计

为了确保有可靠的科学基础，以提供符合实践或实践系统有效性评估需求的数据，需要一种配对法或田间上下游监测法。

配对法通过比较在土壤、坡度、植被、水文方面相似，管理措施和天气条件（例如降水情况）相同的对照田和处理田，来确定保护实践的有效性（Clausen 和 Spooner，1993）。基准期内，在相同的作物和管理条件下监测两块田地（流域），而不采取任何新的措施。在处理田实施保护实践后，对两块田地进行监测。监测标准（即取样地点、取样方法和取样频率）必须在基准期和实施保护实践后保持一致。可选择有多个流域的一块田地，以简化流程。

对于某些实践，也可以采用田间上下游监测法。这种系统中，第一个监测站监测处理措施上游的水质，第二个监测站监测处理措施下游的水质。与配对法一样，在基准期后进行处理后监测（USDA-NRCS，2003）。

选址

选址的第一步就是确定与某种农业污染物（本文件中确定的水质成分之一）相关的某个重要河道内或下游水体水质资源问题。此外，应该有“避免”“控制”和“截留”等保护实践来处理污染物。

其他选址标准：

- 排水流域不得小于 3 英亩。对照田与处理田的流域面积之差应小于等于 5 英亩。两块田地应相邻或尽可能相近。田地不应受到外界影响，如：不应有其他田地或邻近区域的排水流入。
- 在没有排水管的田地，通过测量来确定田地边界，以明确流域排水口的位置并测量排水面积。监测站的流域内，应采用相同的土地利用方式，最好在田地的自然排水范围内，具有多雨天气下的出行通道，并保证系统不会干扰正常的农业作业或将来可能采取的保护实践。可能需要修建护道，将径流引导至监测系统的入口。

- 参与者必须在监测期内控制土地及其管理措施。
- 在可能的情况下，田地内的系统应能够融入周边环境，以减少破坏的可能。

系统标准

质量保证项目计划（QAPP）开发所需的系统标准见《田地边界水质监测数据收集和评估》（201）。

操作要求

水质成分

水质样本实验室分析必须采用国家环境方法索引（NEMI，2012）中概述的标准方案。质量保证项目计划必须记录实验室分析的详细说明或程序参考号。还应记录备用和空白样本的使用（通常为样本的 10%）。实验室应知晓，只有当样本体积足以分析所有水质成分时才进行分析。

至少应分析所有样本中的以下成分：

- NH_4^+-N（仅当土地施有动物排泄物时才需要分析铵态氮）。
- NO_2-N+NO_3-N（亚硝酸盐氮 + 硝酸盐氮）。
- TKN（总凯氏氮）。
- 可溶性活性磷（正磷酸盐磷）。
- TP（总磷）。
- SSC（悬浮泥沙浓度）——首选。
- TSS（总悬浮固体）——实验室无法分析悬浮泥沙浓度时。

样本处理

数据采集员的质量保证项目计划详细描述了样本处理。

需要进行的实地考察

必须高度重视系统维护，以确保数据有效（USEPA，1997）。监测和维护项目清单如下：

- 每周至少进行一次实地考察，或预计没有取样事件时，每隔一周进行一次实地考察。
- 取样事件发生后，尽快（根据质量保证项目计划中列出的指南确定）进行实地考察，以取回样本，检查流量测量和自动取样器功能是否正常，必要时进行相应维修。如果回收水样的时间过长，会导致其化学成分发生变化，从而无法准确反映实际水质。
- 一般维护任务：
    - 留出足够的时间进行必要的设备检查、维护和维修。
    - 检查电源、水位记录器、泵、取样管、取样口和干燥剂功能。
    - 检查并校准水位记录器，以确保流量测量精度。
    - 每周或每两周收回收集的数据，以尽量减少由于设备故障或记录器容量限制而发生的数据丢失。
    - 清除流量控制结构上游和下游的碎屑和冰雪。清理场地，确保通过结构的水流畅通无阻。

监测时长

监测时长应以作物轮作年限为基础。最低推荐时长见表 1。通常情况下，最低推荐时长以一个作物轮作期为基准，以两个作物轮作期为实践后监测。如果第二个轮作物轮作期间收集到了具有统计意义的数据并确定了监测措施的有效性，则第三个作物轮作期间的监测可用于分析其他的实践。如果没有咨询数据采集员，不得对监测田地进行任何更改。参与者可以书面形式要求采用其他的监测时长（最短 5 年，最长 9 年）。参与者的请求将提交给州水质监测专家，由州水质监测专家提交至美国自然资源保护局国家水质专家进行批准。

表 1 基于作物轮作的监测时长

作物轮作年限	基准	实践安装后
1 年作物轮作	2 年	4 年
2 年作物轮作	2 年	4 年
3 年作物轮作	3 年	6 年

数据管理

数据存储

数据将按照附录 A 的规定进行存储和分发。

数据分析

许多统计设计适用于分析监测数据，USGS（2002）、U SEPA（1997）、Clausen 和 Spooner（1993）和 USDA-NRCS（2003）。配对的田地数据通常通过协方差分析（ANCOVA）进行分析，这是一种将线性回归与方差分析（ANOVA）相结合的分析方法（Grabow et al.，1998）。实现有效分析的关键因素是在收集数据之前进行设计、制订目标。概述并参考质量保证项目计划中监测项目的统计设计。

报告要求

向美国自然资源保护局提供的监测数据包含个人身份信息（PII）。这些数据至少应以压缩和密码保护的格式传输。

系统安装

将提交监测保护活动安装报告（附录 B）。须提交经批准的水质监测计划（附录 C）和质量保证项目计划（附录 D）以批准为安装的一部分。历史操作表（附录 F）应与安装报告一并提交。美国自然资源保护局必须完成对现有实践管理（附录 F）的质量保证检查，也就是年度现场检查表。该等表格与设施安装数码照片一并作为系统安装文档。

半年度提交数据

对于各水质站，降水量和流量数据将与每个事件实验室分析的电子（.pdf）副本一并提交。每周或每两周的检查表和记录簿应包含有关监测系统性能的信息，并对任何故障、数据收集中的差异或可能有助于解释收集数据结果的情况进行特别说明。应填写报告期的操作表（附录 F）。田地和系统的（每周或每两周）照片将以数字形式提供。提交一份包含报告期内所有事件的完整水质数据的 Excel 电子表格。电子表格和所有数字文件将遵循附录 A 中概述的命名规范。本段中的所有信息均需作为半年度提交资料的内容。

年度提交资料

年度提交资料包括监测年度下半年数据的所有提交要求。此外，本报告将总结本年度的调查结果，并涵盖与参与者一同进行的状况评审。应以对参与者有意义的方式总结数据。美国自然资源保护局必须完成对现有实践管理（附录 F）的质量保证检查，也就是年度现场检查表。本段中的所有信息均需作为年度提交资料的内容。该报告应：

1. 包含汇总数据——表格（洪峰流量和总流量、降水量或灌溉量和负荷）。
2. 包含图表——流量（立方英尺 / 秒）、径流（英寸）和负荷（磅 / 英亩）。
3. 解释图形数据。
4. 讨论对照田与处理田的比较。
5. 解释结果。
    a. 事件平均浓度（EMC）与流量
    b. 意外事件（数据异常值）
6. 解释养分输入和输出负荷之间的差异（磅 / 英亩）。

a. 物理效果
b. 生物效果
c. 经济效果
d. 为减少站外损失而可能进行的操作调整（必须说明文件中监测的特定站点是否可以进行调整，并在会议上讨论）

7. 包含潜在的数据收集问题。
a. 有待解决的问题
b. 完善数据收集或合作流程以获得高质量数据的问题

8. 与数据丢失或无法收集某个时间段内的数据有关的问题（尽职调查）。

综合报告

需要在监测期结束时提供一份带执行概要的综合报告。报告应包括分析期间所有年度报告内容的摘要。应提及河道内、HUC 12 出口（如有）和田地边界监测的相关性。报告应讨论实践的有效性以及所收集数据的统计显著性。报告中，应通过图表对处理田和对照田进行比较，以帮助显示与流量和降水量或灌溉有关的负荷效应。本段提及的所有信息均需提供。

该报告应：

1. 包含汇总数据——表格（洪峰流量和总流量、降水量或灌溉量和负荷）
2. 包含图表——流量（立方英尺／秒）、径流（英寸）和负荷（磅 / 英亩）
3. 解释图形数据
4. 讨论对照田与处理田的比较
5. 对进行了田地边界监测的 HUC-12 或更小流域，进行积极的河道内监测
a. 监测站位置
b. 二级数据时间范围
c. 解释实践与成分的河道内数据之间的统计相关性的图表和文本

6. 对实践有效性进行评估
a. 使用的统计分析（描述数据转换）
b. 分析结果
i. 事件平均浓度（EMC）与流量
ii. 意外事件（数据异常值）

7. 解释在监测期间，控制田和处理田在养分输入与养分负荷（磅 / 英亩）和沉积量（吨 / 英亩）上的差异。报告应说明站外养分和沉积物流失与以下内容之间的关联：
a. 物理效果
b. 生物效果
c. 经济效果
d. 为减少站外损失而可能进行的操作调整（必须说明文件中监测的特定站点是否可以进行调整，并在会议上进行讨论）

8. 统计分析的意义
a. 实践是否有效？
b. 如果无效，原因是什么？
c. 任何变更建议，以提高类似受监测站点的有效性。

注意事项

田地边界监测的流域研究方法

尽管本文件中定义的田地边界监测仅限于农场评估，但该活动所需的监测设计、系统规范和方法可为其他地理尺度的额外分析提供符合质量要求的数据（图 1）。

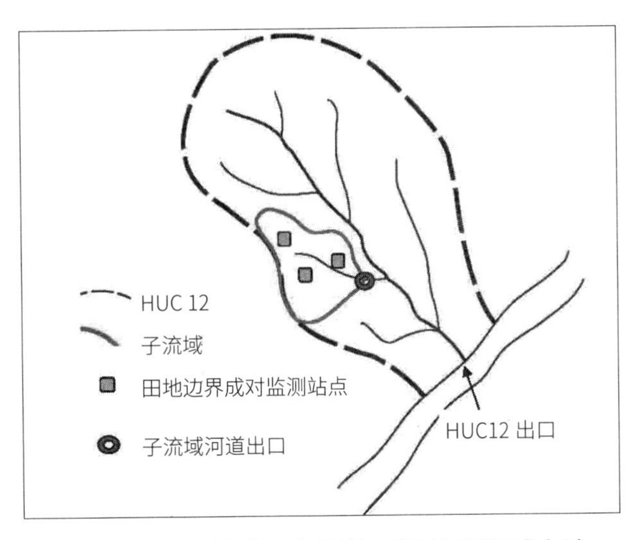

图 1　用于田地边界监测的可能的子流域方法

在本文件中，HUC12 的子流域是指面积为 500 ~ 1 000 英亩的流域。在子流域出口处进行的监测为“河道内”监测。在这一点收集到的数据应包括连续流量（排放量）和已查明的相关农业污染物的浓度。

图 1 所示的三级监测分别为田地边界监测、河道内监测和 HUC12 出口（或其他水体）监测，这三级监测需同时进行，且各监测站应收集质量稳定的监测数据。美国自然资源保护局将为田地边界监测提供支持，并与其他合作方共同展开河道内监测和 HUC12 出口（或其他水体）监测。

在比实地更大的地理尺度上确定水质改善的成功与否在很大程度上取决于对农业污染物的查明情况，而农业污染物是导致水质差的主要原因之一。另外，还必须遵循美国自然资源保护局的各项保护实践，做好污染物的防控、避免或截留。以下是一些额外的注意事项：

- 监测 HUC12 或子流域的生产商可能采用或已广泛使用的实践或一系列实践，通过田地边界和河道内监测，提高检测水质改善情况的可能性。田地边界站点应反映 HUC12 流域的典型农业生产实践和物理特征。考虑土壤和坡度等物理特征。
- 如果在具有典型物理特征的站点上，则只监测子流域中非典型的实践，如果广泛用于整个流域或子流域，则监测会对水质资源产生广泛的影响的实践。
- 应优先考虑有流量和持续监测水质数据的站点，尤其是根据美国地质勘探局或美国环境保护署协议正在河道内和 HUC12 出口收集的相关成分。站点应尽可能位于现有河道内监测点的上游，并有历史流量和水质记录可供使用（Harmel et al.，2006a）。

河道内输沙量与溪流几何形状的关系

如果泥沙是相关的成分时，确定泥沙的负荷分布情况很重要。与河岸侵蚀相关的负荷可能是主要来源。USDA-NRCS 美国国家水资源管理中心（NWMC）可利用区域水力几何曲线来帮助估计河内对输沙量的贡献。

适应性管理

- 避免管理变更，直到获得足够的信息，通过配对流域分析得出关于首次治理效果的具有统计学意义的结论。一旦得出结论，这些信息将用于更有效地适应和规划那些影响农田或农场水质的保护实践或管理变化。在未咨询数据采集员的情况下，不得在监测农田内进行土地管理变更或实践实施。

参考文献

Brakensiek, D.L., H.B. Osborn, and W.J. Rawls, coordinators. 1979. Field Manual for Research in Agricultural Hydrology. Agriculture Handbook No. 224. Washington, D.C.： USDA.

Buchanan, T.J., and W.P. Somers. 1982. Chapter A7： Stage measurement at gaging stations. Techniques of Water-Resources Investigations of the

US Geological Survey, Book 3. Washington, D.C.: USGS.

Clausen, J.C. and J. Spooner. 1993. Paired Watershed Study Design. Biological and Agricultural Engineering Department, North Carolina State University, Raleigh, NC. EPA-841-F-93-009.

Federal Interagency Stream Restoration Working Group. 1998. Analysis of Corridor Condition. Stream Corridor Restoration: Principles, Processes, and Practices. Chapter 7, pg. 28-32.

Grabow, G.L., J. Spooner, L.A. Lombardo, D.E. Line, and K.L. Tweedy. 1998. Has Water Quality Improved? Use of SAS for Statistical Analysis of Paired Watershed, Upstream/Downstream, and Before/After Monitoring Designs. Biological and Agricultural Engineering Department, North Carolina State University, Raleigh, NC. USEPA-NCSU-CES Grant No. X825012.

Haan, C.T., B.J. Barfield, and J.C. Hayes. 1994. Design Hydrology and Sedimentology for Small Catchments. New York, N.Y.: Academic Press.

Harmel, R.D., D.R. Smith, K.W. King, and R.M. Slade. 2009. Estimating storm discharge and water quality data uncertainty: A software tool for monitoring and modeling applications. Environ. Modeling Software 24: 832-842.

Harmel, R.D., K.W. King, B.E. Haggard, D.G. Wren, and J.M. Sheridan. 2006a. Practical guidance for discharge and water quality data collection on small watersheds. Trans. ASABE 49(4): 937-948.

Harmel, R.D., R.J. Cooper, R.M. Slade, R.L. Haney, and J.G. Arnold. 2006b. Cumulative uncertainty in measured streamflow and water quality data for small watersheds. Trans. ASABE 49(3): 689-701.

Harmel R.D., K.W. King, and R.M. Slade. 2003. Automated storm water sampling on small watersheds. Applied Eng. Agric. 19(6): 667-674.

Harmel, R.D., K.W. King, J.E. Wolfe, and H.A. Torbert. 2002. Minimum flow considerations for automated storm sampling on small watersheds. Texas J. Sci. 54(2): 177-188.

NEMI. 2012. National Environmental Methods Index: Methods and Data Comparability Board chartered under the National Water Quality Monitoring Council. Available at: http: //www.nemi.gov.

Spooner, J. 2011. TechNote: Minimum Detectable Change (MDC) Analysis. USEPA. http: //www.bae.ncsu.edu/programs/extension/wqg/319monitoring/TechNotes/technote7_MDC.pdf.

USDA-NRCS Handbooks and manuals available at: http: //directives.sc.egov.usda.gov/:

- USDA NRCS National Agronomy Manual
- USDA NRCS National Biology Handbook
- USDA NRCS National Biology Manual
- USDA NRCS National Engineering Handbook
- USDA NRCS National Engineering Manual
- USDA NRCS National Forestry Manual
- USDA NRCS National Plant Materials Manual
- USDA NRCS National Range and Pasture Handbook

USDA-NRCS. 1989, revised 1990 and 1991. National Engineering Handbook, Part 650, Engineering Field Handbook, Chapter 2 Estimating Runoff and Peak Discharges. Washington, D.C. (NEH 650.02).

USDA-NRCS. 2003. Part 600: Introduction. National Water Quality Handbook. Washington, D.C. USDA-NRCS.

USEPA. 2012. Guidance for Quality Assurance Project Plans. Available at: http: //www.epa.gov/quality/qs-docs/g5-final.pdf.

USEPA. 1997. Monitoring guidance for determining the effectiveness of nonpoint-source controls. EPA 841-B-96-004. Washington, D.C.: USEPA.

USGS. 2002. Chapter A3: Statistical Methods in Water Resources. Techniques of Water-Resources Investigations of the United States Geological Survey, Book 4, Hydrologic Analysis and Interpretation, Washington, DC: USGS.

术语表

适应性管理	根据监测或评估设备所收集的数据调整管理措施，以达到未来期望状态。
铵态氮（NH_4-N）	氮在环境中存在的形式之一。铵离子（NH_4^+）具有较强碱性，带正电荷，可溶于水。当其溶于水时，既可以被植物有效利用，也可以造成水生生物中毒。
自动取样器	用于自动收集控水结构径流并将其暂时存于容器中，直到有现场技术人员来处理样本的装置。
基准样本	在实施管理变更或保护实践之前的现有水质。
空白样本	空白样本是指提交给实验室的无菌样本，以便于质量控制。
起泡器	通过估算释放“气泡”所需的压力来测量深度的水位装置。产生气泡所需的压力随着水位的升高而增加。
混合取样	将多个样本合并以组成一个有代表性样本的取样方法。
成分	氮、硝酸盐或可溶性活性磷总量等水质参数，通过监测进行评估。
塞规	基于“浴缸圈原理”的非记录式仪表。由一根 PVC 管组成，里面有一个木销钉和一粒软木塞。水上升时，粒状软木也会上升。水下降时，粒状软木仍然保持在最高水位的木销钉上。
数据记录器	能够存储测量设备产生的数据并按需以电子方式将数据传送到计算机的仪器。
流量测量	测量水流通过特定横截面面积时的体积流量（如立方英尺每秒）。用来描述河流流量的另一个术语。
排水流域	水汇集到公共出口的区域（见流域）。
田地边界监测	收集并分析地表和地下流量的田间尺度流域监测。水流入特定排水沟渠（如沟渠或溪流）之前，在田间或田地边缘进行径流取样。
事件平均浓度（EMC）	以在相等流量（流量加权）间隔收集的各单个样本浓度的算术平均值来显示成分浓度的一种常用方法。
八位水文单元（HUC）	通过指定数字来描述流域的分类系统。随着流域继续被细分为更小的度量单位，会在代码中增加额外的数字。
假设	通过收集观察结果或数据来证实或否定该立场的初步想法。
河道内监测	在 HUC12 子流域出口处进行的监测（见子流域的定义）。
负荷	运输成分的质量。用事件平均浓度乘以总流量表示成分负荷。

模型验证	通过收集和分析数据，验证某种情况的数学表达式是否接近实际。
硝酸盐氮（NO_3-N）	氮在环境中存在的形式之一。硝酸盐（NO_3^-）带负电荷，可溶于水。当其溶于水时，既可以被植物有效利用，也可以对微生物造成伤害。
亚硝酸盐氮（NO_2-N）	氮的一种相对不稳定的形式，在含氧的情况下能迅速转化为硝酸盐。
非参数检验	用来检验假设是否有效的统计检验方法，不管数据是否呈正态分布。
正态分布数据	呈现单峰分布模式且在平均值周围对称分布的数据。平均值、中位数和众数几乎相等，以图表形式表示数据集时会显示一条钟形曲线。
参数检验	当数据集近似于正态分布时，常用于检验假设的统计检验方法。
自然地理区	基于地形结构、岩石类型、地质构造和地质发展史的大范围土地细分。
蠕动泵	水自动取样器中使用的一种泵，通过滚轮对泵的弹性输送软管交替进行挤压和释放来泵送流体。
污染物	浓度足以对微生物造成伤害的污染物。
压力传感器	一种能将施加在机械薄膜上的压力转换成电子信号的水位装置。
质量保证项目计划（QAPP）	描述涉及环境信息（既包括从直接测量活动中生成的信息，也包括从其他来源收集的信息）获取的项目活动说明文件。
重现期	某种暴雨在特定年份产生特定强度的降水或径流的历史频率。重现期可以用百分比表示，也可以用年数表示。例如 5 年的重现期相当于 20% 的频率。
区域水力几何曲线	表示特定溪流类型的满岸流量和满岸河道尺寸（横截面积、顶宽、平均水深和平均流速）之间的关系。
可溶性活性磷（Ortho-P）	磷的一种形式（PO_4^{3-}），易溶于水。
水位标尺	一种用于直接测量水库、河流、溪流、灌溉渠、堰和水道水面高度的标尺。当与管中的粒状软木一起使用时，这种计量器能够记录暴雨期间的洪峰水位（参见塞规部分）。
水位	沿着溪流、河流某个位置的水面高度，或当径流通过控水结构流出田地边缘时的水面高度。
标准雨量计	非记录式雨量计为标准雨量计。通常是一个金属圆筒，顶部有一个漏斗，中间有一个塑料测量管。测量管最多可以承纳 2 英寸的雨水，其余部分会溢出到更大的外筒中。冬季，观察员将拆掉漏斗和内管，以便于积雪积聚在外管中。随后观察员会将雪融化并进行测量，从而获得等效的精确水量以进行报告。

静水井	一种用于测量水位的结构体，使水位在湍流最小的环境中达到平衡，以提高水位测量的精度。
子流域	HUC12 内排水面积约 500 ~ 1 000 英亩的流域。
悬浮泥沙浓度	通过测量已知体积的水和沉积物的混合物中所有沉积物的干重而进行的实验室研究方法。
总凯氏氮（TKN）	测量样本中有机物和氨氮含量的实验室测量方法。
总磷（TP）	测量各种形式的磷（有机磷和无机磷）的实验室测量方法。
总悬浮固体（TSS）	被滤纸截留的物质，包括淤泥、腐烂的动植物或废物。
转换	一种数学程序，用于将非正态数据分布转换为更正态分布，用于参数统计检验程序。

附录 A

命名规范和目录结构

站点命名规范

STCOFIPPSYR01：监测站唯一识别码（UMSID）

- ST：两位数状态缩写
- COFIPS：三位数 FIPS 码
- YR：两位数年份，代表合同获得批准的财政年度
- 01、02、03 等：由州水质专家在合同开始施用时指定的编号

目录结构和文件命名规范[1]

现场办事处服务器

S：\Service_Center\NRCS\Monitoring\Submitted\{Payment Year}\{UMSID}

\Installation

Installation Report xls --- install_{UMSID} xls

Qapp docx----QAPP_{UMSID} docx

Monitoring plan docx-----mon_plan_{UMSID}

Water Quality Operations Data xls------WQOD_install_{UMSID} xls

\PHOTOS[2]

YY_MM_DD_##_{UMSID} jpg

\Semi_Annual_Data

Water and Flow Data xls--------waterflow_semi_{UMSID} xls

Checklists or Logbook xls or pdf------Maintenance_semi_{UMSID} xls or pdf

Water Quality Operations Data xls----- WQOD_semi_{UMSID} xls

Water Quality Data xls-------WQData_semi_{UMSID} xls

Lab Analysis Reports pdf or xls-------Lab_semi_{UMSID} pdf or xls

\PHOTOS

YY_MM_DD_##_{UMSID} jpg

\Annual_Submittal

Water and Flow Data xls------ Waterflow_annual_{UMSID} xls

Checklists or Logbook xls or pdf ---Maintenance_annual_{UMSID} xls or pdf

Water Quality Operations Data xls------- WQOD_annual_{UMSID} xls

Water Quality Data xls---- WQData_annual_{UMSID} xls

Lab Analysis Reports pdf or xls-------Lab_annual_{UMSID} pdf or xls

Data Summary docx

\PHOTOS

YY_MM_DD_##_{UMSID} jpg

\Comprehensive

Report docx------comp_report_{UMSID} docx

\GIS

Drainage Area polygon shapefile --------- da_{UMSID}

Location point shapefile (UTM NAD83 ZoneXX) ------ loc_{UMSID}

1 向美国自然资源保护局提供的监测数据包含个人身份信息（PII）。这些数据至少应以压缩和密码保护的格式传输。

2 允许的最大照片分辨率为 190 万像素（1 600×1 200）。所有照片必须加盖日期。信息技术服务中心（ITS）不会提供照片的自动备份。

州办事处和国家办事处

州办事处和国家办事处目录结构与现场办事处结构完全相同。但是，会同时有一个“已提交”和一个“已认证”文件夹。当州专家从现场办公室服务器提取数据时，数据将被放在“已提交”目录中，直至进行付款认证和批准。通过认证后，州专家会将所有文件移动到“已认证”文件夹。州专家将通知国家水质专家该数据可用。

S：\Service_Center\NRCS\Monitoring\Submitted\{Payment Year}\{UMSID}\

S：\Service_Center\NRCS\Monitoring\Certified\{Payment Year}\{UMSID}\

州专家需要提交权限请求，才可对服务中心服务器上的这些文件夹进行读写访问。国家专家需要对相关的州级服务器和文件夹具有读写权限。

通过“文件属性”为数码照片添加字幕

1. 启动“我的电脑”
2. 选择照片所在的“驱动器”（如 C、H 等）
3. 找到照片所在的目录
4. 鼠标放在文件名上，单击右键
5. 选择“属性”
6. “常规选项卡”中会显示文件名、文件大小和创建日期等信息

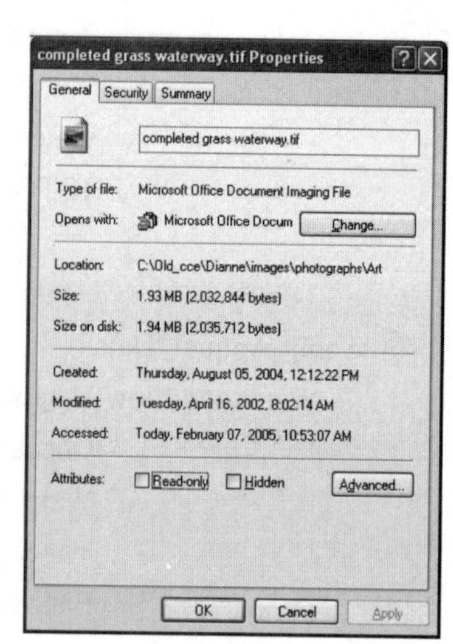

7. 选择“摘要”选项卡（简单视图）
如果所示界面并非简单视图，请更改为“简单视图”。

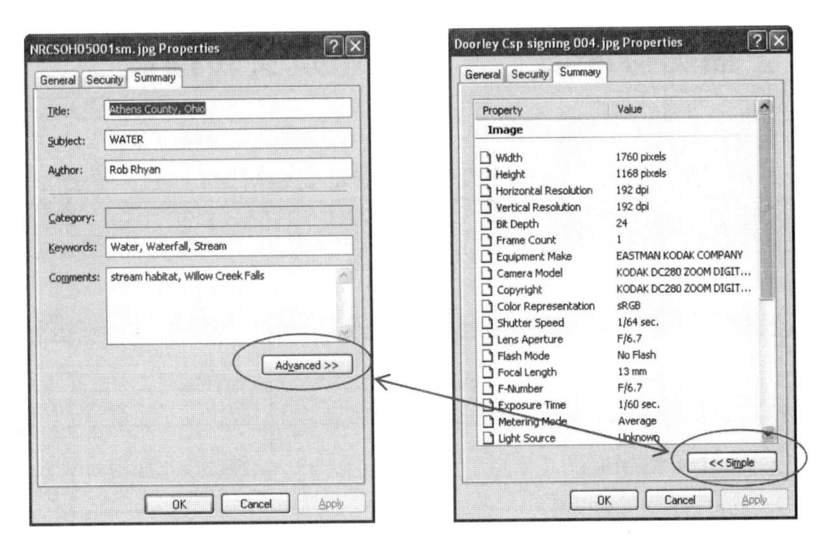

8. 在这一区域填写必要信息

- 标题：美国自然资源保护局监测 ××（其中 ×× 为两位数的状态缩写）
- 主题：水质
- 作者：您的姓名
- 关键词：监测、水质、监测站唯一识别码（UMSID）
- 备注：图片的详细信息，图片的日期（如果未加盖日期）

** 注意：在给照片添加字幕时，请注意不要使用任何个人身份信息。例如，不要使用农场或地带编号，而要使用参与者的姓名。

附录 B

监测与评估——监测系统安装报告

说明：田地边界出现的各监测系统都要填写此表格，以验证安装情况。

场地信息			
土地所有者：	地址：		合同编号：
郡：	农场编号：		地带编号
监测系统识别码：	GPS 坐标：		接收排水面积：
监测系统			
项目描述	品牌 / 型号	编号	附照文件名
本人特此证明，就本人所知，上述监测系统组件均已安装，可运行，且符合最新技术指南。			
数据安装 / 采集员代表		安装日期	
USDA-NRCS 现场办事处代表		实地调查日期	

附录 C

监测计划模板

制订监测计划可方便水质监测活动。美国自然资源保护局的水质监测需要编制一份监测计划。必须根据本附录中的模板制订监测计划。另外，监测计划还应该涵盖角色和责任、站点描述、系统、报告要求和监测时间表等内容。

显示为黑色的文本是标准语言，必须包括在内；显示为斜体的文本表示每章节必须提供的信息。

【*参与者姓名*】水质监测计划

××××监测站：*向站点提供指示*
××××监测站：*向站点提供指示*

日期

数据采集员姓名
数据采集员地址

美国农业部禁止在其所有计划和活动中存在因种族、肤色、国际、年龄、残疾，以及性别、婚姻状况、家庭状况、父母身份、宗教、性取向、遗传信息、政治信仰、报复行为（在适用情况下），或由于个人的收入来自任何公共援助计划而导致的歧视行为（并非所有禁止的依据都适用于所有计划）。

需要其他方式交流计划信息（盲文、大号字体、录音带等）的残疾人士应拨打（202）720-2600（语音和失聪人士电信设备）联系美国农业部的 TARGET 中心。如需投诉歧视行为，请写信至美国农业部民权办公室主任（地址：华盛顿特区西南独立大道 1400 号，邮编：20250-9410），或拨打（800）795-3272（语音）或（202）720-6382（失聪人士电信设备）。美国农业部是一个机会均等的提供者和雇主。

角色和职责

以下人员参与了水质监测计划的制订过程：

参与者：	联系方式
数据采集员：	联系方式
注册规划师：	联系方式
地区环保人士：	联系方式

参与者：将遵循本计划，确保在指定的农田进行监测活动。参与者还负责在截止日期前完成报告，并与数据采集员密切合作，填写作业表格，概述在监控农田内完成的所有管理实践。

数据采集员：负责安装和维护监测系统。此外，他们还需确保遵循质量保证项目计划（QAPP）的各个方面来获得质量数据。如质量保证项目计划中所述，数据收集、分析、存储和报告是由数据采集员代表参与者执行的。数据采集员的另一个关键作用是每年与参与者举行一次会议，以回顾在这一年内了解到的有关成分负荷的情况。

注册规划师：负责审核数据采集员制订的监测计划，以确保所有必要的要素都涵盖在内。他们还负责确保参与者了解监测活动的所有方面，包括站点通达度和监测时长。

地区环保人士：负责保持对现场发生的事情有所了解，确保监测以可接受的方式向前推进。他们还负责从参与者处获得所有报告的信息，并将这些信息转发给状态监测专家进行存储、审查和认证。

目的

本监测计划确定了根据《密西西比河流域健康流域倡议》或其他倡议 / 计划，在目标流域内由参与者控制的私有土地上进行的监测活动。正在进行监测，以插入该站点水质监测的具体目的。列出水质问题、主要相关成分以及会受到监测的保护实践。

站点描述

监测站识别码和位置图

确定监测站名称、农场服务局（FSA）农场、地带和田地编号、监测站流域、土地利用以及是否为控制或治理站点。位置图应包括一个指示该监测站位置的 GPS 坐标点，以及一个勾勒出该站点流域的多边形。

土壤描述

讨论监测站流域的土壤性质。应提供一个包含以下字段的表，作为这些讨论的一部分：监测站识别码、土壤制图单元、英亩、流域和水文土类的百分比（%）。

监测系统

系统描述

用参与者能理解的术语描述现场将使用到的设备。如有典型设备的图片，应附上。

取样协议

将对项目全年进行监测，目标是从每个事件中获取径流数据。事件包括降雨、融雪和灌溉。提供信息，帮助参与者了解某人考察频率的频率以及他们考察时会做什么。具体包括冬季监测以及如何进行监测，包括任何特殊维护或预计更频繁的场地考察。

如果监测包括暗管或反硝化反应器的水流时，则应该包括获取每周样本以及基于事件的样本的信息。

如果正在进行灌溉，并且预计会出现样本径流事件，则应在灌溉季节开始时至少对以下成分进行一次水源随机取样。

对于所有径流事件样本，分析以下成分：

a. NH_4–N（仅当土地施有动物粪肥时才需要分析铵态氮）
b. NO_2–N+NO_3–N（硝酸盐＋亚硝酸盐）
c. TKN（总凯氏氮）
d. 可溶性活性磷（正磷酸盐）
e. TP（总磷）
f. SSC（悬浮泥沙浓度）——首选
g. TSS（总悬浮固体）——实验室无法分析悬浮泥沙浓度时
h. 确定任何其他随意成分

参与者要求

其他协助请求

列出向参与者提出的任何协助请求（例如如果他们打算以会触发样本的速率灌溉，则必须致电数据采集员）。确定待安装的任何预期或要求的保护实践措施和规定的完成日期。

向美国自然资源保护局提供的监测数据包含个人身份信息（PII）。这些数据至少应以压缩和密码保护的格式传输。

系统安装

将提交监测保护活动安装报告（附录B）。经批准的水质监测计划和质量保证项目计划须提交以批准为安装的一部分。历史操作表（附录F）应与安装报告一并提交。美国自然资源保护局必须完成对现有实践管理（附录F）的质量保证检查，也就是年度现场检查表。该表格与设施安装数码照片一并作为系统安装文档。

本段中的所有信息均需作为半年度提交资料的内容

对于各水质站，降水量和流量数据将与每个事件实验室分析的电子副本（.pdf）一并提交。每周或每两周的检查表和记录簿应包含有关监测系统性能的信息，并对任何故障、数据收集中的差异或可能有助于解释收集数据结果的情况进行特别说明。应填写报告期的操作表（附录F）。每周或每两周田地和系统的照片将以数字形式提供。提交一份包含报告期内所有事件的完整水质数据的Excel电子表格（附录A）。本段中的所有信息均须作为半年度提交资料的内容。

年度提交资料

年度提交资料包括监测年度下半年数据的所有提交要求。此外，本报告将总结本年度的调查结果，并涵盖与参与者一同进行的状况评审。应以对参与者有意义的方式总结数据。美国自然资源保护局必须完成对现有实践管理（附录F）的质量保证检查，也就是年度现场检查表。本段中的所有信息均需作为年度提交资料的内容。该报告应：

1. 包含汇总数据——表格（洪峰流量和总流量、降水量或灌溉量和负荷）
2. 包含图表——流量（立方英尺／秒）、径流（英寸）和负荷（磅/英亩）
3. 解释图形数据
4. 讨论对照田与处理田的比较
5. 解释结果
   a. 事件平均浓度（EMC）和流量测量
   b. 意外事件（数据异常值）
6. 解释养分输入和输出负荷之间的差异（磅/英亩）
   a. 物理效果
   b. 生物效果

  c. 经济效果
  d. 为减少站外损失而可能进行的操作调整（必须说明文件中监测的特定站点是否可以进行调整，并在会议上讨论）
7. 包含潜在的数据收集问题
  a. 有待解决的问题
  b. 完善数据收集或合作流程以获得高质量数据的问题
8. 与数据丢失或无法收集某个时间段内的数据有关的问题（尽职调查）

综合报告

需要在监测期结束时提供一份带执行概要的综合报告。报告应包括分析期间所有年度报告内容的摘要。应提及河道内、HUC12 出口（如有）和田地边界监测的相关性。报告应讨论实践的有效性以及所收集数据的统计显著性。报告中，应通过图表对处理田和对照田进行比较，以帮助显示与流量和降水量或灌溉有关的负荷效应。本段提及的所有信息均需提供。

该报告应：

1. 包含汇总数据——表格（洪峰流量和总流量、降水量或灌溉量和负荷）
2. 包含图表——流量（立方英尺 / 秒）、径流（英寸）和负荷（磅 / 英亩）
3. 解释图形数据
4. 讨论对照田与处理田的比较
5. 对进行了田地边界监测的 HUC12 或更小流域，进行积极的河道内监测
  a. 监测站位置
  b. 二级数据时间范围
  c. 解释实践与成分的河道内数据之间的统计相关性的图表和文本
6. 对实践有效性进行评估
  a. 使用的统计分析（描述数据转换）
  b. 分析结果
    i. 事件平均浓度（EMC）和流量测量
    ii. 意外事件（数据异常值）

7. 解释在监测期间，控制田和处理田在养分输入与养分负荷（磅 / 英亩）和沉积量（吨 / 英亩）上的差异。报告应说明站外养分和沉积物流失与以下内容之间的关联：
  a. 物理效果
  b. 生物效果
  c. 经济效果
  d. 为减少站外损失而可能进行的操作调整（必须说明文件中监测的特定站点是否可以进行调整，并在会议上讨论）
8. 统计分析的意义
  a. 实践是否有效？
  b. 如果不是，原因是什么？
  c. 任何变更建议，以提高类似受监测站点的有效性。

监测时间表

制订监测时间表。内容应包括系统安装、每一监测年度的半年度提交资料的截止日期和年度提交资料的截止日期；与参与者会面讨论前一年的监测活动的截止日期，最后一项是综合报告。

到期日	地带	农田	监测站识别码	活　动

附录 D

美国自然资源保护局质量保证项目计划（QAPP）模板

制订质量保证项目计划（QAPP）可方便水质监测活动。美国自然资源保护局协助的水质监测需要制订一份质量保证项目计划。当美国自然资源保护局是项目的主要资助机构时，必须根据本附录中的模板制订质量保证项目计划。

除此之外，质量保证项目计划将全面描述样本的保存、搬运和处理的过程。质量保证项目计划会记录项目技术规划过程的结果，针对某一场所提供了一份清晰、简明、完整的环境数据操作计划及其质量目标，并确定关键项目人员。

显示为黑色的文本是标准语言；显示为斜体的文本表示本节所需的信息。

美国自然资源保护局质量保证项目计划

项目名称

使用单位：

<输入联系方式，包括附属机构和实际地址>

编制单位：

<输入联系方式，包括附属机构和实际地址>

<输入日期>

目录

<完成质量保证项目计划内容后方可生成目录>

质量保证项目计划（QAPP）

对于不使用美国环境保护署资金的项目，本文件对质量保证项目计划各章节所需的最低限度信息进行了概述和描述。对于使用美国环境保护署资金的项目，需要提供一份美国环境保护署的质量保证项目计划。参与者将对质量保证项目计划中的内容负责，该计划需经美国环境保护署的批准。

第 1.0 节：项目概况及目标

本节应提供足够的细节来描述整个项目和长期预期结果。如果适用，还应包括如何将本项目与 HUC12 或其他水体的出口或河道内监测联系在一起的讨论。

第 2.0 节：项目组织管理

2.1 项目联系人（表格格式）。包括所有相关方（参与者、数据采集员和实验室联系人）的姓名、职务、电话号码和电子邮件。

2.2 项目参与者及其角色和职责（表格格式）。如果所列个人持有任何特定的认证或证书，请在表中列出他们的姓名。

角色和职责

个人	职责	获授权对象
姓名	• 任务	• 行动
	• 行动	• 行动

第 3.0 节：监测方法

本节应包括：

1. 监测设计：基准期和治理期配对流域或上下游监测方法。基准期和治理周期。
2. 位置图应包括代表监测站的点和代表流域的多边形。适当标记控制和治理位置。
3. 监测时长和频率。
4. 与 HUC12 或水体有关的主要农业污染物必须与第 6 项中确定的其中一种成分相匹配。
5. 通过分析第 6 项中确定的成分浓度来确定灌溉水源水质。这将通过在灌溉季节开始时至少进行一次水源随机取样实现。
6. 要监测的成分至少要包括：
   a. NH_4–N（仅当土地施有动物粪肥时才需要分析铵态氮）
   b. NO_2–N+NO_3–N（硝酸盐 + 亚硝酸盐）
   c. TKN（总凯氏氮）
   d. 可溶性活性磷（正磷酸盐）
   e. TP（总磷）
   f. SSC（悬浮泥沙浓度）——首选
   g. TSS（总悬浮固体）——实验室无法分析悬浮泥沙浓度时
7. 正在监测的实践，以及这些实践是否针对目标 HUC12 或水体的主要农业污染物
8. 预计在目标 HUC12 或小流域（< 1 000 英亩）内采用和应用监测实践的可能性。

本节中同样重要的是对补充本项目的其他监测工作的讨论。明确确定其他合作方在 HUC12 河道内、出口和 HUC8 出口处进行的任何监测。讨论中应包括正在监测的内容，如流量和成分，以及这些是随机取样还是连续取样。描述这些站点的监测记录，如果使用随机取样，请明确每年取样数量，以及收集数据的年份。如果有一个尚未运行但预计将安装的计划站点，请提供安装时间表和预计开始监测的日期。

第 4.0 节：取样程序

如有可能，使用图片说明取样设备的使用情况， 包括任何数据记录器和传感器的品牌。同时讨论任何手动设备，如雨量计或塞规。

描述并提供将使用的任何站点检查表的附录中的样本，例如，事前检查表和径流事件检查表。

描述用于确保径流监测系统在实际事件中会按预期响应的校准程序。

描述收集和处理样本的方法，包括关于标准标示程序的信息以及样本周围任何异常情况的评论意见的存放地点。包括机器的最长保存时间。

提供样本运输方式、负责分析的实验室、监管链流程和文档的详细信息。要求进行全年监测。如果在冬季有结冰的危险，请详细描述如何克服这一危险，以确保在这些时间内收集符合质量要求的数据。

第 5.0 节：测试和测量协议

以表格形式提供所要使用的实验室分析方法；字段标题应包括成分、方法编号、方法名称和每个成分的最长实验室保存时间。必须遵守可接受的 NEMI 协议。

第 6.0 节：质量保证 / 质量控制（QA/QC）

必须使用田地空白样本或备份样本。描述使用的方法和频率。

在适当情况下，描述所有传感器的校准技术和潜在纠正措施。如果不存在校准设置，请描述定期检查的方法，以确保水位精度。

描述执行分析作业的实验室所采用的实验室校准程序，包括讨论用于分析所提交样本的任何设备。

描述在每次径流事件后用于数据统计汇总和观察的方法，包括讨论如何存储和保护这些汇总数据。

第 7.0 节：数据处理程序

第 7.1 子节：数据采集和存储方法

向美国自然资源保护局提供的监测数据包含个人身份信息（PII）。这些数据至少应以压缩和密码保护的格式传输。描述为保护参与者的个人身份信息而采取的其他措施。

提供用于从记录器获取数据的逐步过程。每周或每两周收回收集的数据，以尽量减少由于设备故障或记录器容量限制而发生的数据丢失。

说明原始数据的存储位置，避免数据丢失，并遵循附录 A 中列出的命名规范和目录结构。

- 水质数据（excel 电子表格）
- 实地考察检查表或日志（.pdf）
- 实验室分析报告（.pdf）
- 历史文化数据（excel 电子表格）
- 确保认证实践（excel 电子表格）
- 全年文化实践（excel 电子表格）

如果有为存档目的创建原始数据备份的规定，请解释这一点。

第 7.2 子节：分析方法

讨论之前的步骤，包括流量、负荷和产量计算。如果存在需要编辑数据的情况，请详细描述，包括如何作出决定、是否需要更正以及如何进行更正。

讨论确保配对流域校准所用的数据分析方法。

描述要测试的假设以及用于数据统计分析的程序，包括正态性检验和数据转换。可能的策略如下：

- 建立一个假设并设定预期显著性水平（α）来比较数据。负荷评估可能需要非常保守的统计分析（例如 α=0.05），以尽量减少未检测到错误的可能性。然而，采用适应性管理的农户在作出管理决策或调整农业作业时可能会承受更多的统计风险（例如 α=0.20）。

- 通常，水质数据并不遵循正态分布规律。检测水质数据的正态性对于确定要使用的统计分析类型非常重要（例如转换、参数检验或非参数检验）。
- 分析值：对比的值（例如年、月或周平均值、众数、月或年最大负荷等）
- 对于配对流域或上下游流域的分析，在校准期间建立流域之间的回归关系，并通过检测以确定采用保守治理方法后，这种关系是否发生显著变化。

第 8.0 节：评估和监督

描述地表水径流事件发生后评估流量数据的方法，以确定是否需要更正。可供讨论的实例包括①明显倾斜的水道或观察到的冰或碎屑；②回归分析的预期结果导致异常大的残差；③捕获风暴所需的取样间隔超过了系统的容量。应提供一种方法来记录所有这些情况。

描述地表水径流事件发生后评估浓度数据的方法。讨论应包括记录方法，以记录是否在允许的保存时间内分析样本，测试的备份样本是否在小于 10% 的相对标准偏差内，空白是否受到潜在污染，以及与其他事件相比，浓度是否一致。

应当对监测过程进行内部年度审查。应制订一份检查表或一系列问题，以确定质量保证项目计划中列出的方法是否适用于每次风暴，如果否，请给出原因。

附录 E

水质数据字典

umsid　美国自然资源保护局监测站唯一识别码
mondes　治理 =t；下游 =b；控制 =c；上游 =a
samptype　与样本相关的监测阶段（例如基准 =bl 或评估 =ev）
colectdt　样本采集日期（年 / 月 / 日）
colecttime　开始收集军用样本的时间
以下所有成分测量值均为复合样本的流量加权，可得出事件平均浓度（EMC）
nh4_n　（铵态氮 + 氨氮）（毫克当量每升）
no2_3_n　（亚硝酸盐氮 + 硝酸盐氮）浓度（毫克当量每升）
tkn -　总凯氏氮（毫克 / 升）
nloss　总氮损失量（磅 / 英亩）
srp -　可溶性活性磷（正磷酸盐）（毫克 / 升）
tp -　总磷（毫克 / 升）
ploss　总磷损失量（磅 / 英亩）
ssc -　悬浮泥沙浓度（毫克 / 升）
ssctn　每次事件的悬浮泥沙浓度（英制短吨）
tss -　总悬浮固体（毫克 / 升）
precip　降水量（英寸）
runoff　每次事件的总径流量（英亩或英寸）
irrigate　与取样事件相关的用水量（英亩或英寸）。可接受值为零（0）及零以上。

附录 F

作业表

年度现场检查表

生产年份：

参与者（个人身份信息）

姓 名 合同编号
地址 州 12 位 HUC 代码
郡
邮编 电话 电子邮箱
FSA 农场编号 FSA 地带编号 农田编号 农田面积（英亩） 监测站唯一识别码
UTM NAD83 农田坐标 区域 东距 北距

本监测季节（点击所有适用项）

保护实践	安装年份	运维	附注

美国自然资源保护局驻场代表：	日期：

水质监测与历史作业评估报告

生产年份：

参与者（个人身份信息）

姓　名　合同编号　郡
地址　水位　邮编　电话
电子邮箱　历史作业
FSA 农场编号　FSA 地带编号　农田编号　农田面积（英亩）　12 位 HUC
UTM NAD83 农田坐标　区域　东距　北距

历史生产信息

去年	作物 1	产量 / 英亩		耕作类型	
	作物 2	产量 / 英亩		耕作类型	
覆盖作物	覆盖作物种类		残渣管理		

2 年前	作物 1	产量 / 英亩		耕作类型	
	作物 2	产量 / 英亩		耕作类型	
覆盖作物	覆盖作物种类		残渣管理		

3 年前	作物 1	产量 / 英亩		耕作类型	
	作物 2	产量 / 英亩		耕作类型	
覆盖作物	覆盖作物种类		残渣管理		

4 年前	作物 1	产量 / 英亩		耕作类型	
	作物 2	产量 / 英亩		耕作类型	
覆盖作物	覆盖作物种类		残渣管理		

5 年前	作物 1	产量 / 英亩		耕作类型	
	作物 2	产量 / 英亩		耕作类型	
覆盖作物	覆盖作物种类		残渣管理		

历史排水资料

暗管排水（检查是否适用）

暗管使用时间	暗管尺寸	暗管类型	暗管排水面积	排水控制	排水管直径
暗管布置	暗管深度	暗管间距	竖管数量	地表入口数量	
水沙控制流域数量		暗管地下灌溉		地面灌溉	
地表排水					
精密分级	坡度（%）	土壤制图单元识别码	主导土壤水文组	构建排水管路运输	

历史养分资料

商品肥料		方法	速率	单位	肥料品级（%） N P_2O_5 K_2O	土壤侵提磷	磷测定
日期	1 / 27 / 2012						
日期	1 / 10 / 2012						
日期	1 / 10 / 2012						
日期	1 / 4 / 2012						
日期	1 / 1 / 2012						
日期	1 / 1 / 2012						
日期	1 / 1 / 2012						
日期	1 / 1 / 2012						
日期	1 / 1 / 2012						
日期							
施肥		方法	速率	单位	有效养分（磅 / 英亩） N P_2O_5 K_2O	碳组分	盐分
日期	1 / 27 / 2012						
日期	1 / 10 / 2012						
日期	1 / 10 / 2012						
日期	1 / 4 / 2012						
日期	1 / 1 / 2012						
日期	1 / 1 / 2012						
日期	1 / 1 / 2012						
日期	1 / 1 / 2012						
日期	1 / 1 / 2012						

历史保护实践实施情况

保护实践	安装年份	运维	附注
访问进出控制			
行车通道			
访问进出控制			

水质监测和评估作业数据表

生产年份：

姓	名	合同编号		
地址	州	12 位 HUC		
	郡			
邮编	电话		电子邮箱	
FSA 农场编号	FSA 地带编号	农田编号	农田面积（英亩）	监测站唯一识别码
UTM NAD83 农田坐标		区域	东距	北距

本监测季节（点击所有适用项）

作物 1	种植日期 1	1 / 1 / 2012	播种率（英亩）	产量 / 英亩
作物 2	收获日期 1	1 / 1 / 2012	品种	
耕作作业 1	种植日期 2	1 / 1 / 2012	播种率（英亩）	产量 / 英亩
耕作作业 2	收获日期 2	1 / 1 / 2012	品种	
耕作作业 3	耕作日期 1	1 / 1 / 2012	近似深度	备注
耕作作业 4	耕作日期 2	1 / 1 / 2012	近似深度	
	耕作日期 3	1 / 1 / 2012	近似深度	
	耕作日期 4	1 / 1 / 2012	近似深度	

土地保护措施到位，符合美国自然资源保护局的标准。从本实践列表中选择（使用 Shift/Ctrl 键进行多次选择，然后填充）。

作物技术包（减少投入，增加种植面积，改善水质，有益传粉昆虫）
访问进出控制
行车通道
农药处理设施
农业二次围堵设施
农业能源管理计划：总部——申请
农业能源管理计划：总部——书面
农业能源管理计划：陆地——申请
农业能源管理计划：陆地——书面
空气过滤和除尘
间作
野生动物和益虫栖息地的间作设施
农业废物处理改良剂
厌氧消化池

您的选择　　　　填充

本监测季节（点击所有适用项）					
施用肥料	方法	速率	单位	肥料品级（%） N　P_2O_5　K_2O	施用养分（磅/英亩） N　P_2O_5　K_2O
施用粪肥		速率	单位	有效养分（单位） N　P_2O_5　K_2O	施用养分（磅/英亩） N　P_2O_5　K_2O

两个监测季节前（点击所有适用项）

作物 1	种植日期 1	1 / 1 / 2012	收获日期 1	1 / 1 / 2012	产量 / 英亩
作物 2	种植日期 2	1 / 1 / 2012	收获日期 2	1 / 1 / 2012	产量 / 英亩
耕作作业 1	耕作日期 1	1 / 1 / 2012	近似深度		备注
耕作作业 2	耕作日期 2	1 / 1 / 2012	近似深度		
耕作作业 3	耕作日期 3	1 / 1 / 2012	近似深度		
耕作作业 4	耕作日期 4	1 / 1 / 2012	近似深度		

灌溉（检查是否适用）				
来源	日期	作业时间	日期	作业时间
方法	1 / 1 / 2012		1 / 1 / 2012	
流速（加仑 / 分钟）	1 / 1 / 2012		1 / 1 / 2012	
	1 / 1 / 2012		1 / 1 / 2012	
	1 / 1 / 2012		1 / 1 / 2012	
	1 / 1 / 2012		1 / 1 / 2012	
	1 / 1 / 2012		1 / 1 / 2012	
	1 / 1 / 2012		1 / 1 / 2012	
	1 / 1 / 2012		1 / 1 / 2012	
	1 / 1 / 2012		1 / 1 / 2012	
	1 / 1 / 2012		1 / 1 / 2012	

附录 G

监测和评估实地考察清单

站点位置		
土地所有者参与者:	郡（州）	流域八位水文单元:
取样现场名称:	取样器序列号:	到达时间: 出发时间:

事前系统服务检查（至少两个月一次）			
组件	程序	响应	
喷水率	出水率		#/ 秒
喷管	喷管是否堵塞?	是	否
静水井	是否有沉积物?	是	否
水位	记录水位		英尺
水位调整	注意任何调整		+/- 英尺
取样口	喷管是否堵塞?	是	否
电池	每次实地考察时检查电池电压		伏特
电池（每月）	检查电池是否欠载		伏特
泵测试（每月）	通过循环验证作业情况	合格	不合格
干燥剂	检查干燥剂颜色是否为蓝色。如果是粉红色，请更换。	合格	不合格
雨量计	取样口是否有碎屑?	是	否
水道	是否堵塞?	是	否
维修	是否安装了替换零件?	是	否
列出任何设备问题、更换零件或问题:			

事后样本收集检查表			样本总数 =		
混合取样			顺序取样		
	ID		a.	ID	
	体积			体积	
	收集		b.	ID	
				体积	
			c.	ID	
				体积	
			d.	ID	
				体积	
备份样本			备份样本		
	ID			ID	
外观	体积			体积	
			外观		
	颜色			颜色	
	气味			气味	
	藻类			藻类	
添加防腐剂		是　否	添加防腐剂		是　否

数据下载		签字栏	
降水数据加载	是　否	现场人员:	日期:
加载流量数据	是　否		

田地边界水质监测系统安装保护行动
（202）

定义

本保护行动标准涉及与田地边界水质监测相关的系统安装。

目的

提供必要的水质监测系统安装标准，以收集相关数据用于：

- 评估保护实践的有效性。
- 验证田间尺度模型。
- 进行农场适应性管理。

保护行动的适用条件

本保护行动适用于采取或将要采取保护实践以解决地表和地下排水水质问题并需要确定所采用的保护实践的效果和表现的各类土地利用。在田地边界测量的污染物应与相关受纳溪流或水体相关的水质成分相关联。这将资源问题与规划过程联系起来，并促进系统保护方法的形成。

一般标准

本文件针对支持在可接受的不确定度内收集数据（表2）的系统，提出了安装标准。与《田地边界水质监测——数据收集和评估》（201）一起使用时，本实践适用。经国家水质专家批准，本实践可单独使用。

系统设计

《田地边界水质监测——数据收集和评估》（201）中概述的系统方案被视为“典型系统”，旨在满足田地边界水质监测的既定目标。每个径流事件都需要测量“事件平均浓度”（EMC）和精准流量（流量）。所有系统必须能够对径流事件进行全年取样。表1中列出的典型系统规范满足两种田地边界监测的要求：地表径流点监测（图1）和地下排水点监测（图2）。

表1　典型系统设计所需的设备和安装（2个监测系统用于比较负荷）

设备	数量
预校准流量控制结构[a]	2
深度（水位）传感器和塞规	2
面积流速计[b]	2
雨量计（1个翻斗式雨量计和1个标准雨量计）[c]	每个系统2个
带取样瓶和取样管的自动取样器	2
电源（太阳能电池板、控制器和电池）	2
设备室	2
通讯设备（手机、收音机）[d]	2
带丙烷加热器的封闭空间[e]	2
其他（连接器、电缆、平台材料）	

a 在排水管道中使用较小的结构。
b 在排水管道水流条件下需要，在可能发生淹没流的低坡度地表径流区域可能需要。
c 除非邻近提供降水量和降水强度数据的田地，否则每块监测田地都需要一个翻斗式雨量计和一个标准雨量计。
d 可选功能，可用于监测流量状况和确认远程站点发生的事件。
e 在北部地区，全年取样可能需要一个带有丙烷加热器的小棚屋等封闭空间。

图 1 2.5 英尺 H 形水道的田地边界地表径流点

图 2 带 Thel Mar coumpound 堰的地下排水暗管

不属于典型系统的系统设计必须由美国自然资源保护局国家水质专家进行审查和批准。提交审查的所有设计必须包括分析过程，以证明系统没有超过可接受的最高不确定度（表 2）。使用 Harmel 等人概述的分析方法（2006a，2009）（NEMI USDA HWQ1）。

表 2 典型系统的不确定度预估以及非典型设计系统可接受的最高不确定度（径流量和成分浓度）

程序	Q	SS[a]	溶解态氮 (NO_3–N, NO_2–N, NH_4–N)	TKN	溶解态磷	TP
流量测量	± 10%	—	—	—	—	—
样本采集	—	± 18%	± 8%	± 13%	± 8%	± 13%
保存和存储	—	± 0%	± 14%	± 10%	± 16%	± 12%
实验室分析	—	± 5%	± 12%	± 15%	± 12%	± 18%
典型系统——累积不确定度	± 10%	± 19%	± 20%	± 22%	± 22%	± 25%
可接受的最高累积不确定度[b]	± 15%	± 20%	± 25%	± 30%	± 25%	± 30%

a 悬浮泥沙——可以是悬浮泥沙总量或悬浮泥沙浓度。
b 大约为通过合理采用公认方法所收集的、有 Harmel 等（2009）报告数据的 75%。

预校准流量控制结构

需要有预校准的流量控制结构和适当的方法（例如 H 形水道或三角堰），以便通过连续记录水位来进行准确的流量测量。流量控制结构：

- 必须能够收集和通过 10 年重现期径流事件的洪峰流量。流域排水面积、流域坡度和土壤水文特性都是确定结构尺寸时要考虑的重要因素。可使用美国农业部美国自然资源保护局径流曲线数法（USDA-NRCS，1991）或质量保证项目计划（QAPP）中所描述和批准的其他方法来确定某个场地的洪峰流量估算值。
- 应考虑流域面积。系统成本和安装难度随着流域面积和结构尺寸的增加而增加。
- 要求进行全年取样。如果可能出现冰冻，可采用加热结构包裹水道排水口和取样系统，以便进行冬季取样。

深度（水位）传感器

需要一个深度（水位）传感器（例如起泡器、压力传感器、非接触式传感器和浮子；Buchanan 和 Somers，1982；USDA-NRCS，2003）来进行连续性水位测量，以便计算流速。

- 深度传感器必须与自动取样器兼容（见下文）。
- 在适当的情况下，将深度传感器安装在静水井中，以形成并保护均匀的水面，从而提高测量精度。必须进行常规激活和校准，以确保所有类型的传感器都能准确测量深度。

- 建议安装一个永久性水位标尺（USDA-NRCS，2003）。设定测量基准高程点，以校准水位传感器（Brakensiek et al.，1979；Haan et al.，1994）。
- 在流量控制结构中安装一个塞规，用于将高水位线与洪峰水位记录相关联。

面积流速计

如果经常出现浸没（图 3），则可能需要面积流速计。如果需要，流量计须与自动取样器兼容，自动取样器将作为电子数据记录器来存储速度数据。面积流速计通常使用压力传感器和超声波传感器来测量水深和流速，且各面积流速计通常是独立的，能够抵抗碎屑的干扰，因此，适合用于管道或沟渠中。

图 3 出现浸没的田地边界排水暗管

图 4 出现浸没的田地边界排水暗管

雨量计

除非是相邻的田地，否则每块监测田地都需要一个翻斗式雨量计和一个标准雨量计。翻斗式雨量计可测量增量降水量和强度，而标准雨量计则验证降水总量。雨量计：

- 必须与任何超过其高度 1.5 倍的障碍物保持 50 英尺以上的距离，并且其安装方式（在坚固的柱子上）应足以防止暴风雨期间可能发生的严重偏移。
- 应与自动取样器兼容。自动取样器可作为电子数据记录器来存储连续降水记录。
- 使用美国国家海洋和大气局（NOAA）或同等标准的雨量计（20 英寸容量）来确认或纠正翻斗式雨量计总量的偏差。

自动取样器

每块田地的排水口必须有一个自动取样器系统，以收集样本进行水质分析。取样器系统应符合以下要求：

- 能够在存储器中存储 30 天以上的传感器数据，以便用快速传输设备或计算机检索。
- 必须可以通过取样器上的小键盘和显示器进行编程。
- 使用蠕动泵取样，蠕动泵可以在源头 3 英尺处的内径为 3/8 英寸的吸入管线中产生 3.0 英尺 / 秒的典型线速度，在源头 25 英尺处产生 2.2 英尺 / 秒的典型线速度。
- 泵必须能够将样本抬升 28 英尺，并且在不使用远程泵的情况下保持 2.2 英尺 / 秒的线速度。
- 取样水流必须直接从样本源头流到样本瓶。样本不得流经计量室或其他分流路。
- 取样器取得的样本体积应能达到 10 毫升或整定值 10% 的准确度（以较大者为准）。
- 样本体积重复精度必须为 5 毫升或 ±5%（以较大者为准）。
- 取样器必须采用干燥绝缘的探测器来检测是否存在水。传感器不得依赖于水或其内含物的化学或物理性质，也不得受其影响。传感器应无须日常维护或清洁。

取样器还必须使用以下取样部件：

- 流量加权混合取样，用于获得被监测成分的事件平均浓度。
- 16 升收集瓶，用于典型系统中。数据采集员在多个取样瓶中取得流量加权样本以获取事件内（当时）浓度动态信息，从而测量出每个事件中各成分的事件平均浓度。

- 单个样本量（200 毫升）。
- 取样间隔 / 间距应为 1.27 毫米体积深度。
    - 体积深度表示整个流域的平均径流深度。以体积深度的流量间隔为参考，而不是体积（如立方米），实现流量标准化，以确保不同面积流域的方法和结果一致。
    - 取样间隔 1.27 毫米，样本量 200 毫升，可在 16 升的瓶子中收集 101 毫米（4 英寸）的径流。
- 最小流量（事件取样）阈值。
    - 随着最小流量阈值的提高，会出现明显的不确定度误差。因此，最小流量阈值的设置应确保，即使是水流深度增加很少的小事件也可以进行取样（换言之，如果水流深度足以没过取样器进水口，则进行取样）。这将确保在事件期间尽可能多地进行取样。
    - 为防止出现泵故障，应确保在事件取样阈值下，取样器进水口完全浸没。
    - 取样器进水口应位于水流充分混合的部分。
    - 不要选择每次流量上升或下降超过阈值时采集样本的编程选项，因为阈值附近的流量波动会导致采集的样本不适合或不必要。

其他现场设备

- 可靠的电源。
    - 理想的现场供电。
    - 可接受的替代方案：80 ~ 120 瓦的太阳能电池板，可以为深循环电池充电。
- 可锁定设备室，以保护数据收集系统。
    - 可采用装配式结构或商用工具箱。
    - 用方头螺钉或螺栓将设备室固定在平台甲板上，并将甲板牢牢固定在地面上。
    - 设备室的位置应在最高预期水流高程以上，并确保在高流量期间也可接近（Haan et al.，1994；USEPA，1997）。
    - 在质量保证项目计划中列出家畜、啮齿动物和昆虫的控制措施。
- 备用设备（可选）。需要确保库存中有备用设备，以便在日常实地考察期间对监测系统进行检修。进行适当的维护可减少数据丢失和设备故障的发生（Harmel et al.，2003），如果出现数据丢失和设备故障，会增加测量数据的不确定度。推荐设备包括（但不限于）：
    - 1 个自动取样器。
    - 1 个深度感应器。
    - 2 个电池组。
    - 2 套额外的样本收集瓶（推荐用于频繁事件期间）。
- 工具和用品。
    - 足以填充消力池以进行深度校准的水壶。
    - 如果结构没有水位标尺，则用尺子或卷尺测量水流深度。
    - 维护检查表和日志。

所需报告

提交给美国自然资源保护局现场办事处的所有文件应采用电子格式，并按照附录 A 中概述的方式命名。所需文件包括：

- 安装报告（附录 B）。

参考文献

Brakensiek, D.L., H.B. Osborn, and W.J. Rawls, coordinators. 1979. Field Manual for Research in Agricultural Hydrology. Agriculture Handbook No. 224. Washington, D.C.: USDA.

Buchanan, T.J., and W.P. Somers. 1982. Chapter A7： Stage measurement at gaging stations. Techniques of Water-Resources Investigations of the U.S. Geological Survey, Book 3. Washington, D.C.： USGS.

Haan, C.T., B.J. Barfield, and J.C. Hayes. 1994. Design Hydrology and Sedimentology for Small Catchments. New York, N.Y.： Academic Press.

Harmel, R.D., D.R. Smith, K.W. King, and R.M. Slade. 2009. Estimating storm discharge and water quality data uncertainty： A software tool for monitoring and modeling applications. Environ. Modeling Software 24： 832-842.

Harmel, R.D., R.J. Cooper, R.M. Slade, R.L. Haney, and J.G. Arnold. 2006a. Cumulative uncertainty in measured streamflow and water quality data for small watersheds. Trans. ASABE 49(3)： 689-701.

Harmel R.D., K.W. King, and R.M. Slade. 2003. Automated storm water sampling on small watersheds. Applied Eng. Agric. 19(6)： 667-674.

Harmel, R.D., K.W. King, J.E. Wolfe, and H.A. Torbert. 2002. Minimum flow considerations for automated storm sampling on small watersheds. Texas J. Sci. 54(2)： 177-188.

NEMI. 2012. National Environmental Methods Index： Methods and Data Comparability Board chartered under the National Water Quality Monitoring Council. Available at： http： //www.nemi.gov.

USDA-NRCS. 1989, revised 1990 and 1991. National Engineering Handbook, Part 650, Engineering Field Handbook, Chapter 2 Estimating Runoff and Peak Discharges. Washington, D.C. (NEH 650.02) .

USDA-NRCS. 2003. Part 600： Introduction. National Water Quality Handbook. Washington, D.C. USDA-NRCS.

USEPA 1997 Monitoring guidance for determining the effectiveness of nonpoint-source controls. EPA 841-B-96-004. Washington, DC： USEPA.

术语表

适应性管理	根据监测或评估设备所收集的数据调整管理措施，以达到未来期望状态。
面积流速计	通过发射信号、记录信号反射时间来测量沟渠或管道中的水位和流量的装置，以将数据返回传感器。
自动取样器	用于自动收集控水结构径流并将其暂时存于容器中，直到有现场技术人员来处理样本的装置。
起泡器	通过估算释放“气泡”所需的压力来测量深度的水位装置。产生气泡所需的压力随着水位的升高而增加。
混合取样	将多个样本合并以组成一个代表性样本的取样方法。
成分	氮、硝酸盐或可溶性活性磷总量等水质参数，通过监测进行评估。
塞规	基于“浴缸圈原理”的非记录式仪表。由一根 PVC 管组成，里面有一个木销钉和一个粒状软木。水上升时，粒状软木也会上升。水下降时，粒状软木仍然保持在最高水位的木销钉上。
数据记录器	能够存储测量设备产生的数据并按需以电子方式将数据传送到计算机的仪器。
流量测量	测量水流过特定横截面面积时的体积流量（如立方英尺每秒）。用来描述河流流量的另一个术语。
田地边界监测	收集并分析地表和地下流量的田间尺度流域监测。水流入特定排水沟渠（如沟渠或溪流）之前，在田间或田地边缘进行径流取样。
事件平均浓度（EMC）	以在相等流量（流量加权）间隔收集的各单个样本浓度的算术平均值来显示成分浓度的一种常用方法。
H 形水道	具有特定几何形状的控水结构，能够允许径流通过，以测量流量。
负荷	运输成分的质量。用事件平均浓度乘以总流量表示成分负荷。
模型验证	通过收集和分析数据，验证某种情况的数学表达式是否接近实际。
硝酸盐氮（NO_3—N）	氮在环境中存在的形式之一。硝酸盐（NO_3^-）带负电荷，可溶于水。当其溶于水时，既可以被植物有效利用，也可能对微生物造成伤害。
亚硝酸盐氮（NO_2—N）	氮的一种相对不稳定的形式，在含氧的情况下能迅速转化为硝酸盐。
蠕动泵	水自动取样器中使用的一种泵，通过滚轮对泵的弹性输送软管交替进行挤压和释放来泵送流体。

污染物	浓度足以对微生物造成伤害的污染物。
压力传感器	一种能将施加在机械薄膜上的压力转换成电子信号的水位装置。
质量保证项目计划（QAPP）	描述涉及环境信息（既包括从直接测量活动中生成的信息也包括从其他来源收集的信息）获取的项目活动说明文件。
重现期	某种暴雨在特定年份产生特定强度的降水或径流的历史频率。重现期可以用百分比表示，也可以用年数表示。例如，5 年的重现期相当于 20% 的频率。
可溶性活性磷（Ortho-P）	磷的一种形式（PO_4^{3-}），易溶于水。
水位标尺	一种用于直接测量水库、河流、溪流、灌溉渠、堰和水道水面高度的标尺。当与管中的粒状软木一起使用时，这种计量器能够记录暴雨期间的洪峰水位（参见塞规部分）。
水位	沿着溪流、河流的某个位置的水面高度，或当径流通过控水结构流出田地边缘时的水面高度。
标准雨量计	非记录式雨量计为标准雨量计。通常是一个金属圆筒，顶部有一个漏斗，中间有一个塑料测量管。测量管最多可以承纳 2 英寸的雨水，其余部分会溢出到更大的外筒中。冬季，观察员将拆掉漏斗和内管，以便于积雪积聚在外管中。随后观察员会将雪融化并进行测量，从而获得等效的精确水量以进行报告。
静水井	一种用于测量水位的结构体，使水位在湍流最小的环境中达到平衡，以提高水位测量的精度。
悬浮泥沙浓度	通过测量已知体积的水和沉积物混合物中所有沉积物的干重而进行的实验室研究方法。
尾水	位于控水结构或测量结构正下方的水。
翻斗式雨量计	一种自动雨量计，有两个量杯，各量杯之间有一个支点。量杯装满校准量（少量）的水时，就会自动排空。在排空过程中，使用备用量杯。两个量杯被清空的次数转换成电子测量的降水强度和体积。
总凯氏氮（TKN）	测量样本中有机物和氨氮含量的实验室测量方法。
总磷（TP）	测量各种形式的磷（有机磷和无机磷）的实验室测量方法。
总悬浮固体（TSS）	被滤纸截留的物质，包括淤泥、腐烂的动植物或废物。
三角堰	一种控水结构，该结构包含垂直放置为 V 形的 45°、60°、90° 和 120° 开口，让水流通过，从而测量流量。测量堰的上游水位（堰口高度的 2 倍），然后使用校准曲线将其转换为流量。

附录 A

命名规范和目录结构

站点命名规范

STCOFIPPSYR01：监测站唯一识别码（UMSID）

- ST：两位数状态缩写
- COFIPS：三位数 FIPS 码
- YR：两位数年份，代表合同获得批准的财政年度
- 01、02、03 等：由州水质专家在合同开始施用时指定的编号

目录结构和文件命名规范[1]

现场办事处服务器

S：\Service_Center\NRCS\Monitoring\Submitted\{Payment Year}\{UMSID}

\Installation

Installation Report xls --- install_{UMSID} xls

Qapp docx----QAPP_{UMSID} docx

Monitoring plan docx-----mon_plan_{UMSID}

Water Quality Operations Data xls------WQOD_install_{UMSID} xls

\PHOTOS[2]

YY_MM_DD_##_{UMSID} jpg

\Semi_Annual_Data

Water and Flow Data xls--------waterflow_semi_{UMSID} xls

Checklists or Logbook xls or pdf------Maintenance_semi_{UMSID} xls or pdf

Water Quality Operations Data xls----- WQOD_semi_{UMSID} xls

Water Quality Data xls-------WQData_semi_{UMSID} xls

Lab Analysis Reports pdf or xls-------Lab_semi_{UMSID} pdf or xls

\PHOTOS

YY_MM_DD_##_{UMSID} jpg

\Annual_Submittal

Water and Flow Data xls------ Waterflow_annual_{UMSID} xls

Checklists or Logbook xls or pdf ---Maintenance_annual_{UMSID} xls or pdf

Water Quality Operations Data xls------- WQOD_annual_{UMSID} xls

Water Quality Data xls---- WQData_annual_{UMSID} xls

Lab Analysis Reports pdf or xls-------Lab_annual_{UMSID} pdf or xls

Data Summary docx

\PHOTOS

YY_MM_DD_##_{UMSID} jpg

\Comprehensive

Report docx------comp_report_{UMSID} docx

\GIS

Drainage Area polygon shapefile --------- da_{UMSID}

Location point shapefile (UTM NAD83 ZoneXX) ------ loc_{UMSID}

1. 向美国自然资源保护局提供的监测数据包含个人身份信息（PII）。这些数据至少应以压缩和密码保护的格式传输。
2. 允许的最大照片分辨率为 190 万像素（1 600×1 200）。所有照片必须加盖日期。信息技术服务中心（ITS）不会提供照片的自动备份。

州办事处和国家办事处

州办事处和国家办事处目录结构与现场办事处结构完全相同。但是，会同时有一个“已提交”和一个“已认证”文件夹。当州专家从现场办公室服务器提取数据时，数据将被放在“已提交”目录中，直至进行付款认证和批准。通过认证后，州专家会将所有文件移动到“已认证”文件夹。州专家将通知国家水质专家该数据可用。

S：\Service_Center\NRCS\Monitoring\Submitted\{Payment Year}\{UMSID}\
S：\Service_Center\NRCS\Monitoring\Certified\{Payment Year}\{UMSID}\

州专家需要提交权限请求，才可对服务中心服务器上的这些文件夹进行读写访问。国家专家需要对相关的州级服务器和文件夹具有读写权限。

通过“文件属性”为数码照片添加字幕

1. 启动“我的电脑”
2. 选择照片所在的“驱动器”（如 C、H 等）
3. 找到照片所在的目录
4. 鼠标放在文件名上，单击右键
5. 选择“属性”
6. “常规选项卡”中会显示文件名、文件大小和创建日期等信息
7. 选择“摘要”选项卡（简单视图）

如果所示界面并非简单视图，请更改为“简单视图”

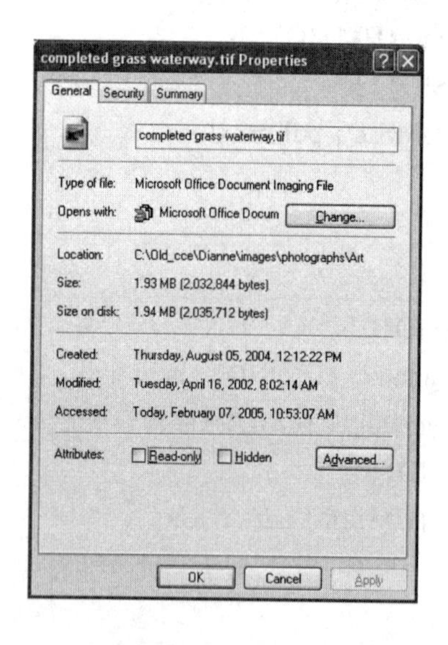

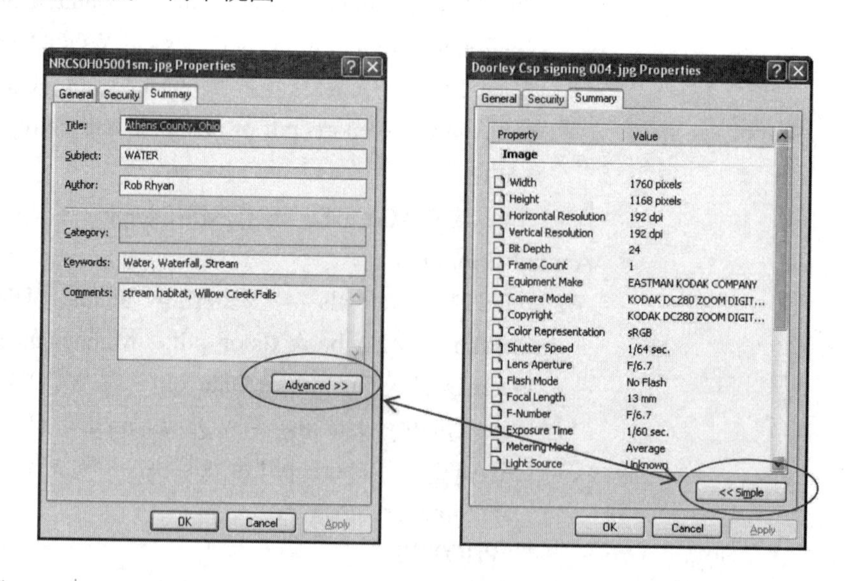

8. 在这一区域填写必要信息

- 标题：美国自然资源保护局监测 ××（其中 ×× 为两位数的状态缩写）
- 主题：水质
- 作者：您的姓名
- 关键词：监测、水质、监测站唯一识别码（UMSID）
- 备注：图片的详细信息，图片的日期（如果未加盖日期）

** 注意：在给照片添加字幕时，请注意不要使用任何个人身份信息。例如，不要使用农场或地带编号，而要使用参与者的姓名。

附录 B：安装报告表

监测与评估——监测系统安装报告

说明：田地边界出现的各监测系统都要填写此表格，以验证安装情况。

场地信息		
土地所有者：	地址：	合同编号：
郡：	农场编号：	地带编号
监测系统识别码：	GPS 坐标：	接收排水面积：

监测系统			
项目描述	品牌 / 型号	编号	附照文件名

本人特此证明，就本人所知，上述监测系统组件均已安装，可运行，且符合最新技术指南。	
数据安装 / 采集员代表	安装日期
USDA-NRCS 现场办事处代表	实地调查日期

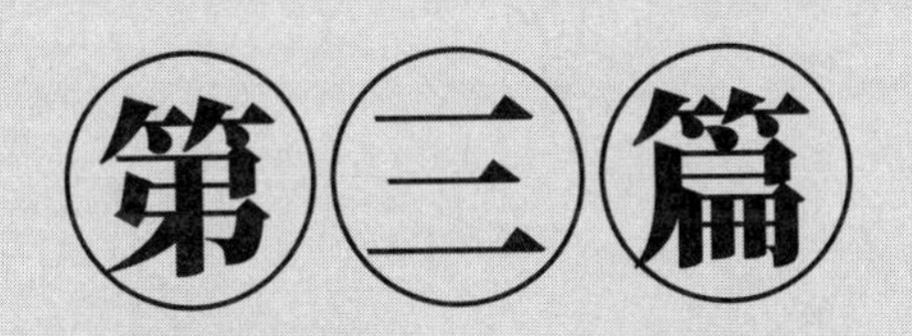

自然资源保护实践更新

本篇是笔者跟踪整理翻译了 2020 年 10 月前更新的 56 项自然资源保护实践文本。

行车通道

（560，Ft.，2020年9月）

定义

行车通道是指专门为设备和车辆设计的道路。

目的

本实践用于实现以下目的：

- 本实践旨在为涉及森林保育管理、畜牧业、农业、野生动物栖息地及其他保育企业的资源活动提供固定的车辆通行路线。

适用条件

本实践适用于需要从私人、公用或高速公路进入用地企业或保护措施的情况，或需要进入规划用地区的情况。

行车通道包括低速行驶和驾驶条件恶劣的单一用道和季节性道路以及通用的全天候单一用道和季节性道路。单一用道包括森林防火通道、森林管理活动区通道、偏远的休闲区或设施维护区通道等。

本实践不适用于记录的临时或较少使用的小路。请参考保护实践《森林小径与过道》（655）。供动物、行人或越野车辆通行的山径和行车通道请按照保护实践《小径和步道》（575）。

准则

适用于所有目的的一般准则

设计专用于企业或计划用途的行车通道，以满足预期车辆或设备的通行。设计时要考虑车辆或设备类型及其速度、装载量、土壤、气候及车辆或设备运行的其他条件。

位置

行车通道的位置，应能够确保其可达到预期目的，便于管控和处置地表水和地下水、控制或减少水力侵蚀并充分利用地形特征。根据地形和斜坡设计道路，最大限度地减少对排水的干扰。行车通道的位置应便于维护且不会引起水资源管理问题。为减少潜在污染，尽可能将道路与水体及水道分开布局。尽可能不影响地表径流。

对齐

根据使用频率、出行方式、设备类型和装载重量以及开发水平来调整梯度和水平对齐。

除非行程短，否则坡度通常不应超过 10%。只有在必要的特殊用途（例如：野外行车通道或消防道路）下，坡度才可以超过 15% 的最高坡度。

宽度

单行道通用道路的路面宽度最小为 14 英尺，双行道为 20 英尺。单行道的路面宽度包括 10 英尺的梯面宽度，双行道的路面宽度包括 16 英尺的梯面宽度，两侧各有 2 英尺的路肩宽度。双行道的宽度最少增加 4 英尺，供拖车通行。单一用道的宽度至少为 10 英尺，转弯及岔道处宽度更大。利用植被或其他措施来防止路肩侵蚀。

在双向行车有限的单行道上使用道岔。设计岔道以方便车辆通行。

在道路尽头设置回车道，预估会使用回车道的车辆类型，并据此调整回车道长度。

据需要提供停车位，防止车辆在路肩或其他禁停区停车。

边坡

有挖方和填方的设计应具有稳定的坡度，最小为 2∶1（横纵比）。对于长度较短、岩石区或非常陡峭的山坡，如果土壤条件允许并且实施了特殊的稳定措施，则可以允许更大坡度。可能的情况下，设计坡度至少为 4∶1（横纵比），以利于草皮的建立和维护。

尽可能避开易于发生滑坡的地质条件和土壤条件。如无法避免此类地质条件或土壤条件，请对相应区域进行处理，以免发生滑坡。

排水

根据预期用途和径流状况选择排水结构的类型。对每种自然排水法，设置涵洞、桥梁、浅滩或地表交叉排水沟，以进行水分管理。排水结构的容量和设计必须符合工程原则，必须满足车辆、道路、流域土地使用和强度要求。

当以涵洞或桥梁排水方式安装时，其最小容量必须足以在不造成侵蚀或道路浸溢的情况下疏散设计雨水径流。表 1 列出了各种道路类型的最小设计暴雨频率。

表 1　最小设计暴雨频率

道路强度和使用	暴雨频率
间歇性使用；单一用途或供农场使用	24 小时—2 年
频繁使用；农场总部、牲畜行车通道、隔离休闲区	24 小时—10 年
高强度使用；住宅或公共通道	24 小时—25 年

对于公共行车通道，设计暴雨频率也必须符合当地标准。

当有水生物种时，使用保护实践《跨河桥》（578）或《水生生物通道》（396）设计跨河桥。

在行车通道上可修建防侵蚀的低点或溢流区，以补充非公用道路上涵洞的容量。

地表交叉排水，例如广泛式或滚动式排水，可用于控制水流和引导水流偏离使用强度较低的森林、牧场或类似道路的路面。保护排水设施的排水口，以限制水力侵蚀。如果水可以沿着公路流动，可以使用大坡度或其他类似的结构来分流径流。地表交叉排水系统必须采用与路面使用和维护相适应的材料来修建。地表交叉排水系统的排泄区必须有良好的植被或使用其他抗水力侵蚀的材料（图 1）。根据当地水文条件减小间距。

设计一个最小横坡，以将降水疏离车行道。横坡的坡度在 1.5% ~ 2%（已铺筑表面）和 2% ~ 6%（未铺筑表面）。

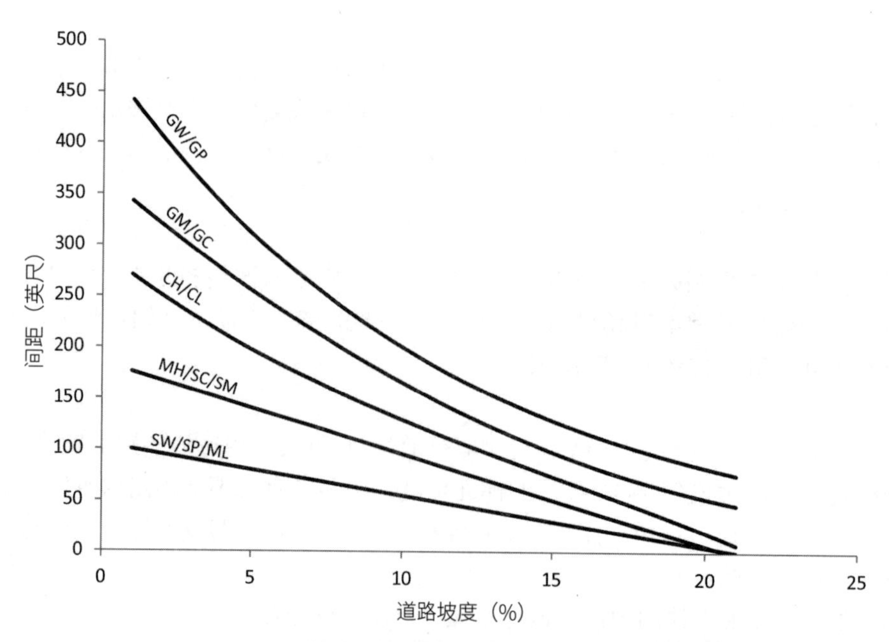

图 1　基于土壤类型推荐的地表交叉排水管间距

来源：美国林务局，出版物 9877 1806-SDTDC，水 / 路相互作用：地面交叉排水介绍，2003 年 7 月。

根据需要，利用排水沟做好路面引水工作。保障水流通畅地流进排水沟，防止水流侵蚀路边。路边排水沟必须有足够容量才能确保路面排水。设计坡度和边坡稳定的排水沟渠。排水沟应有稳定的出口。可使用抛石或其他类似材料进行防护。如果需要，可使用保护实践《控水结构》（587）、《衬砌水道或出口》（468）或《边坡稳定设施》（410）。

路面修整

如果需要，根据交通、土壤、气候、侵蚀防控、颗粒物排放控制或其他现场情况，在行车通道上安装磨损层或地表装置。如果这些情况都不适用，则无须对表面进行特殊处理。

若进行特殊处理，则处理类型取决于当地的条件、可用的材料和现有的路基。在有淤泥、有机物和黏土等土质较弱的道路上，或者有必要将这些材料从基础材料中分离出来时，则须放置一种专门为道路稳定而设计的土工材料。按照保护实践《密集使用区保护》（561）中的准则来处理地表。请勿使用有毒材料和酸性材料来修筑道路。

如需要防控粉尘，请参考保护实践《未铺筑路面和地表扬尘防治》（373）。

安全

提供错车道、岔道、防护装置、标志和其他设施，以确保交通安全。针对公共高速公路设计符合联邦、州和当地准则的交叉路口。

侵蚀防控

按照保护实践《关键区种植》（342）中的准则或自然资源保护局州批准的播种规范，在土壤和气候条件适宜的情况下，在道路两旁和受干扰区域种植植被。如果不能及时种植永久性植被，应采取适当的临时性措施以控制侵蚀。如果无法种植植被来防止侵蚀，请按照保护实践《覆盖》（484）中的准则来保护地表。

施工期间和施工完成后，使用侵蚀与泥沙控制措施来尽量减少场外破坏。

注意事项

在规划和设计道路系统时，考虑视觉资源和环境价值。

考虑将道路设在活动洪泛区之外，以减少堤岸侵蚀的可能性和对河流水文的影响。

限制车辆数量和车辆的行驶速度可减少颗粒物的产生，减少交通安全事故和空气质量问题。

考虑使用额外的保护措施来减少颗粒物的产生和传播，请按照保护实践《未铺筑路面和地表扬尘防治》（373）或者《防风林 / 防护林建造》（380）。

天气恶劣时，一些道路可能会不安全，或者可能会因车辆通行而出现损坏。此时，应考虑限行。

当需要重建植被时，考虑采用当地的或能够适应现场环境的、具有多种益处的一种或多种植物，来进行植被重建。此外，在适当的情况下，考虑不同种类的非禾本草本植物和野花，从而为传粉昆虫和其他野生动物创建栖息地。

应考虑以下注意事项：

- 对下游水流、湿地或含水层的影响将会影响其他用水或用户。
- 对与实践相关的野生动物栖息地的影响。
- 尽可能利用缓冲带来保护地表水。
- 实践的短期施工影响。

计划和技术规范

提供相应的计划和规范，说明确保应用本实践能够达到预期目的的要求。至少应包括：

- 拟定道路计划图，显示水域特征、已知公用设施、影响设计的其他特征。
- 道路宽度、长度、剖面以及标准横截面，包括：岔道、停车区和回车道。
- 设计道路坡度或最大坡度（如适用）。
- 土壤调查。土壤钻孔位置和根据需要显示统一土壤分类法（USCS）土壤 / 地质钻孔位置的绘图。
- 表面处理的类型和厚度，包括底基层处理。

- 坡度计划图。
- 充填开采斜坡（如适用）。
- 规划的排水功能。
- 所有要求的水控装置的位置、尺寸、类型、长度和底拱高程。
- 植被要求，包括要使用的植被材料、种植率和种植季节。
- 如有需要，应采取侵蚀与泥沙控制措施。
- 安全设施。
- 施工和材料规范。

运行和维护

针对行车通道编制一份运行维护计划。至少应包括下列活动：

- 每次重大径流后，检查涵洞、路边沟、阻水栏栅和排水口，并根据需要修复水流容量。确保横截面适当，且排水口稳定。
- 保证植被区植被覆盖率，以达到预期目的。
- 根据需要，填补行车通道中较低的区域，并按需要重整坡度，保障道路通行。根据需要，修理或更换路表修整材料。
- 根据需要，选择地表处理或除雪 / 除冰的化学方式。选择合适的化学物质用于地表处理或除雪除冰，尽量减少对植被稳定的负面影响。
- 根据需要选择防尘措施。

参考文献

American Association of State Highway and Transportation Officials. 2011. A Policy on Geometric Design of Highways and Streets, 6th Edition. Washington, D.C.

American Association of State Highway and Transportation Officials. 2001. Guidelines for Geometric Design of Very Low-Volume Local Roads (ADT < 400). Washington, D.C.

Swift, L.W., Jr. 1988. Forest Access Roads： Design, Maintenance, and Soil Loss. In： W.T. Swank and D.A. Crossley, Jr. (ed.) Ecological Studies, Vol. 66： Forest Hydrology and Ecology at Coweeta. New York： Springer-Verlag： 313-324.

USDA Forest Service. 2003. Water/Road Interaction： Introduction to Surface Cross Drains, Publication 9877 1806 – SDTDC. Washington, D.C.

Weaver, W.E., E.M. Weppner, and D.K. Hagans. 2015. Handbook for Forest, Ranch & Rural Roads： A Guide for Planning, Designing, Constructing, Reconstructing, Upgrading, Maintaining and Closing Wildland Roads (Rev. 1st ed). Mendocino County Resource Conservation District. Ukiah, CA. https：//www.pacificwatershed.com/sites/default/files/RoadsEnglishBOOKapril2015b.pdf.

农业废物处理改良剂

（591，Ac.，2020年9月）

定义

在粪肥、工艺废水、受污染的雨水径流或其他废物中添加化学或生物添加剂，以减少对空气和水的不利影响。

目的

本实践用于实现以下一种或多种目的：

- 促进粪肥和废物的管理、处理和加工。
- 降低与病原体传播和污染相关的风险。
- 改善或保护空气质量。
- 改善或保护水质。
- 改善或确保动物健康状况。

适用条件

本实践适用于需要使用化学或生物改良剂来改变废物流的物理和化学特性的地方，作为计划的粪肥或废物管理系统的一部分本实践不包括添加到动物饲料中的改良剂。

准则

适用于所有目的的一般准则

法律、规章和条例

规划并实施改良剂，使其成为符合所有联邦、州和地方的法律、规章及条例的粪肥或废物管理系统的一部分。

标签和使用说明书

改良剂的标签或随附的使用说明至少应包含以下信息：

- 有效成分及其占整体的百分比。只要包含实际的化学和生物名称，可以使用专有术语。
- 改良剂的用途。
- 为达到预期目的，建议的改良剂施用量。
- 为优化改良剂的有效性，确定施用时间和方法。
- 改良剂的特殊处理和储存要求。
- 任何与使用改良剂有关的安全隐患以及克服安全隐患的建议措施，包括工作人员所需的个人防护设备及动物防护措施。

产品验证

只有经美国自然资源保护局批准使用的产品才能在本实践下使用。批准的依据为：

- 大学研究成果。
- 其他独立实体的可验证研究成果。

同行评审期刊

改良剂的预期性能

化学或生物改良剂的提供商应在施用改良剂之前清楚地记录预期系统性能。在规定改良剂施用量之前，需要对废物流进行改良剂测试。改良剂提供商将为废物处理工艺提供流入废物流的重要特性。技术提供商至少应记录所有系统预期容积流率、常量营养元素的减少量或形态变化、预期病原体的减少量，以及颗粒物、氨、挥发性有机化合物、氮氧化物（NO_X）、硫化氢、甲烷、一氧化二氮和二氧化碳排放的减少或增加。

如果使用化学或生物改良剂来改善某个资源问题，如水质，但会对另一种资源产生不利影响，如降低空气质量，则应记录应对不利影响的策略和缓解措施。例如，如果由于施用某种改良剂而产生异味，那么就应为气味扩散提供缓解措施或其他缓解措施，例如选择施用时间使影响最小化。

操作与储存

为了防止接触危险或易燃材料，或对邻居和公众造成气味滋扰，应妥善处理和储存所有副产品。

副产品

在废物流中添加化学或生物改良剂，不得因处理或排放废物副产品而损害环境。该设施计划将包括一份清单，列出处置副产品所需的许可。施肥和其他废物的土地利用情况必须符合保护实践《养分管理》（590）中的准则。

在土地闲置的情况下，应尽量回收废物处理的副产品。

对于不可销售或不可用的副产品，应按照所有适用的联邦、州、部落和地方法律法规进行处理。为处理滞销的副产品，在使用废物处理工艺或安装废物处理设施前，应准备一份监管批准计划。

注意事项

在密闭空间使用改良剂以减少粪肥产生的氨和其他排放物，在达到明显的节能效果情况下，可允许改变通风策略。

为减少粪肥中的氨排放，可以使用改良剂，这可能会导致粪肥中的氮含量增加。养分管理计划可能需要修改，以解释粪肥中氮流失减少的原因。

计划和技术规范

根据本实践中的准则编制计划和规范。描述实施本实践的具体目的，以及为实现这些目的而实施本实践的要求。

在计划和规范中提供以下信息：

- 改良剂的名称、使用目的和计划的结果。
- 基于改良剂标签的具体要求。
- 改良剂施用方法的详细信息，包括速率、时间、混合说明、温度要求以及需要使用的设备。
- 根据需要进行测试，以确定改良剂的有效性。

运行和维护

在实施本实践之前，与土地所有者或经营者一起制订并审查特定场地的运行维护计划，该计划应至少包括以下信息：

- 安全注意事项标签说明和产品供应商提供的其他说明。
- 施用量和时间的详细信息，以及需要使用的设备。
- 处理要使用的改良剂时必须采取的安全预防措施。
- 记录保存指导，记录施用量、时间和测试，以改进粪肥处理工艺，并验证实施情况。

参考文献

Moore, P.A., Jr., T.C. Daniel, D.R. Edwards, and D.M. Miller. 1996. Evaluation of Chemical Amendments to Reduce Ammonia Volatilization from Poultry Litter. Poultry Science 75：315-320.

Moore, P.A., Jr., T.C. Daniel, and D.R. Edwards. 1999. Reducing Phosphorus Runoff and Improving Poultry Production with Alum. Poultry Science 78：692-698.

阴离子型聚丙烯酰胺（PAM）的施用

（450，Ac.，2020年9月）

定义

将水溶性阴离子型聚丙烯酰胺（PAM）施用于土壤中。

目的

本实践用于实现以下一种或多种目的：

- 减少土壤的水蚀或风蚀。
- 提高土壤表面入渗率，尽量减少土壤结壳，以使植物均匀生长。

适用条件

本实践适用于：

- 易受灌溉侵蚀且灌溉用水的钠吸附比率（SAR）小于 15 的灌溉地。
- 植被未能及时形成或植被覆盖缺乏或不足的关键地块。
- 植物残茬不足以保护地表免受风蚀或水蚀的地块。
- 干扰活动妨碍覆盖作物的种植或维护的地块。

本实践不适用于表层有泥炭或有机层的土壤，也不适用于将阴离子型聚丙烯酰胺施于流动的非灌溉用水时。

准则

适用于所有目的的一般准则

本实践中所列出的施用量均基于产品中阴离子型聚丙烯酰胺的活性成分含量。不同配方的阴离子型聚丙烯酰胺产品的施用量应根据其产品中阴离子型聚丙烯酰胺的实际含量分别计算。

阴离子型聚丙烯酰胺应：

- 不含常用作表面活性剂的壬基酚（NP）和壬基酚聚氧乙烯醚（NPE）。
- 丙烯酰胺单体为 ±0.05% 的阴离子型。
- 电荷密度为 10% ～ 55%（以重量计）。
- 分子质量为 6 ～ 24 毫克 / 摩尔。
- 根据职业安全与健康管理局（OSHA）材料安全数据表的要求和制造商的建议进行混合和施用。
- 应根据标签、行业以及联邦、州和地方化学灌溉规则和指南，配备适当的个人防护设备（例如：手套、口罩以及其他健康安全预防措施）进行施用。
- 施用于灌溉用水时，应符合所有联邦和州的化学制剂标准。

在注入灌溉系统之前，阴离子型聚丙烯酰胺应完全混合并溶解。

仅在所有网筛和过滤器的出水流中注入阴离子型聚丙烯酰胺。

安全与健康

- 吸入阴离子型聚丙烯酰胺粉尘会造成呼吸困难甚至窒息。因此处理和混合阴离子型聚丙烯酰胺的人员应使用制造商推荐的防尘面罩。
- 阴离子型聚丙烯酰胺溶液会使地板、其他表面、工具等变得湿滑。
- 因此，应用干燥的吸水材料（木屑、土壤、猫砂等）清洁液态阴离子型聚丙烯酰胺溢出的液体，然后清扫或收集干粉状阴离子型聚丙烯酰胺材料，而不能用水清洗。

- 为防止滑倒，使用阴离子型聚丙烯酰胺时应避免将其喷洒过道上。

减少土壤风蚀或水蚀的附加准则

地表灌溉

在第一次灌溉或土壤物理干扰（如：耕作）后使用阴离子型聚丙烯酰胺。此后，如果观察到有土体扰动，在后期灌溉中也应施用阴离子型聚丙烯酰胺。预灌溉也属于灌溉。

仅在地面灌溉的前期，将混合浓度的阴离子型聚丙烯酰胺添加到灌溉用水中。前期是指从开始灌溉到水推进到田地另一头的时间段。

将粉状和块状阴离子型聚丙烯酰胺放置于前 5 英尺的犁沟内。

基于总产品量计算，灌溉用水中纯阴离子型聚丙烯酰胺的最终浓度不得超过 10 毫克 / 升。

喷灌

聚丙烯酰胺活性成分每次施用的最大量每英亩不得超过 4 磅。

在注入灌溉系统之前，阴离子型聚丙烯酰胺应完全混合并溶解。

仅在所有网筛和过滤器的出水流中注入阴离子型聚丙烯酰胺。

关键地块

纯聚丙烯酰胺每年的最大施用量每英亩不得超过 200 磅。

确保目标地块阴离子型聚丙烯酰胺的均匀施用，尽量减少其流入非目标区域。

注意事项

一般注意事项

规划本实践时，应考虑以下事项：

- 根据土壤性质、坡度和目标资源问题本身可调整阴离子型聚丙烯酰胺的施用量。
- 在合理可行的情况下，将含有阴离子型聚丙烯酰胺的尾水或径流储存起来再次施用，或回收用于其他土地。
- 将阴离子型聚丙烯酰胺与其他水土保持及田间最佳管理措施结合使用，可改善水土流失的控制效果。
- 如果含有阴离子型聚丙烯酰胺的水流出农田并与含泥沙的水流混合，则很可能会增加下游或其他地方的沉积物。
- 不含聚乙烯和壬基酚聚氧乙烯醚的阴离子型聚丙烯酰胺产品在本实践推荐的浓度下对水生生物是安全的。为尽量减少沉积物残留和阴离子型聚丙烯酰胺流出农田，考虑在处理过的农田与承受水体之间使用草本植物缓冲带或进行尾水回收。对水生生物的具体影响请参考 Kerr 等人于 2014 年和 Weston 等人于 2009 年发表的文章。

灌溉侵蚀附加注意事项

针对灌溉侵蚀时，应考虑以下事项：

- 其他水土保持措施（如：土地平整、灌溉用水管理、少耕、水库耕作、作物轮作等）应与本实践结合使用以控制灌溉侵蚀。
- 在细质地到中等质地的土壤上，阴离子型聚丙烯酰胺可使地表灌溉渗透量增加高达 60%，而在典型的中等质地土壤上可增加 15%。在两次施用之间不存在土体扰动的情况下，随后的灌溉过程中渗透量的增加量会减少或不会增加。若施用量高于推荐用量则会降低入渗率。在粗质土壤中，使用阴离子型聚丙烯酰胺很有可能减少渗透。在粗质土壤中，使用阴离子型聚丙烯酰胺很有可能减少渗透。
- 为补偿阴离子型聚丙烯酰胺在渗透过程中的变化，应考虑调整流量、固定时间和改进耕作措施。
- 只要没有出现明显的侵蚀，应考虑适当降低阴离子型聚丙烯酰胺的最大施用量和体积。
- 喷淋系统可能需要多次施用才能明显减少侵蚀。
- 除非该土地刚刚完成耕作，否则不建议在生长季后施用。

风蚀或降水侵蚀和粉尘排放附加注意事项

用于控制风蚀 / 降水侵蚀和粉尘排放时，应考虑将种子与阴离子型聚丙烯酰胺混合物结合，以便于在阴离子型聚丙烯酰胺材料使用寿命之后仍能有防护效果。

计划和技术规范

针对阴离子型聚丙烯酰胺编制相应的计划和规范，说明确保应用本实践能够达到预期目的的要求。至少包括以下内容：

- 每块田地或处理单元的位置。
- 将使用的阴离子型聚丙烯酰胺产品种类。
- 处理单元内的施用位置。
- 产品的施用方法。
- 施用产品的数量。

运行和维护

应为土地所有者或负责阴离子型聚丙烯酰胺施用的操作者制订运行维护计划。该计划将为阴离子型聚丙烯酰胺的施用提供具体的指导，以便：

- 向受扰动或经过耕作的地块（包括高强度机械作业区）重新施用阴离子型聚丙烯酰胺。
- 监测灌溉的前期阶段，以切断其与径流之间时间上的联系。
- 运行和维护设备以保证均匀的施用量。
- 维护网筛和过滤设施。
- 用水彻底清洗所有阴离子型聚丙烯酰胺混合和施用设备，防止阴离子型聚丙烯酰胺残留。
- 对于喷淋系统，在注入浓缩液态阴离子型聚丙烯酰胺（30% ~ 50% 活性成分）之前和之后，用作物油冲洗注射设备（阴离子型聚丙烯酰胺注射泵、管道、阀门等）。作物油会在阴离子型聚丙烯酰胺和水之间形成缓冲，因此不流动的阴离子型聚丙烯酰胺不会接触到水，从而避免形成凝胶状的团块堵塞阀门和管道。
- 喷灌注入时，应在喷淋系统中注水后再启动阴离子型聚丙烯酰胺注射泵。灌溉泵停止前停止注射泵，并加大水量冲洗喷头中的阴离子型聚丙烯酰胺。

参考文献

Kerr, J.L., J.S. Lumsden, S.K. Russell, E.J. Jasinska, G.G. Goss. 2014. Effects of Anionic Polyacrylamide Products On Gill Histopathology In Juvenile Rainbow Trout (Oncorhynchus Mykiss). Environmental Toxicology and Chemistry, Vol. 33, No. 7, pp. 1552–1562.

Lentz, R.D. and R.E. Sojka. 2000. Applying polymers to irrigation water： Evaluating strategies for furrow erosion control. Trans. ASABE 43(6)： 1561-1568.

McNeal, J. 2016. Application of polyacrylamide (PAM) through lay-flay polyethylene tubing： effects on infiltration, erosion, N and P transport, and corn grain yield. MS Thesis, Mississippi State University. In review for Journal of Environmental Quality.

Sojka, R.E., D.L. Bjorneberg, J.A. Entry, R.D. Lentz, and W.J. Orts. 2007. Polyacrylamide in agriculture and environmental land management. Advances in Agronomy 92：75-162.

Wei, X., Y. Xuefeng, L. Yumei, W. Youke, 2011. Research on the Water-saving and Yield-increasing Effect of Polyacrylamide. Procedia Environmental Sciences (11), Elsevier, 573-580.

Weston, D.P., R.D. Lentz, M.D. Cahn, R.S. Ogle, A.K. Rothert, and M.J. Lydy, 2009. Toxicity of Anionic Polyacrylamide Formulations when Used for Erosion Control in Agriculture. American Society of Agronomy. Published in J. Environ. Qual. 38：238–247 (2009).

Zejun, T., L. Tingwu, Z. Qingwen, and Z. Jun, 2002. The Sealing Process and Crust Formation at Soil Surface under the Impacts of Raindrops and Polyacrylamide. 12th ISCO Conference, Beijing, China.

水产养殖池

（397，Ac.，2020年9月）

定义

为养殖淡水和咸水生物（包括：鱼类、软体动物、甲壳类动物和水生植物）而建造和管理的蓄水池。

目的

本实践用于实现以下一种或多种目的：

- 为水产养殖提供良好的水生环境。
- 减少或管理营养元素和病原体较多的排泄物。

适用条件

本实践适用于所有由人工挖掘或土堤形成的用于蓄水和水产养殖的蓄水库。本实践不涉及保护实践《鱼道或鱼箱》（398）所述的其他类型的水产养殖容器。

准则

适用于所有目的的一般准则

水产养殖池可以是：拦截和储存地表径流水的路堤池塘；通过抽取地下水或调取泉水或用溪流填充的水道外蓄水池或挖出的池塘。池塘可以采用裸土底面，也可以用不透水的（压实的土）或不透水的衬垫材料（土工膜、土工合成黏土、混凝土）衬砌。

现场必须防止洪水、泥沙淤积和非沉积物污染。检查池塘区域和排水区域的土壤是否含有害化学物质，必要时进行补救。如果 pH 不适合目标水产养殖作物，并且水会和土壤接触，则在酸性土壤上施用石灰，使土壤达到中性状态或所需的 pH。

当建造多个池塘时，各个池塘应保持独立，互不干扰，以便捕捞寄生虫、控制疾病。所有池塘的设计应尽量防止外来物种或其他有害物种进入到相邻地表水体。

在所有裸露的扰动土壤表层应种植植被。如果土壤或气候条件无法使植被发挥作用，则应采用其他保护方法。

如果池塘的路堤用作收割、喂食和管理的道路，并且是非公共道路，则路堤的最小顶部宽度为 14 英尺。根据保护实践《行车通道》（560）设计道路。

供水

如果水质和水量都适合，可以使用任何可用的水源。开放水源可能会带来生物安全风险，如：水生病原体。来自上游流域的径流，特别是含有农业或工业用地的流域，也会引入污染物。如果河流、溪流或水源可能含有危害物质，例如：不良鱼类、入侵性软体动物、农药残留、鱼病和寄生虫，取水时必须在抽水系统中安装过滤器、滤网、紫外线消毒等，或同时采用多种方法。根据所有适用的联邦和州要求，设计取水口滤网，以便在取水口处保护鱼类。

根据蒸发率、放养密度和养殖物种要求来确定流入流量。

水质

如有需要，进入池塘的水应当灌气以增加溶解氧并消散有害气体。池塘中的最低溶解氧含量为百万分之三至五，但因物种而异。必要时，应在水产养殖池内进行补充曝气，以保持所需的溶解氧。曝气指南见美国自然资源保护局《农业工程技术说明》（第 210 篇），“农业和生物工程”，AEN-3 号，“水产养殖用池塘曝气”。

评估水温和水化学情况，以确保其满足物种需求和计划的生产水平。在切实可行的情况下，进水应尽量远离出水口，以防止水从池塘中迅速排出。

规定收集、捕捞和利用养殖生物产生的废物。对下游排放的水进行必要的处理，以确保州指定的受纳水体用途不会因水产养殖蓄水结构而退化。向地表水排放水产养殖废水时，须遵守美国国家消除污染排放制度（NPDES）。适用的准则取决于将要种植的物种、受纳水体的现有条件和作业规模。建议尽早向监管机构咨询。

排放富营养水的土地利用实践必须符合保护实践《养分管理》（590）规定的准则。

池塘尺寸和深度

池塘的大小和深度应满足目标物种的要求。

管道和导管

横穿堤坝的泵出口应安装在预期的高水位之上。并应做出相关举措，防止泵和电机的振动影响传送到排放管道。 保护地面免受管道出入口湍流的影响。为分水或引导水流循环而建造的内部路堤应有足够的横截面，以确保其预期设定的稳定性和功效。

排水系统

所有池塘应有整体和局部排水设施。蓄水池的设计和施工中应包括下水管道、快速释放阀、下水释放套、水泵或其他装置。用于水位控制和池塘管理。管道设计和渗流控制应符合保护实践《池塘》（378）的要求。

池塘底部

在围网捕捞生物的情况下，池塘底部应光滑，没有任何树桩、树木、树根和其他碎片。 须填平池塘内现有的河道及洼地。应当加深池塘的边缘区，同时水位至少达到 3 英尺。池底到出口处要有一定的坡度，坡度至少为每 100 英尺 0.2 英尺。若小龙虾能够诱捕，可以不需要完全清除树木、树桩和其他植被。

衬层

在必要时，应安装一个与目标水生生物的环境需求相适应的衬层，以防止过度渗漏并限制营养物质渗入地下水。采用保护实践《池底密封或衬砌——压实土壤处理》（520）、《池底密封或衬砌——混凝土》（522）、《池底密封或衬砌——土工膜或土工合成黏土》（521）中的准则。

设施通道、安全和安保

对进出现场以及用于运行维护的通道作出规定。设备入口坡道的坡度必须为 4 ∶ 1（横纵比）或以下。应安装适当的安全设施，以便于在有人掉进池塘的情况下进行紧急救援，并安装防止此类事故发生的设施。 为了防止牲畜和外来车辆的进入、保护养殖物种免受（可能吃掉养殖物种或者传播病原体的）食肉动物的侵害，需要安装栅栏。在生产区域设置防护网也有助于防止养殖物种被捕食。

流域池塘

流域池塘内的水来自于周围土地的径流，通常由横跨排水沟的路堤组成。土坝和路堤的设计应符合保护实践《池塘》（378）的要求。

堤坝池塘

堤坝池塘是通过在其外围进行人工挖掘和修建路堤（以防外部径流流入）而建成的。堤坝池塘内的水通常是抽取其他水源而形成。堤坝池塘需要安装一个辅助溢洪道或主溢洪道，其容量足以在 48 小时内清除 10 年 /24 小时的直接降水量。使用的管道最小直径应为 8 英寸。池塘周围的堤坝必须符合保护实践《池塘》（378）关于路堤的要求。

应对堤坝施工中的路堤沉降作出规定，以满足干舷最低要求。所有堤坝或护堤应设计为凸面，以便于排放雨水径流。在堤坝外侧坡脚和排水沟堤岸顶部之间设置至少 10 英尺宽的护堤。

现有水产养殖池塘改造

必须对现有的水产养殖池塘进行评估，以确定是否需要进行改进，确定其结构是否稳定、安全，是否能够满足预期水生生物的需要，排水或渗漏水是否会影响水质。评估工作应根据美国自然资源保护局《美国国家工程手册》（第 210 篇）第 501 部分 B 子部分“维修和修复”进行。

注意事项

应联系州渔业管理机构或适当的州立大学或研究机构，咨询池塘大小、水深和适应的商业水生物种等方面的建议。关于池塘尺寸、水深和水产养殖池塘设计和操作的其他方面的一般指南，见本文件末尾的参考文献部分。有关特定物种水产养殖科学现状的文献可参见专业协会期刊，如：《水产养殖工程杂志》《北美渔业管理杂志》和《北美水产养殖杂志》。

考虑对池塘底部和内部边坡进行衬砌，以便于更好地防控疾病（土壤表面可能藏匿病原体）、收获、清除废物、控制渗流并限制营养物质流入地下水。

作为饲料或肥料添加到水产养殖池中的大部分氮和磷在收获后会存留在池塘中。考虑通过以下方法减少排放物的营养负荷：

- 使用高质量的饲料和适宜的喂养方法来限制废物的产生。
- 尽量减少水交换以限制排水量。
- 维持一定的存水容量，以便于收集雨水，减少池塘溢流。
- 利用人工湿地、沉淀池或排水沟渠中的拦截措施来处理废水。

对于水与泥土会发生接触的池塘，石灰可以提高施肥效果、防止 pH 波动并增加动物生理学中的重要元素——钙和镁。

其他规划注意事项包括：

- 在能见度高的公共地带和与休闲垂钓相关的区域，应仔细考虑池塘的视觉设计效果。
- 考虑对下游水流或含水层流量的影响，这些因素可能对环境、社会或经济造成不良影响，并导致地下水位因大量抽水而下降。
- 规划设计中应包括避免鸟类和其他动物受到破坏的措施。

计划和技术规范

制订建造水产养殖池的计划和规范，说明根据本实践建造水产养殖池的要求。

计划和规范至少应包括：

- 带有地形信息的位置图。
- 按比例绘制的现场平面图，显示现有和拟建的现场特征，包括：池塘、供水和排水管道及相关部件、食肉动物控制系统和行车通道。
- 显示池塘高程和尺寸的标准横截面图。
- 结构装置尺寸、位置、材料类型和高度。
- 衬垫类型、厚度和安装方法（如需要）。
- 其他多余挖出物的处理方法。
- 必要时安装栅栏的位置和类型。
- 植被覆盖区域和植被种植说明。

运行和维护

针对本系统制订一份书面的现场运行维护计划。运行维护计划应至少包括以下项目的检查、运行和维护事宜：

- 植被。
- 管线。
- 阀门。
- 溢洪道。
- 道路。
- 衬层。
- 系统的其他结构部分。

参考文献

Tucker, C.S. 1999. Characterization and Management of Effluents from Aquaculture Ponds in the Southeastern United States. Southern Regional Aquaculture Center Publication No. 470. Stoneville, MS.

Schwarz, M.H., et. al. 2017. Good Aquacultural Practices. Southern Regional Aquaculture Center Publication No. 4404. Stoneville, MS.

USDA NRCS. 2011. Technical Note (Title 210), Agricultural and Biological Engineering, Agricultural Engineering No. AEN-3, Aeration of Ponds Used in Aquaculture. Washington, D.C. https：//directives.sc.egov.usda.gov.

USDA NRCS. 2017. National Engineering Manual (Title 210), Part 501, Subpart B, Repair and Rehabilitation. Washington, D.C. https：//directives.sc.egov.usda.gov.

Wurts, W.A. and M.P. Masser. 2013. Liming Ponds for Aquaculture. Southern Regional Aquaculture Center Publication No. 4100. Stoneville, MS.

双壳类水产养殖设备和生物淤积控制

（400，Ac.，2020年9月）

定义

将环境风险降到最低的同时，采取分解、清理等措施将生物污染有机体和其他废物清除出双壳类动物生产区。

目的

本实践用于实现以下一种或多种目的：

- 减少双壳类水产养殖业的活动和渔具对水源、植被、动物及人类造成的不利影响。
- 提高可靠水源的水量和质量，以支持贝类生产。
- 提高食物的数量和质量，以支持贝类生产。

适用条件

双壳类水生物生长的近海区域以及潮间和潮下区域。

准则

适用于所有目的的一般准则

根据监管指南，包括标记和记录要求，找到所有双壳类水产养殖生产场所和相关活动。

尽量减少沉积物处理对临近区域和场外地区的影响。

通过畜牧业实践保持生产区域水源充足，此类实践包括但不限于：

- 为防止生物污染，定期检查控制装置和其设备。
- 通过以下措施最大限度地减少或避免有害的污染生物体的积聚：周期性翻转底部或表面培植装置、在藻类污染季节来临前清除筛网，以及设定好机器启动的时间，从而防止附着的甲壳动物和其他污损生物再生。
- 为促进贝类的健康生长，要经常清洁设备并去除设备上的生物污染，必要时，可以用新的或无生物污染的设备替换控制装置。
- 用于表栖动物的离底装填型机器开始轮转，该机器利用多余的齿轮来实现生物淤泥的收集、运输和处理。
- 当含有水生滋扰物种的生物污染不能在现场以毁灭性且环保的方式被清理时，或当生物污染将会导致过量的有机负荷时，需要在岸上清理机器。
- 要避免附殖生物和大型藻类植物大规模返回到水域表面，以致于造成当地环境退化。

仅使用符合环保要求的生物污染控制方法，包括但不限于：

- 风干。
- 盐水浸泡。
- 醋泡。
- 淡水浸泡。
- 清扫。
- 强力清洗。
- 以不会导致环境恶化的方式收集、运输和处理岸上的废旧装备。

由于保护不善、淤泥过多以及冰冻或极端天气危害，可以采取以下手段来应对水产机器在自然环境中意外受损或发生故障的风险：

- 要定期对贝类生态系统进行高效维护，尤其在极端天气前。
- 监测天气状况（如：强风暴、冰雪天气、极低或极高水温或者极低或极高气温），以便适时安排设备拆除、搬迁或者其他合适的替代措施。
- 在从产区移除机器之后，尤其是在极端天气前，要尽快聚集并处理海洋环境以外的废物。
- 做好机器轮转、替换、移除和挪动记录，以便于检测可能会对环境和航行造成的影响。

取得进入水产养殖生产场所的海滩所需的所有许可证和执照，并遵守有关在潮汐区驾驶的特定区域法规。遵守所有联邦、州和地方关于航船的法规，并获得进行贝类作业所需的相关许可证和执照。

注意事项

为尽量减少对生态系统中自然机能造成的影响，同时还要考虑到生产商正常的水产养殖活动，需设计合理的机械布局和布置。

需涵盖生长区域周围和内部的缓冲地带，以减少疾病的传播并为野生生物提供绿色走廊。

注意该地区可能出现的地方、州、联邦以及部落所列出的重要物种。需使用野生动物领域鉴别指南，并通过日志记录保护野生物种与水产养殖活动之间的关联。

考虑使用相关的贝类养殖实践来解决其他问题，包括但不限于保护实践《燃烧系统改进》（372）、《访问控制》（472）、《病虫害治理保护体系》（595）和《密集使用区保护》（561）。

计划和技术规范

针对双壳类水产养殖设备和生物淤积控制系统提供因地制宜的计划和规范，该计划和规范需说明为实现其预期目的所需的要求。

其中应至少包括以下内容：

- 通过多边形、浮标坐标、重要缓冲区和任何所需入口来标明生产场地边界的平面图。
- 现场的水下土壤图，含土壤说明（如适用）。
- 环境敏感区的标识和定位。
- 确定珍稀鱼类和野生动物栖息地的地点，以及该地区可能发现的州属重点物种或受保护野生物种的栖息地位置。
- 当在该区域观察到或预计会有保护物种时应采取或避免的行动建议，以及在发现野生动物搁浅、受伤等情况时，相关负责机构的联系方式。
- 计划说明，描述与实现本实践目标有关的保护实践。
- 保护计划作业时间表。
- 为协助生产者实施保护举措的必要指导文件。

运行和维护

为每个养殖点保护计划中所述的所有项目和做法的检测和运行维护制订计划，计划需包含（但不仅限于）以下内容：

- 不得超过当地位于生产区建筑物的高度限制。
- 把所有未使用的和不必要的设备从生产区移除，并将其安全地存放在规定区域。
- 对生产现场保留的主要防护装置进行特殊标记（如：名称和许可证号码）以便于识别，并将其妥善固定，以最大限度地减少异地移动的风险。
- 定期检查种植区，特别是在风暴天气后。如发现任何损坏，应及时修复，以防止设备对环境造成污染。
- 及时在岸上处理废弃或用过的装置，同时防止环境恶化。
- 监控并记录以下内容：
    - 向当地港务局长和其他监管机构提交的通知。
    - 控制设备更换周期。

- 跟踪劳动时间和具体任务。
- 可能对保护野生物种造成危害的相关活动或事件，以及所采取的纠正措施。
- 生长区内或附近的入侵物种。

在面临冰雪问题时，进行与天气有关的维护：

- 检测并记录水温和天气条件。
- 定位潮间带设备和材料，使其与沉积物表面齐平。
- 在冬季，使用辅助连接设备将所有机器牢固固定在地面上，或者把物资转移到厂区外的高地或者获得许可的深水贝类生产区。
- 要注意，冬季时，任何留在相关生产区的机器都要远离淤泥，以便减少机器受冻的潜在可能。
- 用冬藏的枝条或者其他经有关当局批准的标记工具来代替位置浮标略图，以尽量减少因冰移动带来的风险。

参考文献

DeFrancesco, J. and K. Murray. 2010. Pest Management Strategic Plan for Bivalves in Oregon and Washington. Western Integrated Pest Management Center. Davis, CA.

Flimlin, G., S. Macfarlane, E. Rhodes, and K. Rhodes. 2010. Best Management Practices for the East Coast Shellfish Aquaculture Industry. East Coast Shellfish Growers Association. Toms River, NJ.

Florida Department of Agriculture and Consumer Services. 2016. Aquaculture Best Management Practices Manual, FDACS-02034. Florida Department of Agriculture and Consumer Services, Division of Aquaculture, Tallahassee, FL.

Getchis, T.L., Editor. 2014. Northeastern U.S. Aquaculture Management Guide： A Manual for the Identification and Management of Aquaculture Production Hazards. Northeastern Regional Aquaculture Center. College Park, MD.

Leavitt, D.F., Editor. 2004. Best Management Practices for the Shellfish Culture Industry in Southeastern Massachusetts. Massachusetts Shellfish Growers. Boston, MA.

建筑围护结构修缮

（672，No.，2020年9月）

定义

满足或超过能源效率阈值的气候调节空间和未调节空间之间的边界。

目的

本实践用于实现以下目的：

- 提高现有农业建筑围护结构的能源效率。

适用条件

本实践适用于部分或完全受气候调节的农业建筑或空间。部分调节空间指的是同时采用机械通风和自然通风的建筑或空间。通风系统可以单独使用，也可以同时使用多个。例如：帘幕式家禽烤焙或猪肉精加工工厂以及挤奶间。完全调节空间指的是采用风扇、加热器或其他机械装置进行全年调节的建筑物或空间。机械通风系统可以是负压、正压或中性压力。例如：完全通风的家禽饲养场或生猪产育室和牛奶储存室。

建筑围护结构或边界可包括墙壁、门、窗、屋顶或天花板，以及建筑物的地基或地板。

本实践不适用于居住空间或居住建筑。

准则

适用于所有目的的一般准则

根据每个区域或空间的预期用途，以及设施对建筑气密性、隔热性和通风情况的要求，实施建筑物围护结构改进。

分析提高能源效率对供暖和通风需求的影响。

提供一份分析报告，通过记录降低的能源消耗、估计的公用事业节约和记录评估方法，证明提高了能源效率。

遵守所有适用的建筑规范和美国消防协会（NFPA）150 号“畜禽舍设施消防和生命安全规范”，以及任何地方、州或联邦法规。

规范升级

州批准的规范清单中的建筑围护结构升级方法均可提高能源效率，因此，设计和实施不需要额外的具体效率计算。

对于州批准的规定中未包含的建筑物围护结构改进措施，请采用以下通用标准和以下附加准则中的适用部分。

建筑围护结构漏气

使用以下一种或多种方法评估漏气路径：

- 在所有门窗关闭的情况下，采用每平方英尺大约 1 立方英尺 / 分钟的通风率对带有烟雾示踪剂或舞台雾的建筑空间进行减压或加压。
- 用烟雾示踪剂或舞台雾进行目视检查。
- 美国自然资源保护局国家保护工程师（SCE）接受的其他适当方法。

根据空间的预期用途设计空气屏障系统，以密封评估期间确定的漏气路径。

在建筑围护结构中或在具有明显不同的温度或湿度要求的空间之间，建立空气屏障。所使用的空气屏障材料应经久耐用或易于维护。

空气屏障不得在负载下发生位移或取代相邻材料。按照制造商的建议安装空气屏障。

在屋顶空气屏障、墙壁空气屏障、窗框、门框、地基、爬梯空间的地板、阁楼下的天花板和建筑接缝之间进行柔性连接，以承受由于热变化、地震活动、含水量变化和蠕变而产生的建筑物移动。接头处必须能够承受与空气屏障材料相同的气压，且不会发生位移。

采用上述评估方法之一，来验证泄漏路径是否已完全密封。

隔热附加标准

选择耐用、防潮、对人畜无毒的隔热材料和覆盖材料，并在材料正常使用期间可能遇到的条件下发挥预期功能，包括：极端温度、湿度、紫外线（UV）照射、清洁产品、消毒剂、霉变、设备开裂、腐蚀和易燃等条件。如适用，请遵循美国食品和药品管理局（FDA）法规。

应按照制造商建议安装绝缘材料。确保隔热层均匀填充空腔中的所有空隙，并很好贴合周围障碍物（如：布线）。

在易受动物、设备、风或气流移动影响的地方固定隔热层。选择并安装隔热材料和覆盖材料，以防止啮齿类动物的进入和破坏、鸟类的啄食、昆虫侵扰或牲畜伤害。按照以下消防安全要求，采用隔热层保护暴露在外面的易燃隔离层。

在气候区 4 ~ 8，沿建筑物外部周界至少在地面以下 18 英寸处安装隔热层，最小 *R* 值如表 1“墙，低于地面”一栏中所示，现有混凝土板与建筑物相邻的情况除外。

消防安全要求

根据本实践应用的所有隔热材料必须满足以下要求，但下文“不需要隔热层的特殊条件”中所述的情况除外。

- 火焰蔓延指数小于等于 75（ASTM E84，“建筑材料表面燃烧特性的标准试验方法”）。
- 烟雾释放指数小于等于 450（ASTM E84）或 UL 723，“建筑材料表面燃烧特性试验标准”。
- 包括符合下列任一项的隔热层：
- 规定的隔热层。在隔热层和建筑空间内部之间应用的以下任何一种材料可作为可接受的隔热层：
  - 1/2 英寸（13mm）耐火石膏板；
  - 23/32 英寸（18.2mm）木质结构板。
- 经测试的隔热材料。根据美国消防协会（NFPA）275 号“隔热层评估防火试验标准方法”进行测试并满足其验收标准的材料。通常根据 NFPA 275 号进行测试的隔热材料包括：喷涂胶凝材料、喷涂纤维素材料、硅酸盐水泥灰泥和其他各种专有材料。隔热层评估防火试验标准方法包括以下两种：
  - 温度传递耐火试验（第一部分）。屏障材料未暴露表面的温升限制在试验标准范围内。
  - 完整耐火试验（第二部分）。通过根据以下 15 分钟耐火试验标准之一，确定在火灾情况下屏障材料是否充分保持在原位：UL 1715，FM 4880；或 UL 1040 大型耐火试验标准或经测试满足 NFPA 286“评估墙壁和天花板内部饰面对房间火灾增长影响的标准防火试验方法”附录 C 中的验收标准。
- 隔热层替代组件。许多没有隔热层的组件已经获得了各种建筑规范的认可，可在大规模防火测试基础上作为隔热层的替代方案。由暴露的泡沫塑料、普通泡沫塑料或带有防火产品的其他隔热材料组成的可接受组件应满足以下要求：
  - 组件必须通过 UL 1715、FM 4880 或 UL 1040 大型防火测试，或通过测试满足 NFPA 286 附录 C 中的验收标准。
  - 隔热材料的安装厚度必须等于或小于上一段所述的测试厚度。
  - 测试组件与安装在墙壁、天花板或两者中的组件的计划用途一致。
  - 不需要隔热层的特殊条件。
- 砖石或混凝土装置。砖石或混凝土墙、地板或屋顶系统中不需要隔热层，在这些系统中，隔热层被不小于 1 英寸（25mm）厚的砌体或混凝土覆盖。

- 底梁板、搁栅枕和边搁栅。当满足以下所有要求时，这些装置不需要隔热层：
  - 泡沫塑料的最大厚度为 3.25 英寸（82.6mm）。
  - 泡沫塑料的密度为每立方英尺（pcf）1.5 ～ 2.0 磅（24 ～ 32kg/m^3）。
  - 火焰蔓延指数小于等于 25（ASTM E84）。
  - 烟雾蔓延指数小于等于 450（ASTM E84）。
- 阁楼隔热层。安装玻璃纤维松散填充物或未经表面处理的隔热层来改造农业结构物的空置阁楼区域时，不需要隔热层。

蒸汽缓凝剂

完成湿热（通过建筑物的热量和湿气）评估，以确定蒸汽缓凝剂的需求、位置和选择。根据美国采暖、制冷和空调工程师协会（ASHRAE）“基本原理手册”；“中西部服务结构和环境计划手册”（MWPS-1）；或经美国自然资源保护局 SCE 批准使用的其他当地认可程序，进行分析。采用针对气候区域和预期水分产生源（如：动物、加热器等）的典型装置的分析。

必要时，选择符合湿热分析确定水平的蒸汽缓凝剂。按照制造商的建议安装所需的蒸汽缓凝剂。

除温室外的农业建筑隔热

满足表 1 中规定的墙和阁楼构件的最小 *R* 值，或提供建筑能量分析，证明整个建筑组件将达到或超过 *R* 值的能源效率。满足 ASHRAE 90.1-2016 “除低层住宅建筑外建筑的能源标准” 表 5.5 中 1 ～ 8 规定的 *R* 值，适用于下表 1 中未显示的其他类型的建筑围护结构部件。作为最小 *R* 值的替代方案，安装隔热层，提供等效的组件 *U* 系数［稳态条件下，材料或结构的两个规定表面之间的单位温差引起的单位面积热流的时间速率（h·ft^2·° F/Btu）］。

表 1　不透明建筑围护结构部件的最小隔热 R 值①

	最小 *R* 值［（Btu/（h·ft^2·℉）］②③					
	部分调节空间			完全调节空间		
气候区④	阁楼	地上木框墙	地下墙	阁楼	地上木框墙	地下墙
1	*R*-13	NR⑤	NR	*R*-38	*R*-13	NR
2	*R*-19	*R*-13	NR	*R*-38	*R*-13	NR
3	*R*-19	*R*-13	NR	*R*-38	*R*-13	NR
4	*R*-30	*R*-13	NR	*R*-49	*R*-13+3.8c.i.⑥或 *R*-20	*R*-7.5c.i.
5	*R*-30	*R*-13	NR	*R*-49	*R*-13+7.5c.i. 或 *R*-19+5c.i.	*R*-7.5c.i.
6	*R*-30	*R*-13	*R*-7.5	*R*-49	*R*-13+7.5c.i. 或 *R*-19+5c.i.	*R*-10c.i.
7	*R*-38	*R*-13+3.8c.i.	*R*-7.5c.i.	*R*-60	*R*-13+7.5c.i. 或 *R*-19+5c.i.	*R*-15c.i.
8	*R*-38	*R*-13+7.5c.i.	*R*-7.5c.i.	*R*-60	*R*-13+18.8c.i.	*R*-15c.i.

① 数据来源：参考 ANSI/ASHRAE/IES 标准 90.1—2016，“除低层住宅建筑外建筑的能源标准”，表 5.5-1 ～ 8。本表中显示的部分调节空间和完全调节空间的 *R* 值分别与参考 ASHRAE 90.1—2016 表中的半供热和非住宅 *R* 值相对应。其他建筑部件类型，如：其他屋顶类型、墙类型、地板、地面板，请参考 ASHRAE 90.1—2016。

② 所示数值不代表产品或动物产生的热量与通过建筑物传递的热量之间实现热平衡所需的数值。如果潜热分析表明需要减少隔热层，以在所有天气条件下保持建筑物的目标气候，则最小 *R* 值可能会降低。

③ 对于家禽养殖建筑，气候区 1 ～ 4 的屋顶 / 天花板采用 *R*-19 最小 *R* 值［Btu/（h·ft^2·℉）］，墙壁采用 *R*-7。

④ 参见图 1AHSRAE 90.1—2016，附录 1，表附录 1-1 显示了美国按州和县划分的气候区。

⑤ NR= 无隔热要求。

⑥ c.i.= 连续隔热。所有结构构件上未压缩且连续的隔热，除了紧固件和维修开口外，没有热桥。安装在室内或室外，或是建筑围护结构的任何不透明表面的组成部分（ASHRAE 90.1—2016）。连续隔热有一个与之相关的 *R* 值。例如：*R*−13+7.5 c.i 表示 *R*-13 的墙腔隔热加上 *R*-7.5 的连续隔热包层。

温室隔热

对光量不会受到不利影响的温室四周支撑墙和温室周边的其他区域进行隔热处理。

在室内地板标高以上安装最小隔热值为*R*-5的隔热层，其高度应与操作兼容，如：高达工作台高度。

在刚性隔热不可行的情况下，在弯曲温室侧壁或其他需要柔性隔热的区域，使用两面贴有箔纸的隔热材料，最小隔热值为*R*–1.5。安装的最小标称厚度为3/16″，最小高度为室内地板标高以上3英尺。

经美国自然资源保护局SCE批准，可使用温室隔热替代方案和材料。

商用门窗附加准则

建筑围护结构的隔热值将达到或超过上表1中的*R*值。

根据极端温度、建筑中的湿度条件和预期的紫外线照射量选择门窗材料。按照制造商的建议，以气密方式安装门窗。

使用标有符合美国环境保护局（EPA）能源之星与设施气候区相关的最低评级，或ASHRAE 90.1—2016，表5.5–1 ~ 8和第5.8.2节“开窗和门”规定的门窗，或提供能量分析，证明门窗组合将达到或超过*R*值的能源效率（如适用）。

能量屏障附加准则

选择在强度和灵活性方面具有5年或更长保修期的屏障。

使用阻燃的屏障材料。在需要的地方使用防火屏障来限制火势蔓延。材料和设施必须符合所有当地消防规范。

使用不锈钢支撑线（非电缆）。

当屏障处于关闭位置时，屏障必须与侧壁、框架或排水沟紧密配合。

温室屏障（帘）

根据预期用途选择温室屏障，如保温、遮阳屏障，或二者同时采用。

根据热辐射的透射率、辐射率和反射率、材料的透气性，以及湿度通过材料的传递情况确定的节能量来选择屏障。

根据制造商的要求，选择最低节能潜力为40%的屏障。

安装屏障，可以是边沟对边沟安装（在边沟高度处将屏障拉平）或桁架对桁架安装（在相邻桁架之间将屏障拉平）。可以在一些带有尖顶屋顶的宽大温室隔间中安装屏障，沿屋顶线从排水沟向上，然后水平穿过。

畜舍窗帘

选择最小*R*值为4的幕帘。

注意事项

考虑是否需要移动或修改电线、水管、燃料供应管、灯具或其他基础设施，以便安装相应设施。

为提高能源效率，请采用以下增强措施：

- 考虑使用窗户来控制太阳得热，使其满足相应气候区的能源之星评级或ASHRAE 90.1—2016，表5.5–1 ~ 8，以及第5.5.4.4节“开窗法太阳得热系数（SHGC）”。
- 长时间不使用时，应考虑对通风机或其他开口进行隔热和密封。
- 考虑更换为符合ASHRAE标准90.1—2016第5.5.3.1.1节适用于1 ~ 3气候区的冷屋顶。

考虑相对湿度保持在85%以上的农业建筑内的其他设计功能。请参考最新版ANSI/ASAE EP475，“散装货物、秋季作物、爱尔兰马铃薯仓储的设计和管理”或其他适当的指南。

考虑长期成本节约和相关的寿命周期成本，以提升长期利润。为提高温室能源效率，可以采用以下措施：

- 考虑在温室里安装多个屏障，以增加隔热和遮阳效果，从而达到节能目的。
- 考虑使用自动温度或湿度传感器（或两者兼有）和控制装置来提高可移动温室屏障的效果。
- 考虑在一年中较温暖的月份，在使用侧墙进行通风的温室中，安装便于拆除的温室保温材料。应使用耐用的可拆卸绝缘材料。
- 为了防止内部温室外围与室外土壤之间的热桥接，安装的外围隔热材料应低于地面水平1 ~ 2英尺。

- 使用双层充气聚乙烯薄膜或双壁硬质塑料面板作为节能玻璃材料，减少层间凝结。
- 扩建现有温室时，应考虑采用排水沟连接的附加设施，尽量减小外表面积，减少热量损失。
- 考虑安装一个散热器来吸收和保持热量。
- 在选择屏障材料时，考虑由热辐射的透射率、辐射率和反射率、材料的透气性、湿度通过材料的传递情况、紧凑折叠的能力、耐用性和功能性确定的节能水平。

计划和技术规范

针对建筑物围护结构改进编制相应的计划和规范，说明确保应用本实践能够达到预期目的的要求。至少应包括：

- 现有和改造或翻新建筑围护结构和相关部件或装置的平面图和横截面图以及说明（如适用）。
- 建筑围护结构中将使用或安装的材料的说明和特性。
- 与实践相关的安装细节。
- 数量预估。
- 更换下来的材料的处理要求（如适用）。

运行和维护

针对操作员编制一份运行维护计划。这些要求包括但不限于：

- 建筑围护结构部件的年度检查和测试，包括但不限于：
- 建筑围护结构：检查是否有泄漏现象（例如：目视检查、喷雾器检查或压力测试）。
- 隔热层：天花板深度、缝隙、收缩、附着力、撕裂。
- 蒸汽屏障：撕裂或其他孔洞。
- 能量屏障：沿屏障边缘与侧墙、框架或排水沟接触处进行目视检查；当屏障完全伸展时，检查有无缝隙、撕裂、孔洞或其他损坏。
- 控制系统。
- 年度检查记录和结果。
- 矢量控制程序，以尽量减少对建筑物围护结构损害（昆虫、啮齿动物等）。
- 年度检查中发现的任何有问题设施或部件，应在发现后30天内进行修理或更换。根据需要进行维修，以保持能源效率。
- 在设施的使用期限内更换能量屏障。

参考文献

American Society of Heating, Refrigeration and Air Conditioning Engineers. 2017. ASHRAE Handbook – Fundamentals. Atlanta, GA.

American Society of Heating, Refrigeration and Air Conditioning Engineers. 2016. ANSI/ASHREA/IES Standard 90.1-2016 Energy Standard for Buildings Except Low-Rise Residential Buildings. Atlanta, GA.

American Society of Agricultural and Biological Engineers. 2018. Design and Management of Storages for Bulk, Fall-Crop, Irish Potatoes. ANSI/ASAE EP475.3 JAN2018. St. Joseph, MI.

American Society of Agricultural and Biological Engineers. 2017. Guidelines for the Use of Thermal Insulation in Agricultural Buildings. ANSI/ASAE S401.2 (R2017). St. Joseph, MI.

American Society for Testing and Materials. 2019. Standard Practice for Installation of Exterior Windows, Doors and Skylights. ASTM E2112-19. Subcommittee： E06.51. West Conshohocken, PA.

American Society for Testing and Materials. 2018. Standard Specification for Elastomeric Joint Sealants. ASTM C920-18. Subcommittee：C24.10. West Conshohocken, PA.

American Society for Testing and Materials. 2020. Standard Test for Surface Burning Characteristics of Building Materials.. ASTM E84-20. West Conshohocken, PA.

Bartok. J.W. 2001. Energy Conservation for Commercial Greenhouses. Natural Resource, Agriculture, and Engineering Service. NRAES-3.

Ithaca, NY.

FM Global. 2010. Class 1 Fire Rating of Insulated Wall or Wall and Roof/Ceiling Panels, Interior Finish Materials or Coatings, and Exterior Wall Systems. FM 4880. Johnston, RI.

International Code Council, Inc. 2018. International Building Code. 2018 IBC. Country Club Hills, IL.

International Code Council, Inc. 2018. International Energy Conservation Code. IECC-18. Country Club Hills, IL.

Midwest Plan Service. 1987. Structures and Environment Handbook, MWPS-1. Ames, IA.

National Fire Protection Association. 2019. Fire and Life Safety in Animal Housing Facilities Code. NFPA 150. Quincy, MA.

National Fire Protection Association. 2019. Standard Methods of Fire Tests for Evaluating Contribution of Wall and Ceiling Interior Finish to Room Fire Growth. NFPA 286. Quincy, MA.

National Fire Protection Association. 2017. Standard Method of Fire Tests for the Evaluation of Thermal Barriers. NFPA 275. Quincy, MA.

Spray Polyurethane Foam Alliance. 2016. Guideline for Insulating Metal Buildings with Spray-Applied Polyurethane Foam. SPFA-134. Stafford, VA. https：//sprayfoam.org.

Spray Polyurethane Foam Alliance. 2016. Thermal and Ignition Barriers for the Spray Polyurethane Foam Industry. SPFA 126. Stafford, VA. https：//sprayfoam.org.

Spray Polyurethane Foam Alliance. 2015. Moisture Vapor Transmission. SPFA-118. Stafford, VA. https：//sprayfoam.org.

Underwriters Laboratory. 1996. Standard for Fire Test of Insulated Wall Construction. UL 1040. Bensenville, IL.

Underwriters Laboratory. 1997. Standard for Fire Test of Interior Finish Material. UL 1715. Bensenville, IL.

Underwriters Laboratory. 2018. Test for Surface Burning Characteristics of Building Materials. UL 723. Bensenville, IL.

U.S. Environmental Protection Agency and U.S. Department of Energy. n.d. “ENERGY STAR.” Accessed June 25, 2020. http：//www.energystar.gov/.

堆肥设施

（317，No.，2020年9月）

定义

堆肥设施是一种结构或装置，用于容纳好氧微生物并创造有利的系统环境，促进粪肥和其他有机物质分解成足够稳定的最终产物，以便于储存、在农场使用并作为土壤改良剂施用于土地。

目的

本实践用于实现以下一种或多种目的：

- 降低水污染的可能性。
- 通过降低有机废固的质量、提高有机废物的处理效率，以节约能源。
- 对有机废物进行再利用，用作动物垫料。
- 将有机废物转化为土壤改良剂， 以改善土壤健康状况，产生肥力持久、作物生长所需的营养元素，并有效预防植物病害的发生。

适用条件

本实践适用于以下一种或多种情况：

- 有机固体废物堆肥主要来源于农业生产或加工。
- 堆肥可在操作中重复使用，用于促进作物生产、改善土壤健康，也可进行商业出售。

本实践适用于促进或抑制堆肥化过程的结构或装置的建造。对生产商土地施用成品堆肥，使用保护实践《养分管理》（590）以提供养分或作为土壤改良剂。

本实践不适用于牲畜和家禽尸体的常规处理。关于动物尸体堆肥设施的设计，请参考保护实践《动物尸体无害化处理设施》（316）进行。

本实践不适用于固态畜肥的常规储存和处理。关于固态畜肥干堆设施，请参考保护实践《废物储存设施》（313）。

准则

适用于所有目的的一般准则

按照联邦、州以及当地法律和法规，计划、设计和建造堆肥设施。施工前，土地所有者必须获得所有必要的工程安装许可证。施工前，土地所有者必须获得所有必要的工程安装许可证。

选址

堆肥设施的位置和设计应确保其位于 100 年一遇的洪泛区之外，除非根据现场条件不得不将其置于洪泛区内。如果位于洪泛区内，应确保设施免受 25 年一遇洪水的影响。此外，请遵循美国自然资源保护局《通用手册》（GM）（第 190 篇）第 410 部分 B 子部分，第 410.25 节“洪泛区管理”中的要求，该部分可能要求对位于洪泛区的存储结构提供额外保护。

设施距离水井、溪流或其他水景至少 50 英尺。其他的选址距离要求，可参考地方或州法律规定。选址中如遇斜坡，需对坡面径流进行改道处理。

堆肥设施的选址，应可以确保地面高于现场季节性高地下水位 2 英尺或以上（采用特殊设计的情况除外），以解决污染物可能渗入地下水位的问题。可通过排水管降低地下水位，以满足此要求。

确保堆肥设施可以全天候使用。如果现场缺乏适当的现有通道，则可参考保护实践《行车通道》（560）或《土地密集使用区》（561）。

容量

按照美国自然资源保护局制订的《美国国家工程手册》（NEH）（第210篇）第637部分第2章“堆肥”确定堆肥设施的规模。为实现堆肥目的，需设计足够大的堆肥场地，可容纳一定量的有机废物，存储堆肥所需的其他各种膨松物料或碳源，以进行活性堆肥，继而实现堆肥熟化作业。活性堆肥包含初期堆肥、二期堆肥两个阶段。活性堆肥与堆肥熟化，均要求配设充足的空间，以产生肥效稳定的腐殖质。堆肥设施要求规模适当，有足够的空间，以实现堆肥化过程中有机物转化、处理加工操作。

湿度

为方便监管堆肥湿度，做好堆肥设施定位、规划设计工作。配设供水设施，做好干燥条件下保湿工作。如果降水量足够大的话，加装顶盖，以免落入杂物。

搭建顶梁，或将堆肥设施朝向远离主导风向，以此使顶盖上的降水量达到最少。

屋顶与屋顶排水

屋顶设计参考保护实践《顶盖和覆盖物》（367）进行作业。屋顶排水收集、操控、输送设计参考保护实践《屋面径流结构》（558）进行作业。使用保护实践《地下出水口》（620），以防止设计管式排水口时堆肥材料对无污染径流的侵蚀或污染。

地基与结构

堆肥场地基设计，目的在于规避地下水质污染问题。综合考虑地下水位、渗透度、土质等因素，对堆肥场土地挖掘深度进行评估，再根据负荷设计与使用频率，测算对应的承压强度。

（适当情况下）设计性能稳定的表面处理作业，请参考保护实践《密集使用区保护》（561）进行作业。堆肥设施的厚石板、墙壁、地板、污水池内壁设计，参考保护实践《废物储存设施》（313）的准则进行作业。防止堆肥渗滤液大量渗漏，以安全的方式收集和处理渗滤液，从而避免污染地表水或地下水。如果存在渗漏问题，请参考保护实践《池底密封或衬砌——土工膜或土工合成黏土》（521）《池底密封或衬砌——混凝土》（522）、《池底密封或衬砌——压实土处理》（520）。通过地基和路基材料来限制渗漏的指南，可参考NEH-210第651部分第10章附录10D“黏土或改良土壤衬砌蓄水池的设计和施工导则”中的规定。如果设施有屋顶、废料的渗漏可能性低或在某些气候条件下，可能不需要进行渗漏控制。

电源

需要机械搅拌堆肥体系的地方，供电所有供电设备与电子元器件（含电线、电器盒、连接器），均应遵照国家电器标准规定进行配置。若供电现场机械作业密集，需采取搭建护栏等适当的战略性安全防护措施。

废水

如果预计会有渗滤液或受污染的径流，为对堆肥设施排放的废水或渗滤污水进行收集、输送，最终实现污水处理、循环利用，需建造废水蓄水池或污水处理厂，参考保护实践《废物转运》（634）进行作业。也可参考保护实践《废物储存设施》（313）或其他适用的保护实践。

安全

（适当情况下）堆肥作业过程中，为确保生态安全，减少设施故障及火灾隐患的发生，需在堆肥场设计时，考虑配设个人防护用品和相应的防护措施。对于堆肥箱，除非提供强制通风系统，否则应将堆高限制在6英尺，以便于空气能够进入到堆肥的中心位置，从而有利于堆肥化，并将自燃的可能性降至最低。

注意事项

根据土地所有者的目标、有机废物的种类、成品堆肥的计划质量、操作人员的设备、劳动力、时间和设施所需的可用土地以及资源问题，选择堆肥设施的类型和堆肥方法。

在确定设施位置时，应考虑景观因素。景观特征可以缓冲盛行风，减少异味，保护视觉资源。

在适当的情况下，考虑为堆肥设施场地修建全天候行车通道。

在确定设施位置时，应考虑远离农产品作物（通常是未经加工的作物）、食物接触面、配水系统和其他可能成为潜在污染源的土壤改良源的位置。

如果场地位于人工排水的场地，应考虑水质情况。找出或移除堆肥设施内存在渗漏问题的排水瓦管，这关系到地下水或地表水的安全问题。

在堆肥场选址问题上，考察选址处是否为需要对堆肥进行妥善管理的土地密集使用区，是否便于设施进出。

如选址在降水量较高地区或交通繁忙区域，考虑建造堆肥设施时选用混凝土地基。

堆垛设计时，需综合考虑堆肥场地势高低及管道线路因素。选用适当地势规避积水问题。为增强日照效果，将堆垛由北向南放置对齐。

考虑在寒冷或干燥气候下保护堆肥设施免受风的影响。寒风条件下产生对流，会引发堆肥场热量散发，有碍微生物新陈代谢。干热风引发干旱，会导致微生物新陈代谢过程中水分缺失问题。干燥、粉碎的堆肥也容易受到设施内风的影响。

制备腐熟肥堆肥场，提供多重备用方案。出于保护自然资源考虑，堆肥储仓可设于腐熟场内，也可单独成仓。

出于质量、有效性目的，考虑在堆肥场施工过程中，采用防腐材料。对于认证有机堆肥的生产，生产商应向有机认证机构咨询处理木材的用途和可接受性，以确定其是否满足堆肥箱和堆肥储存结构的设计寿命。

计划和技术规范

编制计划和规范，说明确保本实践能够实现其预期用途的要求，包括但不限于：

- 堆肥设施布局与选址平面图；如适用，应包含堆肥场行车通道，以及堆肥场与水域、溪流、敏感区域、界址线之间的避让距离。
- 排水系统和坡度平面图，显示挖掘、填充和排水控制（视情况而定）。
- 堆肥场高度参考。
- 向土地所有者和承包商发出通知，告知他们有责任在项目区域内标出所有埋地公用设施的位置。
- 路基工程（开挖、填土或排水、压实要求）。
- 所有部件的结构详图。
- 材料数量及规格。
- 安全设施（如：消防灭火系统等）。

运行和维护

制订符合本实践目的和堆肥设施设计寿命的运行维护计划。概述设备和设施所需进行的定期检查和维护。包括待检查或待维护设施的结构元件、检查间隔时间和预防性维护建议。

描述设施的基本安全要求，以规避堆肥场火灾隐患。

根据设计和现场条件以及待堆肥有机物质的细微差别，制订相关的流程，以便于监控和维持有机物质的微生物活性分解。所提供的指南应基于生产商使用当地大学推广出版物提供的文献的需要及目标；美国自然资源保护局《美国国家工程手册》（NEH）（第210篇）第637部分第2章“堆肥”；“NRAEAS 54：农用堆肥手册”；或其他合适的堆肥文献。对堆肥材料的温度和湿度进行监测，可以了解微生物的连续种群阶段及其分解有机质时的代谢情况。在一项全新堆肥化进程的起始阶段，当一个操作员在决定一个有效的操作过程的时候，可能需要做一些实验，犯一些错误。为帮助大家了解如何进行一项有效的实验，操作员必须做好精确的记录工作。

说明动物排泄物和其他有机原料来源的类型和体积。提供信息，说明计划的堆肥配方成分以及混合和建造堆肥堆的顺序。为达到所需的碳氮比例（C:N）和湿度要求，委派操作人员前往赠地大学等知名学府进修，学习如何计算堆肥配料比例，做到均衡物料。堆肥物料如采用非农副产品，则参考保护实践《废物回收利用》（633）的规定来操作。

适度把控堆肥温度、湿度、含氧量与 pH。为确保稳定肥效，受热后不会发生微生物分解，适时对腐熟堆肥进行监测。堆肥化工艺管理及堆肥稳定性能监测作业，参考《美国国家工程手册》（NEH）（第 210 篇）第 637 部分第 2 章第 637.0209（h）节“堆肥肥效稳定值”的规定。

监测文件

操作员在进行信息记录时，至少应该要填写以下内容：添加堆肥物料的具体日期、数量及物料种类，堆肥温度、天气状况及具体的堆肥管理行动。

监测内容包括但不限于：

- 堆肥搅拌站：为加速好氧微生物分解，避免释放臭气，特建造堆肥搅拌站。为实现堆肥化过程中可以均匀通风，特安装了通风管道装置，建造堆肥场，在搅拌站对堆肥进行处理。
- 碳氮配比：制订堆肥配方是一种平衡活动，因为各原料碳氮比和水分含量必须在可接受的范围内。快速堆肥的建议初始碳氮比为（20 ～ 40）: 1，符合堆肥堆内细菌和真菌的养分需求。堆肥过程依赖含碳和含氮物质的平衡。如果碳相对于氮过量，那么碳氮比会高于最佳范围，堆肥进程也会减慢。对于动物尸体堆肥，低至 14 : 1 的碳氮比会更有效和实用。过低的碳氮比可能导致异味增加和氨损失。
- 碳：为达到与富含氮素的废弃物充分搅拌的目的，需事先做好高比值碳氮配比的含碳有机物的存储工作。将含碳有机物与含氮物质（按照碳氮配比）充分混合，可减少堆肥过程中臭气排放与氨气挥发。
- 腐熟剂：为加强通风效果，按需向堆肥搅拌站添加腐熟剂。腐熟剂可以是在混合物中使用的碳质材料、降解缓慢的天然有机物质或在循环结束时从堆肥混合物中回收的不可生物降解的或慢速生物降解的材料。对堆肥过程中使用的任何难降解有机物或缓慢降解物质进行回收。
- 湿度：在堆肥期间使堆肥搅拌站的湿度保持在 40% ～ 60%（湿基），避免堆肥场内湿度过量。这可能需要遮盖堆料。
- 堆肥搅拌站温控：为达到理想堆肥成效，应管理堆肥场，并在规定的堆肥化周期内，确保堆肥物料内部温度达到目标要求。为确保完全杀死杂草，有必要将堆肥场温度升至 145° F。严密监控，以防堆肥场温度超过 165° F，因为此温度将会杀灭喜温细菌进而阻碍堆肥化进程。当堆肥场温度达到 185° F 以上时，立即采取冷却行动（通常可以加入水并搅拌），以防止燃烧。需要对工作人员进行培训，使工作人员能够认识到自燃的危险，以确保其人身安全并防止设施损坏。
- 翻堆 / 通风：制订翻转 / 曝气频率以达到所需的氧气量、水分去除量和温度控制量，以与优化好氧微生物降解的堆肥方法相适。
- 除臭：如果初期堆肥混合与堆体结构并未加装充分的除臭设备，可考虑以下措施：更改堆肥配料添加更多碳素、调整湿度、通过高质量堆肥物料和终端用途要求（如：有机认证）或使用生物接种技术来调整 pH。

堆肥

堆肥时效、温控及翻堆作业对堆肥产品功能用途均有影响，如果处理不当，会限制堆肥材料的使用。

堆肥材料的使用方法与固体粪肥相同，存储方面要求确保安全性，不得释放其他臭气。通常，要求在堆肥期间，5 日内温度保持在 104° F 以上，至少 4 小时内温度在 131° F 以上。

用于蔬菜作物和非农场使用或出售的堆肥，或用于任何有机作物的堆肥，必须符合美国农业部国家有机计划的要求。为此，堆肥在成熟时必须保持稳定、充分干燥，且所含有的病原体数量应较少。这包括农场中用于农作物的堆肥，这些堆肥应符合食品安全现代化法案（FSMA）关于可供食用农产品的种植、收获、包装和保存的标准（农产品安全规则）。

- 在静态通风堆肥或容器内堆肥系统中处理堆肥时，堆肥温度范围要求在 3 日内保持在 131 ～ 170° F。
- 对于料堆系统，堆肥温度要求在 131 ～ 170° F，持续 15 天，至少对其进行 5 次翻堆作业，以确保料堆充分搅拌、均匀混合。

《农产品安全规则》约束的作物，向种植者提供该规则，以确保种植者了解适用的附加准则。见https：//www.fda.gov/food/food-safety-modernization-act-fsma/fsma-final-rule-produce-safety。

堆肥认证规定视地区而有所不同。

堆肥成品功能用途

在堆肥化操作过程中，堆肥可再生利用，也可用于作物生产、用作垫料，或用于土壤改良和商业销售。

施用成品堆肥增强生产商土地养分、改良土壤时，可参考保护实践《养分管理》（590）进行，要求堆肥成品为肥效稳定、不易燃烧的降解物料，具有可降解致病微生物、尽可能杀死杂草的功效。

采用普通堆肥物料，无法确保生产出稳定肥效、彻底杀死致病菌的堆肥产品，根据保护实践《养分管理》（590）进行施用，关于腐熟堆肥适用的作物种类、地域、时间限制等相关明细，参考州或地方法案规定。

参考文献

Rynk, R., M. van de Kamp, G.B. Willson, et al. 1992. On-Farm Composting Handbook, NRAEAS-54. Northeast Regional Agricultural Engineering Service. Ithaca, NY. https：//ecommons.cornell.edu/handle/1813/67142.

USDA Agricultural Marketing Service. 2000. National Organic Program. 7 CFR 205.203, (c) (2). Soil Fertility and Crop Nutrient Management Practice Standard. Washington, D.C.

USDA NRCS. 2000. National Engineering Handbook (Title 210), Part 637, Chapter 2, Composting. Washington, D.C. https：//directives.sc.egov.usda.gov/.

U.S. Food and Drug Administration. 2015. Food Safety Modernization Act. 21 CFR 112. Standards for the Growing, Harvesting, Packing, and Holding of Produce for Human Consumption. Silver Spring, MD.

大坝

（402，No.，2020年10月）

定义

大坝是一种为满足一个或多个有益用途而蓄水的人工屏障。

目的

本实践用于实现以下一种或多种目的：

- 减少下游洪水造成的损失。
- 为一种或多种有益的用途提供储水，如：灌溉或牲畜供水、消防、市政或工业供水、开发可再生能源系统或休闲用途。
- 为鱼类和野生动植物创建栖息地或改善已有栖息地条件。

适用条件

本实践只适用于符合以下所有条件的场地：

- 拟建场地的地形、地质、水文和土壤条件适合大坝和水库的建设。
- 上游保护措施保护该流域不受侵蚀，前提是产沙量不会显著缩短水库的计划寿命。
- 在不影响下游或邻近地区使用或功能的情况下，水的数量和质量足以满足预期目的。

准则

适用于所有目的的一般准则

根据本实践设计的水坝必须遵守适用的联邦、部落、州和地方法律、法规和规章。在施工前取得所有所需的许可证。

根据《美国国家工程手册》（第 210 篇），第 520 部分 C 子部分“大坝的规定”、美国自然资源保护局技术发布 60（简称 TR-60）（第 210 篇），“土坝和水库”，以及其他适当的参考文献，将水坝分类为低、重大或高危险隐患。

210-TR-60 包含了所有水坝的最低设计标准，除了符合保护实践《池塘》（378）中尺寸标准的低危害土坝和附属设施。

提供一个主溢洪道和辅助溢洪道，并且提供所需的附属装置，除非有泄洪道能安全地应对洪水流量和持续时间并确保预期目的能够实现。

确定出口的尺寸，使其具有足够的容量，随时释放由多种需求引起的流量。

根据需要提供额外的出口，以满足下游用水的供应，如：牲畜用水、灌溉、鱼类和野生动物的需要。

根据保护实践《关键区种植》（342），在施工过程中，在土堤、溢洪道、取土区和其他受影响区域的裸露表面上种植植被或铺草皮。如果应提供表面保护，但气候条件不适合种植植被或铺草皮，则根据保护实践《覆盖》（484）中的准则来安装无机覆盖材料，如：砾石。

安全

根据 210-NEM 第 503 部分“安全规定”，采取必要的措施，以防止出现严重生命伤害或生命损失。

文化资源

评估项目区域内是否存在文化资源，及项目是否会对这些资源造成影响。在适当的时候，对考古、历史、结构和传统文化遗产进行保护和稳固。

减少下游洪水损害的附加准则

如果根据规定，水库的运行需要减少下游洪水损害，则将防洪库容设计为永久库容。

确定防洪库容的大小，以控制预期会发生的径流，使其频率与下游受益区的规划保护水平一致，并适当考虑通过主溢洪道的流量。在考虑溢洪道材料的抗冲蚀性和所提供的植被保护措施的基础上，确保有足够的防洪存储，以限制辅助泄洪道的使用，使其达到允许的使用频率和持续时间。

永久贮水使用的附加准则

在水库中设置足够的库容，以满足用户需求，实现水库的所有预定用途。考虑需求的季节变化、渗漏和蒸发造成的预期损失，以确定预期用途所需的永久存储容量。

选择溢洪道和泄洪工程的方法、材料、位置和容量，确保可以安全地排放洪水，并满足所有必要的功能要求，以便于将储存的水用于预期目的。

对于为灌溉提供永久蓄水的水坝，使用保护实践《灌溉水库》（436）。

为了达到预期的休闲娱乐效果，应制订特定地点的设计标准，体现水库、大坝和附属设施的功能要求。

野生动物栖息地的创造或改善的附加准则

制订针对特定地点的具体措施，以反映水库、大坝和附属设施的功能要求，以达到保护野生动物的预期功能。

在可行的情况下，保留现有的生态环境结构或特征，如：水库上游的树木或水池区域的树桩。在适宜的情况下，对水库上游进行改造，以提供浅水域、河床、露头树或灌木湿地的栖息地。

在放养鱼类时，采用保护实践《鱼塘管理》（399）。有关野生动物栖息地的标准，可采用保护实践《湿地野生动物栖息地管理》（644）。

注意事项

该计划应考虑到建造大坝对水道和河岸走廊的形式及功能的潜在影响。考虑使用以下建议，在适当的情况下，减轻对自然资源或其他用水的明显负面影响，减少受水坝设计或强制运行要求影响的区域。

视觉资源设计附加注意事项

考虑对公众开放地区和休闲相关地区的大坝和水库区域进行视觉设计。所有视觉设计的基本实践包括适当性。池塘的形状和形式、挖出物以及植被应与其周边环境和功能保持视觉上相适应。

路堤的形状应与自然地形相融合。将水库边缘塑造成一定形状，通常是曲线而不是矩形。对挖出物进行处理，使其最终形态保持平滑，并且与邻近的景观相匹配，而不是呈几何形状的土堆。如果可行，可以设置水下和外露（高于正常水位）的岛屿，以增加视觉观赏性，并吸引野生动物。

关于水量的附加注意事项

应考虑对下游水流的潜在影响、对湿地和含水层的环境影响，以及对下游使用或使用者的社会经济影响。

考虑径流储存、水库表面的蒸发和池底或湖床的渗漏导致下游地表水资源枯竭的可能性。

考虑由于长期储层释放导致的正常低流量期间地表水量增加的可能性。

考虑由于水库侧面和底部渗漏而导致地下水深层渗漏增加的可能性。

关于水质的附加注意事项

考虑由悬浮泥沙、沉积物质、相关养分和农药在池区的堆积而引起下游地表水水质问题的可能性。

考虑河床和河岸不稳定性增加的可能性。从大坝排放的水将减少泥沙的含量，因此与建造大坝之前的情况相比，大坝下游的泥沙输送能力将增加。

考虑沉积物、燃料、油类、化学物质和其他物质在施工过程中降低地表水水质的可能性。

考虑低出水口高度可能影响沉积物中吸收的养分和农药的量，且这些养分和农药可能会从水库中排放出来。

考虑出水口结构设计可能导致下游水温和溶解氧含量变化，尽可能减少结构设计中的不利变化。在出口位置可减少溶解氧时，计划快速恢复溶解氧的方法。

考虑由于水库边和底部渗透引起深层渗透水中水溶性营养物质、农药和其他污染物增加的可能性。地域结构和库区可能会有天然或人为的污染物，这些污染物可能溶解在流域内的水中。

考虑对湿地和水栖野生动物栖息地的潜在影响。

考虑水位对土壤养分相关方面的潜在影响，如：植物氮利用或反硝化作用。

考虑土壤水位控制对土壤、土壤水或下游水中含盐度的潜在影响。

考虑导致有毒物质出现或转移的可能性，例如：由于土方工作导致的坝址和取土区的盐渍土。

鱼类和野生动物栖息地的附加注意事项

如果该结构的主要目的不是创建或巩固鱼类和野生动物栖息地，则该计划仍应考虑保护鱼类和野生动物的栖息地，以及建大坝的潜在影响，例如：

- 项目地点和施工应尽量减少对现有鱼类和野生动物栖息地的影响。
- 在可行的情况下，保留池塘上游的树木和池塘区域内的树桩等。对池塘的上游进行修整，以提供浅水区和湿地栖息地。

考虑在安装大坝后，水流在质量、流量、时间或持续时间等方面的变化可能给鱼类和野生动物栖息地带来的变化。

考虑在安装大坝后，由于水流质量、流量、时间或持续时间的变化而造成非本地动植物或不良动植物生长过剩的可能性。

计划和技术规范

编制相应的计划和规范，说明根据本实践制订满足此举措的要求。至少应包括：

- 大坝平面布置图。
- 大坝的典型剖面和横截面。
- 出口系统的详细资料。
- 详细描写施工要求的结构图。
- 根据需要建立植物和覆盖物的要求。
- 安全设施。
- 特定场地的施工和材料要求。

运行和维护

针对操作员编制一份运行维护计划。

运行维护计划应至少包括以下项目：

- 定期检查所有建筑物、土堤、泄洪道和其他重要附属物。
- 及时清除管道入口和拦污栅内的垃圾。
- 及时修理或更换损坏的部件。
- 当沉积物到达预定的储存高度时，及时清除沉积物。
- 定期清除树木、灌木和有害物种。
- 定期检查安全部件，必要时及时修理。
- 维持植被保护，并根据需要及时在裸露区域进行播种。

紧急行动计划

高风险水坝的所有者和操作人员有责任制订紧急行动计划（EAP），并视情况不断更新。此计划旨在降低大坝发生故障时生命及财产损失的风险。美国自然资源保护局提供的可填写电子表格可用于制订紧急行动计划。可根据需要编辑模板，调整格式和内容，以符合州或地方要求和特定场地情况。

紧急行动计划应至少包括：

- 大坝所有者为缓解或解决大坝问题或与大坝相关问题的必要行动。

- 向应急管理当局发出预警及通报紧急情况的步骤方法。
- 紧急情况下应急管理当局开展行动区域的洪水淹没图。

参考文献

USDA NRCS. 2019. Engineering Technical Release (Title 210), 60, Earth Dams and Reservoirs. Washington, D.C. https：//directives.sc.egov.usda.gov/.

USDA NRCS. 2008. National Engineering Handbook (Title 210), Section 3, Sedimentation. Washington, D.C. https：//directives.sc.egov.usda.gov/.

USDA NRCS. 2008. National Engineering Handbook (Title 210), Part 628, Dams. Washington, D.C. https：//directives.sc.egov.usda.gov/.

USDA NRCS. 2008. National Engineering Handbook (Title 210), Part 636, Structural Engineering. Washington, D.C. https：//directives.sc.egov.usda.gov/ .

USDA NRCS. 2012. National Engineering Handbook (Title 210), Part 650, Engineering Field Handbook. Washington, D.C. https：//directives.sc.egov.usda.gov/

USDA NRCS. 2017. National Engineering Handbook (Title 210), Part 633, Soil Engineering. Washington, D.C. https：//directives.sc.egov.usda.gov/.

USDA NRCS. 2020. National Engineering Handbook (Title 210), Part 630, Hydrology. Washington, D.C. https：//directives.sc.egov.usda.gov/.

USDA NRCS. 2017. National Engineering Manual (Title 210). Washington, D.C. https：//directives.sc.egov.usda.gov/.

大坝——引水

(348，No.，2020年10月)

定义

一种把全部或部分水从水道或溪流中引出的结构。

目的

以应用本实践实现以下一个或多个目的：

- 以一种使其能够得到控制且有助于利用的方式将全部或部分水从水道引出。
- 将具有周期性的水流从一个水道分流至另一水道。

适用条件

本实践适用于永久性质结构，该结构材料的预期年限与结构设计目的一致。

本实践适用于：

- 导流坝为灌溉系统或扩水系统的重要组成部分；
- 将水从不稳定水道引到稳定水道；
- 可供使用的供水设施足以供其改道。

本实践不适用于应用保护实践《引水渠》（362）、《大坝》（402）或《边坡稳定设施》（410）的区域。

准则

适用于所有目标的总体准则

本实践的应用及运行应符合各联邦、部落、各州和地方的所有法律、法规和规章。施工前应获得所有必要的许可证。

环境影响

评估拟建导流坝对水质、鱼类和野生动物栖息地、森林和视觉资源等环境资源的影响。确定并施行用以克服不良影响的技术和措施。

水源水影响

评估拟建导流坝对饮用水源的影响，包括水质、水量和长期水资源可利用量。确定并记录对饮用水源的潜在危险，制订解决方案以降低此类风险。

材料

用于建造导流坝及其附属物的所有材料，须具备符合场地安装及使用条件的强度、耐用性及可操作性。

结构设计

设计的附属结构应能承受所有预期载荷，包括美国自然资源保护局《美国国家工程手册》（第210篇）第536部分“结构工程”所述的所有要求荷载。

排水口设施

如果要对部分水流进行分流，排水口设施必须提供与分流目的一致的最大流量和最小流量的正控制。考虑到杂物和沉积物积累可能引起的侵蚀、气蚀和流量减少的风险，排水口设施必须为所有预期流量提供安全分流。

旁路工程

旁路工程必须能够满足下游优先次序所需的所有流量，以及超过分流要求的所有流量，包括预期洪水流量。为达到场地要求，可能需要使用孔口、拦河坝和闸门。考虑到杂物和沉积物积累可能引起的侵蚀、气蚀和流量减少的风险，旁路工程必须为所有预期流量提供安全旁路。

特殊用途工程

如果在需分流的水流条件下，仍存在杂物、底沙物质或沉积物，则应避设旁路，或移除可能影响排水口设施、设施其他部分或分流地区运行的有害物质。根据地质条件，可能需要使用沉淀池、杂物捕集器、拦污栅或泄水道。

植被

在施工完成后，应尽快在缺少覆盖或受保护的受干扰区域种植植物。根据保护实践《关键区种植》（342）进行播种、施肥和覆盖地膜。考虑使用适应现场环境的多种本地植被组合，以提供更好的生态栖息地，使得传粉昆虫产生更大效益。在现场情况完全稳定之前，保护该区域不受牲畜和人类行为影响。如果受土壤或气候条件限制无法种植植被，则需要使用非植物性材料，如地膜、碎石和抛石。

公共安全

导流坝通常存在堰下游横卷流、闸门开度上游流速快、直立墙高等公共安全隐患。评估所有存在安全隐患的构筑物。设计应尽可能减少安全隐患。设立栅栏、栏杆、警告标志等其他安全装置，阻止人员进入危险区域。

注意事项

在规划过程中，应考虑本实践对水量、水质和环境的影响。需考虑的影响包括：

- 对水分平衡、流量、径流量、渗透、蒸发、蒸腾、深层渗漏、地下水补给的影响。
- 利用分流水进行灌溉所产生的影响。
- 原有水道对新建的水道以及对水的来源地区、被分流到的地区的影响。
- 对径流携带的沉积物、病原体、可溶性和附着在沉积物上的物质侵蚀及运动的影响。
- 不同水道中岸线遮阳差异导致下游水域潜在的温度变化。
- 渗入土壤的可溶物质、地下水补给量的潜在变化，以及采盐的可能性。
- 将新植物物种或动物物种引入上游或下游水域的可能性。

计划和技术规范

根据本实践，编制计划和规范，描述适用于本实践的各项要求。至少应包括：

- 导流坝布局平面图。
- 导流坝的典型剖面和横截面。
- 排水口系统的详细信息。
- 充分描述施工要求的结构图纸。
- 按需考虑植被种植和覆盖要求。
- 安全功能。
- 特定场地施工和材料要求。

运行和维护

针对操作人员制订运行维护计划。至少应包括：

- 定期检查所有构筑物、土堤、溢洪道等其他重要附属物。
- 及时清除管道进水口和拦污栅中的垃圾。
- 及时修理或更换损坏的部件。
- 定期清除树木、灌木丛和多余杂物。
- 定期检查安全部件，必要时立即修理。
- 进行植被保护，及时按需在裸露区域进行播种。

- 修复构筑物附近的侵蚀区域。

参考文献

USDA NRCS. 2020. National Engineering Handbook (Title 210), Part 630, Hydrology. Washington, D.C. https：//directives.sc.egov.usda.gov/.

USDA NRCS. 2017. National Engineering Handbook (Title 210), Part 633, Soil Engineering. Washington, D.C. https：//directives.sc.egov.usda.gov/.

USDA NRCS. 2008. National Engineering Handbook (Title 210), Part 636, Structural Engineering. Washington, D.C. https：//directives.sc.egov.usda.gov/.

USDA NRCS. 2012. National Engineering Handbook (Title 210), Part 650, Engineering Field Handbook. Washington, D.C. https：//directives.sc.egov.usda.gov/.

USDA NRCS. 2017. National Engineering Manual (Title 210). Washington, D.C. https：//directives.sc.egov.usda.gov/.

反硝化反应器

（605，No.，2020年9月）

定义

通过增强反硝化作用，利用碳源降低地下农业排水流中硝酸盐氮浓度的结构。

目的

本实践可实现以下目的：

- 减少地下农业排水系统中的硝酸盐氮含量，以改善水质。

适用条件

本实践适用于需要减少地下排水系统中硝酸盐氮浓度的情况。

本实践不适用于某些地下排水系统，如：梯田（其排水源主要来自地表入水口）。

准则

适用于所有目的性能的一般准则

根据以下条件之一设计生物反应器的能力：

- 对排水系统，至少处理其洪峰流量的 15%。在计算地下排水的处理容量时，不考虑地表入水口的水流。设计反应器的水力停留时间，在洪峰流量下至少 3 小时。考虑到滤料的孔隙度，以水流的平均深度通过滤料。
- 设计容量、水力停留时间和硝酸盐去除性能，以实现地下排水系统年平均流量中总硝酸盐减少 20%，同时考虑经过生物反应器处理的流量和旁通流量。

填料池

设计生物反应器的碳滤料，预期年限至少为 10 年。选择一种相对粗糙、细粒含量低、土壤或其他污染物含量低、经久耐用（10 年）、可根据需要移除和更换的碳滤料。将碳滤料放入填料室之前，先用土工织物或塑料膜在墙壁和地板上进行衬砌，以防止土壤进入到填料室。

最常用的碳滤料是木片。选择木片时采用以下标准：

- 单宁酸含量低的树种。
- 平均有效直径为 1 ～ 2 英寸的木片。
- 不要使用雪松或红木等耐腐木材。
- 不要使用已涂漆或经过防腐处理的木材。
- 不要使用含有大量锯屑、落叶、树皮或土壤的木片。

填料池的设计应确保流入量分布到整个填料池宽度，以防止优先流模式的发生。对于长宽比大于 4∶1 的填料池，使用多集管分配系统，以确保每个集管的宽度不超过填料池长度的 25%。

水控装置

设计生物反应器进水和排水口处的水控装置，以确保所需的容量和水力停留时间。使用保护实践《控水结构》（587）中的准则来设计水控装置。

设置上游水控装置的高程，以防止地下水位升高对上坡作物造成损害。根据地形情况，如果生物反应器上游的计划地下水位会对作物性能产生负面影响，则应使用保护实践《排水管理》（554）中的准则来管理生物反应器上游端的水位。

水控装置的设计应可以安全绕过超过设计容量的流量。排水口处的水控装置须包括一个低水位孔板，以确保在低流量或无流量期间，填料池的排水时间最长为 48 小时。此外，提供一个完全排空填料池的排水口，以便于生物反应器的运行维护。

保护

为了最大限度地减少对作物种植的干扰，将生物反应器放置在离作物田足够远的地方，以确保田间设备能够在不经过生物反应器室的情况下运行，并且生物反应器的高度应能使作物田得到适当的排水。为确保碳滤料不会被其上方的设备压实，应设置标牌或围栏，以防止损坏。

对反应器周围的土地进行高度处理，以便于地表径流从反应器排出，并确保反应器周围不会积水。根据保护实践《关键区种植》（342）中的准则，在施工后尽快通过播种或植被覆盖来保护受施工影响的所有非作物区域。对于安装在现有过滤带或其他保护措施中的反硝化反应器，应根据受施工干扰的保护实践的播种要求对受干扰区域进行植被重建。

注意事项

在规划、设计和安装本实践时，请考虑：

- 反硝化反应器可以与其他实践和管理系统有效地协同工作，以进一步降低作物田中的硝酸盐氮含量。例如：
  - 保护实践《养分管理》（590）。
  - 保护实践《覆盖作物》（340）。
  - 保护实践《排水管理》（554）。
- 在设计工作开始之前，先确定地下排水沟排放水中的正常硝酸盐水平，以便于确定设计参数。这一数据也将有助于安装后进行的各种监控措施。
- 生物反应器的工作原理是支持碳滤料上的细菌菌落。添加接种剂以改善生物反应器的功能。简单的做法包括：直接添加碳滤料和现有生物反应器的流出物。
- 随着时间的推移，反应器中的管道可能会堵塞。考虑采用垂直清洗管，以便“喷洗”任何堵塞的管道。
- 须注意保持碳滤料中的孔隙率，以确保水均匀地流过滤料，并且不会造成系统短路。将砾石与所需数量的碳滤料混合，有助于保持所需的孔隙度。
- 在启动过程中，反硝化反应器流出的水流中可能含有浸出的有机物和一些植物养分。如果反应器流出的水流直接进入到溪流或其他水体中，则可能需要采取相应的措施，以减轻有害影响。
- 反硝化生物反应器全年均可发挥作用，不仅仅是在耕作季节。因此，如果规划的水位不会对作物或田间作业产生负面影响，则可全年保持设计水位。
- 在对受施工干扰的区域进行植被恢复时，应考虑种植有利于传粉昆虫和其他益虫生长的植物物种。

计划和技术规范

针对反硝化反应器制订相应的计划和规范，说明确保应用本实践能够达到预期目的的要求。计划和规范必须适用于应用场地，内容至少包括：

- 反硝化反应器及其相关部件的平面布置图。
- 生物反应器的标准横截面。
- 生物反应器的剖面图，应包括进水口和排水口。
- 水位控制所需结构的详细信息。
- 关于生物反应器填充料的规定。
- 在需要的情况下落实播种要求。
- 以书面形式说明生物反应器和相关部件在特定场地安装要求的施工规范。

运行和维护

制订运行维护计划，并与土地管理者共同审核该计划。规定的行动应包括应用和使用实践过程中的正常重复活动，以及对实践设施的维修和维护。该计划须适用于特定场地，包括但不限于以下描述:

- 计划的水位管理和时间安排。
- 对生物反应器和有效的排水系统的检查和维护要求，特别是上游的地表入水口。
- 需要对生物反应器滤料进行监测，并根据需要更换或补充滤料的情况。
- 任何必要的监测和报告标准。

参考文献

Christianson, L. E., A. Bhandari, M.H. Helmers, and M. St. Clair. 2009. Denitrifying Bioreactors for Treatment of Tile Drainage. In： Proceedings of World Environmental and Water Resources Congress, May 17–21, 2009. Reston, VA： ASCE Environmental and Water Resources Institute.

Christianson, L., A. Bhandari, and M. Helmers. 2011. Potential Design Methodology for Agricultural Drainage Denitrification Bioreactors. In: Proceedings of World Environmental and Water Resources Congress, May 22–26, 2011. Reston, VA： ASCE Environmental and Water Resources Institute.

Christianson, L., M. Helmers, A. Bhandari, K. Kult, T. Sutphin, and R. Wolf. 2012. Performance Evaluation of Four Field-scale Agricultural Drainage Denitrification Bioreactors in Iowa. Transactions of the ASABE 55(6)： 2163-2174.

Cooke, R. and N. Bell. 2014. Protocol and Interactive Routine for the Design of Subsurface Bioreactors. Applied Engineering in Agriculture 30(5)： 761-771.

Woli, K.P., M.B. David, R.A. Cooke, G.F. McIsaac, and C.A. Mitchell. 2010. Nitrogen Balance In and Export from Agricultural Fields Associated with Controlled Drainage Systems and Denitrifying Bioreactors. Ecological Engineering 36： 1558.

排水管理

（554，Ac.，2020年10月）

定义

通过调节地表或地下农业排水系统的流量，对排水量和地下水位高度实施管理。

目的

应用本实践实现以下一个或多个目的：

- 减少从排水系统进入到下游受纳水体的养分、病原体和农药负荷。
- 改善植物的生产力、健康水平和生长活力。
- 减少土壤中有机质的氧化。

适用条件

本实践适用于具有地表或地下农业排水系统的农业用地，且这些排水系统可以全部或部分通过调整排水口水位的高度来管理排水量和地下水位。

本实践适用于存在或曾经存在天然地下水位偏高且地形相对平坦、均匀、坡度非常缓的农田。

本实践适用于盐碱化土壤，但需要特别注意。具体见参考文献（Qadir 和 Oster，2003）。

本实践不适用于管理通过地下排水系统供应的灌溉用水。为此，请按照保护实践《灌溉系统——地表和地下灌溉》（443）和《灌溉用水管理》（449）进行管理。

本实践不适用于由地表径流引发的季节性洪泛农田。

准则

适用于所有目标的总体准则

采取不会对其他财产或排水系统造成不利影响的排水措施和管理水位。除非得到上游土地所有者的书面许可，否则管理系统中使用的水控装置不得使水回流到地界线之外的总排水管或侧向排水管。

通过调整排水系统内的水控装置的出水高度来管理重力排水系统。有关设计准则，请参照保护实践《控水结构》（587）执行。与自由排水模式不同，排水管理模式通过将控制装置排水口的水位高度提高到正常排水高度以上，从而将水存储在土壤中。

通过全年调整泵循环的开关高度对抽排水口进行管理，为排水系统提供所需的出水高度。

在流动排水管中提高水控装置的出水高度必定会导致土壤剖面内的地下水位升高。

将水控装置和泵安装在便于运行和维护的位置。在自由排水模式运行时，水控装置，包括任何埋入式管路控制阀，均不能超过 0.2 英尺的水头，以保证排水系统的流速不受限制。

应确保排水系统中的流速不超过保护实践《地表排水——干渠或侧渠》（608）和《地下排水沟》（606）规定的可接受速度（如适用）。仅在控制水控装置排水时，才特别需要控制排水速度。

在天气寒冷时，停止排水后应降低出水高度，避免冻坏水控装置。当恢复排水时，将出水高度升至设定高度。

控制高度

参照每个水控装置的出水高度调整“控制高度”，该高度为受水控装置运行影响农田（控制区域）内土表的最低高度。

要确定单一排水管的排水面积，请参照州排水指南中为排水田地的主要土壤类型推荐的横向间距。排水区的外边界与排水管的距离为推荐横向间距的一半。

若无州排水指南，利用 van Schilfgaarde 方程和该州认可的相关时间因子来确定横向排水管间距。

控制区域

每个水控装置的控制区域（或受影响区域）被界定为该水控装置的上游排水区。控制区域的下端以给定水控装置的设计控制高度为界，上端以紧邻的上游装置的控制高度或者给定水控装置之上所限定的高度为界，取两者之间的较小值。确定的最大高度为 2 英尺。

制订一份管理日历，详细说明目标水控装置一年四季的出水高度，以实现预期目标。一年四季都要调整水位，使得根区能够合理生长发育。明确可能需要调整出水高度的情况，如强降雨事件，并详述调整方法。为操作人员提供监测和记录水控装置水位和控制区域内地下水位的方法。通过了解这些信息，操作人员能够根据天气变化进行灵活调整，从而减少对作物和土壤的不利影响。

减少养分、病原体和农药负荷的附加准则

根据保护实践《排水管理》（554）需全年不间断进行排水管理。

尽量减少地下排水，以便为作物提供足够的根区。

除为了保证田间作业的正常进行、恶劣天气状况或系统维护等需要降低地下水位外，排水管理模式中每个水控装置的排水口需保持正常工作。

在非农耕（休耕）期，将水控装置的出水高度提高至离地表不超过 12 英寸。应在完成最后一次田间作业后 2 周内调高排水口水位。并在开始下一个季节田间作业前 2 周内，将排水模式改为自由排水模式，除非处于系统维护期间或为了便于田间作业。

在天气寒冷时，停止排水后应降低出水高度，避免冻坏水控装置。当恢复排水时，将出水高度升至设定高度。在有冬季覆盖作物的田地中，在冬季将出水高度降低到预期覆盖作物生根深度的 0.5 英尺以内。

在施用液态粪肥之前及期间，需将水控装置的出水高度调低至控制高度以下 0.5 英尺以内或者低至正茁壮成长的作物根区以下 0.5 英尺以内，以防粪肥通过土壤大孔隙（裂缝、虫洞、根孔）直接渗漏到排水管中。在施粪肥 15 天后或直到产生排水量的下次降水事件，再调整已升高的出水高度。需监控控制装置，以防止粪肥造成排水堵塞。

及时疏通装置中堆积的液态粪肥，并以适当的方式加以处理。

改善植物的生产力、健康水平和生长活力的附加准则

在管理排水流量时要确保土壤剖面中储有足够的水量以供作物或其他植被吸收，并根据根系深度和土壤类型设定水位，以保障根系适当发育并保持土壤通气。

种植作物后调高出水高度，以保障作物根区水分的保持与迁移。

降低土壤内的有机质氧化的附加准则

尽量减少多余的排水，以便为作物提供足够的根区。

为了减少有机质的氧化，设置出水高度，使地下水位上升到地表或达到指定的最高高度，以便有足够的时间创造厌氧土壤条件。本实践的实施必定会降低土壤通透层的年平均厚度。

注意事项

在规划、设计和安装本实践时，请考虑：

- 一般情况下，不要求一年内的所有时间排水强度都维持到同一水平。因此需要制订一项管理策略，以便在提高作物产量的同时，尽量减少对水质的负面影响。
- 为了经济实用，本实践中的每个控制装置都需要对耕地面积产生相当大的影响。因此，排水管理通常在近乎平坦的农田上进行，其坡度一般低于 1.0%。在缓坡上，在等高线上设计排水侧渠，以最大限度地扩大每个装置的控制区域。在生长季节提高地下水位通常会增加蒸散，并可能增加作物产量。注意保持作物根区通气性，以免损害作物。
- 在作物生长季，如果土壤剖面中的地下水位靠近土表，则需要监测根区的发育情况。
- 由于土壤剖面中蓄水量增加，排水管理可能会影响水分平衡，特别是影响径流、入渗、蒸发、蒸腾、深层渗漏和地下水补给的水量和流速。
- 农田坡度较高时，排水管理可能会增加溪流和排水沟中的基本径流。地下水位较高，则可能会增加侧向和纵向渗漏损失。由于这类水很可能会通过氧气含量减少（含氧量低）的区域，所以渗漏水在到达地表水管之前可能会发生反硝化脱氮。

- 安装经济实用的地下水位观测井，提升管理水平。
- 避免在细质地和潮湿的土壤上进行机械作业，以减少土壤压实。
- 减少有机土壤矿化可能会减少土壤中可溶性磷的释放，但地下水位管理可能会增加矿质土壤中可溶性磷的释放。
- 地下水位升高可能会增加从农田流出的径流部分。因此，需要采取控制泥沙流失及与有关农用化学物质流失进入水道的保护措施。
- 采用本实践办法以减少农药负荷或进行鼠害控制时，农药使用量应参照保护实践《病虫害综合防治（IPM）》（595）。
- 如果野生动物栖息地需要考虑到资源问题时，在休耕季，该系统的设计应保证排水口的控制高度与目标物种的栖息地管理计划一致。

计划和技术规范

编制计划和规范，描述为达到预期目的而实行此实践的要求。

至少应包括：

- 带有位置图的农场和农田信息。
- 土地所有者要达到的目的。
- 一张或多张地图，包括：
    - 农田边界。
    - 排水管理项目区域（排水区）边界。
    - 显示排水类别的土壤图。
    - 一张绘有排水系统的地图，包括水控装置的位置以及所有总管道和侧边管道的尺寸和位置。
    - 等高线不超过一英尺的地形图。
    - 显示每个现有和规划的控制装置的位置、尺寸和影响区域（即控制区域）的地图。
- 本实践中“运行维护”部分所述的管理计划。

运行和维护

编制一份运行维护计划，并通过土地所有者或负责实施本实践的操作人员审查。

- 确定本实践的预期目标、安全要求，以及实现预期目标所必需的关键时间节点和地下水位的目标高度。
- 包括排水管理系统关键部件的运行维护说明，包括在调低地下水位时将流速保持在允许范围内所需的说明。根据需要实现以下管理目标：
- 在耕作、收割和其他田间作业之前，将出水高度设置到一定的深度，以保证农田机械畅通地在农田上作业（特别是排水口底部）。
- 在耕种和其他必要的田间作业之后，将出水高度调高至设计水平。监测水位以保证，土壤具有储存下渗的雨水以及来自上坡处地下水的空间，这取决于土壤质地，并可能需要大量存储空间以允许毛细管上升。这将因作物、生长阶段和土壤而异。
- 在作物生长期内调节装置的出水高度，避免根区处于长期水分饱和状况（如果有的话，可以在地下水位水观测井中观察到）。
- 在休耕期，调整控制装置的出水高度，允许当地地下水和渗透降水将地下水位提升至接近土表或设计的高度。
- 为防止液态粪肥施用过程中泄漏到排水管中，需要特别确定出水高度并规定粪肥施用前后应保持本高度的天数。

- 更换翘起的闸板和损坏的密封件，避免装置渗漏。

参考文献

USDA, NRCS. 2001. National Engineering Handbook (Title 210), Part 624, Sec 10, Water table control, and Sec. 16, Drainage of agricultural land. Washington, D.C. https：//directives.sc.egov.usda.gov/.

USDA, NRCS. 2001. National Engineering Handbook (Title 210), Part 650, Engineering Field Handbook, Chapter 14, Water management (Drainage). Washington, D.C. https：//directives.sc.egov.usda.gov/.

Qadir, M. and J.D. Oster. 2003. Crop and irrigation management strategies for saline-sodic soils and waters aimed at environmentally sustainable agriculture. Science of The Total Environment. DOI：10.1016/j.scitotenv.2003.10.012. Volume 323, Issues 1–3, 5 May 2004, Pages 1–19.

牧草种植

（512，Ac.，2020年10月）

定义

培植适于生产牧草或干草改良，或二者功能兼备的草本植物种类或品种。

目的

本实践用于实现以下一种或多种目的：

- 改善或提高牲畜营养和健康。
- 在牧草产量低的时期提供或增加草料供应。
- 减少土壤侵蚀。
- 改善水质。
- 改善空气质量。
- 改善土壤健康。

适用条件

本实践适用于所有适合一次性种植多年生草料生产品种的土地，这些多年生植物可能会持续5年。本实践不适用于在特定农田种植一年生、可机械收获的粮食、纤维或油料作物。

准则

适用于所有目的的一般准则

基于以下要求选择植物物种或品种：

- 气候条件，例如：年降水量及降水分布、生长周期、极端温度和美国农业部指出的植物耐寒性区域。
- 土壤条件和景观位置属性，如：pH、有效蓄水量、坡向、坡度、排灌级别、肥力水平、盐度、深度以及可能存在的植物有毒元素含量。根据生态单元描述的牧场状态和草料适宜性进行分组（如有）。根据生态单元描述的牧场状态和草料适宜性进行分组（如有）。
- 预期用途、管理水平、实际产量估计、计划收获的植被生长阶段以及与其他物种的兼容性。
- 对该地点或地区常见病害和虫害的抵抗力。

遵循从植物材料计划、美国自然资源保护局国家指南、赠地大学扩展内容和适用的已发布研究文件中获得的种植率、种植方法和种植日期的建议。

根据州和地方标准计算播种率。

种植深度应适合种子大小或植物材料，同时确保与土壤均匀接触。

实施不会限制植物出苗的场地准备和播前整地方法。

当土壤湿度适合植物发芽和生长时种植。

使用符合国家质量标准的种子和播种材料。

不要种植联邦、州或地方规定为有害物种的植物。

根据拟定种植日期3年内的最新土壤测试，施用各种植物养分和土壤改良剂，以辅助植物种植。养分施用量、施用方法和施用日期可根据植物材料计划、美国自然资源保护局国家指南、赠地大学扩展内容和适用的已发表研究文件决定。

种植豆科植物时，应使用预先接种根瘤菌的种子或在种植前接种适当的根瘤菌。

植物培植成功之前禁止牲畜入内。确保在第一次放牧或割草开始之前，植物已完全达到放牧高度或建议的干草收割高度（延伸期或之后）参见保护实践《计划放牧》（528）和《牧草收割管理》（511）。根据生长季节的条件和时间，有些情况可能需要植物在干草收割或放牧之前达到成熟，以避免影响新植物的生长。

在正常的草料生产不足的时期，选择种植的植物要能满足牲畜的饲料需求。

选择能提供足够的地被和根系的植物，以充分保护土壤免受风蚀和水蚀。

增强或保持牲畜营养和健康的附加准则

选择的草料种类（在数量和质量上）要能满足喂养牲畜的种类所要求的营养水平。

作为混合料种植的牧草种类要具有相同的适口性，以避免选择性放牧。

选择对放牧牲畜毒性低或无毒性的物种。

改善水质的附加标准

根据美国自然资源保护局植物材料、美国自然资源保护局国家指南、赠地大学及其开放部和其他权威科学依据来选择州和当地推荐的品种，以支持在使用此目的过滤径流时的种植建议。

改善空气质量的附加标准

选择适合固碳和减少温室气体排放的深根多年生植物。采用的场地准备和种植技术应尽量减少空气中颗粒物的产生和流动。

改善土壤健康的附加准则

采用化学焚烧和免耕等播前整地技术，尽量减少对土壤团粒结构的损害。低干扰性非化学播前整地方法包括土壤耙耕、旋耕机耕地（设置为低降速耕地、高速度前进）、滚压机肋绞、定时播种，目的是与前茬作物的自然衰老相适应。

种植一种多年生植物和一种特殊的覆盖作物，可以在种植期间迅速地最大限度地增加地被植物。

从4个功能组（冷季型草、冷季阔叶作物、暖季型草、暖季阔叶作物）中至少选择两种植物种植，以最大限度地提高生物多样性。

注意事项

在动物聚集地区，考虑培植能够承受高强度放牧和践踏的持久物种。

遵循保护实践《计划放牧》（528）中保护牧草植物和土壤以促进土壤健康的详细信息，采用有利于增加深根、提高土壤碳和植物多样性的适当植物。如果可行，采用当地物种。

对于有机体系和过渡有机体系，实施本保护实践标准所用的所有材料和方法应符合国家有机计划（NOP）的相关规则。

针对关注的野生物种，选择并以指定方式种植物种，以满足其覆盖物和关键寿命周期的需求。如果存在野生动物和传粉昆虫问题，在可行的情况下，根据经批准的（以当地物种为基础的）栖息地评估程序来选择植物。对于传粉昆虫需求，考虑适当的传粉昆虫种子混合种植。草本植物的种植面临野生动物栖息地这一首要问题的情况，采用保护实践《野生动物栖息地种植》（420）。

如果种植饲料是为了提供生物燃料，应选择能够提供相应燃料和能源所需的植物材料种类和数量的草本植物。

有关营养物管理的详细信息，请参考保护实践《养分管理》（590）。

保护实践《牧草收割管理》（511）、《草本杂草处理》（315）或《计划放牧》（528）可用于培养和保护繁茂牧草种植。

计划和技术规范

根据本实践的要求，为每个场地或管理单元编制种植计划和规范。用合适的实施要求文件记录这些规范，为土地管理人提供信息。

为达到预期目的，该计划和技术规范需包含以下内容：

- 场地号和面积。
- 待种植的植物种类。

- 准备种植区所需进行的活动和拟采用的种植程序。
- 播种率和播种深度。
- 播种日期。
- 根据批准的土壤测试分析结果和建议，施用养分和其他土壤改良剂（如需要）的速率、时间和形式。
- 使用的豆科植物接种类型（如适用）。
- 种子分析（标签）
- 所有种衣剂的详细信息（如适用）。
- 植物种植补充水（如适用）。
- 根据需要，采用保护实践《牧草收割管理》（511）和《计划放牧》（528）或实施牲畜禁入期等植物保护措施（如适用）。
- 描述成功的植被种植案例，应说明何时完成对种植的评估（例如：最小地面 / 冠层覆盖率、林分百分比和林分密度）。

运行和维护

运行维护计划应至少包括下列要求：
- 使用之前，要检查并校正设备。
- 种植期间要持续监测，确保种植材料具有合适的发芽率、分布情况和深度。
- 监测新苗圃的水分亏缺状况。
- 根据干旱的严重程度，水分缺失时，需减少杂草、提早收割伴生作物，在可能的情况下进行灌溉或重栽不合格的成苗。
- 监测新植株是否受长期潮湿条件的影响，这可能会导致植物种植失败。

参考文献

Ball, D.M., C.S. Hoveland, and G.D. Lacefield. 2015. Southern Forages, Fifth Editon. International Plant Nutrition Institute： Norcross, GA.

Barnes, R.F., C.J. Nelson, K.J. Moore, and M. Collins. 2007. Forages, The Science of Grassland Agriculture, Sixth Edition. Iowa State University Press： Ames, IA.

Collins, M., C.J. Nelson., K.J. Moore, and R.F. Barnes. 2017. Forages, Volume 1： An Introduction to Grassland Agriculture, Seventh Edition. Wiley-Blackwell： Hoboken, N.J. ISBN： 9781119300649.

Cornell University. 2019. “Plants Poisonous to Livestock.” Department of Animal Science. Accessed August 24, 2020. http： //poisonousplants.ansci.cornell.edu/.

Skinner, R.H. and C.J. Dell. 2016. Yield and Soil Carbon Sequestration in Grazed Pastures Sown with Two or Five Forage Species. Crop Science 56： 2135-2044. Crop Science Society of America, Madison, WI.https： //doi.org/10.2135/cropsci2015.11.0711.

Smith, R. 2016. “The Value of Coated Seed.” University of Kentucky College of Agriculture, Food and Environment. Accessed August 24, 2020. https： //grazer.ca.uky.edu/content/value-coated-seed.

USDA NRCS. 2008. National Range and Pasture Handbook (Title 190). Washington, D.C. https： //directives.sc.egov.usda.gov/.

USDA NRCS. n.d. “PLANTS Database.” Accessed August 24, 2020. https： //plants.sc.egov.usda.gov/.

USDA NRCS. 2009. Plant Materials Technical Note No. 3 (Title 190). Planting and Managing Switchgrass as a Biomass Energy Crop. Washington, D.C. https： //directives.sc.egov.usda.gov.

USDA NRCS. 2016. National Organic Farming Handbook (Title 190). Washington, D.C. https： //directives.sc.egov.usda.gov/ .

草料收割管理

（511，Ac.，2020年10月）

定义

及时修剪和清除田间草料，如干草、青割或青贮草料。

目的

本实践用于实现以下一种或多种目的：

- 在促进植物旺盛再生的同时，优化草料的数量和质量。
- 管理物种组成以增加理想物种。
- 减少多余的土壤养分。
- 减少不良因素的压力（虫害、病害、杂草或植物毒素）。
- 改善或保护野生动物及其栖息地。
- 优化土壤微生物寿命和团粒体稳定性。
- 减少土壤压实。

适用条件

本实践适用于所有种植有可机器收割草料的土地。

准则

适用于所有目的的一般准则

为了优化草料种植地、保护植物群落和提高林分寿命，应以适当的频率，并在草料达到一定的高度时收割草料。遵循国家合作推广社（CES）的建议，根据成熟期、水分含量、切割长度、留茬高度和收获间隔等因素，对草料进行收割。

成熟期

合理规划草料的收割时间，以获得理想的收割质量和数量，同时不影响植物活力和土地寿命。

水分含量

在所使用的储存方法或装置类型的最佳湿度范围内收割青贮或半干青贮作物。

遵循 CES 的建议和方法来确定和监测收获作物的最佳含水量。

通过使用化学防腐剂或添加干草料，防止因直接切断牧草或青贮草料（含水量 70%）造成可消化干物质的发酵和渗流损失。如果渗滤液的控制或处理存在问题，应根据保护实践《废物储存设施》（313）、《植被处理区》（635）或《过滤带》（393）进行评估。

在可行的时间内将收获的草料从田间移开，以免影响植物再生。

留茬高度

在一定高度上切割饲用植物，可以促进所需物种的茁壮健康生长。割茬高度将形成足够的残叶面积；有足够数量的顶端、基部、辅助分蘖或芽；可避免极热或极冷条件；未切断的茎基，这些可以为作物充分且茁壮的恢复储备营养。在最后一次收割后，应安排适当的再生时间和条件，以避免在寒冷气候条件下牧草冻死。

污染物

草料中不得含有可能导致饲养动物患病、死亡或排斥进食的污染物。污染物可能包括但不限于氢氰酸、硝酸盐、五金器具（如：电线等）和有毒植物。在干旱等极端天气事件或条件下，作物中的污染物可能会增加，此时请查看 CES 的通知和注意事项。遵循关于相应事件的具体建议。

切割长度

收割青贮草料时，须将其切割成与所使用的存储装置相适应的尺寸，并保留最优有效纤维。

须将非常干燥的青贮草料切割的更短一点，以确保良好的包装和足够的青贮密度。

管理物种组成以增加理想物种的附加准则

为了保持一年生补种所需的林分密度，收割时作物的成熟度和收割频度应可以确保有数量充足、可育的种子或确保可以转运硬种子。

在最佳的时间和高度收割所需的物种。

参见保护实践《牧草和生物质种植》（512），了解种植时所需的物种组成。

收割频率将根据所需物种的生理条件和再生情况而定。

减少过量土壤养分的附加准则

采用一种能最大限度地去除并运输目标养分的收割制度，以此目的而使用这种方法需要通过更频繁的收割次数来增加养分摄取，而非设法延长土地寿命。为此目的，选择最佳品种，请参考保护实践《牧草和生物质种植》（512）。

当草料收割是为了从土壤中去除过量的氮或钾时，测试收割材料中硝酸盐或钾的含量，确定可能对牲畜造成的危险。如果证实有毒性，则将收获的材料转为非饲料用途。

减少害虫压力（昆虫、疾病、杂草或植物毒素）的附加准则

当控制疾病、昆虫、杂草和侵入植物对草料的影响时，须遵循 CES 的指南。

对草料收割期进行规划，以控制病害、虫害和杂草的侵入。制订清除侵入植物和有害杂草的计划。当采用杀虫剂来控制病害、虫害或杂草时，须遵循农药标签上注明的收割期进行施用。当在草料林中发现不希望出现的病虫害时，根据保护实践《病虫害综合防治体系》（595）为所有待收割的草料地制订计划、评估其病虫害综合防治方案。

通过收割，保持一个完整、有生命力、密集的草料种植场，来减少病害、虫害和杂草的侵袭。

减少使用杀虫剂时对传粉昆虫的影响。

控制林地中不需要的植物数量，请参见保护实践《草本杂草处理》（315）和《灌木管理》（314）。

改善或保护野生动物及其栖息地的附加准则

如果客户也致力于为所需的野生物种提供合适的栖息地，则应实施并维持适当的收割计划、避难或逃生区域以及最低植物高度，以为所需物种提供合适的栖息地。从野生动物生物学家那里获得的指导可以使野生动物栖息地变得更好。

为保护野生动物，应使用专门的收割技术，如冲洗栅栏、非截留收割顺序以及在白天收割。收割的时间应该考虑到授粉草料的潜力、栖息地的需要和利益。

利用国家制订的野生动物栖息地评估指南（WHEG）或栖息地评估来改善或保护野生动物及其栖息地，从而安排时间并管理收割，使所需的野生物种受益。

当用于此目的时，可根据保护实践《高地野生动物栖息地管理》（645）来调整本实践。

优化土壤微生物和团粒体稳定性的附加准则

饲用植物的收割高度应有助于缩短恢复期、保持较低的土壤温度和增加根系生长。收割高度将形成足够的残叶面积，以利于植物恢复。安排采收时间，确保草料林中所有期望的物种有足够的再生期。

减少土壤板结的附加准则

在最佳土壤湿度条件下收割，以降低土壤板结的风险。

注意事项

如果要进行放牧，须按照保护实践《计划放牧》（528）进行协调。根据管理目标和目的考虑放牧或机械收割的时间安排。

当使用养分或其他土壤改良剂时，根据情况，参考保护实践《养分管理》（590）或《废物回收利用》（633）来协调草料的收割。氮等养分的过量或失衡会滋生对某些动物有害的植物材料。

按照维持饲养动物最佳状态所需的质量来生产储存草料。豆科草料纤维含量过低会导致反刍动物代谢紊乱，并因动物生产性能下降而给生产商造成经济损失。因此，应考虑分析收获草料的质量。参考保护实践《饲料管理》（592）来进行协调。

结合收割方案并参考储存和喂养的方式，使草料质量维持在可接受的范围，并减少可消化的干物质损失。

如果天气条件使得草料质量难以达到所需的水平，可以考虑采用机械或化学调节剂、加压气流谷仓养护或青贮等措施。

在收割前考虑可能导致所需物种减少或损失的气候条件。

如果预测长时间降水或强降水会降低牧草质量，可考虑推迟收割。

适当的情况下，在露水、雨水或灌溉用水蒸发后收割牧草，需要减少叶片损失的情况除外。

考虑在下午收割牧草，以优化水溶性碳水化合物和营养质量。

考虑所有可能的不利因素（如：麦角苷、生物碱等），以及收割前的时间和条件以及储存方法会对草料质量和饲料安全产生怎样的影响，例如感染内生菌的高羊茅干草通常比青贮时含有更少的麦角烷含量，干旱或霜冻可增加某些草料的硝酸盐或普鲁士酸含量。

在降水量或湿度水平造成不可接受的草料质量损失的地区，应考虑青割或青贮草料，以减少或消除田间干燥时间。还可以采用使用干燥剂、防腐剂或浸渍剂等其他方法以减少晒田时间。

为了减少安全隐患，应避免在超过 25% 坡度的坡地上操作收割和牵引设备，特别是在横坡交通模式上。

考虑适当储存收割的草料，以保证所需的质量。

为了促进土壤健康，考虑使用从多个植物科（包括但不限于禾本科和豆科）中选择的深根和纤维根物种进行混合种植。一年中预期的温度和降水量最有利于大量所需物种再生，此时进行收割。在较热或较干燥的地区，应在一年中天气较凉爽的时候提早切割。每年有一块地休耕，可以保护草料的活力和多样性，从而促进土壤健康。

计划和技术规范

计划和规范必须包括对草料收割操作的最低要求：

- 目标、目的、具体目的（如：提高草料数量、质量或养分吸收等）。
- 待收割的草料种类。

按收割的各主要牧草品种显示：

- 收割方法。
- 留茬高度。
- 青贮草料的收割长度。
- 成熟期。
- 最佳收割含水量。
- 如适用，包括晚收等收获间隔。
- 避免污染物的建议。

实施要求或适当的工作表和其他材料需包括这些计划和规范，以确保本实践能达到预期目的。

运行和维护

运行维护计划应包括以下项目：

- 在草料收割之前，清除可能会损坏机器、或被牲畜误食而导致疾病（例如：创伤性胃炎）或死亡的杂物。
- 在最佳的设置和速度下操作所有的草料收割设备，以减少对叶片造成的损失。
- 为控制饲用植物病害、虫害和杂草的移动，在收割草料后和储存草料前，应清洁收割设备。
- 设置草料切割机上的剪切板，对收割的作物进行适当的理论切割。保证切割刀锋利。切勿使用再切割机或筛子，除非草料湿度水平低于能达到最佳的切割效果的建议水平。

- 在操作草料收割设备时，需遵循所有农业设备制造商的安全措施。
- 不论采用青贮或半干青贮方式，需确保对草料进行良好压实和密封，以排除氧气和霉菌或细菌的形成。
- 以环保的方式处理储存草料的塑料膜或塑料袋，或者如有可能，请重新使用。

参考文献

Ball, D.M., C.S. Hoveland, and G.D. Lacefield. 2015. Southern Forages, Fifth Edition. International Plant Nutrition Institute： Norcross, GA.

Collins, M., C.J. Nelson., K.J. Moore, and R.F. Barnes. 2017. Forages, Volume 1： An Introduction to Grassland Agriculture, Seventh Edition. Wiley-Blackwell： Hoboken, N.J. ISBN： 9781119300649.

Hanson, A.A., D.K. Barnes, and R.R. Hill, Jr. (eds.). 1988. Alfalfa and Alfalfa Improvement, Volume 29 Madison, WI. DOI： 10.2134/agronmonogr29.

Henning, J.C., M. Collins, D. Ditsch, and G.D. Lacefield. 1998. Baling Forage Crops for Silage, Extension Publication AGR-173. University of Kentucky, Lexington, KY.

Jones, C.M., A.J. Heinrichs, G.W. Roth, and V.A. Ishler. 2004. From Harvest to Feed： Understanding Silage Management. Penn State Extension, University Park, PA.

Matches, A.G. 1973. Anti-Quality Components of Forages, Volume 4. Crop Science Society of America. DOI： 10.2135/cssaspecpub4.

Orloff, S.B. and H.L. Carlson (eds.). 1997. Intermountain Alfalfa Management, Publication 3366. University of California Division of Agriculture and Natural Resources, Oakland, CA.

Pitt, R.E. 1990. Silage and Hay Preservation. Northeast Regional Agricultural Engineering Service. ISBN： 0935817476.

Roberts, C., R. Kallenbach, and N. Hill. 2002. Harvest and Storage Method Affects Ergot Alkaloid Concentration in Tall Fescue. Crop Management 1. DOI： 10.1094/CM-2002-0917-01-BR.

Serotkin, N. (ed.). The Penn State Agronomy Guide, 2019-2020. Penn State Extension, University Park, PA.

Smith, D. 1975. Forage Management in the North, Third Edition. Kendall/Hunt Publishing Company： Dubuque, IA. ISBN： 0840304048.

Summers, C.G. and D.H. Putnam (eds.). 2008. Irrigated Alfalfa Management for Mediterranean and Desert Zones. University of California, Davis, CA. ISBN： 978-1-60107-608-3.

Taylor, N.L. (ed.). 1985. Clover Science and Technology, Volume 25. American Society of Agronomy, Crop Science Society of America, Soil Science of America, Madison, Wi. ISBN： 9780891182184.

边坡稳定设施

（410，No.，2020年10月）

定义

用于控制天然或人工沟渠坡度的结构。

目的

本实践用于实现以下一种或多种目的：

- 减少侵蚀。
- 改善水质。

适用条件

本实践适用于需要稳定坡度或控制沟蚀的排水渠。

准则

适用于所有目的的一般准则

本实践的规划、设计和建造遵守所有联邦、州及地方法律法规。

将进水口的顶部设置在高处，这样能稳定渠道和防止上游水流冲击。

土堤和辅助溢洪道的设计需满足表 1 或表 2 所示的总容量，而且保证不超过路堤。地基的平整、压实、顶部宽度和边坡的处理必须确保预期的水流条件下土堤稳定。

提供与设施预期年限对应的最小沉积物容量，或定期清理。

提供必要的措施以防止严重伤害或生命损失，如：防护栏、警示标志、栅栏或救生设备。

根据保护实践《关键区种植》（342），在施工过程中，如土堤、溢洪道、取土区和其他区域受影响，则需要种植种子或铺草皮。如果气候条件不适合种植种子或草皮，则使用保护实践《覆盖》（484）来设置无机覆盖材料，如：砾石。

表 1　全流量开放式漫结构的最低设计标准

5 年一次、持续 24 小时的雨量下最大排水面积（英亩）			垂直高度差（英尺）	发生 24 小时持续暴雨的最低的频率设计	
0 ～ 3 英寸	3 ～ 5 英寸	> 5 英寸		主溢洪道容量（年）	总容量（年）
1 200	450	250	0 ～ 5	5	10
2 200	900	500	0 ～ 10	10	25

表 2　侧向进水口、开放式溢流堰、或滴管排水结构最低容量的设计标准

5 年一遇、持续 24 小时的雨量下最大排水面积（英亩）			垂直高度差（英尺）	发生持续 24 小时的暴雨的最低设计频率	
0 ～ 3 英寸	3 ～ 5 英寸	> 5 英寸处		水渠深度（英尺）	总容量（年）
1 200	450	250	0 ～ 5	0 ～ 10	5
1 200	450	250	5 ～ 10	10 ～ 20	10
2 200	900	500	0 ～ 10	0 ～ 20	25

土石坝

低危险水坝的单位面积存储量乘以水坝有效高度为 3 000 英亩 / 平方英尺或以上的，以及水坝有效高度超过 35 英尺和重点高危险水坝，其建造标准必须符合或超过美国自然资源保护局工程技术发布（标题 210），60《土坝和水库》中规定的标准。

低危险水坝的单位面积存储量乘以水坝有效高度小于 3 000 英亩 / 平方英尺的，以及水坝有效高度不高于 35 英尺的，其建造标准必须满足或超过保护实践《池塘》（378）中规定的标准。

大坝的有效高度是辅助溢洪道坝顶与沿大坝中心线的横断面最低点之间的高程差，单位为英尺。如无辅助溢洪道，以坝顶为上限。

库容是在没有明渠辅助溢洪道的情况下，最低辅助溢洪道顶部高度以下或坝顶以下每英亩英尺的容量。

池塘大小的水坝

如果需要机械溢洪道，主溢洪道的最小容量必须达到表 3 所示频率下 24 小时持续暴风雨的预期峰值流量，减去滞留存储中的减少量。对于有效高度小于 20 英尺的大坝、没有溢流的稳定辅助溢洪道、或辅助溢洪道至下游水道的沿岸植被良好的水坝，设计师可以降低主溢洪道容量，但是不低于 2 年一遇、持续时间为 24 小时风暴所需容量的 80%。对于存储容量超过 50 英亩 / 平方英尺或标准值超过表 3 所示的水坝，使用 10 年一遇、持续时间为 24 小时风暴所需容量作为最小设计容量。

表 3　水坝容量低于 50 英亩 / 平方英尺时，主溢洪渠的最小容量设计标准

5 年一次，24 小时持续的雨量下最大排水面积（英亩）			水坝有效高度（英尺）	发生持续 24 小时的暴雨的最低设计频率（年）
0 ～ 3 英寸	3 ～ 5 英寸	＞ 5 英寸		
200	100	50	0 ~ 35	2
400	200	100	0 ~ 20	2
400	200	100	20 ~ 30	5
600	400	200	0 ~ 20	5

小型池塘水坝

对于有效高度小于 15 英尺和在 10 年一遇、持续 24 小时的暴雨的情况下径流量小于 10 英亩 / 平方英尺的大坝，设计人员可以采用保护实践《水和沉积物滞留池》（638）的标准。在无溢流的状况下，按照 10 年一遇、持续 24 小时的暴雨情况下的峰值流量来设计边坡稳定设施。如果配套使用存储量和机械溢洪道泄流能够满足设定风暴等级的要求，则不需要辅助溢洪道。

全流量开放式结构

设计下降式、滑槽式和箱式排水口溢洪道时，参考《美国国家工程手册》（第 210 篇）第 650 部分，“工程现场手册”和其他美国自然资源保护局制订的出版物和报告的要求。根据表 1 所示频率和持续时间的风暴中预期的峰值流量来设计提供最低容量（减去滞留存雨量）。如果现场条件超过表 1 所示的情况，主溢洪道的最小设计容量应参考 25 年一遇、持续 24 小时的暴雨降水量，最低设计总容量为百年一遇、持续 24 小时的暴雨最小总容量。结构不得影响上游或下游稳定。暴雨径流可能会再次流入水坝，安装相应的装置。箱式排水口与道路涵洞的承载能力比例必须符合相关道路管理部门的要求，或者按照表 1 或表 2 的规定（减去滞留存雨量），以较大者为准。箱式排水口的容量（连接到新的或现有涵洞）必须等于或超过设计流量下的涵洞容量。

岛型构造

设计的最小容量等于下游渠道容量。在不溢出机械溢洪道头墙延伸部分的条件下，设计最小的辅助溢洪道容量相当于预期的峰值流量所需的总容量，峰值流量按照表 1 所示频率下的 24 小时持续风暴估算。必要时，需要考虑到未进入水坝的暴雨径流再次流入水坝的可能性。

侧像进水口，开放式溢流堰或滴管式排水结构

开放式溢流堰或管道结构可以将地表水从现场高程或横向渠道降低到较深明渠，其容量的最小设计标准请参考表 2。主溢洪道最小容量的设计要等于所有条件下设计的排水曲线径流。如果现场条件值超过表 2 所示的数值，则最小总容量按照 50 年一遇、持续 24 小时的暴雨的容量进行设计。

注意事项

提供足够的排量，以尽量减少滞留水量对作物的破坏。

在显著区域以及娱乐区域，要充分考虑景观观赏性。地貌、结构材料、水、植物材料应该在视觉和功能上与周围环境相辅相成。考虑种植适应现场环境的多种本地植被，以促进生态和栖息地的发展以及帮助传粉昆虫的生存。根据情况开挖和消平地貌使之与自然地形相融合。设置海岸线和岛屿，以增加视觉美感，提供野生动物栖息地。对暴露的混凝土表面进行处理以增加质感，减少反射，并减少与周围环境的色差。选择地点以减少不利影响或形成理想的风景点。

考虑边坡稳定设施对水生动植物栖息地的影响。渠道的设计要适于鱼类生存并要考虑结构对鱼类通行的影响。

在自然河流中，考虑边坡稳定设施对河流地貌条件的影响。

提供栏以保护建筑物，土堤和溢出渠的植物不受牲畜的损害。在市区附近，适当安装围栏，以控制人畜的进出。

计划和技术规范

制订安装边坡稳定设施的计划和规范，说明根据本实践安装边坡稳定设施的要求。计划和规范至少应包括以下内容：

- 边坡稳定设施及其附属设施的平面布置图。
- 根据需要提供的边坡稳定设施以及附属特征的典型剖面和横截面图。
- 根据需要提供设计结构图。
- 在需要的情况下落实播种要求。
- 安全设施。
- 具体的施工要求。

运行和维护

针对操作员编制一份运行维护计划。在运行维护计划中至少应包含以下项目：

- 要求定期检查所有设施、土堤、溢洪道和其他重要附属设施。
- 及时修理或更换损坏的部件。
- 当达到预定水位高度时，要求及时清除沉积物。
- 要求定期清除树木、灌木丛和入侵物种。
- 需要定期检查安全部件，并在必要时及时修理。
    - 根据需要进行植被保护并在裸露地表及时播种。

参考文献

USDA NRCS. 2019. Engineering Technical Release (Title 210), 60, Earth Dams and Reservoirs. Washington, D.C. https：//directives.sc.egov.usda.gov.

USDA NRCS. 2008. National Engineering Handbook (Title 210), Part 628, Dams. Washington, D.C. https：//directives.sc.egov.usda.gov.

USDA NRCS. 2012. National Engineering Handbook (Title 210), Part 650, Engineering Field Handbook. Washington, D.C. https：//directives.sc.egov.usda.gov.

草地排水道

（412，Ac.，2020年9月）

定义

一种用适当的植被建立的具有形状或坡度的渠道，该水道利用宽且浅的横截面，以无侵蚀流速将地表水输送至稳定的出口。

目的

本实践用于实现以下一种或多种目的：

- 从梯田、分水渠或其他水流聚集区输送径流，且不会引起侵蚀和洪水。
- 防止侵蚀沟的形成。
- 保护或改善水质。

适用条件

本实践适用于需要提升输水能力和保护植被的地区，以防止侵蚀并改善由地表集中径流造成的水质问题。

准则

适用于所有目的的一般准则

按照联邦、州以及当地法律和法规，计划、设计和建造草地排水道。

容量

设计的水道的峰值输送水量要能够输送 10 年一遇、持续 24 小时的暴雨。必要时，根据在计划维修事项之间水道中可能积聚的沉积物量，增加输送容量。当水道坡度不足 1% 时，若水流不会引起过度侵蚀，则可允许有水道外漫流。应确保设计的输送容量至少能够在作物受损前排出积水。

稳定性

遵循美国自然资源保护局制订的《美国国家工程手册》（第 210 篇）第 650 部分第 7 章“草地排水道”，或美国农业研究局（ARS）《农业手册》667 号“草地开放式通道的稳定性设计”等规定的步骤，确定维持草地排水道稳定性所需的最小深度和宽度。根据 10 年一遇、持续 24 小时的暴雨的最大径流速率来计算稳定性。

确保所选植被物种适宜当地条件和预期用途。选择的物种应能够在合适时间内达到足够密度、高度且能够旺盛生长，以稳定水道。

宽度

除非有多条或分流水道或其他方法能够控制蜿蜒的低水流，否则一般应保持梯形水道的底部宽度小于 100 英尺。

边坡

控制边坡坡度在 2∶1（横纵比）以下。根据拟用于维修、耕作和收割的设备需要，尽量减缓边坡，以减少对水道的损害。

深度

该水道的容量必须足够大，使得该水道的水面低于以设计流量流入该水道的支流水道、梯田或引水道的水面。

在必须积蓄水流为以防止造成破坏时，在设计深度之上提供 0.5 英尺的超高。当植被减缓水流作用为最大时，提供高于设计深度的超高。使超高延伸边坡的坡度等于或小于设计横截面的边坡。

排水

如果需要建立和维护引起水流时间延长、水位升高或易发生渗漏问题的植被，请依照保护实践《地下排水沟》（606）、《地下出水口》（620）或其他适当的措施设计水道。

在排水措施不可行或难以解决渗水问题时，则应用保护实践《衬砌水道或出口》（468）来代替此《草地排水道》（412）。

出口

提供稳定并有足够容量的出口。出口可以是另一建植通道、土沟、稳定的梯级结构、过滤带、衬砌水道或其他合适的出口。

植被栽植

按照保护实践《关键区种植》（342）中的“植被栽植”或州种植指南中给出的要求尽快种植植被。在栽植过程中，采用地膜锚固、保护作物、岩石或秸秆或干草捆、织物或岩石检查、过滤栅栏或径流分流来保护植被，直至建成。建造草地排水道之前，在流域内密集种植生长作物，如：小粒谷物或谷子，也可大大减少水道在栽植期间的水流量。必要时提供牲畜和车辆专用通道，防止对排水道和植被造成破坏。

注意事项

如果需要保护环境敏感区免遭溶解态污染物、病原体或径流中的沉积物的危害，应考虑在水流区域上方的水道上栽植宽度更宽的植被。增加水流上方已建植被的宽度也将增强对沉积物和病原体的过滤，增加径流的渗入，同时也可增加养分流失。

如若沉积物控制是主要关注点，考虑采用能够耐受局部掩埋的植被，并在水道上游采取残留物管理等沉积物控制措施。考虑增加水道深度和设计增加宽度或减少坡度的区域，以拦截和储存沉积物，减少农田损失的泥沙量。以这种方式拦截沉积物时，务必定期清理水道。

实施最佳管理实践，并结合草地排水道使用额外的保护措施系统，以尽量减少上游径流和集中流量。

耕作和作物种植通常是沿着水道进行，这容易导致水道边缘优先流以及水道边缘侵蚀。因此，需要考虑采用确保邻近地区径流进入水道的措施。设置导流的土堆或小洼地等措施可以直接将优先流引入草地排水道。

牲畜和车辆穿行道应垂直于水道。考虑穿行道的位置，最大程度地减少对水道的潜在破坏。穿行道设计不得影响设计流程的能力。

实施本实践时，应避开某些区域，在心土层或底层物质中存在着限制植物生长的物质（如：盐分、酸性、限制扎根等）区域。若不能避开上述区域，请向土壤专家请求建议以改善土壤条件，若不可行，则考虑多挖水道土层，并用表层土覆盖挖开区域，以促进植物生长。

在确定草地排水道位置时，应尽量避开或保护重要的野生动物栖息地，如：树木覆盖区或湿地。避免在草地排水道内或附近种植树木和灌木，以免干扰水力功能或导致树根进入相关地下排水系统。中等或高大的禾草和多年生阔叶植物也可沿水道边缘种植，改善野生动物栖息地。如与河岸带、树木繁茂的森林和湿地等其他类型的栖息地相连，将更有利于水道和野生生物。条件允许的话，选择具有多种用途的植物物种，例如：既对野生动物有益，同时还能满足提供稳定径流输送的基本要求的物种。

在一些潮湿地区，水生植被可能用于潜流排水或石缝。

如有必要，在干旱地区使用灌溉或补充灌溉，以促进植物萌发和植被生长。

可以通过在水道两侧增加适宜植被的宽度建立野生动物栖息地。应注意避免建立小且孤立的种植区，因为此类区域可能使其中的野生动物易被捕食，造成繁殖率下降，而引起该区域内种群数量降低。刈割可以适当提高野生动物的价值，但应尽量避免筑巢高峰期刈割并且减少冬季覆盖（增加冬季刈割）。

考虑种植能够为当地蜜蜂和其他临近水道的传粉昆虫提供花粉和花蜜的各种豆科植物、草本植物和乳草等开花植物。在干旱地区，这些区域可种植需水量较高的开花植物，从而保证在夏季晚些时候仍有花开。

对于所有经营有机产品或向有机产品过渡的作业，须遵循各项国家有机计划的规定。

计划和技术规范

针对草地排水道编制相应的计划和规范，说明根据本实践制订满足此举措的要求。至少应包括：
- 草地排水道的平面布置图。
- 水道尺寸，包括：长度、坡度、顶部宽度、底部宽度、深度和边坡（如适用）。
- 多余土壤物质的处置要求。
- 针对不同场地，以书面形式描述草地排水道安装的具体施工规范。包括在施工和植被栽植过程中集中流的控制说明。
- 植被建植要求。

运行和维护

提供一份经土地所有者审查的运行维护计划。该计划应酌情包括以下内容及其他项目：
- 制订保持水道容量、植被覆盖率和出口稳定性的维护计划。当植被遭机器、除草剂或水力侵蚀破坏时，必须及时修复。
- 通过采用径流分流或机械稳定方法，如：泥沙拦截、地表覆盖、干草捆障碍物等，使水道免遭集中流的破坏，以确保在植被栽植期间坡度的稳定性。
- 植被栽植后，拆除相应的临时措施，如：引水渠或淤泥围栏，这些措施是为了不干扰设计流量而安装的。
- 尽可能驱赶牲畜，特别是在雨季，以减少其对植被的损害。只有在管制放牧制度开始实行时，才允许在水道上放牧。
- 定期检查草地，特别是在暴雨之后。立即填充、压实和补种受损区域。清理淤积，保持草地排水道的容量。
- 避免使用会对排水道区域及其邻近区域的植被或授粉昆虫有害的除草剂或农药。
- 在耕作和栽培过程中，避免将水道作为植物转行处使用。
- 修剪植被或定期放牧以保持容量并减少泥沙淤积。减少泥沙沉积，并保持适当的植物组成和活力。
- 根据需要施用补充养分，以保持水道的所需物种种类和植株密度。
- 控制有害杂草的数量。
- 不要使用水道作为田间道路。避免在土壤较湿时使用重型设备。
- 横渡水道时，应将耕作机械举离水道并关闭化学品施用装置。

参考文献

USDA Agricultural Research Service. 1987. Stability Design of Grass-Lined Open Channels. Agriculture Handbook Number 667. Washington, D.C. https：//naldc-legacy.nal.usda.gov/catalog/CAT87216054.

USDA NRCS. 2007. National Engineering Handbook (Title 210), Part 650, Chapter 7, Grassed Waterways. Washington, D.C. https：//directives.sc.egov.usda.gov/.

地下水检测

（355，No.，2020年10月）

定义

测试来自水井或泉水的地下水的物理性质、生物性质和化学性质。

目的

本实践用于实现以下目标：

- 确定地下水供应源是否适用于牲畜用水、灌溉、野生动物用水或其他农业用途。

适用条件

本实践适用于农业地下水供应源，这些水源可能不适合其预期用途或易受污染。

本实践不适用于家用或公共地下水供应源、监测井、注入井、临时试验井或测压计。

准则

适用于所有目标的总体准则

选择与水井、泉水预期用途或问题一致的测试参数。

使用符合美国国家环境保护署的《水和废物监测分析方法》要求的取样和测试程序。

注意事项

考虑使用计算机化田间档案保存系统，以方便数据输入、分析并检索测试结果。

计划和技术规范

编制地下水检测计划和规范，描述为达到预期目的而实行此实践的要求。包括以下内容：

- 记录供水的位置、深度、日期、采样时间和供应深度。
- 记录含水层特征、地质及场地历史记录，历史记录涉及地表水、化粪池系统、化学品贮存设施、垃圾填埋场、道路、动物粪便贮存或处理设施或自然污染源等潜在污染源。
- 记录水井修建或泉水开发的施工方法。
- 包括收集过程、贮存、运输和样本检测，报告检测结果。

运行和维护

在水井或泉水设计寿命内保存水质检测记录。水质检测记录中包括下列项目：

- 通过地面坐标，如全球定位系统（GPS）或其他合适的定位方式确定采样地位置。
- 样本收集者的姓名和职位。
- 采样日期和时间。
- 水的计划用途。
- 采样地的深度间隔。
- 采样日期和时间。
- 采样器类型和样本量。
- 所使用的标准收集程序。
- 水质分析日期。
- 开展此分析的实验室名称和地址。

- 测试参数。
- 根据适用的水质标准要求，制订额外检测计划。
- 为使水质达到预期目的，采取补救措施，评估这些措施的趋势和影响，并进行记录。
- 取样时对水井或泉水状态进行观察。
- 水井或泉水开发修建日期。
- 其他规范要求的记录。

参考文献

U.S. Environmental Protection Agency. 1983. Manual of Methods for Chemical Analysis of Water and Wastes, EPA/600/4 79/020, (552 p.). Office of Research and Development, Washington, D.C.

密集使用区保护

（561，sf，2020年9月）

定义

密集使用区保护用于稳定人、动物及车辆频繁密集使用的地面。

目的

本实践用于实现以下一种或多种目的：

- 减少土壤侵蚀。
- 为动物、人或车辆频繁使用的区域提供稳定、不受损坏的地面。
- 保护或改善水质。

适用条件

本实践适用于频繁或密集使用区域需要重新安置或处理以解决一个或多个资源问题的所有土地使用情景。

准则

适用于所有目的的一般准则

所有计划的工作必须符合联邦、州、部落和地方法律和许可规定。

设计负荷

根据土地密集使用区预期的交通类型和频率（车辆、动物或人）来确定其设计荷载。

地基

评估场地地基，以确保土壤的假定承载力符合预期的设计负荷和预期气候条件下的使用频率。必要时，拆除和清理不足以承受设计载荷的材料，为打好地基做足准备。

在所有需要增加承重强度、排水、物料分离和土壤加固的场地上，使用沙砾、碎石、其他适用材料、土工织物或组合材料作为基层。参考美国自然资源保护局技术说明（第 210 篇），《设计工程》，《设计说明》（24），《土工织物使用指南》，或其他州批准的土工织物参考标准。

地面处理

选择一种稳定且适合土地密集使用区的地面处理方法。使用混凝土、沥青混凝土路面、胶凝材料、覆盖物、集料、土工织物或不同材料的组合，以防止在土地密集使用区出现冲压或车辙破坏。根据使用的材料，地面处理必须满足以下要求。

混凝土

根据美国自然资源保护局《美国国家工程手册》（NEM）（第 210 篇）第 536 部分《结构工程》设计混凝土结构和地面板。

沥青混凝土路面

路面结构设计请参考美国国家公路与运输协会标准（AASHTO）《路面结构设计指南》或国家公路部门关于沥青混凝土路面设计标准的适用规范。

在需要少量使用的区域，应在至少 4 英寸压实砾石的路基上铺设至少 4 英寸的压实沥青混凝土，以代替其特定设计。使用通常用于该地区道路铺设的沥青混凝土混合物。

其他水泥基材料

水泥基材料，如：土壤水泥、农用石灰、碾压混凝土和煤燃烧副产品（烟气脱硫污泥和粉煤灰），可作为耐用、稳定的铺面材料。根据表面材料的特性，制订一种抗压强度负荷预期用途和土地密集使用区负荷的场地混合设计。选择无毒且化学特性符合预期用途的材料。

集料

针对预期磨损和预期用途设计集料表面。除了针对不同场地的特定设计，对于用于轻度非机动车使用的区域，集料路面和基层的最小总厚度为：动物通行区 6 英寸，其他地区 4 英寸。

对于其他情况，使用美国自然资源保护局技术说明（第 210 篇），《农业工程说明》（4），《土壤和集料路面设计指南》或其他适当的方法来设计集料厚度。

覆盖物

对于石灰石、煤渣、树皮、树皮覆盖物、砖屑或碎橡胶等材料，最小层厚为 6 英寸。不建议在牲畜或车辆用道上使用覆盖物。

植被

仅在交通可管理的区域使用植被措施，以确保植被覆盖能够得以维持。选择抗磨、恢复周期短且适合当地环境的草种或其他植物材料。根据保护实践《关键区种植》（342）中的准则或适当的国家参考标准，种植植被。

对于将作为植被种植地段进行管理的土地密集使用区，区域中应设置足够数量的地块，以便迁移动物来维持植被。确保只有当植被在动物迁移期间能够恢复时，才使用植被种植区。

其他

也可使用其他能满足预期目的和设计寿命的材料。

排水

根据需要，在设计中加入表面和地下排水的规定。按规划流向设计正坡。填充可能导致路基不稳定或地下水污染的低洼区域。

净水引水渠

尽可能防止地表水进入土地密集使用区。有关排水控制，请参考保护实践《引水渠》（362）、《地下出水口》（620）、《顶盖和覆盖物》（367）、《屋面径流结构》（558）或其他适当的保护实践。

稳定和侵蚀防控

施工结束后，尽快稳定所有受施工干扰的区域。植被的种植参考保护实践标准《关键区种植》（342）。如果场地不适合种植植被，则根据保护实践《覆盖》（484）中的准则来稳定受干扰区域。

水质

如果土地密集使用区的地下水可能受到污染，则选择另一个场地或设置不透水的表面，以减少污染物的渗透。

对于有地表水水质问题的土地密集使用区，重新选择现场位置或制订相关规定，以收集、储存、处理或利用土地密集使用区的受污染地表径流。增加在不造成侵蚀或水质损害的情况下处理径流的规定。必要时，使用保护实践《废物转运》（634）、《植被处理区》（635）、《关键区种植》（342）、《栅栏》（382）、《计划放牧》（528）、《过滤带》（393）、《访问控制》（472）或其他类似标准作为辅助。

休闲娱乐

新修建设施或改造现有设施时，满足无障碍要求。1990 年《美国残疾人法案》（ADA）要求公众休闲区必须对残疾人士开放。

注意事项

土地密集使用区可能会对相邻土地的使用产生重大影响，包括环境、视觉和文化影响。选择与相邻区域适应的处理方式。应考虑临近土地以及将产生稳定性问题的土地使用。

种植植被的土地密集使用区可能需要额外的保护措施，如：土工格栅或其他加固技术，或有计划的休息和恢复期，以确保植被稳定。

在设计过程中考虑用户的安全。避免易滑的表面、锐角或可能困住使用者的表面和结构。对于动物使用频繁的区域，避免采用可能伤害牲畜的带角集料当混凝土用于牲畜印记或纹理混凝土在潮湿或冰冻条件下提供牵引力时。

通过路面铺砌或其他方法降低密集使用区域的渗透性，可以减少渗透并增加地表径流。根据土地密集使用区的大小，这可能会对周围区域的水分平衡产生影响。应考虑对地下水和地表水的影响。

考虑在泥泞场地安装土地密集使用区保护装置对动物健康的影响。泥土会传播细菌和真菌疾病，有利于苍蝇繁殖，而牛在泥泞的地区也很难行动。蹄吸使牛很难在泥泞的地方四处走动。此外，泥土会影响动物皮毛的保温作用，动物会消耗更多的能量来保暖。随着温度下降，动物可能会聚集，进而导致植被覆盖减少或消失，并导致侵蚀和水质问题。

为减少土地密集使用区对水质的负面影响，应尽量选址在远离水体或河道的地区。在某些情况下，除了对已经在使用的区域进行防护，还可能需要重新选择土地密集使用区域的位置。

尽可能使地表材料底部与季节性高地下水位或基岩之间保持 2 英尺的间隔距离。

为防止因土地密集使用区产生的颗粒物造成空气质量问题，考虑使用保护实践《防风林 / 防护林建造》(380)、《草本植物防风屏障》(603)、《露天场地上动物活动产生粉尘的控制》(375)或《未铺筑路面和地表扬尘防治》(373)，以控制来自土地密集使用区的灰尘。

考虑尽可能缩小土地密集使用区的面积。可能需要改变牲畜的管理方式，但从长远来看，这有利于实现少量维护和高效作业。

对于需要经常刮平的区域，考虑使用混凝土或其他耐用表面。

计划和技术规范

制订土地密集使用区保护的计划和规范，说明根据本实践保护土地密集使用区的要求。至少应包括：

- 显示实践地的位置和范围的平面图，包括相邻区域的特征和已知公用设施的位置和距离。
- 显示铺装或稳定材料的类型和所需厚度的标准截面图。
- 根据需要提供分级计划。
- 在适当情况下，制订所需的结构细节计划。
- 用于稳定受施工干扰区域的方法和材料。
- 说明现场特定安装要求的施工规范。
- 植物种植规范（如适用）。

运行和维护

制订运行维护计划，并在开始安装设施前与经营者共同审查。运行维护计划中应涉及的最低要求如下：

- 定期检查——年检和重大降雨事件发生后立即进行的检查。
- 迅速修理或更换损坏的部件，特别是受到磨损或侵蚀的表面。
- 对于牲畜密集使用区域，根据需要定期清除和管理粪肥。
- 对于种植植被的土地密集使用区，应限制使用，以保护场地，使植被能够得以恢复。

参考文献

American Concrete Institute. 2010. Guide to Design of Slabs-on-Ground. ACI 360R-10. Farmington Hills, MI.

American Concrete Institute. 2008. Guide for the Design and Construction of Concrete Parking Lots. ACI 330R-08. Farmington Hills, MI.

American Concrete Institute. 2006. Code Requirements for Environmental Concrete Structures. ACI 350- 06, Appendix H, Slabs on Soil. Farmington Hills, MI.

American Association of State Highway and Transportation Officials. 1993. AASHTO Guide for Design of Pavement Structures. Washington, D.C.

Korcak, R.F. 1998. Agricultural Uses of Coal Combustion Byproducts. In R.J. Wright, et al. (eds.). Agricultural Uses of Municipal, Animal, and Industrial Byproducts. USDA-ARS, Conservation Research Report 44, pp. 103-119.

USDA NRCS. 1991. Technical Note (Title 210) Design Engineering, Design Note 24, Guide for the Use of Geotextiles. Washington, D.C. https:

//directives.sc.egov.usda.gov/.

USDA NRCS. 2017. Technical Note (Title 210) Agricultural and Biological Engineering, Agricultural Engineering Technical Note 4, Earth and Aggregate Surfacing Design Guide. Washington, D.C. https：//directives.sc.egov.usda.gov/.

USDA NRCS. 2017. National Engineering Manual (Title 210), Part 536, Structural Engineering. Washington D.C https：//directives.sc.egov.usda.gov/.

草本杂草处理

（315，Ac.，2020年10月）

定义

清除或控制草本杂草，包括入侵植物、有害植物、被禁植物或不良植物。

目的

本实践用于实现以下一种或多种目的：

- 提高草料和嫩草的可给性、数量和质量。
- 恢复或释放与场地潜力相一致的原生植物或创造理想植物群落和野生动物栖息地。
- 保护土壤、控制侵蚀。
- 减少细小可燃物负荷和野火隐患。
- 将分布广泛的植物物种控制到便于处理的理想水平。

适用条件

除了需要移除、减少或处理草本植被的活跃农田外，所有土地都适用这种处理。

本实践不适用于为改变土地用途或按规定施火的方式来清除草本植被。人工引火清除草本植被，参考保护实践《计划烧除》（338），清除草本植被以改变土地用途，参考保护实践《土地清理》（460）。

准则

适用于所有目的的一般准则

为了实现对目标物种的预期控制和对所需物种的保护，进行草本杂草处理。所需物种将有利于提高土地利用率和发挥场地潜力。这将通过机械、化学或生物方法单独或组合完成。

将盛行的不良草本植被控制到期望的处理水平，这将有助于生态场地达到理想的状态。

美国自然资源保护局不会制订昆虫生物防治建议或化学处理建议。

美国自然资源保护局可为客户提供可接受的生物或化学控制参考，以达到预期的管理目标。

美国自然资源保护局可能会提供建议，以便于利用放牧动物来管理草本杂草，进而达到生物控制的目的。为了实现并维持预期目标，参考美国自然资源保护局制订的保护实践标准《计划放牧》（528）进行。

非化学杂草管理技术，如割草、手动清除。

使用除草剂时，应遵守除草剂标签上列出的、推广服务和其他经批准的病虫害治理参考资料中所列的所有环保要求和特定现场施用准则。最新的除草剂标签参见网址：http：//www.greenbook.net。

包括为实现资源管理目标的后处理措施。

根据所采用的管理方法和除草剂标签上列出的限制条件，控制牲畜和人的进入。

治理管理并处置处理过的杂草，防止草本杂草向其他地点蔓延。

当不良草本杂草处理导致需要重建所需的草本物种时，遵循适当的植被建植规定，如保护实践《牧草和生物质种植》（512）、《覆盖作物》（340）、《保护层》（327）、《牧场种植》（550）、《关键区种植》（342）、《乔木 / 灌木建植》（612）或《野生动物栖息地种植》（420）。

杂草预防策略，包括：

- 尽量减少土体扰动。
- 尽量减少设备在杂草滋生地区的移动。

- 检查并清洁设备，以防止有害植被扩散。

一年中，在杂草最脆弱、恢复本地或理想植物群落最容易的时期进行杂草处理。

在使用化学品之前，必须考虑邻近土地的用途。同时应考虑使用化学品的残余影响。关于对敏感地区以及地表水体或岩溶地形等的预防措施，须遵循标签指示和州的有关规定。

提高饲料草料或嫩草可给性、数量和质量的附加准则

草本杂草的处理要将以尽量减少对草料或其他非目标植物的负面影响的方式进行。草本杂草控制处理的时间和顺序应与保护实践《计划放牧》（528）或《牧草收割管理》（511）的规范相一致。

恢复或释放与场地潜力相一致的原生植物或创造理想植物群落和野生动物栖息地的附加准则

处理草本杂草时，要保护本地原生植物或理想植物物种的健康水平和生长活力，应确保可以保持或巩固重要野生动物栖息地。一年中，选择适当的时间进行草本杂草处理，以适应目标野生动物和传粉昆虫的繁殖和其他生命周期要求。处理草本杂草时，采用维持或增强植物群落组成和结构的处理方法，以满足目标野生物种的需求。

使用适用的生态单元描述（ESD）状态和过渡模型或其他合适信息，以制订有利于生态环境的规范。处理措施须与生态场所的动态变化相一致，并与现状和植物群落结构的形成阶段相对应。其中，植物群落的形成阶段取决于理想植物群落所具有的支撑潜力和能力。如果 ESD 不可用，则应根据理想植物群落组成、结构和功能的最佳近似值制订规范。

利用本地植被来保护传粉昆虫和野生动物。

土壤保护和控制侵蚀的附加准则

清理草本杂草，减少土体扰动和土壤侵蚀。清理草本杂草，减少土体扰动和土壤侵蚀。

为保护土壤、防止侵蚀，将采用额外的处理措施。

减少细小可燃物负荷和野火隐患的附加准则

以创造本地原生植物或理想植物群落的方式来处理杂草种类，从而减少积累过多燃料负荷的可能性，降低野火隐患。

采用处理方法时，应尽量减少对空气资源的意外影响（如：灰尘、化学物漂移等）。

控制分布广泛的植物物种达到预期处理水平的附加准则

计划并实施额外的处理措施，通过重新施用（每个生长季节可能不止一次）来实现对普遍存在的植物物种的有效控制。

注意事项

考虑使用保护实践《病虫害综合防治体系》（595）来辅助草本杂草处理。

在选择造成土体扰动的治理方法时，要考虑土壤侵蚀的可能性和植被建植的难度。

考虑适当的处理时间。一些草本杂草处理活动在一年内就会有成效；部分草本杂草可能需要多年清理才能达到预期目标。

考虑对野生物种的影响。一般来说，创造一种马赛克图案的清理方法可能是最可取的。保留本土的草地、草本植物和木本植被将有利于更多种类的野生动物和传粉昆虫。当使用选择性除草剂时，留下其他理想植物物种对野生动物和传粉昆虫有益。

在规划草本杂草处理方法和数量时，应考虑对野生动物食物供应、空间和覆盖物的影响。

使用化学农药处理时，可能需要国家颁发的许可证。

为了达到保护空气质量的目的，考虑使用化学方法进行草本杂草处理，尽量减少化学物漂移和过量的化学物使用，并应考虑采用机械方法处理草本杂草，以尽量减少颗粒物的夹带。

设计并执行使用适应性管理的计划，以应用从早期治理施用中获得的知识。

计划和技术规范

根据本实践中所包含的准则，为每片农田或处理单元制订计划和规范。草本杂草处理措施计划至少应包括：

- 目标与目的声明。
- 场地规划平面图和土壤图。
- 目标植物的预处理覆盖物或密度，以及计划的处理后覆盖物或密度。

说明或确定待处理区域、处理模式（如适用）以及不受干扰的区域的地图、图纸或描述。

- 监测计划，明确应测量什么（包括时间和频率）和将对植物群落造成的影响（与目标相比）。
- 处理后需要的相应植被恢复保护实践标准（如适用）。
- 对于机械处理方法，计划和规范将包括上述第 1 至第 5 项，并加上以下内容：
    - 用于处理的设备类型。
    - 为实现有效处理设置的日期。
    - 操作说明（如适用）。
    - 需要遵循的技术和程序。
- 对于化学处理方法，计划和规范将包括上述第 1 至第 5 项，并加上以下内容：
    - 进行目标物种的控制和管理时，可接受的化学处理参考。
    - 记录使用的技术、计划的日期和使用率。
    - 使用 WIN-PST 或选择其他获批准工具处理时，评估并说明所选择的除草剂的风险。
    - 考虑任何特殊缓解措施、时间因素或其他因素（如：土壤质地、与水的距离和有机质含量），以确保最安全、最有效地使用除草剂。
    - 产品标签参考说明。
- 对于生物处理方法，计划和规范将包括以上所列第 1 至第 5 项，并加上以下内容：
    - 用于控制和管理目标物种的选定生物控制剂的可接受生物处理参考。
    - 文档发布日期、类型和药剂号。
    - 放牧或啃牧的时间、频率、持续时间和强度。
    - 放牧或啃牧的程度，以便对目标物种进行有效管理。
    - 所需的非目标物种的最大允许使用程度。
    - 与所选择的处理方式有关的特殊缓解措施、预防措施或要求。

运行和维护

运行

草本杂草管理措施应采用经批准的材料和程序。运行要遵守地方、州、部落和联邦的所有法律和条例。土地所有者应该在运行实施之前获得相关许可。遵守州和联邦关于限制使用农药和农药施用者许可证等方面的要求。

经营者将为接触化学品的人员制订安全计划，包括紧急治疗中心的电话号码和地址，以及最近的中毒控制中心的电话号码。

在遇到非紧急情况也可拨打俄勒冈州科瓦利斯的国家农药信息中心（NPIC）电话号码：1-800-858-7384 拨打时间：周一至周五上午 6: 30 至下午 4: 30（太平洋时间）。国家化学品运输应急中心（CHEMTRAC）电话号码： 1-800-424-9300。

- 按标签要求对井、季节性溪流、河流、天然或蓄水池塘和湖泊以及水库进行混合或装载回填。
- 根据标签说明或联邦、州、部落、地区和当地法律，在处理过的农田周围张贴标识。同时遵循时间间隔限制。
- 根据标签说明或联邦、州、部落、地区和当地法律，处置除草剂和除草剂容器。
- 阅读并遵守标签说明，并持有适当的安全数据表（SDS）。可访问：http：//www.greenbook.net/ 查看安全数据表（SDS）和除草剂标签。
- 在每次季节性使用前，以及每次主要化学品和场地变更时，根据建议校准施肥设备。
- 对于喷淋设备上磨损的喷嘴、破碎的软管和有缺陷的压力表，应进行更换。
- 进行至少 2 年的植物管理记录。除草剂施用记录应符合美国农业部（USDA）农产品市场服务的农药备案程序和州的特定要求。

维护

在对该情况进行长时间监测并收集可靠数据后，通过评估目标物种和所需物种是否再生或重现来判断实践是否成功。评估期的长短取决于被监测的草本杂草种类、繁殖体（种子、植物材料和根）与场地的接近度、种子的传播方式（风或动物）以及所用的方法和材料。

初次施用之后，可能会有草本杂草再生、重新发芽或重现的情况。当杂草植株最脆弱时，应根据需要制订相应的程序来对个别植物或区域进行局部再处理。

定期审查并更新草本杂草处理计划：

- 结合新的病虫害综合防治技术。
- 对放牧管理和复杂的杂草种群变化作出处理。
- 遵循合作推广服务指南，避免杂草对除草剂化学品产生抗药性。

参考文献

Bamka, W., B. Barbour, L. Gladney, and C. Williams. 2013. Poisonous Weeds in Horse Pastures. Cooperative Extension Fact Sheet FS938. Rutgers University, New Brunswick, NJ. https：//njaes.rutgers.edu/fs938/.

Coombs, E., J. Clark, G. Piper, and A. Cofrancesco, Jr. (Eds). 2004. Biological Control of Invasive Plants in the United States. Oregon State University Press, Corvallis, OR.

Cornell University. 2019. "Plants Poisonous to Livestock and Other Animals." Department of Animal Science, Ithaca, NY. Accessed September 8, 2020. http：//www.ansci.cornell.edu/plants/.

Evers, R.A. and R.P. Link. 1972. Poisonous Plants of the Midwest and their Effects on Livestock. Special Publication 24. University of Illinois, College of Agriculture, Urbana, IL.

Lingenfelter, D. and W.S. Curran. 2001. Weed Management in Pasture Systems. Penn State Extension, State College, PA. https：//extension.psu.edu/weed-management-in-pasture-systems.

Oliver, L.B., J.P. Stovall, C.E. Comer, H.M. Williams, and M.E. Symmank. 2019. Weed Control and Overstory Reduction Improve Survival and Growth of Under-planted Oak and Hickory Seedlings. Restoration Ecology Vol. 27, Issue 1. DOI： 10.1111/rec.12826.

Peachey, E., A. Hulting, T. Miller, D. Lyon, D. Morishita, and P. Hutchinson. 2020. Pacific Northwest Weed Management Handbook. Oregon State University, Corvallis. OR.

Peischel, A. and D.D. Henry, Jr. 2006. Targeted Grazing： a Natural Approach to Vegetation Management and Landscape Enhancement. American Sheep Industry Association. Englewood, CO.

Radosevich, S.R., J.S. Holt, and C.M. Ghersa. 2007. Ecology of Weeds and Invasive Plants – Relationship to Agriculture and Natural Resource Management, Third Edition. John Wiley & Sons, Inc.

Sheley, R., J. James, B. Smith, and E. Vasquez. 2010. Applying Ecologically Based Invasive-Plant Management. Rangeland Ecology & Management 63(6)： 605-613. DOI： 10.2307/40961070.

USDA Agricultural Research Service. 2011. Plants Poisonous to Livestock in the Western States. Agriculture Information Bulletin Number 415. Poisonous Plant Research Laboratory, Logan, UT.https：//www.ars.usda.gov/is/np/poisonousplants/poisonousplants.pdf.

Whitson, T.D., L.C. Burrill, S.A. Dewey, D.W. Cudney, B.E. Nelson, R.D. Lee, and R. Parker. 2012. Weeds of the West, 11th Edition. Western Society of Weed Science in cooperation with the Western United States Land Grant Universities Cooperative Extension Services and the University of Wyoming.

灌溉渠或侧渠

（320，Ft，2020年10月）

定义

一条用于将灌溉用水从供水源输送到一个或多个灌溉区域的永久性沟渠。

目的

应用本实践实现以下目的：

- 促进灌溉地用水的有效分配和使用。

适用条件

- 需要灌溉渠、侧渠等相关水利设施作为灌溉用水输水系统的组成部分。
- 所供应地区的水资源充足，满足所种植作物的灌溉需求。

对于农田灌溉用水，或水输送不超过每秒 25 立方英尺，则须采用保护实践《灌溉田沟》（388）。

准则

适用于所有目标的总体准则

容量要求

水渠和侧渠设计应保证在最大可能阻碍条件下安全输送所需流量。容量设计要根据如下方面选择曼宁糙率系数“*n*”的值：

- 建造水渠和侧渠的材料。
- 对准。
- 水力半径。
- 植被生长的预期值。
- 计划运行维护。

水渠和侧渠的容量要满足如下要求：

- 输送可进入沟渠的地表径流。
- 足以满足所有灌溉系统的运输需求，以及弥补水渠或侧渠运输中预计损失所需的水量。
- 满足缺水地区的可用水供应，这些地区的水量通常无法满足灌溉需求。

速率

水渠和侧渠设计流速应不对流经通道的材料产生侵蚀。对于无衬砌水渠，如可行，应根据当地特定土壤的限制流速。若上述速率不可用，则最高设定速率不能超过美国自然资源保护局《美国国家工程手册》（第 210 篇）第 654 部分第 8 章“入口沟渠设计”图 8-4 或者其他等效方法中的规定。对于使用土工材料建造的无衬砌水渠和侧渠，应使用不超过 0.025 的曼宁糙率系数“*n*”来检验速率是否超过容许值。

坝顶超高

最大设计水位以上所需的坝顶超高应至少是设计流深的 1/3，且不得小于 0.5 英尺。

水位

水位设计应可提供足够的液压压头，保证所有从水渠或侧渠分流出的排水沟或其他输水构筑物都能顺利运行。

边坡

根据所使用的特定土壤或地质材料，水渠和侧渠设计应设有稳定的边坡。水渠或侧渠堤岸设计的边坡坡度不应比《美国国家工程手册》第650部分第14章“水管理（排水）”第650.1412（d）（3）节中规定的坡度大。

顶宽

水渠或侧渠的顶宽应可保证其稳定性，防止过度渗水并便于维护。堤岸顶宽不应小于2英尺，且应等于或大于流深。

地表水保护

在实际可行情况下，应在水渠的上方或下方输送邻近地区的径流。如果允许径流流进水渠或侧渠，应避免边坡受到侵蚀，并应对其处置方式进行规划。如允许含泥沙水进入水渠或侧渠，设计需将利用水渠或侧渠运输沉积物，或收集、清除沉积物的装置措施包含在内。

相关结构

水渠或侧渠应为设施成功运行提供足够的道岔、格子、交叉口等其他相关结构。所有结构须符合适用的美国自然资源保护局制订的保护实践标准。预防或控制侵蚀所需的结构应在水渠或侧渠投入使用前进行安装。

衬砌

在土壤渗透速度适中至渗透性极高的地方，或存在侵蚀性流速的地方，根据适用的保护实践《沟渠和水渠衬砌或管道》的规定，水渠或侧渠应铺上衬砌或管道。

维修通道

按要求制订维修规定，进行维修。若要将堤岸或护堤顶部作为车行道，则其应足够宽，以使设备可以安全地在其上方行驶并开展操作。

弃土处置

根据保护实践《弃土处置》（572），尽快摊平弃土材料。如果弃土材料沿水渠或侧渠放置，请确保弃土堆边坡稳定。确定弃土堆的位置，使弃土不会侵蚀水渠或侧渠。必要时，开辟径流水道，保证其通过弃土堆并进入水渠或侧渠时不会造成严重侵蚀。

注意事项

在对本实践进行规划时，请根据适应情况考虑以下内容：

- 特性中需包含安全因素。
- 要注意径流中携带的泥沙、可溶性和附着在沉积物上的物质流入地表水，以及溶解物质流向地下水。
- 使用缓冲器或过滤器去除径流中的沉积物。
- 在对受干扰区域进行植被恢复时，应考虑种植有利于传粉昆虫和其他益虫生长的植物物种。另外，请注意，一般来说，与非本地或入侵植物相比，本地植物种类作物害虫更少。可将大型植被限制于水渠一侧，以便进行水渠管理。

计划和技术规范

根据本实践的要求，编制计划和规范，描述适用于本实践的各项要求。计划和规范至少应包括以下部分：

- 平面图或地图，显示计划水渠或侧渠的位置和范围。
- 横截面详图。
- 剖面或沟渠等级。
- 路堤或堤岸详图。
- 弃土位置细节。
- 附属设施结构细节。
- 以书面形式描述安装详细要求规范。
- 若可行，须提供推荐的植被覆盖物种、覆盖物建立方法和维护信息等重建植被详情。若可行，须纳入保护实践《关键区种植》（342）。

运行和维护

在实施本实践之前，应向土地所有者提供特定场地运行维护计划，并与其共同审核。本计划应至少包括以下条例：

- 定期检查，风暴天气后进行检查，以检测问题并减少对水渠或侧渠的损害。
- 及时修理或更换损坏的部件。
- 清除阻碍系统运行的杂物和异物。
- 在所有斜坡和水道上保留推荐的植被覆盖。若可能，应在草巢物种主要筑巢季节之外，安排刈割草类或其他植物干扰活动。

参考文献

USDA NRCS. 2001. National Engineering Handbook (Title 210), Part 650, Engineering Field Handbook, Chapter 14, Water Management (Drainage). Washington, D.C. https：//directives.sc.egov.usda.gov/.

USDA NRCS. 2007. National Engineering Handbook (Title 210), Part 654, Chapter 8, Threshold Channel Design. Washington, D.C. https：//directives.sc.egov.usda.gov/.

灌溉渠道衬砌

（428，Ft，2020年10月）

定义

采用防渗材料或经化学处理进行衬砌的灌溉渠道、沟渠或侧渠。

目的

应用本实践实现以下一个或多个目的：

- 提高灌溉用水的输送效率。
- 防止土地积水。
- 保持水质。
- 防止侵蚀。
- 减少失水量。
- 降低能量损失。

适用条件

本实践适用于受侵蚀或过度渗漏的已建沟渠，这些沟渠是灌溉水输送或分配系统的组成部分。

本实践适用地区拥有足够的灌溉系统，供水量满足所种作物的用水需求、用水方法可行。

本实践不适用于天然溪流。

准则

适用于所有目标的总体准则

规划、设计、建造衬砌水道，确保其符合所有联邦、州和地方法律法规。

沟渠应位于不易遭受侧面排水泛滥损坏的区域，或应采取措施保护其免遭此类损坏。

采取措施保护衬砌免遭外部水压、冻胀、与土壤和水发生化学反应、动物、火灾等的损害。

衬砌厚度应根据各场地的工程注意事项来确定。在确定沟渠衬砌厚度时，应评估其位置、沟渠尺寸、流速、路基状况、施工方法、运行方式、衬砌材料、预期年限、气候等因素。

材料

若场地内存在损害衬砌的成分，如硫酸盐、盐类或其他强化学浓度物质，应确保衬砌材料能兼容或抵抗该类化学物质。

混凝土

对于混凝土衬砌设计，遵循保护实践《池底密封或衬砌——混凝土》（522）中的准则。另外，限制沟渠中的混凝土衬砌满足如下条件：

- 底部宽度不超过 6 英尺。
- 流量等于或小于每秒 100 立方英尺。
- 设计流速等于或小于每秒 15 英尺。

不使用其他火山灰水泥时，粉煤灰可代替 25% 的水泥（按重量计算）。应符合 ASTM C-618“混凝土用粉煤灰和生料或煅烧火山灰水泥标准规范”的要求。

可使用加气外加剂改善混凝土的可加工性，减少冻融循环造成的损害。若混凝土混合料最大集料粒度小于 1 英寸，则含气量（按体积计算）为 4%~6%；若最大集料粒度大于 1 英寸，则含气量（按体积计算）为 5%~7%。

水灰比应为 0.50 ± 0.05。

土壤中硫酸盐浓度较高时，应按照表 1 所示数值修建混凝土衬砌。

表 1 混凝土与硫酸盐接触时的水泥要求①

水溶性硫酸盐（SO_4^{2-}）重量百分比	每百万单位水中的可溶性硫酸盐（SO_4^{2-}）	水泥类型 ASTM C150	水泥类型 ASTM C595
$SO_4^{2-} < 0.10$	$SO_4^{2-} < 150$	任意	任意
$0.10 \leqslant SO_4^{2-} < 0.20$	$150 \leqslant SO_4^{2-} < 1\ 500$	Ⅱ	IP、IS 或带有（MS）名称的 IT 型水泥
$0.20 \leqslant SO_4^{2-} \leqslant 2.00$	$1\ 500 \leqslant SO_4^{2-} \leqslant 10\ 000$	V	IP、IS 或带有（HS）名称的 IT 型水泥
$SO_4^{2-} > 2.00$	$SO_4^{2-} > 10\ 000$	V+ 火山灰水泥或矿渣水泥②	IP、IS 或带有（HS）名称 IT 型水泥及火山灰水泥或矿渣水泥 2

① 数据来源于美国混凝土学会（ACI）318 号文件表 19.3.1.1 和 19.3.2.1。
② 火山灰水泥或矿渣水泥的用量应至少与使用记录中确定的最少用量一致，以提高 V 型水泥的抗硫酸盐侵蚀性。

矩形截面普通混凝土衬砌的最小厚度应为 3.5 英寸。梯形或抛物线形截面，其最小厚度应符合表 2。

表 2 梯形或抛物线形截面、普通混凝土沟渠及沟渠衬砌的最低要求厚度

设计流速①（英尺 / 秒）	不同气候区域的最小厚度②（英寸）	
	暖	冷
设计流速①（英尺 / 秒）	不同气候区域的最小厚度②（英寸）	
小于 9.0	1.5	2.0
9.0 ～ 12.0	2.5	2.5
12.0 ～ 15.0	2.5	3.0

① 短槽段的流速不应考虑设计流速。
② 气候区域名称：
- 暖：1 月平均气温高于 40°F。
- 冷：1 月平均气温低于 40°F。

钢铁和有色金属

钢铁和有色金属会受到土壤和腐蚀性水的损害，此时应使用涂层、阴极保护或其他专门设计的方法保护衬砌免遭损害。

镀锌衬砌材料应符合 ASTM A653/A653M“热浸镀锌或镀锌铁合金（镀层退火）钢板的标准规范”。宽度为 84 英寸或更小的单个薄板，其衬砌材料的最小厚度应为 24 规格；较宽薄板，其最小厚度为 22 规格。隔板及相关结构所用钢板的最小厚度应为 20 规格。

衬板的边缘应轧制或压成某种形状，使其能在弯角处提供额外强度，衬砌顶部的沟岸上应有牢固的锚固装置。

衬垫配件中使用的紧固件和锚件应采用镀锌、镀镉、不锈钢或环氧树脂涂层，根据电势序，紧固件和衬砌相兼容。接头灵活且防水，以密封剂材料填充，能够承受衬砌材料的收缩或膨胀，适应场地预期的温度变化。

土工合成材料和半刚性塑料

保护土工合成材料和半刚性塑料衬砌免遭动物、过热或火灾损害。由土、土和砾石覆盖的土工合成材料衬垫，覆盖物厚度不得小于 6 英寸，高于衬砌顶部边缘 6 英寸以上，制造商建议不同尺寸情况除外。受牲畜运输影响的地区，覆盖保护层的最小厚度须为 9 英寸，且不得含有大于 3/8 英寸的颗粒、有棱角颗粒和其他尖锐物体。

覆盖物底部 3 英寸处所用材料中不含有大于 3/8 英寸的颗粒、有棱角的岩石颗粒和其他尖锐物体。根据制造商建议，可能需要加厚沟渠底部的衬砌材料。

覆盖衬砌需要切断和锚沟，保护衬砌到路基部分。如果接缝裂开，外露的衬砌需要切断和锚沟，以确保衬垫不会隆起或从底部、侧面撕开。

确保外露的建造衬砌材料具有足够的紫外线防护能力，防止过早劣化。根据制造商建议，在安装聚氨酯或土工织物复合衬砌时需外露。

各种衬砌材料所需的最小厚度应根据路基条件、静水压力和衬砌在安装期间或安装后的损坏敏感性确定（表 3）。

表 3 各种衬砌材料的最小所需厚度

材料	最小厚度（密耳，除非注明）
PVC①	30
GCL①	0.75 磅 / 平方英尺钠基膨润土
EPDM	45
EPDM（加强）	45
聚氨酯 / 土工织物复合材料	45
HDPE	30
LLDPE	30
LLDPE（加强）	24
PE（加强）	24
FPP	30
FPP（加强）	24
沥青土工膜	120
化学处理	3 英寸
压实黏土	3 英寸

① 所需覆盖物（不得外露安装）。
关键词：PVC 为聚氯乙烯，GCL 为钠基膨润土防水毯，EPDM 为三元乙丙橡胶（合成橡胶），HDPE 为高密度聚乙烯，LLDPE 为线型低密度聚乙烯，PE 为聚乙烯，FPP 为柔性聚丙烯。

化学处理

化学处理包括将化合物应用于土沟渠表面。处理时可加入膨润土或掺土水泥。应用要求根据现场性能数据或地质技术实验室报告的规定，结合并压实混合土壤和处理混合物。缺少上述报告的情况下，可应用处理混合物，其比例等于或大于表 4 中规定的量。衬垫最大安装厚度为 6 英寸（表 4）。

表 4 沟渠化学处理所用压实衬砌的最小施用量

材料	最小施用量 / 压实厚度（磅 / 平方英尺）/（英寸）
TSPP①	0.0125
STPP①	0.0125
碱灰①	0.025
膨润土①	见土壤类型
粉土	0.375
粉质沙	0.5
纯质沙	0.625
掺土水泥	1.25

① 所需覆盖物（不得外露安装）。
关键词：TSPP 为焦磷酸四钠，STPP 为三磷酸盐，碱灰为碳酸钠，膨润土为钠基膨润土（最小自由膨胀率 22mL），掺土水泥为波特兰水泥、土壤和水的混合物。

容量

有衬砌的沟渠容量应满足其预期目的要求，且不造成损坏或超过设计坝顶超高。出于设计目的，容量应根据最大粗糙度使用曼宁公式进行计算，其中“*n*”值不得小于：

混凝土：0.015；

钢 / 有色金属：0.013；

土工合成材料 /SRFP（覆盖）：0.025；

土工合成材料 /SRFP（外露）：0.011；

化学处理：0.025。

流速

在无覆盖混凝土或金属衬砌的沟渠中，直线段的流速限制为临界流速的 1.7 倍，避免不稳定浪涌流动，利用该流速流入沟渠段或装置的目的是将流速降到临界流速以下。确保直道中的最大流速为每秒 15 英尺。

在使用土工合成材料衬砌时，应按制造商建议进行流速限制。

有覆盖衬砌的沟渠中，用曼宁糙率系数计算流速，其中“*n*”小于等于 0.025，进而评估覆盖物材料的稳定性。

若在衬垫上使用土壤材料作为覆盖保护层，则流速不得超过土壤材料的非侵蚀流速或渠道、沟渠流经材料的非侵蚀流速，以较小者为准。如可行，可使用当地有关特定土壤极限流速的资料。若缺少如上资料，地基稳定极限应参考美国农业部农业研究所《农业手册》第 667 号“草地明渠的稳定性设计”或其他类似沟渠稳定性准则中的界面切向应力设计方法。

通过闸门、岔道、虹吸管或类似方式将水输送到田间的沟渠中，其流速应小于超临界值且足够低，达到计划结构或装置的运行条件。

坝顶超高

沟渠所需坝顶超高应因沟渠规模、斜坡、沟渠修建材料、横坡、拦截排水面积、对准、水位变化率、运行情况等其他场地条件而异。衬砌沟渠的最低坝顶超高高于设计水面 3 英寸。如果设计流速在临界速度的 ±30% 以内，则坝顶超高至少为 6 英寸。

最低坝顶超高要求基于如下假设，即已建沟渠底部高度与设计高度的差值不超过 0.1 英尺。如容许建筑偏差大于 0.1 英尺，则应提高最低坝顶超高。如流速、流深、对准、障碍物、曲线等其他现场条件需要，则应提供额外的坝顶超高。

水位

所有衬砌沟渠设计应保证出口处水位足够高，以将所需流量输送到田面。若使用沟挡板或其他控制装置提供所需水位差，则在计算坝顶超高要求时必须考虑回水影响。

地表以上所需水面高度随出水口结构或设备类型、所需水量而变化。水位差最小值为 4 英尺。若预计排水口会发生侵蚀，则使用消能装置。

沟渠边坡

针对以下所示施工方法和材料，确保边坡坡度不得超过表 5 所示标准。

表 5 各种施工方法和材料的边坡陡度

人工浇筑成型混凝土		
	衬砌高度小于 1.5 英尺	垂直
人工浇筑抹平混凝土		
	衬砌高度小于 2.5 英尺	3/4 H，1V①
	衬砌高度大于 2.5 英尺	1H，1V
滑料成型混凝土		
	衬砌高度小于 3 英尺	1H，1V
	衬砌高度大于 3 英尺	1.25H，1V
化学处理		
	喷雾或阶梯应用	1H，1V
	斜坡掺入	3H，1V
覆盖衬砌		
	不小于	3H，1V

①H 为水平，V 为垂直。
以上未列出材料，请遵循制造商建议。

沟岸

利用土壤修建沟岸形状，至少应与衬砌顶部边缘平齐，并为衬砌顶部边缘提供必要的锚固装置。在切割部分，除岩石以外，护堤修建位置应位于衬砌顶部上方不少于 2 英寸的地方。沟岸和护堤的宽度应足以确保填料、衬砌的稳定性，并防止切割部分过度沉积。

使用虹吸管时，在已建沟渠两侧衬砌的顶部应设有最低 12 英寸宽的护堤或堤岸。所有其他沟渠和侧渠衬砌顶部至少设有 18 英寸宽的护堤或堤岸。

如将本堤岸或护堤用作车行道，则应确保其最小顶宽满足条件。直线段车行道最小推荐宽度为 12 英尺。

开挖段的外侧岸坡和护堤高度以上的坡度必须足够平坦，从而确保其稳定性。建议最小坡度为 2H、1V。需要除草维护植被的地方，其最小坡度应为 3H、1V。

相关结构

为便于灌溉用水管理，应提供适当的进水口、排水口、岔道、格子、交叉口等其他相关结构。结构安装，不可减少沟渠容量或坝顶超高，且不可损害衬砌有效性。

安装隔板，形成足够的锚固装置，以适合衬砌，其大小须满足在整个沟渠衬砌宽度范围内，向土沟衬垫中延伸至少 12 英寸，并须安装在衬砌段的始末端及中间点。

注意事项

增加纤维增强材料以提高耐久性，降低混凝土发生轻微开裂的可能性。

湿地或含水栖息地可能会受到沟渠渗漏减少的不利影响。输水系统周围植被生长变化与渗漏减少相关联，应进行监测，采取措施进行缓解，必要时予以解决。

沟渠渗漏减少可能会对溶质进入地下水造成影响。

下游水流变化可能会影响其他用水或用水户（如饮用水供应）。减轻对空气质量的短期及相关施工影响。

计划和技术规范

阐述为达预期目的而应用本实践的要求，包括如下方面：

- 显示不同河段衬砌位置的平面图。
- 典型横截面。
- 剖面。
- 特定场地施工细节。
- 与本实践一起安装的其他结构的详细信息。
- 描述安装和使用材料的规范。

运行和维护

根据特定场地设计确定运行维护要求。至少应包括：

- 衬砌安装定期检查计划。
- 按要求清除沉积物和杂物。
- 修补或更换损坏的衬砌部分。
- 安装相关的其他措施，以确保整个保护实践寿命期间各性能正常。

参考文献

ASTM A653/A653M. 2020. Standard Specification for Steel Sheet, Zinc-Coated (Galvanized) or Zinc-Iron Alloy-Coated (Galvannealed) by the Hot-Dip Process. ASTM International, West Conshohocken, PA. DOI： 10.1520/A0653_A0653M-20. http：//www.astm.org.

ASTM C-618. 2019. Standard Specification for Coal Fly Ash and Raw or Calcined Pozzolan for Use in Concrete. ASTM International, West Conshohocken, PA. DOI： 10.1520/C0618-19. http：//www.astm.org.

American Concrete Institute. 2006. 350-06 Code Requirements for Environmental Engineering Concrete Structures. Farmington Hills, MI. ISBN： 9780870312274. https：//www.concrete.org/.

USDA NRCS. 1991. Design Engineering Technical Note (Title 210). Design Note No. 24, Guide for the Use of Geotextiles. Washington, D.C. https：//directives.sc.egov.usda.gov/.

灌溉田沟

（388，Ft，2020年10月）

定义

用土壤或用泥土材料修建永久性灌溉渠道，利用灌溉系统将水从水源地输送到一个或多个田块。

目的

应用本实践实现以下一个或多个目的：

- 提高灌溉地用水分配均匀性。
- 提高灌溉地用水灌溉效率。

适用条件

本实践仅适用于由泥土材料建成的明渠和填土高渠，容量等于或小于每秒 25 立方英尺。

本实践适用于田沟，其作为所设灌溉用水分配系统的组成部分，促进水土资源的保护利用。

准则

适用于所有目标的总体准则

所供应地区的供水和灌溉输送，应足以满足灌溉作物的生长，可实行灌溉用水应用方法。

采用含充足细土粒的泥土建造田沟，防止灌溉用水过度渗漏，保证收缩裂缝不会影响排水沟或引起下游水质问题。

容量要求

田沟应有足够的输送容量，能满足如下输送要求：

- 设计输送量满足田间生长作物的峰值耗水量，并为预期的田间灌溉效率提供适当的条件。
- 农田规划灌溉方法所需最大灌溉水流量。

设计沟渠输送容量应包括额外水流量，以补偿因沟渠渗水造成的水量流失，同时安全地将邻近土地的地表径流运送到水道或溢流点。

在输水容量设计方面，应根据建造沟渠的材料、对准方式、水力半径及因植被造成的额外阻力，选择曼宁糙率系数“*n*”。所有沟渠曼宁糙率系数“*n*”最大值为 0.025。所有沟渠应符合保护实践《明渠》（582）中规定的田沟设计准则。

速率

设计田沟的水流流速应以不对沟渠建造所用土壤材料造成侵蚀为准。如可行，可利用当地对特定土壤的流速限制资料。若当地无此类资料，在未采取保护标准时，其最大设计流速不得超过美国自然资源保护局《美国国家工程手册》（NEH）（第 210 篇）第 654 部分第 8 章“入口沟渠设计”图 8-4 或其他等效方法中所示的速度。

横截面

田沟坝顶超高应为最大设计水深的 1/3，或 0.5 英尺，以较低者为准。边坡坡度稳定，防止遭到破坏。护堤顶宽，根据坝顶超高高度测量，不得小于 1.0 英尺，等于流深或超过流深一半。

若在填方路段建造田沟，填方边坡坡度不应比表 1 所示数值更陡。

表 1　填料建造田沟边坡容许陡度

填方中线处填方距水面高度（英尺）	填方边坡最大容许陡度（水平至垂直）
< 3	1.5 : 1
3 ~ 6	2 : 1
> 6	2.5 : 1

水位

所有田沟设计应保证出口处水位足够高，以将所需流量输送到田面。若使用沟挡板或其他控制装置提供所需水位差，则在计算坝顶超高要求时必须考虑回水影响。

田面上方所需水位因出水口结构、所用装置类型以及通过出水流量而异。水位差最小值为 4 英寸。

若预计排水口会发生侵蚀，则使用消能装置。

弃土

根据保护实践《弃土处置》（572）处理灌溉沟渠施工产生的弃土。

相关结构

设计、建造用于附加于田沟上的侵蚀防控或水控装置、涵洞、引水渠或其他相关结构，应适用于美国自然资源保护局制订的保护实践标准。

注意事项

可溶性污染物和附着在沉积物上的污染物对水质产生潜在影响。这些潜在影响会对下游水流或含水层产生影响，进而影响其他用水户或水生生物。

修建田沟有可能导致有毒物质暴露、扩散。修建、使用农田灌溉沟渠可能会影响湿地或水栖野生动物栖息地。

若沟渠修建处土壤可能开裂，则沟渠中灌溉用水所携带的沉积物可能起到密封作用。

考虑水位控制对土壤、地下水或下游水域盐度的影响。

计划和技术规范

阐述为达预期目的而应用本实践的要求。计划和规范至少应包括以下部分：

- 横截面细节（尺寸）。
- 路堤要求。
- 沟渠等级。
- 附属结构细节。
- 灌溉沟渠在设计图上的位置。
- 若可行，请提供推荐植被的种类、栽种方式及维护资料。

运行和维护

制订运行维护计划，供土地所有者或经营者使用。提供使用、维护灌溉沟渠的具体说明，确保其功能符合设计要求。包括：

- 及时修理或更换损坏的部件。
- 清除田沟等其他部件中可能妨碍系统运行的杂物或异物。
- 在边坡和水道上保留推荐的植被覆盖。
- 在当地草巢物种的主要筑巢季节之外安排定期维护（修剪或维护边坡或沟渠中的植被）。

参考文献

USDA NRCS. 2007. National Engineering Handbook (Title 210), Part 654, Chapter 8, Threshold Channel Design. Washington, D.C. https://directives.sc.egov.usda.gov/.

灌溉土地平整

（464，Ac.，2020年10月）

定义

按照规划的路线和坡度，对需要灌溉的土地表面重新进行整修。

目的

本实践用于实现以下一种或多种目的：

- 进入灌溉地面的水资源得以高效利用。
- 灌溉地面上形成均匀的水分配。

适用条件

本实践适用于对采用地表或地下灌溉系统来进行灌溉的土地进行平整。此类土地平整基于详细的工程测勘、设计和布局。本实践不适用于保护实践《精准土地治理》（462）。

准则

适用于所有目的的一般准则

按照联邦、州、部落以及当地法律和法规，计划、设计和进行土地平整。土地所有者必须在施工前获得所有必要的许可证。土地所有者或承包商负责在项目区域内标记出所有埋地公用设施的位置，包括排水管和其他结构措施。

在平整土地之前应确保该土地适合利用建议的灌溉方案进行灌溉。同样需要确保该土地具有足够的土层深度，以便平整之后依然留有满足植物根系生长的有效土层深度，并能够通过适宜的保护性措施实现高效的作物生产。对限定区域的浅层土进行平整，以使灌溉坡度适宜或与改良的土地对齐。土地平整应避免形成聚集高渗透率土壤物质区域，因为这会阻碍田地中水的正常分布。

应把土地平整工作作为整个农场灌溉系统设计的一个不可分割的部分，以便加强对土壤和水资源的保护。同时，确定每一块田地的边界、等高线和合理的灌溉方向等，以便能够满足相邻的所有田地的灌溉需求。

设计

请参考当地的灌溉指南、灌溉系统保护实践《灌溉系统——地表和地下灌溉》（443）、美国自然资源保护局制订的《美国国家工程手册》（NEH）（第 210 篇）第 623 部分第 4 章中的“地表灌溉”以及第 15 部分第 12 章“土地平整”，来设计坡度、斜率和地块的分布。平整工作的最终高度必须能够将所需的灌溉水流输送到田面的最高点。田地高度必须至少低于输送点水位 0.33 英尺。

土地坡度

如果该片土地包含多种土壤灌溉系统或种植多种作物，则土地平整必须满足（适用于相应灌溉系统或作物）最严格的标准。设计所有平整工程时，确保在相应的坡度范围内。坡度范围取决于用水方法、清除多余地表水的能力以及控制降雨造成的侵蚀的措施。不得对与灌溉方向相反的土坡进行灌溉。

水平灌溉的坡度要求

对于水平灌溉方法，灌溉方向的最大坡度不得超过正常灌溉深度的一半。每个盆地或畦带的高程差不得超过 0.1 英尺。

梯度灌溉的坡度要求

如果降雨侵蚀不是很严重，则灌溉方向的最大坡度，针对不同土地类型分别为：

- 犁沟：3%。

- 灌水沟：8%。
- 无草皮形成的作物（苜蓿、谷物）畦：2%。
- 抗冲蚀禾草或豆禾混播或无草皮形成的农作物畦，在这种田地中，在作物生长良好之后方可采用分畦法进行土壤供水：4%。

含有冲刷型土壤的地区，则最大坡度为：

- 犁沟：0.5%。
- 有草皮形成的作物畦：2%。
- 其他作物区：0.5%。

在灌溉方向坡度超过0.5%的灌溉地区，为增大或减小坡度，需对土地进行平整，应实施如下限制：

- 100英尺以内的坡度变化不能超过运程最大允许范围的一半。但是，在灌溉流向的上端或下端允许存在短水程区域，以便控制水位和减少水分。最大允许坡度差值指在经营范围内最平坦和最陡峭的设计坡度之间的坡度差。

横向坡度要求

盆地或畦的最大横向坡度为每畦0.1英尺宽。犁沟和灌水沟允许的横向坡度取决于土壤的稳定性、使用犁沟的大小和该地区的降水状况。横向坡度必须确保能将灌溉和降雨过程中的峰值流量控制至最小值。

地下灌溉的坡度要求

在采用地下水灌溉的区域，土地平整应使地表与其地下水位保持平行。同时，应满足土地表面距离地下水位的设计高度。

地表排水

包含排除或调控农田灌溉系统中过量灌溉用水或暴雨积水的相关规定。为确保合理的土地平整工作，应提供地块的等高线和坡度信息，使设计的排水系统能充分发挥效能。

注意事项

考虑建造排水沟、沟堑和车行道等构筑物所需的或形成的额外开挖和填充材料。在平衡挖方和填方以及确定取土要求时，应考虑适当的土方数。

应考虑相关工程结构或措施，以便控制灌溉用水或是雨水径流。考虑土地平整对现有基础设施的影响，包括任何地下公用设施或埋地管道。

当设定或评估灌溉流程的长度时，应考虑作物类型、灌溉方式、土壤入渗率、地块坡度、灌溉管道尺寸，以及灌溉过程中的深层渗漏和径流等。

考虑沟渠开挖深度，以及植物根系能够到达盐渍土或浅层地下水的深度。

在灌溉用水中充满沉积物的地区，应考虑适当提高灌溉出水水位高度。

应考虑灌溉对水流和含水层的影响，以及对其他用水或用水者的影响。

考虑对湿地（包括邻近湿地）的影响。确保遵守所有相关政策和程序。

计划和技术规范

针对每个地块制订灌溉地平整计划和规范，以确保平整土地达到长远的预期目的。

计划和规范至少应包含但不仅限于如下内容：

- 地块的边界。
- 规划的开采和充填。
- 土方工程体积。
- 开采或填充率。
- 灌溉方向。
- 设计的灌溉用水灌溉坡度和横向坡度。
- 要求的灌溉用水表面和灌溉出水水位高度。

- 尾水回流或处理。
- 附属结构。
- 公用设施的位置。
- 州和地方部门的通知要求。

运行和维护

为土地所有者或灌溉地平整工程人员制订针对每个地块的运行维护计划，并确保此运行维护计划包含了灌溉地预期年限内所需要的所有运行和维护计划的步骤。

确保所有的运行和维护要求都包含在设计规划中，并易于识别。根据工程的规模，应该在计划和规范中简明扼要地说明运行和维护要求，或制订一份独立的运行维护计划。

运行维护计划应当包含但不仅限于以下内容：

- 暴风雪后检查坡度。
- 定期移除和设计土堆和凹陷坡度。
- 定期对土地进行平整以修复设计坡度。

参考文献

USDA NRCS. Field Office Technical Guide (eFOTG), Section IV, Conservation Practice Standard Irrigation System, Surface and Subsurface, 443.

USDA NRCS. 2012. National Engineering Handbook (Title 210), Part 623, Chapter 4, Surface Irrigation. Washington D.C. https：//directives.sc.egov.usda.gov/ .

USDA NRCS. 1983. National Engineering Handbook (Title 210), Section 15, Chapter 12, Land Leveling. Washington D.C. https：//directives.sc.egov.usda.gov/.

灌溉水库

（436，No.，2020年9月）

定义

一种由水坝、基坑或储罐组成的灌溉储水结构。

目的

本实践适于实现以下一个或多个目的：

- 储存水保证可靠的灌溉用水供应。
- 储存水用于调节灌溉流量。
- 提高灌溉地的用水效率。
- 为溢出的水和尾水回收再利用提供储存空间。
- 延长灌溉径流保持时间，加速化学污染物的分解。

适用条件

本实践适用于在整个灌溉季或部分灌溉季可用水供应不足以满足灌溉需求的灌溉地。

本实践适用于有适当场地建造灌溉水库的灌溉地。水库用于将改道地表水、地下水或灌溉尾水储存在水坝、基坑或储罐中，供以后使用或再利用。

本实践适用于灌溉水库的规划和功能设计，包括与流入、流出和储存容量要求相关的所有组成部分。水库应作为灌溉系统的一部分进行规划及安置。

本实践适用于用挖掘坑、压实路堤或储罐建造的水库。所有结构类型应使用合适的材料，如填土、混凝土、钢或其他美国自然资源保护局认可的材料。通过蓄积、调节可利用的灌溉用水，已建成的灌溉水库应当达到预期目的。

准则

适用于所有目标的总体准则

所有灌溉水库的建设必须遵守所有适用的联邦、州、部落和地方法律、法规和规章。施工前获得所有必要的许可证。

结构类型（水坝、基坑或储罐）选择应基于特定场地评估，包括水文研究、工程地质调查、可用建筑材料和自然贮存。

在有必要限制人员和动物进出和提供逃生通道的地方，应在周边设置栅栏和紧急逃生设施。

存储容量

设计储存容量的计算应基于存储期间的计划流入量和流量，

- 以及满足计划灌溉系统需求所需的流出量和流量。
- 需要考虑到结构存储能力以满足灌溉期内的需水量变化。
- 根据耗水量-时间关系，使用预期灌溉效率、输水损失和其他用途（如浸析、防冻、霜冻控制、渗流和蒸发）计算需求流量。
- 设计一种灌溉蓄水库，主要用于调节灌溉流量，使其有足够的能力提供设计的灌溉流量。
- 在保持水位的情况下提供足够的流入量储存空间，以确保在计划进行的灌溉活动中，排水口设施能正常运作且有足够的流量流出。
- 根据需要增加沉积物存储容量。

地基、路堤和溢洪道

土坝、路堤、挖掘坑、相关溢洪道和附属结构的设计应符合保护实践《池塘》（378）或《大坝》（402）中的准则。

完工后，在关键区域种植植物，将有助于保护结构和取土区，防止侵蚀。土堤、土石溢洪道、取土区和其他在施工过程中受到干扰地方的种子或草皮暴露表面应符合保护实践《关键区种植》（342）中的准则。必要时，在气候条件不利于种子或草皮生长的地区，按照保护实践《覆盖》（484）中的准则铺设无机覆盖材料，如砾石。

渗流

如果现有的土壤不足以防止过度渗漏，使用适当的方法密封或衬砌水库。遵守下列任一保护实践：

- 《池底密封或衬砌——压实土处理》（520）。
- 《池底密封或衬砌——土工膜或土工合成黏土》（521）。
- 《池底密封或衬砌——混凝土》（522）。

溢流保护

如果灌溉水库发生溢流，应提供溢流保护。

进水口、排水口设施。

根据美国自然资源保护局《美国国家工程手册》（第210篇）适用章节中的指导原则，设计进水口和排水口结构。

如有需要应当提供进水口设施，以防止侵蚀或控制流入灌溉蓄水库。进水口设施可包括直接抽水系统、管道、草皮护坡明渠、衬砌通道、溜槽、闸门、阀门或其他安全输水和控制入水的附属物。

应设置排水口设施，以便控制取水、输水或释放灌溉用水。排水口设施可包括直接抽水系统或从蓄水库到使用区域的管道。排水口设施的容量应足以提供满足灌溉系统要求所需的流出速率。

在需要时设计和安装专门的进水口或排水口设施，以避免携带水生生物或对水生生物造成负面影响。

适用于尾水回收和再利用储存的附加准则

在发生以下任何情况下，设计尾水储存能力时，至少需满足能够充分储存一套灌溉装置的所有尾水径流：

- 尾水泵回收系统的能源中断。
- 无法提供安全的紧急旁路区。
- 尾水排放违反当地或州法规。

延长灌溉径流保持时间，加速化学污染物的分解的附加准则

容量

如果需要额外的储存空间或径流调节，以便为分解径流水中的化学品提供充足保留时间，则应相应地对储水设施尺寸进行调整。根据各有关化学品设计特定场地的保留时间。

注意事项

在规划本实践时，应考虑土壤物理和化学性质的影响，以及潜在的土壤限制，涉及路堤施工、压实、稳定性、承载强度、池区渗漏和土壤腐蚀。参考土壤调查数据，作为评估池区和取土区的初步规划工具。现场土壤调查必须在最终规划阶段进行，并符合美国自然资源保护局制订的《美国国家工程手册》（第210篇）第531部分“地质”的要求。

利用有利于授粉的植被来稳定路堤或维护重建植被可视为对本实践的重要改进。

应考虑当地水文的变化，例如：

- 对下游水流或含水层的影响，可能影响其他用水或使用者。
- 对下游水流量的影响，可能对环境、社会或经济造成不良影响。
- 侵蚀、沉积物、可溶性污染物、入侵物种的种子或植物材料以及径流中附着在沉积物上的污染物的影响。
- 水温变化对水生和野生动物群落的影响。

- 对湿地或水栖野生动物栖息地的影响。
- 对水资源和景观的视觉质量的影响。

考虑通过调节灌溉流量、尾水再利用、提高泵站效率和管理变革所带来的可能节约的能源。根据年度或季节性能源消耗与以往运行条件的差异来计算节约的能源。

根据美国自然资源保护局和行业标准中的准则，以及制造商的建议设计适用的可再生能源系统。水力发电系统应根据《微水电手册》第 4 节和第 5 节的规定进行设计、运行和维护。

在对受干扰区域进行植被恢复时，应考虑种植有利于传粉昆虫和其他益虫生长的植物物种。另外，请注意，一般来说，与非本地或入侵植物相比，本地植物种类作物虫害更少。某些情况下，包括豆科饲用植物或其他支持传粉昆虫的外来植物也可能是相关的。

计划和技术规范

根据本实践，编制计划和规范，描述适用于本实践的各项要求。至少应包括：

- 水库布局平面图，包括附属设施。
- 构造完成的结构的典型剖面和横截面。如适用，包括主溢洪道、辅助溢洪道、水坝、基坑和储罐。
- 特定场地细节，包括进水口和排水口系统、水控装置、管道、阀门、泵站、锚固和逃生装置（如适用）。
- 充分描述施工要求的结构图纸。
- 地基稳定性要求。
- 根据实际情况考虑植被种植和覆盖要求。
- 安全设备（如栅栏）。
- 特定场地施工和材料要求。

运行和维护

依据具体的指示操作和维护设施，以确保其正常运行。该计划应包含下列规定：

- 定期清洗储水设施并进行重新分类（若可行），以保持其功能。
- 定期检查、清除杂物，修理拦污栅、进水口和排水口结构，以确保正常运行。
- 按照制造商的建议对机械部件进行日常维护。
- 定期检查和维护路堤和土石溢洪道，发现损坏进行修复，治理侵蚀，改良不需要的植被。
- 定期清除存水湾或储水设施中的沉积物，以保持设计容量和效率。
- 定期检查或测试所有管道和泵站部件及附属物（视情况而定）。
- 合理安排植被干扰维护活动的时间，从而避开草原鸟类筑巢季节。
- 采取藻类控制措施，以防止堵塞灌溉系统或对其造成其他影响。

参考文献

McKinney, J.D. 1983. Microhydropower Handbook, IDO-10107, Volumes 1 and 2. U.S. Department of Energy, Idaho Operations Office.

USDA NRCS. 2013. National Engineering Handbook (Title 210), Part 623, Irrigation. Washington D.C. https：//directives.sc.egov.usda.gov/.

USDA NRCS. 2008. National Engineering Handbook (Title 210), Part 628, Dams. Washington D.C. https：//directives.sc.egov.usda.gov/.

USDA NRCS. 2020. National Engineering Handbook (Title 210), Part 630, Hydrology. Washington D.C. https：//directives.sc.egov.usda.gov/.

USDA NRCS. 2017. National Engineering Handbook (Title 210), Part 633, Soil Engineering. Washington D.C. https：//directives.sc.egov.usda.gov/.

USDA NRCS. 2008. National Engineering Handbook (Title 210), Part 636, Structural Engineering. Washington D.C. https：//directives.sc.egov.usda.gov/.

USDA NRCS. 2012. National Engineering Handbook (Title 210), Part 650, Engineering Field Handbook. Washington D.C. https：//directives.sc.egov.usda.gov/.

灌溉系统——微灌

（441，Ac.，2020年9月）

定义

微灌系统是一种通过沿输水管道放置的灌水器或喷水头频繁地将少量水以水滴、微水流或微喷雾的形式施用到土表或土表内部的灌溉系统。

目的

本实践用于实现以下一项或多项目的：

- 高效、均匀地施用灌溉用水，保持土壤水分，以利于植物生长。
- 防止因高效、均匀地施用化学品或营养素而造成地下水和地表水的污染。
- 建立防护林和缓冲带等植被。
- 提高植物生产力，维护植物健康。

适用条件

本实践适用于土壤和地形条件适合对农作物或其他理想植被进行灌溉的地方，而且这些地方应具有能够实现预期目的充足、良好的水资源。

本实践适用于仅对特定区域（例如，单个植物或树木）进行灌溉且各个施用排水点的设计排水量通常低于每小时 60 加仑的系统。

对于均匀灌溉整片农田并且各个施用排水点的设计排水量通常为每小时 60 加仑（或更高）的系统，使用保护实践《喷灌系统》（442）。

准则

适用于所有目的的一般准则

系统的设计应使水和化学物质均匀施用，而不会造成过多的水分流失、侵蚀、水质下降或盐分积聚。应设计足够的系统容量，以满足作物关键生长期的施水要求。在计算容量要求时，通过确保高峰用水要求所需的最长施用时间不超过每天 22 小时或每周 6 个连续 24 小时，为系统停机维护留出时间。如果系统容量有限而无法满足最大蒸散量要求，则应遵循随附的灌溉用水管理计划中提供的亏缺灌溉方案。

对于设计容量，要考虑到合理的水损失（蒸发、径流、深层渗漏和系统随时间的劣化）和辅助水需求（如防霜和冷却）。如果水测试结果表明存在额外需要，则在总施用量计算中应包括足够的浸析用水，以保持稳定的盐分平衡。

包括正常运行所需的所有系统附件。根据合理的工程原则和特定场地的具体要求，确定每个附件的尺寸和位置。附件包括但不限于流量积算仪、水过滤装置、排气阀、真空安全阀、泄压阀、水控阀、压力表、压力调节器和减压阀。

当每个作物行的支管灌水器间距或容量不同时，应单独设计支管。设计和安装主干管和次干管，并确保其安全流速。根据需要锚定主干管、次干管、歧管和支管，以防止出现不必要的移动。

水管理计划

制订符合保护实践《灌溉用水管理》（449）要求的灌溉管理计划，作为本实践的配套。

表面微灌系统

沿作物行在地面上安装地表滴灌支管。以蛇形排列布局支管，为地表支管提供至少 2% 的额外长度，满足支管的扩展和收缩要求。将地表滴灌支管栓固或锚固在地面上，以防止管子移开或移动。若不用栓固或锚固，可将支管埋在土表以下（2 ~ 4 英寸），并覆盖保护膜或塑料排盖。

地下滴灌

管道深度和间距取决于土壤和作物。根据为浸析、发芽和初期开发选用的辅助灌溉方法确定灌水器管路深度。对于一年生中耕作物，支管与作物行的最大距离是 24 英寸。

水质

测试并评估水供应条件是否适合灌溉。测试水中可能会导致微灌系统灌水器堵塞的常见物理、化学和生物成分。使用水测试结果来确定灌溉适宜性和处理要求。

灌水器

由于制造工艺的不同，微灌灌水器具有固有的变化性。使用制造商的偏差系数（*CV*）来评估特定产品对特定应用的合格率。对于点源灌水器，使用 *CV* 小于 0.05 的产品；对于线源灌水器，使用 *CV* 小于 0.07 的产品。

根据制造商在预期运行条件下的数据确定灌水器的设计流量。限制流量，以避免在直接应用区域内产生径流。选定每个支管的灌水器间距，以确保植物根区充分灌溉，土壤湿润比（*Pw*）达标。采用美国自然资源保护局《美国国家工程手册》（第 210 篇）第 623 部分第 7 章“微灌”中的程序来计算土壤湿润比。

工作压力

根据公布的制造商建议选定设计工作压力。考虑因系统组件和农田高程效应造成的压力损耗和压力增加。设计所有歧管和支管供水的主干管和次干管，使其流速和压力不低于每个子单元的最低设计要求。

提供足够的压力，以克服管道和附件（如阀门和过滤器）内的所有摩擦损耗。将所有干管和次干管的流速保持在不超过 5.0 英尺 / 秒，或在无法限制流速的情况下（如系统冲洗），采取措施来充分保护管网不受冲击压力的影响。在任何操作阶段，不要超过制造商建议的任何支管或歧管的最大压力。

设计在设计压力下工作的歧管和支管，以向灌溉子单元或区域中的所有喷头提供均匀的流量。灌溉子单元或区域内所有灌水器的流量总变化不得大于排水流量的 20%。在所有操作阶段遵守制造商推荐的内部压力。

采用保护实践《灌溉管道》（430）中说明的标准进行主干管和次干管的设计。

灌溉均匀度（EU）

调整主干管、次干管和支管的尺寸，以便将子单元（区域）的灌溉均匀度保持在推荐限值内。采用 210-NEH-623-7 中的程序确定灌溉均匀度。为化学灌溉配备的微灌系统的灌水器均匀性必须至少达到 85%。

过滤器

为系统进水口配备过滤系统。将过滤器在清洁条件下的最大压头损失设计为 5 磅 / 平方英寸（psi）。在清洗之前，根据制造商的建议确定过滤器的最大设计压头损失。若缺少制造商数据，在清洗前应采用的过滤器最大压头损失应是 10psi。

标定过滤系统的尺寸，防止可能堵塞灌水器开口的固体物质通过（须考虑固体物质的尺寸或数量）。根据灌水器制造商的建议，设计用来过滤固体物质的过滤系统。若确实制造商数据或建议，设计的过滤系统应能够过滤掉尺寸等于或大于灌水器开口直径十分之一的固体。

确保过滤器倒冲不会造成媒介材料的排放、过多冲洗水或不可接受的 EU。为防止侵蚀或化学污染，过滤器的设计应包括过滤器倒冲水的处理和利用。

空气阀 / 真空安全阀

在系统歧管和支管顶端设计、安装空气阀和真空安全阀。设计、定位和安装所有真空安全阀，防止土壤颗粒进入灌溉系统。在所有子单元或歧管供水控制阀的两侧安装空气阀和真空安全阀。

压力调节器

基于地形和调压器类型的具体需要，使用压力调节器。

设备冲洗

在所有主干管、次干管和支管冲洗歧管的末端，将有利于冲洗的适当配件安装在地面上。冲洗歧管的一个替代方案是在各个支管的末端安装配件，从而实现地面上的冲洗或导向排水沟的冲洗。

将系统在冲洗过程中的最小设计流速设计为 1 英尺 / 秒。位于控制阀下游的次干管或歧管的冲洗流速不应超过 7 英尺 / 秒。不要超过制造商推荐的支管最大冲洗压力。在地下滴灌系统的每个冲洗歧管出口处安装压力表或 Schrader 阀门分接头。

妥善处理排出的冲洗水，以免造成侵蚀、水质问题或电气设备、控制阀或接头的故障。

地下水和地表水污染防治附加准则

当通过灌溉系统施用营养素、农药或水处理化学品时（统称为化学灌溉），可能会因微灌溉导致地下水和地表水的污染。根据保护实践《养分管理》（590）和《病虫害综合防治体系》（595）施用营养素和农药。对于水处理化学品，应遵循制造商的安全使用要求。实施化学灌溉时应尽量缩短施用时间，尽量降低施用化学药品和冲洗管道时的污染。

在实施化学灌溉的所有微灌系统上提供防回流装置。按照制造商的建议安装化学灌溉注水器和其他自动操作设备。

按照养分管理计划、病虫害治理计划或制造商建议规定的流速和时长施用化学品。不要超过标签推荐值。

执行水供应测试，避免可能导致灌水器上发生沉淀或生物堵塞的化学反应。

种植目标植被附加准则 系统容量

为提高目标植被的种植率、存活率，在进行系统容量设计时，确保能提供足量的补给水。

每株植物的净施用量取决于乔木或灌木的种类及其年龄（例如，第一年、第二年和随后的年份）。利用与规划的微灌系统类型一致的田间施用效率，确定每株植物的总施用量。

对于仅用来营造植被的系统，可在各个支管的末端采用手动冲洗滤网和手动冲洗阀或配件。按照“适用于所有用途的通用标准”中的要求安装支管、歧管、次干管和主干管。

注意事项

在规划本实践时，应酌情考虑以下事项：

- 由于灌水器存在堵塞的可能性，因此在确定微灌系统是否可行时，水质往往是最重要的考虑因素。
- 为防止灌水器堵塞，可能需要对灌溉供水进行化学处理。这可能包括调节 pH 来防止或清理结垢，以及使用灭微生物剂来防止系统中滋长生物或杀灭滋长的生物。当使用地下水时，钙和铁的沉淀是很常见的现象。当使用地表水时，通常会出现生物滋长。
- 若欠缺当地经验，可采用 80% 的田间施用效率来估计系统容量。
- 在采用地下滴灌系统的干旱地区，自然降水和土壤中储存的水往往不足以使作物发芽。为使种子发芽，除微灌系统外，还可能需要其他的特殊设备（即便携式喷淋头）。限制一年生作物地下灌溉系统的深度，从而保持滴灌系统使种子发芽的能力，除非提供了其他措施保障种子的发芽。
- 在营造防护林期间，使用时间更长、频率更低的灌溉来促进更深的根系发育，以提高抗旱性。
- 啮齿动物啃咬微灌系统的塑料部件会造成破坏。在选择材料和确定地上、浅层或地下滴灌系统的安装时，请考虑这一点。
- 有机农户通常通过微灌系统施用可溶性较低的肥料。这就可能需要额外的预防措施来防止灌水器堵塞。
- 最经济的支管方向常常取决于农田形状和坡度。沿下坡方向铺设支管能够实现更长的管路长度和更小的支管尺寸。但是，设计者必须确保压力保持在可接受的范围内。当地形不平坦时，可能需要使用压力补偿式灌水器。

- 替代设计的经济评估应包括设备、安装和化学灌溉替代以及运营成本。
- 在区域阀的主管线侧，最好加装空气阀或真空泄压阀装置。
- 在介质过滤器或冲洗循环阀之后安装二级筛网过滤器，以降低反冲洗过程释放污染物的可能性。
- 为了降低径流污染的可能性，除非系统在地膜覆盖下施用化学物质，否则应避免在可能降雨时进行化学灌溉。
- 为确保根区水分均匀，可将灌溉侧管沿着作物行的斜向坡放置。
- 在考虑灌溉替代方案时，与湿润整个土表的灌溉系统相比，微灌溉具有节省能源的潜力，因为它降低了用水量，在某些情况下还降低了工作压力。

计划和技术规范

编制计划和规范，描述为达到预期目的而实行此实践的要求。至少应包括：

- 显示位置、关键高程、系统布局记录材料和所有管道、控制阀、空气阀 / 真空阀、调压阀、井口部件和其他附件的尺寸的平面图。
- 系统设计压力和流速。
- 管线选址、规格及布局。
- 灌水器类型、指数、流量系数、设计工作压力和流速。
- 设备附件的位置、类型、尺寸和安装要求。

提供以书面形式描述灌溉系统及其所有相关组件的安装要求的特定场地施工规程规范。

运行和维护

与土地所有者 / 运营者一同制订和审查特定场地的运行维护计划。请参阅第 210 篇《美国国家工程手册》第 652 部分第 6 章第 652.0603（h）节“防护林”，了解植被建植的运行维护项目。在运行维护计划中提供操作和维护系统的具体说明，以确保系统正常运行，包括对定期检查和及时修复或更换损坏部件的说明。

至少在运行维护计划中包含：

- 若可行，在生长季节至少每月检查一次流量表，并监测水的施用情况。
- 根据需要对过滤器进行清洗或反冲洗。
- 至少每年对支管管路进行一次冲洗。
- 对作物长势和排放装置流量进行目视检查（如果可见），必要时更换喷头。
- 经常在安装的压力表或 Schrader 阀门上用手持压力表测量压力，以确保系统正常运行。压力下降（或上升）表示可能存在问题。
- 检查压力表以确保正常运行。维修或更换损坏仪表。
- 为防止堵塞，应根据灌水器和水质特性进行适当的维护和水处理。
- 按要求注入化学物质，防止沉淀物堆积和藻类生长。化学灌溉后进行适当的维护和水处理，以防止灌水器堵塞。
- 定期检查化学物质或营养素注射设备，确保其正常运行。
- 检查并确保防回流装置的正常运行。
- 规定在以下情况下，可通过重力或其他方法将管道中的水完全排出。
    - 冻结温度隐患。
    - 管道制造商规定的排水操作。
    - 管道的排水另有规定。

参考文献

USDA NRCS. 2013. National Engineering Handbook (Title 210), Part 623, Chapter 7, Microirrigation. Washington, D.C. https：//directives.sc.egov.usda.gov/.

USDA NRCS. 2008. National Engineering Handbook (Title 210), Part 652, Irrigation Guide. Washington, D.C. https：//directives.sc.egov.usda.gov/.

Lamm, F. R., J.E. Ayars, and F.S. Nakayama. 2007. Microirrigation for Crop Production： Design, Operation and Management. The Netherlands: Elsevier.

灌溉系统——尾水回收

（447，No.，2020年9月）

定义

该灌溉系统旨在收集、储存和输送灌溉尾水、降雨径流或其组合，从而重新分配给作物的水。

目的

以应用本实践实现以下一个或多个目的：

- 提高灌溉用水效率。
- 改善异地供水水质。
- 降低能源消耗。

适用条件

尾水回收系统适合在有适当设计和安装灌溉或地下排水系统的土地上使用，并且利用目前或计划的管理措施下，可实现对可回收灌溉径流、地下排水外流或降雨径流的预期。

本实践不适用于回收系统单个结构或部件的详细设计准则或施工规范。

准则

适用于所有目标的总体准则

如果现有美国自然资源保护局制订的保护实践中对尾水回收系统各个部件的标准有所描述，则使用这些实践及其具体准则来规划、设计和安装该部件。根据合理的工程原理设计美国自然资源保护局制订的保护实践中未提及的部件。

法律法规

确保尾水回收系统的规划、设计和建造符合所有联邦、州和地方法律法规。土地所有者必须获得监管机构的所有必要许可，或证明无须许可的文件。

公用设施

土地所有者和承包商负责确定项目区域内的所有埋地公用设施的位置，包括排水瓦管和其他结构性措施。

集水

提供收集待回收水的方法。确保集水系统免受侵蚀和损坏。根据需要，集水部件可能包括但不限于排水沟、涵洞、管道、泵和集水坑以及水控装置。调整集水部件，安全处理灌溉径流、降雨径流，以及排水系统的预期流量的能力（视情况而定）。

存储

需要存储设施来存储收集到的水，直到其在灌溉系统中被重新分配为止。计算存储容量设计值时，须考虑流入量、流入速率以及尾水返回分配系统的控制点所需的水位。

如果以下一个或多个条件适用，须设计至少能够储存一套灌溉装置的全部径流的尾水回收储水部件。

- 尾水泵回系统的能源供应中断；
- 无法提供安全的紧急旁路区；
- 尾水排放违反当地或州法规。

使用尾水回收系统收集灌溉尾水、排水尾水或降雨径流用于补给灌溉水库时，应基于预期的排水和径流量和速率设计收集和储水部件的大小和容量，并提供大小合适的排水口用于容纳超过预期存储容量的水量。遵守保护实践《池塘》（378）中的准则。

保护系统部件免受风暴事件和过多沉积物的影响。设计有进水口的集水坑和集水池，以保护边坡和集水部件不受侵蚀。如果州法律有规定，应提供引水渠、堤坝或水控装置，以限制降雨径流进入设计的进水口结构。

根据需要安装沉积物捕集器。

输水

提供一种将水从储水部件输送到灌溉或分配系统入口的方法。输水部件可能包括一个泵站和管道，以将水输送到田地上端；或者是一个具有排水沟或管道的重力排水口，以将水输送到灌溉系统的较低点。其他部件或部件组合可能需要根据特定场地确定。

对于尾水排放到集水池、灌溉水库的系统，或者具有调节波动流量部件的管道（如浮阀），可使用带有频繁循环泵的小型集水坑。如果储水部件不是用来调节流量的，那么须确保尾水池或集水池的容量足够大，以提供规定的有效使用水。

通过分析尾水供应至储水部件的预期速率、计划的尾水存储容量和预期的灌溉应用或其他配水来确定输水部件的容量。如果尾水收集是作为一个独立的灌溉水源，而不是作为主要灌溉用水水源的补充，则应确保流速和流量足以满足所提供的灌溉系统。

适用于改善异地供水水质的附加准则

储水部件

如果需要额外的储存空间，以便为分解径流水中的化学品提供充足保留时间，则应相应地对储水部件尺寸进行调整。 使用有关该化学品的特定场地信息来确定允许的保留时间。

如果需要为沉积物沉降提供额外的储存空间，则应根据有关的流域的特定场地信息来确定额外的储存容量。

适用于降低能源消耗的附加准则

提供可以证明在实践中降低能源消耗的分析报告。

参照以往运行条件，统计当前年均或季均能源消耗减少量。

注意事项

提高灌溉用水效率的附加注意事项

良好的灌溉系统设计和管理方案将使尾水量限制在足以使系统有效运行的范围内，但这可能会降低收集、存储和输水部件的容量。

改变灌溉用水管理方案可能是优化回流利用的必要条件。

依赖尾水和降雨径流的下游水流和含水层补给量将会减少，并且可能对环境、社会或经济造成不良影响。

改善异地供水水质的附加注意事项

应考虑沉积物与附着在沉积物上的可溶性物质的移动对地表水和地下水质量的影响。

含化学物质的水可能会对野生动物造成潜在的危害，特别是被积水吸引的水禽。如果水对水禽有害，则应考虑采取措施阻止水禽使用。

如果要用尾水灌溉水果和蔬菜，需对其进行处理，以消除引起食源性疾病的病原体。

制订养分和病虫害治理措施，以在实际操作时限制含有化学物质的尾水量。保护系统部件免受风暴事件和过多沉积物的影响。

计划和技术规范

根据本实践制订灌溉尾水回收系统的计划和规范，并阐明为实现预期目的而应用这种实践须达到的要求。

计划和规范至少应包括以下内容：

- 尾水回收系统及相关部件的现场平面图；

- 横截面和剖面；
- 各种系统部件的类型、质量和数量；
- 公用设施的位置以及通知要求。

运行和维护

为土地所有者或负责运行和维护的操作人员编制专门的部件运行维护计划。依据具体的指示操作和维护部件，以确保其正常运行。

该计划至少应包括以下内容：

- 定期清洗集水部件并进行重新分类，以保持适当的水流和功能。
- 必要时定期检查并清除拦污栅和结构上的杂物，以确保正常运行。
- 定期清除存水湾和储水部件中的沉积物，以保持设计容量和效率。
- 检查或测试所有管道和泵站部件及附属物（视情况而定）。
- 按照制造商的建议对所有机械部件进行日常维护。

参考文献

USDA NRCS. 1993. National Engineering Handbook (Title 210), Part 623, Chapter 2, Irrigation Water Requirements. Washington, D.C. https：//directives.sc.egov.usda.gov/.

USDA NRCS. 2012. National Engineering Handbook (Title 210), Part 623, Chapter 4, Surface Irrigation. Washington, D.C.

USDA NRCS. 2016. National Engineering Handbook (Title 210), Part 623, Chapter 8, Irrigation Pumping Plants. Washington, D.C.

USDA NRCS. 1983. National Engineering Handbook (Title 210), Part 650, Engineering Field Handbook, Chapter 15, Irrigation. Washington, D.C.

USDA NRCS. 1997. National Engineering Handbook (Title 210), Part 652, Irrigation Guide. Washington, D.C.

灌溉用水管理

（449，Ac.，2020年9月）

定义

是指决定和控制灌溉用水的水量、频率和使用率的过程。

目的

本实践用于实现以下一个或多个目的：

- 提高灌溉用水的使用率。
- 最大限度降低灌溉引发的土壤侵蚀。
- 保护地表水和地下水水质。
- 控制作物根区的盐度。
- 调节空气、土壤以及植物微气候。
- 提高植物生产力，维护植物健康。
- 降低能源消耗。

适用条件

本实践适用于目前所有的灌溉地。

准则

适用于所有目的的一般准则

制订灌溉用水管理（IWM）计划，确定何时需要灌溉（灌溉时间）以及针对不同灌溉事件的水量和速率。

根据以下一种或多种方法确定灌溉时间：

- 农作物蒸散作用，使用合适的农作物系数并参考蒸散数据；
- 土壤水分监测；
- 计算机化灌溉调度，利用当地实时气候数据，土壤和作物生长特性（例如，远程遥测数据系统与采用土壤水分平衡法的云端灌溉调度相结合）；
- 植物监测（例如叶水势或叶 / 冠层温度测量）。

根据以下与作物或田地有关的内容，确定每次灌溉所需的水量（深度）：

- 农作物根深土壤的可用含水量；
- 管理时允许的土壤缺水量；
- 当前土壤水分状况；
- 当前农作物或牧草生长阶段；
- 灌溉时的喷灌均匀度；
- 地下水供水量；
- 计算机化灌溉调度建议。

此外，对于时针式喷灌系统等变量灌溉系统，灌溉水量和灌溉水的使用率应依据空间上确定的田间参数设定，如：历史产量数据、土壤、作物生长、地形或计算机化灌溉调度建议等方面的变化。

灌溉水供不应求时，比如灌溉区域使用灌溉水时，按照规划的可用量来决定灌溉时间。结合水的周期性可用性，适当调整灌溉时间。结合水的周期性可用性，适当调整灌溉量在所有水资源有限的情况下，确保 IWM 计划满足关键作物生长阶段。

生长季节预计会降雨的地区以及土壤水分预计可达到平衡状态的区域，同时考虑现场雨量计得到的测量数据、基于当地气象站的插值预测、雨量器数据或其他精确测量数据，以确定灌溉区域当地的降水量。

对地面灌溉而言，按照一定速度使用灌溉用水可以取得合格的喷灌均匀度，还可以最大限度降低灌溉引起的侵蚀性。

保护地表水和地下水质量的附加标准

规划灌溉用水使用率和水量，以尽量减少沉积物、养分和化学物质向地表水和地下水的渗透。

- 控制施水量，限制养分和化学物质通过土壤剖面向地下水渗透。
- 确保施水量和速率不会导致灌溉引起的侵蚀或污染径流和流入其他地区。

当陡峭地形足以形成侵蚀流速时，应提供永久性土壤覆盖物，增加作物残茬，根据保护实践《阴离子型聚丙烯酰胺（PAM）的施用》（450）使用聚丙烯酰胺代替结构措施，或将两者结合，以控制侵蚀。

若即将到来的降雨可能会引起径流或深层渗漏，应停止滴灌施肥或化学灌溉。施水量和施水速度不超过化学物或养分进入土壤深度（须根据制造商要求）的需求。化学物或养分的施用时间不超过传送和冲洗管道所需的最短时间确保灌溉和输水系统配备设计合理，功能正常的阀门和其他必要部件，以防止养分或农药回流到水源中。

根据保护实践《养分管理》（590）和《病虫害治理保护体系》（595）中的准则，分别确定养分或农药的施用时间和应用量。

控制农作物根区盐度的附加准则

应确保灌溉使用量可维持土壤剖面的盐平衡。根据美国自然资源保护局制订的《美国国家工程手册》（第 210 篇）第 623 部分第 2 章“灌溉用水要求”和 NEH 第 652 部分“灌溉指南”第 3 章和第 13 章中包含的浸析程序，确定所需水量。

控制空气、土壤或植物微气候的附加准则

为了提供防热或防寒保护，确保灌溉系统能够实现按照 210-NEH-623-2 中所述方法确定的所需水量。

降低能源消耗的附加准则

提供分析以证明实施实践可降低能源消耗。

同之前的操作条件进行比较，能源消耗的减少量可以按照平均每年或每季度的减少量进行估算。

注意事项

规划灌溉用水管理时，应考虑如下几项：

- 增加保留在田间的作物残茬，以减少灌溉引起的侵蚀，增加水分渗入，减少土壤表面蒸发。
- 处理农业和城市废水时，有可能会发生喷雾偏移、散发臭气。为了减少散发，灌溉时间应参考盛行风。在能见度高的地区，应考虑在夜晚进行灌溉。
- 绘制详细的土壤地形图并确定环境敏感区，将有助于制订特定地点的灌溉计划，更好地满足作物需求，同时尽量减少对环境的不利影响。
- 规划喷射器末端的位置，确保超范围喷洒不会进入公共道路或其他位置。
- 灌溉前定期检查灌溉区域是否存在农药、动物排泄物或其他污染物，以便于在出现水质问题之前解决这些问题。
- 灌溉用水的质量可能会对作物和土壤产生不利影响。对灌溉用水进行测试和评估将有助于解决水对作物质量、植物发育和土壤性质（如：结壳、pH、渗透性、盐分和结构）的不利影响。
- 避免在湿土上操作重型设备，以尽量减少土壤压实。
- 为了降低地下水污染的可能性，安排盐分过滤，使其与土壤残留养分和农药的水平相一致。
- 控制水流的方向，使其不会漂向或直接接触到周边电线、物资、设备、控制装置或其他会同时引起短路或对人类和动物造成电力安全威胁的部件。

- 考虑从负载控制到灌溉系统的电力中断、可中断的电力计划、维修和维护停工期以及收获停工期对灌溉用水管理计划的影响。
- 利用无人机、先进成像技术、遥感技术、产量监测和数据记录等数据收集新技术来计算用水量，可以提高用水效率。
- 与传统方法相比,使用节能技术,如:低能耗精密灌溉(LEPA)和替代能源,可以显著节约能源。
- 根据干旱或缺水反复发生的情况选择作物品种。

计划和技术规范

编制相应的计划和规范，说明根据本实践制订满足此举措的要求。计划和规范至少应包括以下内容：

- 灌溉系统的平面布置图，包括：灌溉区域、计划作物、土壤、管道以及任何湿度传感器、雨量计或其他传感设备的位置和安装信息。
- 用于测量或决定灌溉使用的流度或水量的方法。
- 用于科学规划灌溉时间和灌溉量的文件。
- 农作物每季度或每年规划使用的水量。
- 每种作物受管理作物根区的允许水损耗（MAD）和深度。
- 根据测试、评估或观察预估灌溉系统喷灌均匀度。
- 若可以使用土壤湿度传感器，应有特定的土壤湿度监测目标。应显示土壤湿度传感器的位置和湿度等数据，这些数据可以用来决定全方位灌溉方案。
- 了解如何识别及减轻灌溉引起的侵蚀的相关信息。

运行和维护

针对操作员编制一份运行维护计划。在运行维护计划中至少应包括以下项目：

- 经营者用于记录灌溉用水管理活动的记录文件。
- 每次灌溉的记录要求，包括：应用的水量或深度、灌溉持续时间和灌溉日期。
- 测定灌溉时间和灌溉量所用方法的记录要求。
- 记录用于实施灌溉用水管理计划的其他相关数据收集的要求。
- 关于所使用的灌溉设备和供水系统，参考其他运行维护计划。

参考文献

Glenn, E.P., P.L. Nagler, and A.R. Huete. 2010. Vegetation Index Methods for Estimating Evapotranspiration by Remote Sensing. Surveys in Geophysics 31：531-555. DOI 10.1007/s10712-010- 9102-2.

Schimmelpfenning, D. 2016. Farm Profits and Adoption of Precision Agriculture. Economic Research Report Number 217. Economic Research Service. Washington, D.C.

Stubbs, M. and P. McGee. 2016. Irrigation in U.S. Agriculture： On-Farm Technologies and Best Management Practices. Congressional Research Service. Washington, D.C.

USDA NRCS. 2007. Technical Note (Title 190), Agronomy Technical Note 1, Precision Agriculture： NRCS Support for Emerging Technologies. Washington, D.C. https：//directives.sc.egov.usda.gov/.

USDA NRCS. 1993. National Engineering Handbook (Title 210), Part 623, Chapter 2, Irrigation Water Requirements. Washington, D.C. https：//directives.sc.egov.usda.gov/.

USDA NRCS. 1997. National Engineering Handbook (Title 210), Part 623, Chapter 9, Water Measurement. Washington, D.C. https：//directives.sc.egov.usda.gov/.

USDA NRCS. 1997. National Engineering Handbook (Title 210), Part 652, Irrigation Guide. Washington, D.C. https：//directives.sc.egov.usda.gov/.

土地清理

（460，Ac.，2020年9月）

定义

从林区移走树木、树桩和其他植被。

目的

本实践可用于实现以下目的：

- 促进土地用途调整，以保护自然资源。

适用条件

本实践适用于需要通过移除树木、树桩、灌木和其他植被以实现保护目标的区域。

准则

适用于所有目标的总体准则

根据场地和土壤条件进行土地清理和处置。采用合适的方式，以防止发生以下情况：

- 土壤侵蚀。
- 对空气和水质带来不利影响。
- 公共安全和财产风险。
- 对邻近林地、植被和水文功能造成破坏。

禁止将清除的木质物残体处理到建筑用材或新木材中。将杂物堆在离临近林地、建筑物或道路至少 100 英尺处。避免将杂物放置在沟渠或洪水可能会运输杂物的地方。

有关木质物残体的处理方法，如堆放、燃烧或粉碎，以减少火灾、安全、环境或有害生物的危害，请参考美国自然资源保护局制订的保护实践标准《木质残渣处理》（384）中的准则。

有关土地清理过程中遇到的构筑物、普遍废弃材料或无害次级材料的清除和处置，请参考保护实践《障碍物移除》（500）中的准则。

清理过的土地应便于实现计划的土地用途。有关空地的植被重建，请参考保护实践《关键区种植》（342）中的适用准则，或者有关块空地分级用于农业生产，请参考《精准土地治理》（462）以及《土地平整》（466）中的适用准则。

注意事项

一般注意事项

如果可能的话，在州、部落或地方最佳管理实践建议的宽度的基础上增宽靠近水体的缓冲带（如湖泊、河流、溪流、湿地或暂时性水池）。

在潜在沉积物径流较少的季节安排主要的土地清理作业。安排土地清理和相关活动，以避免移除和堆放的树木、树桩和其他植被中虫害或病害数量的增加。

当在土地清理之前进行打捞时，应保留至少 1 英尺高的树桩，以便于最终清理和除根活动。

鱼类和野生动物资源的附加注意事项

应特别注意保护鱼类和野生动物的栖息地。条带清理、成列堆积杂物以及保存巢穴和食物树等措施能够最大限度降低对野生动物的影响。

附加注意事项

杂物堆应留有供设备进出的间隔。确定防火带的位置和方向，以促进杂物的固化，并允许地表水径流流经。

计划和技术规范

根据本实践，编制计划和规范以实现其预期目的。计划和规范应包括以下信息：

- 待清理土地范围的平面图，包括进出现场、车辆暂存区、打捞原木堆放位置、小径和道路、临时垃圾或土壤处置 / 打捞现场以及其他操作设施（如适用）。
- 工作说明、清除范围和土壤打捞或杂物处置方法。
- 清除的木质物残体的布局、大小和处置要求。
- 树木或木本植被及其他未受干扰地区的位置，并做相关描述。
- 治理侵蚀、水污染和空气污染的要求（如适用）。
- 描述规划土地用途的空地状况的特定场地规范。
- 重建裸露和受干扰区域的植被要求（如适用）。
- 有关防止植物病虫害意外传播的生物安全保障措施的描述。

运行和维护

委托方针对使用情况制订运行维护计划。至少应包括：

- 提供土地清理作业后保护水道和水质的措施。
- 定期检查并及时修复可影响预期目的的区域。
- 在控制不需要的外来或有害植被的同时实施植被覆盖计划。
- 限制使用机械措施、计划烧除、农药或其他可能影响预期目的的化学品。
- 当地面饱和时，使用重型设备穿越空地的有关指导。

参考文献

USDA NRCS. 1985. National Engineering Handbook (Title 210). Section 19, Construction Inspection, Section Clearing and Grubbing： p.2-17 https：//directives.sc.egov.usda.gov/OpenNonWebContent.aspx?content=18374.wba.

照明系统改进

（670，No.，2020年9月）

定义

使能源效率提高的农业照明系统。

目的

本实践用于实现以下目的：

- 提高农业设施照明系统的能源效率。

适用条件

本实践适用于任何带有电气照明系统的农业设施。照明系统可包括灯具（灯、镇流器和外壳）、控制装置和接线（视情况而定）。

准则

适用于所有目的的一般准则

根据设施对每个区域或空间的预期用途的照明需求，设计照明系统。

如果安装了额外的照明装置、增加了电路或修改了线路，则应符合美国消防协会（NFPA）70号《美国国家电气规程》（包括第547条“农业建筑”，其中规定了外壳、布线、安装和连接要求）或适用的州或地方法规的要求。

若部件暴露在灰尘、潮湿或腐蚀性空气中（如畜禽舍设施中），则应根据NFPA 70使用无腐蚀性、耐水的照明装置，保护灯具不受环境影响。照明装置和外露灯具必须达到评定要求，满足预期用途。

提供能够证明能源效率提高的分析报告，方式为记录装置的提高功效、改进的控制装置、估算出的效用节约或类似措施并记录评估方法。

规范升级

州批准的规范清单中的照明系统升级方法均可提高能源效率，因此，设计和实施不需要额外的具体效率计算。

对于未包括在州批准的规范清单中的照明改进项目，使用以下标准。

灯具和镇流器

选择更换灯具或灯具/镇流器组合时，其额定效率最低为每瓦90流明（lm/W）。

灯具和镇流器应满足灯的启动特性（预热期和启动温度）。使用制造商数据选择要设计的照明装置。通用指南见表1。

确保镇流器或其他功率调节装置与其所支持的灯具的功率、数量和类型兼容。

荧光灯和高压气体放电灯（HID）含有有毒物质——汞。妥善存放灯具，以防破损和汞的释放，直至处置完毕。根据环境法律法规处置灯具和镇流器。记录更换时效率较低的照明装置或含汞灯具（表1）的处置情况。

控制装置

控制装置照明控制装置包括但不限于开关、调光器、光传感器、占用传感器和计时器。当需要采用间歇性照明或自然采光时，则无须连续照明，此时可采用控制装置，减少照明系统的工作时间或输入功率。

与白炽灯一起使用的控制装置通常无法与LED一起正常工作。传感器和控制装置的设计和安装应满足预期目的，并确保与所使用灯具的兼容。使用自动控制装置时，安装独立的手动超控装置。

光源

各种光源的典型特征及其能源效率见下表。选择光源时应满足设施需要和本实践要求。

表1 光源的典型特征

灯具类型	功效范围 (lm/W)	使用寿命范围 (1 000s h)	颜色	CRI 范围[1]	色温范围 (1 000s K)	最低启动温度（°F）	即时启动	含汞
T-8 高输出（HO）荧光灯	104	18	白色	75	3 ~ 5	-20	是	是
发光二极管（LED）	80 ~ 110	25 ~ 130	白色	70 ~ 92	2.7 ~ 7	-40	是	否
T-5（5/8"）荧光灯	95	20 ~ 30	白色	85	3 ~ 6.5	0	是	是
T-8（1.0"）荧光灯	83 ~ 93	15 ~ 40	白色	60 ~ 86	3 ~ 6.5	0	是	是
高压钠灯	66 ~ 97	24	黄橙色	22 ~ 70	1.9 ~ 2.1	-40	否	是
T-12（1.5"）荧光灯	62 ~ 80	9 ~ 12	白色	52 ~ 90	3 ~ 5	50	是	是
T-12 HO 荧光灯	70	9 ~ 12	白色	52 ~ 90	3 ~ 5	-20	是	是
启动脉冲金属卤素灯	60 ~ 74	15 ~ 32	浅蓝色	62 ~ 75	3.2 ~ 4	-40	否	是
金属卤素灯	41 ~ 79	10 ~ 20	浅蓝色	65 ~ 70	3 ~ 4.3	-22	否	是
紧凑型荧光灯	45 ~ 55	6 ~ 10	白色	82	2.7	-20	短暂预热	是
汞汽灯	26 ~ 39	24	青白色	15 ~ 50	3.8 ~ 5.7	-22	否	是
卤素灯	12 ~ 21	1 ~ 6	白色	100	3	-40	是	否
白炽灯	7 ~ 20	1	白色	100	2.8	-40	是	否

[1] 显色指数（CRI）范围为 0 ~ 100。

温室和苗圃植物照明的附加准则

选择光合成有效辐射（PAR）最低为 1.6μmol/J 的备用灯或照明装置。各种灯具的典型 PAR 效能表如下所示（表2）。

在潮湿条件下使用的所有照明设备必须贴上 UL 标签。

表2 园艺灯具装置的典型 PAR 效能

辐射源	PAR 效能（μmol/J）	PAR 效能（mol kW/h）
陶瓷金属卤素灯（315W）	1.6	5.8
高压钠灯（大型灯泡头，600W）	1.6	5.8
高压钠灯（双端，1000W）	1.7	6.1
LED 灯（150 ~ 650W）	1.5 ~ 3.0	5.4 ~ 10.8

注意事项

鉴于满足当前版本的美国农业与生物工程师学会（ASABE）工程实践（EP）344“农业设施照明系统”的需要，根据 ASABE EP344 表中给出的任务分类和最大间距层析高度比（s/Hp）保证光的均匀度，为所有照明区域提供最低照明参数建议。使用制造商的均匀度数据（如有）或商业灯光建模软件，以确保光线的水平和均匀分布。

在某些情况下，照明的改变可能会影响建筑的供暖、冷却或通风。这些影响通常很小，但是在计划更换灯泡时应考虑到这些影响。

在可行的情况下，将开关和调光器放置在远离潮湿或灰尘环境的地方，或使用耐腐蚀控制装置，以保护开关和调光器免受环境影响。在可行的情况下，用电子镇流器代替磁性镇流器，以提高能源效率。

光源的光谱质量（颜色）会影响人们对照明区域颜色的辨别能力，在某些情况下还会影响人和牲畜的情绪。在牛奶室清洗区、鸡蛋监测区、挤奶室等需要检查的区域，安装显色指数（CRI）为 80 或更高参数的灯具。

为提高植物和动物的产量，可以调整光量、亮度和光周期。

日光补充电光可降低照明系统的能源需求，并提供更高质量的光。

对于外部照明系统，灯光的方向和强度可能会极大地影响光污染对人和野生动物的影响。在可能的情况下，利用定向照明，减少光污染，减少对动植物的破坏。

有些 LED 部件可以回收利用。联系当地城市固体废物处理机构，寻求回收指导。

温室和苗圃植物照明的附加注意事项

根据最新的研究数据，确定作物生长所需的光强度、光谱、日累积光量和分布均匀性。来源包括：密歇根州立大学、康奈尔大学、亚利桑那大学和罗格斯大学，以及制造商的数据和计算机生成的照明装置数量和布局、安装高度和照明模式均匀性的设计，或 ASAE EP344.4。

植物照明通常在光合作用（400 ~ 700nm）波段测量，称为 PAR。光照水平以光合光子通量（PPF）为测量单位，PPF 用于以每秒微摩尔数（μmol/s）来计量植物的生长照明。园艺装置产生的总光输出以光合光子通量（PPF；400 ~ 700nm）进行衡量，单位为微摩尔 / 秒（μ mol/s）。装置功效（效率）定义为每单位电力消耗的总光输出，单位为微摩每焦耳（μ mol/J）。电气照明系统提供的理想目标 PAR 水平将取决于作物以及照明方式的目的。为了确定适当的采光量和照明质量，请参考美国国家标准协会（ANSI）ANSI/ASABE S640《植物（光合生物）电磁辐射的数量和单位》，S642“植物生长和发育用 LED 产品测量和测试的推荐方法”和相关标准。

日累积光量（DLI）是指植物一天内吸收的太阳光和补充光的总和。单位为 mol/（m^2·d）。

常规的温室补充照明系统在植物冠层顶部提供 60 ~ 200μ mol/（m^2·s）的光照。应在植物生长区域进行测量。应使用量子传感器或控制器进行控制。该系统应提供作物生长所需的光照水平。对于温室中的补充照明，选择产生最少遮阳量的装置。

用于日照长度控制（用于促进或延迟开花）的周期照明应提供 2μ mol/m^2.s 的最低强度。考虑使用高效光周期控制系统，方式为将低功率光周期灯具连接到可移动灌溉架上。

考虑在作物上方以及顺着温室的尽头或边墙安装可移动的能源或遮阳帘，以最大限度地减少温室外的光污染，也为了更好地存留能源。

对于室内单源设施，应确定照明装置发热的影响以及如何去除多余热量。

关于安全的附加注意事项

对于光照强度主要是针对人类居住的任何空间（例如散步、攀登或工作区域），根据 ASABE EP344.4 的表 2、表 5 ~ 7 和表 10 ~ 11，应考虑到工人的安全，确保照明系统满足最低推荐光量和光照强度（照度）要求，单位为英尺烛光（fc 或 lm/ft^2）或勒克斯（lx 或 lm/m^2）。

同时考虑：

- 确定光源位置，以尽量减少工人和障碍物遮挡工作区域的光源。
- 多方向的照明可减少阴影密度，保证均匀照明。
- 选择并安装带有反射器、折射器和扩散护盾的照明装置以减少眩光。
- 所有灯具的安装都应在视线水平线上。

关于寿命周期成本和长期节约的附加注意事项

节能投资的使用寿命对其收益率和长期盈利能力有显著影响。带灯丝的灯具等物品的使用寿命会随着开 / 关周期次数而缩短，而 LED 灯的使用寿命则不受开关周期次数的影响，因为它没有灯丝。考虑长期成本节约和相关的寿命周期成本，通过评估以下项目增加长期净收入：

- 所用灯具和照明装置的类型。
- 每天计划开关周期。
- 光通量（或 PPF）随着时间的推移而衰减。

计划和技术规范

针对照明系统编制相应的计划和规范，说明确保应用本实践能够达到预期目的的要求。要求至少包括必要的：

- 每个照明装置的灯数。
- 镇流器或其他功率调节装置类型。
- 灯具类型。

- 最低照明效率。
- 灯管功率。
- 照明装置或灯具额定值（防尘、防水、耐腐蚀等）。

描述按设计拟安装的照明装置以及电源和控制装置的具体数量和布局。

列出需要更换含汞的灯具或照明装置的处置方法。

给出一份平面图，显示照明系统所有部件的位置，包括电气接线图（如有必要）。

运行和维护

针对操作员编制一份运行维护计划。运行维护计划的要求至少包括：

- 定期检查灯具、镇流器、照明装置、接线和控制装置。
- 及时更换损毁的灯具。
- 根据需要修理或更换其他系统部件，以确保系统正常运行。
- 定期清洁灯具、照明装置和房间表面，以确保保持高质量的照明环境 。

参考文献

American National Standards Institute and American Society of Agricultural and Biological Engineers. 2017. ANSI/ASABE S640, Quantities and Units of Electromagnetic Radiation for Plants (Photosynthetic Organisms) ANSI, Washington, D.C. ASABE, Saint Joseph, MI.

American National Standards Institute and American Society of Agricultural and Biological Engineers. 2018. S642, Recommended Methods for Measurement and Testing of LED Products for Plant Growth and Development. ANSI, Washington, D.C. ASABE, Saint Joseph, MI.

American Society of Agricultural and Biological Engineers. 2014. Engineering Practice 344.4, Lighting Systems for Agricultural Facilities. St. Joseph, MI.

Lopez, R. and E.S. Runkle (Editors). 2017. Light Management in Controlled Environments. Willoughby, OH： Meister Media Worldwide.

Mattis, N. n.d. "Greenhouse Lighting." Accessed April 30, 2019. http：//www.greenhouse.cornell.edu/structures/factsheets/Greenhouse%20 Lighting.pdf .

National Fire Protection Association. 2017. Article 547, Agricultural Buildings. NFPA 70. Boston, MA.

National Lighting Product Information Program. 2018. "NLPIP Lighting Research Center Glossary." Accessed December 3, 2018. http：// www.lrc.rpi.edu/programs/NLPIP/glossary.asp.

Runkle, E, and A.J. Both. 2011. Extension Bulletin E-3160, Greenhouse Energy Conservation Strategies. Michigan State University Extension. East Lansing, MI.

Simon, T. and C. Wills. 2014. "Lighting for Ag Enterprises" webinar. Washington State University Extension Energy Program. Spokane, WA.

Wisconsin Energy Efficiency and Renewable Energy. n.d. "Proper Lamp Disposal." University of Wisconsin Extension . Accessed December 3, 2018. https：//fyi.uwex.edu/energy/lighting/proper-lamp- disposal/.

衬砌水道或出口

（468，Ft.，2020年9月）

定义

一种由混凝土、石头、合成草坪补强织物或其他永久材料组成的具有耐腐蚀衬砌的水道或具有保护作用的出口。

目的

本实践用于实现以下一种或多种目的：

- 在不引起侵蚀或洪水的情况下，安全地输送保护实践中或不同水流浓度的地表径流。
- 防止现有沟壑发生侵蚀或冲刷，或对其进行稳固。
- 保护和改善水质。

适用条件

本实践适用于类似以下一种或多种情况：

- 发生以下情况时，需要衬砌来防止侵蚀，例如：集中径流、管道流、陡坡、潮湿、长期基流、渗透、或管道问题等。
- 由于人或动物的使用，植被不能作为适当的覆盖物。
- 因场地有限，根据设计速度需限制水道或出口宽度，此时需要衬砌保护。
- 土壤具有高度腐蚀性，或其他土壤或气候条件不允许仅使用植被。

准则

适用于所有目的的一般准则

最小容量必须足以承受 10 年一遇、持续 24 小时的暴雨的最大径流速率，但以下情况除外：

- 当衬砌水道或出口坡度小于 1% 时，可将最小设计容量降低到从出口流入的水量。
- 当沟渠、结构或管道的直接下游输送能力不能抵抗 10 年一遇、持续 24 小时的暴雨时，可将最低设计容量降至下游运输容量。

对于管道下游有衬砌的出口，提供能够充分容纳渗流的衬砌水道或出口。

流速

用曼宁方程式计算速度，并给出适合于选定衬砌材料的粗糙度系数。

对具体坡度、水流深度和水力条件进行适当的详细设计分析，若表明无法接受更高的速度，则使用《美国国家工程手册》（第 210 篇）第 650 部分第 16 章附录 16A“抛石尺寸的确定”，或根据 210-NEH 第 654 部分，《技术补编》（TS）14C“石料尺寸标准”，来设计岩石抛石衬砌渠道段和集中渗流区出入口的最大流速和岩石级配限值。

合成草坪增强织物和网格桥面的最大设计速度不能超过制造商给出的建议数值。

利用图 1 得到混凝土衬砌截面的最大设计速度。

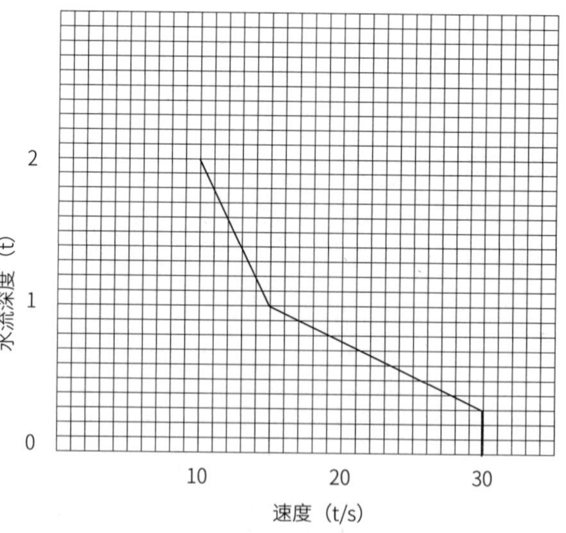

图 1 混凝土衬砌截面的最大流速与水流深度

避免沟道斜坡坡度值处于 0.7 ～ 1.3 这一临界值

之间，但短过渡段除外。限制超临界流体直接流入。水道或出口排放的水流超出临界值，超出部分必须排进耗能器中，以便将排速降到临界值之下。

横截面

衬砌水道或出口的横截面必须是三角形、抛物线或梯形。整体混凝土的横截面可以是矩形。

干舷

一些区域临近铺设或加固的边坡，这些区域无法生长抗侵蚀植被，其内衬水道或出水口最低干舷的设计必须高于高水位 0.25 英尺。如果能够种植并维持植被，就不需要干舷。

边坡

边坡允许的最大坡度不得超过表 1 中的最陡值。

表 1 各种材料类型的最大允许边坡。

材料	坡度（纵横比）
素混凝土	
衬砌高度，1.5 英尺或以下	垂直
材料	坡度（纵横比）
手工固定的平板混凝土或用灰浆固定的石板	
衬砌高度，2 英尺以下	1 ∶ 1
衬砌高度，2 英尺以上	2 ∶ 1
滑模摊铺混凝土	
衬砌高度，3 英尺以下	1 ∶ 1
抛石	2 ∶ 1
人造草皮增强织物	2 ∶ 1
网格铺路材料	1 ∶ 1

衬砌厚度

最小衬砌厚度不得小于表 2 所示厚度。

表 2 各种材料的最小衬砌厚度。

材料	衬砌厚度
混凝土	4 英寸（如果加固衬砌，其最小厚度为 5 英寸）
抛石	最大石料尺寸加上滤料或垫料厚度
石板	4 英寸，包括砂浆层
人工草皮强化织物和网格铺路材料	按照制造商的建议

衬砌耐久性

非钢筋混凝土或灰浆固定石板衬砌只能用于排水良好或路基排水设施已安装的低收缩膨胀土地区。

相关结构

侧入口、下降结构和消能器必须满足现场的水力和结构要求。边坡稳定结构必须符合保护实践《边坡稳定设施》（410）中的要求。

出口

所有衬砌水道和出口的出口处必须稳定，有足够的能力防止侵蚀和洪水破坏。

土工织物

在适当情况下，使用土工织物作为岩石、石板或混凝土衬砌与土壤之间的隔膜，以防止土壤颗粒通过衬砌材料从路基上移动。指定土工织物要求按照美国国家公路与运输协会（AASHTO）标准 M288 第 7.3 节、210-NEH-654-TS 14D，“河流修复中的土工合成材料”、或美国自然资源保护局技术说明（第 210 篇），《设计工程》，设计注释 24，《土工织物使用指南》制订。

按照制造商的建议安装并锚固草坪补强网，并确保补强网与地基土紧密接触。

过滤器或垫层

在适当的情况下，使用过滤器或垫层保护管道。根据需要，使用排水沟减少扬压力并收集水流。根据 210-NEH 第 633 部分第 26 章“沙砾石过滤器级配设计”设计过滤器、垫层和排水沟。如有需要，可在排水沟中使用排水孔。

混凝土

对混凝土进行配比，使其具有足够的塑性，可进行彻底的固结，并具有足够的硬度，以便在边坡上保持原位。需要致密耐用的产品。配比的混合物经认证可产生 3 000psi 的最小强度（28 天）。在施工规范中规定养护要求。

伸缩缝

如有必要，混凝土衬砌中的伸缩缝，其间隔必须在 8 ~ 15 英尺，并保持均匀，以约为 1/3 的内衬厚度横向排列。为节点提供钢筋或其他均匀的支撑，以防止不均匀沉降。

场地和路基准备

适当的场地准备是必要的，为水路衬砌提供一个稳定、均匀的基础。场地应进行坡度调整，以清除车辙或不均匀的表面，并在整个施工过程中提供良好的地面排水，并保证水道或出口的设计使用年限。可通过碾压试验来检查是否存在软土坑、额外车辙或其他土壤条件，如果存在上述土壤条件，需要将其移除并用压实土替换，以便为基层、底基层或混凝土衬里提供均匀的表面。

铰接式混凝土砌块护岸

根据 210-NEH-654-TS 14L 设计铰接式混凝土砌块护岸。

牵引应力

设计选定衬砌材料时，可采用牵引应力来替代速度标准。

采用美国陆军工程兵团工兵研究与发展中心（ERDC）-TN-EMRRP-SR-29“河流修复材料的稳定性阈值”来计算最大剪应力。

衬砌材料的最大剪应力不得超过制造商建议的范围。

注意事项

将树木、灌木、牧草、杂草纳入河道的衬砌部分或靠近衬砌。这可能会改善美学和生境效益，并减少侵蚀。在河道过渡到自然地面的地段，种植植被将大有裨益。然而，并不是在所有情况下都适合种植植被。保持河道通畅。有关进行植被种植的指南，可参见 210-NEH-654-TS 14I“河岸土壤生物工程”、14K“石结构河岸护面”和保护实践《河岸和海岸保护》（580）。

在规划本实践时，应当考虑文化资源。在适当的情况下，应采取合理的技术，以确保符合当地的文化价值观。

在水道两侧设置过滤带可改善水质。

必须考虑设计牲畜和车辆的十字路口，以防止对水道造成损害。十字路口的交叉设计不得干扰设计流量。指南可以在保护实践《跨河桥》（578）获得。

对于路基表面存在较高的孔隙水压力、可能发生路基移动、一旦破坏可能危及公共安全或财产的地段，应加固混凝土衬板。

鱼类和野生动物资源的一般注意事项

本实践可能会影响重要的鱼类和野生动物栖息地，如溪流、小溪、河岸带、洪泛区和湿地。

无衬砌水道的渗漏可能有利于湿地、候鸟栖息地和洪泛区补给。考虑特定地点的资源问题以提高供水效率、增加流量。与湿地相比，栖息地效益更大。

应评估水生生物通道的问题（例如：速度、深度、坡度、空气夹带等），以尽量减少负面影响。应该考虑目标物种的游泳和跳跃能力。

采用草坪补强网减少对鱼类和野生动物的影响时，考虑 0.2 英寸或以下的网目尺寸。

在衬砌水道上应避开或保护重要的鱼类和野生动物栖息地，如：木本覆盖物或湿地。如果混合种植树木和灌木，应该种植在有衬砌水道的草地部分的外围，使树木不干扰水力功能，且树根不会损坏水道的衬砌部分。中高束草和多年生牧草也可以种植在水道边缘，以改善野生动物栖息地。

设计时应选择有利于传粉昆虫的植物。有野生动物活动的水道，与其他栖息地类型（例如：河岸带、林地和湿地）联通后，效果更佳。

计划和技术规范

针对衬砌水道或出口编制相应的计划和规范，说明确保应用本实践能够达到预期目的的要求。

计划和规范应至少包括：

- 衬砌水道或出口的平面布置图。
- 衬砌水道或出口的标准横截面。
- 衬砌水道或出口的剖面图。
- 衬砌材料规格。
- 多余土壤物质的处置要求。
- 针对不同场地，以书面形式描述衬砌水道或出口安装的具体施工规范。如有需要，包括施工期间集中渗流的控制规范。

运行和维护

编制一份运行维护计划供客户使用。该计划至少应涉及以下项目：

- 定期检查有衬砌的水道，特别是大雨之后。及时修复受损区域，清除泥沙沉积物，保持衬砌水道的排水能力。
- 控制有害杂草的数量。避免在定植种植区使用除草剂。
- 在耕作和栽培过程中，避免使用衬砌水道作为转弯处。
- 适当地按照规定进行焚烧和除草作业，以提高野生动物的价值，但必须避开高峰期筑巢季节并减少冬季覆盖物。
- 不可把衬砌水道用作田间道路。
- 避免重型设备压过衬砌水道或出口。

参考文献

American Association of State Highway and Transportation Officials. 2017. AASHTO M 288, Standard Specification for Geotextile Specification for Highway Applications. Washington, D.C.

Barton, C. and K. Kinkead. 2005. Do Erosion Control and Snakes Mesh? Journal of Soil and Water Conservation 60(2)： 33A-35A. https：//www.researchgate.net/profile/Christopher_Barton2/publication/255220745_Do_erosion_control_an d_snakes_mesh/links/55df7bf108aecb1a7cc1a2c6/Do-erosion-control-and-snakes-mesh.pdf.

Fischenich, J.C. 2001. Stability Thresholds for Stream Restoration Materials. Ecosystem Management and Restoration Research Program Technical Notes Collection, ERDC TN-EMRRP-SR-29. U.S. Army Engineer Research and Development Center, Vicksburg, MS. https：//www.spa.usace.army.mil/Portals/16/docs/civilworks/regulatory/Stream%20Information%20and%20 Management/ERDC%20Stability%20Thresholds.pdf.

Miller, S.J., J.C. Fischenich, and C.I. Thornton. 2012. Stability Thresholds and Performance Standards for Flexible Lining Materials in Channel and Slope Restoration Applications. Ecosystem Management and Restoration Research Program Technical Notes Collection, ERDC TN-EMRRP-EBA-13. U.S. Army Engineer Research and Development Center, Vicksburg, MS. https：//erdc- library.erdc.dren.mil/jspui/bitstream/11681/3944/1/ERDC-TN-EMRRP-EBA-13.pdf.

Robinson, K.M., C.E. Rice, and K.C. Kadavy. 1998. Design of Rock Chutes. Transactions of ASAE, Vol. 41(3)： 621-626.

USDA NRCS. 2007. National Engineering Handbook (Title 210), Part 654, Stream Restoration Design. Washington, D.C. https：//directives.sc.egov.usda.gov/.

USDA NRCS. 1996. National Engineering Handbook (Title 210), Part 650, Chapter 16, Streambank and Shoreline Protection. Washington, D.C. https：//directives.sc.egov.usda.gov/.

USDA NRCS. 1984. National Engineering Handbook (Title 210), Part 650, Chapter 3, Hydraulics. Washington, D.C. https：//directives.sc.egov.usda.gov/.

USDA NRCS. 2017. National Engineering Handbook (Title 210), Part 633, Chapter 26, Gradation Design of Sand and Gravel Filers. Washinton, D.C. https：//directives.sc.egov.usda.gov/.

USDA NRCS. 1991. Technical Note (Title 210), Design Engineering, Design Note 24, Guide for the Use of Geotextiles. Washington, D.C. https：//directives.sc.egov.usda.gov/.

USDA NRCS. n.d. "Insects and Pollinators." Accessed June 10, 2019. http：//www.nrcs.usda.gov/wps/portal/nrcs/main/national/plantsanimals/pollinate/.

牲畜用水管道

（516，Ft.，2020年9月）

定义

管道及其附件是为牲畜或野生动物输水而安装的。

目的

本实践用于实现以下一种或多种目的：

- 将水输送到牲畜或野生动物的使用地点。
- 降低能源消耗。

适用条件

本实践适用于将牲畜或野生动物使用的水源，通过封闭管道从水源输送到供水设施。

本实践不适用于灌溉管道的使用。灌溉管道请参考保护实践《灌溉管道》（430）。

准则

适用于所有目的的一般准则

按照联邦、州以及当地法律和法规，计划、设计和建造本实践设施。土地所有者必须从监管机构获得所有必要的许可，或证明无须许可。土地所有者或承包商负责在项目区域内标记出所有埋地公用设施的位置，包括排水管和其他结构措施。

管道的设计应满足足够的水量、质量和输送速率，以供牲畜或野生动物实际和可行的用水。

管道只能铺设在与所选材料类型相适应的土壤中或土壤上。

容量

即使牲畜或野生动物的数量和种类增加，导致季节性的日常需水量增多，也应保证其所需的用水量。

在计算容量需求时，必须考虑运输和使用中合理的耗水情况。

摩擦和其他损耗

出于设计目的，应使用以下方程式之一计算水力坡降线计量的基本压头损失：海澄威廉公式、达西–威斯巴哈公式或曼宁公式。应根据给定流量条件和所使用的管道材料选择方程式。在计算水力坡降线时，应酌情考虑因进水口类型、阀门、弯管、管道扩宽或收窄而引起的流速和流向改变从而造成的压头损失（也称小损失）。对于封闭式加压系统，所有位置的所有流量管道水力坡降线均应高于管道顶部，专用于负内压的情况除外。

管道设计

管道的设计应满足所有使用要求，以便内部压力（包括任何点的水力瞬压或静压）小于管道的压力额定值。

如塑料和金属管之类的挠性管道应根据美国自然资源保护局制订的《美国国家工程手册》（第210篇）第636部分第52章“挠性管道结构设计”的规定进行设计，并且要遵循以下准则：

塑料管

当按照设计容量运行时，在管道内或下游端装有阀门或其他一些流量控制附件的管道，满管流速不应超过5英尺/秒。考虑到瞬态压力的安全系数，任一点的工作压力都不应超过计划工作温度下管道压力额定值的72%。一旦超过任何一个限制，就必须对水流条件进行特殊设计考虑，也必须采取措施充分保护管道不受瞬态压力的影响。

金属管

应使用环向应力公式确定规定的最大允许压力，将所选材料的允许拉应力限制为屈服点应力的50%。有关常用金属管的设计应力信息，请参见《美国国家工程手册》（第210篇）第636部分第52章。

管道支撑结构

安装在地面上的管道在必要时应含有支撑结构从而使其能够稳定地抵抗内外作用力。管道支撑结构设计应符合《美国国家工程手册》（第210篇）第636部分第52章的规定。

接头和连接件

在设计和构建所有连接件时，需确保其能承受管道的工作压力，同时不会出现泄漏问题，保证管道内部没有阻碍物，以免影响管道输送能力。

可根据接头类型和所用管道材质，从制造商那里获取准许的接头挠度信息。对于倾斜的金属管道，安装伸缩接头时要紧邻锚件或止推座，且安装高度低于锚件或止推座。

对于焊管接头，应根据需求安装伸缩接头，从而将管道压力限制在允许值之内。

允许的纵向管道弯曲应根据材料类型、压力额定值以及行业标准来确定，或参考《美国国家工程手册》（第210篇）第636部分第52章的描述。

悬空管道接头的设计应考虑到管道载荷问题，包括管内的水、风、冰及热胀冷缩带来的影响。

金属管道接头和连接件应尽可能采用类似材料。如果采用的材料不同，则必须保护接头或连接件，使其免受电偶腐蚀影响。

埋设深度

地下管道须保持足够的埋设深度，以免交通载荷、农耕作业、冻结温度或土壤裂隙（如果适用）损坏地下管道。

在给定安装条件下，管道应具有足够的强度，能承受管道上方的所有外部载荷。应运用适当的活载荷来应对预期的交通状况。

如果无法保证管道埋设深度或管道强度时，则应使用输送管（套管）或其他机械措施为管道系统提供足够的强度，以承受所有预期的载荷状况。

降压

在压头增益明显高于压力损耗，管道压力静态压力过大或流速过快等情况下，应使用减压阀或断路器柜。

阀门及其他附件

阀门和其他附件的压力额定值应等于或大于设计工作压力。

当使用杠杆操作阀时，假设会快速关闭阀门，应执行分析以评估是否会出现潜在瞬变压力。

止回阀和防回流。如果可能发生有害回流，在泵出口和管道之间安装止回阀。如果使用气隙，则使用最小为引入管直径2.5倍的气隙。

当回流可能会污染水源或地下水时，所有管道都应该使用经批准的防回流装置。

泄压阀。如果在关闭所有阀门时会积聚过大压力，则应在泵出口和管道之间安装泄压阀。如果需要保护管道免受减压阀故障或失灵的影响，则应在减压阀下游安装泄压阀。

泄压阀应设置为在实际压力较低时开启，但在设计的工作压力额定值或管道最大允许压力值的基础上，每平方英寸最多能够再多5磅。泄压阀应具有充足排气能力，以降低管道中过大的压力。打开阀门时，应在每一个泄压阀上标记其压力。可调式泄压阀应为密封状态，否则将改变阀门对压力的调整。

代替详细的瞬态压力分析时，泄压阀的最小尺寸应为每英寸管道公称直径的阀门公称尺寸的1/4英寸。

排气口。为了空气顺利进出管道，需要防止空气堵塞、水力瞬压或管道破裂。包括为了保护管道而进行的空气释放和真空释压。设计管道时，应使其在运行期间保持在水力坡降线以下。如果部分管道位于水力坡度以上，则可能需要定期使用气泵。

调压室和气室。如果需要使用调压室或气室控制水力瞬压或水柱分离问题，则调压室或气室应具有足够尺寸，确保在不排空调压室或气室的情况下满足管道水量需求，并确保满足流速要求，以计算管道压降。

排水口和水位控制。将水从管道输送到供水设施的附件应具备足够的容量以提供所需流量。如果连续向供水设施供水，应使用自动水位控制装置（如浮阀）来控制水流，防止不必要的溢流。

所设计的排水口和水位控制装置应能够承受或免受牲畜、野生动物、冻结和冰灾的伤害。排水口要最大限度降低侵蚀、物理损坏或是暴露带来的劣化。

推力调节

管道坡度、水平线向发生突变，或尺寸缩小时，可能需要锚件或止推座来吸收管道轴向推力。通常需要在管道末端和直列式控制阀位置进行推力调节。应遵循管道制造商提供的推力调节建议。如果制造商未提供相关信息，则应根据《美国国家工程手册》（第210篇）第636部分第52章的规定设计止推座。

热效应

对于塑料管，在系统设计时必须适当考虑热效应问题。降低压力额定值和程序应遵循《美国国家工程手册》（第210篇）第636部分第52章的规定。

物理保护

安装在地面上的钢管应镀锌，或用适当的保护涂料进行保护。

安装在地面上的塑料管在其整个预期使用寿命内均能够抗紫外线，或采取保护措施，使塑料管免受紫外线损害。

对所有管道采取保护措施，避免因交通载荷、农耕作业、冻结温度、火灾和热胀冷缩问题损坏管道。应采取合理措施保护管道，避免遭受潜在的破坏。

填充

管道系统应具备控制其填充物的方法，以防止空气截留或过多瞬态压力的存在。

在密封式空气管道系统（即所有排水口均关闭）中，填充速度大于1英尺/秒时，需要进行特殊评估并采取适当措施，清除截留空气并防止出现过多的瞬态压力。

如果无法进行低速填充，则在加压之前，系统应与大气保持连通（排水口打开）。设计该系统是为了去除空气和防止在高速填充下产生的过多的瞬态压力。

冲洗

如果水中的沉积物较多，则管道应能维持足够大的流速，确保将沉积物冲出管道。

如果在冲洗沉积物或其他异物时须采取措施，则应在管道远端或低点位置安装适用的阀门。

排水

通过重力或其他方式排空管道中的水时，在下述情况下应采取一定措施：

- 冻结温度隐患。
- 管道制造商要求排水。
- 管道的排水另有规定。

管道内排出的水在释放时不会造成水质、土壤侵蚀或安全问题。

安全排水

通过阀门特别是空气阀和泄压阀排水时应采取一定措施。此类阀门的安装位置应确保水流方向远离系统操作员、牲畜、电气设备或其他控制阀。

植被

施工后尽快重建植被或以其他方式维护受干扰区域的稳定。

播前整地、播种、施肥、覆盖膜都应符合保护实践《关键区种植》（342）的规定。

安全

管道系统在安装和操作过程中可能危害人员安全。按如下方式解决安全问题：

- 在设计和施工期间解决沟槽安全问题。
- 为人员提供保护措施，使其免受压力释放、空气释放和其他阀门产生的高压吹水问题的影响。
- 在施工之前，确定是否存在地下公用设施。

降低能源消耗的附加准则

提供分析以证明实施实践可降低能源使用。

同之前的操作条件进行比较，能源消耗的减少量可以按照平均每年或每季度的减少量进行估算。

注意事项

经济因素

管道设计时应考虑到经济因素，如下所示：

- 根据材料寿命周期能源需求而不是成本选择管道尺寸。
- 根据实践预期使用年限选择管道材料。
- 考虑用水力发电应用替代减压阀或减小管道直径的方法，避免产生摩擦损耗。

其他资源

应考虑对其他资源造成的潜在影响：包括管道及附件的视觉设计，尤其是公众能见度较高的地区。

计划和技术规范

针对牲畜用水管道编制相应的计划和规范，说明根据本实践制订满足此举措的要求。计划和规范至少应包括：

- 管道的平面布置图。
- 管道的剖面视图。
- 管道尺寸和材料。
- 管道接头要求。
- 管道支撑结构要求（如适用）。
- 针对不同场地，以书面形式描述管道安装的具体施工规范。包括管道压力试验要求。
- 埋设深度和回填要求（如适用）。
- 植物种植要求（如适用）。

运行和维护

每个已安装的牲畜用水管道系统均应配备运行维护计划。运行维护计划应记录需要采取的措施，确保在管道系统预期使用年限内有效执行实践。如适用，运行维护计划还应包括其他内容：

- 排水程序。
- 标记交叉位置。
- 操作阀门以防管道或附件损坏。
- 附件或管道维修。
- 阴极保护系统监测。
- 以及推荐的运行程序等。

制订填充程序，详细说明填充过程各个阶段所允许的流速和附件设备的操作要求，确保安全填充管道。应当使用流量计等测量装置或其他方式（例如闸阀旋转圈数）来确定水流进入管道系统的流速。应向操作员说明流速信息，并在适当情况下纳入运行维护计划。

参考文献

USDA NRCS. 2008. National Engineering Handbook (Title 210), Part 636, Chapter 52, Structural Design of Flexible Conduits. Washington, D.C. https://directives.sc.egov.usda.gov.

牲畜庇护所

（576，No.，2020年9月）

定义

保护动物免受不利环境因素影响的永久性或便携式结构。

目的

本实践用于实现以下一种或多种目的：

- 保护牲畜免受过热、过冷、刮风或下雪天气的危害。
- 改善放牧动物的分布情况，以利于维护野生动物栖息地，减少过度使用的区域，或修复因动物分布不当而引起的其他资源问题。

适用条件

本实践适用于为敏感区域提供保护，方法是在远离树木繁茂地区、河岸或洼地内现有树阴或遮蔽物的地区提供树阴或庇护所。

本实践适用于动物生产力和健康状况受到不利环境条件的负面影响的情况，如：阳光直射、无阻碍阳光、刮风或下雪天气。

本实践将有助于在规定的放牧条件下进行动物管理，以保护水质和土壤健康。

本实践可保护草场或牧场、用于放牧的农田或草地、冬季饲养区或牲畜重度使用区。

本实践可与防止动物进入敏感区域的措施结合使用。

准则

适用于所有用途和结构类型的总体准则 便携式结构的运输。

为便携式结构配备滑道或车轮或其他工具，以便于运输。针对垂直和水平结构构件提供侧渠支撑以防止运输过程中发生扭曲及变形。

位置

结构选址应避免对文化资源以及濒临灭绝、濒危物种、潜在物种及其栖息地产生不利影响。规划防护结构的位置时，对土壤类型、洪水易发区和季节性地下水位区进行评估。选择远离河岸带和集中渗流区的高地位置，以避免水质受损。

结构选址应距离任何地表水体至少 100 英尺，距离上坡井 150 英尺，距下坡井 300 英尺。

防侵蚀保护

根据需要提供侵蚀保护，以保护田地。

材料

采用耐用材料建造结构，确保结构的最小使用寿命为 10 年。

遮阳结构方向的附加准则

将最长的轴从北向南定向，以最大限度地增加遮阳面积，同时确保阳光能使结构下的区域保持干燥。

遮阳罩

结构顶部设计应相对平坦，以最大限度降低风力对结构的影响。结构屋顶间距比例至少为 1∶25，以解决径流问题。结构屋顶间距比例至少为 1∶25，以解决径流问题。

在遮阳结构的四角处固定尺寸和强度适宜的拉紧器，以应对使用季节期间当地的风力条件。

采用 80% 减光效果的遮光布保护动物。

安装牲畜遮阳结构套件时，请遵循制造商的建议。

尺寸

遮阳结构的最小尺寸要求如表 1 所示。便携式结构可能更小，以便于移动。根据需要保护的动物数量，可能需要多个结构。

在高产牲畜的规定放牧系统中，应至少为 75% 的畜群提供遮阳场所，特别是奶牛或肉用奶牛。

表 1　最低遮阳要求

动物类型	面积（平方英尺 / 头）	高度（英尺）
奶牛	40	10
肉牛		
400 磅小牛	15	10
800 磅喂养动物	20	10
母牛	30	10
马	50	12
猪、羊或山羊	10	7
家禽	3	7

位置

结构选址与现有结构应至少相距 50 英尺，以保持空气流通。通过结构的位置来创建理想的牲畜迁移模式。根据需要移动便携式结构，以保护附近区域的植被。

适用于防风结构的附加准则

位置

防风结构选址应位于牲畜需要躲避盛行风的地区。选址必须位于车辆或设备能进入的地方。

若条件允许，选址应位于平坦、无阻挡的地区。如果防风结构不得不位于山坡下方，应尽量置于顺风处。位于山丘逆风处的防风结构应至少置于比山脚逆风处防风结构高出 75 倍的地方。

若条件允许，防风结构选址应尽可能垂直于冬季风的盛行风向。应注意防止防风结构阻挡夏季风，夏季风可以增加热应力。

形状和尺寸

防风结构应为 90° V 形、半圆形或直线形结构。

为有效防风和防雪，建议采用 V 形或半圆形结构。结构开口宽度（D）（垂直于风向）应不小于其高度（H）的 10 倍，不大于其高度（H）的 15 倍（图 1）。

V 形庇护所

建造具有坚固面的 V 形庇护所，以转移墙壁两端的飘雪。在墙壁沿顺风方向延伸 5H 的保护区内，风速可能降低 60% ~ 80%（图 1）。V 形或封闭端应面朝冬季风和早春盛行风的方向。庇护所可以转移其周围的积雪并使积雪沉积在庇护所宽度（D）5 倍的顺风区内。

根据图 1、表 2 和表 3 计算所需的庇护区。表 3 显示了确保庇护所开口宽度（D）为其高

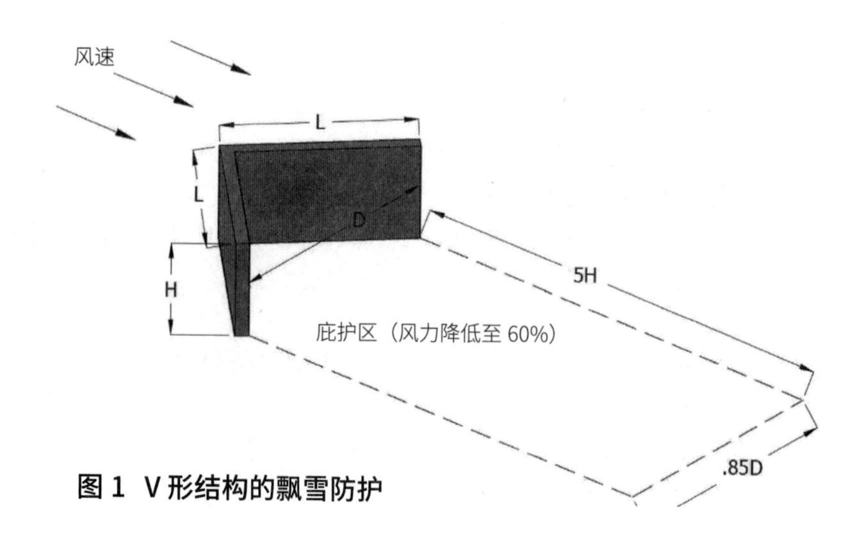

图 1　V 形结构的飘雪防护

度（H）15 倍的最大翼长（L）。根据表 3 中的数值，庇护所将提供一个庇护区。

表 2　最低防风结构要求

动物类型	最小庇护区面积（平方英尺 / 头）
乳牛、肉牛、马	40
肉牛	
400 磅小牛	15
800 磅喂养动物	20
母牛	30
马	50
猪、羊或山羊	10
家禽	3

表 3　最大翼长处的庇护区面积（图 3）

屏障墙壁高度（英尺）	翼长（英尺）	开口宽度（英尺）	保护面积（平方英尺）
6	60	84.8	3,964
8	80	113.1	7,047
10	105	148.5	11,823
12	125	176.8	16,828
14	145	205.1	22,714

半圆形庇护所

半圆形庇护所的功能与 V 形庇护所相似，并且可以用与 V 形结构物大致相同的材料建造。将表 3 中的保护面积乘以 1.27，以确定半圆形庇护所的保护面积。如表 3 所示，半圆形庇护所的尺寸以等于 V 形庇护所一半开口宽度的半径为标准。半圆形庇护所倾向于自支撑。

直线形庇护所

对于实心和多孔墙，使用直线形防风带对结构高度 15 ~ 20 倍范围内提供有效的防风保护。对于直线形庇护所，在底部留出不超过 1 英尺的间隙。

一般结构标准

对防风结构进行稳定性和结构分析。根据美国土木工程师协会（ASCE）标准 7-16“建筑物和其他结构的最小设计荷载和相关标准”，使用平均重现期（MRI）为 50 年的 3 秒阵风速度来确定分析所需的风荷载。针对庇护所的稳定性，采用 1.0 安全系数。根据需要设置一个可移动庇护所，确保满足倾覆和滑动标准。根据适用于建筑材料的行业标准（美国钢结构协会、美国木材协会等）设计庇护所的结构部件。

任何与粪便或土壤接触的木材必须是耐腐木材，或按照 ASTM D1760“木材产品压力处理标准规范”进行处理。对于供应有机产品生产商的设施或者用于向有机产品生产商出售堆肥的设施，须确保庇护所使用的经过处理的木材符合有机生产的要求。建议让生产商咨询有机认证机构，了解经处理木材的用途和可接受性。

注意事项

保护地表水不受营养物和病原体的影响。

保护树木或敏感区域免受加速侵蚀和过度压实的影响。

考虑经济性、废物管理系统总体规划、安全卫生因素。

对于永久性结构，应考虑采用保护实践《密集使用区保护》（561），其中植被不能位于结构下方或内部。

当为改善动物分布情况以解决资源问题而安装庇护所结构时，也可参考保护实践《计划放牧》（528）进行资源管理。

适用的情况下，当需要经常前往总部、放牧区或使用供水设施时，采用保护实践《小径和步道》（575）。

使用遮阳结构时，应考虑在冬季拆除并存放遮阳结构或织料，以延长遮阳布的使用寿命。

考虑在暴风雨天气移除并存放移动遮阳结构。

对于防风结构，为了进行稳定性分析，可根据需要采用大于1.0的安全系数来考量可变的场地条件和土壤性质。

对于便携式结构，建议时常监测周围情况并移动结构，以防止植被、土壤和当地水文出现局部退化现象。

对需要锚固的移动式防风结构进行稳定性分析时，可根据需要考虑未进行锚固的防风结构的效果和性能。

为实现废物管理，根据养分管理计划设计结构，以便于在牧场上分布粪肥。

计划和技术规范

根据本实践编制动物庇护所结构的计划和规范。描述确保应用实践能够达到预期目的的要求。包括施工计划、图纸、实施要求或其他类似文件。在上述文件中说明相应设施的安装要求。至少应包括：

- 庇护所结构的类型、位置和方向。
- 确定结构方向所需的设计风速和季节风向。
- 实施要求或施工图。
- 施工规范，包括结构尺寸和配置。
- 材料，包括各类材料的尺寸、数量、涂层和质量。
- 描述便携式庇护所的固定要求。

运行和维护

针对经营者制订如下所示的运行维护计划。

总体运行维护计划

- 每年以及发生重大风暴事件后，对结构进行检查。
- 必要时更换或修理钢部件上的维护涂层。

遮阳结构的具体运维要求

- 在整个使用寿命期间维护结构组件和织物。酌情处理或回收旧织物或其他非结构材料。
- 定期收紧遮光布，以尽量减少风的伤害。
- 当遮阳织物因环境条件而出现退化时，应及时更换。

便携式结构的具体运维要求

- 定期调整便携式结构的位置，以防止破坏邻近区域的植被。
- 制订结构移动计划（如果为便携式结构）。
- 移动后，重新锚固便携式结构。

参考文献

ASTM D A36, Standard Specification for Carbon Structural Steel； A120, D751, Standard Test Methods for Coated Fabrics； D1494, Standard Test Method for Diffuse Light Transmission Factor of Reinforced Plastics Panels； D1682, D-1760, D1910.

Federal Specification TT-P-641,Primer Coating； Zinc Dust-Zinc Oxide (For Galvanized Surfaces) Federal Test Method Standard No. 191, Method 5804.

Jairell, R.L. and R.A. Schmidt. 1991. Taming Blizzards for Animal Protection, Drift Control and Stock Water. USDA Forest Service. Washington, D.C.

Jairell, R.L. and R.A. Schmidt. 1988. Portable Animal Protection Shelter and Wind Screen. 56th Annual Wester Snow Conference Proceedings,

Kalispell, MT. https：//westernsnowconference.org/sites/westernsnowconference.org/PDFs/1988Jairell.pdf.

Bates, E.M. and R.L. Phillips. 1980. Effect of a Solid Windbreak in a Cattle Feeding Area. Oregon State University and Eastern Oregon Agricultural Research Center. Accessed [date]. https：//pdfs.semanticscholar.org/ce5d/bafcdd98f90918af370cfd62044017bf01e5.pdf.

Turner, Larry. 2000. Shade Options for Grazing Cattle. University of Kentucky. Agricultural Engineering Update, AEU-91. Lexington, KY.

Higgins, S.F., T.A. Carmen, and S.J. Wightman. 2011. Shade Options for Grazing Cattle. University of Kentucky. Agricutultural Engineering Update, AEN-99. Lexington, KY.

Holcomb, K.E., C.B. Tucker, and C.L. Stull. Preference of domestic horses for shade in a hot, sunny environment. J. Animal Sci. 2014.92：1708-1717.doi：10.2527/jas2013-7386.

监测井

（353，No.，2020年9月）

定义

设计并修建监测井，以获取具有代表性的地下水样本和水文地质信息。

目的

应用本实践实现以下目的：

- 为农业废弃物贮存设施、废物处理设施或其他需要注意泄露的区域提供受控入口，方便地下水取样，以长期监测是否发生泄露及地下水水质。

适用条件

本实践适用于农业废物管理系统部件附近的监测井的设计、修建和开发。

本实践不适用于：

- 制订地下水监测方案。
- 地下水样本采集。
- 实验室测试结果分析或阐释。
- 渗流（不饱和）区地下水监测。
- 出于任何其他目的而修建监测井。
- 临时勘探钻孔。

准则

适用于所有目标的总体准则

许可证

土地所有者务必在施工前获得所有必要的工程许可证。

承包商负责确定项目区域内的所有埋地公用设施的位置，包括排水瓦管和其他结构性措施。

水文场地特征描述

根据美国材料与试验协会（ASTM）D5092/D5092M“地下水监测井设计和安装的实践标准”，在设计监测井之前，对相关区域进行地表和地下调研。利用此信息开发现场概念性水文地质模型，确定可能的地下水流经路线以及目标监测区域。

使用《美国国家工程手册》（第 210 篇）“地质学”中的一系列方法进行识别和场地测试，说明地质材料以及影响关注区域内地下水运动和流向的多种因素。

计划

定位并描述所有瓦管、地下排水沟、地表排水沟、灌溉渠道、灌溉井、供水井、化粪池排水区、渗透带、采石场、矿山以及其他影响局部地下水和地表水流动的水控或管理特征。

确定并描述其他相关特征，诸如硬磬、沙沸、动物洞穴、季节性干燥、高收缩或膨胀土壤、密积冰渍、冻线深度和永久冻土等，这些相关特征会影响地下水流动。

根据《美国国家工程手册》第 651 部分第 7 章“地质及地下水注意事项”估算地下水位纵向和横向季节变化。

撰写一份水文地质调查报告，包括地质评估地图或所有已确定特征、说明的草图。

布局

利用该水文地质调查报告确定监测井的最佳位置，可设立在废物贮存设施或相关区域的上下坡处。

在高度裂隙岩体和岩溶含水层中，即使不进行现场定位，也应将监测井放置在渗透率最高的区域。

设计

监测井所有部件的设计必须符合 ASTM D5092/D5092M 中的准则。

材料

用于建造监测井的材料不得与地下水发生化学反应，也不得进入地下水。避免速凝水泥中含有添加剂，添加剂渗出并影响采自监测井水样的化学性质。

对于位于沙砾、砾石含水层以及其他颗粒物质中，经常规筛选和过滤器过滤的地下水监测井，要确保粒度分布小于 50%，比 200 筛更细，小于黏土颗粒大小的 20%。

在安装前，确保所有施工、开发和密封过程中使用的材料均不含污染物。

仅使用商业井管滤网或割缝筛管。

仅使用带螺纹的连接管或套管。请勿使用胶水或溶剂焊接接头。

仅使用具有足够强度的材料，以承受安装和建井工程的力度。

修建

根据水文地质调查期间所确定的特定场地条件选择设计方案以及修建方法。

仅使用稳定、开放、有垂直孔的钻井或挖掘设备，以便恰当修建监测井。

修建方法必须符合 ASTM D5092/D5092M 和 ASTM D5787“监测井保护实践标准”。

由于直接推进修建方法符合 ASTM D6724/D6724M“直接推进地下水监测井的安装指南”和 ASTM D6725/D6725M“在未固结含水层中直接推装预埋筛管监测井的实践”中提供的指导，所以允许使用该方法。

监测井防护

保护监测井免受诸如霜冻、地面排水、动物或交通设备以及能见度低等因素造成的损害。

在远离井口的地方安装有效的地表排水设施。

在监测井的井口周围修建最小半径为 30 英尺的缓冲区。使用栅栏或其他类型的保护措施限制机动车辆或牲畜通行。

确保缓冲区内不会贮存、处理、混合或施用肥料、农药等其他农用化学品或用于清理、应用此类物品的设备。

开发

建井工程程序必须针对监测井渗透产能最高的水文地质区域。密封非生产区附近的环形空间，防止地下水或地表水不同区域的化学物质或生物物质间发生交叉污染和混入。请参照 ASTM D5521/D5221M 所提供的“颗粒含水层地下水监测井开发标准指南”，以了解各种开发方法。只有在监测井修建、填充、密封操作以及井口保护措施完成后才能进行开发。

记录保存

记录地下水位置时，请参阅 210-《美国国家工程手册》第 631 部分第 31 章“地下水勘察”所提供的指南。

注意事项

在开发概念性水文地质模型时，要考虑地貌性过程、地质构造、区域地层、土壤和岩石特性等因素对地下流动模式、地下水补给位置和潜在污染等的影响。在设计、确定监测井的物理位置和深度时，要考虑在有益的溶质和污染物的环境中，物质特性和运动方法以及相关土壤性质（黏土含量、有机质）的潜在影响。另外，要考虑相关土层的固有物质和导电性质（粒径、结构、饱和导水率）。

注意结合使用地球物理学工具与渗透探测技术，以改进、完善地下水文地质单位的位置、形状、方向和范围构图。

考虑在其他位置、适当深度修建额外监测井，以确保识别任何潜在污染物的位置和运动方向。

根据 ASTM D6286“为环境场地特征而选择钻探方法的标准指南”中的规定，考虑更换修建监测井的钻井或挖掘方法。

如果可能出现冻胀情况，考虑设计替代方案以降低霜冻对监测井的危害。

计划和技术规范

需制订建设、修建、完成和开发监测井的计划和规范，描述实施要求，以达到预期目的。

运行和维护

运行维护要求必须与本实践目的一致。

维护和修复程序必须符合 ASTM D5978/D5978M“地下水监测井维护和修复标准指南”中的准则，以确保采集的地下水样本不受人为浊度、清除前后采样工作中监测井淤积的影响，并且可以从井筛选区域获取准确的地下水位和导水率测试数据。

不需要时，可根据保护实践《水井关停》（351）停用监测井。

参考文献

ASTM D5092/D5092M. 2016. Standard Practice for Design and Installation of Groundwater Monitoring Wells. ASTM International, West Conshohocken, PA, D5092-D5092M-16. http：//www.astm.org.

ASTM D5521/D5521M. 2018. Standard Guide for Development of Groundwater Monitoring Wells in Granular Aquifers. ASTM International, West Conshohocken, PA, D5521/D5521M-18. http：//www.astm.org.

ASTM D5787. 2014. Standard Practice for Monitoring Well Protection. ASTM International, West Conshohocken, PA, D5787-14. http：//www.astm.org.

ASTM D5978/D5978M. 2016. Standard Guide for Maintenance and Rehabilitation of Groundwater Monitoring Wells. ASTM International, West Conshohocken, PA, D5978/5978M-16. http：//www.astm.org.

ASTM D6286. 2012. Standard Guide for Selection of Drilling Methods for Environmental Site Characterization. ASTM International, West Conshohocken, PA, D6285-12. http：//www.astm.org.

ASTM D6724/D6724M. 2016. Standard Guide for Installation of Direct Push Groundwater Monitoring Wells. ASTM International, West Conshohocken, PA, 2018, D6724/D6724M-16. http：//www.astm.org.

ASTM D6725/D6725M. 2016. Standard Practice for Direct Push Installation of Prepacked Screen Monitoring Wells in Unconsolidated Aquifers. ASTM International, West Conshohocken, PA, D6725/D6725M-16. http：//www.astm.org.

USDA NRCS. 2012. National Engineering Handbook (NEH) (Title 210), Part 631, Geology. Washington, D.C. https：//directives.sc.egov.usda.gov/.

USDA NRCS. 2010. NEH 651, Agricultural Waste Management Field Handbook, Chapter 7, Geology and Groundwater Considerations. Washington, D.C. https：//directives.sc.egov.usda.gov/.

障碍物移除

（500，No.，2020年9月）

定义

拆除和处置建筑物、构筑物及其他修缮工程；植被、杂物或其他材料。

目的

本实践适于实现以下一个或多个目的：

- 为地表水和地下水改善水质。
- 预防洪灾破坏。
- 促进其他保护实践。

适用条件

本实践适用于需要进行障碍物移除作业以解决资源问题或维护其他保护实践的场地。本实践非适用于清除：

- 因自然条件或人工沟渠所产生的障碍。
- 林区树木、树桩或其他植被。
- 地下储罐。
- 无法识别或危险的物料，如溶剂、石油、石棉等。

对于树木、树桩或其他林区植被的清除和处置，请参考保护实践《土地清理》（460）。

关于清除和处置天然或已建沟渠中的障碍物，请参见保护实践《清理和疏浚》（326）或《水生生物通道》（396）。

准则

适用于所有目标的总体准则

请使用适当的方法清除障碍物，如：

- 拆除。
- 挖掘。
- 拆装。
- 燃烧。

拆除计划应遵守联邦、州和地方的法律法规。土地所有者必须获得监管机构的所有必要许可，或证明无须许可的文件。

土地所有者或承包商负责确定项目区域内的所有埋地公用设施的位置，包括排水瓦管和其他结构性措施。在拆除之前，应由具备相关资质的电工或设施公司确保所有公用设施都已关闭，并切断建筑物的电源连接。

如预计或已遇到普通废弃材料（如电池、农药、含汞设备和灯具）或无害次级材料（如轮胎、沥青片、经处理木材或受污染的构筑物和拆除材料），请联系州或地方固体废物管理当局，寻求适当的处理和处置方法。

请勿覆盖、堆肥或焚烧已污染的构筑物和拆除材料，如经杂酚油、五氯苯酚（PCP）或铬酸铜砷酸盐（CCA）处理的木制品。经处理的木制品难以通过其颜色进行识别，特别是其已长时暴露于空气中。如遇不确定情况，请使用不同处置方法按经处理的木材对其进行适当处理。

请遵照建议施工计划依次处理材料，以免妨碍后续工作。诸如岩石、木材、栅栏柱、木材制品、混凝土、砖石和金属等材料可以采取回收、再利用、掩埋、焚烧或场外运输至官方监管的垃圾填埋场或废品设施回收站进行处理。

应对受障碍物移除作业干扰的区域进行规划和坡度调整，保证其排水与环境免受影响。埋地基础或其他未清除的地下障碍物上的土壤覆盖物厚度不得低于 12 英寸。

施工后应尽快恢复所有受干扰区内的植被和初始环境，以防止侵蚀和场外淤积。请参见保护实践《关键区种植》（342）或《覆盖》（484）。

注意事项

在适用的情况下，材料的回收或再利用应被列为障碍物移除作业中材料处置的优先选择。

现场处置木材时，应考虑其传播虫害或病害的可能性。

如拆除作业会产生大量灰尘，应考虑施用抑尘方法，如使用水、增黏剂或聚合物。

障碍物移除作业可能会对在拆除过程中受到侵蚀的大片区域造成干扰。必要时，应考虑在计划中加入规定以控制侵蚀和场外淤积。

当需要重建植被时，应考虑采用当地的或能够适应当地环境的、且具有多种益处的某种或多种植物。此外，在适当的情况下，应考虑混种多种非禾本草本植物和野花，以便于传粉昆虫活动和野生动物栖息地形成。

障碍物移除作业经常需要在环境敏感地区作业的重型设备。应考虑以尽量减少泄漏和挥发的方式对设备进行维修和加油。

障碍物移除作业可能会对其从业人员造成伤害。应考虑如何开展工作、工作可能带给人员的危险以及配备安全设备和进行安全培训。

在通风不良的环境中开展工作可能对工人构成危险。在可能缺氧的工作区域，应为工人提供氧气呼吸设备。在老鼠、栖息鸟类和蝙蝠的集中栖息地区，应考虑空气传播病原体的问题。应为工人提供适当的呼吸保护，以减少吸入病原体的风险。

计划移除的旧建筑、构筑构和树木可能是某些野生动物的重要栖息场所。在移除之前，应考虑如何保护已认定的濒危物种。

计划和技术规范

应准备提前准备符合本实践要求的计划和规范。在计划稿中至少应包括以下信息：

- 标识待清除障碍物的位置和范围的平面图。
- 公用设施位置。
- 标识自然地面、预计障碍物移除作业深度、土壤覆盖层和最终地面坡度等级（如有必要）的剖面图。
- 障碍物移除作业中物料处置的详细信息和现场位置。

提供书面说明的施工规范至少应包括以下内容：

- 如果在施工过程中遇到地下储罐或遇到危险或无法识别的材料，将终止本实践的施用。将土地所有者转给州或地方固体废物管理当局。
- 有关适当处理和处置材料的详细信息。
- 所有土方工程的压实要求（如有必要）。
- 有关清除处置区临时或永久土壤稳定的详细信息。

运行和维护

制订特定场地运行维护计划，供土地所有者或经营者使用。至少应包括：

- 定期检查清除处置区是否存在过度沉降问题而可能导致积水或设备损坏。应对过度沉降区域及时进行填筑。
- 定期检查受干扰区是否存在片蚀和细沟侵蚀，发现问题应尽快修复。

- 定期检查植被。应进行必要的植被维护，包括修剪、施肥、杂草清理、修复损坏苗床或重新播种裸地。

参考文献

Wood Preservative Science Council. 2008. CCA Treated Wood Disposal. Manakin-Sabot, Virginia. http：//www.woodpreservativescience.org/disposal.shtml.

U.S. Department of Labor. Occupational Safety and Health Administration. Safety and Health Regulations for Construction, 29 CFR 1926. Washington, D.C.

U.S. Environmental Protection Agency. Official website： https：//www.epa.gov/ingredients-used-pesticide- products and https：//www.epa.gov/asbestos.

计划烧除

（338，Ac.，2020年10月）

定义

预定区域的计划烧除。

目的

本实践用于实现以下一种或多种目的：

- 管理不需要的植被，改善植物群落结构和组成。
- 控制虫害、病原体和病害，减轻植物压力。
- 降低生物量积累造成的野火隐患。
- 改善野生动物和无脊椎动物的陆地栖息地。
- 提高植物和种子的产量、数量和质量。
- 便于促进放牧和食草动物的分布，改善牧草–动物平衡机制。
- 改善和维护土壤生物的栖息地，增强土壤健康。

适用条件

本实践适用于所有适当的土地。

准则

适用于所有目的的一般准则

所有的计划烧除作业及其施用应解决以下问题：

- 燃烧区域选址及说明；
- 预燃烧植被覆盖；
- 资源管理目标；
- 计划烧除作业环境条件要求；
- 通知一览表；
- 预燃烧作业准备；
- 设备一览表 / 人事安排与需求 / 安全要求；
- 点火次序；
- 点火方法；
- 基本的烟雾管理措施以尽量减少烟雾的影响；
- 签字同意；
- 烧除后的评估标准。

规定烧除计划的附加准则

- 程序、设备、天气条件和经过培训的人员数量应足以满足预期目的。
- 对电力线和天然气管道等公用设施的位置进行清点，以防止对公用设施造成损坏，避免人员伤害，以及可能因高温或烟雾而阻碍人员和车辆交通的情况。
- 监测天气状况、烟雾扩散情况和其他会影响烧除作业过程中火灾风险的情况。
- 利用“基本烟雾管理实践”（O’Neill et al.，2011）中的信息，规划和减轻烟雾影响。了解所在州的烟雾管理计划，并利用所实施的特定工具来解决烟雾问题。注意烧除可能对下风向社区的空气质量造成潜在影响。

- 烧除的时间应符合所需的土壤和现场条件，以保持现场生产力，并尽量减少对土壤健康的影响。
- 控制点；湖泊、溪流、湿地、道路、无燃料区域和人工防火带等现有屏障；以及缺乏燃料的地区，对本实践的设计和布局尤为重要。
- 开始烧除作业前，应通知邻近的土地所有者、当地消防部门和公共卫生和安全官员（视情况而定）。

注意事项

在进行计划烧除之前，考虑在土地准备的过程中，同时参考保护实践《防火带》（394）或《防火线》（383）。利用保护实践《计划放牧》（528）来管理烧除前的可燃物负荷和烧除后的植被放牧。

考虑将计划烧除作为一种路径，用以将生态单元恢复至生态单元描述以及该区域的状态和变迁模型中提及的参考状态或其他状态。在实施计划烧除时，应考虑野生动物和传粉昆虫的需要，如筑巢、育雏、喂养和掩蔽物。

考虑烧除现场发现的文化资源和库存情况，以避免任何可能的损害。

考虑通过调整烧除的时间和强度来尽量减少碳排放。

考虑利用计划烧除来准备种植或提高种子和幼苗产量的场地。

考虑使用计划烧除来清除废材和杂物。

在确定烧除的时间、地点和预期强度时，考虑安全和健康预防措施。

计划和技术规范

合格人员使用经批准的烧除计划、规格表、实施要求和技术说明，完成一份书面的烧除计划，并附上每个地点的规格说明，以支持保护计划。确保土地所有者在实施焚烧计划前已获得所有必要的州、地方和部落许可。

运行和维护

运行

在实施本实践的过程中，必须根据情况考虑并监控现场固有因素（如地形、燃料和天气条件）的可变性对火势的影响，以及热和烟雾对人、车辆和财产的影响。

计划烧除应按照批准的烧除计划和 NRCS 政策，在防火监护员（最终决策者）和指定人员的指示下进行。烧除计划及其涵盖的行动、防火监护员和指定人员的指令，将降低对计划烧除参与者以及邻近和当地相关人员造成的生命、公共安全和保护风险。

需要有适当水平的训练有素且配备装备的人员，这对在各场景和土地使用中成功、安全地实施计划烧除至关重要。

须根据预期的烧除作业，考虑烧除天气并准备必要的资源、人员和设备。防火监护员可以根据情况在烧除时以书面形式撤销作业。

进行烧除作业之前，应先点燃试验火，以测试火灾风险、烧除效果、烧除量和烟雾扩散情况。

必须完成灭火和清理工作，确保火苗、余烬或其他火源不会扩散到指定的燃烧区域以外，从而有效地避免火灾造成的人员逃离。

维护

所有烧除作业都将在完成后进行监测和评估，以确定预定的烧除目标和指标是否得以实现。监测和评估的内容包括但不限于：

- 原生植物群落的密度、结构和组成。
- 植物生产力和健康状况。
- 植物害虫种群和外来植物的减少情况。
- 危险燃料的减少情况。

- 野生动物栖息地要素的改善情况。

所有烧除后的监测结果将用作此后烧除计划的参考，以确保安全、高效地进行计划烧除，以实现各种场景和土地使用情况下的相应目标。采用保护实践《计划放牧》（528）来维持烧除并管理牲畜植被的总体目标。考虑使用保护实践《防火带》（394）维护防火系统，用于后续的烧除和野火保护。

参考文献

Hardy, C.C., R.D. Ottmar, J.L. Peterson, J.E. Core, P. Seamon. 2001. Smoke Management Guide for Prescribed and Wildland Fire. PMS 420-2. NFES 1279. Boise ID： National Wildfire Coordination Group. https：//www.fs.usda.gov/treesearch/pubs/5388.

Fuhlendorf, S.D., R.F. Limb., D.M. Engle, and R.F. Miller. 2011. Assessment of Prescribed Fire as a Conservation Practice. Conservation Benefits of Rangeland Practices Assessment, Recommendations, and Knowledge Gaps 2：75-104.

O' Neill, S., P. Lahm., and A. Mathews. 2011. Basic Smoke Management Practices. U.S. Forest Service and USDA Natural Resources Conservation Service Report. Washington, D.C. https：//www.nrcs.usda.gov/wps/PA_NRCSConsumption/download?cid=stelprdb1046311&ext=pdf.

U.S. Environmental Protection Agency. 1998. Interim Air Quality Policy on Wildland and Prescribed Fires. Research Triangle Park, NC.

Weir, J.R. 2009. Conducting Prescribed Fires, a Comprehensive Manual. College Station, TX： Texas A&M University Press.

Wright, H.A. and A.W. Bailey. 1982. Fire Ecology： United States and Southern Canada. New York, NY： Wiley and Sons.

U.S. Environmental Protection Agency. 2016. Treatment of Data Influenced by Exceptional Events, Table 3 Summary of Basic Smoke Management Practices, Benefit Achieved with the BSMP, and When It is Applied. 81 FR 68216. Washington, D.C. https：//www.govinfo.gov/app/details/FR-2016-10-03/2016-22983.

USDA NRCS and U.S. Environmental Protection Agency. 2012. Agricultural Air Quality Conservation Measures： Reference Guide for Cropping Systems and General Land Management. Washington, D.C. https：//www.epa.gov/sites/production/files/2016-06/documents/agaqconsmeasures.pdf.

泵站

（533，No.，2020年9月）

定义

按照设定压强、流速进行液体输送的设施。

目的

本实践用于实现以下一种或多种目的：

- 为改良植物、牲畜或湿地供水。
- 排出过量的地下水或地表水。
- 提高灌溉地用水效率。
- 作为废水输送系统的一部分，通过管道输送牲畜废物或粪便。
- 降低能源消耗。

适用条件

本实践适用于保护目标需要额外能量以实现以下操作的情况：

- 对地表水或地下水进行加压，并将其输送至灌溉地、湿地、牲畜供水设施或水库。
- 转移消防用水，或转移废水或粪便副产品。
- 排出地表径流或多余的地下水。

泵站包括一个或多个泵和相关供电装置、管道和附件，此外还可能包括压力罐、现场燃料或能源以及保护结构。

为空气质量或能源目的而与泵站（例如：泵站供电装置）相关的燃烧系统更换、重新供电或改造，采用保护实践《燃烧系统改进》（372）。

准则

适用于所有目的的一般准则

按照联邦、州、部落以及当地法律和法规，计划、设计和建造泵站。

泵站要求

流量设计、工作压力范围设定和水泵选型均须符合应用要求。根据制造商提供的泵特性曲线和其他技术数据记录拟用泵满足要求的情况。

根据泵送材料的物理和化学性质、操作环境和制造商的建议选择泵材料。

动力（驱动）装置

根据电力的可用性和成本、运行条件、自动化需求和其他现场具体目标选择泵的驱动装置。动力装置应符合泵站要求，并能在规划的条件范围内高效运行。动力装置的尺寸应满足水泵的马力要求，包括：效率、使用系数和环境条件。

电力动力装置可包括线路电源、光伏电池板以及风力或水力涡轮机。安装电气系统，以满足《美国国家电气规程》（NEC）的要求。其他驱动装置可能包括动力输出（PTO）、柴油、汽油或馏出物或丙烷发动机。确保柴油供电装置符合美国环境保护署三级或更高的发动机技术要求。

可再生能源供电装置应符合美国自然资源保护局或行业标准中的适用设计标准，并应根据制造商的建议安装相应装置。

光伏电池板

按照制造商的建议，根据位置和泵送发生时间的平均数据确定光伏阵列的尺寸。鉴于光伏面板的最小退化年限为 10 年，光伏阵列应为水泵提供合适的使用系数以满足水泵在计划流量下运作所需能量。通常情况下，光伏电池板每年的退化率不超过 1%。调整固定式光伏方阵朝向，以确保最大限度地接收日光。面板倾角设定，应参考选址地纬度和年度电量需求进行作业。面板应牢固安装以抵抗由环境因素引起的移动。

风车

动力装置的尺寸应基于制造商规定的泵扬程和流量确定。风车的直径根据冲程长度和平均风速选定。塔架应与风车直径相称，具有足够的高度，才能安全有效地运行。塔的位置应远离阻碍风运动的障碍物。

水动力泵（液压油缸）

动力装置应根据流量、扬程、落差和效率来确定尺寸。旁通水应返回到溪流或储存设施，防止侵蚀或损害水质。

PTO 驱动泵

根据排水口所需的输送量确定泵的尺寸。除了泵的需求外，还要使泵的尺寸与可用的操作设备相匹配。

变频驱动器

在安装之前，土地所有者有责任通知电力供应商拟安装的变频驱动器。确保符合电力供应商关于潜在谐波［即：电气和电子工程师协会（IEEE）519 号实践］和其他干扰问题的标准。

防止变频驱动器过热。提供一个变频驱动器控制面板，该面板具有流量或压力的读数显示。

抽水管和排出管

抽水管和排出管的设计应考虑吸入升力、净正吸入压头、管道直径和长度、轻微损失、温度和高度，以防止空穴。根据水力分析、运行成本以及与其他系统部件的兼容性来确定抽水管和排出管的尺寸。

为满足泵站作业要求，应加装所有附件（如：门阀、止回阀、安全阀、减压阀、压力表、压力箱、管道连接件等保护装置）。

应根据需要安装滤网、过滤器、拦污栅或其他装置，以防止将沙子、砾石、碎屑或其他不良物质吸入泵内。吸入式滤网应根据适用的联邦和州的指导方针进行设计，以避免夹带或捕获水生生物。

如果使用水源的输送系统中包含化学品或肥料，则根据联邦、州和地方法律，应设置防回流装置，以防止与泵站相连的水源受到污染。

建筑物及附属设施

按照制造商的设计，在浮式结构上安装浮式泵。用足以支撑泵和动静态负载的柱管支撑潜水泵，或通过不锈钢电缆提供额外支撑。所有其他泵，应牢固地安装在坚实基础上，如：桩或混凝土。安装基础的设计应确保可以安全支持泵站和附件所承受的负载。根据需要，采用打桩或其他措施，来避开地基下方的管道。

如果有必要使用外壳、遮蔽物、盖子或其他结构物来保护泵站，则应提供足够的通风，且泵站应便于设备维护、维修或拆除。

加设吸入池或污水池，以防止空气进入进气管并消除旋转气流。

设计出水池或与配水系统的连接，以满足所有水力和结构要求。

安全

结构和设备的设计应确保可以提供充分的安全性，以保护经营者、工人和公众免受潜在伤害。在所有外露的旋转轴上加设驱动轴盖。

如有必要，建造屏障，以保护人和牲畜免受泵或驱动装置的伤害。

如果项目包括挖掘工作，土地所有者或承包商负责标记项目区域内所有埋地公用设施的位置，包括排水管和其他结构措施。

灌溉地有效用水的附加准则

在设计泵站系统的过程中，制订关于流量和压力测量装置连接的规定。

降低能源消耗的附加准则

对于化石燃料或电网电源，如果适用的话，泵站安装应满足或超过内布拉斯加州泵站的性能标准。参考美国自然资源保护局制订的《美国国家工程手册》（第 210 篇）第 652 部分第 12 章表 12-2。

也可以采用替代方案：估算直接因应用本实践而减少的能源消耗。在相同的操作条件下，以实践后减去实践前的方式计算预计的年能源消耗差异。采用美国自然资源保护局批准的、编制成文的评估方法。

泵送废物和废物副产品的附加准则

按照根据废物管理计划确定的所需系统压力和流速，设置输送废水或粪便的泵的大小。根据泵送材料的一致性和制造商的建议选择泵类型。附加准则见保护实践《废物转运》（634）。

注意事项

在计划本实践时，建议考虑以下注意事项：

- 通过泵站排除地表水，可能会影响下游流量或含水层补给量。应考虑泵站对下游的潜在长期影响。
- 如果使用泵站转移流入湿地的地表水或地下水，应考虑对现有湿地水文的潜在影响。
- 泵站的运行维护可能涉及燃料和润滑剂的使用，如果燃料和润滑剂溢出，可能会对地表水或地下水质量产生不利影响。因此，应考虑采取相应措施，以保护环境免受潜在泄漏的影响。在某些情况下，联邦和州法律或法规可能要求对溢出燃料进行二次围阻。
- 泵站通常建在洪水易发地区，或可能受到其他意外自然事件的影响。因此，应考虑如何保护泵站免受极端自然事件的影响，防止泵站出现损坏或故障。
- 考虑使泵站外壳在外观上与周围环境相融合的方法。
- 考虑使用保护传感器来检测流量过低或停止的情况，或压力过高或过低的情况。
- 泵运行时可能会产生噪声，对周围环境造成影响，因此，应考虑选择与敏感区域兼容的能源。
- 对于牲畜供水设施，考虑采用移动式光伏电池板，以便于在轮牧系统中使用。
- 考虑能追踪太阳的光伏电池板。

计划和技术规范

针对泵站的建造编制相应的计划和规范，说明确保安装相应设施达到预期目的的要求。计划和规范至少应包括：

- 平面图，显示泵站相对于其他结构的位置、水源、压力罐、管道、最终用途或自然特征。
- 泵站和附件的详图，附件包括：管道、入口和出口连接、安装、地基和其他结构部件。
- 泵制造商提供和建议的泵特性曲线等数据。
- 描述现场具体安装细节的书面规范。

运行和维护

针对正在安装的泵站，编制相应的运行维护计划，供所有者和负责的经营者使用，并提供操作和维护设施的具体说明，以确保泵站按照设计正常运行。计划中至少说明以下内容：

- 每年和重大风暴事件后对泵站进行检查，以确定需要维修和维护的情况。
- 检查或测试所有泵站部件和附件。
- 泵站的适当启动和停机程序。
- 按照制造商的建议对所有机械部件（供电装置、泵、传动系等）进行的日常维护，包括零件润滑。
- 防止系统因低温而损坏的措施。
- 在运行拖拉机驱动 PTO 泵之前，确保已将其固定或封堵，以防移动。
- 根据情况，经常检查供电装置、燃料储存设施、液压管路和燃油管路是否出现泄漏现象，并根据需要进行维修。

- 定期检查并清除拦污栅和构筑物上的碎屑，以确保泵站进水口有充足的流量。
- 定期清除进水池中的沉积物，以保持设计容量和效率。
- 检查并维护防虹吸和反吹装置（如适用）。
- 如果常年使用光伏电池板，根据季节调整电池板的倾斜角度。
- 对泵站的所有自动化部件进行例行测试和检查，以确保其按照设计正常运行。
- 如果适用，检查并维护二级密封设施。
- 定期检查所有的安全设施，确保其安置合理、功能正常。
- 在改造任何电力设备之前，必须断开电气服务，并确认没有杂散电流。
- 做好记录，包括制造商安装、运行维护指南，以及设备维修时间、执行的工作和由谁进行的记录。
- 如果适用，定期清洁太阳能电池阵列上的冰雪、灰尘和薄膜，以保持其效率。

参考文献

MidWest Plan Service. 1993. Livestock Waste Facilities Handbook (MWPS-18), Chapter 8, Pumps. Ames, IA.

USDA NRCS. 2010. Oregon Technical Note No. 28, Design of Small Photovoltaic (PV) Solar-Powered Water Pump Systems. Portland, OR.

Irrigation Association. 2015. Pumps and Pumping Systems. Fairfax, VA.

USDA NRCS. 1997. National Engineering Handbook (Title 210), Part 652, Irrigation Guide, Chapter 12, Energy Use and Conservation. Washington, D.C. https：//directives.sc.egov.usda.gov/.

USDA NRCS. 2016. National Engineering Handbook (Title 210), Part 623, Chapter 8, Irrigation Pumping Plants. Washington, D.C. https：//directives.sc.egov.usda.gov/.

河岸植被缓冲带

（391，Ac.，2020年10月）

定义

主要由树木或灌木覆盖的、位于水道或水体附近且向岸坡爬升的区域。

目的

本实践用于实现以下一种或多种目的：

- 防止沉积物进入地表水，防止病原体、化学品、农药和养分流入地表和地下水。
- 提高野生动物、无脊椎动物、鱼类和其他生物的陆地和水生栖息地的数量和质量。
- 保持或增加土壤和多年生生物量中储存的总碳量，以降低温室气体在大气中的浓度。
- 溪水温度过高时，调控溪水温度。
- 恢复河岸植物群落的多样性、结构和构成。

适用条件

河岸植被缓冲带适用于河道和河岸足够稳定的永久性或间断性溪流、湖泊、池塘和湿地附近等区域。

准则

适用于所有目的的一般准则

河岸植被缓冲带在选址和设计时，应确保其宽度、长度、垂直结构或密度和连通性可以实现预期目的。

优势植被包括现有的、自然再生的、人工播种或培植的树木和灌木。这些树木和灌木要适合当地的土壤和水文条件以及预期的目标。

植被覆盖范围应延伸至实现预期目的所需的最小宽度。缓冲带宽度指水道的一侧。应垂直于正常水位线、平滩水位或从当地确定的河岸顶部开始测量。

在河岸植被缓冲带以及缓冲区紧邻上坡区域，控制片蚀、细沟侵蚀和集中水流侵蚀。

选用原生和非侵入性的树木和灌木。允许使用改良的且当地可接受的品种或具有特定目的的品种进行替换。种植和播种时，只选用可存活的、高质量的、合适的植物种子。在可行的情况下，使用生态单元描述，以将当地恢复到适当的植被覆盖阶段。

在不影响本实践预期目的的前提下，尽可能选择适应当地土壤和水文条件的植物物种，为区域内的鱼类和野生物种创造一定的结构和功能多样性。

在不影响本实践预期目的的前提下，选用有多种用途的树木和灌木物种，如：适合用作木材、出产坚果、水果、花卉、青饲料、用于筑巢和观赏的品种等。

在不影响本实践预期目的的前提下，允许定期采收一些森林产品，如：高价值的树木、药材、坚果和水果等。参考保护实践《林分改造》（666）或《立体种植》（379）中的准则。

为达到预期目的，进行必要的场地准备和植被种植，以确保所选物种的生存和生长。（如适用）参考保护实践《乔木 / 灌木场地准备》（490）或《乔木 / 灌木建植》（612）中的准则。

必要时，可控制或禁止牲畜进入，以达到预期目的。（如适用）参考保护实践《访问控制》（472）或《计划放牧》（528）中的准则。

必要时，可控制或清除出现在场地内的植物害虫和动物害虫，以达到预期目的并维持预期效果。如果要使用农药，请参考保护实践《病虫害综合防治体系》（595）中的 WIN-PST 准则，并遵守适用的州和地方法律以及产品标签上的说明。（如适用）参考保护实践《灌木管理》（314）或《草本杂草处理》（315）中的准则。

关于河岸或海岸线的稳定工作，参考保护实践《河岸和海岸保护》（580）或《关键区种植》（342）中的准则。

为确保能达到预期目的，缓冲带的设计和布局应根据河流类型和现场水文特征进行。

选用能适应场地预计水分饱和和淹没时间的植物种类。

应合理设置树木和灌木的树干密度，以确保河岸植被缓冲带使用期满时，主要的植被是树木或灌木。

防止沉积物进入地表水，防止病原体、化学品、农药和养分流入地表和地下水的附加准则

为减少地表径流中过量的沉积物和有机物质，最小宽度应为 35 英尺。

如果可能会有病原体、化学品、农药或养分流入地表径流或地下水，可将最小宽度增至 50 英尺，或增加相关措施，以处理相应的资源问题。使用保护实践《过滤带》（393）或《田地边界》（386）。

通过堵塞、移除排水管或用多孔管 / 端塞或水控装置替换排水管，来过滤绕过河岸带的地下排水管内的污染物。河岸和邻近地区的渗透状况可能会限制现有的土地用途和土地管理。

提高野生动物、无脊椎动物、鱼类和其他生物的陆地和水生栖息地的数量和质量的附加准则

为了提高陆地和水生栖息地的数量和质量，最小宽度应为 35 英尺。

须增加缓冲带宽度，以满足重要野生动物或水生物种的栖息地要求。

建立植物群落以满足目标水生和陆生野生动物的需求，并具有多种价值，如：有利于营造栖息环境、促进营养吸收和提供遮阳屏障等。培植各种各样的当地物种，将会提高野生动物和传粉昆虫的价值。

保持或增加土壤和多年生生物量中储存的总碳量以降低温室气体浓度的附加准则

为保持或增加土壤和植物生物量中的总碳量、降低温室气体在大气中的浓度，最小宽度应为 35 英尺。

使河岸植被缓冲带的宽度和长度最大化。

应选择在土壤和植物生物质中有较高固碳率并且适合该地点的植物。针对场地设置适当的放牧量、播种率或种植率。

调节溪水温度的附加准则

种植能够达到足够高度的植物，为河道水面提供荫蔽。

在河岸植被缓冲带的设计过程中，应考虑到地形和河岸荫蔽情况。

注意事项

尽可能加大河岸植被缓冲带的宽度、长度和连通性。

应尽量避免可能遭受虫害的树木和灌木物种。应考虑物种多样性，以避免因为某个物种遭受虫害而导致功能丧失。

使用从多个来源收集或繁殖的种子和幼苗以增加遗传多样性。

选择物种时，考虑对邻近田地的除草剂挥发有抵抗力的物种。

应考虑植物的化感作用。

缓冲带的位置、布局和密度应与自然特征互补，并模拟自然的河岸森林。

考虑根据野生物种栖息地的需要加大最小宽度。对于使用边缘栖息地的无脊椎动物、水生物种、爬行动物、两栖动物和鸟类，建议的最小宽度为 50 英尺；对于需要内部栖息地的鸟类和小型哺乳动物，建议的最小宽度为 100 英尺；对于大型哺乳动物，建议的最小宽度为 165 英尺。

如果需要排水系统持续发挥作用，木本植物的根部渗透最终可能会堵塞地下结构。在这种情况下，抑制水道上种植的木本植被、保持草本植被，或使用刚性的、无孔的管道，可以使木本植被的根部渗透最小化。

如果缓冲带处于当前或历史上的美洲原住民或其他部落附近时，考虑咨询区域部落，以获取可能适用的或有利于实践实施的传统生态知识。

对于有机体系和过渡有机体系，所使用的材料和方法应符合国家有机计划（NOP），并遵循美国自然资源保护局《美国国家有机农业手册》（第 190 篇），第 612 部分。

本实践可以包括在 NOP 申请人的有机系统计划中，作为 NOP 资源保护要求落实计划的一部分。

考虑本实践对邻近河岸、陆地和水生栖息地功能的补充作用。

考虑上游和下游条件、结构、设施和制约因素对计划活动的影响。

设置替代水源或受控的跨河桥，以对牲畜进出河岸带进行管控。

如适用走廊配置、实施流程和管理措施，应能够对面临威胁、濒危、最需要保护的州属物种以及其他相关动植物物种的栖息地起到巩固作用。

计划和技术规范

编制计划和规范，说明确保实践达到预期目的并获得所需许可证的相关要求。

使用实施要求或其他可接受的文件。至少应提供以下内容：

- 实践的目标。
- 保护规划图。
- 显示植物和自然再生区域位置的地图。
- 按物种或植被类型实施的方法。
- 按植被类型划分的每英亩树木或灌木的数量和间距。
- 根据季节因素、植物生理学、病害、虫害和野生动物等情况确定的种植时间。
- 植物建植过程中使用的植物保护方法。

运行和维护

针对河岸植被缓冲带制订运行维护计划。计划中至少应包括下列活动：

- 从开始建植到缓冲带建立，应限制车辆、设备、牲畜和野生动物的进入，以保护新生植物并尽可能减少侵蚀、压实和其他现场影响。
- 种植植物后，在适当时间对现场进行检查，以确定树木和灌木的成活率是否符合实践和客户的目标。
- 要持续地替换枯死的乔木或灌木，并控制不良的植物性竞争，直到缓冲带达到或将会发展到一个功能完善的状态。
- 控制不良植物物种，包括但不限于联邦或州所列出的入侵物种和有害杂草。
- 定期检查树木、灌木和场地，并保护植物和场地免受虫害、病害、竞争性植被、火灾、牲畜、过量车流和人流、野生动物、集中流、无作用树棚或杂草屏障等的不利影响。
- 不影响水质的前提下，施用化肥、农药和其他化学物质来维持缓冲带功能。

参考文献

Bentrup, G. 2008. Conservation Buffers—Design Guidelines for Buffers, Corridors, and Greenways. General Technical Report SRS—109. Asheville, NC： USDA Forest Service, Southern Research Station. https：//www.srs.fs.usda.gov/pubs/33522.

Benedict, M., K. Kindscher, and R. Pierotti. 2014. Learning From the Land: Incorporating Indigenous Perspectives into the Plant Sciences. In C.L. Quave (ed.). Innovative Strategies for Teaching in the Plant.

Sciences. Springer： New York, NY. https：//www.springer.com/us/search?query=Innovative+Strategies+for+Teaching+in+the+Plant+Sciences&submit=Submit+Query.

Burke, M., B.C. Rundquist, and H. Zheng. 2019. Detection of Shelterbelt Density Change Using Historic APFO and NAIP Aerial Imagery. Remote Sensing, 11(3)：218. https：//doi.org/10.3390/rs11030218.

U.S. Fish and Wildlife Service—National Native American Programs. 2019. Traditional Ecological Knowledge—Basic FWS Information. Accessed： May 2019. https：//www.fws.gov/nativeamerican/traditional-knowledge.html.

Wallace, C.W., G. McCarty, L. Sangchul, R.P. Brooks, T.L. Veith, P.J.A. Kleinman, and A.M. Sadeghi. 2018. Evaluating Concentrated Flowpaths in Riparian Forest Buffer Contributing Areas Using LiDAR Imagery and Topographic Metrics. Remote Sensing 10(4)：614； doi：10.3390/rs10040614. https：//www.mdpi.com/2072-4292/10/4/614.

石墙梯田

（555，Ft.，2020年9月）

定义

在斜坡上建造的一种岩石墙，以形成适合耕种的区域。

目的

本实践用于实现以下一种或多种目的：

- 减少片蚀和细沟侵蚀。
- 减少和控制径流。

适用条件

本实践适用于存在土壤侵蚀和斜坡过长等问题、而无法建造路堤的陡坡农业用地。本实践适用于土壤深度足以进行耕作且坡度高达 70% 的场地。必须提供合适、稳定的天然排水口或为施工排水口设定满意的位置。

本实践不适用于梯田上可能会有车辆通行的情况。

准则

适用于所有目的的一般准则

按照联邦、州以及当地法律和法规，计划、设计和建造梯田。通知土地所有者或承包商其有责任在项目区域内标记出所有埋地公用设施的位置。施工前，土地所有者还必须获得所有必要的工程安装许可证。

墙的顶部可以是水平的，或者是向排水口倾斜。

石墙之间的耕地可以有一个反坡延伸入山坡，也可以有一个正坡朝向墙。如果耕地的坡度为正，则应确保墙顶部至少高出地面标高 6 英寸（图 1 和图 2）。

为径流水提供充足的排水渠道，例如：通向稳定的出口或渗透区域的有坡度沟渠。对于有已建排水口的场地，沿梯田设置地面排水渠道，纵向排水沟的横截面积不小于 0.5 平方英尺，排水口的坡度为 0.5% 或以下。

石墙的最大允许高度为 6 英尺。设计高度在 3 英尺以上的石墙时，进行结构稳定性分析。

最小底部宽度为 18 英寸，对于高度超过 2.5 英尺的石墙，每 0.5 英尺须加 1.5 英寸宽度。石墙的外露面（斜面）倾斜连入山坡，每英尺高度对应的进入山坡的长度至少为 2 英寸（图 3）。

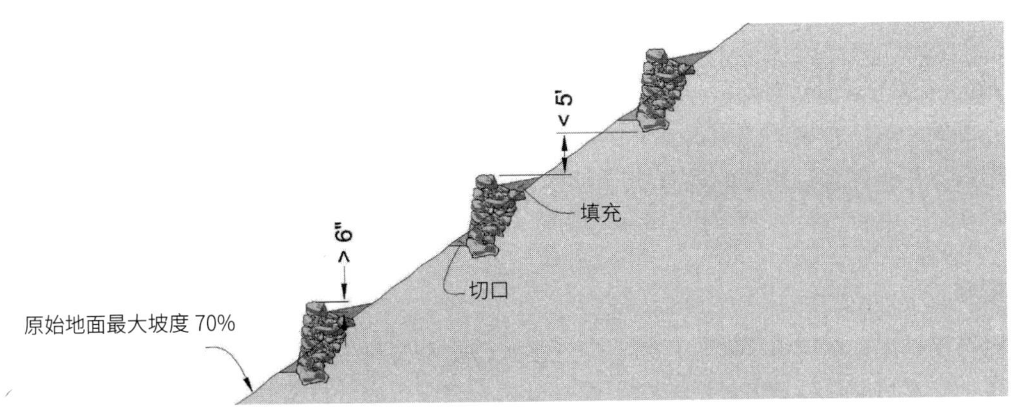

图 1 相邻石墙梯田间的垂直间距

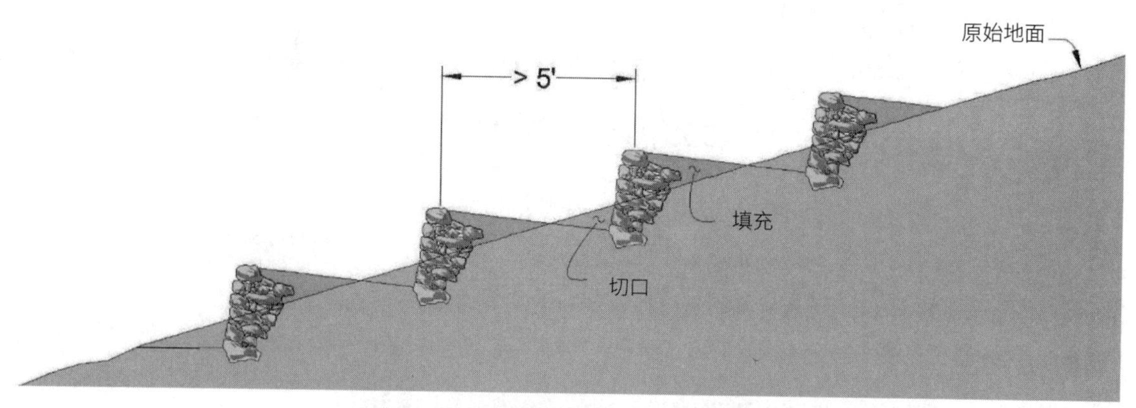

图 2　相邻石墙梯田间的水平间距

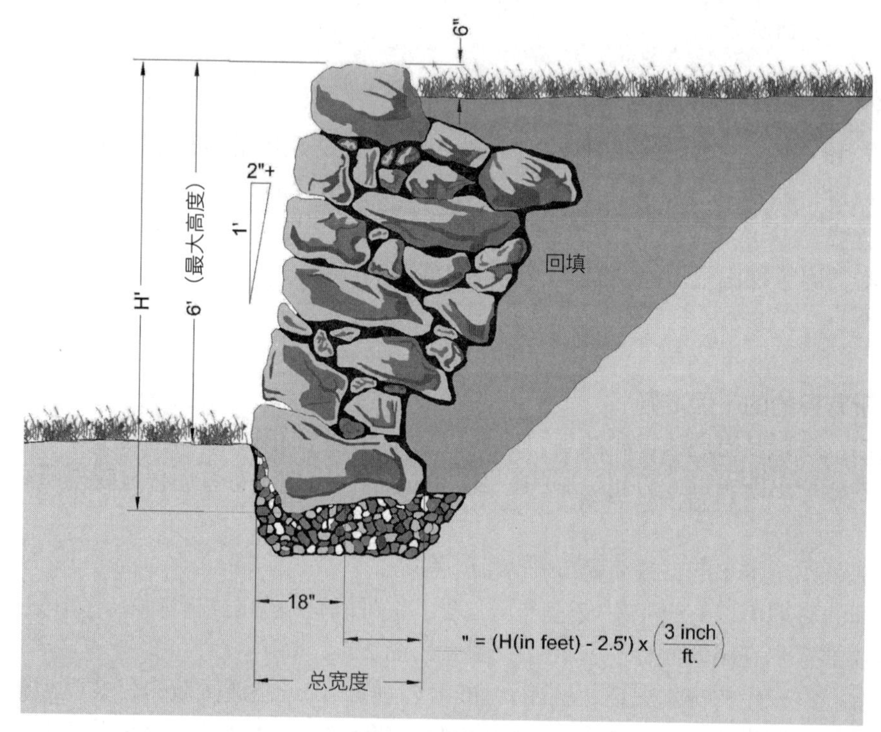

图 3　石墙尺寸

对于有多处石墙的场地，将石墙隔开，以确保从一面石墙的顶部到相邻上坡处石墙的墙脚的垂直间隔不超过 5 英尺（图 1）。

将石墙与阶梯面相隔开，使相邻石墙之间的水平间隔不小于 5 英尺（图 2）。

估计管道的适用性以及在岩石和土壤材料之间使用土工织物的必要性。设计注意事项见美国自然资源保护局"技术注释 24"（TN）（第 210 篇，《设计工程》），《土工织物使用指南》。

每块耕地必须有一个安全稳定的排水口，可以是天然出口，也可以是人工建造出口。排水口必须将径流输送至不会造成损害的流出点（即：以设计流量的非侵蚀速度排出）。如果在平均降雨条件下，土壤渗透率可以维持在计划作物的耐淹性范围内，则可将土壤渗透可用作排水措施。可以组合采用不同类型的排水口，从而优化水源保护、改善水质，适应不同的农耕作业或辅助经济设施的安装。

注意事项

在设置石墙梯田的位置和间距时，须首先评估支持足够植物生长所需的土壤量。根据需要，可挖掘并储存表土。尽可能保持挖方和填方的平衡，以尽量减少土方工作量。

考虑植被和对野生动物和传粉昆虫小生境的影响。

单靠石墙梯田可能不足以控制暴雨径流。考虑可能需要安装的其他保护措施，以形成适当的保护系统。

来自耕地的径流可能会携带沉积物、养分和病原体。考虑排水口可以向外输送径流的地点，并在必要时制订关于过滤区域和缓冲区的规定。

考虑在地面筑巢鸟类的主要筑巢季节之外安排植被维护和控制措施。

考虑灌浆以增强墙体稳定性。如果使用灌浆，应考虑防渗面后积水可能产生的静水压力。

计划和技术规范

针对石墙梯田编制相应的计划和规范，说明确保应用本实践能够达到预期目的的要求。至少应包括：

- 现场平面图，显示每个石墙梯田的位置和排水口的位置。
- 石墙梯田的标准横截面。描述系统中各石墙尺寸的表格。
- 每块梯田的剖面图或规划坡度。
- 排水口系统的详细信息。
- 针对不同场地，以书面形式描述石墙梯田安装的具体施工规范。

运行和维护

针对操作员编制一份运行维护计划。书面运行维护计划应至少包括如下要求：

- 进行定期检查，尤其是在发生大降雨事件后。
- 必要时及时修理或更换损坏的部件。
- 清除积聚在地表排水沟或排水口中的沉积物，以维持设计容量。
- 对被牲畜、机械或侵蚀损坏的系统部分进行植被恢复。
- 控制树木、灌木和不需要的植被。
- 确保车辆和重型设备远离石墙。

参考文献

USDA NRCS. 1991. Technical Note (Title 210) Design Engineering, Design Note 24, Guide for the Use of Geotextiles. Washington, D.C. https://directives.sc.egov.usda.gov.

作物行种植

（557，Ac.，2020年9月）

定义

作物行种植是指根据设计的方向、坡度和长度种植作物的系统。

目的

本实践用于实现以下一种或多种目的：

- 改善排水效果。
- 减少侵蚀。
- 促进降水和灌溉用水的有效利用。

适用条件

作物行种植适用于：

- 作为田间地表排水系统的一部分，设计的作物行可以将径流输送至总排水道或排水支道。
- 促进分级沟灌系统更有效地用水。
- 在干旱地区控制作物行坡度，以便更充分利用可用降雨。
- 控制坡地作物行长度、坡度和方向，以减少土壤侵蚀。此标准可单独实施或与其他保护实践相结合。

准则

适用于所有目的的一般准则

规划作物行种植时，应满足将要种植的作物的需求，确保田间使用的设备类型及尺寸一致，并满足实践目的要求。规划作物行的坡度、长度和方向时，应使径流（降水或灌溉）沿着作物行输送，而不会对作物造成过度侵蚀或破坏。根据保护实践《草地排水道》（412）的规定，在作物行末端设置合适的排水口，以管理流出农田的径流。

地表排水的附加准则

将作物行种植作为计划排水系统的一部分，该系统包括地表排水沟、水道或沟渠，将水从作物田流走。对作物行进行排列，以便于将多余的存水从作物田排到受纳水体中。

参考美国自然资源保护局制订的《美国国家工程手册》（NEH）（第210篇），第650部分第14章“用水管理（排水）”，了解基于田间土壤和种植的作物的行的可接受径流速度、坡度和深度。

减少侵蚀的附加准则

将作物行种植作为计划排水系统的一部分，该系统包括地表排水沟、水道或沟渠，将水从作物田流走。对作物行进行排列，以便于将多余的存水从作物田排到受纳水体中。

参考《美国国家工程手册》（第210篇）第650部分第14章，了解基于田间土壤和种植的作物的行的可接受径流速度、坡度和深度。

有效利用降水和灌溉用水的附加准则

通过规划作物行的方向和坡度来抑制降水径流，采用作物行种植方法来保护旱地农田的水资源。在坡度较小的斜坡上布置作物行。将作物行种植作为保护计划的一部分，该计划包括适当的残渣和耕作管理，以及必要时的其他侵蚀防控措施，以减少在比正常降水量大的时期过度侵蚀的风险。根据保护实践《梯田》（600）的规定，作物行的长度应不超过水平梯田的最大长度。

对于沟灌，对作物行进行排列，将灌溉用水输送到整个作物行。参考当地的灌溉指南，根据田间土壤和种植的作物确定行坡度和长度。

注意事项

在有特殊要求的耕作制度中，作物行种植是最常用的辅助措施。因此，规划作物行种植时应适应整个耕作制度。这可能包括满足特殊设备需求、特殊作物需求，或有效的资源管理系统所需的其他侵蚀防控或水源保护实践。

当使用作物行种植进行水源保护时，应考虑降水地表径流减少对该地区和下游地区（如湿地、野生动物栖息地和相邻土地所有者）的水分平衡的影响。

作物行种植会影响土壤中水分的渗透（正面或负面影响），反过来土壤中水分的渗透又会影响该区域的水分平衡。在规划作物行种植时，应考虑到这种影响。

如果排列这些作物行的是为了增加农田的地表排水量，地下水补给可能会受到负面影响，径流可能会将沉积物、农药和养分带到场地外的受纳水体中。考虑这种径流可能对受纳水体的水质、野生动物栖息地和其他相邻土地的用途产生的影响。

另一方面，如果作物行种植用于增加渗透量，则会增加地下水补给量。在这种情况下，考虑农药的有害影响，以及由于渗透增加而可能被带入地下水的养分。

计划和技术规范

针对作物行种植编制相应的计划和规范，说明根据本实践制订满足此举措的要求。计划和规范应至少包括：

- 显示作物行范围和布置的平面图。
- 公用设施的位置和通知要求。
- 作物行的最大和最小坡度（如有）。
- 对于沟灌，典型的作物行和犁沟横截面以及作物行坡度。
- 说明现场特定安装要求的施工规范。

运行和维护

针对操作员编制一份运行维护计划。书面运行维护计划应至少包括如下要求：

- 定期检查，特别是在重大降雨事件之后。在适当的情况下，应包括以下项目：
  - 排水点的稳定性。
  - 沿作物行或穿过田地过度侵蚀的迹象。
  - 必要时采取纠正措施。
- 在生长季节结束时，检查以确保在非生长季耕作制度稳定。

参考文献

USDA Agricultural Research Service. 2008. User’s Reference Guide, Revised Universal Soil Loss Equation, Version 2. Washington, D.C.

USDA NRCS. 2001. National Engineering Handbook (NEH) (Title 210), Part 650, Chapter 14, Water Management (Drainage). Washington, D.C. https://directives.sc.egov.usda.gov/.

USDA NRCS. 2001. National Engineering Handbook, (NEH) (Title 210), Part 650, Chapter 15, Irrigation. Washington, D.C. https://directives.sc.egov.usda.gov/.

盐碱地管理

（610，Ac.，2020年10月）

定义

对土壤、水资源和植物进行管理，以减少盐类、钠或盐钠混合物的累积对土表和生根带的影响。

目的

本实践用于实现以下一种或多种目的：

- 降低根区的盐浓度。
- 减少钠对土壤影响引发的结壳、渗透或土壤团粒体稳定性问题。
- 减少输送到地表水的盐分。
- 减少土壤盐碱化和在土表下坡处或附近的盐水渗透补给区的盐碱水渗出。
- 提高植物生产力，改善植物健康状况。
- 减轻盐碱土引起的空气质量问题或风蚀效应。

适用条件

本实践适用于以下一种或多种情况下土地的使用：

- 盐的浓度或毒性影响了理想植物的生长。
- 过量的钠引起的土壤结壳和渗透问题。
- 盐水渗透补给区和排水区。
- 盐碱地植被稀疏区引起风蚀问题。

准则

适用于所有目的的一般准则

通过改善排水系统或改善土壤物理性质，减少积水，缓解灌溉或降水后持续 24 小时以上的局部积水。

在非作物区，采用耐盐植被和土地整形措施来管理土表，以降低土表的风速。

适用于降低根区盐浓度的附加准则

使用电磁感应（EMI）或其他适当的方法绘制土地单元图，以确定盐的位置和水平[电导率（EC）]。最终的地图中应显示到所需植物新生根地区内的盐分水平。

关于浸析用水的适用性，以代表性水质测试报告为基础，该报告包括电导率、钠吸附比（SAR）和 pH 以及以下各个成分的浓度：钙、镁、钠和硫酸盐。如果未报告 EC，则可使用总溶解固体（TDS）来估算 EC。

根据盐分分布图、浸析方法（如：喷灌系统、连续洪水等）和要去除盐分的百分比，来确定所用水量。使用浸析用水，直到达到预期的盐度水平。

在需要额外排水设施以促进浸析的区域，通过深耕底土或安装永久地表或地下排水系统来实现额外排水。根据土壤性质，深耕底土可能是一种临时解决办法，在部分情况下可能需要反复操作。对于额外增加的排水措施，遵循保护实践《地下排水沟》（606）；《地面排水沟——田沟》（607）或《地表排水——干渠或侧渠》（608）；或《深耕》（324），（如适用）中的规定。

在达到期望的盐分水平后，根据水质测试、所需作物的作物盐分阈值以及美国自然资源保护局制订的《美国国家工程手册》（第 210 篇）第 623 部分第 2 章“灌溉用水要求”中的方法，来确定复垦后保持根区盐度和钠含量在可接受水平范围内所需的浸出率。

除了 210-NEH-623-2，也可采用以下方法确定浸析要求：

- 使用含盐灌溉用水的有限水耕作制度的稳态分析解决方案（Skaggs, Anderson, Corwin, and Suarez，2014）。
- 土壤盐分控制的浸析要求：稳态与瞬态模型（Corwin, Rhoades, and Simunek，2007）。

减少钠污染土壤结壳、渗透或土壤结构问题的附加准则

从根区的每 1/4 选择土壤测试例如，如果根区是 4 英尺深，在取样 0 ~ 12 英寸、12 ~ 24 英寸等样本。分析土壤样本以获得电导率、氢离子浓度（pH）、阳离子交换量（CEC）、钠吸附比，以及钠、钙、镁和硫离子的浓度。从饱和糊状提取物中测定离子浓度。根据当地条件，可能会需要进行更全面的土壤测试（例如：钾和潜在有毒离子的测试）。

种植须根的耐盐覆盖作物，以改善土壤结构。将田地耕作到一致的播种深度，以种植植被。清除可能会妨碍所选物种种植和生长的杂草。根据需要施用养分肥料，以确保作物按计划发芽生长。种植覆盖作物，以增加水分入渗和土壤渗透性。

根据从待处理根区深处提取的土壤水的钠吸附比，来确定是否需要采用土壤改良剂来处理受钠影响的土壤。如果实验室指出了交换性钠百分率（ESP），可以用 ESP 来代替 SAR。施用土壤改良剂，以钙替代土壤中所吸收的钠。根据 SAR 或 ESP 土壤测试结果、所用改良剂的纯度和灌溉用水的质量，来确定改良剂的施用量。

如果使用了石膏，应通过优质的水来过滤根区以外的置换钠。根据改良剂施用方法（如：喷灌系统器、间歇式淹水等）、作物需求、浸出率和所需钠水平，来确定用水量。使用浸析用水，直到达到所需的钠水平。参见 210-NEH-623，第 623.0205（f）（3）节“盐碱地的复垦。”。

在需要额外排水设施以促进浸析的区域，通过深耕底土或安装永久地表或地下排水系统来实现额外排水。根据土壤性质，深耕底土可能是一种临时解决办法，在部分情况下可能需要反复操作。对于额外增加的排水措施，遵循保护实践《地下排水沟》（606）；《地面排水沟——田沟》（607）或《地表排水——干渠或侧渠》（608）；或《深耕》（324）（如适用）中的规定。

盐水渗透及其补给区的附加准则

采取以下措施，防止地下水和盐向渗出口流动：

- 在补给流域区域种植深根、长季节或多年生物种，以利用土壤水分并限制地下水向渗漏区域流动。
- 在地表积水渗透到根区以下之前，将其从补给区排出。
- 在可行的情况下，使用可以吸收多余土壤水分并防止水向上运动导致盐沉积的物种，完成盐渍渗漏排放区的植被重建。参考美国自然资源保护局《国家农学手册》（NAM）（第 190 篇），第 504 部分，第 504.06（d）节“控制盐渍渗漏的管理方法”。

将田地耕作到一致的播种深度，以种植植被。清除可能会妨碍所选物种种植和生长的杂草。根据需要施用养分肥料，以确保作物按计划发芽生长。

注意事项

在规划这一实践时，应在适用的情况下考虑以下事项：

- 电磁感应（EMI）、盐分探针（即：四电极 Wanner 阵列）、电导信号测量仪和田地土壤测试套件等工具，适用于评估和监测土壤盐分水平。
- 地表水水源的代表性水化学报告，可从美国地质调查局或水域获得。
- 参考已发表的作物耐盐性和作物特定离子毒性的数据，以选择适当的作物（190-NAM，第 504 部分，表 504-6 和 210-NEH-623，第 623.0205 节，表 2-34）。
- 施用硫或硫酸，可促进天然碳酸钙转化为更易溶解的石膏。应推迟浸析，直到硫被氧化并形成石膏。
- 监测土表和地下的石膏堆积情况，以避免由以下原因而形成含钇的土壤条件：
  - 过度施用石膏。

- 含硫酸盐和钙的盐渍土渗入下层土。
- 径流富含钙和硫酸盐。
- 存在其他硫酸盐和钙来源。

- 由于水源的水质可能存在季节性变化，因此可能需要在使用季节内多次进行水质评估。
- 排泄水可能含有高浓度的盐。排泄水中可能含有高浓度的盐。选择合适的排水口，并考虑排放到地表水和地下水的影响。
- 对于质地 / 渗透性均匀的土壤，或者在深耕底土期间土壤不干燥的情况下，通过深耕底土来改善内部土壤排水可能不会有效。
- 避免翻耕，翻耕可能会将盐分带至地表，并影响浸析过程。
- 使用绿肥作物、覆盖作物、覆盖物或其他有机质来源可以改善土壤结构和渗透性。
- 生长力强、须根系统发达的耐盐作物（如：高粱、苏丹草），可增加土壤水分中的二氧化碳含量，进而提高碳酸钙的溶解度，促进钠的浸出。
- 不以钠为主的轻至中等盐度的水，比低盐度的水更有利于盐类的浸出。
- 作物残茬管理,可以提高土壤有机质含量,改善土壤渗透,减少地表蒸发和盐分向土表的渗透。
- 用喷灌系统或微喷器喷洒含盐灌溉用水，会造成植物叶片损伤。

计划和技术规范

根据本实践中所述准则,为每个场地或处理单元编制标准制订和实施规范,并包括以下适用内容:

- 规划图应显示以下位置:
- 受盐度 / 钠元素影响的区域。
- 盐水渗透补给区。
- 盐分渗透出口和排放区域。
- 计划安装的排水系统。
- 使用土壤改良剂的区域。
- 计划种植植被的区域。
- 所需的土壤和水试验。
- 土壤改良剂的施用要求。
- 植被种植要求。
- 排水系统详图，包括导管长度、等级、尺寸、材料、建造沟渠尺寸和所有附件。
- 特定土壤和作物的浸析要求，包括用水的方法和时间。
- 针对特定土壤和作物采用相应的作物管理措施，包括：灌溉管理、覆盖作物、作物轮作、耕作系统、多年生作物、养分管理技术和管理盐分所需的其他管理措施。

运行和维护

在实施实践之前，向土地所有者或经营者提供适用于场地的运行维护计划。计划中包括受影响区域的日常维护和运行所需要的指导，以及与该项目一起安装的各种结构措施。

参考文献

Corwin, D., J. Rhoades, and J. Simunek. 2007. Leaching Requirement for Soil Salinity Control： Steady- state versus Transient Models. Agricultural Water Management 90：165-180. https：//doi.org/10.1016/j.agwat.2007.02.007.

Hoffman, G. 1985. Drainage Required to Manage Salinity. Journal of Irrigation and Drainage Engineering： Vol. 111, Issue 3. https：//doi.org/10.1061/(ASCE)0733-9437(1985)111：3(199) .

Richards, L. (ed.). 1954. Diagnosis and Improvement of Saline and Alkali Soils. Agricultural Handbook No.60. USDA Agricultural Research Service, Soil and Water Conservation Research Branch. Washington, D.C. https：//www.ars.usda.gov/ARSUserFiles/20360500/hb60_pdf/hb60complete.pdf.

Skaggs, T.H., R.G. Anderson, D.L. Corwin, and D.L. Suarez. 2014. Analytical Steady-state Solutions for Water-limited Cropping Systems Using Saline Irrigation Water. Water Resources Research 50：9656-9674. https：//doi.org/10.1002/2014WR016058.

USDA NRCS. 1993. National Engineering Handbook (Title 210), Part 623, Chapter 2, Irrigation Water Requirements. Washington, D.C. https：//directives.sc.egov.usda.gov/.

USDA NRCS. 2011. National Agronomy Manual (Title 190), Part 504, Water Management, Sections.

504.06 and 504.07. Washington, D.C. https：//directives.sc.egov.usda.gov/.

Wallender, W. and K. Tanji (eds.). 2012. Agricultural Salinity Assessment and Management：Manual of Practice, Second Edition. Manual of Practice 71, American Society of Civil Engineers. Reston, VA. https：//doi.org/10.1061/9780784411698.

饱和缓冲区

（604，Ft.，2020年9月）

定义

一种地下多孔配水管，用于沿着其长度和排水渠方向在植被缓冲带下方分配排水系统的排水。

目的

本实践用于实现以下一种或多种目的：

- 通过植被吸收和反硝化作用减少地下排水口的硝酸盐负荷。
- 改善或恢复河边、湖边、斜坡或洼地湿地等类型水文地貌景观的土壤水分饱和状态。

适用条件

本实践适用于具有地下排水系统的土地，并且排水系统的水流要适合在植被覆盖区排放。

采用这种做法，在植被覆盖区的土壤和地形中排水，可以保持一个较高的地下水位，却不会对农作物、河岸、海岸线或邻近的土地产生不利影响。

本实践不适用于地下排水口系统。本实践适用于地下排水系统。本实践不适用于表面有进水口的地下排水系统，因为土壤和碎屑能够从进水口进入，从而阻塞配水管道。

本实践不可用于排放化粪池污水或动物排泄物。

准则

适用于所有目的的一般准则

开展地质调查和土壤调查，以便确保：

- 当水从地下排水系统中分流时，土壤水分饱和产生的条件，如：土层限制等。
- 缺少导水性能高并且能提供水流的优先路径的凹槽或土层。
- 2.5 英尺厚的表层土壤中，有机碳的含量至少是 0.75%（有机质含量为 1.2%）。
- 在缓冲区内，无废弃的排水管道或黏土瓦，因为这些东西可能会使缓冲带的水分不断流失。
- 缓冲带的宽度至少为 30 英尺。

合理选址并设计地下排水系统，以便使地下排水量尽可能地分流到潜在的土壤水分饱和缓冲带。同时确保不会对邻近的土地产生不利影响。将配水管道放置在土表以下至少 2 英尺处。

除非土坡稳定性分析表明该地较为安全，因土壤水分饱和而发生河岸坍塌的可能性很低。否则，应尽量避免将配水管道放置在超过 8 英尺深的沟渠上。土坡稳定性分析可能包括：进行地质调查，参照当地资料，并对河岸的稳定性和横向迁移的可能性进行实地观察。如果有迹象表明会发生下列情况，即可采用实地观察的方法——河岸没有出现斜坡不稳定的情况；河道旁坡度适当，植被覆盖良好，并且最近在洪泛区没有出现侧向位移。美国自然资源保护局制订的《溪流可视化评估协议 2》（SVAP2）提供了一项河岸状况要素，其中描述了河岸稳定性的视觉证据。

若某地的河岸稳定性有明显的问题，或经观测发现河岸稳定性有问题，又或是可以预测到拟定的条件会引发河岸稳定性问题，请参考保护实践《河岸和海岸保护》（580）寻找保护性措施，或者选择另一个更稳定的地点来建造拟定的饱和缓冲区。

流量

DRAINMOD 排水系统模型或其他适当的模型模拟、主干线排水量或排水区排水系统的排水系数等，都可用于确定排水系统容量。

为排水系统提供一个正水力坡降，使其能够流出饱和缓冲区分配管线。饱和缓冲区设计的流量最小应是排水系统容量的5%，或根据植被缓冲带的可用长度做出实际调整。

为了满足选定饱和缓冲区的设计流量要求，要利用土壤剖面的饱和导水率、饱和缓冲区的设计流量以及现场可用的水头等，来计算出缓冲带所需的最小规模和配水管道的长度。

水控装置

设计水控装置时，要保持在管理期间的目标地下水位高于配水管道。根据保护实践《控水结构》（587）中的准则来设计水控装置。水控装置要建在能进行地下水位观测，且能进行运行维护的地方。除非上游的土地所有者提供书面许可，否则设计水控装置时，不得使水流超越界址线，回流到干流或支流。

如果排水量超出饱和缓冲区的设计容量，要通过溢流管将超出水量输送到适当、稳定的出口。为避免排干水控装置周围土壤饱和区的水分，溢流管需采用无穿孔管道，并且设在离水控装置至少20英尺的地方。

配水管道

设计配水管道和溢流管时，请参考保护实践《地下排水沟》（606）中的准则。要确保配水管道的容量大于饱和缓冲区的设计流量，这样才能确保饱和缓冲区的流量受到土壤侧向流动能力的限制，而不是受到配水管道容量的限制。

将配水管道安装在地形等高线或斜坡上，以促进地下水均匀地流入到饱和区。可根据需要添加额外的水控装置，以达到流速均匀。水控装置之间的最大高差不得超过3英尺。

植被

为了防止土壤侵蚀，并利用废水中的氮，要在土壤饱和区和任何其他受干扰区种植永久性植被。考虑到配水管道的长度，被植被覆盖的土壤饱和区必须至少30英尺宽。

关于种子选择、播前整地、施肥和播种等准则，请参考保护实践《保护层》（327）、《关键区种植》（342）或《牧草和生物质种植》（512）。根据现场的计划活动选择适当的植被保护实践标准，包括栖息地或干草产量以及土壤饱和等次要效益。禁止牲畜进入植被覆盖的缓冲区。

减少硝酸盐负荷的附加准则

当排水量充足时，要确保饱和条件出现在土壤中有机碳含量较高的土壤剖面区域。设计该系统是为了将水控装置附近的配水管道所在地的地下水位在管理期间保持在地表下12英寸以内。对于深度超过2.5英尺的土壤有机碳含量充足的场地，地下水位可从12英寸的阈值开始降低额外的深度。除非发生以下状况需降低地下水位，如：要为作物提供足够的根区，要确保田间作业时的车辆通行，要应对恶劣天气，或者要进行系统维护等，否则应使水控装置保持在设计水位。

增强或恢复饱和土壤条件的附加准则

设计该系统，是为了达到美国农业部 Web Soil Survey 报告中“水景”部分所示的地下水位标准。

注意事项

为达到降低硝酸盐氮水平这一目标，可考虑配合使用本实践和其他实践及管理体系。例如，保护实践《养分管理》（590）、《覆盖作物》（340）、《排水管理》（554）、《反硝化反应器》（605）和《人工湿地》（656）等。

为加大出流量，可考虑在排水管周围添加围护架构。请参考保护实践《地下排水沟》（606）中的准则。

在确定是否存在导水性能高并且能提供水流的优先路径的土层时，应考虑沿缓冲区的宽度和长度方向以不同间隔检查4英尺深的土样。例如，在每隔200英里的缓冲带处取4英尺深的土芯，目测是否含有沙子和有机质。采用 Von Post 法对有机质进行评估。

为了增强反硝化作用，考虑现场核实表层土壤有机质含量，而不是依赖粗略公布的数据。

为了节约成本，考虑在饱和缓冲区的位置设置一个地下排水口，排水面积至少为15英亩。

考虑在配水管道和受纳沟渠或水体之间的缓冲带设置观测井，以便于记录地下水位和水质取样。

坡面漫流在饱和缓冲区的下渗要少于非饱和缓冲区。

如果在缓冲区的土表或其附近区域能保持地下水位，可在缓冲区种植适合潮湿土壤条件的水生植物。这不仅可以去除更多硝酸盐，还能够增加土表和其附近区域的土壤碳置换。

在地下水位高于配水管线的位置设置饱和缓冲区可能会导致配水管线成为排水管，而不是分配来自系统的排水。在拟建饱和缓冲区附近的土地没有充分排水时，可能会发生这种情况。

配合适当的植被和管理，这种做法可以增加野生动物和传粉昆虫的栖息地数量。

如果担心管道系统（沿旁通管挖壕沟、填土方）发生渗漏，可以安装防渗漏套管。可考虑采取一些措施，以便减少木本物种的根系堵塞配水管线的可能性。将树木移栽到足够远的地方，这样配水管线就不会处于成年树冠的滴灌线之下。在配水管线以上区域种植草本植物。如果河岸带目前树木茂密，要么在配水区域的林木线之外建立一个草本区，要么只去除那些妨碍安装配水管线的林木。

在可行的情况下，考虑收获和清除绿色生物量，以促进再生，从而增加缓冲区的额外氮去除量。有关草料或生物量生产的准则，请参考保护实践《牧草和生物质种植》（512）。

计划和技术规范

其中应至少包括以下内容：

- 配水系统和饱和缓冲区的平面布置图。
- 现有排水管、配水管道和出水渠的剖面图。
- 水位控制所需结构的详细信息。
- 植被建植要求。
- 说明现场特定安装要求的施工规范。

运行和维护

编制一份运行维护计划，包括：

- 计划的水位管理和时间安排。
- 水控装置、配水管道和有效的排水系统的检查和维护要求，尤其是上游地表进水口。
- 要定期清除侵入性乔木或灌木，以减少配水线路的堵塞问题。
- 如果要对场地进行监控，需设定监测和报告要求，以便证实系统的性能并为改进本实践的设计和管理提供信息。至少应记录水控装置、观测孔和观测井（如果使用的话）中的水位（高度）。当地下水位变动时，并伴随引发洪流的降水事件时，应每两周记录一次水位。

参考文献

Jaynes, D.B. and T.M. Isenhart. 2011. Re-saturating Riparian Buffers in Tile Drained Landscapes. A Presentation of the 2011 IA-MN-SD Drainage Research Forum. November 22, 2011. Okoboji, IA.

Jaynes, D.B. and T.M. Isenhart. 2012. Re-saturating Riparian Buffers using Tile Drainage. Unpublished.

Jaynes, D.B. and T.M. Isenhart. 2014. Reconnecting Tile Drainage to Riparian Buffer Hydrology. Journal of Environmental Quality 43：631-638. doi：10.2314/jeq2013.08.0331. Advances in Agronomy 92：75-162.

动物废物和副产物短期存储

（318，cf，2020年9月）

定义

为达到短期收集和使用的目的，利用该临时结构性措施贮存固体或半固体有机农业废弃物或粪便（可堆叠的畜禽粪便、垫料、褥草、散落饲料或掺杂粪便的土壤）。

目的

以应用本实践实现以下目的：

- 为改善养分利用和保存方式，采用环保的方式临时堆放或贮存粪便。
- 使得农业经营管理在养分利用方面更灵活。
- 保护地表水和地下水资源。

适用条件

本实践可适用范围：综合养分管理计划（CNMP）或养分管理计划（NMP）已完善区域以及需要临时堆放或贮存的区域。原因如下：

- 若受到天气情况、土壤条件或农场管理要求的限制，不适合在地面存放粪便时，可以清理畜禽舍的设施或清除粪便。
- 天气情况或收割条件不适合进行田间散布时，日常散布操作不可行。
- 由于土地面积有限，为适当进行养分管理和水质保护，需分散施用粪便养分。
- 在将固体粪便堆放或转移到厂外田间之前，需临时堆放。
- 为实现保护实践《废物回收利用》（633）的目标，将进口有机材料临时贮存在农场里。

本实践不适用于人类粪便或动物尸体的短期管理。

若需长期贮存于生产区，可采用保护实践《废物储存设备》（313）。

准则

适用于所有目标的总体准则

法律法规

规划、设计及实施本实践时，须符合所有联邦、各州和当地的法律法规。

养分利用

养分利用的数量、位置、检出率以及具体时间均需符合保护实践《养分管理》（590）的各项要求。

黏稠度

堆叠废物需要具备能够堆积和成桩的黏稠度。总固体量（粪便固体加上垫料或改良剂）应大于25%。若经证实可以形成合适的成桩，则可接受低比例的固体废物。

适用于临时堆放区的准则

为减少渗漏量并满足各项条件和功能要求，应将贮存垫设在特定场地。

正向排水应完全远离堆放区。保护池塘、溪流和泉水等水体免受径流影响。

为过滤径流中的固体物，应将至少30英尺高的植物缓冲带设在贮料堆放区的下坡面。若位置合适，应将粪便堆料堆放在休耕地。

在建立堆放区之前，应在新建立的缓冲带上栽种足量的嫩芽。若植被生长尚不完善，可在堆放区周围设置防沙堤（人工拦沙网或干草垛）。

维护堆放区，以免沙土和杂物进到水域或排水道。在粪便贮存区边缘外的受干扰区进行播种，形成有效的植被覆盖层。

堆放区选址：

- 若选址设限没有要求设在洪泛区内，则应将堆放区建在百年一遇的洪泛区水位之上；若建在洪泛区，应保护设施免受内涝或百年一遇的洪水灾害。
- 根据实际情况，远离邻近住宅区、公路或公共区域，距离至少为 100 英尺。
- 远离水井、泉水、溪流和池塘，距离至少为 150 英尺，若水源在堆放区下坡道，则堆放区应远离水井、泉水、溪流和池塘，距离至少 300 英尺。
- 远离排水系统，距离至少 100 英尺。
- 除非使用土工合成材料衬垫，否则粪便堆放区底部应高于季节性高水位 2 英尺。
- 堆放区不得设在有潜水泉、渗漏或地下排水瓦管区域，这些地方可能受到贮存粪便的污染；
- 设在具有中等高度的最大土壤饱和导水率（kSAT）（2 英寸 / 小时）的土壤上或使用土壤垫层、土工膜内衬垫等相似衬砌方法覆盖的堆放区。
- 正向排水全面远离堆积区，净水径流远离堆放贮存区。
- 该地区不受恶劣天气条件（如路面结冰、积雪或泥泞）的影响。

堆放贮存期

根据天气、农作物、土壤、设备情况以及当地、各州和联邦的法规规定，最长贮存期以符合环保安全的粪便利用时间要求为基准，最长不超过 180 天。

尺寸

按照《综合养分管理计划》（CNMP）或《养分管理计划》（NMP）认可使用的尺寸设计贮存粪便的田间堆放区。根据所需的粪便使用进度表规划尺寸。

粪便堆放区可设在一个或多个地区，且有足够的区域贮存积累的粪便。粪便堆放区选址和尺寸设计，应考虑粪便稠度和湿度。

为降低自燃的可能性，粪便堆积最高不超过 7 英尺。为适当固定覆盖物、便于清除粪便，粪堆边缘最低高度为 4 英尺。

土壤和地基

将粪便堆积在稳固平坦的地面上。若单独压实现场土壤不足以承受正常设备的车辙碾压，应另选更适合的地点或者运用保护实践《废物储存设备》（313）。

覆盖物

若特定位置、当地条件或法规要求使用覆盖物，使用土工织物袋子覆盖或贮存堆积的粪便。

可用材料包括能够挡雨且可供蒸腾的土工织物（防水布）、最小厚度为 6 密耳的不透明塑料袋和聚乙烯薄膜及其他防水材料。

将覆盖物置于堆积区上，小心防止撕裂。重叠部分至少达 24 英寸。遭遇强风时，使用重物、固桩或其他捆绑装置固定覆盖物以防撕裂。将螺旋式固桩放于衬垫周围 2 英尺中心处。

注意事项

一般注意事项

最大限度地疏导贮存设施周围的无污染径流。在堆放区附近，参照用水管理规划考虑覆盖物流出的径流。

在堆放区建成之前，应减少养分渗透到土壤内，考虑铺设堆肥垫层、锯屑或类似材料。

监测粪便堆的温度，确保温度不会超出安全水平。

若粪肥散布土地不归生产商所有或不受生产商管辖，建议制订养分管理规划，以环保且广泛认可的方式使用粪肥。

适当考虑环境问题、经济状况、废物管理系统规划以及安全、健康等因素。

选址注意事项

粪便堆放区选址时应考虑以下因素：

- 除非有证据表明粪便更易在农场堆叠，否则应假定在 4:1 的休止角内堆积，高度不应高于 4 英尺。
- 粪便堆放贮存设施应邻近其来源及施用耕地区。
- 邻近其他设施。
- 易于装卸粪便。
- 为便于操作装卸设备，应留有充足的操作空间。
- 符合卫生标准。
- 为尽可能减少气味扩散，保证美观，应考虑盛行风、建筑布局、地形、植被等景观要素。

改善空气质量相关注意事项

为维护固体粪便堆放设施，应适当保持粪便水分含量。水分过量会增加挥发性有机化合物、氨以及一氧化二氮的气体排放量，产生厌氧环境，因而导致甲烷和硫化氢的排放量增加。覆盖堆放区会减少颗粒物排放，但水分过少仍会使该可能性增大。

一些织物覆盖物可有效减少气味扩散。

计划和技术规范

计划和规范应描述适用于本实践的各项要求。至少应包含以下工程规划、规范和报告：

- 堆放位置及布局平面图；平面图展示了所有堆放区的位置、通往这些区域的行车通道、斜坡、参照水平面、所需的切口和填料、敏感区的位置（如水井、泉水、溪流和洪泛区）以及水体、溪流和排水口的避让距离。
- 堆放期；在粪便堆放区，堆放期与养分管理规划或作物轮作息息相关。
- 为在边缘区进行操作并覆盖固桩，应酌情考虑堆放贮存区的尺寸，如长度、宽度以及附加宽度。
- 粪便堆积的最大设计高度。
- 按需考虑覆盖物的类型及固定覆盖物的具体细节。
- 按需选择覆盖物或装袋肥料的各项说明。
- 植被等缓冲带要求。
- 管理堆放肥料的数量。
- 按照规定，为合适的选址编制土壤和地基调查结果、解释说明和各项报告。
- 按照规定，编制衬垫和衬层说明。
- 按照规定，制订施工期间临时侵蚀防控措施。
- 气味控制或最低要求、病虫害防治（如蝇类控制）。
- 公用设施的位置以及通知要求。

运行和维护

制订符合本实践目标和安全要求的运行维护计划。

该计划提供堆放肥料的合理使用情况。包括粪便搬离堆放区的要求、使用位置、时间、比率以及数量，这些都应符合废物管理系统总体规划。

包括在正常堆放期内，为将环境损害降到最低而采取的粪便清除和处置策略。在因清除堆放肥料而受损害的区域内种植植被。

制订应急行动方案，应对潜在的突发粪便泄露事件。包括特定场地的应急行动方案，该方案可以将这些影响降到最低。

包括替代塑料或聚乙烯覆盖物的用法说明，这些覆盖物会随时间而腐坏分解。按照当地法律法规处置损坏的衬垫和覆盖物。

若在移除粪便的过程中无意清除了土壤物质，应注意维护和重建土壤垫。

排列衬垫时需要使用土工膜，在清除堆放的肥料时应注意避免损坏土工膜，确保及时完成土工膜各项修理工作。

风暴天气后，按需检查修理衬垫、覆盖物以及周边区域。

维护堆积区的周边区域，防止积水，以便疏导堆放区周围的径流。

提供说明，记录如何将堆放肥料从一个地理区域运到另一区域。其内容包括：

- 运输肥料的类型和数量。
- 肥料的固体百分比。
- 运输日期。
- 来源名称、地址以及肥料运输目的地。
- 肥料在运输到目的地时的具体状况（扩散、堆放和覆盖情况等）。

参考文献

USDA NRCS. National Engineering Handbook, Part 651, Agricultural Waste Management Field Handbook. Washington, DC.

USDA NRCS. Soil Survey Technical Note 6, Saturated Hydraulic Conductivity： Water Movement Concepts and Class History. Washington, DC.

弃土处置

（572，cf，2020年9月）

定义

处置施工活动产生的多余的挖出物。

目的

本实践用于实现以下一种或多种目的：

- 尽量减少土壤侵蚀。
- 尽量减少水质退化。
- 尽量减少积水。

适用条件

本实践适用于施工活动产生的弃土引起资源问题或其堆放位置与土地使用或景观不兼容的情况。

准则

适用于所有目的的一般准则

弃土摊铺的规划和设计须符合所有联邦、州和地方法律法规要求。土地所有者必须获得监管机构的所有必要许可，或证明无须许可。

弃土应堆放在材料类型稳定且与土地用途相适应的斜坡上。均匀地摊铺弃土，以防止积水，并便于排水，使其远离弃土区。堆放弃土时，应避免妨碍现有排水设施。

地面或弃土冻结或过度潮湿时，不得摊铺弃土，除非现场特定设计注意事项表明冻结或潮湿不会产生不利影响。

除非该地区将种植作物，否则应在弃土区种植植被。如果一年内完成弃土处置这项工作会不利于种植理想植物或作物种植延迟，要立即采取临时的侵蚀防控措施，并坚持实施这些措施，直到该区域成功种植植被或作物。参考适当的保护实践标准中的植被种植准则，在未种作物的场地上种植植被。

堆放弃土前，要注意那些影响植被种植的物理或化学性质的弃土，并从弃土处置区剥离表土。播种前，使用厚度至少为 6 英寸的表土或其他土壤，来覆盖弃土。

如果怀疑弃土受到有害物质或石油产品污染，在进行测量、规划或设计工作之前，请联系受过培训并有经验的人评估污染程度。如果存在有害物质，确定适当的补救措施。如果受污染材料的处理超出了一般专业领域，使现场员工暴露在危险的环境中，使该机构承担无法控制的责任，则不得继续进行处理或处置。如果在处置过程中发现有害物质，暂停工作，直到确定废物的性质［美国自然资源保护局《美国国家工程手册》（第 210 篇）第 503 部分 E 子部分第 503.70 节“概述”和 503.71 节“禁止活动”］。

注意事项

弃土区可以不是废弃地区。弃土区应与景观和土地用途相结合。为了保护规划用地，应设计好弃土区的位置、坡度和植被。

用创造思维堆放弃土来提高景观质量。用弃土材料遮挡不具观赏性的视角；可抵挡风雪或减弱噪声。如果需要填土，应研究向施工现场运输和捐赠弃土的可能性。

在弃土区种植永久性植被，可以提供优良的野生动物栖息地。在选择土地利用植被时，优选能为野生动物提供食物和庇护的本土物种。

计划和技术规范

针对弃土处置编制相应的计划和规范，说明制订满足此举措的要求。至少应提供以下内容：

- 显示弃土处置范围、经批准的从施工现场到处置地点的通道位置、公用设施位置的平面图。
- 弃土堆放的铺层厚度和压实度。
- 弃土区的最大和最小坡度。
- 弃土区的标准横截面。
- 现有地表之上的弃土的最大或最小的摊铺高度。
- 临时侵蚀防控措施。
- 种子混合物、石灰、肥料和覆盖物类型和施用量。
- 弃土数量预估。
- 施工规范。

运行和维护

针对操作员编制一份书面的运行维护计划。要求至少包括：

- 定期检查弃土区，尤其是在发生大降雨事件后。
- 填满或修理弃土区的多余细沟或沟壑，如果在非庄稼地，则重新植被。必要时更换表土。

参考文献

USDA NRCS. 2017. National Engineering Manual (Title 210), Part 503, Subpart E, Prohibited Technical Assistance. Washington, D.C. https：//directives.sc.egov.usda.gov/.

泉水开发

（574，No.，2020年9月）

定义

从小泉中收集水并利用。

目的

本实践用于实现以下一种或多种目的：

- 增加牲畜和野生动物用水的水量。
- 改善牲畜和野生动物用水的水质。

适用条件

本实践适用于有泉水或小泉的地方，为计划所要求使用的宜用水提供可靠供应。在考虑开发泉水之前，确定并评估替代水源。

准则

适用于所有目的的一般准则

按照联邦、州、部落以及当地法律和法规，计划、设计和建造本实践设施。土地所有者必须在施工前获得所有必要的许可证。土地所有者或承包商负责在项目区域内标记出所有埋地公用设施的位置，包括排水管和其他结构措施。

进行泉水开发，以收集足量的水来满足开发预期目的，同时保护场地生态功能。泉水的开发设计，应最大限度地降低因冻结、洪水、牲畜、沉积物以及车辆交造成的损坏和水污染的风险。

为牲畜用水开发泉水可能对鱼类和野生动物栖息地造成不利影响。要根据规划用途开发所需的水。应对开口管道通风口进行遮蔽，以防止野生动物进入和潜在水污染。

对现场进行评估以确定：

- 水量水质合乎预期目的。
- 泉水位置的适宜性。
- 土壤与地质适宜性。
- 泉水开发对现有生态功能造成的影响及潜在损失，包括蓄水或引水对当地野生动物和野生动物栖息地的影响。
- 消耗性用水对河岸健康和功能、河流流量、水温和当地含水层补给的影响。
- 对湿地的影响。

源头区域

泉水的开发设计应尽可能地保留其现有的形态。将集水地点确定在泉水或小泉的斜坡下方。

驱赶源头区域的牲畜。如适用，根据保护实践《栅栏》（382）驱赶牲畜。

在适用的情况下，维持鱼类和野生动物从泉水开发中获取水资源。

开发泉水时，应清除细粒沉积物、岩石、斜坡冲刷材料和植被阻碍泉水流动的障碍物。泉水的开发设计应能够防止阻塞的再次发生。

集水系统

安装集水系统，将泉水从收集点输送到使用地点。集水系统可由瓦片、多孔管、砾石、隔水墙、泉水箱、输送管或其他适合现场的收集方式组成。根据需要，采取防止沉积物进入集水系统的措施。使用混凝土、黏土、砖石、塑料片材或板桩建造隔水墙。

如果使用地点在泉水上方，根据可用电源和供水需求确定泵的类型和尺寸。根据保护实践《泵站》（533）设计泵。

泉水箱

安装一个泉水箱，用于阻拦和清除积聚的沉积物。泉水箱也可以用来储存水，以满足高峰用水需求。将泉水箱埋入土壤或采用其他适合场地的方法来保护其不结冰。

确定泉水箱的尺寸，使其具有充分储存沉积物及所需的蓄水空间。确保泉水箱的横截面积足够大，以便定期进行清洁。最小横截面积为 1.5 平方英尺。

使用耐用的材料（例如：混凝土、岩石、塑料、镀锌钢或未经处理耐腐蚀的木材）建造泉水箱。为泉水箱配置一个紧闭封盖，以防止地表径流、动物或垃圾流入。将排水管设置在泉水箱底板上方至少 6 英寸处，以便收集沉积物。

排水口

泉水开发时，应考虑到输送预期用途的水的能力。如果使用管道，则按照保护实践《牲畜用水管道》（516）进行管道设计。替代排水口结构必须符合保护实践《控水结构》（587）。

设计从已开发的泉水中取水的设施时，请参考保护实践《供水设施》（614）。

泉水流量管理

当泉水的流量超过集水系统的容量时，安装溢流管。调整溢流管尺寸以承受最大预期流量。将溢流管设置在不会造成侵蚀、水质恶化或在供水设施附近潮湿的区域。

为尽量降低对湿地潜在的不利影响，应采取下列措施之一（按优先顺序列出）：

- 如果适用，在水箱或水槽上安装一个浮阀，并将所有多余的水留在泉水中。
- 直接溢流应尽可能靠近源头，以加强现有湿地建设。
- 建立新的湿地栖息地，提供与正在消失的湿地相似的功能和价值。

根据需要，受泉水开发干扰的区域进行整平和夷平。要正确管理来自天然泉水的径流、收集的水和溢流。

在可能的情况下，施工后在受干扰区重新种植本地植物材料。植被难以重建的地方，应遵循保护实践《关键区种植》（342）的规定。

泉水中常含有罕见的动植物群。泉水开发应尽量减少对这些物种的干扰。遵守美国自然资源保护局有关对面临威胁、濒危或特殊关注物种的影响的政策。

注意事项

考虑如何在春季补给区内利用其他保护实践来增加降水或融雪的入渗，从而增加泉水流量。考虑在开发泉水之前测试水质。

在冬季停工、流量控制和维护时，应在排水管上安装一个截止阀。

灌木丛的移除、挖掘、清洗和取水可能影响鱼类和野生动物栖息地及湿地功能。选择性地去除不合需要的灌木丛和管理所需的本土植物可以减少蒸散损失并保护生物多样性。

在施工之前，识别并控制由种子或其他方式传播的不良植物物种。

计划和技术规范

针对泉水的开发施工编制相应的计划和规范。描述确保妥善安装相应设施达到预期目的的要求。计划和规范应至少包括：

- 泉水开发的位置。
- 所用材料如管径、压力等级和集水系统，包括进水口、隔水墙、泉水箱、排水口、溢流管和其他相关部件。
- 相关部件的标高和尺寸，如集水系统、管道、水箱和水槽。

运行和维护

向土地所有者提供一份运行维护计划，并与土地所有者一起审查。计划应至少包括以下内容：

- 清除泉水箱中的沉积物。
- 清除排水口和溢流管上的障碍物或堵塞物。
- 将地表水从收集区和泉水箱中引出，防止泛洪和冬季结冰。
- 修复溢流管冲蚀问题。
- 检查阀门的工作情况。
- 解决鼠害问题。
- 修复故意破坏和盗窃造成的损坏。

发现问题立即修复。清除泉水箱中的沉积物时，将所有沉积物放置在高地，远离泉水和相关的湿地。

参考文献

Heath, R.C. 1983. Basic Ground-water Hydrology： Water Supply Paper 2220. U.S. Geological Survey, Reston, VA. https： //doi.org/10.3133/wsp2220.

Stevens, L.E. and V.J. Meretsky. 2008. Aridland Springs in North America—Ecology and Conservation. University of Arizona Press, Tucson, AZ. http： //www.uapress.arizona.edu/Books/bid1963.htm.

USDA NRCS. 2012. National Engineering Handbook (Title 210), Part 650, Chapter 12, Section 650.1202, Springs and Seeps. https： //directives.sc.egov.usda.gov/.

USDA NRCS. 2010. National Engineering Handbook (Title 210), Part 631, Chapter 32, Section 631.3201, Spring Development. https： //directives.sc.egov.usda.gov/.

雨水径流控制

（570，Ac.，2020年9月）

定义

控制雨水径流数量和质量的措施或系统。

目的

控制雨水径流，实现以下一个或多个目的：

- 尽量减少施工期间和施工后的侵蚀和沉积。
- 减少从已开发地区或正在开发地区流出的雨水。
- 改善从已开发地区或正在开发地区流出雨水的质量。

适用条件

本实践适用于：如果不对雨水径流进行相应的处理，会导致或可能导致流量增加、淤积、河道退化、地表水或地下水质量恶化并对下游条件产生不利影响的地区。本实践既适用于正在开发的地区，也适用于已开发地区中的补救工作。本实践不包括牲畜设施区域的径流。对于流经牲畜设施区的径流，使用诸如保护实践《废物储存设施》（313）和《植被处理区》（635）规定的做法。

准则

适用于所有目的的一般准则

规划、设计并建造雨水径流控制设施，确保其符合适用的联邦、州和地方法律法规，获得所有必要的许可证，且公用设施位置合理。

根据对下游区域的评估，制订降低雨水径流影响的计划。根据情况，在计划中包括用于以下目的的措施或管理方法：

- 减少对场地的侵蚀。
- 减少淤积对其他地方造成的影响。
- 减少从场地流出的雨水量，使其不会对下游渠道产生不利影响。
- 维持或提高降雨入渗，补给地下水。
- 改善流出场地的径流质量。
- 施工结束后，确保场地处于稳定状态。

所有径流控制方法必须包括安全绕过超出设计暴雨径流的规定。

稳定措施

在适当的情况下，施工后尽早稳定所有受施工干扰的区域，以减少侵蚀的发生。需要种植植被时，请参考保护实践《关键区种植》（342）或《保护层》（327）。如果不适合种植植被，则使用其他保护措施以防止发生土壤侵蚀，如：保护实践《覆盖》（484）。在系统中设定必要的预处理措施，以保护植物免受过多沉积物、垃圾、碎片或其他污染物的影响。

安全

滞留池和其他水滞留或快速流动的区域可能会对公众造成危害。必要时，设置适当的安全设施，以警示潜在危险或禁止进入危险区域，如：设置栅栏、大门和警告标志等。

减少水量的附加准则

设计雨水控制系统，控制问题地区径流的速率和体积，使下游区域不因侵蚀或淤积而退化。可接受的峰值速率取决于受纳水道的容量和稳定性。关于不同暴雨频率下可接受的排水率和流量，可参考相应的地方法规。若没有地方要求，采用 2 年一遇、持续 24 小时的开发前暴雨雨量，来确定受纳溪流的洪峰排水率和流量。

减缓场地径流的释放，以控制径流的峰值速率。可以通过现场蓄水、增加渗透、延长径流的流动路径或组合方法来减缓场地径流的释放。通过这些方法中的一种或多种来降低径流的峰值速率。

所有径流控制方法必须包括安全绕过超出设计暴雨径流的规定。

改善水质的附加准则

正在开发区域的径流可能被沉积物、油类、化学品和垃圾等各种物质污染。评估场地条件，以确定必须加以控制的污染物类型。制订能够在影响污染物离开场地前将其捕获或减少的措施。此类措施包括净水的引水渠、植被过滤区、雨水花园和其他生物过滤器、防止燃料或其他污染物泄漏的管理措施，以及易于清理的垃圾防护装置和沉淀区。从基岩到蓄水库、植被过滤区、雨水花园和其他生物过滤器的底部，土壤深度至少为 2 英尺。

侵蚀与泥沙控制的附加准则

通过限制裸地受降水影响的程度和时长，来减少对场地的侵蚀。这一点可以通过分阶段施工来实现，每次只移除场地中的部分植被，在施工期间逐步重建植被，或采用临时播种和植被覆盖来稳定区域，直到可以种植永久性植被。

可以采用能够减少坡面漫流长度和流速的构造侵蚀防控措施来减少片蚀和细沟侵蚀，如：保护实践《引水渠》（362）和《梯田》（600）、草砖屏障或淤泥围栏等。参考当前美国自然资源保护局土壤流失预测方法，确定这些措施应采取怎样的间距。

无法在源头防控侵蚀时，可以过滤或阻滞含沙径流，使泥沙颗粒沉降到可接受的水平，然后再释放场地中的径流。可行的办法包括：设置沉积物捕集器、沉淀池和其他用于截留或过滤径流的结构。沉淀池的设计要求参见保护实践《沉淀池》（350）。

注意事项

研究表明，从一个地点流出的第一次径流通常是污染最严重的。经过第一次径流之后，可以移动的污染物减少了，稀释也减轻了污染物的影响。因此，处理“第一次径流”通常足以解决水质问题。要处理的确切径流量取决于地表情况和污染程度。根据适当的研究或经验确定要处理的径流量。

对于已知受到会严重影响水源或鱼类和野生动物的物质污染的径流，可能需要额外的处理方法。

雨水控制措施会影响下游水文。这是大多数雨水控制系统的重点，应考虑到改变下游地区径流峰值速率和流量的影响（包括正面和负面影响）。当某个流域内有多个项目时，考虑某个项目与流域中其他项目同时存在的作用，以确定累积效果。对于已开发地区，考虑降低当前开发条件下的洪峰流量的方案。

设计符合视觉景观和径流控制功能的雨水控制措施。由于雨水控制措施通常安装在公共空间内，因此应考虑公共空间的使用情况以及这些措施将产生的视觉影响。

改善或维持渗透是控制雨水径流的重要方法。渗透措施的设计以渗透带内土壤剖面中渗透性最弱一层的渗透速率为基础。通常情况下，土壤的饱和导水率应大于每小时 0.2 英寸。设计储水设施，如：排水井、石沟和水池，确保其可以在 72 小时内排空水。

如果设计得当，雨水控制措施可有益于野生动物生存。在可能的情况下，种植本地植被为野生动物和传粉昆虫提供食物和栖息地。

为提高效果，应采用一套可以协同作业的雨水控制实践系统。系统可包括滞留设施、渗透区、天然未受干扰区域的维护设施。

另一方面，也可以管理场地的开发活动，以限制受干扰区域的数量，确保及时重建植被，并限制可以会压实土壤和破坏植被的重型设备在场地内行驶。

发生大风暴时，雨水径流控制设施可能会迅速填满沉积物。为了确保设施正常运行，必须清除并妥善处理其中的沉积物。因此，这些设施的设计应便于进出和维护。

由于雨水控制措施通常安装在城市和公共空间内，因此可能会遭到破坏。考虑采用不易受破坏的设施，如：在适当的地方进行岩石灌浆、安装屏障和锁。

地方法规通常要求制订雨水径流控制计划。因此，这些设施往往会涵盖在大型施工合同中。为确保计划得到充分落实，可以在大型项目的计划和规范中阐明雨水径流控制计划的要求。

计划和技术规范

制订安装雨水径流控制设施的计划和规范，说明根据本实践安装雨水径流控制系统设施的要求。计划和规范至少应包括：

- 显示实践范围的平面图。
- （适当情况下）显示高程和距离的横截面或剖面图。
- （适当情况下）结构细节的计划。
- （适当情况下）播种要求。
- 描述针对不同场地安装雨水径流控制系统的特定要求的书面施工规范。

运行和维护

针对操作员编制一份运行维护计划。运行维护计划中应涉及的最低要求如下：

- 定期检查，特别是在发生重大降雨事件后立即进行检查。
- 及时维修或更换受损部件，尤其是遭受磨损或表面被侵蚀的部件。
- 定期检查沉淀池、垃圾防护装置和其他用于收集和清除积聚沉积物和碎片等的装置。
- 对植被有特定要求的区域，需定期割草、施肥并控制植被。

参考文献

Bannerman, R. and E. Considine. 2003. Rain Gardens： A How-to Manual for Homeowners. University of Wisconsin Extension Publication GWQ037 or Wisconsin Department of Natural Resources Publication PUB-WT-776 2003. Madison, WI.

U.S. Environmental Protection Agency. 2007. Developing Your Stormwater Pollution Prevention Plan. Washington, D.C.

U.S. Environmental Protection Agency. 2004. Stormwater Best Management Practice Design Guide, Volumes 1, 2, & 3. Washington, D.C.

U.S. Environmental Protection Agency. 1999. Stormwater Technology Fact Sheet： Bioretention. Publ. EPA-832-F-99-012. Office of Water, Washington, D.C.

河岸和海岸保护

（580，Ft.，2020年10月）

定义

用来稳定和保护溪流河岸或人工沟渠以及湖泊、水库或河口岸线的处理措施。

目的

本实践用于实现以下一种或多种目的：

- 防止土地流失或对土地用途造成破坏，或防止破坏毗邻溪流河岸或人工沟渠、湖泊、水库或河口岸线的设施。包括保护知名的具有历史意义、考古价值和传统文化遗产。
- 保持溪流或沟渠的流量。
- 减少因堤岸侵蚀而引起的场地外或下游泥沙沉积。
- 改善或增加河流廊道或岸线为鱼类和野生动物提供栖息地并达到审美和娱乐的效果。

适用条件

本实践适用于易受侵蚀的天然或人工沟渠的河岸及湖泊、水库、河口岸线。它不适用于主要海洋锋、海滩或类似复杂区域的侵蚀问题。

准则

适用于所有目的的一般准则

处理措施的设计和建造应遵守所有适用的地方、州、部落和联邦法律法规。土地所有者必须从监管机构获得所有必要的许可，或证明无须许可的文件。土地所有者或承包商有责任在项目区域内标记出所有埋地公用设施（包括排水瓦管和其他结构性措施）的位置。

应对不稳定的河岸或海岸线进行详细的评估，以查明导致不稳定的原因。评估应提供设计治理方案所需的详细信息，并适当传达信心，即治理方案在设定的期限内充分发挥作用。如果河岸的破坏机制是由河岸植被退化或移除造成的，则尽可能地在治理河岸时，实施河流廊道恢复措施。

不稳定的原因包括：

- 牲畜进出；
- 导致排放或沉积物形成产生重大改变的流域改变；
- 砾石开采等渠道改造；
- 水流冲击；
- 水位波动；
- 船舶产生的波浪。

设计河岸和海岸线治理方案时需考虑以下事物：

- 现有岸边或海岸线材料；
- 计划的改善设施或他人安装的改善设施；
- 水化学；
- 沟渠或湖泊水力学；
- 水位线上下的坡度特征。

避免对以下事物产生不利影响：

- 濒危、受威胁和候选物种及其栖息地；
- 考古、历史、结构和传统文化财产；

- 现有的湿地功能和价值。

根据堤岸或海岸线材料和建议的测量类型，设计可产生稳定坡度的治理方案。考虑预期的冰作用，波浪作用和波动的水位。确保设施受不受溢流、上游径流和洪水的影响。因为堤岸渗漏存在一个问题，所以应当把内部排水考虑在内。使用土工织物，设计过滤器或垫层，以防止管道或材料在治理后受侵蚀。将末端部分锚固到现有的治理设备或稳定区域中。

按照保护实践《关键区种植》（342），对施工期间受干扰的所有区域重建植被。如果气候条件不允许使用植被，请使用保护实践《覆盖》（484）来安装无机覆盖材料，例如砾石。在该地点完全稳定之前，应保护该地区免受牲畜和人类的侵扰。

河岸附加标准

根据国家认定的制度，对需要保护的溪流流段进行分类。评估切割段或包含5年重现期（20%概率）或更大流量段的退化或淤积。

在没有考虑拟议定线对上游和下游河流地貌的影响之前，不要重新调整排水渠。通过对拟议排水渠上游分水岭的评估，确定当前和未来的流量-沉积物状况。

不要在变化广泛和迅速的底部坡度或路线排水渠系统中安装护岸处理设施，除非是用设计方案来控制或适应这些变化。在预期的河床冲刷最低深度或以下深度处进行岸边治理。

通过引导河流流量远离堤脚或对堤脚进行装甲结构处理来稳定堤脚的侵蚀。仅靠堤脚保护不足以稳定堤岸时，可以将上部堤岸塑造成稳定的斜坡并种植植被，或者通过结构或土壤生物工程的处理来稳定堤岸。

尽可能地保留或替换提供掩护、食物、水池和湍流的栖息地形成要素。这包括树桩、倒伏的树木、杂物和沉积物块。只有当这些溪流栖息地要素造成不可接受的堤岸侵蚀，水流限制或结构损坏时，才可移除。

设计治理方案，保持设计流程的功能性和稳定性，对于更高的流量条件保持可持续性。在低流量和高流量条件下，与安装前的流量水平相比，评估流量水平变化的影响。确保治理方案不会限制河流流入洪泛区。请勿设计给场外带来负面影响的治理方案，如增加下游沟渠和堤岸侵蚀。

海岸线附加标准

对于结构处理的设计，请在距设计水面测量的海岸线至少50英尺的水平线上，评估水线以下的场地特征。保护高度应根据设计的水面高度加上计算得来的波浪高度和干舷进行确定。潮汐区的设计水面采用平均高潮位。护岸、舱壁或丁坝均不得高于平均高潮位3英尺，或非潮汐地区的平均高水位。插入式结构的海岸线保护处理装置可防止低水位冲刷。

在选择植被作为一种防护性处理措施，应在种植过程中利用临时防浪堤，防止波浪爬高对植被造成破坏。

改善河流廊道的附加准则

根据生态系统的功能和稳定性，建立河流廊道的植物组成。适当的植物组成是防止在重建河流廊道中排水渠长期迁移的一个关键要素。根据保护实践《关键区种植》（342），在排水渠两岸和相关区域建立植被。

根据特定场地评估或管理计划设计治理方案，以实现鱼类和野生物种或相关社区的生境和种群目标。确定种群和社区生存和繁殖需要的目标，包括生境多样性、生境联系、每日和季节性生境范围、限制因素和本地植物群落。利用鱼类和野生物种或相关社区的需求，制订对植被类型、数量和分布的要求。

设计治理方案，以满足特定场地评估或管理计划所确定的美学目标。基于人类需求确立美学目标，包括视觉质量、噪声控制和微气候控制。使用与相邻土地用途兼容的建筑材料、分级方法和其他场地开发元素。

注意事项

在设计保护性治理方案时，应考虑在治理方案限制时间内流域水文和淤积变化。

当预期用途与改善鱼类、野生动物和水生系统相符合时，请将清除沟渠或河岸的杂物纳入治理中。

使用建筑材料、分级方法、植被和其他场地开发元素，最大限度地减少视觉影响并维持或补充现有的景观用途，例如人行道、气候控制装置、缓冲带等。安装过程中避免对场地造成过度干扰和压实。

使用与本地或与当地生态系统相适应的植物物种。避免引入可能造成滋扰的物种。考虑引入那些具有多种价值的物种，比如那些能提供适合生物量、坚果、水果、嫩草、筑巢、具有美感和对当地使用的除草剂具有耐受性的物种。避免引入可能是病害或虫害的交替宿主的物种。应考虑物种多样性，以避免因为某个物种遭受虫害而导致功能丧失。

选择能满足野生动物和传粉昆虫栖息地需求的植物材料。在混合草种中添加本地的非禾本草本植物和豆科植物将增加对野生动物和传粉昆虫的培育价值。考虑并参考保护实践《湿地野生动物栖息地管理》（644）。

利用促进有益沉积物沉积的处理方法，过滤沉积物、同时溶解沉积物附着物质。

设计处理措施设计时，可考虑通过提供水生栖息地，维持或改善鱼类和野生动物的栖息地，并可能降低或调节水温和改善水质。

考虑到需要稳定侧沟出入口以及支流出口，使其免受侵蚀。

考虑在项目设计中最大限度地利用邻近湿地的功能和价值。

为保持植物群落完整性，建立植物处理措施期间应禁止饲养牲畜，并在建立后取适当的放牧措施。

建立植物处理措施期间，也要考虑控制野生动物。应在适用法规范围内谨慎使用临时和本地种群控制方法。

在适当情况下，在河岸或海岸线保护区顶部建立缓冲带或引水渠，以帮助维护和保护已安装的处理措施，改善其功能，过滤掉径流中的沉积物、养分和污染物，并提供额外的野生动物栖息地。

在设计处理措施时，要考虑对船客、游泳者或使用海岸线或河岸上的人的安全隐患。必要时放置警告标识。

处理设施应自我维持或需要最低限度的维护。

计划和技术规范

编制相应的计划和规范，说明根据本实践制订满足此举措的要求。计划和规范应包括施工期间尽量减少侵蚀和沉积物形成，以及遵守任何环境协定、生物意见或其他适用许可条款所需的规定。其中应至少包括以下内容：

- 河岸和海岸保护的平面布置图。
- 河岸和海岸保护的典型剖面和横截面图。
- 详细描写施工要求的结构图。
- 根据需要建立植物和覆盖物的要求。
- 安全设施。
- 特定场地的施工和材料要求。

运行和维护

针对操作员编制一份运行维护计划。

至少应提供以下内容：

- 为系统的运行和维护提供具体的说明，以确保其正常运行。
- 定期检查和及时修理或更换受损部件或防止侵蚀。
- 定期检查并及时修复侵蚀。
- 维护健康植被的说明（如需要）。

- 必要时，提供保持植被健康的说明。

参考文献

USDA NRCS. 1996. National Engineering Handbook (Title 210), Part 650, Chapter 16, Streambank and Shoreline Protection. Washington, D.C. https：//directives.sc.egov.usda.gov/.

USDA NRCS. 2008. National Engineering Handbook (Title 210), Part 654, Stream Restoration Design. Washington, D.C. https：//directives.sc.egov.usda.gov/.

USDA NRCS. 2010. National Engineering Handbook (Title 210), Part 653, Stream Corridor Restoration： Principles, Processes, and Practices. Washington, D.C. https：//directives.sc.egov.usda.gov/.

USDA NRCS. 2017. National Engineering Manual (Title 210). Washington, D.C. https：//directives.sc.egov.usda.gov/.

地表排水——田沟

（607，Ft.，2020年9月）

定义

田间地面上的一种坡度沟渠，用来汇集和输送多余的存水。

目的

本实践用于实现以下一种或多种目的：

- 拦截来自田间过量的地表水和浅层地下水，将其输送到地表主管道或侧管道。
- 为尾水再利用系统收集过量灌溉用水。

适用条件

本实践适用于具有下列一种或多种条件的田地：

- 具有低渗透性或浅层屏障的土壤，如岩石或黏土，因为它们能阻碍水渗透到深层地层。
- 汇集降雨的洼地或有障碍物的田地。
- 土地坡度不足，无法使径流在地表上充分流动。
- 高地的径流或渗流过量。
- 灌溉用水过多。

准则

适用于所有目的的一般准则

按照联邦、州、部落以及当地法律和法规，计划、设计和建造本实践设施。土地所有者必须在施工前获得所有必要的许可证。土地所有者或承包商负责在项目区域内标记出所有埋地公用设施的位置，包括排水管和其他结构措施。

规划田沟，将其作为田间作业集水系统的一个组成部分。设计田沟时，应收集、拦截水并连续地输水至排水口，避免积水过度。田沟的设计应允许水从相邻陆地表面自由进入，而不会造成过度侵蚀。

如果有湿地，按照既定程序完成适当的湿地测定。

调查现场，确保有足够的排水口，能有效地通过重力或泵送方式排水。为田沟设置一个稳定、防侵蚀的排水口。

位置

田沟形状、长度和位置将取决于地形。根据有效排除多余的存水的要求安装集水沟或截流沟。

容量

根据气候和土壤条件以及作物的需要，确定田沟容量，以便清除多余的存水。根据流域面积、地形、土壤、土地用途信息设计容量。使用适当的排水曲线或系数。使用曼宁公式或其他可接受的方法计算田沟的尺寸。

流速

设计田沟时，流速不得超过美国自然资源保护局制订的《美国国家工程手册》第 650 部分第 14 章“用水管理（排水）”表 14.3 中所规定的最大流速。根据排水的速度，在整个保护实践期间，要考虑到沉积物堆积的额外容量。

收集过量地表水的附加准则

容量

根据现场条件确定现场沟渠的深度、间距和位置。现场条件包括土壤、地形、地下水条件、农作物、土地用途、排水口、含盐或含钠情况。根据条件酌情使用水文模型。

拦截过量浅层地下水的附加准则

容量

使用下列一种或多种方法确定所需容量：

- 如果可以的话，将排水系数应用于《州排水指南》中的排水面积计算中。包括输送计算出的地表水体积所需的附加容量。
- 在逆降水时期和已知地下水条件的情况下，测量现场浅层地下水流速。
- 利用局部试验和验证来估算横向浅层地下水流速。

深度、间距和位置

如果可能的话，根据《州排水指南》确定容量、大小、深度、边坡和横截面积。如果没有州或地方信息的话，用美国自然资源保护局制订的《美国国家工程手册》第 650 部分第 14 章“用水管理（排水）”中的信息。

收集过量灌溉用水的附加准则

根据《州灌溉指南》或当地现有灌溉系统潜在径流量的信息确定容量、大小、深度、边坡和横截面积。

采取一切合理措施，尽量减少灌溉径流。

如果可以收集径流水，应考虑到灌溉季节以外产生的地表径流的附加容量。

注意事项

在规划本实践时，应酌情考虑以下事项：

- 在地形和产权边界允许的情况下，在直线或近乎直线的路线上修建排水沟。使用随机排列跟踪不规则或起伏地形的洼地和隔离的潮湿区域。避免过度削减和创建小的不规则的田地。
- 如果需要并可行的话，允许场地设备穿过。
- 对下游水流或含水层的潜在影响将会影响其他用水或用户。
- 可溶性污染物、沉积物和沉积物附着污染物对水质的潜在影响。
- 发现或重新分配有毒物质的潜在可能性。
- 对湿地或水栖野生动物栖息地的影响。
- 排水管理的潜在效益，包括养分浓度降低、植物生产力提高和季节性的野生动物栖息地改善。
- 排水管理对下游水温或土壤盐度的潜在影响。
- 对河岸缓冲带、植物过滤带和栅栏的需求。
- 对水分平衡组成的影响，特别是径流与渗透之间的关系。

计划和技术规范

针对田沟的建造编制相应的计划和规范。描述确保安装相应设施达到预期目的的要求。

在说明书或图纸上添加解释，说明土地所有者或经营者负责确保获得所有所需的许可证或批准，并按照这些法律和法规执行。土地所有者或承包商负责在项目区域内标记出所有埋地公用设施的位置，包括排水管和其他结构措施。

计划和规范至少应包括：

- 附有公用设施、通知职责和位置图的表格。
- 显示基准位置和描述的平面图，包括规划的田沟的位置以及充足的现场特征，确保布局准确。
- 包括典型的地表排水沟剖面图和高度信息的施工图。
- 根据需要提供有关坡度、间距和排水口侵蚀防护的信息。
- 公用设施的位置和通知要求。
- 确定需要在施工后建立植被的区域。
- 标注出需要处理挖出物的区域。

运行维护

在安装相应设施之前，向土地所有者或经营者提供适用于场地的运行维护计划。计划至少应包括以下方面的指导：

- 排水沟的日常维护和运行需要，保持排水沟横截面和坡度。
- 定期和暴雨后检查，以检测并尽量减少对田沟的损坏。
- 定期清除沉积物和其他碎屑。
- 植物材料的周期性控制。
- 适当控制牲畜进出。

参考文献

USDA NRCS. 2001. National Engineering Handbook (Title 210), Part 650, Chapter 14, Water Management (Drainage). Washington, D.C. https://directives/sc/egov/usda/gov/.

梯田

（600，Ft.，2020年9月）

定义

横跨田间坡度的土堤或田埂与沟渠的结合体。

目的

本实践用于实现以下一种或多种目的：

- 减少侵蚀并滞留沉积物。
- 管理径流。

适用条件

本实践仅适用于土壤和地形适宜梯田建设和合理耕种、需要建造合适的出水口以及存在下列一种或多种条件的地方：

- 水流引起的土壤侵蚀和坡长过长问题。
- 径流过量问题。
- 有必要节约用水。

准则

适用于所有目的的一般准则

对齐

梯田通常必须沿着田地的等高线。限制梯田与等高线的偏差，仅允许在必要时实现良好对齐。为适应农业机械和农耕作业，在可行的情况下，应设计具有长而平缓曲线的农田梯田。当田地中存在多个梯田时，尽可能将梯田布局设计为互相平行。关于农耕作业计划的指导，请参考保护实践《等高种植》（330）。

间距

横跨斜坡的梯田之间保持一定的间距，以达到预期目的。确定用于侵蚀防控的最大梯田间距，该间距设置需要达到容许土壤流失量（T）或《现场办公室技术指南》中记录的其他土壤流失标准。侵蚀防控的最大梯田间距，可基于容许土壤流失量最多增加 10%，以实现梯田位置和对齐更为合理，方便农业机械进出，并接近符合要求的排水口。

可用于确定梯田间距的方法包括当前美国自然资源保护局认可的侵蚀预测技术、垂直间隔方程式法或各州提出的解决特殊土壤、作物或其他影响梯田间距的耕作方法。参考当前美国自然资源保护局认可的预测侵蚀的软件和用户指南以确定土壤流失量。在确定土壤流失时，应考虑带计划竣工坡度的梯田系统和栽培技术，如残留物管理。在检查建议的梯田间距的土壤流失情况时，使用的坡长是从梯田田埂到下一个较低梯田沟渠的距离，沿自然流动方向测量。有关垂直间隔方程式的内容，请参考美国自然资源保护局制订的《美国国家工程手册》（第 210 篇）第 650 部分第 8 章“梯田”。

容量

梯田要设计有足够的容量，能够容纳 10 年一遇、持续 24 小时的暴雨的径流量，而不溢出田垄。设计梯田系统来控制多余径流或与其他结构共同作用，要选择安装能够抵御更大暴风雨风险的梯田系统。

对于带有地下排水口的梯田，对暴风雨的容纳量是梯田存储水量和通过地下排水口流出水量的总和。对于存储径流的梯田（储流梯田或水平梯田），增加梯田储流能力时，要估算未来 10 年的沉积物积累量，除非运行维护计划中专门指出要定期清除沉积物。

对于带有开放式排水口的梯田，根据梯田容量以及最茂密、覆盖最广的植被来确定梯田沟渠的大小。根据种植作物田地的裸土沟渠或者在沟渠有适当的、永久性的植被的情况下来计算沟渠容量。计算裸土沟渠的容量时，使用等于或大于 0.035 的曼宁糙率系数 n 值。对于种植有永久性植被的沟渠，请参考保护实践《草地排水道》（412）确定沟渠容量的设计准则，以及《关键区种植》（342）确定播种准则。

梯田横截面

设计合理的梯田横截面比例以适应田地的坡度、种植的作物和农业机械。避免梯田横截面设计不合理，导致梯田间距之间的土壤受到干扰。如有必要，增加田埂的高度，以应对沉积物的沉降、沟渠沉积物的沉积、田垄的侵蚀、正常耕作作业的影响或为了安全起见。在设计田埂时，田垄的最小宽度必须超过 3 英尺。所有可耕种的梯田斜坡的坡度超过 5:1，以便安全使用农业设备。对于不可耕种的梯田斜坡，允许的最陡斜坡是 2:1（横纵比），除非对特定地点土壤条件的分析，表明更陡峭的斜坡也可保持稳定。

沟渠坡度

设计梯田沟渠坡度时，应保证沟渠内水流速度稳定且不达到侵蚀渠道的速度。但渠道也应具有足够的坡度，以防止积水对作物的损害或农业活动因长时间积水而延迟。对用于耕种的梯田，使用曼宁糙率系数最大 n 值 0.035 确定在裸土条件下沟渠的稳定性。对于种植有永久性植被的沟渠，通过适当种植植被保障沟渠稳定性。有关确定裸土和有植被沟渠稳定性的设准则和程序，请参考保护实践《草地排水道》（412）和《美国国家工程手册》（第 210 篇）第 650 部分第 7 章“草地排水道”。在沟渠的上游，可以增加坡度以改善梯田对齐度。对于带有地下排水口的梯田，在蓄水区域内的沟渠坡度可以更陡峭。

水平梯田

水平梯田的蓄水量与梯田的长度成正比。为降低潜在的失效风险，水平梯田的长度不应超过 3500 英尺，除非梯田间沟渠间隔不超过 3 500 英尺。水平梯田的末端可以部分或全部封闭，也可以是开放式末端。如果是部分末端封闭，则必须保护梯田末端对应的下游区域安全，避免其在达到设计暴雨径流量之前被上游的水流冲坏。

排水口

所有梯田都必须有足够的排水口。排水口必须将径流水排到不会造成损坏的区域。相同梯田系统可以组合采用不同类型的排水口，从而优化水源保护、改善水质、适应不同的农耕作业或辅助经济设施的安装。

植被区排水口适用于倾斜梯田或开放式水平梯田。自然植被排水道可用作植被区排水口。植被区排水口的排量必须足够大，使得在设计流量下，排水口的水面位于或低于梯田水平面。如果要建草地排水道作为排水口，请参考保护实践《草地排水道》（412）。在建造梯田之前，先建好并稳定草地排水道，以便梯田在建造时具有稳定的出口。

地下排水口适合所有梯田类型。排水口由进水口和地下管道组成。如果需要地下排水口，请参考保护实践《地下出水口》（620）。设计排水口时，应保证水流释放时间不超过计划作物的耐淹性范围。如果沉积物滞留是首要考虑到的设计目标，则应根据沉积物颗粒大小调整释放速率。确定地下排水口的进水结构位置，以适应农耕作业，并允许沉积物堆积。

土壤入渗层可作为水平梯田的排水口。在平均降雨条件下，土壤入渗率必须保证设计暴雨径流量可以从梯田沟渠渗透到计划作物的耐淹性范围内。

植被

施工结束后，尽快稳定所有计划种植植被的区域。关于播种准则，请参考保护实践《关键区种植》（342）或州种植指南，根据需要还可参照保护实践《覆盖》（484）中的准则。

径流管理的附加准则

对于为拦蓄径流以保持水分而建造的梯田，进行水分平衡分析来确定必须收集的水量以满足水分平衡的要求。

对于为管理径流以减少洪水或积水而设置的梯田，应计算系统中所有梯田的滞洪量，以达到必要的下游防洪目的。

梯田必须至少满足上述“容量”部分关于设计暴雨径流量和沉积量的要求。

注意事项

成功的梯田系统的关键之一是确保梯田布局适合农用设备的进出。这包括建造坡长平缓留有间距的梯田，以便作业人员在梯田之间进行往返移动，并最终能在田地的同一侧开始作业。

梯田的田埂和斜坡能将陡峭且有潜在危险的斜坡改造为作物田。在对斜坡进行耕作时，确保耕作的设备可安全在斜坡上作业。若陡坡不可避免，请确保作业人员了解斜坡的位置和潜在的危险。

在规划和设计梯田系统时，非常有必要进行土壤调查。土壤调查可以发现潜在的问题，例如土壤剖面中存在的土层是否会限制植物生长。实地调查则可以确定要避免的问题区域，例如浅基岩层或致密层、酸度过大土层或盐度过大土层，如果梯田建造将它们带到根区，将对作物生长产生不利影响。

如有需要，可恢复或维持生产力，在建造完成后，打捞表土，并散布在受干扰区。将表土临时堆放在远离现场的地方，并根据需要提供侵蚀防护。

当需要重建植被时，考虑采用当地的或能够适应现场环境的、具有多种益处的一种或多种植物，来进行植被重建。此外，在适当的情况下，考虑不同种类的非禾本草本植物和野花，从而为传粉昆虫和其他野生动物创建栖息地。

考虑在没有规划种植永久性植被但 90 天内不会种植作物的受干扰区（如沟渠和取土区）设置临时遮盖物。

永久性植被覆盖的陡峭梯田可以为野生动物提供重要的栖息地。考虑种植可以为野生动物提供食物和庇护的本地物种。在筑巢季节结束之前不要在这些区域割草以便于野生动物的繁衍。

作物田中的山坡渗流会引起作物种植问题。考虑调整梯田或安装地下排水系统来拦截和纠正渗流问题。在梯田建造之前，请参考保护实践《地下排水沟》（606）来安装排水系统。

避免地下排水口可能出现的侵蚀。为确保有足够排水能力的排水口，需要保护地下排水口，使其功能稳定。参考保护实践《地下出水口》（620）正确规划、设计和安装地下排水口。

梯田的排水口是接收来自农田的污染径流的直接管道。应将梯田作为生态保护系统的一部分进行建造，以解决养分、病虫害治理、农药残留物管理和过滤面积等问题。

地下排水口入口耕作、种植和收割作业中很容易受损。进水口应有颜色，在进水口周围设置障碍物或者清楚地标记进水口将有助于防止损坏。

计划和技术规范

针对梯田编制相应的计划和规范，说明根据本实践制订满足此举措的要求。计划和规范至少应包括：

- 梯田系统的平面布置图。
- 梯田的标准横截面。
- 梯田的剖面图或规划坡度。
- 排水口系统的详细信息。
- 如果使用地下排水口，则提供地下排水口入口和剖面的详细信息。
- 在需要的情况下落实播种要求。
- 施工所需的材料清单。
- 针对不同场地，以书面形式描述梯田系统安装的具体施工规范。

运行和维护

针对操作员编制一份运行维护计划，维护梯田系统的设计寿命。书面运行维护计划应至少包括如下要求：

- 主要农耕作业的计划方向，通常与梯田平行。
- 定期检查，特别是在重大径流事件发生后要立即进行。
- 及时修理或更换损坏的部件。
- 维护梯田田埂高度、沟渠剖面、梯田横截面和排水口高程。
- 清除积聚在梯田沟渠中的沉积物，以保持耕作能力和坡度。
- 定期清洗地下排水口的入口。修理或更换被农用设备损坏的入口。清除进水口周围的沉积物，以确保入口保持在梯田沟渠的最低点。
- 在种植特定的植被、完成季节性割草、控制树木和灌木丛后，根据需要重新播种和施肥。
- 修复穴居动物造成的伤害。
- 关于梯田上陡坡危害的通知。

参考文献

USDA NRCS. 2004. Revised Universal Soil Loss Equation, Ver. 2 (RUSLE2). http：//fargo.nserl.purdue.edu/rusle2_dataweb/RUSLE2_Index.htm.

USDA NRCS. 2007. National Engineering Handbook (Title 210), Part 650, Engineering Field Handbook, Chapter 7, Grassed Waterways. Washington, D.C. https：//directives.sc.egov.usda.gov/.

USDA NRCS. 2011. National Engineering Handbook (Title 210), Part 650, Engineering Field Handbook, Chapter 8, Terraces. Washington, D.C. https：//directives.sc.egov.usda.gov/.

小径和步道

（575，Ft.，2020年9月）

定义

一种有植物、泥土、砾石、石板或其他坚硬表面的人工修建道路，以便于动物、人或越野车辆的通行。

目的

本实践用于实现以下一种或多种目的：

- 为动物提供草料、水源、工作设备或装卸设备，以及庇护所的通道。
- 保护生态敏感区、受侵蚀以及易受侵蚀的地区。
- 方便行人或越野车辆进行农业、建筑及维修操作。
- 修筑小径和步道以便进行休闲活动或通往休闲地点。

适用条件

本实践适用于所有需要管理动物、人或越野车辆流通的土地。不适用于为移动设备或车辆而建造的道路。关于道路施工，采用保护实践《行车通道》（560）。

准则

适用于所有目的的一般准则

按照联邦、州以及当地法律和法规，计划、设计和建造小径和步道。通知土地所有者或承包商其职责是，在项目区域内标记出所有埋地公用设施的位置，包括排水管和其他结构措施。施工前，土地所有者必须获得所有必要的工程安装许可证。

设计小径和步道，确保其适应计划用途和场地限制条件。采取相应措施，尽量减少对河岸带、河道、河堤或野生动物栖息地（如：破坏或限制野生动物活动）等地方造成现场和场外侵蚀等不利影响。

空旷地

空旷地宽和高的设计应符合小径和步道安全使用标准。根据需要，可采用美国自然资源保护局技术说明（TN）（第210篇），《景观建筑》（4），“小径和步道设计辅助工具”作为指导。

坡度

小径和步道坡度的设计应满足计划用途安全标准，减少潜在的径流侵蚀。小径和步道横坡（表面垂直于走向）或路拱的设计应保证排水时不造成侵蚀。

边坡

所有挖方和填方的设计应具有稳定的坡度，坡度不超过2:1（横纵比）。对于较短距离、岩石区或非常陡峭的山坡，若土壤条件允许，可采取特殊的稳定措施，修筑更陡坡度。

若可能，避免在地质条件和土壤易发生滑坡的地区修建小径和步道。如无法避免此类地质条件或土壤条件，请对相应区域进行处理，以免发生滑坡。

转弯

转弯半径的设计应基于小径和步道的预期用途。

水控

通过安装地表或地下排水装置，分流小径和步道的积水，如有需要参见保护实践《地下排水沟》（606）或《引水渠》（362）。可选用地表横向排水设施（如：截水沟），以控制并引导水流排出小径和步道。根据土壤类型设置排水沟间距，如图1所示。保护排水设施的排水口，以限制水力侵蚀。

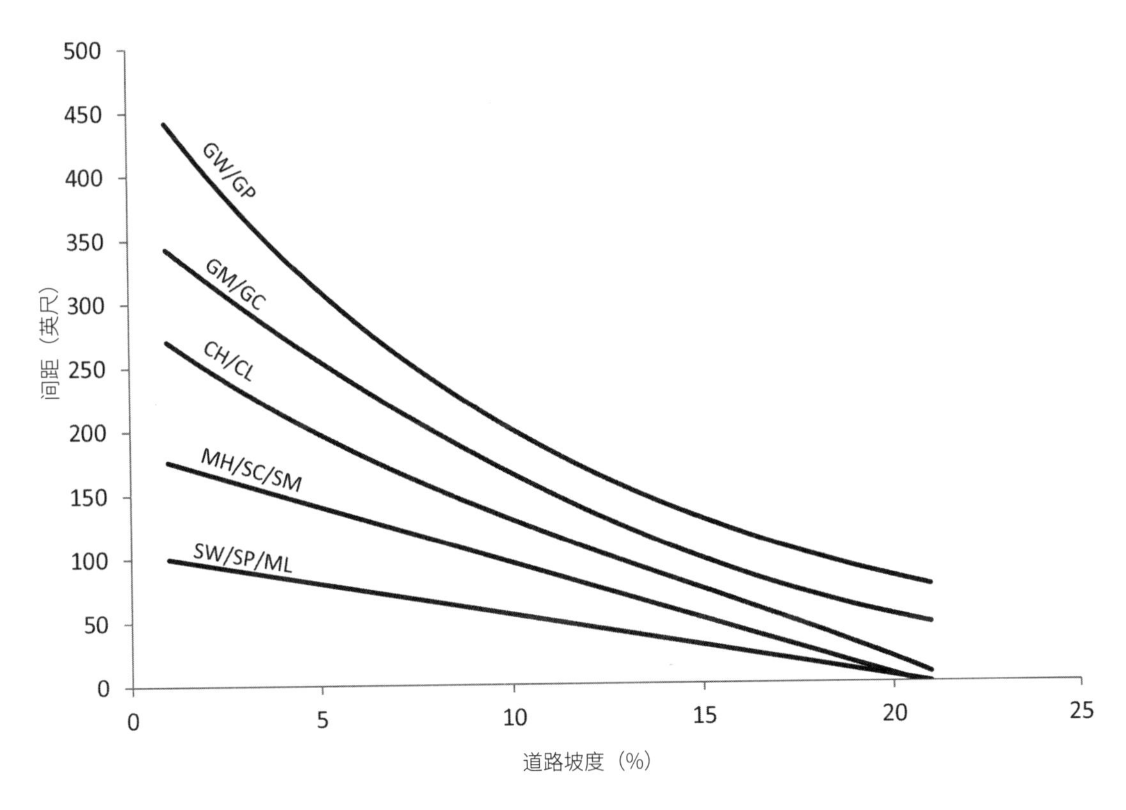

图 1 根据土壤类型（统一分类系统），带裸露土壤的小径或步道的地面交叉排水沟的最小间距。

来源：美国林务局出版物 9877 1806-SDTDC，水 / 路相互作用：地面交叉排水介绍 2003 年 7 月。

尽可能避免穿过潮湿的土壤区域。如果无法避免，须设计全天候道面或将步道提升到积水或湿土区域以上的高度。

小径和步道的选址，应避免径流直接从小径和步道流入溪流或水体的情况。尽可能沿等高线设置小径和步道，同时避免垂直于等高线。如果小径用于饲养牲畜，则使小径远离水道，并扩大植物生长的缓冲区，以充分减少进入水道的养分。

如果小径和步道穿过河流，则使用保护实践《跨河桥》(578)。通常，气候干旱、排水困难地段作业，则参考保护实践《控水结构》（587）来设计结构，以安全地输送小径和步道下的径流。排水涵洞至少能够抵抗 2 年一遇、持续 24 小时的暴雨天气。如果根据分水岭条件或预期用途需要更大的排水结构，则设计排水涵洞时应参考严重的风暴事件。

桥梁和高架步道

桥梁的设计应参考保护实践《跨河桥》（578）。高架步道的设计应符合合理的工程原则，并适合步道的用途和类型。设计高架步道时，使用正常使用期间预期的最大荷载加上至少 1.5 的安全系数。对于仅用于行人通过的高架步道，应根据美国国家公路与运输协会（AASHTO）“人行天桥设计指南规范”进行设计，或采用州的建筑规范，以限制性较大的为准。

设计马匹或其他大型牲畜行走的桥梁和高架步道时，以每平方英尺（psf）不少于 200 磅的均匀负载为标准。

路面修整

若土表能够满足预期用途，则小径上有植被或无植被均可。

若小径上种植有植被覆盖层，则选择能够承受预期用途的植被。按照保护实践《关键区种植》（342）中的标准进行植被种植。在植被未能完全覆盖并承受预期交通时，应保护其免受交通影响。

如果需要硬化表面，参考保护实践《密集使用区保护》（561）的设计标准。步道应采用适合预期用途和频率的表面材料。如果小径和步道的表面使用混凝土或沥青材料，则应对表面进行纹理处理，以免在恶劣条件下打滑。

对于供动物使用的步道，应避免使用可能伤害牲畜的尖锐集料。

侵蚀防控

包括在施工期间控制水蚀和风蚀的规定。在可能的情况下，尽早在受干扰区种植植被。参考保护实践《关键区种植》（342）中的准则或 NRCS 州批准的播种规范。选择适合该地区的植被。优先选择与土地用途和现有植物种类相适应的本地植物，包括为传粉昆虫提供栖息地和草料的植物 / 物种。

若土壤、树阴或者气候条件阻碍植被种植，参见保护实践《覆盖》（484）中的侵蚀防控方法。

安全和使用控制

设计小径和步道时，应考虑到使用控制和用户安全。必要时，安装方向和警告标志、扶手、大门、栅栏和其他安全装置。栅栏标准请参考保护实践《栅栏》（382）。根据需要提供防止滑坡和落石的保护措施。

便于动物获取草料、水源、工作设备 / 装卸设备或庇护所的通道的附加准则

适用于需要一条小径和步道来辅助动物的分布和移动，或是为了更好地利用牧草的情况。根据保护实践《计划放牧》（528）来规划放牧系统。建造足够宽的小径和步道，以适合动物的移动情况，并便于经营者进入进行管理和维护。保持动物和设备有效移动所需的最小宽度，以减少动物在小径和步道上游荡的情况。

当需要辅助动物通过一些围场或牧场时，大门开口和小径 / 步道的设计，应可以确保动物有效通过。

如果需要栅栏将动物限制在小径和步道中，则参考保护实践《栅栏》（382）。

方便行人或越野车辆进行农业、建筑及维修操作、或进行休闲的附加准则

设计要求参考美国自然资源保护局“小径和步道设计辅助工具”210-VI-LAN-04 中描述的小径和步道的类型及级别要求。当小径和步道有多重用途时，设计应遵循最严格标准。必要时，根据保护实践《访问控制》（472）设置临时或永久性无人区。

宽度

小径和步道宽度的设计，应满足预期用途的安全性。小径的类型和级别决定其最小宽度。相关设计参数，请参考 NRCS 210-TN-LAN-04 附录 A 中的表格。

休闲开放权限

1990 年通过的《美国残疾人法案（ADA）》要求户外休闲路线及徒步者或行人通道必须对残疾人开放。新修建设施或改造现有设施时，满足无障碍要求。在以下情况下，不需要遵守 ADA 户外休闲指南：

- 将对文化、历史、宗教或重要的自然特征造成损害。
- 将大大改变自然环境特质。
- 需要采用联邦、州或地方法规禁止的施工方法或材料。
- 地形或现行施工惯例不允许。

进行无障碍评估，以确定小径和步道设计所需的无障碍等级。参考 NRCS 210-TN-LAN-04，了解无障碍小径设计程序。

注意事项

一般注意事项

规划小径和步道时，应酌情考虑以下因素：

- 对特殊风景区价值的影响。
- 小径和步道的位置及其对水质的影响。
- 保存并维护具有风景价值的关键树木和其他植被，提供荫蔽、减少侵蚀和径流，为鱼类和野生动物提供栖息地，或提高该地区的视觉质量。可能需要对树木或其他植被进行一些选择性的砍伐或修剪，以提供和维护俯瞰景观。俯视时，将树木移除或修剪至最低，从而能够看清楚目前的显著特征。
- 引导动物远离可能发生病原体转移的敏感地区，以促进食品安全。
- 在易受风蚀的区域，或经常出现干燥、松散的表面，容易产生机械颗粒物（即：灰尘）的区域，应使用粗糙纹理的表面材料，用于对无法进行植被覆盖的步道进行表面处理。较粗的材料具有更大的粒径，更不容易被带入到空气中，可降低灰尘形成的可能性。
- 小径没有种植植被，可能是导致扬尘的主要原因，进而造成颗粒物增加。采取额外的保护实践，如：保护实践《未铺筑路面和地表扬尘防治》（373），以减少颗粒物的产生和流动（如有必要）。

便于动物获取草料、水源、工作设备 / 装卸设备或庇护所的通道的附加注意事项

为了便于维护步道，考虑将栅栏放在表面材料之外。

行人和越野车辆通行的附加注意事项

用于进行农业作业的小径和步道一般坡度不应超过 15%，50 英尺或以下的短路段坡度最大可以达到 50%。使用岔道来避免长且陡的坡度。一般行人或骑马使用的小径和步道坡度不超过 10%。越野滑雪等其他用途的坡度可能更陡，险峻部分的坡度可能达 50%。登山步道的坡度可达 20%。

如果使用了换向装置，请考虑将换向装置放置在转弯内侧有障碍物（如岩石或茂密植被）的地方，这样行人和动物就很难穿过换向装置。

对于从车行道开始的休闲小径，设计中可能需要为使用者提供足够的停车位。

用于农业作业的小径和步道可能需要设置用于储存设备、供应品或收获作物的暂存区。

计划和技术规范

提供相应的计划和规范，说明确保应用本实践能够达到预期目的的要求。计划和规范至少应包括：
- 标有小径和步道位置的平面图。
- 小径和步道各段的典型横截面图，标有宽度、典型边坡和任何所需铺面。
- 各段的剖面图。
- 水控装置及其他附件详情。
- 侵蚀防护措施。
- 材料数量。
- 描述施工所需细节的书面施工规范。
- 根据需要安装栅栏。
- 安装安全设施，视情况而定。
- 预计使用的抑尘剂类型和数量，如有需要。

运行和维护

针对每个地点制订书面的运行维护计划。至少应包括：
- 至少每年以及发生重大径流事件后，对结构进行检查。检查视情况而定，包括对排水结构、小径和步道表面、植被、栅栏、桥梁、高架步道及安全设施的检查。
- 对外开放或公众可进入的桥梁及高架步道。

应按照美国国家公路与运输协会（AASHTO）“桥梁构件检验手册”标准进行检查。
- 维护活动。
  - 去除水控设施中的沉积物。
  - 修复侵蚀区或受损的表面材料。
  - 为保持设计坡度和尺寸，对小径和步道进行坡度调整和塑形。
  - 根据需要采取防尘措施。包括抑尘剂的类型、用量和使用频率。
  - 根据需要修复安全设施或控制设施。

- 植被损坏或破坏区域重新播种。
- 根据需要，定期清除和管理堆积的粪肥。

对于多个相邻的有植被覆盖的动物通行小径，应制订轮作计划，以确保植被恢复，改善交通条件。

参考文献

These references were current at the time the 保护实践 was developed. Use more recent editions, if available.

American Association of State Highway and Transportation Officials. 2017. AASHTO Load and Resistance Factor Rating Bridge Design Specifications, 8th Edition. Washington, D.C.

American Association of State Highway and Transportation Officials. 2019. Guide Manual for Bridge Element Inspection, 2nd edition. Washington, D.C.

American Association of State Highway and Transportation Officials. 2002. Standard Specifications for Highway Bridges, 17th Edition. Washington, D.C.

American Association of State Highway and Transportation Officials. 2009. Guide Specification for Design of Pedestrian Bridges, 2nd Edition. Washington, D.C.

USDA Forest Service. 2007. Trail Construction and Maintenance Notebook. Washington, D.C. USDA Forest Service. 2008. Trails Management Handbook. Washington, D.C.

USDA NRCS. 2003. National Range and Pasture Handbook (Title 190), Revision 1. Washington, D.C. https：//directives.sc.egov.usda.gov/.

USDA NRCS. 2009. Technical Note (TN) (Title 210), Landscape Architecture (LAN) 4, Trail and Walkway Design Aid. Washington, D.C. https：//directives.sc.egov.usda.gov/.

U.S. Department of Interior National Park Service. 1998. Handbook for Trail Design, Construction and Maintenance. Washington, D.C.

Wood, G. 2007. Recreational Horse Trails in Rural and Wildland Areas： Design, Construction and Maintenance. Clemson University. Clemson, SC.

乔木/灌木场地准备

（490，Ac.，2020年10月）

定义

对场地进行处理，以提高所需树木和灌木自然或人工再生的成功率。

目的

本实践用于实现以下一种或多种目的：

- 管理土壤条件、自然可用水和季节性高水位，使其有利于树木和灌木的种植、生存和生长。
- 改变杂草、虫害和病害的栖息环境，以减小其对自然或人工再生树木和灌木的影响。
- 促进树木或灌木物种的种植、生存和生长。

适用条件

本实践适用于当前场地条件不适合自然或人工种植所需树木和灌木的适合种植木本植物的土地。

准则

通用准则

- 单独或结合使用机械、化学或规定的焚烧方法来改变木本植物残茬、植被、地被植物、土壤或微型场地条件，使场地条件适合所需树木和灌木物种的种植、播种或自然再生。在使用农药的场地，通过 WIN-PST 或其他经批准的工具或指南来评估和解释各种风险，或参考保护实践《病虫害综合防治体系》（595）来评估和解释各种风险。
- 对于需要矿物土壤进行发芽和种植的树木和灌木物种，根据需要使待种植的种子能接触到相应的矿物，以便于达到预期的种子分布情况。
- 根据地形、土壤和场地条件，确定场地准备活动的方法、强度和时间。合理安排场地准备活动的时间，以便在开始种植或播种之前或在开始自然再生之前的最佳时间完成活动。
- 将木本植物残茬保留在原地，以提供土壤保护和野生动物栖息地，保持土壤水分和有机质，保护土表不受极端温度的影响，但可能会造成火灾、增加虫害危害或干扰管理活动的情况除外。
- 需要用火来进行场地准备时，使用保护实践《计划烧除》（338）。
- 在易于压实或形成车辙的土壤上，使用低地压设备或非机械化场地准备方法。在准备用于植树的压实农田或牧场时，根据需要进行凿除、撕裂或深耕底土，以缓解土层压实。按照保护实践《深耕》（324）实施。
- 保持合适的表面和冠层覆盖，以保护土壤和场地条件。或者，也可根据需要使用保护实践《覆盖作物》（340）或《关键区种植》（342）或其他措施，以控制典型降雨事件造成的侵蚀、径流和位移。
- 在可操作性会导致安全问题或对土壤条件产生不利影响的斜坡上，不可使用轮式和履带式设备。在可行的情况下，在等高线上进行地面干扰式场地准备活动。仅在土壤冻结或不饱和的时期使用轮式和履带式设备。在适当且可行的情况下，使用指定的小径或建立步道系统。按照保护实践《森林小径与过道》（655）实施。
- 减少湿地、水体和河岸带内或附近的场地准备活动，以减少对水质产生的负面影响。
- 遵循州的最佳水质管理实践。

减少木本植物有害病虫害生境的附加准则

- 清除受可传播疾病（如：槲寄生和某些根腐病）感染的植被。咨询专业的林业人员，帮助确定应采取的卫生措施。
- 处理湿地和木质物残体，使其不会为有害程度较高的害虫创造栖息地或藏身之地。参考保护实践《木质残渣处理》（384）。
- 对于可能造成入侵物种或有害病原体会传播或产生影响的场地准备活动，应在活动之前和活动之后清洁设备和器械。

积水、洪水和季节性高水位的附加准则

- 对于地表水季节性过剩限制了所需乔木或灌木种植或再生的现场，可根据监管、法律和政策需要使用临时水资源管理技术。
- 如果进行临时水资源管理，将沟渠的深度、间距和数量限制在能够清除多余地表水所需的最小范围内，以便于树木和灌木的种植或再生。
- 在进入到自然水体之前，临时水资源管理沟渠必须排空到会被植被和土壤扩散和过滤的区域。
- 根据《清洁水法》《食品安全法案》和美国自然资源保护局湿地法规，实施临时水资源管理活动，包括弃土堆放。

注意事项

为了减少伐木废墟中出现的昆虫问题，以及不良材种再生问题，考虑在伐木后一年内完成场地准备，然后立即进行植被种植或自然再生。

为减少对野生物种及其栖息地的负面影响，考虑场地准备的时间，尽量减少干扰季节性野生动物活动的行为。

场地准备过程中产生的颗粒物、烟尘和其他空气污染物可能对空气质量产生负面影响。场地准备过程中产生的颗粒物、烟尘和其他空气污染物可能对空气质量产生负面影响。在规划场地准备活动的方法和时间安排时，应考虑与居民区、道路和视觉敏感区之间的距离。

如果场地准备过程中需要处理竞争植被，应考虑用其他方法代替化学处理，替代方案包括：热处理、覆盖或日晒。在适用的情况下，使用其他新兴技术。

计划和技术规范

根据本实践编制场地准备计划和规范。清楚地描述通过本实践达到预期目的的要求。在实施要求文件中至少应包括以下内容：

- 地图、图纸和说明，显示待处理区域，以及与溪流、湿地或水体、地下公用设施或高架公用设施、现有通道或其他基础设施等相关的场地准备活动的布局细节（如适用）。
- 现有土地利用和植被覆盖的情况说明。
- 拟采用的场地准备方法和准备时间的说明。
- 应对压实、侵蚀、土壤有机质减少和任何其他预期场地影响的缓解措施的说明。
- 说明场地准备是自然再生还是人工重建。如果是人工重建，提供根据场地准备情况适当安排的植物种植时间。
- 待处理的不良植物物种和所用控制方法的详细信息。
- 针对洪水或影响实施进度或缓解措施的其他干扰情况的应急计划说明。
- 可参考的其他保护实践规范（如适用）。

运行和维护

作业

场地准备作业将遵守所有地方、州和联邦法律法令，遵循州的林业最佳水质管理实践。

对于使用除草剂的场地准备工作，经营者将为接触化学品的人员制订安全计划，包括紧急治疗中心的电话号码和地址，以及最近的中毒控制中心的电话号码。在遇到非紧急情况也可拨打俄勒冈州科瓦利斯的国家农药信息中心（NPIC）电话号码：1-800-858-7384，拨打时间：周一至周五上午 6: 30 至下午 4: 30（太平洋时间）。国家化学品运输应急中心（CHEMTRAC）的电话号码：1-800-424-9300。

- 按标签要求对井、季节性溪流、河流、天然或蓄水池塘和湖泊以及水库进行混合或装载回填。
- 根据标签说明或联邦、州、部落、地区和当地法律，在处理过的农田周围张贴标志。同时遵循时间间隔限制。
- 根据标签说明或联邦、州、部落、地区和当地法律，处置除草剂和除草剂容器。
- 阅读并遵守标签说明，并持有适当的材料安全数据表（MSDS）。
- 在每次季节性使用前，以及每次主要化学品和场地变更时，根据建议校准施肥设备。
- 对于喷淋设备上磨损的喷嘴、破碎的软管和有缺陷的压力表，应进行更换。
- 除草剂施用记录应符合美国农业部（USDA）农产品市场服务的农药备案程序和州的特定要求。

通过评估处理后条件并验证其是否适合种植所需的树木和灌木来确定实践的成败。

维护

初步实践后，可能会出现一些不良植物再生、发芽或复发的情况。对于需要重新处理的单个植物或区域，应在本实践的有效期内，在木本植被较小且最易处理的阶段，完成局部处理。处理措施包括维护必要的侵蚀防控措施，控制车辆、野生动物或牲畜的通行，以确保本实践能取得预期效果。

参考文献

Black, H.C. 1992. Silvicultural Approaches to Animal Damage Management in Pacific Northwest Forests. Gen. Tech. Rep. PNW-GTR-287. USDA Forest Service, Pacific Northwest Research Station. Portland, OR.

Cleary, B.D., R.D Greaves, and R.K. Hermann. 1978. Regenerating Oregon’s Forests. Oregon State University Extension Service. Corvallis, OR.

Harrington, C.A. and S.H. Schoenholtz. 2005. Productivity of Western Forests： A Forest Products Focus. Gen. Tech. Rep. PNW-GTR-642. USDA Forest Service, Pacific Northwest Research Station. Portland, OR.

Lof, M., D.C. Dey, R.M. Navarro, and D.F. Jacobs. 2012. Mechanical Site Preparation for Forest Restoration. New Forests 43：825–848.

Pesticide Action Network Europe. 2018. Alternative Methods in Weed Management to the Use of Glyphosate and Other Herbicides. Integrated Weed Management. Brussels, Belgium.https：//www.pan- europe.info/sites/pan-europe.info/files/Report_Alternatives%20to%20Glyphosate_July_2018.pdf.

Skaggs, R.W., S. Tian, G.M. Chescheir, A. Devendra, and M.S. Youssef. 2016. Forest Drainage. In： Amatya et al. (eds.), Forest Hydrology： Processes, Management and Assessment. CABI Publishers, U.K. 124-140. 17 p.

USDA Forest Service. 1990. Agriculture Handbook 654, Silvics of North America： Volume 1. Washington, D.C.

U.S. Environmental Protection Agency. 1972. Clean Water Act. Section 404(f), 33 U.S.C. Section 1344. See also： 33 CFR Part 323.4 and 40 CFR Part 232.3.

地下排水口

（620，Ft，2020年9月）

定义

地下排水口用于将地表水输送到相应的地下导管或管道系统。

目的

本实践用于实现以下一种或多种目的：

- 防止集中渗流侵蚀。
- 治理洪水和积水。

适用条件

本实践适用于以下地区：

- 需要对地表水进行处理的地区。
- 需要排水口的梯田、引水渠、水和沉积物控制池或采取类似举措的地区。
- 需要处理屋顶径流结构收集的雨水或采取类似举措的地区。
- 由于生态稳定性、地形、气候条件、土地使用情况或设备通行等问题，无法使用地表排水设施。

准则

适用于所有目的的一般准则

规划、设计和建造地下排水口，以满足所有联邦、州、部落和地方法规。

容量

地下排水口的容量设计要根据整个排水系统的结构以及所适用的实践要求。地下排水口可以只用于地下排水，也可以与地下其他用途管线联合作业。地下排水口的容量应满足预期目的，且不会对作物、植被或改良工程造成洪泛灾害。

地下排水口的设计应考虑到设计流程中排水口处的预期水面条件。

洪水演算技术可确定洪水持续时间、地下释放率和流域蓄水量之间的关系。设计地下排水口时，应依据设计水流时出水口的预期水面条件。

地下排水口的设计应以地下水压或者重力流为标准重力流系统必须在通往排水口的整个管道长度上保持正坡度。如果将其设计成一种压力系统，那么排水管线的所有管道和接头必须足以承受设计压力值，包括峰值压力值和真空条件下的压力值。

对于重力流动系统，要使用一种限流装置（如：孔板或堰板）来限制进入导管的水流量，或者选择尺寸足够大的导管来防止压力流过大。孔口的设计应与进水口相匹配。根据洪泛时间和潜在作物残茬确定孔口尺寸。

如有必要，可使用减压井让过量的水流从管道逸出并流过地面。只能在有稳定的出口的地方使用减压井。

减压井周围应该有栅栏保护或者由其他适当的覆盖物覆盖，从而防止小动物和碎屑进入减压井。

进水口

进水口可以是汇水箱、铺砾石的进水口、穿孔隔水管、穿孔导管或其他适当的装置。设计地下排水口部件，包括进水口汇水箱和管道接线箱，其尺寸应方便维修和清洁作业。

开放式进水口必须安装一个拦污栅。此进水口的设计要能够使废物和碎屑进入内部，并顺利穿过限流装置且导管不会发生堵塞。

穿孔隔水管进水口应耐用、结构合理并能够承受老鼠和其他动物的破坏。穿孔部位应十分顺滑没有毛刺，也应有足够的容量保护隔水管不被地下排水口的限流所损坏。

在开放式和地表结构无法正常运行的区域使用铺砾石的进水口。设计铺砾石的进水口时，要注意防止土壤颗粒进入导管。

导管

导管最小直径为 4 英寸。导管接头在液压状态下必须是平滑的，并符合制造商对导管材料和安装的选择和建议。

设计地下排水口时，要保证导管上的最大允许载荷不超过相应类型和尺寸的导管所能承受的限度。评估导管埋设深度，以保护地下排水口免受通行、耕作和霜冻所带来的损害。设计地下排水口的穿孔部件，防止土壤颗粒进入地下排水口。有关过滤器的标准、设计载荷、放置和垫层要求，请参考保护实践《地下排水沟》（606）。

必要时应提供推力阻塞或锚固，以防止导管移动。评估导管的放置、垫层和回填要求，以确保安装的完整性。在制造商未提供参考数据的情况下，应根据美国自然资源保护局制订的《美国国家工程手册》（第 210 篇）第 636 部分第 52 章“挠性管道结构设计”设计止推座。

最小流速和坡度

在细砂和粉砂淤积不会造成危害的区域，根据现场条件设计最小坡度，流速不低于 0.8 英尺 / 秒。如果存在淤积的可能，则通过不低于 1.4 英尺 / 秒的流速来确定最小坡度，或考虑防止淤积的规定。使用过滤器，收集和定期清除安装的分沙器中的沉积物，或定期使用高压喷射系统或洗涤液清洗管道，以解决淤积问题。在使用高压喷射系统之前，先确认喷射系统不会损坏管道或管道埋置件。

最大流速

将明渠流下多孔高密度聚乙烯（HDPE）管的设计速度限制为 12 英尺 / 秒，或制造商建议的限值。将无穿孔管道的设计速度限制在制造商建议的限值内，同时应考虑到管道直径、材料和接头类型以及现场条件。

材料

保护实践《地下排水沟》（606）中指定的所有材料都可以用于建造地下排水口。这些材料必须满足特定区域中关于渗水、外部载荷以及包括真空条件在内的内部压力的要求。

地下排水口导管应使用连续导管、瓦片导管或管段，管道既可以穿孔也可以不穿孔。确保所有连接管段的连接器与管道兼容，并能承受所有要求的载荷。

如果有发生火灾的危险，地下排水口部件应使用耐火材料。所有的塑料都必须是防紫外线的或防止暴露在阳光下。

排水口

排水口必须足够稳定，并且在设计流量条件范围内可防止侵蚀和破坏。除非建筑物的设计能容纳额外流量，否则不要将地下排水口排入建筑物内。

排水口必须由一连串连续的管道组成，管道要至少有 10 英尺长，管道之间没有开口接合或穿孔，并且具有承受预期载荷（包括由冰冻引起的载荷）所必需的刚度。导管排水口段的最小长度见表 1。

表 1　排水管段的最小长度

管径（英寸）	最小管段长度（英尺）
8 及以下	10
10 ～ 12	12
15 ～ 18	16
大于 18	20

如果在导管排水口处建造端墙，则可以使用较短的封闭导管。

所有的排水口都应有动物防护装置以防止老鼠和其他动物进入。设计这些动物防护装置是为了让碎屑通过，同时阻止体积足够大的动物进入，以限制导管中的水流。

如果地形条件不允许使用卧式排水口足够覆盖管道，或者可以通过植被过滤带排放水，则可以使用立式排水口将水排放到地面上。

设计立式排水口时，应考虑允许系统在不使用期间能够排水。

如果无法正确识别减压井或立式排水口，可能会对人或动物造成安全隐患，并可能被现场设备损坏。泄压井和立式排水口位置应使用清晰可见的标记进行标识。

稳定性

对所有受干扰区域进行改造和重新修整，使其与周边的土地特征和条件相融合。对于不需要进行耕种的区域，请参考保护实践《关键区种植》（342）以了解植被种植准则。施工结束后，尽快在所有非作物受干扰区种植永久性植被。

注意事项

应考虑地下排水口可能对下游水量的影响。在设计地下排水口及其相关服务结构或举措时，请考虑此举措对于长期的环境、社会和经济的影响。

如果湿地可能受到影响，请告知合作者美国农业部现行湿地政策将适用。

季节性水源可能对迁徙的水禽和其他野生动物有益。考虑在非种植期间在地下排水口的入口处使用水控装置，以为野生动物提供水。有关管理野生动物季节性水源的信息，请参考保护实践《浅水开发与管理》（646）。

地下排水口可以为受纳水体提供直接导管，以防止污染径流。应将所安装的地下排水口和随附的结构作为保护系统的一部分，以解决营养和病虫害治理、残留物管理和过滤面积等问题。

在河岸走廊建造地下排水口会对走廊的可视化资源产生不利影响。在设计地下排水口时，需考虑河岸带的可视化质量。

考虑土壤物理和化学性质对安装导管或管道系统以输送地表水的区域的潜在影响。将土壤调查数据作为评估区域的初步规划工具。请查阅 Web Soil Survey，以获取土壤性质和质量信息。

当需要重建植被时，考虑采用当地的或能够适应现场环境的、具有多种益处的一种或多种植物，来进行植被重建。此外，在适当的情况下，考虑不同种类的非禾本草本植物和野花，从而为传粉昆虫和其他野生动物创建栖息地。

计划和技术规范

针对地下排水口编制相应的计划和规范，说明根据本实践制订满足此举措的要求。地下排水口的计划和规范可并入其所适用的结构或实践的平面图和规范中。至少应包括：

- 地下排水口的平面布置图。
- 地下排水口的标准横截面和垫层要求。
- 地下排水口的剖面图。
- 进水口、管道和排水口的详细信息。
- 在需要的情况下落实播种要求。

编制施工规范，描述地下排水口的特定场地安装要求。

运行和维护

针对操作员编制一份运行维护计划。书面运行维护计划应至少包括如下要求：

- 定期检查，特别是在重大径流事件发生后要立即进行，以确保进水口、拦污栅、汇水箱和各结构的清洁，没有可能导致水流变缓的东西。
- 及时修理或更换损坏的部件。
- 修理或更换被农用设备损坏的入口。
- 修复泄漏的和破损的或压碎的管线，以确保导管正常运行。
- 定期检查排水口和动物防护装置，以确保正常运行。

- 修复排水口处被侵蚀的区域。
- 导管上方要进行适当的回填维护。
- 为了保持表面材料在铺砾石的进水口处的渗透性，可能需要定期冲刷或移除和更换表面土壤层。

参考文献

USDA NRCS. 1984. National Engineering Handbook (Title 210), Part 650, Chapter 6, Structures. Washington, D.C. https：//directives.sc.egov.usda.gov/.

USDA NRCS. 2011. National Engineering Handbook (Title 210), Part 650, Chapter 8, Terraces. Washington, D.C. https：//directives.sc.egov.usda.gov/.

USDA NRCS. 2001. National Engineering Handbook (Title 210), Part 650, Chapter 14, Water Management (Drainage). Washington, D.C. https：//directives.sc.egov.usda.gov/.

USDA NRCS. 2008. National Engineering Handbook (Title 210), Part 636, Chapter 52, Structural Design of Flexible Conduits. Washington, D.C. https：//directives.sc.egov.usda.gov/.

USDA NRCS. 2019. Web Soil Survey. Accessed June 14, 2019. https：//websoilsurvey.sc.egov.usda.gov/.

废物处理

（629，No.，2020年9月）

定义

使用机械、化学或生物技术，改变粪便和农业废弃物的特点。

目的

以应用本实践实现以下一个或多个目标：

- 通过更好地管理粪便或农业废弃物中的过量营养物质，改善地表水和地下水的水质。
- 通过减少颗粒物和温室气体排放以及粪便或农业废弃物产生的不良气味来改善空气质量。
- 有助于适当处理与储存粪便或农业废弃物。
- 将粪便和其他农业废弃物转化为有利于土壤健康的有机改良剂。

适用条件

本实践适用于所有产生粪便或农业废弃物的土地用途，以及土壤、地质和地形适合建设规划的废物处理系统的土地用途。本实践适用于需要保护地表水和地下水作为潜在饮用水来源，以及水质退化将影响地表水和地下水的预期用途的地方。本实践还适用于需要改善空气质量以减少空气排放和异味的地方。本实践不适用于属于其他目前公认的保护实践标准范围内的废物处理系统。

准则

适用于所有目标的总体准则

法律法规

规划、设计和建造废物处理设施，以满足所有联邦、州、部落和地方法律法规的要求。

公用设施选址

施工前，指示承包商确定适用于项目区域的所有埋地公用设施的位置，包括排水瓦管和其他结构性措施。规划场地建设以保护自然资源和容纳现有的公用设施。

选址

废物处理设施选址时，应尽可能靠近待处理的废弃物源，并尽可能远离邻近的住宅、公共或私人供水源、关键含水层保护区或公共使用区。

对废物处理系统进行选址和设计时，除非现场限制条件迫使其必须位于洪泛区内，否则应使其位于100年一遇洪泛区之外。如果位于洪泛区内，应采取措施保护设施免受25年一遇洪水的淹没或损坏。此外，应遵循美国自然资源保护局制订的《通用手册》（GM）（第190篇）第410部分B子部分第410.25节“洪泛区管理”中的政策，该政策规定要为位于洪泛区内的储存结构提供额外保护。

粪便或农业废弃物特性

废物处理系统可能需要提供废物流中总固体物及养分含量的具体值。在采用废物处理系统之前，为调整固体物含量可采用预处理（稀释或沉淀）操作。确保处理系统在设计时能够解决废物流中总固体物及养分含量的具体值相关问题。

设计文档

规划废物处理技术提供商，应向美国自然资源保护局和委托方或决策方呈交一份详细的系统和处理工艺设计文件，详细说明废物处理的目标、预计成效等事宜。

设计文档必须包括适当的系统和工艺图以及操作和处理技术指南，至少包括：

- 废物处理速度，包括输入、处理阶段和废物回收部分。

- 废物负荷预测，包括废物的体积、质量以及对废物处理设施或工艺重要的废物特性。
- 在适当的情况下，计算单位处理体积与水力停留时间。
- 适当调整废物处理系统的尺寸和备用容量，以便在运行和停机事件发生后的潜在维修期间储存累积的废物。废物储存规模（储罐、池塘和坑）必须基于最坏情况下因维护和修理而导致的预计停机时间。
- 空气排放，如温室气体和氨的系统预测。
- 处理系统内的营养物归宿预测。
- 过程监控和控制系统要求见“监控标准”部分。
- 运行和维护任务和时间表，提供预期的系统性能寿命。
- 废物处理设施操作人员故障排除指南。

部件

废物处理设施和处理流程由多个组成部分组成。如果其他美国自然资源保护局制订的保护实践标准中对单个部件的准则做出了规定，则按照这些保护实践标准及其准则来规划、设计和安装此类部件。

如果其他美国自然资源保护局制订的保护实践标准并未对废物处理设施部件与工艺做出规定，则系统提供商应对所有建筑、设备及应用的废物处理部件和系统至少提供一年保修服务。

预期系统性能

废物处理技术的提供商应在系统安装前，向美国自然资源保护局和委托方或决策方清楚地记录系统预期的性能。技术提供商将提供对废物处理工艺重要的流入废物流的特性。技术提供商至少应记录所有预期的系统容积流率、大量营养素减少量或形态变化、预期病原体减少量、颗粒物、氨、挥发性有机化合物、氮氧化物（NO_x）、硫化氢、甲烷、一氧化二氮和二氧化碳排放的减少或增加量。

如果使用废物处理设施或工艺改善某一资源问题（如水质），却对另一资源（如空气质量或气味）产生负面影响，则应将应对影响的策略和缓解措施编制成文件，例如修建植被隔离带或安排处理时间，以尽量减少影响。

运营成本

规划废物处理系统的提供商应向美国自然资源保护局和委托方或决策方提供一份年度运营成本估算。包括时间、劳动力、能源、供应、化学品的成本，以及废物处理系统各组成部分的设备要求。在估算中确定不基于实际成本数据的任何运营成本。

经营效益

规划废物处理系统的提供商应向美国自然资源保护局和委托方或决策方提供一份单独的清单，列出废物处理对废物管理操作的好处或节省的费用。

监测

确定、设计和安装必要的监测方法和设备，以控制、优化和维护废物处理系统和工艺。包括运行维护计划中规定的所有必要系统监测的关键记录保存任务。

操作与储存

妥善处理和储存所有副产品，以防止接触危险或易燃材料，或对邻居和公众造成气味滋扰。

安全

- 在设计时要考虑到安全特性，以尽量减少危险。
- 在运行维护计划中记录已确定的风险预防措施。
- 为设施中使用的设备的活动部件提供防护装置和护罩。
- 在需要的地方修建隔离栅栏并张贴警告标志，以防止人员或牲畜未经授权进入。
- 设计和安装足够的建筑通风装置或清除和密封危险气体。

废物处理性能技术审查

废物处理技术提供商必须提供从独立的第三方处获得的预期废物处理系统性能验证结果，包括形态变化、营养物归宿预测、大量营养素减少量、病原体减少和空气排放（颗粒物、氨、挥发性有机化合物、氮氧化物、硫化氢、甲烷、一氧化二氮和二氧化碳）。第三方验证可以由包括在同行评审期刊上发表了关于该技术的论文的大学、研究中心或其他经认证的实体展开，以记录该技术实现其预期目的效用。信息必须包含可认证的数据，证明在类似情况和地点使用处理系统或工艺的性能结果。如可行，还应记录同一处理技术在不同气候因素下的效用。

副产品

实施废物处理工艺或操作废物处理设施时不得因处理或排放废物的副产品而损害环境。该设施计划将包括一份清单，列出处置副产品所需的任何许可。

用以补充作植物养分的农田副产品必须满足保护实践《养分管理》（590）中的准则。

在土地闲置的情况下，应尽量回收废物处理的副产品。

必须尽可能减少滞销或不能使用的副产品，并按照所有适用的联邦、州、部落和地方法律法规进行处理。在使用废物处理工艺或安装废物处理设施前，编制一份监管批准计划，以处理滞销的副产品。

注意事项

一般选址注意事项

考虑重力流的高程和坡度、转运距离、车辆出入、风向、邻近溪流、水体、洪泛区和公众能见度。

目视排查

考虑废物处理设施或工艺对整体景观的视觉影响。利用植物、地形和其他措施来减轻负面影响或改善景观。

计划和技术规范

根据本实践的准则和良好工程实践，针对废物处理设施制订计划和规范。

计划和规范至少应包括以下部分：

- 牲畜棚、废物收集站、废物转运部件、废物处理及存储设施设计与安装明细（含辅助材料）。
- 所有进水管、排水管选址与管材、直径、坡度以及附件。
- 处理过程中使用的任何当地来源材料（如砂或砾石）的所需特性。
- 处理设施所有部件的结构支撑系统的详细资料。
- 适当情况下，为保障安全，加设栅栏、张贴警示牌。
- 适当情况下，为确定废物处理效用，按要求开展测试作业。
- 制订管理该系统的其他计划，包括适当地使用副产品的养分管理计划（如适用）。

运行和维护

在建造新型废物预处理设施或制订废物处理工艺之前，制订一份运行维护计划，并与委托方或决策方共同审查。确保运行维护计划符合所有相关系统部件的妥善操作规定，包含但不限于以下要求：

- 液压与关键污染物参数所对应的废物处理设施或工艺的建议荷载率。
- 废物处理设施或工艺妥善操作规程（含化学添加剂数量与时效）。
- 水泵、风机、仪表及控制装置等用作废物处理设施或工艺组成部分的设备运行维护手册。
- 拟用启停程序、正常作业、安全问题及正常维护说明文件。
- 设备发生故障时可选用备用操作程序。
- 故障排除指南。
- 制订监测与汇报计划，以持续证明系统性能。
- 由部件制造商或系统提供商确定每个部件的使用寿命。废物处理设施或工艺的最低使用寿命为 10 年。如果部件使用寿命低于 10 年，则须列明拟用更换计划。
- 提供个人防护设备和衣物，以便工人正确处理危险材料，并对工人进行培训，以了解这些环境和相关任务的正确程序。
- 按照职业安全与健康保健管理总署和其他相关监管机构制订的安全法规执行所有处理过程。

参考文献

USDA NRCS. 2010. General Manual (Title 190), Part 410, Compliance with NEPA. Washington, D.C. https：//directives.sc.egov.usda.gov/.

USDA NRCS. 2012. National Engineering Handbook (Title 210), Part 651, Agricultural Waste Management Field Handbook. Washington, D.C. https：//directives.sc.egov.usda.gov/.

USDA NRCS. 2017. National Engineering Manual (Title 210). Washington, D.C. https：//directives.sc.egov.usda.gov/.

集水区

（636，No.，2020年9月）

定义

用于从经过处理的地区收集和储存水的设施，以增加降水径流。

目的

本实践用于实现以下一种或多种目的：

- 为牲畜供水。
- 为鱼类和野生动物供水。
- 在需要额外用水的情况下，为其他保护目的供水。

适用条件

本实践适用于需要额外供水的资源保护系统，而这些水可以通过收集降水径流来最好地这一问题。

本实践适用于收集流域内径流。同样适用于收集流域径流。若要收集新建或现有屋顶结构的径流，请参考保护实践《屋面径流结构》（558）。

准则

适用于所有目的的一般准则

在一些地区，降水径流的收集和储存受州和地方法律的管制。在继续执行本实践之前，请参考当地和州法规。

集水系统包括集水区和蓄水设施。集水区应针对预期目的提供所需水量，蓄水设施应在预期降水事件之间容纳所需的水量。

集水区

根据以下方程式，估算提供所需水量的集水区的大小：$A = 0.2 \times U/P$

式中：A 为集水区面积（单位：平方码）；

U 为年需水量（单位：加仑）；

P 为多年平均降水量（单位：英寸）。

选择现有渗透性较低的集水区，例如裸露基岩、已铺砌区域或低渗透土壤。如果没有这些区域，则有必要对集水区进行处理。方法包括：移除植被，改造和压实现有土壤，或添加不透水土壤；土壤分散剂、膨润土、合成膜或铺平集水区路面。有关覆土的其他指南，请参考保护实践《池底密封或衬砌——压实土壤处理》（520）、《池底密封或衬砌——土工膜或土工合成黏土》（521）或《池底密封或衬砌——混凝土》（522）。

建造分水渠或路缘石，将径流引至集水区，或将不需要的径流从集水区引走。有关引水渠的设计方案，请参考保护实践《引水渠》（362）。包括绕过集水区周围或通过集水区和蓄水设施的大暴雨流的规定，以防止集水系统受损。集水和蓄水系统必须能够承容纳 10 年一遇、持续 24 小时的暴雨，而不会造成重大损害。

在集水区和蓄水设施之间设置一个沉积物捕集器，让径流流入池塘，泥沙在进入蓄水设施之前沉淀下来。根据所需水质确定沉积物捕集器的大小和效率。

蓄水设施

蓄水设施应尺寸适宜、耐用，以储存预期用途的水。可采用土质池或由钢筋、混凝土、塑料或木制储罐以及橡皮袋作为蓄水设施。在适用的情况下，根据美国自然资源保护局的设计程序设计蓄水设施，或者在没有美国自然资源保护局标准的情况下根据行业标准设计蓄水设施。

对于土质池，参考保护实践《池塘》（378）了解设计要求。

将储罐安装在坚固、平坦，且不会发生不同种类沉淀的地基上。适当地基材料包括基岩、混凝土、挤密碎石和稳定且压实良好的土壤。必要时，拆除和清理不足以承受设计载荷的材料，为打好地基做足准备。

对于罐高大于罐直径的立式储罐，要分析倾倒的可能性并考虑到适当的锚固要求。对于埋地储罐，确保其能够承受现场预期的所有地面和车辆载荷。

所有蓄水设施必须有一个溢流通道或管道，以便将多余的水流从设施中输送出去，实现安全处置而不会造成过度的侵蚀。

注意事项

在规划本实践时，应考虑：

- 集水可能对下游地区的水量和水质产生不利影响，这可能包括地表水和地下水。考虑对野生动物和人类使用的影响以及如何减轻影响。
- 在干旱地区，可能需要遮盖蓄水设施，以减少水分蒸发损失。覆盖蓄水设施也将改善蓄水库的水质。
- 对于无遮盖且侧面垂直或非常陡峭的蓄水设施，应考虑安装动物逃生坡道，以防止小动物溺水和随后储存的水受到污染。
- 通过移除植被和整平集水区可以提高集水区的水量。使用土壤消毒剂会延缓植被的再生，但可能会引发截留水的水质问题。选择对收集的水影响最小的产品。
- 为了保护集水区免受牲畜、野生动物或其他农场活动的损害，可能需要设置栅栏。有关适当栅栏的设计方案，请参考保护实践《栅栏》（382）。
- 为了满足州或当地的建筑法规和许可证要求，屋顶的高架结构或储罐可能需要满足额外的设计准则。

计划和技术规范

针对集水坑编制相应的计划和规范，说明确保安装相应设施达到预期目的的要求。至少包括以下内容：

- 显示采伐集水区相对于其他结构或自然特征的位置的平面图。
- 集水区和附属设施的详图，例如管道、进水口和排水口连接件、底托、地基和其他结构部件。
- 描述特定场地安装要求的书面规范。

运行和维护

针对建造的集水区的类型，向土地所有者提供运行维护计划。包括操作和维护设施的具体说明，以确保集水区按照设计正常运行。至少包括以下内容：

- 定期检查、清洁和维修集水区和蓄水设施，特别是在发生暴雨事件之后和密集使用之前。
- 定期清洁沉积物捕集器。
- 检查流入和流出区域的侵蚀情况并修复。
- 控制植被和对集水区的其他破坏，例如鼠洞。
- 寒冷天气排水规定或寒冷天气作业计划。
- 适当时检查和维护栅栏。

参考文献

Frasier, G.W. and L.E. Myers. 1983. USDA Agricultural Research Service (ARS). Agriculture Handbook No. 600, Handbook of Water Harvesting. Washington, D.C.

供水设施

（614，No.，2020年9月）

定义

供水设施是为牲畜或野生动物提供饮用水的一种设施。

目的

本实践用于实现以下一种或多种目的：

- 提供每日用水量。
- 改善动物分布状况。
- 提供可替代敏感资源的水源。

适用条件

本实践适用于所有需要提供牲畜或野生动物饮水设施，且水源充足、水质良好，以及土壤和地形适合建设安装此类设施的地区。

本实践不适用于修建的土堤或开挖的池塘。有关池塘，请参考保护实践《池塘》（378）。

准则

适用于所有目的的一般准则

所有计划的工作必须符合联邦、州、部落和地方法律和许可规定。

容量

确定主要使用该设施的牲畜或野生动物的类型。如果供水设施需要为不同种类的动物提供水，水量应满足所有动物的季节性日需水量总和要求。

请参考美国自然资源保护局《国家牧场手册》（第 190 章）第 6 章“牲畜营养、饲养和行为”国家指南或大学出版物等资料查看有关牲畜用水量、水质等信息。基于目标物种对水量和水质的要求，为野生动物提供饮用水。

用户需求

所修建供水设施的空间，应能容纳所有动物同时饮水。要考虑满足主要使用该设施动物的特殊需求。

具体包括鹿角大小、种类、进出口要求等。

材料和附件

使用耐用材料修建供水设施，使其达到或超过实践所要求的使用寿命。针对选定的材料，要按照美国自然资源保护局的设计程序进行设计。如果没有适用的美国自然资源保护局程序，则按照相关行业标准进行修建。

受干扰区的稳定

依据设施的计划用途，在因施工而受到干扰的地区采取措施稳固土壤。参考依据保护实践《关键区种植》（342）中的准则种植植被。如果种植植被过程中，受场地条件的制约，可酌情按照美国自然资源保护局制订的保护实践《覆盖》（484）中的准则进行。

水槽和储水罐

容量。设计水槽和储水罐时，其容量应满足补水期所需水的储存容量。根据水的可用性、补给率、位置和计划运行来确定储存容量。

位置。确定供水设施的位置，以满足饲养牲畜或野生物种的用水需求。选择一个可以促进放牧地点分布均匀并降低敏感区域放牧压力的场地。如果计划修建多个供水设施，则要将供水设施设置在适合特定地形、气候和将要管理的物种的地方，同时保证一定的距离。

供水设施的位置要尽量减少在陡峭地形上因动物出入引起的侵蚀问题。

在井口附近安装供水设施时，正向排水沟应远离井口。

地基。将饮水槽或储水罐安装在坚固、平坦，且不会发生不同种类沉淀的地基上。

适当地基材料包括基岩、混凝土、挤密碎石和稳定且压实良好的土壤。必要时，拆除和清理不足以承受设计载荷的材料，为打好地基做足准备。

根据需要或供水设施制造商的要求，锚固或加固供水设施，防止其被风刮倒或被动物撞倒。

储水罐。分析地基条件并提供确保储水罐稳定的设计方案。对于罐高大于罐直径的立式储罐，还要分析倾倒的可能性并确定锚固要求。

依据美国自然资源保护局设计程序或制造商指南，确保埋地储罐能够承受现场预期的所有地面和车辆载荷。

稳定性。对固定槽而言，要保护供水设施周围区域，因为该区域会因动物聚集或供水设施溢水引发资源问题。可依据保护实践《密集使用区保护》（561）来设计保护措施。

对于便携式设施，可按上述方法进行稳定，或在需要时移动水槽以防止动物聚集而造成的损害。

附件。参考保护实践《牲畜用水管道》（516）中的准则来选择将水供应接至水槽所需的部件。同时，也包括与水井或家庭或市政供水系统相连的防回流装置或设施上留有的气隙。如果使用气隙，则使用最小为引入管直径 2.5 倍的气隙。

在已设计溢流管的情况下，要为溢流管提供稳定的出口，保护出口免受损坏。若可能，由水槽直接溢流至另一个使用此水源的地方或原始的水道。

在有水压的情况下向供水设施供水时，使用自动水位控制装置或浮阀来控制流向该设施的水量，以减少能源消耗，预防溢流。

根据需要，在重力槽上安装浮阀，以避免水源枯竭。保护阀门和控制装置不受牲畜、野生动物、冻害和冰雪的损害。

逃生装置。对位于 100° 经线以西的场地，将野生动物的逃生装置考虑在露天供水设施的设计中。对位于 100° 经线以东的场地，且当地知识和经验表明野生动物可能有溺水风险的情况下，安装逃生装置。

一个有效的逃生装置必须满足以下条件：

- 与储水罐或水槽内壁相接。
- 可到达水槽或储水罐的底部。
- 牢固地固定在水槽或储水罐上。
- 用耐用、表面粗糙、动物可以抓握的材料来建造。
- 坡度不超过 45° 。
- 位置应尽量减少对牲畜造成干扰。

每 30 延英尺处安装一个逃生装置。

有关逃生装置的更多信息，请参考国际蝙蝠保护组织《野生动物用水——牧场管理手册》（Taylor and Tuttle，2012）。

饮水坡道

如果牲畜或野生动物直接在池塘或溪流饮水，请建造饮水坡道以提供稳定饮水。在选择坡道的最佳位置时，评估现有和拟建造的围栏、放牧模式、海岸线坡度和水深。

宽度。坡道宽度足以适应预期使用目标。

长度。延伸坡道至溪流或池塘足以达到所需的深度。

地表排水。从接近坡道处流向地表径流。

斜坡。饮水坡道的坡度与动物使用计划保持一致，但不能超过 3∶1（横纵比）。

边坡。使所有边坡挖方和填方保持稳定，以备现场土料使用。确保边坡路堑和填土稳定，边坡坡度不超过 2:1（横纵比）。除此之外，还应保证岩石切块或填土的比例不超过 1.5:1（横纵比）。

地基。必要时，拆除和清理不足以承受设计载荷的材料，为打好地基做足准备。

表面材料。参考保护实践《密集使用区保护》（561）中的准则来设计坡度表面。所选材料质量须满足水下承受条件。

入口。使用栅栏或其他屏障作为坡道边界。屏障尺寸、强度和质量，必须满足设施的预期用途。

溪流坡道。除上述情况外，如有需要，须配合供水设施建造跨河桥，应依据保护实践《跨河桥》（578）中的准则设计和建造过水路面。

定位饮水坡道，使其不会阻碍溪流中水生生物的移动。

池塘坡道。延伸坡道至池塘，从设计正常水位开始测量最小水深为 3 英尺。

坡道处池塘深度大于 3 英尺时，则可能需要将坡道挖掘至岸边，以确保下端地基稳固。坡道延伸至正常水位以上至少 0.5 英尺。

栅栏

参考保护实践《栅栏》（382）中的准则设计和建造与供水设施相关的栅栏。确保设计方案允许野生物种安全进出区域。为保护掠过水面获取水的物种，应确保栅栏出入口清晰可见。将永久性横幅或覆盖物添加到延伸穿过供水设施的铁丝网，使他们更容易被猎食者看到。

注意事项

一般注意事项

在安装供水设施以解决水质和动物资源分配问题时，应考虑采用保护实践《计划放牧》（528）。

若可能，供水设施要远离溪流、池塘或河岸带，以尽量减小粪便或表面污染等造成污染的可能性。

考虑供水设施的水质，以及对动物健康、动物产量、饮水量以及饲料和草料消耗的影响。

并非所有物种都需要或受益于补充水。安装供水设施之前，应考虑该设施对目标和非目标野生物种会产生哪些影响。观察或记录野生动物供水设施的使用情况，并不一定表明净效益。在生态系统内引入新的水源，可能会产生诸如放牧集中、捕食、捕获、溺水、疾病传播以及野生种群扩大，超出可利用栖息地承载力等影响。为野生动物提供水源会增加与濒危物种竞争或捕食动物的栖息地。

考虑应建造有利于野生动物的设施。此类设施设计应包括为不会使用凸起结构（如水槽）饮水的物种提供地面供水。地面供水可通过创建溢流收集区域或二级地下水源来完成。

根据目标物种，规划者可能会考虑通过使用合适的栅栏（根据需要标记）保护这些区域，不包括牲畜和较大的野生物种，同时允许小型地面栖息物种进入该场地。

本国沙漠或干旱地区的野生种群可能会依赖补充供水设施。即使暂未出现牲畜，也应保证全年供水。

还应考虑预防供水设施传播疾病。当地若存在此类问题，应考虑对水传播疾病和寄生虫进行适当的控制或治疗。

当使用风力、太阳能或其他可能不可靠的电源时，需提供额外日储水量（3 ~ 5 天）、备用电池系统或备用水源。

应考虑水资源开发对新项目区域水资源平衡或预算的影响。在某些情况下，这很重要并可能会影响到相邻或相关栖息地和物种。

若存在小型牲畜（例如羔羊）或小孩掉落槽中的潜在危险，应在槽中安装壁架或类似结构以提供逃生路线，或另外设计一个低一些的槽。

需经常清洁滞留在供水设施中的碎屑和藻类。遮盖供水设施并减少碎屑落入，同时仍允许动物出入，保持水的凉爽、干净，更适于动物饮用。

若存在碎屑或藻类问题，可通过增加进水口和排水口管道尺寸，或在溢流管入口处安装倒置弯头等来减少堵塞发生的可能性。可通过完全排出供水设施的方法使设施维护更容易。还应保护排水口免受侵蚀。

若需要，考虑安装永久进出口装置用以维护储水罐。

关于饮水坡道的附加注意事项

如果将牲畜驱逐出溪流是计划安装的一部分，请考虑建造一个饮水坡道，以便在需要紧急供水时使用。可选择用门阻挡坡道入口。

坡道的坡度会对动物的行为产生影响。较陡斜坡会减少动物在斜坡区出没。

所选坡面材料，应能减少动物移动，又能提供稳定的立足点。动物蹄足接触较大石头时，会有不舒服感。

尽可能避免在阴暗的地方设置饮水坡道，以免动物游荡。

情况允许地条件下，应横跨溪流修建栅栏。回旋式闸门可限制动物活动。

计划和技术规范

计划和规范必须描述本实践的实施要求，以确保其能够达到预期目的。至少应包括：

- 显示设施位置和相关管道的地图或航拍照片。
- 根据需要提供特殊入口的条件。
- 地基稳定性要求。
- 显示设施尺寸和必要的附件（地基、管道和阀门、逃生装置、锚固、排水口稳定和保护等）的现场详细图纸。
- 因安装设施而受到干扰的区域的稳定要求。
- 根据需要安装栅栏。
- 材料和数量。
- 描述设施安装的施工规范。

运行和维护

编制一份运行维护计划，并与操作员一起审核。该计划需说明必须采取的措施，以确保设施在其设计寿命内正常运行。计划应至少包括以下内容：

- 定期检查设施是否受损。检查泄漏、场地侵蚀、栅栏损坏、土地密集使用区域以及与供水设施相关的附件状况。根据需要修理或更换损坏的部件。
- 检查自动水位装置的性能（若存在）。
- 确保排水管（若存在）自由运行且不会造成腐蚀。
- 根据需要清洁设施。
- 监控和维护设施，以确保水量充分流入和流出。
- 根据气候条件，为冬季做好准备。这可能包括排放供水管、排空水箱，或确保浮阀不会冻坏。
- 对于便携式设施，还应考虑移动设施的计划和设施周围区域的监控及维修。

参考文献

Brigham, W. and C. Stevenson. 2003. Wildlife Water Catchment Construction in Nevada, Technical Note 397. U.S. Department of the Interior, Bureau of Land Management. Denver, CO.

National Research Council. 1996. Nutrient Requirements of Domestic Animals. Washington, D.C.： The National Academies Press.

New York State Grazing Lands Conservation Initiative and USDA NRCS. 2000. Prescribed Grazing and Feeding Management for Lactating Dairy Cows. Syracuse, NY.

Taylor, D.A.R. and M.D. Tuttle. 2012. Water for Wildlife—A Handbook for Ranchers and Range Managers. Bat Conservation International. Austin, TX.

Tsukamoto, G. and S.J. Stiver. 1990. Wildlife Water Development, Proceedings of the Wildlife Water Development Symposium, Las Vegas, NV. U.S. Department of the Interior, Bureau of Land Management.

USDA NRCS. 2012. National Engineering Handbook (Title 210), Part 650, Chapter 12, Springs and Wells. Washington, D.C. https：//directives.sc.egov.usda.gov/.

USDA NRCS. 1997. National Range and Pasture Handbook (Title 190), Chapter 6, Livestock Nutrition, Husbandry, and Behavior, p. 6-12, Table 6-7 and 6-8. Washington, D.C. https：//directives.sc.egov.usda.gov/.

USDA NRCS. 1980. National Engineering Handbook (Title 210), Part 650, Chapters 11, Ponds and Reservoirs. Washington, D.C. https：// directives.sc.egov.usda.gov/.

Yoakum, J. and W.P. Dasmann. 1971. Habitat Manipulation Practices. In Robert H. Giles, Jr. (ed.). Wildlife Management Techniques, Third Edition. The Wildlife Society. 633 pp.

布水

（640，Ac.，2020年9月）

定义

从天然水道中引水或收集径流并将径流扩散到相对平坦地区的系统。

目的

以应用本实践实现以下一个或多个目的：

- 减少潜在的洪水和积水。
- 减少形成沟壑的可能性。
- 更有效地管理自然降水。
- 促进地下水恢复。

适用条件

布水的时间取决于天然径流的可利用性，适用于所有土地用途。尽管布水适用于任何气候条件，但是年平均降水量为 8 ~ 25 英寸的地区获益最大。

布水适用于具备以下条件的区域：

- 土壤具有适当的摄取率和足够的持水能力，适用于系统类型。
- 地形适宜于引水或集水，受益区域可使水均匀扩散，以达到预期效果。
- 可以收集或转移水流，扩散并回收多余的水而不会造成过度侵蚀的区域。

本实践不适用于灌溉系统。

准则

适用于所有目标的总体准则

规划、设计、建造本实践中所述设施，确保其符合所有联邦、州和地方法规。土地所有者必须获得监管机构的所有必要许可，或证明无须许可的文件。土地所有者或承包商负责确定项目区域内的所有埋地公用设施的位置，包括排水瓦管和其他结构性措施。

引水工程

除了预期流量历时超过 24 小时的水道外，引水工程不需要人工控制将溪流改道进入输水系统或分洪区。

针对引水工程、分洪区和排水设施采取的侵蚀防控措施，是布水系统不可分割的一部分。

提供适当的引水控制措施，旨在以所需的流速将水引入输水系统。

如果水流含有的沉积物的数量会缩减系统的寿命或破坏土壤特性，则应安装低水流量支路，避免碎石进入系统。

进水口控制装置必须是可调节的，以在不需要的时候（例如在机械收割作物时），将水流从分洪区排除。保护引水工程、输水系统或分洪区不受引流影响，以防止出现不当维护问题。

输水系统

设计输水系统时应确保能安全地将设计流量从引水工程输送到分洪区。对于土沟渠，使用保护实践《明渠》（582）中的相关准则。对于管道输送，应遵守保护实践《灌溉管道》（430）中的准则。

分洪区

根据所选的系统类型，布置和确定排水沟、堤坝、引水渠、管道和类似的结构的位置，以便在地面上扩散水流或收集陆地积水。所有斜坡将保持稳定，并达到管理和采收作业所需的坡度。

排水口设施

必须作出规定，将多余的水从系统回流到河道或系统的其他部分，而不会造成过度侵蚀，及时防止积水造成作物损坏。用于此目的的流线结构应在地面以下，以改善流动特性。

适用于滞留式布水系统的附加准则

地形

在可能的情况下，当在分洪区设计多个流域时，应选取弯曲状流域以适应地形。

在可行的情况下，将流域设计成彼此平行，可在空间流域内使用现代农业设备。

蓄水堤

蓄水堤截留的最大容许水深为 3 英尺，但宽度小于 40 英尺的水道、泥沼、沼泽或沟渠除外，这些地方截留的最大容许水深为 5 英尺。当水深大于此值时，需要按照保护实践《池塘》（378）中的准则设计路堤。

设计顶高处堤坝的最小顶宽为 3 英尺。设计水面以上 1.0 英尺的最小坝顶超高，或设计水面以上的波高（根据风和风袭区域长度计算），以较大者为准。

蓄水堤的边坡坡度不应超过 2:1（横纵比）。根据稳定性要求，边坡坡度应为 4:1 或更为平坦，以便安全割草或农场设备的其他操作。

排水口设施

排水口的设计应至少以水流区域 10 年一遇 24 小时洪峰流量的流入量为基础。每个流域设计一个至少比设计顶高低 1.0 英尺的排水口或溢流段。排水口必须能将径流水运送到一个不会造成危害的地点。可能是植被溢洪道、稳定岩石、堰溢流结构、管道出水口或这些的组合。

排水口的总容量必须超过蓄水池的设计流入量。

植被覆盖

在施工期间植被受到干扰的所有地区都应在施工完成后进行播种。播前整地、播种、铺草、施肥及植被覆盖应遵守保护实践《关键区种植》（342）中的准则。如果土壤或气候条件不适合使用植被进行侵蚀防护，则可使用非植被衬砌，如混凝土、砾石、抛石、多孔砌块或其他经批准的人造衬砌系统。

注意事项

在对本实践进行规划时，请根据适应情况考虑以下内容：

- 在规划布水系统时，还需要遵守其他保护实践，如《土地清理》（460）、《灌木管理》（314）和《栅栏》（382）。
- 可以利用农田，主要是在非生长季节，扩大供水，以便渗入和补充地下水含水层，特别是在水量（和水质）存在问题的缺水地区。
- 待种植作物。潜在效益最高的草料、干草或种子作物具有最大有效生根深度。
- 重建植被时，建议播种本地植物物种，为传粉昆虫提供丰富的花粉和花蜜。
- 牲畜对分洪区的影响。管理牲畜，以防止土壤潮湿时造成压实，并防止过度使用造成牧场退化。
- 气候对布水的影响。北部和山区每年都会有很大比例的径流来自融雪。融雪过程中的径流量、水质和条件对系统设计具有重要意义。通常，如果融雪径流被分流，则应采用滞留式系统，以防止侵蚀和促进入渗。
- 一般应避免斜坡的坡度超过 2%。随着坡度的增加，成本会迅速上升。有效的流域坡度可沿每个流域顶部（紧靠下一个堤坝上方）借土而变平。
- 减少下游地表水的水量及对潜在用户的影响，评估分流水量和回流量。
- 增加土壤水分和地下水量对布水区域的影响。
- 沉积物、病原体、吸附和溶解的养分和农药，以及渗透到布水区域的可溶性化学物质。
- 离开布水区域的回流的潜在化学降解。考虑回流的速率和流量，使用的化学品，与可预测的风暴事件相比的化学品施用时间，以及运输的沉积物的性质。
- 渗透增加导致施用化学品，继而导致地下水降解。重要因素包括土壤水分储存、蒸散、所用化学品的类型和数量以及盐水地质。

- 对鱼类、野生动物、本地传粉昆虫和文化资源的潜在不利影响。
- 进行土地平整、土地治理、清除障碍物和类似做法，以实现更均匀的水分配和提高运行效率。

计划和技术规范

编制布水计划和规范，描述为达到预期目的而实行此实践的要求。至少应包括以下内容：

- 显示附近位置、引水渠位置、排水沟、分洪区、高度信息、指北针和比例尺的设计图。
- 引水渠和排水口以及其他结构部件的详图。
- 描述特定场地安装细节的书面规范。

运行和维护

根据安装的布水系统类型向委托方提供相应的运行维护计划。包括运行和维护设施的具体说明，该计划应与实践的目的、预期的使用寿命和设计准则相一致。至少应满足以下要求：

- 依据具体的指示和操作要求安全地将所需水量分流到系统中。根据需要适当存水，并排放回流。
- 平均出水量应根据事件、填充和清空系统次数，以及按设计来操作系统所需的任何其他水文和水力信息等来确定。
- 考虑土壤入渗和蓄水能力，预计待种植作物，洪水的影响，以及任何其他有助于经营者做出合理的经济和环境决策的信息。
- 必要时，保养、修理或更换部件，以保持其全部功能正常。
- 从建筑、排水沟和其他可能妨碍作业的部件中清除杂物和异质。
- 在所有斜坡和水道上保留完好的植被覆盖。

参考文献

Critchley, W., K. Siegert, C. Chapman, and M. Finkel. 1991. A Manual for the Design and Construction of Water Harvesting Schemes for Plant Production. Food and Agriculture Organization of the United Nations, Rome, Italy.

Nill, D., K. Ackermann, E. van den Akker, A. Schöning, M. Wegner, C. van der Schaaf, and J. Pieterse. 2012. Water-spreading weirs for the development of degraded dry river valleys. Deutsche Gesellschaft für and Internationale Zusammenarbeit (GIZ) GmbH. Germany.

水井

（642，No.，2020年10月）

定义

通过钻井、开挖、掘进、打眼、高压水冲或其他方式建造在含水层的农业供水孔洞。

目的

本实践用于实现以下一种或多种目的：

- 满足牲畜用水质量和数量的需要。
- 为陆生野生动物提供水源。
- 提供灌溉用水。

适用条件

本实践适用于所有农业用地类型，保证其地下水的质量和数量能够达到预期目的。

本实践不适用于：

- 供家用或公共用水的井。
- 监测井 [使用保护实践《监测井》（353）]、注水井、临时测试井或压力计。
- 泵、地表供给水路线、储存设施和相关附件。

准则

适用于所有目的的一般准则

法律法规

农业供水水井的调查、设计和安装必须符合所有适用的政府法规、法律、许可、授权，并根据美国自然资源保护局制订的《通用手册》（GM）（第 450 篇）第 405 部分 A 子部分“遵守法律和法规”登记。如果没有适用的法律法规，则应遵循行业标准，如：

- 拟建井必须符合美国给水工程协会（AWWA）A100-15“水井标准”当前版本中的准则。
- 拟建的灌溉井必须符合美国农业与生物工程师学会（ASABE 或 ASAE）EP400.3“设计和建造灌溉井”当前版本中的准则。
- 井的设计和安装必须符合美国国家地下水协会（NGWA）01“水井施工标准”当前版本中的准则。

职位和职责

按照州规定，持有执照的水井钻孔人员负责水井的钻探和安装。

土地所有者负责根据美国自然资源保护局制订的《通用手册》（第 450 篇）第 405 部分和适用法律、法规和规章获得所有必要的许可、权利或批准。

土地所有者或承包商负责在项目区域内标记出所有埋地公用设施的位置，包括排水管和其他结构措施。

合适选址

根据当地可靠经验，采用所有相关有效的地质图、报告和州和联邦机构维护的水井记录，以评估地下水水量和质量。如果当地的水文地质数据不足或当地条件复杂并充满不确定因素，应对该地进行评估，就场地的可行性提供专业建议。

根据职业安全与健康管理局（OSHA）标准 1926.1408（h）“电力线路安全（高达 350kV）——设备操作”水井选址应避开架空处和地下公用线路及其他有安全隐患的地方。

根据州规定，水井选址应远离潜在地表污染源头的地方，并远离可能发生洪水的地区。在确定水力坡度时，应同时考虑泵送水位和静态水位。

横向定位水井，以符合适用的保护实践标准和州的特定水井回退区和禁令。

清除现场所有树木、灌木和障碍物，方便钻机、相关设备和水井在相对平整、干燥的工作面上运行，确保安全有效的工作环境。

井口保护

所有地表径流、降水和排水应远离井口。压实土、堆土和倾斜土料，也应远离井口。

保护井口和相关附件不受野生动物、牲畜、农业机械、车辆停放或其他有害的人类活动的污染或损害。

注浆和密封套管

当钻探硬岩层或物理稳定的地质物质时，应安装至少 10 英尺的套管。

如果钻孔遇到易腐蚀、易碎或不稳定的材料，须安装防水灌浆套管。

所有水井套管需要进行防水密封。可使用的密封剂包括含有膨胀水硬性水泥、膨润土基浆液、膨润土碎片和颗粒料、砂水泥浆液、纯水泥或混凝土的砂浆。

如果一个或多个含水层或区域所产地下水水质不合格，使用密封剂、灌浆塞或类似的封隔装置来防止水的混合或交叉污染。为分离不希望水混合的含水区域，提供一个类似的可靠密封。

对于自流井（自喷井和非自喷井），直接用水泥填塞在含水层正上方和下方的套管和地质单元，以保持其围压。

如果套管延伸到钻孔底部，安装水密端盖或灌浆密封，以防止地质物质从井底进入。当设计方案需要伸缩式筛网滤网组件时，在伸缩式筛网滤网组件的顶部和外壳之间安装一个或多个防沙密封。

完成后，应使用合适的螺纹、凸缘或焊接管封头或压应力封接，以防止污染物进入水井内。

套管材料

套管可使用材料包括：钢、铁、不锈钢、铜合金、塑料、玻璃纤维、混凝土或其他同等强度的材料，在水井的预计使用寿命期间，这些材料对地下水具有足够的耐化学性。为了防止电偶腐蚀，不要将不同的金属连接在一起。如果使用潜水泵，请选择合适地套管直径，以便顺利安装和有效运行潜水泵。通常情况下，套管直径至少须比泵和泵柱的最大外径大 2 英寸。

在安装、扩井期间，选择的套管材料，应能够承受施加在套管上的所有预期的静态和动态压力，并能在井的整个设计预期寿命内使用。如果有需要，在安装过程中请用机械支撑套管以保证接头完整。关于确定批准的套管材料的适当差异压头限制的指导，请参考美国自然资源保护局制订的《美国国家工程手册》（第 210 篇）第 631 部分“地质学”。

筛网和过滤组件

筛孔尺寸和过滤组件（人工或天然）必须符合 ASTM D5092《地下水监测井的设计和安装标准实施规程》和 ASTM D6725《未固结含水土层里预制的滤网式监测井的直推式安装的标准实施规程》中所列出的特性。仅支持使用由耐腐蚀材料制成的筛管。

如果存在下列任何一种情况，请使用筛网和过滤组件（人工或天然）：

- 存在不良等级的细砂含水层或流砂或崩落砂。
- 存在高度变化的含水层，如交替的砂层和黏土层。
- 存在胶结不良的砂岩或其他松散压实材料。
- 要求低产含水层最大产水量。
- 反向循环钻孔。

过滤组件质量准则及过滤组件和井筛孔尺寸与地层岩土兼容性参考 ASTM D5092 标准。

水平井、直井或倾斜井，可使用预制井筛。如果没有天然过滤组件，请使用人工过滤组件。

滤网和过滤组件安装

根据地表以下含水区域的深度以及钻孔穿过含水区域的厚度，确定筛网的位置。自下而上地安装传统过滤组件，并以避免颗粒分离和桥接的方式安装。根据美国自然资源保护局制订的《美国国家工程手册》（第 210 篇）第 631 部分和 ASTM D5092 标准安装过滤组件。

当允许使用膨润土封层时，对膨润土进行水合处理以促进膨胀和填充空隙。根据制造商的建议对膨润土进行水合处理。

对于在底部安装筛网的井，需在井底再加装几英尺的空筛网或套管，以容纳通过井筛的沉积物，并最终沉降到井底。

入口

安装一个最小直径为 0.5 英寸的入口，以实现对水面深度的无障碍测量，或者安装一个压力表，用于测量流动井的关井压力。

密封或封顶入口、压力表和井盖上的所有其他开口，以防止不必要的材料进入或干预。一个入口可以配置一个可拆卸的盖子。

扩井

在井建完后，但在进行井性能（含水层）测试之前，扩井以清除细砂、钻屑、泥浆、钻井液和添加剂。不得使用永久泵进行任何扩井工作。所有水井都需要扩井。以约 120% 的预期正常生产速度向井中泵水，直到出水清澈。请勿使用永久性泵进行扩井。扩井程序请参考 ASTM 5521《开发土壤蓄水层中地下水监控井的标准指南》。

水质检测

如果当地的水质状况未知或可疑，使用与井的性能相关的参数来测试井水或水是否适合预期用途。根据保护实践《地下水检测》（355）来测试井水。

消毒

化学消毒之前，清除井及井口附近油脂、土壤、沉积物、黏结剂和浮渣等异物。将所有泵部件放入井内之前，应进行清洁。

使用浓度不低于 50 毫克 / 升的氯化合物对井进行消毒。

井性能（含水层）测试

设计水井时，应确保在最大降深，水面不会下降到最高井网的顶部或泵吸入口。完成扩井且水位稳定后，至少等待 24 小时进行抽水测试以确定比容量和动态水位。

关于实施、记录和分析抽水测试的指导，请参考美国自然资源保护局制订的《美国国家工程手册》（第 210 篇）第 631 部分和第 650 部分第 12 章第 650.1203 节“水井”。

排水距离井至少 300 英尺，这样可减少对地表的侵蚀，并防止测试期间可能出现的人工回灌。

从水井套管顶部执行所有测量作业。

注意事项

在规划和设计水井时，考虑：

- 评估是否会对附近现有生产井产生不利干扰。
- 含硝酸盐的地下水对牲畜健康的影响。在施用氮肥的地区，应考虑与当地卫生部门核对地下水中氮的含量是否过高。
- 当地下水用于灌溉或动物饮用时，其物质含量对健康的影响。地下水中含有的矿物质，如硒、钠、硫酸盐等，有可能对土壤、植物和动物健康产生的负面影响。
- 在规划井性能（含水层）测试时，考虑地下水超采的可能性和含水层的长期安全产量。

计划和技术规范

制订相应的计划和规范，明确说明确保应用本实践能够达到预期目的的要求。如果未在州监管机构要求的文件中注明以下信息，请在安装记录中加以记录：

- 通过全球定位系统（GPS）或足够详细的地理位置描述对水井进行定位，其精确度允许现场定位。
- 水井所有者的姓名。

- 套管材料类型或进度表，不管是否使用过。
- 套管延伸到地面的高度。
- 从套管顶部边缘或地面测量的静态水位。
- 井径、总井深、筛分深度或井段。
- 告知含水层是自流水还是非自流水。如果井是自流井，则提供流量和压力数据。
- 筛孔尺寸和过滤器等级（如使用）。
- 钻孔方法和钻孔直径。
- 使用的扩井方法。
- 抽水测试结果、降深、泵速、比容量和井出水效率。
- 含水层和干井的钻孔记录。
- 如果对水质进行检测，需记录检测参数和检测结果、采样日期、取样人员姓名、进行检测的实验室名称。
- 井结构示意图，显示井径和井深、套管和衬管直径、填料、膨润土或灌浆表面标高以及井口顶部标高。
- 使用的消毒方法和溶液，并注明该井的消毒日期。

运行和维护

因地制宜编制水井运行维护计划。所有者负责根据维护计划做好施工记录。所有者必须确保对水井进行定期检查，确保水井正常运行和水质。

不要在井口半径 100 英尺范围内储存或混合农用化学品，如肥料和农药，或者冲洗容器。

根据水井的预期用途，定期检查必须包括影响水井性能的条件。这些条件至少应包括：

- 在水井设计的可接受范围之外的流量、静态水位、最大抽水水平和压力（对于自流井）都需下调。
- 可能损坏井、泵或附件的沉积物。
- 水质的变化，包括气味、颜色、味道和化学变化。
- 藻类或铁细菌的存在。

应定期清理或冲洗底部安装有空白套管的筛网井，以清除过多的沉积物。

维护记录应包括描述已识别问题、已采取的纠正措施和日期以及纠正措施前后的比容量的说明。所有者必须及时补救不可接受的情况。

如果水井无法使用，应根据保护实践《水井关停》（351）的规定关停水井。

参考文献

American National Standards Institute National Groundwater Association (ANSI/NGWA-01-14). 2014. Water Well Construction.

American National Standards Institute/American Society of Agricultural Engineers (ANSI/ASAE). 2017. American National Standard EP400.3, Designing and Constructing Irrigation Wells.

American National Standards Institute/American Water Well Association (ANSI/AWWA). 2015. American National Standard, A100, Standard for Water Wells. American National Standard/American Water Well Association, Denver, CO. AWWA catalog no：41100-2015, http：//www.awwa.org.

ASTM D5521. 2018. Standard Guide for Development of Groundwater Monitoring Wells in Granular Aquifers. ASTM International, West Conshohocken, PA. DOI：10.1520/D5521_D5521M-18, http：//www.astm.org.

ASTM D5092. 2016. Standard Practice for Design and Installation of Groundwater Monitoring Wells. ASTM International, West Conshohocken, PA. DOI：10.1520/D5092-D5092M-16, http：//www.astm.org.

ASTM D6725. 2016.Standard Practice for Direct Push Installation of Prepacked Screen Monitoring Wells in Unconsolidated Aquifers. ASTM International, West Conshohocken, PA. DOI：10.1520/D6725-D6725M- 16, http：//www.astm.org.

Occupational Safety and Health Administration. 2012. Power Line Safety (up to 350 kv) - equipment operations. Safety and Health Regulations for Construction Standard - 1926.1408, Subpart CC. Retrieved from https：//www.osha.gov/laws-regs/regulations/standardnumber/1926/1926.1408.

USDA NRCS. 2010. National Engineering Handbook (Title 210), Part 631.. https：//directives.sc.egov.usda.gov/.

USDA NRCS. 2012. National Engineering Handbook (Title 210), Part 651, Chapter 1,Laws, Regulations, Policy, and Water Quality Criteria. https：//directives.sc.egov.usda.gov/.

USDA NRCS. 2012. National Engineering Handbook (Title 210), Part 650, Chapter 12, Section 650.1203, Chapter 12, Wells. https：//directives.sc.egov.usda.gov/.

水井关停

（351，No.，2020年9月）

定义

对闲置的、废弃的或不能使用的水井或监测井进行密封和永久关闭。

目的

本实践用于实现以下一种或多种目的：

- 保护地下水免受地表水污染。
- 保护含水层水质。
- 恢复自然水文地质条件。

适用条件

本实践适用于任何选定停用的套管或无套管水井或监测井。

本实践适用于未观察到任何不明废物的井，或预计符合美国自然资源保护局《美国国家工程手册》（第210篇）第503部分E子部分“禁用技术援助”的井。

准则

适用于所有目的的一般准则法律法规

水井关停必须遵守所有适用的政府法规、法律、许可证、执照和注册制度。

职位和职责

水井必须由持有执照的水井钻孔人员进行关停。在州和地方法规允许的情况下，深度小于60英尺且无钢或塑料套管的人工挖井可由土地所有者、工程师、地质学家、执照泵安装工或执照水井钻孔人员进行关停。

进行水井关停的人员负责向所有相应的政府部门提交水井关停报告。

数据收集

收集并查看所有竣工建筑文件、维护记录和与井相关的其他可用数据。停用计划中应包含上述信息。

准备工作

清除所有可能妨碍进入井底的设备、材料和碎屑。对井进行声波测试，确认所有障碍物已清除。

根据ASTM D5299，“地下水井、包气带监测装置、钻孔和其他环境活动装置关停标准指南”，以及美国农业与生物工程师学会（ASABE）EP400.3第8.0节“设计和建造灌溉井”，通过牵拉或超钻（过度扩孔）拆除套管。

如果部分或全部设备和套管无法通过牵拉或超钻移除，则必须在地面以下至少2.0英尺处采取扯裂、穿孔或切除等方法。

消毒

在填充或密封之前，用有效氯浓度不低于50毫克/升的或监管机构规定的最低有效氯浓度（以较大者为准）的消毒液对井进行消毒。加入含氯消毒液后，将井水搅拌均匀，并保持溶液至少12小时内不受干扰，以确保完全消毒。

密封材料

所有密封材料必须符合ASTM D5299或国家法规要求。密封材料不需要消毒。选择的密封材料应具有等于或小于井口周围地面土壤的就地水力传导率。

与密封材料混合的水的质量必须满足或超过 ASTM D5299 中的标准。

填充（粗粒）材料

州规定允许的情况下，可采用砂、豆砾石和沙砾混合料、碎石或农用石灰等密封材料来填充水井，前提是密封材料区符合 ASTM D5299 或国家法规要求。选择在作业过程中不需桥接的土壤类型和填充方式。填充前，需要对填充材料进行消毒。

密封 / 灌装程序

如果州法律要求对水井进行消毒时，则在进行密封或选择填充材料之前，应先对水井进行消毒。

从井底至地面放置密封材料如果适用法规允许，可根据 ASTM D5299 使用精选填料进行回填。使用避免填料或密封剂分离、稀释或桥接的安装方法，如：泵和软管或下料管。

通过钻孔柱状图确定填料和密封剂的放置区域。在没有钻孔柱状图的情况下，使用井下摄像机确定密封剂的位置。如果对整个井内使用密封材料，则不需要井下摄像机。

关于灌浆比率和填充流程，请遵循美国给水工程协会（AWWA）A100-15“水井标准”和 ASTM D5299 的规定。

密封坍塌地层

如果套管位于坍塌地层内，则在拆除套管的同时进行灌浆程序，使套管底部始终浸没在灌浆中。

井口密封

根据 ASTM D5299 规定，使用恰当的材料密封地面与切割套管顶部或最后密封层之间的间隔。这些材料可以是在该深度以下使用的密封材料的延伸。密封厚度必须符合所有适用的联邦和州要求。

采用原土壤进行堆筑，以补偿地面沉降，防止井口地表水积聚。

控制自流压力

当井处于自流压力（流动或不流动）下时，从井底向地面施加压力灌浆。灌浆作业期间平衡地层压力的程序必须符合 ASTM D5299。

注意事项

在可行的情况下，考虑在井口密封的顶部 3 英寸处添加金属“靶”，以便可以使用金属探测器轻松确定关停水井的位置。

计划和技术规范

针对水井关停编制相应的计划和规范，说明确保应用本实践能够达到预期目的的要求。记录包括以下内容的实践安装情况：

- 通过全球定位系统（GPS）或足够详细的地理位置描述对水井进行定位，其精确度允许现场定位。
- 水井关停的最终日期。
- 土地所有者的名字。
- 水井关停负责人的姓名、职务和地址。
- 井的总深度。
- 拆除套管的长度或地下切断套管的长度。
- 套管撕裂或穿孔的长度以及采用的方法。
- 井筒或套管的内径。
- 套管材料类型或清单［例如：标准重量钢或聚氯乙烯（PVC）管表号（Sch）-80］。
- 停用前从地面测量的静水位。
- 停用前后的照片。
- 用于填充和密封的材料类型、使用的数量、每种材料的安装深度间隔以及使用的放置方法。
- 与现场条件相关的其他所有信息以及停用期间遇到的其他问题的详细记录。
- 井结构示意图，显示井径和深度、套管直径、填料、膨润土或灌浆深度。

运行和维护

定期检查实践现场，确保没有地面沉降、侵蚀或其他干扰问题。对场地进行维护，确保积水或地表径流不会流入实践现场。

参考文献

American National Standard/American Water Well Association. 2015. ANSI/AWWA A100-15, Standard for Water Wells. Denver, CO. AWWA catalog no：41100-2015. http：//www.awwa.org.

American Society of Agricultural and Biological Engineers (ASABE). 2007. ANSI/ASAE EP400.3, Designing and Constructing Irrigation Wells. https：//elibrary.asabe.org.

ASTM International. 2018. ASTM Standard D5299/D5299M. Standard Guide for Decommissioning of Groundwater Wells, Vadose Zone Monitoring Devices, Boreholes, and Other Devices for Environmental Activities. West Conshohocken, PA. DOI：10.1520/D5299_D5299M-18. http：//www.astm.org.

USDA NRCS. 2017. National Engineering Manual (Title 210), Part 503, Subpart E, Prohibited Technical Assistance. Washington, D.C. https：//directives.sc.egov.usda.gov/.

附表 自然资源保护实践分类表

序号	保护实践英文名称	实践编号	水资源保护		农田土壤保护			生物多样性保护				节能减排
			水资源管理与高效灌溉	水质保护	农田土壤质量管理	农田土壤健康与可持续性	农田土壤健康管理系统	林地保护	草地保护	湿地保护	鱼类与野生植物保护	
1	Access Control (Ac.) (472) (10/17)	472			√	√	√					
2	Access Road (Ft.) (560) (9/14)	560		√					√			
3	Agrichemical Handling Facility (No.) (309) (9/14)	309		√								
4	Air Filtration and Scrubbing (No.) (371) (4/10)	371										√
5	Alley Cropping (Ac.) (311) (10/17)	311		√	√							
6	Amending Soil Properties with Gypsum Products (Ac.) (333)(6/15)	333			√	√	√					
7	Amendments for Treatment of Agricultural Waste (AU) (591) (4/13)	591		√	√	√	√					
8	Anaerobic Digester (No.) (366) (10/17)	366		√	√							
9	Animal Mortality Facility (No.) (316) (9/15)	316		√								
10	Anionic Polyacrylamide (PAM) Application (Ac.) (450) (9/16)	450		√	√	√	√					
11	Aquaculture Ponds (Ac.) (397) (1/10)	397									√	
12	Aquatic Organism Passage (Mi.) (396) (4/11)	396									√	
13	Bedding (Ac.) (310) (7/10)	310			√	√	√					
14	Bivalve Aquaculture Gear and Biofouling Control (Ac.) (400) (4/11)	400		√							√	
15	Building Envelope Improvement (No.) (672) (4/13R)	672										√
16	Brush Management (Ac.) (314) (3/17)	314		√				√	√			
17	Channel Bed Stabilization (Ft.) (584) (9/15)	584							√			
18	Clearing and Snagging (Ft.) (326) (5/16)	326	√									
19	Combustion System Improvement (No.) (372) (5/19)	372										√
20	Composting Facility (No.) (317) (9/16)	317		√								
21	Conservation Cover (Ac.) (327) (9/14)	327		√	√						√	
22	Conservation Crop Rotation (Ac.) (328) (9/14)	328		√	√	√	√					
23	Residue Management, Seasonal	344			√							
23	Constructed Wetland (Ac.) (656) (9/16)	656		√								
24	Contour Buffer Strips (Ac.) (332) (9/14)	332		√	√							
25	Contour Farming (Ac.) (330) (10/17)	330		√	√							
26	Contour Orchard and Other Perennial Crops (Ac.) (331) (9/15)	331		√	√							
26	Residue and Tillage Management, Ridge Till	346		√	√							

（续）

序号	保护实践英文名称	实践编号	水资源保护		农田土壤保护			生物多样性保护				节能减排
			水资源管理与高效灌溉	水质保护	农田土壤质量管理	农田土壤健康与可持续性	农田土壤健康管理系统	林地保护	草地保护	湿地保护	鱼类与野生植物保护	
27	Controlled Traffic Farming (Ac.)(334)(9/15)	334			√	√	√					
28	Cover Crop (Ac.) (340) (9/14)	340		√	√	√	√					
29	Critical Area Planting (Ac.) (342) (9/16)	342		√	√				√			
30	Cross Wind Ridges (Ac.) (588) (10/17)	588			√							
31	Cross Wind Trap Strips (Ac.) (589c) (9/14)	589c			√							
32	Dam (No.) (402) (10/17)	402	√									
33	Dam, Diversion (No.) (348) (5/11)	348	√									
34	Deep Tillage (Ac.) (324) (12/13)	324			√							
35	Denitrifying Bioreactor (No.)(605)(9/15)	605		√								
36	Dike (Ft.) (356) (11/02)	356	√									
37	Diversion (Ft.) (362) (5/16)	362		√	√							
38	Drainage Water Management (Ac.) (554) (9/16)	554		√								
39	Dry Hydrant (No.) (432) (9/11)	432										√
40	Dust Control from Animal Activity on Open Lot Surfaces (Ac.) (375) (9/10)	375										√
41	Dust Control on Unpaved Roads and Surfaces (Sq. Ft.) (373) (5/19)	373										√
42	Early Successional Habitat Development/Management (Ac.) (647) (9/10)	647						√			√	
43	Emergency Animal Mortality Management (No.)(368) (9/15)	368		√								
44	Farmstead Energy Improvement (No.) (374) (5/11)	374										√
45	Feed Management (AUs Affected) (592) (9/16)	592		√	√	√	√					
46	Fence (Ft.) (382) (4/13)	382							√			
47	Field Border (Ac.) (386) (9/16)	386		√	√							
48	Field Operations Emissions Reduction (Ac.)(376)(9/15)	376										√
49	Filter Strip (Ac.) (393) (9/16)	393		√								
50	Firebreak (Ft.) (394) (9/10)	394						√				
51	Fish Raceway or Tank (Ft. and Ft3) (398) (5/16)	398									√	
52	Fishpond Management (Ac.) (399) (9/11)	399									√	
53	Forage and Biomass Planting (Ac.) (512) (1/10)	512		√	√				√			
54	Forage Harvest Management (Ac.) (511) (4/10)	511							√			
55	Forest Stand Improvement (Ac.) (666) (9/15)	666		√				√				
56	Forest Trails and Landings (Ac.) (655) (10/17)	655						√				

（续）

序号	保护实践英文名称	实践编号	水资源保护		农田土壤保护			生物多样性保护				节能减排
			水资源管理与高效灌溉	水质保护	农田土壤质量管理	农田土壤健康与可持续性	农田土壤健康管理系统	林地保护	草地保护	湿地保护	鱼类与野生植物保护	
57	Fuel Break (Ac.) (383) (4/05)	383						√				
58	Grade Stabilization Structure (No.) (410) (9/14)	410		√	√							
59	Grassed Waterway (Ac.) (412) (9/14)	412		√	√							
60	Grazing Land Mechanical Treatment (Ac.) (548) (9/10)	548							√			
61	Groundwater Testing (No.) (355) (9/14)	355		√								
62	Heavy Use Area Protection (Sq. Ft.) (561) (9/14)	561		√					√			
63	Hedgerow Planting (Ft.) (422) (9/10)	422									√	
64	Herbaceous Weed Treatment (315) (Ac.) (3/17)	315						√	√			
65	Herbaceous Wind Barriers (Ft.) (603) (9/15)	603			√							
66	High Tunnel System (Sq.Ft.) (325) (3/15)	325			√	√	√					
67	Hillside Ditch (Ft.) (423) (10/17)	423			√	√	√					
68	Irrigation Canal or Lateral (Ft.) (320) (9/10)	320	√									
69	Irrigation Ditch Lining (Ft.) (428) (5/11)	428	√									
70	Irrigation Field Ditch (Ft.) (388) (4/11)	388	√									
71	Irrigation Land Leveling (Ac.) (464) (9/16)	464	√									
72	Irrigation Pipeline (Ft.) (430) (5/11)	430	√									
73	Prescribed Forestry	409						√				
73	Irrigation Reservoir (Ac-Ft) (436) (5/11)	436	√									
74	Irrigation System, Microirrigation (Ac.) (441) (9/15)	441	√	√								
75	Irrigation System, Surface and Subsurface (Ac.) (443) (9/16)	443	√									
76	Irrigation System, Tailwater Recovery (No.) (447) (9/14)	447	√	√								
77	Irrigation Water Management (Ac.) (449) (9/14)	449	√	√	√							
78	Karst Sinkhole Treatment (No.) (527) (9/15)	527		√								
79	Land Clearing (Ac.) (460) (9/11)	460						√	√		√	
80	Land Reclamation, Currently Mined Land (Ac.) (544) (8/06)	544		√								
81	Land Reclamation, Abandoned Mined Land (Ac.) (543) (8/06)	543		√								
82	Land Reclamation, Landslide Treatment (No. and Ac) (453) (2/05)	453			√	√	√					
83	Land Reclamation, Toxic Discharge Control (No.) (455) (4/05)	455			√	√	√					
84	Land Smoothing (Ac.) (466) (12/13)	466	√									
85	Lighting System Improvement (670) (4/13)	670										√

（续）

序号	保护实践英文名称	实践编号	水资源保护		农田土壤保护			生物多样性保护				节能减排
			水资源管理与高效灌溉	水质保护	农田土壤质量管理	农田土壤健康与可持续性	农田土壤健康管理系统	林地保护	草地保护	湿地保护	鱼类与野生植物保护	
86	Lined Waterway or Outlet (Ft.) (468) (3/17)	468		√	√							
87	Livestock Pipeline (Ft.) (516) (9/11)	516							√			
88	Livestock Shelter Structure (no) (576) (12/13)	576							√			
89	Mine Shaft and Adit Closing (No.) (457) (2/05)	457										√
90	Mole Drain (Ft.) (482) (3/03)	482	√		√	√	√					
91	Monitoring Well (No.) (353) (9/14)	353		√								
92	Mulching (Ac.) (484) (10/17)	484		√	√							
93	Multi-Story Cropping (Ac.) (379) (7/10)	379						√				
94	Nutrient Management (Ac.) (590) (5/19)	590		√	√				√			
95	Obstruction Removal (Ac.) (500) (1/10)	500			√	√	√					
96	On-Farm Secondary Containment Facility (No.) (319) (9/14)	319		√								
97	Open Channel (Ft.) (582) (9/15)	582	√									
98	Pest Management Conservation System (Ac.) (595) (5/19R)	595		√	√			√	√			
99	Pond (No.) (378) (9/15)	378							√			
100	Pond Sealing or Lining - Compacted Soil (Ft2) (520) (5/16)	520	√									
101	Pond Sealing or Lining - Concrete (Ft2) (522) (5/16)	522	√									
102	Pond Sealing or Lining - Geomembrane or Geosynthetic Clay Liner (No.) (521) (10/17)	521	√									
103	Precision Land Forming (Ac.) (462) (9/14)	462			√	√	√					
104	Prescribed Burning (Ac.) (338) (9/10)	338						√	√			
105	Prescribed Grazing (Ac.) (528) (3/17)	528		√					√			
106	Pumping Plant (No.) (533) (5/11)	533	√						√			
107	Range Planting (Ac.) (550) (4/10)	550		√					√			
108	Recreation Area Improvement (Ac.) (562) (10/77)	562			√	√	√					
109	Recreation Land Grading and Shaping (Ac.) (566) (4/13)	566			√	√	√					
110	Residue and Tillage Management, Reduced Till (Ac.) (345) (9/16)	345		√	√	√	√					
111	Residue and Tillage Management, No-Till (Ac.) (329) (9/16)	329		√	√	√	√					
112	Restoration of Rare or Declining Natural Communities (Ac.) (643) (3/17)	643						√			√	
113	Riparian Forest Buffer (Ac.) (391) (7/10)	391		√	√			√			√	
114	Riparian Herbaceous Cover (Ac.) (390) (9/10)	390		√							√	
115	Road/Trail/Landing Closure and Treatment (Ft.) (654) (10/17)	654						√				

（续）

序号	保护实践英文名称	实践编号	水资源保护		农田土壤保护			生物多样性保护				节能减排
			水资源管理与高效灌溉	水质保护	农田土壤质量管理	农田土壤健康与可持续性	农田土壤健康管理系统	林地保护	草地保护	湿地保护	鱼类与野生植物保护	
116	Rock Barrier (Ft.) (555) (9/10)	555			√	√	√					
117	Roof Runoff Structure (No.) (558) (9/14)	558		√								
118	Roofs and Covers (No.) (367) (9/15)	367		√								
119	Row Arrangement (Ac.) (557) (4/13)	557			√							
120	Salinity and Sodic Soil Management (Ac.) (610) (9/10)	610	√	√	√				√			
121	Saturated Buffer (Ft.) (604) (5/16R2)	604		√	√	√	√					
122	Sediment Basin (No.) (350) (5/16)	350		√								
123	Shallow Water Development and Management (Ac.) (646) (9/10)	646									√	
124	Short Term Storage of Animal Waste and Byproducts (Cubic Yards) (318) (9/14)	318			√	√	√					
125	Silvopasture (Ac.) (381) (5/16)	381		√	√				√			
126	Spoil Spreading (Ac.) (572) (1/10)	572			√	√	√					
127	Spring Development (No.) (574) (12/13)	574							√			
128	Sprinkler System (Ac.) (442) (9/15)	442	√									
129	Stormwater Runoff Control (No. and Ac.) (570) (9/10)	570		√								
130	Streambank and Shoreline Protection (Ft.) (580) (9/10)	580		√					√		√	
131	Stream Crossing (No.) (578) (10/17)	578		√					√			
132	Stream Habitat Improvement and Management (Ac.) (395) (5/19)	395		√				√			√	
133	Stripcropping (Ac.) (585) (10/17)	585		√	√							
134	Structure for Water Control (No.) (587) (10/17))	587	√	√								
135	Structures for Wildlife (No.) (649) (9/14)	649						√			√	
135	Channel Bank Vegetation	322		√					√			
136	Subsurface Drain (Ft.) (606) (5/19)	606			√							
137	Surface Drain, Field Ditch (Ft.) (607) (9/15)	607	√	√								
138	Surface Drain, Main or Lateral (Ft.) (608) (9/15)	608	√	√								
139	Surface Roughening (Ac.) (609) (9/14)	609	√	√								
140	Terrace (Ft.) (600) (9/14)	600		√	√							
141	Trails and Walkways (Ft.) (575) (9/14)	575							√			
142	Tree/Shrub Establishment (Ac.) (612) (5/16)	612		√				√				
143	Tree/Shrub Pruning (Ac.) (660) (9/14)	660						√				
144	Tree/Shrub Site Preparation (Ac.) (490) (1/06)	490						√				

（续）

序号	保护实践英文名称	实践编号	水资源保护		农田土壤保护			生物多样性保护				节能减排
			水资源管理与高效灌溉	水质保护	农田土壤质量管理	农田土壤健康与可持续性	农田土壤健康管理系统	林地保护	草地保护	湿地保护	鱼类与野生植物保护	
145	Underground Outlet (Ft.) (620) (12/13)	620			√							
146	Upland Wildlife Habitat Management (Ac.) (645) (9/10)	645						√			√	
147	Vegetated Treatment Area (Ac.) (635) (9/15)	635		√								
148	Vegetative Barrier (Ft.) (601) (9/15)	601		√								
149	Vertical Drain (No.) (630) (9/15)	630	√	√								
150	Waste Facility Closure (No.) (360) (5/19)	360		√								
151	Waste Recycling (No.) (633) (10/17)	633		√					√			
152	Waste Separation Facility (No.) (632) (4/13)	632		√	√	√	√					
153	Waste Storage Facility (No.) (313) (9/16)	313		√								
154	Waste Transfer (No.) (634) (9/14)	634		√								
155	Waste Treatment (No.) (629) (4/13)	629		√								
156	Waste Treatment Lagoon (No.) (359) (10/17)	359		√								
157	Water and Sediment Control Basin (No.) (638) (10/17)	638		√	√				√			
158	Water Harvesting Catchment (No.) (636) (9/10)	636	√	√								
159	Watering Facility (No.) (614) (9/14)	614							√			
160	Waterspreading (Ac.) (640) (4/13)	640	√									
161	Water Well (No.) (642) (9/14)	642							√			
162	Well Decommissioning (No.) (351) (9/14)	351		√								
163	Wetland Creation (Ac.) (658) (9/10)	658		√						√	√	
164	Wetland Enhancement (Ac.) (659) (9/10)	659		√						√	√	
165	Wetland Restoration (Ac.) (657) (9/10)	657		√						√	√	
166	Wetland Wildlife Habitat Management (Ac.) (644) (9/10)	644									√	
167	Wildlife Habitat Planting (Ac.) (420) (5/19)	420									√	
168	Windbreak/Shelterbelt Establishment (Ft.) (380) (5/11)	380		√	√				√			
169	Windbreak/Shelterbelt Renovation (Ft.) (650) (7/10)	650		√	√				√			
170	Woody Residue Treatment (Ac.) (384) (10/17)	384						√				

图书在版编目（CIP）数据

美国自然资源保护措施汇编：全3册 / 农业农村部农业生态与资源保护总站，中国农业生态环境保护协会编译；高尚宾等主编译. -- 北京：中国农业出版社，2021.6

（农业生态环境保护系列丛书）

ISBN 978-7-109-28978-9

Ⅰ.①美… Ⅱ.①农… ②中… ③高… Ⅲ.①自然资源保护－措施－汇编－美国 Ⅳ.①X377.12

中国版本图书馆CIP数据核字(2021)第252378号

中国农业出版社出版

地址：北京市朝阳区麦子店街18号楼

邮编：100125

责任编辑：郑　君

文字编辑：吴丽婷　刘金华　何　玮　郑　君

责任校对：周丽芳

印刷：中农印务有限公司

版次：2021年6月第1版

印次：2021年6月北京第1次印刷

发行：新华书店北京发行所

开本：880mm×1230mm 1/16

总印张：100

总字数：3000千字

总定价：980.00元
